从光子到神经元

——光、成像和视觉

From Photon to Neuron: Light, Imaging, Vision

〔美〕菲利普·纳尔逊(Philip Nelson)　著

舒咬根　黎　明　译

科学出版社

北　京

图字号：01-2018-2375

内 容 简 介

本书从光量子这一基本概念入手，全面介绍了当前生命科学中的各种光生物现象（如光合作用、结构色、视觉等）和重要光学技术（如荧光共振能量转移、多光子成像、光遗传学等），尤其重点介绍了色觉、单光子视觉、视信号转导等不同层次、不同方面视觉过程的光物理特征。书中主体部分注重定性论述，辅以简单定量计算，使一般读者都容易领会基本物理图像；书中进阶部分则对光量子的物理理论给予了必要介绍，供具备较好数学基础、希望对光的本性有更深刻了解的读者参考。

本书取材广泛、内容新颖，论述生动有趣又不失严谨性，可作为生物物理学专业的教学参考书，同时也可作为物理学、生物学、眼视光学等其他领域读者了解物理学和生物学交叉深度和广度的普及读物。

图书在版编目(CIP)数据

从光子到神经元：光、成像和视觉/(美)菲利普·纳尔逊(Philip Nelson)著；舒咬根，黎明译. —北京：科学出版社，2021.9

书名原文: From Photon to Neuron: Light, Imaging, Vision

ISBN 978-7-03-069639-7

Ⅰ. ①从… Ⅱ. ①菲… ②舒… ③黎… Ⅲ. ①生物光学–研究 Ⅳ. ①Q63

中国版本图书馆 CIP 数据核字(2021) 第 174397 号

责任编辑：钱 俊 孔晓慧／责任校对：彭珍珍
责任印制：吴兆东／封面设计：无极书装

科学出版社 出版
北京东黄城根北街 16 号
邮政编码：100717
http://www.sciencep.com
北京虎彩文化传播有限公司 印刷
科学出版社发行 各地新华书店经销
*
2021 年 9 月第 一 版 开本: 720 × 1000 1/16
2023 年 1 月第三次印刷 印张: 34 1/2
字数: 690 000

定价: 248.00 元

(如有印装质量问题，我社负责调换)

作 者 序

我很高兴《从光子到神经元——光、成像和视觉》能够与中国的广大读者见面。感谢舒咬根教授、黎明教授承担了繁杂的翻译工作。我也感谢老朋友欧阳钟灿教授，对于我的三本生物物理著作的中文翻译工作，他都给予了坚定不移的肯定和支持。同时，感谢科学出版社对本书出版的大力支持。

我相信本书描述的成像学的最新进展仅仅是开启了生命科学的“光学复兴”，为进一步蓬勃发展奠定了思想基础。我希望这些想法能激发世界各地学生的想象力，进而成就他们自身在科学领域的创新。

纳尔逊

2020 年 12 月 8 日于费城

译 者 序

本书是纳尔逊教授继《生物物理学：能量、信息、生命》(中译本，上海科学技术出版社，2006/2016) 和《生命系统的物理建模》(中译本，上海科学技术出版社，2018) 后的又一部生物物理学教程。前两本教材涵盖了分子及细胞生物物理所涉及的热力学、统计物理、统计推断、动力学建模等多方面基础知识，这对于理解一般的分子或细胞过程就大致够用了。但有机体中还有些过程必须采用量子物理的观点才能理解，其中最典型的就是涉及光子的过程，例如光合作用、光感受等；此外，作为当前研究热点的单分子或单细胞光学技术也基于光子的概念。这些内容在前两本教材中均未能涉及。为此，纳尔逊教授将这些内容单独提炼出来，专门编撰了本书，全面梳理当前生命科学研究中涉及光的各种生物现象和重要技术，尤其重点介绍了视觉中从微观到宏观的不同层次的光学过程，内容之丰富、精彩，论述之清晰、透彻，均为同题材专著或教材所不及。此外，书中论及的众多现象要么涉及光的波动性，要么涉及光的粒子性，为了给读者提供一种更为便捷的理解途径，作者采取了费曼的处理方式，用轨迹相位来刻画光子行为，从而将光的波动性、粒子性统一在比较简洁的描述中。书中第 Ⅲ 部分则介绍了这种描述方案背后的基础物理理论 (量子光学)，供那些希望对光的本性有更深刻了解的读者参考。这种独具匠心的内容编排和讲法充分展现了作者在教学上的巨大热情和投入，对从事生物物理教学的同行也具有很大的启发意义。

由于上述特色，本书原著刚一面市即受到国际上众多专家的好评。因此，我们相信这个中译本对推进国内生物物理知识的普及和教学会有所助益。对于非生物物理专业的读者，我们也希望本书作为高级科普读物，能带领他们领略当前物理学和生物学交叉的深度和广度。

本书的翻译得到了多方面的支持。译者要特别感谢欧阳钟灿院士的鼓励和支持；感谢中科院先导专项 (A 类)(XDA17010504) 和中科院前沿科学重点研究计划项目 (Y7Y1472Y61)、国家自然科学基金面上项目 (11675180, 11774358)、中国和以色列国际合作交流项目 (21961142020) 及中国科学院大学温州研究院应急项目和启动项目 (WIUCASYJ2020004，WIUCASQD2020009) 的资助。

由于本书涉及内容深且广，译者的知识水平有限，不妥之处在所难免，敬请读者批评指正。

舒咬根　黎　明

2020 年 12 月 20 日

网 页 资 源

本书的网站 (http://press.princeton.edu/titles/11051.html) 包含以下链接[1]：

- Datasets: 包含习题需要的数据集及其描述。正文中以类似 Dataset 1 的形式进行引用，其中数字对应网站上的序号。对于某些浏览器，单击此电子书中的交叉引用链接会直接跳转到此资源的网页。
- Media: 提供外部媒体 (图形、音频和视频) 的链接。正文中以类似 Media 1 的形式出现，其中数字对应网站上的序号。对于某些浏览器，单击此电子书中的交叉引用会直接跳转到此资源的网页。

① 这些资源来自：http://repository.upenn.edu/physics_papers/489 及 http://www.physics.upenn.edu/biophys/PtN/Student。

致 学 生

没有好奇心的人，不过是戴着眼镜的瞎子。

——托马斯 · 卡莱尔, 1795—1881

本书要讨论的是光的物理本质，同时也要展示对这个本质的理解是如何在 20 世纪发生转变的。书中也介绍了生物体利用光的各种方式以及为此进化出的各种策略，特别是如何形成表征外部世界的视觉影像并将其传给大脑。最后，这是一本有关光学成像技术发展的书，这些技术跨越早期到现代，每项技术都为我们对微观世界的理解带来了革命性的突破。

这是一个很大的领域，我相信生命科学和物理科学的每个学生都需要了解这个领域的基础知识。一方面，实验不断证明了生命可以利用光的奇异但可控的量子特征，如果要了解我们自己的视觉或光合作用或其他课题，就需要理解自然的量子特征。此外，如果没有量子观念，超分辨和其他先进成像技术都是不可想象的。

令我感到惊讶的好消息是，*许多重要的现象用现代的观点不难理解*，而用植根于 19 世纪的经典的光模型 (“麦克斯韦方程组”) 反而很难理解。实际上，由于太多的生物物理主题似乎都依赖于量子理论而很少涉及经典模型的细节，因此本书主体不会介绍麦克斯韦方程组的数学解析，尽管后者对某些专题 (例如双折射) 的研究很重要，但本书将经典电动力学视为你*以后应该学习的高等课题*。经典电动力学在适用范围内的确是很好的近似，能使得某些细节计算变得更容易处理。

如果你已经接受过经典电动力学的完整训练，请对后续章节描述的有关光的实验持开放态度，进而理解本书发展的理论框架对这些实验的意义。你的背景知识对深入研究第 13 章是有利的，会使你将学到的知识融会贯通。

本书的特点

- 大多数章节都以 “拓展” 结尾，主要是为高水平学生提供更多细节 (包括引用的文献和 [T2] 标记的脚注与习题)。
- 附录 A 总结了图形和数学符号，并列出了本书使用的关键符号；附录 B 给出了求解习题的一些有用工具；附录 C 收集了一些数值常数；附录 D 回顾了复数。

- 符号 “方程 x.y” 和 “**要点** x.y” 按顺序统一编号。

技能和习惯

读一本书不能让你成为船长，
也不可能让你成为任何类型的工匠。
——帕加马的盖伦，公元前 2 世纪 (Galen of Pergamum, second century CE)

科学不仅仅是一系列你随时可以验证的事实，它还能积累出*技能和习惯*，后者又能成功地创造出*新的知识*。要在这种意义上发挥创造力，你必须首先掌握那些构建科学思想的 “建筑模块”，读本书或任何一本书只是达成此目标的一种策略。当本书提出问题或者你遇到问题时，请不要急于在网上寻找答案。使用你自己掌握的知识和工具尝试解决问题，这才能促使你成长为科学家。当你在研究那些从未有人回答过的问题时，这个训练会给你丰厚的回报。

再次重申：科学研究意味着做那些*前人没有做过的*事情。本书将向你展示历史上这类事情是如何发生的，并为你提供很多机会来锻炼这方面所需的技能 (等你将来做研究的时候一定会用到)。有些问题标记了 “**思考题**”，在阅读过程中你还会发现其他问题。请务必花点时间推导每个公式，学会克服遇到的困难。如果需要，你可以向老师或同学寻求帮助。

本书强调的一项主要技能是编写简短的计算机程序。当今所有科学研究都需要计算机的辅助，因此越早掌握此技能越好。现有几个出色的软件平台，可以助你完成实验室以及学习任何学科时面临的日常任务。其中一些平台是免费和开源的，例如 Python，R 或 Octave。你还可以在线找到大量免费帮助。你需要经过大量的日常训练，才能流畅地进行计算机编程。有些具有针对性的资源可帮助你操纵和可视化实验数据与理论模型 (例如，两个简短的指南参见 Nelson & Dodson, 2015 和 Kinder & Nelson, 2015)。

关于你自己

本书的第 I 部分和第 II 部分是一学期的课程，面向已完成大学一年级物理和微积分课程的任何人。(但是，我发现，即使是那些具有更多背景知识的学生，也会发现本课程涉及的很多思想和话题从未出现在他们以前的课程中。) 此外，你可能希望阅读每章 “拓展” 的部分或全部，本书第 III 部分的各章包含了进阶内容，你需要有关量子力学或电磁学课程的背景知识。

本书几乎不要求你预先掌握生物学和化学知识，你只是偶尔需要借助一些其他资源来丰富某些背景知识。

本书假设你对这个世界 (包括每天看到的事物) 的运作方式感到好奇。科学研究就像谍报活动，对手 (也许是癌症或失明) 既陌生又复杂。包括你我在内的海量学者都在致力于发现有价值的线索。其中有些人的任务具有明显的实用性导向，我们称之为应用型研究。

但是还有些人通过寻找某些*相互矛盾*的事物 (大部分人常见但未意识到矛盾之处的事情) 来探索世界，这就是所谓的纯粹研究。正如我们将在许多案例中看到的，这些矛盾的事物可能指向一个知识金矿。因此，我们必须整合并推敲和比较不同线索，或许还要抛弃先入之见。有时候我们还需要发明一个高科技小工具来获取关键数据，而这个小工具最初可能是为别的目的而发明的。

像真正的谍报工作一样，你的工作通常也是平凡的，有时甚至是孤独的。一般情况下，你得到的最终结果并非直接惠及任何人。但是有时会有一些很宝贵的见解，也许对于我们原本设想的目的没有用，但总有人能发现它们与某些重要事物之间的联系，甚至有时还能救命。让我们开始吧。

致指导教师

当代人无权抱怨那些业已做出的伟大发现，
似乎它们已经终结了我们的事业。
但实际上这些发现拓展了科学的疆域。
——麦克斯韦 (James Clerk Maxwell)

本书凝练了我在宾夕法尼亚大学多年教学的内容，学生主要是拥有物理学和微积分学基础的二年级到四年级的理科和工程学本科生。许多学生因听到有关新型成像技术、量子现象或其他新鲜事物的传言而想了解更多。他们的兴趣促使我提出了一个激进的观念：即便对于非物理专业的学生，物理学本身都是有趣而且重要的，因为很多科学发现都是由那些详细了解科学仪器工作原理的科学家获得的。还有很多科学发现是通过某些方式的间接推理而获得的，而它们“本该”是在多年之后才可能得到的。

因此，我试图“让物理学融入生物物理学中”，不仅是为了丰富学生对生物物理应用基础的理解，而且还要通过介绍这些应用，使基本物理思想更加生动具体。我不求面面俱到，本书只有一个主题，但涉及大量的前沿研究，最后汇聚到神经科学，后者也是学生们有浓厚兴趣的课题。学生一旦了解了光、成像和视觉之间的关系，就会发现自己可以轻松学习本书未涵盖的许多其他主题。

我还选择了一些可以激励学生自己进行关键计算 (有时使用计算机) 的话题。毫无疑问，我自己是历经艰辛才得以完成这些工作的。因此我希望学生们能得到比原始文献给出的更多的指导，从而更容易掌握这个领域最急需的知识。

以下是我个人逐渐建立起的几个信条：

- 我们应该尽可能尝试将抽象概念与熟悉的经验联系起来。
- 有可能向学生讲清楚我们当前对光的本质的理解，这也是本书的目的。麦克斯韦理论的确能对某些现象作出很好的近似解释，但不幸的是这并不包括生命的某些最基本过程。不过，我们已经有了一个可解释所有光现象的统一理论框架。值得一提的是，对于某些应用来说，理解这个理论并不比理解旧理论更难。
- 基础科学的研究与测量学的发展一直交织在一起，而对当今测量技术的理解需要比一年级物理学更精妙的光学模型。本书就是希望引导学生参与到生机勃勃的光学技术革命中。

- 通过氢原子能级将学生引入量子物理学的传统方法有一些缺点。一方面，学生需要掌握大量数学工具才能得出结果，而这些结果对于生命科学的学生来说并未触及其问题的核心。另一方面，非相对论方法 (薛定谔方程) 无法描述光子，当然也不适用于与光子有关的成像技术。因此本书采用了费曼的观点，该观点除了能合理处理光子外，还具有一些概念上的优势[①]。

研究光的另一个原因与每个科学家都必须掌握的一项关键心理训练 (*打破成见*) 有关。尽管我们每天都在与自己犯的错误作斗争，但并不总是深思熟虑的。为此，本书将花一定篇幅指出为何光的波动模型不能解释光与分子相互作用的大部分问题。然而，改换模型并不是个简单的事情，我们无法直接抛弃旧模型，因为大多数根深蒂固的错误模型之所以根深蒂固，是因为它们在*某些方面*取得过辉煌的成功。任何后续模型都必须像走钢丝那样，既要保持旧模型的成功，又要避免失败。第 1—4 章讲述光的故事，我们将着眼于更一般的情况，看看为何那些部分成功的物理模型都必须被改造。

本书与我以前的书无关 (Nelson，2014；Nelson，2015)，它们不是阅读本书的先决条件。这三本书涉及的范围也没有太多重叠。先前的两本书都故意省略了几乎所有有关量子物理学的内容，而本书会重点关注。

我没有按照生物类型或尺寸来组织本书的内容，所有的安排都是为了建立一个理论框架来理解一个重要系统——脊椎动物视觉系统 (第 9—11 章)。数学思想 (如复数) 会根据需要酌情介绍。有时候某些概念在被完整解释之前就提前引入了，例如荧光显微镜。对于这种情况，我在第一次引入的时候会给出足够的细节，而更多细节可参考后续章节。

基本量子思想对某些重要的生物学现象 (光转导、光合作用) 以及许多实验方法 (荧光成像，包括超分辨率、双光子和 FRET) 至关重要。其他尖端实验室技术也依赖于物理学原理，而这些原理常常没有被用户理解。了解一些物理学知识不仅可以提升实验技能，还有助于学生发明新技术或改造老技术。

本书的使用方法

本科课程：本书的第 I 和第 II 部分可以作为当代生物物理学的基础之一，其核心内容与传统的“现代物理学”课程有足够的重叠，因此也可以供对生命科学特别感兴趣的学生使用。此外，也可以用作更专业的物理学、生物物理学、纳米科学或工程和应用数学课程的补充材料。

---

① 缺点之一是很难求得氢原子的能级！不过，第 12 章将处理一个更简单的问题，算是朝这个方向迈出了第一步。

至于究竟需要花多少精力来弥补背景知识，你会发现，即使第 I、第 II 两部分内容也超过了一个学期所需的教学材料。你可以考虑跳过 (或者一带而过) 第 3 章和第 6—8 章的内容，它们不是后续第 9—11 章所必需的。相反，如果你对视觉不感兴趣，你可以忽略第 9—11 章的部分或全部。

本书假设学生除了一年级物理知识外还具备概率的基础知识。如果学生不具备这些背景知识，你必须非常仔细地介绍前言的内容，也许还要布置一些课外习题 (例如 Nelson，2015)。否则，你可以跳过前言，但提醒学生前言里设置了符号约定。在后面各章中也有“背景知识”小节，以相同的简洁形式总结了其他基础知识。

大多数章节以“拓展”结尾。其中一些内容适合于对物理或生命科学有更深入了解的学生，其他部分则讨论了与理解后续章节无关的一些话题 (仍是本科生水平的)。你可以根据你自己和学生的兴趣来选取这些材料，本书的主体内容与这些材料无关。《教师指南》包含许多参考书目，其中一些可能有助于你利用原始文献设计教学项目。

研究生课程： 尽管本书主体内容是本科生课程的水平，但里面包含了很多一般本科课程所没有的素材。因此，如果你加入拓展部分以及本书第 III 部分的全部或部分内容，或许再加上你自己专长的课题 (或《教师指南》中建议的材料)，你就可以轻松开设一门研究生课程。本书第 III 部分要求读者具有比前两部分更高等的背景知识，请参阅各章的介绍。

数据处理

学生做研究需要具备一些技能，比如将数据和模型结果用图形表示、数值计算和处理数据集[①]。但是很少有人喜欢以一种超脱的、不结合具体案例的方式来学习计算机软件包 (以及数学本身)，这也是计算机和数学对某些人来说如此无聊的原因[②]。当我的学生遇到具体问题时，他们会很有动力去学习软件包，最终会获得完美的结论。值得一提的是，许多学生发现生物学问题的确是督促其学习计算机软件包的强大动因。

在我自己的课程中，许多学生没有编程经验。有两个独立的《学生指南》(Nelson & Dodson，2015; Kinder & Nelson，2015) 为他们提供了一些计算机实战练习以及学习使用 Matlab® 或 Python 的一些建议。其他几种通用编程环境也可以用于练习 (根据个人喜好)，例如 Mathematica®, Octave, R 或 Sage，其中一些是免费和开源的。

① 本书的配套网站提供了一系列真实的实验数据集，供解习题用。

② 但这也是使另外一些人感到兴奋的原因！

《教师指南》为本书的习题和**思考题**的问题提供了答案，也包括了程序代码。你可以按照网页 http://press.princeton.edu/titles/11051.html 上的指导说明进行申请。

课 堂 演 示

最有力的教学方式之一是将某类设备带入课堂，向学生展示一些出乎意料但真实的东西 (而不是模拟或比喻)。本课程的光学部分为此类体验提供了许多机会，部分演示还证明了光学在本书中的突出地位。《教师指南》提供了一些建议。

标 准 申 明

这是一本教科书，不是一本百科全书。为了对主题有一个初步了解，我们有意压制了许多观点，这些观点将陆续出现在各个拓展部分或本书第 Ⅲ 部分，更多信息会补充在《教师指南》中。

本书内容并非都是原创的，也无意展示完整历史。本书描述了某些实验，仅仅因为它们能说明我提出的观点。书中引用的原始文献 (文章和书籍) 是我认为会使读者感兴趣的，也反映了我自己的知识来源。

其他参考书

本书的目的是帮助学生掌握光、成像和视觉方面的一些理论和技术。我之前的另外两本书介绍了生物物理学的不同方面：Nelson，2014，讨论了力学和流体力学、熵和熵力、生物电和神经冲动，以及力学-化学的能量转化；Nelson，2015，探讨了概率建模、反馈控制以及两者在合成生物学中的联合应用。

还有很多书籍更全面地介绍了生物物理学领域，对本书是极好的补充，最近的一些包括

一般读物：Ahlborn, 2004; Bialek, 2012; Franklin et al., 2010; Nordlund, 2011。
数学基础：Bodine et al., 2014; Otto & Day, 2007; Shankar, 1995。
细胞和分子生物物理学：Boal, 2012; Milo & Phillips, 2016; Phillips et al., 2012。
细胞生物学/生物化学基础：Alberts et al., 2014; Berg et al., 2015; Karp et al., 2016; Lodish et al., 2016; Steven et al., 2016。
医学/生理学：Amador Kane, 2009; Herman, 2016; Hobbie & Roth, 2015。
生物物理化学：Atkins & de Paula, 2011; Dill & Bromberg, 2010。
光学：Cox, 2012; James, 2014; Peatross & Ware, 2015; Pedrotti et al., 2007。

计算方法: Hill, 2015; Kinder & Nelson, 2015。计算: Landau et al., 2015; Newman, 2013。其他计算机技能: Haddock & Dunn, 2011。

视觉神经科学: Byrne et al., 2014; Cronin et al., 2014; Nicholls et al., 2012; Purves et al., 2012。

本书每章末尾还引用了许多其他书籍。

最后，你可能需要登录网站 http://bionumbers.hms.harvard.edu/以查询特定的数值，在生命系统的物理建模时经常需要这些数值。

结　语

请记住你的工作很重要。很久以前，一个陌生人来到我的课堂，他只来过两次，他的名字叫 Roger Dashen。他跟我讨论过的那些话题如今出现在了本书第 4 章和第 12 章中。在那之后我几乎再也没有见到他。但是在那三个小时里，他改变了我的生活。

目　录

I 光的多面性

II 人类与超人类视觉

III 高等课题

前言：预备知识

自然之美在于细节，
但它同时展现出普遍性。
理解两者才能充分理解自然。
——斯蒂芬 · 杰伊 · 古尔德 (Stephen Jay Gould)

本书正式内容将从第 1 章开始。本章将简要回顾概率论的一些概念，也顺带给出本书的部分符号定义。如果你对这些概念比较陌生，可以阅读本章结尾的参考文献。你也可以先试着推导一些下文列出的部分结果，其中许多结论可以依据提示通过简单几行推导而获得。

后续章节会提供类似的简明背景介绍，以扩充这里引入的概念或者综述其他基础知识。

0.1 导读：不确定性

在日常生活中，我们为了优化某些东西而做出无数次决策，例如如何快速又安全地过马路。在科学研究中，我们尝试理解事物的运转机制，这不仅是因为我们对其本身有兴趣，也是为了其他更大的目标，例如寻找某种疾病的治疗方法。但无论是在生活还是科研中，我们都受到*不确定性*的困扰，即在看似完全相同的环境 (或实验流程) 条件下，重复完全相同的动作 (或实验) 却未必能得到相同的结果。

这种不确定性可能是我们对有关事实不够了解而造成的，而这些事实原本可以被了解得更透彻。例如：

- 当在有来车的情况下过马路的时候，司机的性格和当时的心理状态无疑会影响到我们行动的谨慎程度。
- 患者的个人病史、家族病史及其基因型或许会显著影响其对特定治疗方案的反应。

然而，在其他情况下，不确定性却反映了某种固有的**随机性** (或噪声)：

- 由于地球系统的高度复杂性，突发的阵风或其他天气现象无法预测。
- 宇宙射线引起的基因突变也是不可预测的。

在科学上，我们通常需要区分系统以及研究它的设备。相应地，不确定性也来自这两个方面：

- 细胞分裂时，亲代细胞中的不同调控分子可能会被分配到任一个子代细胞，但其具体数量是不可预测的。
- 由于测量仪器和测量程序的精度问题，每次重复测量 (例如钟摆周期) 都存在细微的误差。

本章要建立一个概念框架来量化上述不确定性，并探讨从随机事件能导出什么结论。

0.2 离散概率分布

如前所述，任何物理系统多少都存在一些随机性，而且 (几乎) 所有测量仪器还会增加额外的随机性。但另一方面，自然界的确又存在着某些规律。为了找出这些规律，我们需要发展出一些工具来描述这种不确定性。

即使在不确定的情况下，我们也并非完全无法做出预测。例如，当我们过马路时发现一米远处正好开来一辆高速汽车，此时过街肯定不是一个好主意。同理，如果我们对某个量感兴趣但尚未完成测量，那么对测量值的任何断言，我们都可以根据目前已有的部分信息赋予其一个*置信度*或**概率**。我们用位于 0 (命题为假) 和 1 (命题为真) 之间的数字来表示概率。

0.2.1 概率分布展示了我们对不确定性的认知

为了量化概率，下面考虑一个在日常生活中不太现实但在实验室中经常出现的情况。

- 设想这样一个实验或测量，其可能结果是离散数，例如细胞中某种类型分子的数量。如果我们知道在细胞分裂之前这类分子有 M 个，且在整个分裂过程中这类分子既没有产生也没有湮灭，则在一个子代细胞中这类分子数 ℓ 将是 0 与 M 之间的整数。
- 假设上述实验可以进行多次 (“重复试验”)，且每一次试验都精确复制了每一个相关因素。这种情况称为**可重复实验**。
- 除了实验已经观察到的实际值 ℓ_i $(i=1,\cdots,N_{\mathrm{tot}})$ 外，还假设我们没有任何相关的先验信息。

在这种情况下，统计每个结果被观察到的次数 N_ℓ (也称为结果 ℓ 的“频率”) 是有意义的，并且可以给每个允许值赋予一个置信度 $\mathcal{P}(\ell)$

$$\boxed{\mathcal{P}(\ell)=\lim_{N_{\mathrm{tot}}\to\infty}N_\ell/N_{\mathrm{tot}}.\quad \text{可重复实验给出的经验概率}} \tag{0.1}$$

这个公式可能不是很现实 (因为我们能做的观察次数有限)，但是它原则上定义了 ℓ 的函数，即**离散概率分布**①。值得注意的是：

任何离散概率分布的值都是处于 0 与 1 之间的无量纲数。

我们的测量就是“从分布 $\mathcal{P}$ 中**抽样**”。图 0.1 显示了用有限抽样数据制作直方图从而估计分布的一个例子。

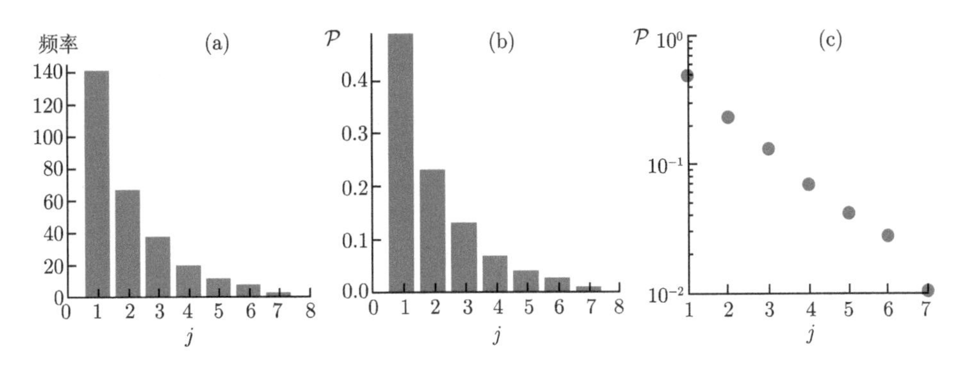

图 0.1 [数据总结。] **离散概率分布的经验估计**。(a) 一个无偏硬币抛掷 600 次，统计相邻两次“正面向上”的间隔次数 j。本图是各种结果出现频率的柱状图 (或直方图)。本例中共有 $N_{\rm tot}=289$ 个间隔次数数据，没有观察到 $j>7$ 的数据。(b) 根据公式 0.1，每个频率除以 $N_{\rm tot}$ 就是估算的概率分布。这个结果也能用柱状图表示。(c) 将 (b) 的估计分布用半对数坐标表示，证明其大致呈指数形式。你将在习题 0.3 中解释这个经验事实。

我们假定每次试验都给出一个确定结果，则所有 N_ℓ 的总和必须等于 $N_{\rm tot}$，即②

$$\boxed{\sum_\ell \mathcal{P}(\ell)=1.\quad \text{离散情况的归一化条件}} \tag{0.2}$$

我们将**样本空间**定义为所有允许结果的列表，将**事件**定义为样本空间的子集③，还能得到一个紧密相关的公式。例如，在玩牌游戏中，样本空间可以是从 52 张牌中每次抽 5 张的不同组合的集合，而其中的一个事件就是称为“满堂红”的子集 $\mathsf{E}_{\rm fh}$，我们也可以称 $\mathsf{E}_{\rm fh}$ 为“被抽到满堂红”的事件。一个有意义的问题是从洗好的标准扑克中抽出的 5 张牌有多大概率恰是满堂红。

如果两个事件 E_1 和 E_2 的结果没有交集，我们称它们是“互斥的”，则方程 0.1 意味着

① 一些作者称 $\mathcal{P}$ 为“概率质量函数”。

② 当求和符号下面的变量没有任何限制时，是指对该变量的所有可能值求和。正文将指定相关变量的具体取值，例如所有整数、所有非负整数或任何适当的值。

③ 这里的术语有别于许多物理书籍，其中“事件”仅仅是“时空中某点”的代名词，与概率无关。

$$\boxed{\mathcal{P}(\mathsf{E}_1 \textbf{ or } \mathsf{E}_2) = \mathcal{P}(\mathsf{E}_1) + \mathcal{P}(\mathsf{E}_2). \quad \text{互斥事件的\textbf{加法规则}}} \tag{0.3}$$

更一般地

$$\mathcal{P}(\mathsf{E}_1 \textbf{ or } \mathsf{E}_2) = \mathcal{P}(\mathsf{E}_1) + \mathcal{P}(\mathsf{E}_2) - \mathcal{P}(\mathsf{E}_1 \textbf{ and } \mathsf{E}_2). \tag{0.4}$$

在上述两个公式中，符号 **or** 表示两个事件的并集，结果表示为 $\mathsf{E}_1 \textbf{ or } \mathsf{E}_2$ 。符号 **and** 表示两个事件的交集，互斥事件的交集是空集 (此时公式 0.4 还原为公式 0.3)。

因为每个结果要么属于 E 、要么不属于 E ，所以我们也有一个“减法规则”：

$$\mathcal{P}(\textbf{not-}\mathsf{E}) = 1 - \mathcal{P}(\mathsf{E}). \tag{0.5}$$

0.2.2 条件概率可以量化事件之间的相关程度

多个事件或其组合也可以用概率来描述。例如，事件 E 表示个体患有某种疾病，而事件 E' 表示针对该疾病的特定测试结果呈阳性。如果测得 E' 为真，那么我们可以推测 E 的概率。为了精确地表达这种直觉，可以引入**条件概率**：

$$\boxed{\mathcal{P}(\mathsf{E} \mid \mathsf{E}') = \frac{\mathcal{P}(\mathsf{E} \textbf{ and } \mathsf{E}')}{\mathcal{P}(\mathsf{E}')}.} \tag{0.6}$$

公式左边是“给定 E' 时 E 为真的概率”。重排公式有

$$\boxed{\mathcal{P}(\mathsf{E} \textbf{ and } \mathsf{E}') = \mathcal{P}(\mathsf{E} \mid \mathsf{E}') \times \mathcal{P}(\mathsf{E}'). \quad \text{广义\textbf{乘法规则}}} \tag{0.7}$$

如果 E' 为真无助于预测 E ，即 $\mathcal{P}(\mathsf{E} \mid \mathsf{E}') = \mathcal{P}(\mathsf{E})$，我们就称两个事件是**统计独立的**，乘法规则可简化为

$$\mathcal{P}(\mathsf{E} \textbf{ and } \mathsf{E}') = \mathcal{P}(\mathsf{E}) \times \mathcal{P}(\mathsf{E}'). \qquad \text{独立事件} \tag{0.8}$$

而统计不独立的事件被称为**相关的**。

0.2.3 随机变量可以由其期望和方差来部分描述

我们感兴趣的事件通常都涉及某个可测的数值变量，称为**随机变量**。如果这个数值总是整数 (例如某类分子的数量)，我们就得到离散分布。令 E_{ℓ_0} 表示变量 ℓ 取特定值 ℓ_0 的事件，其发生概率可表示为 $\mathcal{P}(\mathsf{E}_{\ell_0})$ ，可进一步缩写成 $\mathcal{P}_\ell(\ell_0)$ 或 $\mathcal{P}(\ell_0)$。

虽然分布 $\mathcal{P}(\ell_0)$ 是 ℓ_0 的函数，但我们通常可用两个量来近似反映它，即 ℓ 的**期望**，

$$\langle \ell \rangle = \sum_{\ell_0} \ell_0 \mathcal{P}(\ell_0), \tag{0.9}$$

及其**方差**

$$\operatorname{var} \ell = \langle (\ell - \langle \ell \rangle)^2 \rangle. \tag{0.10}$$

注意，尽管 ℓ 出现在公式中，但 $\langle \ell \rangle$ 和 $\operatorname{var} \ell$ 都不是变量 ℓ 的函数，这里出现的符号 ℓ 只是告诉我们正在讨论的是该变量的期望和方差，每个表达式本身都只是一个数字，这两个数值都取决于描述 ℓ 的分布 $\mathcal{P}(\ell)$。

任何 ℓ 的函数都可以用来生成一个新的随机变量。如果 f 是 ℓ 的函数，在此我们将使用相同的字符 f 来表示对应的随机变量[①]，该随机变量是通过对 ℓ 抽样再将它们输入函数 f 来定义的。我们可以拓展上面的定义

$$\langle f \rangle = \sum_{\ell_0} f(\ell_0) \mathcal{P}(\ell_0) \text{ 及 } \operatorname{var} f = \langle (f - \langle f \rangle)^2 \rangle. \tag{0.11}$$

其他书籍使用符号 $\mathbb{E}(f)$ 或 μ_f 来代表“f 的期望值”，与此处使用的 $\langle f \rangle$ 同义。方程 0.9 表明这些符号是指该随机变量的无限多次重复测量的均值 (平均值)。另外，分布的**标准偏差**定义为方差的平方根[②]，而**相对标准偏差**则是标准偏差除以期望[③]：

$$\mathrm{RSD} = \frac{\sqrt{\operatorname{var} \ell}}{|\langle \ell \rangle|}. \tag{0.12}$$

此处的期望值并非“某个有限次测量集合的均值”，后者称为**样本均值**，表示为 $\bar{f}$。样本均值本身也是一个随机变量：如果我们重复做有限次测量，就会得到不同的均值。相反地，期望仅仅是 f 自身分布的特性。

期望的一个关键性质是线性：如果 f 和 g 是任意两个随机变量，而 a 和 b 是任意两个常数，则

$$\langle af + bg \rangle = a\langle f \rangle + b\langle g \rangle. \tag{0.13}$$

方差没有简单的线性，例如 $\operatorname{var}(af) = a^2 \operatorname{var}(f)$，并且和的方差不一定是各个方差之和 (见 0.2.4 节)。但是方差确实存在一个实用的等价形式：

$$\operatorname{var} f = \langle f^2 \rangle - \langle f \rangle^2. \tag{0.14}$$

---

① 我们依据上下文来表明 f 的含义。有关概率的数学书则使用更加详尽的符号来避免任何混淆的可能性。

② 一些作者使用“均方根偏差”(RMSD) 作为有限样本数据估计的标准偏差的同义词 (样本方差的平方根)，术语 RMSD 也可以应用于更复杂的诸如随机向量之类的变量。

③ 术语“变异系数”是 RSD 的同义词。

0.2.4 联合分布

有时我们测量的变量多于一个，因而得到一个**联合分布**：事件 E_{ℓ_0} 表示第一个可观测随机变量取值为 ℓ_0 ， E'_{s_0} 表示同一试验中第二个可观测随机变量取值为 s_0 。我们将 $\mathcal{P}(\ell_0, s_0)$ 作为联合事件 (E_{ℓ_0} **and** E'_{s_0}) 发生的概率的缩写。

我们将样本空间 (可能的结果) 划分成许多不重叠的子集 (结果的类别)，联合事件 (E_{ℓ_0} **and** E'_{s_0}) 中 ℓ_0 和 s_0 的值覆盖所有的允许值。联合分布可用于计算 ℓ_0 和 s_0 的某些函数的期望，我们不必对每个观察结果求和，只需对联合事件求和。比如求乘积 ℓs 的期望：

$$\langle \ell s \rangle = \sum_{\text{结果的类别}} \mathcal{P}(\text{结果})\ell_0 s_0 = \sum_{\ell_0, s_0} \mathcal{P}(\ell_0, s_0)\ell_0 s_0. \tag{0.15}$$

现在假设两个随机变量统计独立，则由方程 0.8 可以导出

$$\mathcal{P}(\ell, s) = \mathcal{P}_\ell(\ell)\mathcal{P}_s(s). \quad \text{对于独立变量}$$

在这个公式中， $\mathcal{P}_\ell$ 是特定 ℓ 值的概率分布，与 s 值无关； $\mathcal{P}_s$ 也类似。此时方程 0.15 所示的乘积的期望将变得更简单：

$$\begin{aligned}\langle \ell s \rangle &= \sum_{\ell_0, s_0} \mathcal{P}_\ell(\ell_0)\mathcal{P}_s(s_0)\ell_0 s_0 = \sum_{\ell_0}\sum_{s_0} \mathcal{P}_\ell(\ell_0)\ell_0 \mathcal{P}_s(s_0) s_0 \\ &= \left(\sum_{\ell_0} \mathcal{P}_\ell(\ell_0)\ell_0\right)\left(\sum_{s_0} \mathcal{P}_s(s_0) \quad s_0\right) = \langle \ell \rangle \langle s \rangle. \quad \text{对独立变量成立}\end{aligned} \tag{0.16}$$

上式与方程 0.14 联合，可知

$$\begin{aligned}\operatorname{var}(\ell + s) &= \langle (\ell + s)^2 \rangle - (\langle \ell + s \rangle)^2 = \langle \ell^2 \rangle + \langle s^2 \rangle - (\langle \ell \rangle^2) - (\langle s \rangle^2) \\ &= \operatorname{var}(\ell) + \operatorname{var}(s). \quad \text{对独立变量成立}\end{aligned} \tag{0.17}$$

用同样的方法可求出 var $(\ell - s)$ 。综上可得如下结论

两个独立随机变量的和或差的方差等于各自方差的和。 (0.18)

衡量两个随机变量相关程度的一种度量称为**协方差**，其定义如下

$$\operatorname{cov}(\ell, s) = \langle (\ell - \langle \ell \rangle)(s - \langle s \rangle) \rangle = \langle \ell s \rangle - \langle \ell \rangle \langle s \rangle. \tag{0.19}$$

方程 0.16 意味着如果 ℓ 和 s 统计独立，则协方差等于零。另一个有用的相关度量是无量纲的**相关系数**，定义为

$$\operatorname{corr}(\ell, s) = \operatorname{cov}(\ell, s)/\sqrt{(\operatorname{var} \ell)(\operatorname{var} s)}. \tag{0.20}$$

虽然两个不相关的变量的相关系数等于零，但反之则不然。相关系数可以用来检验两个随机变量之间是否存在*线性*关系，但也不排除可能存在其他类型的相关性。

0.2.5 离散分布举例

对一个可重复的试验，我们可以进行大量测量并用公式 0.1 来估算结果的概率分布。但在许多情况下，我们对系统已经有所了解，并且知道它是如何产生观测结果的，于是就能合理地推理预测分布的大体形式。也就是说，我们为该系统构建了一个**概率模型**，它将为样本空间中的每个结果都赋予一个概率值，当然这取决于我们有多信任这个模型。

换句话说，概率模型将给出一个显式数学函数 $\mathcal{P}$(事件) 。值得注意的是，少数几个这样的函数就足以描述物理学和生命科学中出现的很多情况。这些模式分布函数都存在一个或多个未知参数。根据经验利用数据来估算其中某些参数①，或者从系统的详细描述出发来计算这些参数，都比直接求整个分布要容易得多。

均匀离散分布

最简单的模式分布是**均匀分布**，它对 L 个可能结果中的每一个分配了相等的概率 [图 0.2(a)]，即其分布在一定范围内是一个常数。归一化条件要求

$$\mathcal{P}_{\text{unif}}(\ell_0) = 1/L.$$

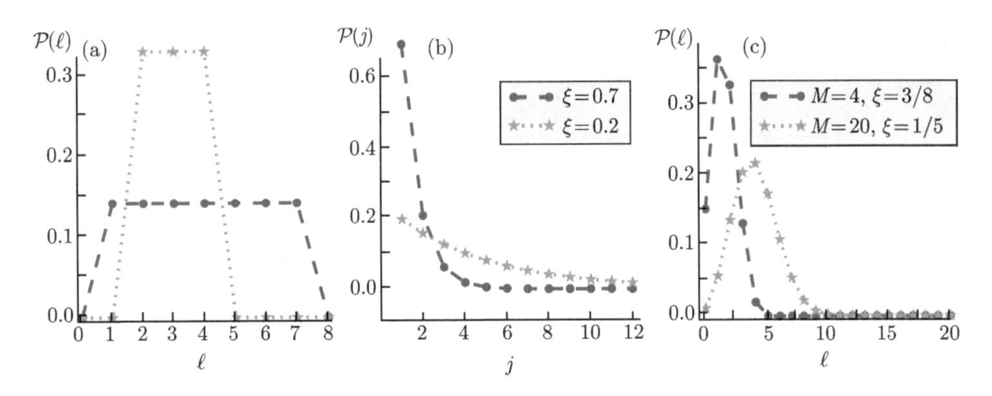

图 0.2 [数学函数。] **离散概率分布的例子。**这些函数只定义在整数上，线只表示点之间的连线。(a) 均匀离散概率分布的两个例子，范围分别是 $2 \leqslant \ell \leqslant 4$ (星) 和 $1 \leqslant \ell \leqslant 7$ (点)。(b) 不同 ξ 的几何分布的两个例子。在每种情况下的 j 都是从 1 到 ∞ 。(c) 二项式分布的两个例子。其中用星显示的结果非常接近 $\mu = 4$ 的泊松分布，因为 $M = 20$ 远大于 1 。但与泊松分布不同，当 $\ell > 20$ 时该二项式分布精确为零。

如果允许值包含从 $\ell_{\min}$ 到 $\ell_{\max}$ 的所有整数，则 $L = \ell_{\max} - \ell_{\min} + 1$ ，期望只

① 7.2 节将概述如何进行估算。

是两个端值的平均：

$$\langle \ell \rangle = (\ell_{\max} + \ell_{\min})/2. \qquad \text{均匀分布} \tag{0.21}$$

也可以定义 $\Delta = \ell_{\max} - \ell_{\min}$ ，则

$$\operatorname{var} \ell = \frac{\Delta}{12}(\Delta + 2). \qquad \text{均匀分布} \tag{0.22}$$

伯努利分布

次简单的模式分布适用于只有两种结果的系统 (如抛币)，在此我们用一个随机变量 s 来表示结果 0 和 1 ，可定义如下**伯努利分布**

$$\mathcal{P}_{\text{bern}}(1;\xi) = \xi; \quad \mathcal{P}_{\text{bern}}(0;\xi) = 1 - \xi.$$

$\mathcal{P}_{\text{bern}}(s;\xi)$ 中分号左边的符号 (在本例中仅为 s) 是该分布所描述的随机变量，分号右边的符号 (在本例中仅为 ξ) 是一个**参数** ，其值用于区分分布函数族中的不同分布。对于伯努利试验来说，参数 ξ 是一个介于 0 和 1 之间的常数，用于描述硬币是否无偏 (无偏的话 $\xi = 1/2$)，或者多大程度上有偏。对于一个无偏硬币，期望 $\langle s \rangle = 1/2$ 。更一般地，

$$\langle s \rangle = \xi, \quad \operatorname{var} s = \xi(1 - \xi). \qquad \text{伯努利试验} \tag{0.23}$$

几何分布

当我们考虑许多独立的伯努利试验，且每个试验都有相同的“成功”概率 ξ 时，则会得到另一种分布。我们可以盯住这个序列中的任意某个点，记录从该点往后第一次获得成功之前所需试验的次数 j ①。即，如果紧接着的下一次试验就得到 $s = 1$ ，那我们就记录 $j = 1$ ；如果下一次试验是“失败”，但接下来是“成功”，我们就记录 $j = 2$ ；依此类推 (见图 0.3)。随机变量 j 的离散分布称为**几何分布** [图 0.2(b)]：

$$\mathcal{P}_{\text{geom}}(j;\xi) = \xi(1 - \xi)^{j-1}, \quad j = 1, 2, \cdots. \tag{0.24}$$

请注意，尽管 j 是一个整数，但它的值没有上限。对于任意的 ξ 值，$\mathcal{P}_{\text{geom}}(j;\xi)$ 对所有 (无限多) j 值的累加等于 1 ②。类似地，无限项总和给出的期望和方差也是有限的：

$$\langle j \rangle = 1/\xi, \quad \operatorname{var} j = (1 - \xi)/\xi^2. \qquad \text{几何分布} \tag{0.25}$$

① 对接下来立即成功的情况，某些作者将分布函数中的随机变量取为零，相当于我们的 $j - 1$ 。

② 习题 0.4 将证明这一点。

后文中我们感兴趣的将是几何分布的连续时间极限形式 (见 0.4.2 节和习题 0.6)。

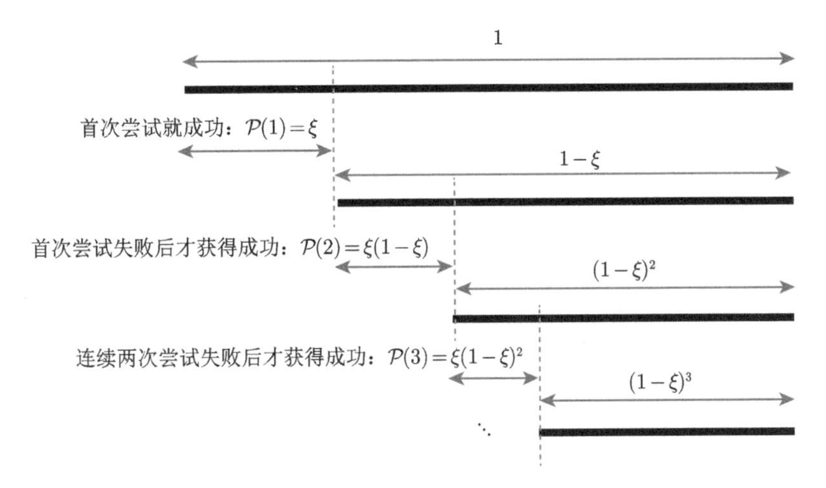

图 0.3 **几何分布的可视化**，公式 0.24。在第 j 次抛币获得成功 (概率为 ξ) 之前，你将连续遭遇 $j-1$ 次失败 (独立事件，每次失败的概率为 $1-\xi$)。该表示清楚表明，所有 $\mathcal{P}(j)$ 的总和等于 1。

二项式分布及泊松分布

设想我们研究多轮次 ξ 相同的伯努利试验，每轮包含 M 次独立试验。如果我们只关心每轮中"成功"的总次数 ℓ，则会得到另一种常见分布 ①。ℓ 是一个介于 0 和 M 之间的整数，遵循**二项式分布** [图 0.2(c)]：

$$\mathcal{P}_{\text{binom}}(\ell;\xi,M)=\frac{M!}{\ell!(M-\ell)!}\xi^{\ell}(1-\xi)^{M-\ell}. \tag{0.26}$$

考虑到 $0!=1$，则有

$$\langle \ell\rangle = M\xi;\quad \operatorname{var}\ell = M\xi(1-\xi).\qquad \text{二项式分布} \tag{0.27}$$

该分布还有一个重要的极限形式。如果 $M\gg 1$ 且 $\xi\ll 1$，则二项式分布可以用一个更简单的**泊松分布**来近似

$$\mathcal{P}_{\text{pois}}(\ell;\mu)=\frac{1}{\ell!}\mu^{\ell}\mathrm{e}^{-\mu}. \tag{0.28}$$

二项式分布 (公式 0.26) 的两个参数 M 和 ξ 现在以乘积组合 $\mu=M\xi$ 的形式出现，并且我们令 μ 在 $M\to\infty$ 时保持不变。在这个极限下，方程 0.27 可简化

① 第 2 页提到的细胞分裂就是这类情况。此时试验成功次数 i 就是被分配到第一个子代细胞中的分子数 i。

为

$$\langle \ell \rangle = \mu; \quad \text{var}\ \ell = \mu. \qquad \text{泊松分布} \tag{0.29}$$

因此，任何泊松分布的期望都等于其方差。相对标准偏差如下[①]

$$\text{RSD} = \frac{1}{\sqrt{\mu}}. \qquad \text{泊松分布} \tag{0.30}$$

第 9 章介绍心理物理学实验时，泊松分布会一再出现。此外，后文将拓展到广义的二项式分布，以涵盖 k 面“硬币” M 次抛投的情况[②]。

本节介绍了最基本的概率分布类型，即离散概率分布。同时也介绍了几个适用于物理学和生物学中许多情况的简单分布函数族。

0.3 量纲分析

在将上述观点推广到连续变量之前请先看一下附录 B。该附录总结了一些关键想法，这些想法既为更精确的计算提供了工具，也为我们考察新情况提供了思想方法，甚至还激发了我们发现新的物理规律。

在本书中，单位的名称设置为特殊字体，有助于将它们与变量名区分开来。因此，km 表示“千米”，而 km 可能表示速率常数与质量的乘积，而“km”可能是某个普通单词或特殊函数的缩写。在讨论定量概念时，单位通常是必不可少的。当然，有时候标记一幅图只需一个相对值，这种情况下附录 B 引入了“任意单位”(a.u.)这个称谓。

像 $\mathbb{T}$ 这样的符号表示更抽象的量纲 (常常表示时间，参见附录 B)。

变量名通常是单斜体字母。我们可以为它们指定任意字母，但必须保持前后一致以避免混淆。附录 A 罗列了本书使用的许多变量名和其他符号，顺带介绍了它们的量纲。

0.4 连续概率分布

0.4.1 概率密度函数

大多数实验测量的量不是离散的。例如距离、时间、电势以及任何带有量纲的可测量，其值都是连续分布的。为了描述连续随机变量 x 的分布，我们首先将其允许值的范围划分为宽度为 Δx 的**区间**。然后我们定义事件 $\mathsf{E}_{x_0,\Delta x}$，表示 x

① RSD 由方程 0.12 定义。

② 见习题 11.2。

的测量值处于特定值 x_0 附近的范围 Δx 内。x 的**概率密度函数** (或 **PDF**) 可定义为如下二次极限[①]

$$\wp_{\mathrm{x}}(x_0)=\lim_{\Delta x\to 0}\frac{\mathcal{P}(\mathsf{E}_{x_0,\Delta x})}{\Delta x}. \tag{0.31}$$

如果不会导致歧义，我们就忽略函数 $\wp$ 的下标 x 。这个定义的关键特征是概率密度函数的量纲总是其变量量纲的倒数。

在实际应用中，如果测量次数有限，我们就不能令 Δx 接近零，因为这样的话落在每个分区的观测值数量几乎都为零。如果测量次数 N_{tot} 足够大，我们可以联合方程 0.31 和方程 0.1 来估算概率密度函数 [图 0.4(c)]：

> 给定连续随机变量 x 的 N_{tot} 个观测值，选择一组覆盖 x 范围并且很窄的分区，区间宽度要保证每个分区包含多个观测值。求出以 x_j 为中心的每个区间的频率 N_j ，则 x_j 处的 PDF 可估算为 $\wp_{\mathrm{x,est}}(x_j)=N_j/(N_{\mathrm{tot}}\Delta x)$ 。 (0.32)

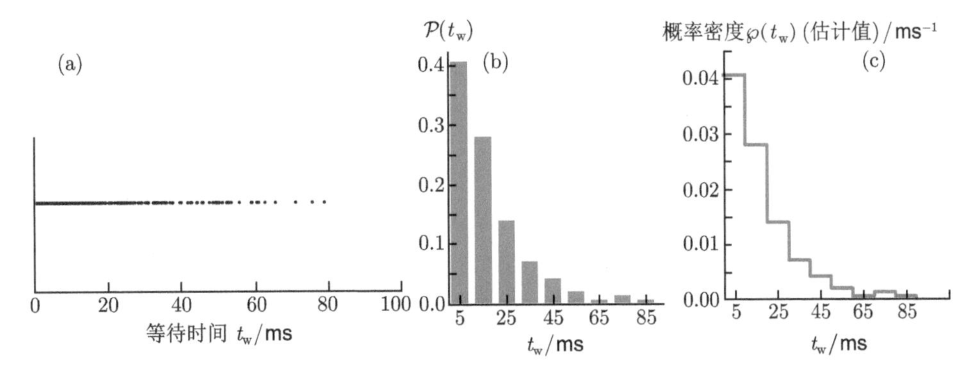

图 0.4 [实验数据。] **某种常见概率密度函数的三种表示方法。**(a) 光探测器连续获取 290 个尖脉冲，相邻脉冲之间的 289 个等待时间可表示为图示的“云团”。左侧点密度较高，意味着较短等待时间出现的概率更高。但这种表示方法不容易得出定量结果。(b) 相同的数据表示在直方图中，数据范围被细分成 10 个“分区”。柱高表示各分区指示的等待时间 (此处为离散型随机变量) 所服从的概率分布。较高的柱对应于 (a) 中较大的点密度。(c) 数据同 (b)，但此处显示的是估算的 PDF。(b) 中的每个值被分区宽度 (10 ms) 重标度，保证曲线下面积等于 1 (参见公式 0.31)。[数据蒙 John F Beausang 提供，存于 Dataset 1 中。]

① 一次极限是指公式 0.1，即公式 0.31 的分子。在不引起对上下文误解的情况下，我们有时将离散分布或概率密度函数直接叫做“概率分布”。

因为 $\mathsf{E}_{x_0,\Delta x}$ 的概率是 $\wp(x_0)\Delta x$ ，所以方程 0.2 变成[①]

$$\int \mathrm{d}x\wp(x) = 1. \qquad \text{连续情况的归一化条件} \tag{0.33}$$

我们还可以通过 x 值的有限范围 (如 $[x_0, x_1]$) 来定义事件 E，则 E 发生的概率就是概率密度函数覆盖的相应面积：

$$\wp(\mathsf{E}) = \int_{\mathsf{E}} \mathrm{d}x\wp(x) = \int_{x_0}^{x_1} \mathrm{d}x\wp(x). \tag{0.34}$$

在这个表达式中， $\mathrm{d}x$ 的量纲与 $\wp$ 的抵消，因此事件发生的概率是无量纲的。

我们也可以定义联合 PDF

$$\wp_{\mathrm{x,y}}(x_0, y_0) = \lim_{\Delta x, \Delta y \to 0} \frac{\mathcal{P}(\mathsf{E}_{x_0,\Delta x} \textbf{ and } \mathsf{E}_{y_0,\Delta y})}{\Delta x \Delta y}. \tag{0.35}$$

由于 $\Delta x\Delta y$ 处于式 0.35 的分母上，所以函数 $\wp_{\mathrm{x,y}}$ 的量纲是 xy 量纲的倒数。其他公式也可以推广到连续分布。例如，条件概率 (方程 0.6) 的定义就变成了

$$\wp(x \mid y) = \wp(x, y)/\wp(y). \tag{0.36}$$

注意，因为方程 0.36 右边的 y 的量纲抵消了，所以 $\wp(x \mid y)$ 的量纲是 x 量纲的倒数。方程 0.36 是第 7 章导出贝叶斯公式的基础。

0.4.2 连续分布举例

0.2.5 节曾提到从数据精确估算离散概率分布的难度。相比之下，由于连续概率分布定义式 0.31 需要取二次极限，这就对能获取的数据提出了更为严苛的要求。在这种情况下，预先知道或至少有理由相信所观察到的随机变量属于特定的分布族，这对我们有更大帮助。

均匀分布

任何计算机数学软件包都包含一个输出值介于 0 和 1 之间的“随机”函数。该函数的结果既不是真正随机的 (由计算机执行某些算法生成)，也不是真正连续的 (计算机只能用有限精度表示数值)。尽管如此，对于大多数实际应用来说，这个函数输出的结果类似于从概率密度函数中抽样，其中抽到 x 处于某范围的概率等于该范围的宽度。

更一般地，在 $[x_{\min}, x_{\max}]$ 范围内的**均匀连续分布**由概率密度函数来定义 [图 0.5(a)]

① 与求和类似，这里的不定积分符号表示在所有适合的 x 值上的有限积分。

$$\wp_{\text{unif}}(x; x_{\min}, x_{\max}) = \begin{cases} (x_{\max} - x_{\min})^{-1} & x_{\min} \leqslant x \leqslant x_{\max} \\ 0 & \text{其他}. \end{cases} \tag{0.37}$$

思考题0A

计算上述分布的期望和方差。它们取决于两个参数 $x_{\min}$ 和 $x_{\max}$ 。

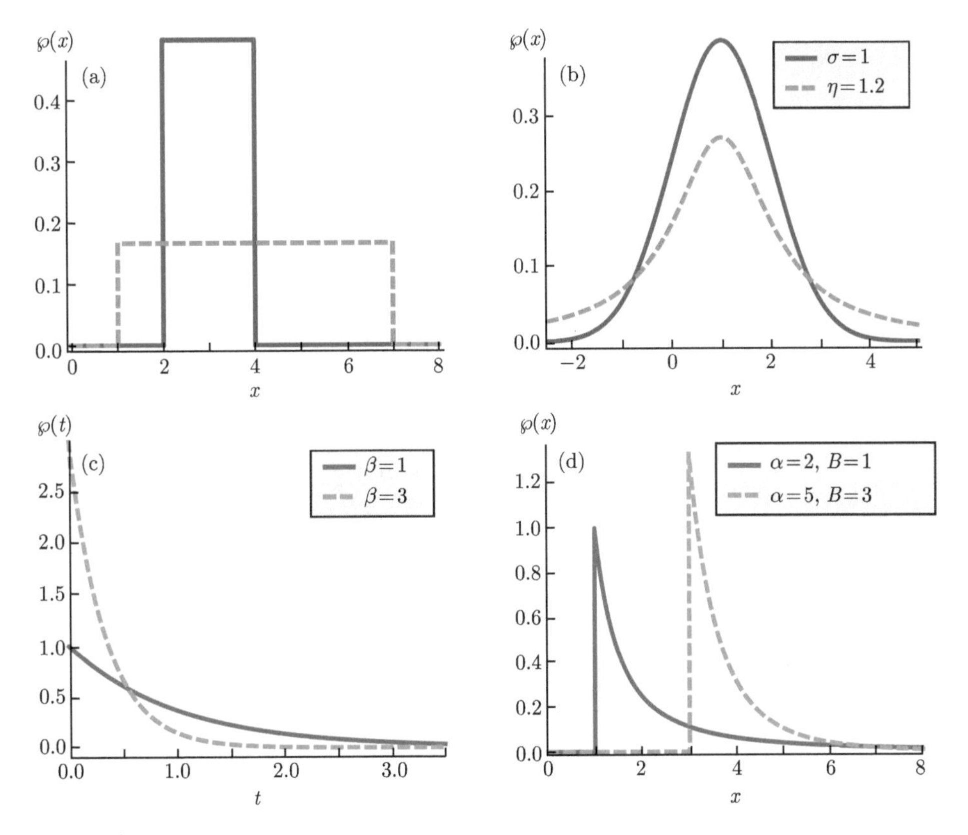

图 0.5 [数学函数。] **概率密度函数的例子。**(a) 连续均匀分布的两个例子，变量取值范围分别是 $2 \leqslant x \leqslant 4$ (实线) 和 $1 \leqslant x \leqslant 7$ (虚线)。(b) 高斯 (实线) 和柯西 (虚线) 分布的例子，都定义在有限范围内。尽管两个分布显示具有相同的半峰宽，但柯西分布中极端事件 (远离中心峰的那些事件) 的概率更大。(c) 指数分布的例了，变量 t 非负。当分区宽度趋于零时，图 0.2b 中的离散分布便具有这种极限形式。(d) 方程 0.43 定义的幂律分布的例子。不同于离散分布，概率密度函数的取值可以超过 1 [图 (c，d)]。

高斯分布

高斯分布是连续概率密度函数，许多可测量都能用该分布函数族很好地描述。高斯分布可以由两个特征参数表征 [图 0.5(b)]，如下

$$\wp_{\mathrm{gauss}}(x;\mu_{\mathrm{x}},\sigma)=\frac{1}{\sigma\sqrt{2\pi}}\mathrm{e}^{-(x-\mu_{\mathrm{x}})^2/(2\sigma^2)}. \tag{0.38}$$

变量 x 可以具有任何量纲；参数 μ_{x} 和 σ 的量纲与 x 的相同。下面两个关系式与量纲规则是一致的。

$$\langle x\rangle=\mu,\quad \mathrm{var}\ x=\sigma^2 \qquad \text{高斯分布} \tag{0.39}$$

某些作者也称高斯分布为“正态分布”。

柯西分布

高斯型 PDF 在其中心值 μ_{x} 处有一隆起，然后从该点开始持续下降，其宽度由其第二参数 σ 决定。其他数学函数也具有相似的性质，并且如果可以找到适当的归一化方法，任何这样的函数原则上都可以描述随机变量。其中一个例子便是**柯西分布**[图 0.5(b)]，其定义为

$$\wp_{\mathrm{cauchy}}(x;\mu_{\mathrm{x}},\eta)=\frac{1/(\pi\eta)}{1+(x-\mu_{\mathrm{x}})^2/\eta^2}. \tag{0.40}$$

类似于高斯分布的方差参数 σ，参数 η 也决定了柯西分布有多宽。尽管其图形在中心 μ_{x} 处也存在平滑的隆起，但柯西分布的方差却是*无穷大的*，甚至其中心值 μ_{x} 也不能通过有限抽样的样本均值来估算。习题 7.1 将探讨这些问题，并将证明可以用另一种方法来可靠地估算中心值 μ_{x} ①。

指数分布

某些随机系统会生成**时间序列**，即每轮抽样都生成一个数字序列。这些数字可能是在一系列给定时间点上测量到的某涨落量的取值，或者是离散尖脉冲的随机到达时间，例如宇宙射线穿过探测器的计数信号。在宇宙射线的情况中，相邻尖脉冲之间的时间间隔 (等待时间) 遵循**指数分布**，即它们的分布可由如下单参数概率密度函数描述 [图 0.5(c)]

$$\wp_{\exp}(t_{\mathrm{w}};\beta)=\beta\mathrm{e}^{-\beta t_{\mathrm{w}}}. \tag{0.41}$$

① T2 关于方差的古怪行为，柯西分布给我们上了一课。此外，这个分布还可以描述原子或原子核的谱线的形状，也出现在荧光共振能量转移理论中 (参见 14.3.1 节与习题 1.5 和习题 2.4)。柯西分布有时也被称为布雷特-维格纳分布或洛伦兹分布。

随机变量 t_w 称为**等待时间**。参数 β 称为**平均速率**，其倒数是 t_w 的期望。

$$\langle t_\mathrm{w}\rangle = \beta^{-1}, \quad \mathrm{var}\, t_\mathrm{w} = \beta^{-2}. \qquad \text{指数分布} \tag{0.42}$$

必须指出，$1/t_\mathrm{w}$ 的期望*不是* β，参见习题 0.5。

指数分布与几何分布的某种连续时间极限具有相同的形式[①]：两者都包含一个指数项，其中等待时间与一个常数相乘。对本书来说，这些分布之所以重要，是因为光检测器探测到的尖脉冲之间的等待时间通常呈指数分布 (如图 0.4 所示)。

幂律分布

柯西分布有一特性：当 x 值非常大时，其形式可简化为 $\wp_\mathrm{cauchy}(x) \approx \mathrm{const} \times x^{-2}$。尽管其随 x 单调下降的速度比高斯分布的衰减慢得多，但是仍然下降得足够快，使得其归一化积分收敛 (方程 0.33)。不过，它只是更广义的**幂律分布** [图 0.5(d)] 的一个特例。

$$\wp(x;\alpha,B) = \begin{cases} Ax^{-\alpha} & \text{如果 } x > B \\ 0 & \text{其他.} \end{cases} \tag{0.43}$$

在这个表达式中，参数 $\alpha > 1$ 及 $B > 0$。因子 A 由 $\wp$ 的归一化要求决定，你可以自己动手计算一下，同时也可计算 x 的期望和方差 (当 α 值给定时)[②]。

我们稍后会看到荧光分子的“闪烁”有时可以用幂律分布来描述 (习题 7.6)。

本节概述了用于描述连续随机变量的概念方法，同时介绍了物理学和生物学常见的几个简单的连续分布。

0.5 概率分布的其他性质和运算

本节将简要介绍随机变量的更多性质以及概率分布 (离散或连续) 的常见运算。

0.5.1 概率密度函数的变换

0.2.3 节描述了函数 f 如何作用于随机变量 x 以产生新的随机变量 $y = f(x)$。一般来说，y 的单位与 x 的不同。例如，我们可能对测量值的对数感兴趣。如果 x 是长度，而 D 也是长度量纲的常量，则函数 $f(x) = \ln(x/D)$ 是无量纲的，对应的新随机变量 y 也是无量纲的。

① 习题 0.6 将证明这一点。公式 0.24介绍了几何分布。

② 见习题 0.2 。

因此描述 y 的概率密度函数通常需要一个因子将 $\wp_{\mathrm{x}}$ 的单位转换为 y 的倒数的单位。正确的变换关系如下

$$\wp_{\mathrm{y}}(y_0)=\frac{\wp_{\mathrm{x}}(x_0)}{\left|\mathrm{d}y/\mathrm{d}x|_{x_0}\right|}. \qquad \text{PDF 的变换} \tag{0.44}$$

在此公式中，x_0 是由函数 f 映射到 y_0 的 x 值。如果多个 x 值映射到给定的 y_0，则公式的右边需要将这些点求和。

当我们选择用波长还是频率来描述光谱的时候，需要用到这个变换[①]。方程 0.44 的分母反映了一个事实，即将光谱按波长做等分与按频率做等分并不等价。

0.5.2 大量独立同分布随机变量的样本均值的方差小于任一单个变量的方差

通常我们可以重复做若干次测量，每次都产生一个服从相同概率分布的独立随机变量。直觉告诉我们，M 次测量的平均值尽管本身也是随机变量，但与任一单个变量相比，这个均值更能反映出真实的期望值，原因在于多个变量的涨落相互抵消了。为了证明这种直觉，首先考虑两次独立测量的情况，即产生两个独立的随机变量 x_1 和 x_2，每个变量具有相同的概率分布。根据方程 0.17，可知

$$\mathrm{var}(x_1)+\mathrm{var}(x_2)=2\mathrm{var}(x_1). \tag{0.45}$$

同理，对于 M 次测量之和除以 M，即样本均值

$$\mathrm{var}(\bar{x})=\mathrm{var}\left(\frac{1}{M}(x_1+\cdots+x_M)\right)=\left(\frac{1}{M^2}\right)\mathrm{var}(x_1+\cdots+x_M) \tag{0.46}$$

$$=\left(\frac{1}{M^2}\right)(M)(\mathrm{var}\ x_1)=\frac{1}{M}\mathrm{var}\ x_1. \tag{0.47}$$

因此，重复测量的样本均值确实比其任一单个变量具有更小的方差。样本均值的标准偏差随测量次数增加下降很缓慢，其速度为 $1/\sqrt{M}$ 量级。

思考题0B

a. 求相对标准偏差与 M 的关系。
b. 使用随机数发生器检验方程式 0.47 和 (a) 的答案。

0.5.3 计数数据呈现典型的泊松分布

我们经常会遇到某些离散对象或事件，它们都可以用连续随机量来描述。方程 0.32 介绍了估算该量的连续概率密度函数的流程，但现实中我们不可能做无限

① 参见习题 3.2。

次测量。因此，归于每个分区的次数 N_j 都是一个随机变量。如果分区足够窄，以至于其中只包含所有测量的一小部分，那么我们可以将特定区间 j 的次数视为伯努利试验：每次测量具有很小的固定概率落入区间 j 。因此总次数 N_j 是多次这类伯努利试验的和，从而满足泊松分布，其均值等于 $N_{\mathrm{tot}}\mathcal{P}(j)$ 。当区间 j 和区间宽度给定时，方程 0.30 告诉我们基于这个样本估算得到的 PDF 会有多精确。

0.5.4 两噪声之差的相对标准偏差比单个噪声的更大

假设你想测量某句子结尾的句号的宽度，你可以使用标尺测量从页面边缘到句号左端的距离 d_{L} ，再测量从相同边缘到句号右端的距离 d_{R} ，然后相减，但是这种方法会导致一个非常不精确的结果。

问题出在独立测量 d_{L} 和 d_{R} 的值都存在一定的随机性，而且你又是分两个步骤测量。如果每个步骤的测量方差是 σ^2 ，则方程 0.17 给出的两个步骤的测量方差是 $2\sigma^2$ 。而相对标准偏差 $\sqrt{2}\sigma/|\langle d_{\mathrm{L}}-d_{\mathrm{R}}\rangle|$ 可能很大，因为即使 $\sigma/\langle d_{\mathrm{L}}\rangle$ 和 $\sigma/\langle d_{\mathrm{L}}\rangle$ 都是小量，但分母 ($|\langle d_{\mathrm{L}}-d_{\mathrm{R}}\rangle|$) 也可能与分子 $(\sqrt{2}\sigma)$ 大小相当。

0.5.5 随机变量之和的概率分布是两个分布的卷积

0.2.4 节讨论了一个随机变量，它被定义为另外两个独立变量的和。在那一节中，我们只关心两个变量具有相同分布的情况，且只想了解这个和的方差。然而，我们经常会遇到更细节的问题，比如求解两个独立但不全同的变量之和的完整分布。

假设两个独立的随机变量 ℓ 和 j 都是整数值。为了使它们的和具有特定的值 n ，我们必须取 $j=n-\ell$ 。将所有这类情况的概率累加起来就给出 n 的概率，这个运算称为**卷积**，定义如下

$$(\mathcal{P}_\ell \star \mathcal{P}_j)(n)=\sum_{\ell}\mathcal{P}_\ell(\ell)\mathcal{P}_j(n-\ell). \tag{0.48}$$

在这个公式中，对所有允许的 ℓ 值求和，其中 $n-\ell$ 必须是变量 j 所允许的值。连续变量也有类似的公式，其中求和替换为积分。

后文将会讨论衍射导致的图像模糊、X 射线晶体学以及视网膜上的图像处理[①]，你会再次遇到卷积运算。

泊松分布的卷积性质

泊松随机变量具有一个非常实用的性质，即两个独立变量的和还是服从泊松分布。因为任何泊松分布都完全由其期望刻画，按照方程 0.13，我们可以更精确

① 参见 6.8.1 节、8.3.3′ 节以及 11.4.1′b 节。

地表述如下：

$$\text{期望分别为 } \mu_1 \text{ 和 } \mu_2 \text{ 的两个独立泊松随机变量的和是期望为 } \mu_1+\mu_2 \text{ 的泊松随机变量。} \tag{0.49}$$

至此，我们已经完成了对概率论基础知识的回顾，后续章节将用到上述某些重要结论。

0.6 热随机性

生物和物理系统中出现随机性的一个可能原因就是存在被称为“热”的复杂的分子运动。如果某系统拥有的粒子数不算很少且与周围环境接触，那么其运动将会如此复杂，以至于实际观测无法给出任何可辨别的结构。在这种情况下，一个很好的近似是假设每个独立的运动分子的动能正比于周围温度。具体而言，每个分子的能量等于 $(3/2)k_BT$ ，其中 T 是绝对温度 (绝对零度以上的度数)，k_B 是**玻尔兹曼常数**①。在室温下，能级 k_BT_r 可以表示为约 4.1 pN·nm。此外，分子还有内部的随机形变，尽管这些运动可能更复杂，它们也有对应的热能。

T2 *在量子物理中，尽管温度的影响不能简单地与平均动能相关，但玻尔兹曼常数也将扮演类似的角色。参见 1.3.3′ 节。*

总 结

本章引入了一些概念来量化*不确定度*。这些概念在后文会经常出现。第 1 章将会对泊松分布 (0.2.5 节) 的概念进行改造，以适用于更一般的随机过程。在那里我们会看到“泊松过程”这个概念可以很好地描述各类形式的光。

关键公式

与本小节一样，后文每章也都会有一个相应的小节将正文中的关键公式罗列出来。你可以在这些小节中查找每个公式的来源，搞清它们可以应用于哪些场合以及每个符号代表什么。如果你还能进一步核查每个公式中的单位是如何匹配的，你就能更好地理解这些公式。

由于整个前言几乎就是一系列公式的集合，因此没有必要在此重复罗列。下面汇总了一些你已经学过并且在后文将会用到的初等数学知识，至于更多数学背景 (尤其是复数)，可参见附录 D。

---

① 化学家通常会方便地使用相关的量，诸如**气体常数** $R = N_{\mathrm{mole}}k_B$ ，其中 N_{mole} 是阿伏伽德罗常数。

- 级数展开：你肯定还记得如何从泰勒定理导出这些公式。有些近似只有当 x “较小” 时才有效。

$$\exp(x)=1+x+\cdots+\frac{1}{n!}x^n+\cdots$$
$$\cos(x)=1-\frac{1}{2!}x^2+\cdots$$
$$\sin(x)=x-\frac{1}{3!}x^3+\cdots$$
$$\tan(x)=x+\frac{1}{3}x^3+\cdots$$

最后三个公式假设角度 x 是以弧度表示。如果 x 足够小，则 $\sin(x)\approx\tan(x)\approx x$。

- 几何：半径为 r、夹角为 θ 的弧长为 $r\theta$，其中 θ 也以弧度表示。
- 此外，我们还会用到：

高斯积分：$\int_{-\infty}^{\infty}\mathrm{d}x\exp(-x^2)=\sqrt{\pi}$ 。

复利公式[①]：

$$\lim_{M\to\infty}\left(1+\frac{x}{M}\right)^M=\exp(x). \tag{0.50}$$

余弦定理：假设三角形三边长分别为 a 、b 和 c ，且 c 边的对角是 γ ，则 $c^2=a^2+b^2-2ab\cos\gamma$ 。

延伸阅读

下面的每个层次都有海量的优秀参考资料。这里只列出与本书的观点和应用非常相关的书籍。

准科普：

Silver, 2012。

中级阅读：

本章的所有结果都在 Nelson, 2015 中出现过。你也可以参考 Blitzstein & Hwang, 2015; Dill & Bromberg, 2010; Otto & Day, 2007。

量纲分析：Lemons,2017。

高级阅读：

Linden et al., 2014; Jaynes & Bretthorst, 2003。

① 如果年利率是 x 且每年复利 M 次，则公式左边是一年后储蓄存款在初始余额上的乘积因子。

习题

0.1 燃烧

太阳的光亮人尽皆知。它每秒释放出约 3.8×10^{26} J 能量，该能量来自大家熟知的被称为核聚变的过程。

其实你也在发热，只是方式不同。你的基础代谢速率大约为每天 1500 千卡 (1 千卡 = 4.185J)，这些能量来自食物，不仅可被转化成热，也可用于做机械功、生物合成或其他有意义的事情。

把你与太阳直接进行比较是不公平的，所以我们还是来比较两者单位质量的能量转换速率。确保你的计算是正确的，你可以参考附录 B 中的概念。

0.2 概率基础

本章出现的部分公式本身是定义式。从这些定义出发，你可以证明其他很多结果。解析证明下述结果：

a. 方程 0.3、 0.4 和 0.5。

b. 证明由方程 0.6 定义的条件概率总是归一化的。例如，如果 ℓ 和 s 是两个随机变量，则不管 s_0 值如何选择，都有 $\sum_{\ell_0} \mathcal{P}(\ell_0 \mid s_0) = 1$ 。

c. 方程 0.13。

d. 方程 0.14。

e. 方程 0.21和 0.22。

f. 方程 0.23。

g. 方程 0.25。

h. 方程 0.27[提示：麻烦方法是利用方程 0.26；简单方法是利用方程 0.23 和 0.18。]。

i. 证明泊松分布 0.28 对任意 μ 值都是归一化的 [提示：本章的关键公式很有用。]。

j. 方程 0.29[提示：麻烦方法是利用方程 0.28；简单方法是利用方程 0.27，并且维持 μ 不变，对大 M 取极限。]。

k. 求连续均匀分布的期望和方差 (方程 0.37)。

l. 证明柯西分布 (方程 0.40) 是归一的。
m. 方程 0.42。
n. 证明幂律分布 (方程 0.43) 可以归一化，求出归一化因子以及期望和方差。

0.3 午餐时间

想象一只青蛙定时攻击苍蝇。每次试图捕捉苍蝇都是独立的伯努利试验，成功的概率 ξ 反映了青蛙的技能 (和苍蝇的逃避技巧)。我们简单假设在整个实验过程中 ξ 不变。我们可以列出一连串重复攻击的结果 (成功或失败)。

从每次成功攻击开始，定义 j 为下次成功之前的攻击次数。因此，如果紧接着攻击又成功了，我们就记 $j=1$ ，依此类推。求随机变量 j 的概率分布，并根据图 0.1 进行讨论。

0.4 $\mathcal{P}_{\mathrm{geom}}$ 的性质

a. 给定参数 ξ 的值，证明方程 0.24是自动归一化的概率分布函数。[提示：利用本章关键公式，令 $x=1-\xi$ 。]
b. 利用你在 (a) 中使用的泰勒级数展开等式，两边乘以 $(1-x^K)$ ，化简你的结果。由此你可以求出首次成功发生在第 K 次攻击或之前的概率。

0.5 仅凭单位不足以说清楚事情

正文指出，在指数分布中，尽管 β 和 $1/t_{\mathrm{w}}$ 的量纲都是 $\mathbb{T}^{-1}$ ，但前者不是后者的期望。请说明原因。

0.6 从几何分布到指数分布

0.4.2 节介绍了指数族概率密度函数，并提到它们与几何分布有关。考虑一系列重复的独立伯努利试验，每次试验成功的概率是 $\xi=\beta\Delta t$ ，此处 β 是量纲为 $\mathbb{T}^{-1}$ 的常数， Δt 是一个小的时隙。假设每隔 Δt 试验重复一次。如果首次成功发生在第 $j=1$ 次试验，那么我们就不必再等待另一次成功。如果首次成功发生在 $j=2$ ，则等待时间是 Δt ，依此类推。因此，等待成功的时间是 $t_{\mathrm{w}}=\Delta t(j-1)$ 。这个等待时间落在特定区间的概率是 $(\beta\Delta t)[1-(\beta\Delta t)]^{t_{\mathrm{w}}/\Delta t}$ 。

保持 β 和 t_{w} 不变，考虑 $\Delta t\to 0$ 的极限。等待时间落入任意特定区间的概率趋于零，但在此极限条件下，t_{w} 变成了连续变量，所以应该可以用概率密度函数来描述它的分布。求出这个分布，将结果与公式 1.10 进行比较。

0.7　力敏感性

量化触觉敏感度的一种方法是找出皮肤敏感区域 (诸如手臂上) 的最小可辨别的力微扰。对许多人来说，从 10 cm 高处掉下来的一粒盐就接近这种意识感知的极限。将一粒盐视为 $(0.2\ \mathrm{mm})^3$ 体积的立方体，其质量密度约 $10^3\ \mathrm{kg/m^3}$，从静止释放，请估算该晶粒的动能。[提示：该能量等于引力势的变化量。你可以通过量纲分析找到一个具有恰当单位的量，从而再现上述关系。重力加速度的值为 $g \approx 10\ \mathrm{m/s^2}$。]

0.8　高斯分布的卷积特性

对高斯分布，也有一个类似于连续情况下方程 0.49的结果：

期望分别为 μ_1、μ_2 以及方差分别为 σ_1^2、σ_2^2 的独立高斯变量之和也服从高斯分布。　(0.51)

a. 求卷积的期望和方差。(你不需要假设**要点** 0.51是真的。)
b. [T2] 从方程 0.48的连续版本出发，对两个全同且以 $\mu=0$ 为中心的原始分布，证明 **要点** 0.51。[提示：你可以利用第 19 页的高斯积分。]
c. [T2] 对一般情况证明**要点** 0.51也成立。

I 光的多面性

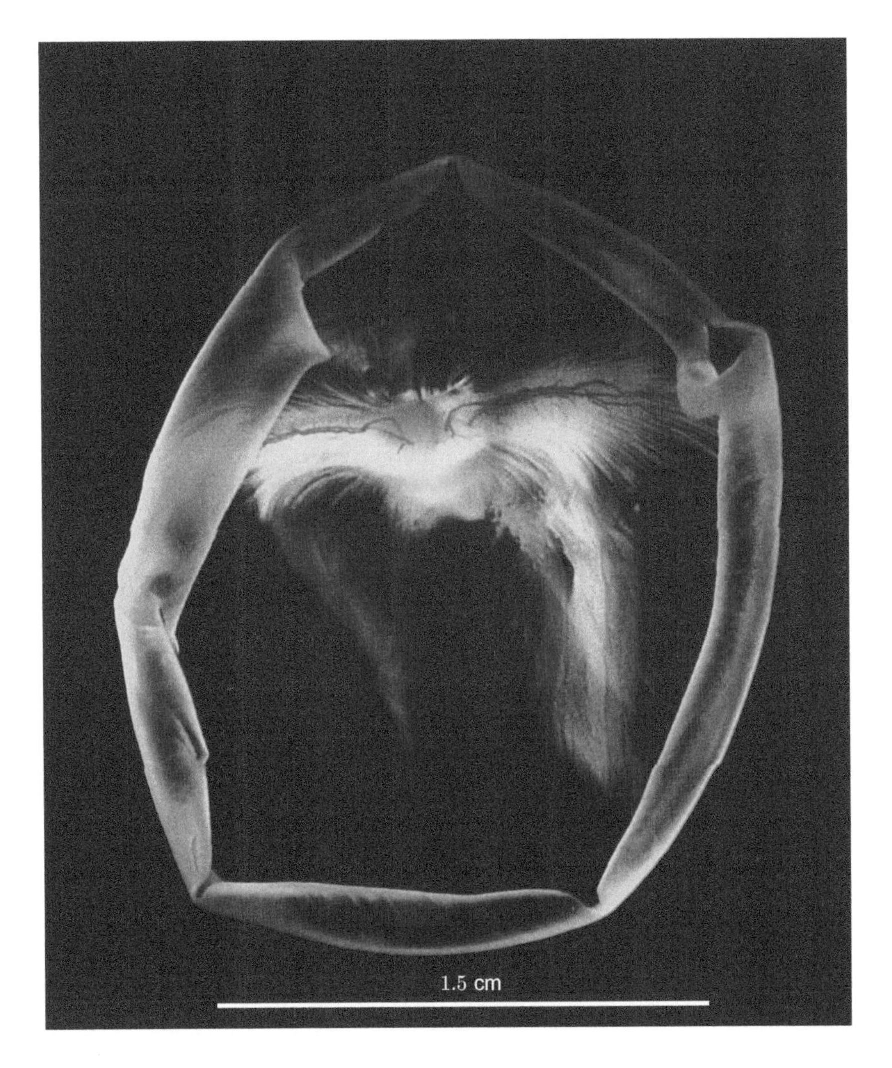

[图片。] **分离出的兔的视网膜**。一片约 100 μm 厚的神经组织。视网膜中的感光细胞将光转换成神经信号，后者由连续的神经元层传递，并最终激发节细胞。在这张图片中可见的主要是节细胞 (白色丝状物) 的输出纤维，它们连接到视神经束。(一些较大的血管也可见。)[蒙 Richard H Masland 惠赠，另见 Masland，1986。]

第 1 章 光是什么

爱因斯坦的假说有时候的确会显得激进,
例如他关于光量子的假说,
但这些事实不应该是苛责他的理由。
因为没有冒险, 就不可能真正地创新 ······
——马克斯 · 普朗克 (Max Planck) 等
在 1913 年提名爱因斯坦成为普鲁士科学院院士时的推荐语

1.1 导读: 光子

生物体是可以获取周围信息并采取行动的物理系统。当然它们还具有生命的其他特征, 例如从外部获取能量并进行转换: 可以用来产生有利的运动, 或者用以构建自己的身体, 甚至用来完成某些计算从而对接收到的信息进行整合并作出响应。

光是贯穿上述特征行为的核心要素:

- 良好的视力使生物体具有决定性的生存优势, 因此许多动物已经进化出非常复杂的视觉系统, 并为此耗费大量能量。
- 光合作用所捕获的太阳能几乎是地球上所有生命的首要驱动力。

科学家是一类特殊的生物体, 也参与获取某类信息。为此, 我们可以在上述列表中再加一条:

- 在过去的三个半世纪中, 正是光成像技术使得我们对生命的理解有了巨大进展, 包括最近刚取得的新突破。

光还为我们提供了一个研究案例, 展示科学家如何被迫放弃一个长期以来被视为成功科学理论典范的物理模型。本章首先会回顾一下引出该模型 (光的 "经典波动理论") 的一些物理现象。后续小节则会介绍一些*新的*现象, 这些现象迫使物理学家在 20 世纪初*放弃*原先的模型, 并代之以差别极大的其他理论。

在本章及后续几章中我们将陆续看到, 这个更新颖的关于光的量子物理模型, 对于理解与生物学和生物物理仪器直接相关的许多现象是必需的。第 4 章将利用量子物理以及光量子的物理图像 (将光视为光子流)，来解释那些看起来需要波动理论才能解释的现象。

与此同时，我们将看到光在空间和时间上都表现出固有的随机性，描述这些特征就需要用到我们在前言中建立的概念。

本章焦点问题

生物学问题： 为什么你需要自然光而不是室内人造光来生产维生素 D?

物理学思想： 自然光中包含维生素 D 在皮肤中合成时所需的不可见光。

1.2　1905 年前对光的认知

光可以介导两物体之间的相互作用，也可以将能量从一个物体转移到另一个物体。“光” 原本指能够刺激我们眼睛的辐射，但最终发现了许多其他种类的光，形成了完整的**光谱**。来自任何光源的光可以通过物理方式 (例如，通过棱镜) 分解成不同波段的连续谱 (见图 1.1)：

- 可见光在此光谱中占据很窄的带宽，一端为红色和橙色，中间为绿色，另一端为蓝色和紫色。
- 可见光波段的一侧是**红外 (IR)** 区域，距离更远的还有微波和无线电波段。
- 可见光波段的另一侧是**紫外 (UV)** 波段，距离更远的是 X 射线，然后是伽马 (γ) 射线。

任何波段内的光还可以细分。例如，在可见光波段，各种不同频率的光在我们的视觉中呈现不同的*颜色*[①]。我们可以构建一个滤光片从光谱中过滤出任何所需的部分而阻止其余部分。如果透射部分的光谱非常窄，我们就称其为**单色光**。

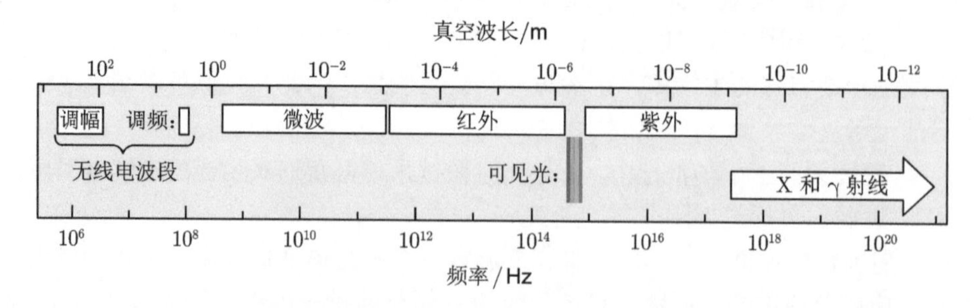

图 1.1　**部分光谱**，其中依据惯例给出了不同波段的命名。因为这些波段之间没有本质的区别，所以本书将它们通称为 “光”，彩色波段被称为可见光。其频率和相应的真空波长以对数标度显示。

① 还有颜色 (例如品红) 没有出现在光谱中。第 3 章将系统地讨论被感知到的颜色，本章仅考虑光的物理特性。

1.2.1 光的基本现象

今天，人们已经认识到光谱的每个部分都能展现出一组相同的现象，因此把它们理解为同一个东西的不同侧面。这个东西我们笼统地叫做“光”。

两个被真空分隔的物体，例如地球和太阳，可以通过光进行联系。大多数频率的光也容易穿透空气之类的密度非常低的介质。有些甚至还能穿透水或玻璃之类的致密介质，X 射线还能穿越我们体内的软组织。

光是运动的，它从一个地方到另一个地方需要时间。然而，与日常感知不同，不管频率多大或发光物体如何移动，真空中的光速总是恒定不变的。因为该速度是普适的，我们称其为自然常数，用字母 c 表示，其值为 $c \approx 3.0 \times 10^8$ m/s。

光通常以直线路径传播[①]。因此，点光源 (或相距很远的大光源，如太阳) 可以投射出明显的阴影。当光遇到不透明物体时，光可以被部分吸收而加热物体。光还可以部分或全部被障碍物反射。如果物体表面光滑且具有明确的形状，则光线如何被反射将是可预测的。

这些现象启发早期科学家用日常生活的经验来类比光，他们认为光似乎是一束实体微粒形成的流，只是该粒子比沙粒要小得多。它们从一个发光物体出发，在空间中无阻地飞行 (或部分地被介质阻挡)，被某些障碍物弹回，最终被吸收而释放出能量。例如，那些进入我们眼睛的光微粒使我们能感知到光。

1.2.2 光在很多情况下表现出波动行为

然而，光也表现出一些难以用粒子行为来理解的现象，例如**衍射**效应中光偏离直线运动的现象。仿照弗朗西斯 · 霍普金森 (F. Hopkinson)[②]1785 年所做的实验，你自己也能看到这样的现象：在眼睛附近放一块精细织物，然后穿过织物观察路灯之类的远处光源。除了主图像，你还会看到其他一些图像，比如我们将在后面章节研究的“透射光栅”效应。霍普金森向他的朋友大卫 · 里滕豪斯(D. Rittenhouse)提到了他的观察结果。尽管当初还不能解释这种效应，里滕豪斯却定量地记录了其细节，并用人类头发构造的平行阵列代替织物测量了图像的角位移。这些结果很难或不可能由光是微粒流这样的物理模型得到解释。

在里滕豪斯的实验后不久，托马斯 · 杨(Thomas Young) 提出了将光类比成水波的假设，部分原因就是为了解释衍射效应。尽管这个**经典波动理论**最终被证明也是不完备的，但它确实解释了微粒模型不能解释的现象。后面章节中我们将要提出第三种光学理论 (量子物理学)，也需要确保它能解释衍射效应。

---

① 伊本 · 海瑟姆 (al-Hasan ibn al-Haitham)观察到了这一现象。他于公元 1011—1021 年所著的《光学书》中还记载了许多用透镜和镜子做的透射和反射实验。

② 霍普金森是美国音乐家和公职人员，他签署了美国《独立宣言》并于 1777 年帮助设计了第一面美国国旗。

任何诸如笛声或涟漪之类的波都具有称为**频率**和**振幅**的属性。因为波携带的能量取决于振幅，所以杨 (Young) 还根据波的振幅来解释对应光源的强度。至于频率，杨认为它与光线在光谱上的位置有关。我们可以不用频率 ν，而是通过 $T = 1/\nu$ (称为“周期”) 或者波长 λ (波在一个周期内在真空中传播的距离) 来等效地表征波的属性：

$$\lambda = c \times (1/\nu). \quad \textbf{真空波长}\text{与频率 } \nu \text{ 的对应关系} \tag{1.1}$$

杨通过与声波或水波现象的类比来解释光衍射。与光类似，水的波前的每个部分在自由空间中都以直线路径移动，但是在通过障碍物的边缘之后将发生弥散。衍射图案中看到的明暗图样[①]的根源可以归结为 λ 和光栅物理尺寸之间的相对大小。由此也可解释里滕豪斯衍射实验中观察到的神秘色彩：光栅对每个频率可见光的弯曲角度不同，因此可以将它们分开。杨还注意到水波和声波在遇到直壁时会反弹，其几何形状与光线撞击镜面时的相同。

当光从空气进入水中时，还会发生另一种偏离直线的运动。惠更斯 (C. Huygens)注意到这种**折射**现象也很容易用波动理论解释，前提是我们假设光在水中比在空气中运动更慢。后来当光速的直接测量成为可能时，这个假设就被证实了。

基于类似的原因，大多数科学家最终接受了光的经典波动模型。后来麦克斯韦 (J. C. Maxwell)发现了电和磁的运动方程，证明这些方程具有波动解，并且能对衍射、折射和许多其他光现象给出定量解释，宣告了经典波动模型的彻底胜利。这组方程还显示了运动电荷如何产生电磁波，以及电磁波如何导致最初静止的电荷产生运动，两者分别对应于光的产生和接收。不久之后，赫兹 (H. Hertz) 等的实验确认了振荡电流会产生具有光的所有特征的行波 (例如以速度 c 在真空中传播，以及衍射、反射和折射等)。大约在同一时期，威廉 · 伦琴 (W. Röntgen)也发现了 X 射线，虽然波长比可见光短，但它被证明也是光。因此，大量现象似乎都能被同一个理论所解释。

以上我们回顾了到 20 世纪初还比较令人满意的光的物理模型，该模型不仅能解释许多现象，同时也具有非常直观的基础。

1.3　光是颗粒状的

经典波动模型之所以取代了旧的实体微粒流模型，部分原因是后者无法对衍射现象给出明确解释。但今天我们仍然可以观察到波动模型也无法解释的现象。因此，这两个模型没有一个是完全令人满意的。

① 第 4 章将详细讨论衍射效应，详见图 4.2。

1.3.1　光的颗粒特征在极低强度下最明显

许多生物体已经进化出探测极弱光的方法，例如星光或者深海中极大减弱的太阳光。光在极弱状态下显示出一些令人惊讶的行为。

在我们理解非常复杂的生物视觉装置之前，让我们先从一个不太复杂的光传感器开始。当传感器暴露于稳定照明时，它会产生可测量的信号。降低光照可以减少测量到的信号，但减少的方式令人惊讶。我们可能预期随着光线逐渐调暗，测量到的信号强度会逐渐降低，最终会消失在设备的背景电噪声里。当某个朋友在嘈杂的电话中轻声说话时就会出现这种情况。但测量到的光信号并非如此。

光敏探测器在全黑环境中确实只输出一些噪声，但在弱光照下噪声背景上会叠加明显的 “尖脉冲”(图 1.2)。改变光亮度并不会改变每个尖脉冲的强度，变化的只是尖脉冲出现的平均速率。

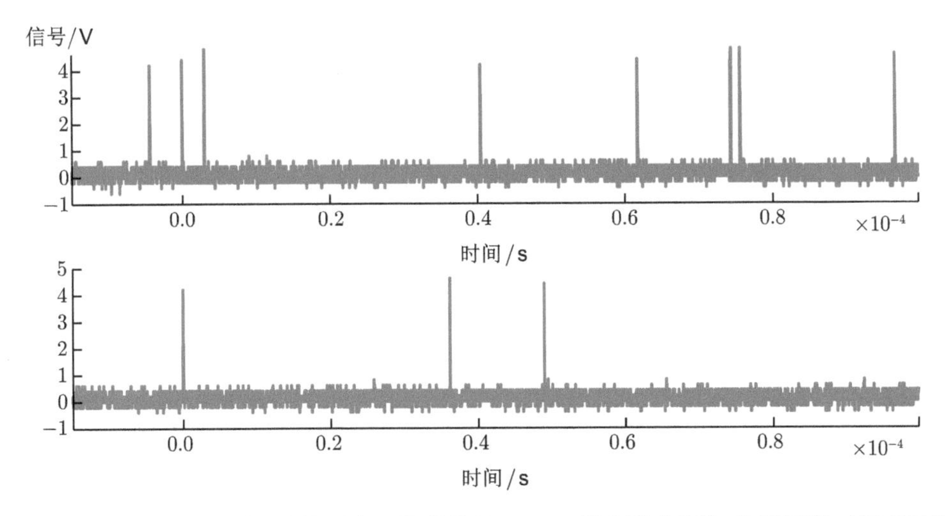

图 1.2　[实验数据。] **来自高灵敏光探测器的信号。** 上图：弱光照明条件下探测到的时间序列信号。下图：更弱的照明光。两种情况下的信号都由叠加在仪器噪声背景上的相似的尖脉冲组成。两者的区别在于尖脉冲出现的平均速率，而不是单个尖脉冲的强度。[数据蒙 John F Beausang 惠赠，见 Dataset 2 。]

图 1.2 中信号的离散或 “颗粒状” 特征并不能自动给出关于光本质的任何信息。即便根据经典波动模型，我们也可以想象光是连续能量流 (类似于图 1.3 中的水流)，只有在积累了足够能量之后，探测器才能根据某些机制触发一个尖脉冲。然而，这个类比的困难在于它预测稳定照明必将导致均匀时间间隔的尖脉冲，但实验表明尖脉冲的出现是某种随机过程①，这类脉冲过程称为**散粒噪声**。

① 1.4 节将详细讨论随机过程。

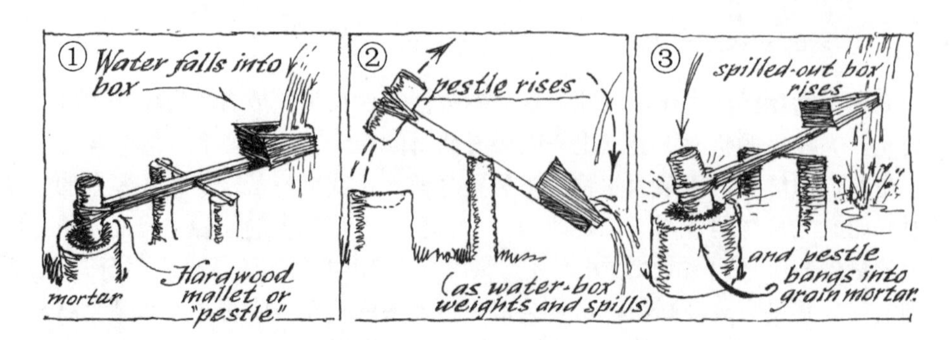

图 1.3　[类比。] **对连续流的离散响应**。流行于 19 世纪早期的“铅锤轧机”将连续的水流转换为周期性的机械功。正文中讨论了为什么这个类比不能充分描述光探测。[Eric Sloane 的艺术图。]

您可以通过聆听 Media 1 [①] 中的音频剪辑来了解均匀间隔的尖脉冲与散粒噪声之间的区别。其中一个是包含均匀时间间隔的呵哩声，另一个是实验数据的音频版本 (部分显示在图 1.2 中)，它包含每个尖脉冲到达时刻的呵哩声。两个音频剪辑听起来完全不同，尽管它们具有相同的平均呵哩速率。

我们可能首先怀疑尖脉冲的离散随机特征是特定光源或探测器技术的缺陷。但事实恰恰相反，无论我们多么谨慎地维持其稳定，各种光源 (包括太阳、蜡烛、热灯丝或激光) 都会在强度降至极低时随机发出尖脉冲。此外，几种不同的探测器技术 (包括雪崩光电二极管、光电倍增管或高灵敏摄影胶片) 都给出类似的结果。这种随机性也不是热运动的副产品[②]，因为即便将探测器冷却至接近绝对零度，也会得到同样的结果。因此，

光敏探测器信号的离散随机特征反映了**光本身**的特性。　　(1.2)

类似上述的实验也揭示了光的另一个重要特性。假设我们用数百万个全同探测器构建一个阵列，如便携式电子设备中的摄像头，然后均匀地照亮该阵列。按照经典波动模型，我们可以想象一系列“波前”从波源扩散，再到达远处的探测器阵列，并在每个探测器中产生一个可测量的信号。这可以与水面上的扩散波撞击一系列浮动的软木塞类比：软木塞将以幅度相近的同步摆动作为响应。

然而，与预期相反，实验表明每个探测器各自独立产生了尖脉冲，并且没有观察到两个探测器同时响应的情况。这意味着光是由某种东西的随机流组成的，这种东西会导致*高度局域化*的后果。仍以上述水波与软木塞的例子做类比，这就意味着几乎所有木塞都保持不动，只有一个随机选择的软木塞不知何故突然冲出水面，空间各处的水波也随之消失。

① 如何获取 Media请见网络资源的说明。

② 0.6 节介绍了热运动。冷却探测器肯定会减少非光致的随机信号 (探测器的暗电流)。

类似行为也出现在更复杂的视觉影像中。视觉影像通常被理解为眼睛不同部分所接收到的非均匀分布的能量场，后者来自外部世界中对应的点。然而，前面的讨论提出了一个截然不同的观点：

> 视觉影像的每个部分都在向探测器输送自己的光 (尖) 脉冲随机序列。当我们扫视影像时，所感受到的光强度的表观变化实际上反映了这些随机信号平均抵达速率的变化。　(1.3)

为了探索不同观点之间的差异，艾伯特 · 罗斯 (A. Rose)使用自己于 1948 年构建的扫描光电倍增管创建了图 1.4 。图 (a) 到图 (f) 显示了随着曝光时间变长(或者说从极弱到强光照明)，从低计数的统计噪声中逐渐浮现出一幅清晰的图样。在中度照明时，对应于较亮部分场景的像素包含更多的尖脉冲，因而这部分图像也显示出比暗淡部分更清晰的细节[①]。场景中暗淡的部分在亮度增加之前显示为噪声。类似地，在显微镜下观察到的单个荧光分子的图像也非常暗淡，这种情况下分子发出的光也以离散的尖脉冲方式到达探测器，并逐渐形成图像。

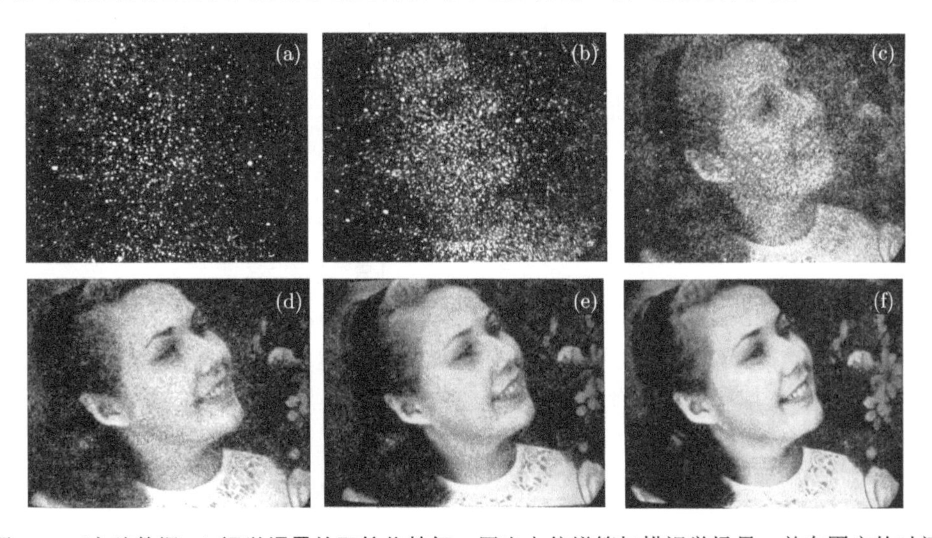

图 1.4　[实验数据。] **视觉场景的颗粒化特征**。用光电倍增管扫描视觉场景，并在固定的时间间隔内记录每个像素接收到的尖脉冲数，从而可重建图像。这几张连续画面显示了曝光时间逐渐加长的结果，(f) 收集的光子总数比 (a) 多出 9000 倍。[数据来自 Rose，1953 。]

“尖脉冲” 解释 (**要点** 1.3) 并不限于相机成像。第 4 章将表明，即使长期以来被认为是光波动性的决定性证据的衍射现象，在光强较低的情况下也会表现出

① 0.5.3 节认为尖脉冲计数是遵从泊松分布的。方程 0.30 指出其相对标准偏差随着尖脉冲统计平均数的增加而减小。

离散性 (颗粒状)[①]，即此时的明暗图样直接反映了不同位置处随机尖脉冲的平均抵达速率。

经典波动理论无法解释光为何呈现出颗粒化特征，但这并不意味着旧理论就是正确的，或者说光就是由实体微粒构成的流，因为后者也无法解释光的衍射 (波状) 现象。因此我们需要考虑光的第三个物理模型，这既不是经典波动模型也不是实体微粒模型。我们将在第 4 章详细探讨该模型。在此之前，我们仍将图 1.1 中的 “ 频率” 和 “真空波长”方便地视为各种光的标签 (对应于在光谱中的位置)[②]。第 4 章还将解释这些量在模型中的含义。

T2 1.3.1′ 节讨论了物理学中其他的随机性。

1.3.2 光电效应

现代仪器，例如产生图 1.2和图 0.4(b) 中的散粒噪声数据的仪器，直接揭示了光的颗粒特征。值得一提的是，这个特征的间接实验证据早在 19 世纪晚期就已出现。这些早期实验还发现了一些在图 1.2 中看不到的关键细节，这些细节对于理解光在生物学中的作用至关重要。具有讽刺意味的是，这些实验中的第一个是由赫兹完成的，而他这一系列实验似乎正是为了 (暂时) 确保波动理论的至高地位！赫兹的这一偶然发现的经历，可以让我们了解一个谨慎的研究者是如何应对始料未及的结果的。

赫兹当时正在研究 “无线电” 频谱内的光的产生，但他很快意识到这方面与他发现的新现象相比并不重要。因此，他暂时搁置了原先的研究计划，转而搭建了一套新设备 (图 1.5)，从而将研究聚焦在新现象上。

在图 1.5 中，在两个金属电极之间加一个高压电源，在两极间产生了一个大的 (长达 10 cm)“初级” 火花 (电弧)。同时，这个电源也将高电压施加到一对较小的 “次级” 火花塞上，后者到初级火花塞的距离为 L 。赫兹保持初级火花不变，逐渐减小次级火花塞两极的间隙，直到开始产生火花为止，并记录下这个临界间隙值。赫兹认为这个临界值是该装置几个变量的函数，他希望考察哪个变量的变化会影响这个临界值。

赫兹发现了令人惊讶的结果，次级火花塞的放电倾向似乎取决于它是否处于初级火花的视线范围内，似乎有某些来自初级火花塞的影响沿直线行进并传递给了次级火花塞。使用不透明屏幕或透明玻璃来中断这种视觉联系，会极大地阻碍次级火花塞放电。完全取消初级火花塞放电也会有相同效果。

赫兹想知道初级火花如何影响次级火花塞放电。他首先发现影响强度随距离

① 见图 4.2。

② 当光线进入透明介质 (如水) 时，其波长会发生变化。然而，按惯例我们根据它在真空中的波长来区分光的种类 (公式 1.1)。我们将这个量称为真空波长，但许多作者将其简称为 “波长”。

L 增加而降低，这定性地类似于点光源的光强度随距离增加而减小。抛开这种影响的物理实质不谈，赫兹发现它可以被镜子反射以及被石英棱镜弯曲，显示出与普通光相同的反射和折射行为。尤其是通过棱镜后发生的弯折角度甚至大于可见的蓝光。赫兹当时还知道两个相关的事实：火花能产生可见光和紫外光 (UV)，以及玻璃能阻挡紫外线。

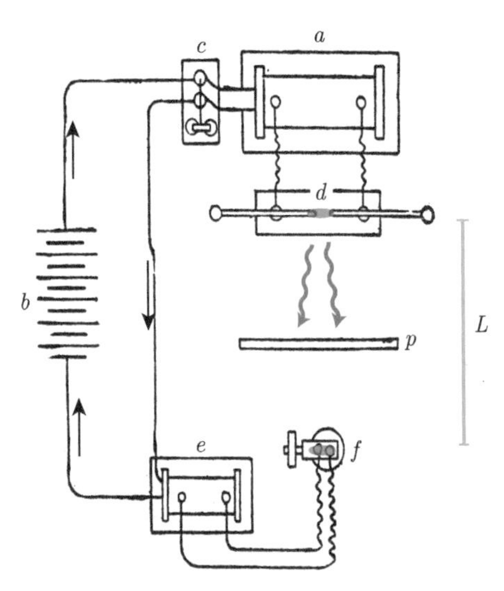

图 1.5　[赫兹的原始实验原理图。] **赫兹的实验装置**。在意外发现光电效应后，赫兹搭建了一个不涉及无线电发射的简单装置。电池 (b) 给初级火花塞 (d)(粉红色) 和次级火花塞 (f)(粉红色) 施加电压，实验者调整次级火花塞的间隙，寻找能产生放电的最大电极间隙。赫兹改变两个火花塞之间的距离 L，并在它们之间插入各种材料 (p)。在一个经典试验中，赫兹阻挡了来自初级火花塞的紫外线 (波浪箭头)，结果发现次级火花塞的最大电极间隙减小到其原始值的一半。赫兹得出结论：来自初级火花塞的紫外光增强了次级火花塞的放电能力，即“光电效应”。(该图还显示了线圈 (a, e) 和继电器 (c)，它们是产生火花所需的高压浪涌的发生器。)[摘自 Hertz，1893 。]

基于上述原因，赫兹提出

$$\text{紫外线落在金属电极上时会以某种方式促进火花的产生。} \tag{1.4}$$

该假说给出了实验可测的预言：即使初级火花的直接照射被阻挡，独立的紫外光源也可以恢复次级火花。赫兹测试了这一预言，发现通过这种安排，次级火花恢复到了比原始实验更高的水平，且没有紫外成分的可见光不会产生这样的增强效应。赫兹仔细记录了他的测试结果，但是之后就回到了他之前的主要研究课题上。

简而言之，赫兹发现落在金属表面的紫外线可以增强金属激发电火花的能力，这就是**光电效应**。几位科学家的后续实验发现了更多线索：

1. 当空气中的一块金属带负电时，紫外线照射会导致其失去多余的电荷，而带正电时不会观察到这种效应。
2. 带负电物体的放电能力取决于照射光的种类：蓝光比红光更有效，而紫外最有效。不同种类的金属都具有特征**光电阈值** ν_*，光谱上低于该阈值的光都不产生光电效应[①]。
3. 光电阈值 ν_* 不依赖于照射光的亮度。低于阈值的某频率的光，无论如何增加其强度，都不会导致任何放电。(然而，频率高于阈值时，放电*率*取决于照射强度。)
4. 发射负电荷的机制不依赖于热运动，因为冷却金属不会改变其光电效应。
5. 如果我们在第一块金属板附近放置第二块金属板，后者将会收集从第一块金属板发出的电荷 [图 1.6(a)]。如果两板通过导线连接，则可以无限期地观察到连续的“光电流”(只要对第一块金属板的照明持续)，即使没有高压源也是如此。

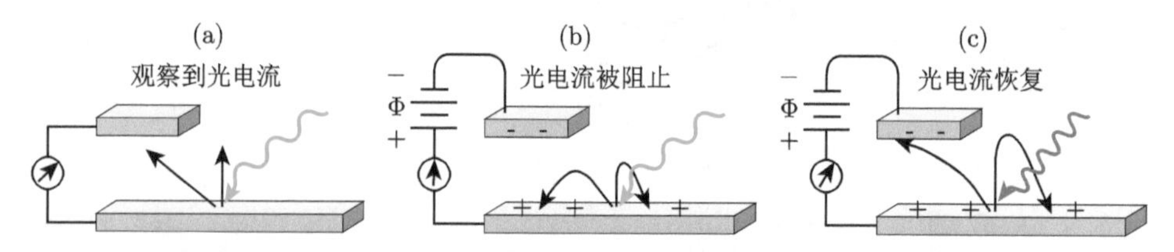

图 1.6 [原理图。] **连续光电流的产生**。赫兹装置中的初级火花 (图 1.5) 被紫外光源 (*未显示*) 取代。次级火花塞被一对金属板取代。高压次级线圈被电流探测器 (*左*) 取代。(a) 光照在底板上，发射出的电子中一些落在未照射的顶板上，并通过导线形成回路被探测器检测到。(b) 在莱纳德装置中，电池被添加到电路中，使顶板有多余的负电荷，电子则仍然可以从底板发射，但它们被吸引回底板 (同时被顶板排斥)，因此不会检测到电流。(c) 两板间保持与 (b) 相同的电位差 Φ，但这次使用更高频率的光照射底板。此时发出的电子比 (a，b) 中的拥有更大动能，因此有些可以直达顶板，我们可再次检测到光电流。对于给定的阻滞电位 Φ，存在阈值频率 $\nu_*(\Phi)$，一旦照射光的频率超过该阈值时，光电流得到恢复。反之，如果给定照射光频率，可以定义截止能量 $U_{\rm stop}(\nu)$，它是电子电荷与某个截止电位差的乘积，一旦阻止电位超过该截止值，就不再有光电流。

6. 光照一旦开启，光电流总是立即出现。尽管光电流的强度取决于照射光的强度，但是在较弱的照射下也不会有更大延迟。
7. 对于给定类型的金属，我们可以通过在第 5 点 [图 1.6(b)] 中描述的两个极板之间加入电池来调节光电阈值。莱纳德(P. Lenard) 发现，如果照射

① 大多数金属都具有位于紫外线范围内的光电阈值，而少数金属如钠的光电阈值处于可见光范围内。

板相对于收集板处于正电位 (即“阻滞电位”)，则光电阈值 ν_* 总是增加 [图 1.6(b)，(c)]。

其他实验也证明：带负电荷的*粒子*能从金属中发射，它们就是刚被发现的在阴极射线管中运动的“电子”。这解释了在赫兹的实验中为什么紫外线会促进火花的产生：它解放了次级电极中的电子，这些自由电子离开金属表面，并受次级火花塞电极间电场的驱动。

莱纳德的光电流实验引入电池从而产生了一个*能垒*，该能垒与阻滞电位 Φ 的关系是 $U=-e\Phi$，其中 $-e$ 是单个电子的电荷。该能垒不仅将来自次级板的电子挡回去，同时也将照射板发射的电子拉回来。这两种效应都阻碍了电子的流动，最终削弱甚至消除了光电流。

物理学家最终解释了莱纳德的实验结果，他们认为入射光能将电子“撞”出来，并且其中一些还能克服上述能垒。对于任何给定频率 ν 的入射光，我们可以定义一个**截止能量** $U_{\rm stop}(\nu)$ 来表示临界能垒，当该频率的光照射在金属表面上时，该能垒刚好大到能消除光电流。莱纳德发现：

- 截止能量的大小与金属类型有关。这个结果符合上面第 2 点，即光电阈值 ν_* 满足 $U_{\rm stop}(\nu_*)=0$，它当然取决于金属类型。
- 截止能量的大小不依赖于光照强度 (比较第 3 点)。
- 截止能量是照射光频率的递增函数 (见第 2 点)。

这些观察结果支持光电效应的如下物理模型

光传递给单个电子的最大“撞击”能仅取决于光的频率。高强度的照射光在单位时间内可以撞击出更多电子，但是它传给每个电子的撞击能与同一频率弱光照射时并无不同。 (1.5)

上述思想也符合图 1.2 所示的更现代的数据：更高的光强度意味着更多的电子被撞出 (探测器每秒测得更多的尖脉冲)，但不会给每个电子传递更多的能量 (每个尖头信号的强度不变)。

1.3.3 爱因斯坦的观点

光电效应对光的经典波动模型提出了严峻挑战。例如，波动理论意味着对于单色光，提高其强度相当于加大波幅。如果光电效应相当于将电子从原子中拉出并赋予它们动能，则更大的波幅肯定会传递给电子更多的能量，但莱纳德的实验结果否定了这个预测。此外，弥散在波中的能量要聚集起来传递给单个电子，这需要时间，因为能量需要逐渐累积①。因此，波动模型预测光照与第一批电子获得足够能量发生逃逸之间存在一个*延迟*。但是，即使在低照射强度下，实验上也没

① 回顾图 1.3 中的类比。

有观察到这种延迟[①]。

阿尔伯特 · 爱因斯坦 (Albert Einstein) 意识到，光传递给单个电子固定动能的新概念 (**要点** 1.5) 虽然与经典波动模型有冲突，但与最近几个有关炽热物体发光的实验相吻合。马克斯 · 普朗克 (Max Planck) 已经提出了一个数学公式来描述“热辐射”实验中测得的光谱。该公式包括一个新的自然常数，我们现在称之为“约化**普朗克常数**”，用符号 $\hbar$ 表示[②]。爱因斯坦发现普朗克公式可以通过假设单色光由能量包 (现称为**光子**)组成而导出，每个能量包等于

$$\boxed{E_{\text{photon}} = 2\pi\hbar\nu. \quad \text{爱因斯坦关系}} \tag{1.6}$$

在这个公式中， ν 就是经典波动模型中所定义的光频率。例如， ν 描述了通过棱镜或光栅后出来的光线落在光谱的哪个位置。

爱因斯坦预测*相同的*数值常数 $\hbar$ 也是光电效应中的控制因素，它确定了任何类型的光撞击电子时所能赋予的最大动能。该物理模型可以定量预言截止能量：假设移除一个电子的最小能量代价是某个常数 W，其数值依赖于实验使用的特定金属。电子必须消耗部分初始动能才能从金属中逸出，最多只剩下 $2\pi\hbar\nu-W$ 的能量以克服实验者额外施加的阻滞电位。如果电子的初始动能小于逸出金属所需的能量 (即 $2\pi\hbar\nu < W$)，则电子无法离开金属，即使没有施加阻滞电位也不会有光电流。因此，公式 1.6 预测了截止能量是 $2\pi\hbar\nu$ 和 W 之间的差值。由于 W 仅取决于金属而与入射光类型无关，因此爱因斯坦详细预测了截止能量与入射光频率之间的依赖关系：

每种金属的截止能量与照射频率之间必然存在线性关系 $U_{\text{stop}}(\nu) = 2\pi\hbar\nu - W$。此式的斜率 $2\pi\hbar$ 必然等于普朗克在解释热辐射光谱时引入的数值，截距 $-W$ 仅取决于金属的种类 (与入射光的频率和强度都无关)。 (1.7)

这个预测是完全可证伪的：它不仅是定量的，而且关键量 $\hbar$ 不是拟合参数，而是从热辐射光谱中独立得到的[③]。

在这一点上爱因斯坦也曾不被众人理解，因为当时还没有实验结果可以证实其预测。十一年后才出现了决定性的证据，最终人们发现**要点** 1.7 的斜率确实是普适的，它总是与普朗克常数值一致，与电极的金属类型、照射光源和强度、温度及其他可调参数都无关。

---

① 参见 1.3.2 节中的第 6 点。

② 发音 “aitch-bar”。有些作者引入符号 h 来表示量 $h = 2\pi\hbar$。但是 h 也可能表示其他物理量，因此这种表示法可能产生混淆，所以本书使用统一的符号 $\hbar$ 。其他作者引入 “角频率” $\omega = 2\pi\nu$，据此，式 1.6 可表示成 $E_{\text{photon}} = \hbar\omega$。

③ B.4 节解释了普朗克如何确定 $\hbar$ 的值。

爱因斯坦的想法也能解释当代高灵敏探测器中观察到的离散尖脉冲 (图 1.2)，因为后者的工作机制类似于光电效应。不过，它多了一个关键因素，即效应对频率的依赖性。

T2 1.3.3′a 节给出了有关光子实在性的更多证据。1.3.3′b 节讨论了光子携带的动量。1.3.3′c 节讨论了爱因斯坦关系与热辐射谱之间的联系。1.3.3′d 节讨论了“频率”的概念。附录 B 介绍了普朗克如何发现普朗克常数。

1.3.4　生物学中的光诱导现象定性支持爱因斯坦关系

爱因斯坦的想法与我们关于生物学与光的某些知识相吻合。生物学或医学中的许多过程都需要光才能发生，实际上需要频率大于特定阈值的光。例如，

- 可见光不会诱发皮肤癌。只有比可见光频率更高 (或波长更短) 的光才具有这种生物效应。
- 类似地，紫外线是我们皮肤中维生素 D 合成所必需的，缺乏紫外线成分的人工室内照明不利于维生素 D 的合成。
- 蓝光照射 (光疗法) 可以清除早产儿血液中过量的胆红素，但红光就没有这个功效。

这些例子中的每一个都突显了爱因斯坦的观点：阈值只与光的频率有关，与光强无关。每个例子都会在后续章节中进一步讨论。

以上我们回顾了一些与光的连续波动模型相矛盾的现象，看来需要一个新的“光颗粒”模型。我们也发现某些生物现象似乎与光的这种颗粒特征有关。在我们提出新模型来替代光的波动模型之前，本章余下部分以及第 2 章将更系统地论述光的这一特性，为此下面将先来介绍一些后面将用到的概率论中的概念。

1.4　背景知识：泊松过程

本书中类似本节的“背景知识”部分都会简介一些基础知识。

图 1.2 表明，即便光源保持得尽可能稳定，单个光子尖脉冲的到达时间也是不可预测的[①]。但前言指出没有一个系统是完全不可预测的，我们可以用概率分布来描述我们掌握的信息。实际上，实验表明，对于大多数光源，尖脉冲在光敏探测器上的到达时间遵循简单的普适形式，这类过程称为泊松过程。其他许多明显不相关的过程也具有近似泊松过程的特征，例如，放射性衰变、酶转换、神经递质囊泡的释放[②]，甚至某些情况下的神经信号转导过程。

① 习题 1.3 将研究这些数据。

② 有关囊泡的释放参见图 2.8 、习题 2.1 和图 10.13。

1.4.1 泊松过程可以定义为伯努利重复试验的连续时间极限

随机过程是由时间序列描述的随机系统。例如，图 1.2 中的探测器测得的尖脉冲是全同的，因此我们只需用尖脉冲的到达时间序列 $\{t_1, t_2, \cdots\}$ 来描述单次试验的结果。如果我们重复该实验，就相当于对该随机过程进行了另一次抽样，将会得到另一个时间序列。

泊松过程就是其中一类随机过程，它可以描述许多生物物理现象。为了定义泊松过程，我们将一个时间间隔分成连续的时间片段 Δt，然后决定是否在每个时间片段的中部放置一个尖脉冲。泊松过程可由下列特征来刻画

- *在任何时间片段中存在尖脉冲的概率等于 $\beta\Delta t$，与任何其他时间片段中发生的事件无关。* (1.8)
- *在维持 β 固定的前提下，取连续时间极限 $\Delta t \to 0$。*

因此，泊松过程可以由单个参数 β 刻画。因为 β 给出了单位时间的发生概率，所以它的量纲为 $\mathbb{T}^{-1}$。

1.4.2 固定时间间隔内的尖脉冲计数服从泊松分布

对随机过程的每次抽样都涉及大量数据，因此在这个大样本空间上给出完整的概率密度函数并不容易。然而，对于泊松过程通常只需要了解两种约化分布。

第一个约化分布关心的问题是："在固定的时间间隔 T_1 中我们将观察到多少个尖脉冲？"答案不是单个数字，而是含有随机变量 ℓ 的离散概率分布，实际上其分布形式很熟悉：

对于具有平均速率 β 的泊松过程，在给定时间间隔 T_1 内获得 ℓ 个尖脉冲的概率服从泊松分布：$\mathcal{P}_{\text{pois}}(\ell;\beta T_1) = (\ell!)^{-1} \cdot \mathrm{e}^{-\beta T_1}(\beta T_1)^{\ell}$。 (1.9)

思考题1A

> a. 利用你对泊松分布的知识求固定时间间隔 T_1 内的尖脉冲数的期望值，然后除以 T_1 求得每单位时间的尖脉冲数，这个量如何依赖于 β 和 T_1？
>
> b. 通常我们很难注意到光的泊松特征，因为光子的到达是如此快速以至于我们还无法将它们记录为单独的事件。证明如果 T_1 远大于 β^{-1}，则 T_1 中的尖脉冲数的相对标准偏差很小。

1.4.3 等待时间服从指数分布

泊松过程的第二种约化分布关心的问题是:"我必须等待多长时间才会出现下一个尖脉冲?" 这次的答案是完全不同的,因为存在一个连续的等待时间概率密度函数。0.4.2 节已经给出了答案[①]:

> 泊松过程的等待时间服从指数分布, $\wp_{\mathrm{exp}}(t_{\mathrm{w}};\beta)=\beta\mathrm{e}^{-\beta t_{\mathrm{w}}}$, 与前一个尖脉冲何时到达无关。 (1.10)

图 0.4(b) 说明弱光照确实遵循这种分布,并暗示了其潜在的泊松过程特征。光源的强度只与随机过程的平均速率有关。

以上介绍了一种新的概率分布 (随机过程),这对于描述光是有用的。

T2 有关泊松过程更详细的讨论参见本章末尾的参考文献。1.4′ 节进一步介绍了光子到达时间在何种情况下才能形成泊松过程。

1.5 光的新物理模型

前面描述的一些结果似乎暗示光不可能是实体微粒流 (类似 "沙粒"),而其他结果又暗示光也不能是经典的波,如下

- 探测器测得的来自匀强单色光源的信号是一系列随机的离散事件。
- 大范围的均匀照明却产生了独立且高度局部化的事件。高灵敏相机中的不同像素从不在同一时刻响应。相比之下,经典波的能量将连续分布在整个照射区域。如果波幅处处均一,则该区域对光作出的任何响应都是处处同步的。
- 在光电效应中,对某个固定波长的光来说,越弱的光撞击出的电子数越少,但不会影响截止能量。

本章的余下部分将聚焦在这三点上。第 4 章将再次回到类波动现象 (1.2.2 节),我们将看到这些现象与光的离散特征并不矛盾。

1.5.1 光假说,第一部分

前面描述的现象引发了一系列有关光的论点[②]:

① 见方程 0.41。

② **要点** 1.11之所以被称为第一部分,是因为第 4 章会对其进行拓展。

光假说，第一部分：

- 光在真空中的传播速度 $c \approx 3 \times 10^8$ m/s。
- 光以能量包 (光子) 的形式出现。来自单色光源的光子各自携带相同的能量，其大小由光在光谱中的位置决定。
- 光子与物质相互作用时，或者将其携带的所有能量都传递给单个电子 (光吸收)，或者从电子旁边穿过而不扰动电子 (自身也不改变)。两种情况的出现是随机的 (伯努利试验)。 (1.11)
- 光子可以由单个电子无中生有地产生，只是电子损失的能量等于新光子的能量。光子的产生 (也称为“发射”) 也是随机的，例如，像太阳这样的光源虽然看似具有恒定的强度，但实际上发射光子的过程是随机的。

我们不打算从更深层次的基本原理出发来导出上述光假说。相反，我们可将其视为若干基本原理的浓缩表述，从而能用来解释大量的生物物理现象。虽然物理学家认为它是确证无疑的，但我们仍然使用“假说”这个词，来强调它本身的难以置信。在最终承认它的正确性之前，我们将检验考察更多现象。

光假说断言不同形式的光都具有离散特征。然而，无线电这样的低频光的 E_{photon} 是如此小，以至于它们的离散性通常观察不到。相比之下，伽马射线这样的高频光的 E_{photon} 是如此大，以至于它们在几乎所有情况下都表现出离散性。处于中间波段的可见光等，表现得既离散又连续，完全取决于我们研究的具体问题。许多生物物理应用涉及光谱的可见区域，因此我们需要掌握光的这两方面特征。

T2 1.5.1′b 节提到了关于光假说的一些更精细的观点。

1.5.2 光谱可视为某个概率密度分布乘上总速率

1.3.3 节提到了 E_{photon} 与光的表观频率之间的定量关系，即爱因斯坦关系 $E_{\mathrm{photon}} = 2\pi\hbar\nu$。第 4 章将从更一般的原理导出这一关系[①]，而不是像光假说那样只是指出这一事实。在那之前，我们只需将 ν 简单地理解为 $E_{\mathrm{photon}}/(2\pi\hbar)$ 的缩写即可。类似地，真空波长可认为只是量 c/ν 的缩写。

我们可以求得光子流中不同光子的真空波长的概率密度函数(PDF) $\wp(\lambda)$，其量纲恰巧是 $\mathbb{L}^{-1}$ [②]。令 Φ_{p} 表示所有波长的光子到达的总平均速率，引入组合函数 $\mathcal{I}(\lambda) = \Phi_{\mathrm{p}}\wp(\lambda)$，称为**光子到达速率谱**，或简称为“光谱”[③]。$\mathcal{I}$ 单位可以选

① 参见**要点** 4.5。

② 我们也可以用频率或能量来描述光子，并给出变换后的对应 PDF，但本书将采用更惯用的基于真空波长的描述。可参见习题 3.2。

③ “谱”这个词不仅用来描述光透过棱镜后在屏幕上投射出的实际图案，也用来指称描述光束组分的数学函数 $\mathcal{I}(\lambda)$。在容易引起歧义的地方，我们都将明确使用长词组“光子到达速率谱”来表示 $\mathcal{I}(\lambda)$。

择为 $s^{-1}\cdot nm^{-1}$。由 $\wp(\lambda)$ 的归一化条件可知，光子到达的总平均速率 Φ_p 可以由积分 $\int d\lambda\mathcal{I}(\lambda)$ 给出。

某些作者不是按波长间隔给出光子到达速率，而是引入函数 $(2\pi\hbar c/\lambda)\mathcal{I}(\lambda)$。该函数给出了每波长间隔的能量传输速率，因此它的单位可以选择为 W/nm。这个函数也经常被称为“频谱”，这可能导致混淆，所以本书不会使用这种描述，而是始终使用函数 $\mathcal{I}$ 。当你阅读其他书籍和出版物时，通过查看其物理单位就可得知作者使用的是哪种描述①。

1.5.3　光可以从单个分子中击出电子从而引发光化学反应

物质由大量带正电的原子核以及被其吸引 (“结合”) 的电子组成。每个电子既可能与单个核相连，也可以被共享。金属就是一个极端例子，其中一些电子可以在整个样品中巡游。

在光电效应中，光子的能量被转换成单个电子的动能 (见 1.3.2 节)。该动能足以克服金属表面对电子的吸引力。电子逸出后剩余的能量可用于克服额外施加的阻滞电位。类似地，单个原子在足够高频率的光照下也会失去电子 (即电离)②。下面两个现象进一步阐明了光假说中提及的“光子将所有能量传递给单个电子”到底意味着什么。

- 很多材料都是电绝缘体：即使我们给样品施加电压，它们的电子也会锁定在一个没有净流动的稳固状态。然而，在诸如光伏体的特殊绝缘体中，入射光子可以将能量传递给电子，并将其推向更高能量态，在该态中它可以移动。这些被“激发的”电子即使不离开材料，也可以穿越它并产生净电流。太阳能电池就是基于这种机制。更复杂的版本 (例如，相机中的电荷耦合器件) 工作原理也类似。
- 接下来我们考虑在单个分子中参与化学键形成的一个电子。入射光子可以将该电子从其分子中彻底撞击出来，或让其在分子内部移动以破坏原来的化学键并可能形成另一个化学键——这就是一个**光化学反应**。如果原始化学键是 DNA 链结构的一部分，改变它就会导致突变，这是皮肤癌的第一步 (图 1.7)。这就是紫外线照射危险而可见光不危险的原因。类似于光电效应，断裂某个化学键需要一定的阈值能量，这意味着入射光的频率至少要超过一个阈值。同样道理，许多油漆和油墨在阳光直射下会褪色 (光漂白)，但在人工光线下不会，因为只有阳光才含有大量的紫外线成分。

---

① T2 在你自己的工作中，如果有必要，你可以将 $\mathcal{I}$ 称为“光化光谱”，而将 $(2\pi\hbar c/\lambda)\mathcal{I}(\lambda)$ 称为“辐射光谱”。

② 事实上，爱因斯坦 1905 年的论文已经指出他的观点可解释一个相关现象，即气体在光照下会电离 (光电离)，前提是光的波长足够短。爱因斯坦还指出该假说可以解释斯托克斯位移 (见 1.6.3 节)。

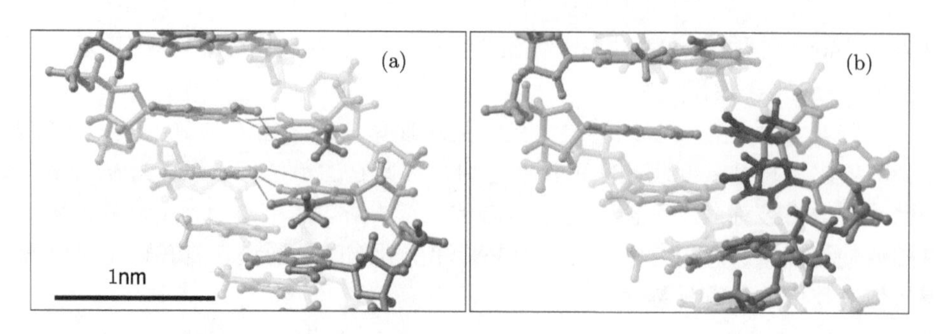

图 1.7 [基于结构数据的艺术构图。] **DNA 光损伤**。(a) 正常的 DNA 片段。每个碱基大致位于垂直于纸面的平面上，堆叠的碱基形成双螺旋链。碱基之间通过氢键 (*灰线*) 来配对并结合为双链。(b)DNA 的某种光损伤。两个相邻的胸腺嘧啶 (*紫色*) 发生共价键合 (*青色线*)。新结构将会在 DNA 复制过程中引发错误，进而导致基因突变。[图由 David S Goodsell 提供。]

除了以上现象，本章余下小节将探讨光假说如何帮助我们理解更多物理、化学和生物现象。这些现象不能被旧的光波动模型解释。我们还将发现一些涉及电子的令人惊讶的行为：它们也表现出波粒二象性行为。

从本节开始，我们将陆续了解关于光的一个新的物理模型。在最终完成光假说之前，我们接下来考察能对该假说给出定性支持的更多现象。

T2 1.5.3′ 节更详细地讨论了 DNA 的光损伤。

1.6 光子吸收可能导致荧光或光致异构化

1.6.1 电子态假说

光子既不需要从原子中完全击出电子，也不需要破坏分子中的化学键，就能对电子施加影响。为了定性理解这些现象，我们需要将光假说与一些额外的观点结合起来，这些观点可能是你在化学课上已经熟悉的。

电子态假说：

- 孤立原子中的电子处于一组离散的物理状态。每个状态拥有各自的特征能量和空间结构 (大小和形状)。
- 孤立原子中的电子倾向于自发回复到能量最低态 (**基态**)。这些回复过程是在等待一段时间后突然发生的，等待时间的长短是随机的。 (1.12)
- 当两个或多个原子核靠拢时，它们的电子可共享一组新的态，或称“分子”态。每个态中的电子能量取决于原子核之间的相对位置。

要点 1.12 中提到的电子能量包括电子的动能、它们之间的排斥势能以及它们与原子核之间的吸引势能。我们用符号变量 y 来集体表示原子核的位置。

因为电子质量远小于原子核质量，所以它们的运动速度也比原子核快得多。电子会不断及时重排以跟上原子核位置的缓慢变化，但保持固定的激发水平 (基态或“激发”态)。因此可以将电子态能量简单地视为 y 的函数，这相当于反作用于原子核的势能函数。将它与原子核之间的排斥势合并，就能给出总的有效势 $U_\alpha(y)$ ，它依赖于核位置以及电子态的激发水平 (用离散指标 α 表示)。因此，存在多个这样的函数。我们用特殊符号 $U_0(y)$ 来表示与电子基态相关的函数。至于电子激发态，原子核倾向于选择能最小化有效势函数的空间排列 y 。

T2 1.6.1′ 节提到了对水溶液系统应用电子态假说时需要注意的一些细节。实际上，采用与光的描述类似的观点，可以推导出电子能级的离散性，详见第 12 章。

1.6.2 原子具有尖锐的谱线

电子态假说 (**要点** 1.12) 与单个原子与光相互作用的实验事实相符。假设我们用低压氖气灌注腔体并对氖气通电，这会将能量注入这些孤立的原子中。每个原子中的电子可以从基态跃迁到能量更高的态。原子为了回复到基态，必须失去一份固定的能量 (两个能级之差)。根据光假说，这份能量表现为单个光子，必然具有确定的频率。因此，如果我们按照频率 (或波长)对发射的光子进行分类，可以预期它们的分布将显示出清晰的“谱线”，如图 1.8 所示。这些线可以表征腔中原子的类型。

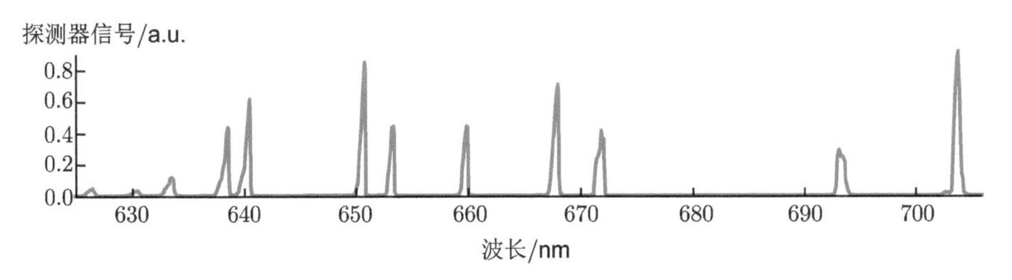

图 1.8 [实验数据。] **氖气的发射光谱**。普通氖灯的发射光谱显示出多个尖峰。

促使电子跃迁到激发态的另一个方法是将光照射到气体上。如果入射光子具有恰当的能量，就可以将原子中的电子激发到更高能态，同时光子被吸收。之后，原子可以发射一个相同的光子，从而回复到基态。但发射的新光子可能并不与入射光处于同一方向，也就是说，吸收/发射过程的净效应可能是使得入射光被“散射”。

上述系统还显示了电子发射以及电子重排之间的关键差异。前者仅需满足激发阈值，例如光电效应中的光电阈值。后者是电子在两个能态之间的跃迁，需要一份确定能量或者说特定波长的光，才能触发这一过程。如果参与该过程的光子

“太红”(能量不足) 或 “太蓝”(能量过高)，那它会直接越过原子而不发生相互作用。

T2 1.6.2′ 节给出了电子态假说的更精细说明。

1.6.3 荧光分子

分子也可以吸收和发射光，但具有单原子所没有的一些特征。本节将描述分子吸收光后又重新发光的一种特殊过程，通常称为**荧光**。

分子有别于孤立原子，其原子核的相对位置可以发生重排。例如，二氧化碳分子具有三个核，它们通常呈一条直线，但也可以轻微位移从而使分子弯曲。类似地，水分子的三个核通常处于弯曲的构型，但其弯曲角度及核间距也都可以轻微改变。原子核的相对位置是一组矢量，我们可以统称为 y (即分子 “构型”)。将每个构型视为复杂 “构型空间”(由 y 的所有允许值构成) 中的一个点，则分子的构型变换对应于构型空间中从起始点到终止点的一条*路径*。这样的路径很多，因为 y 包含多个变量。不过眼下我们只限于考察分子最容易发生弯曲运动的那条路径。因此，我们可将 y 视为单个变量 (“反应坐标”)，用来描述分子沿着该路径运动时的位置。

每个允许的电子态都依赖于原子核的位置。因此，每个电子态对应的分子总能量(包括核之间的排斥能) 也取决于 y。例如，基态势能是 1.6.1 节中的函数 $U_0(y)$ (如图 1.9 中的最低曲线所示)。该分子大部分时间都处于基态势能函数值最小的位置，即分子构型 $\bar{y}_0$ 。

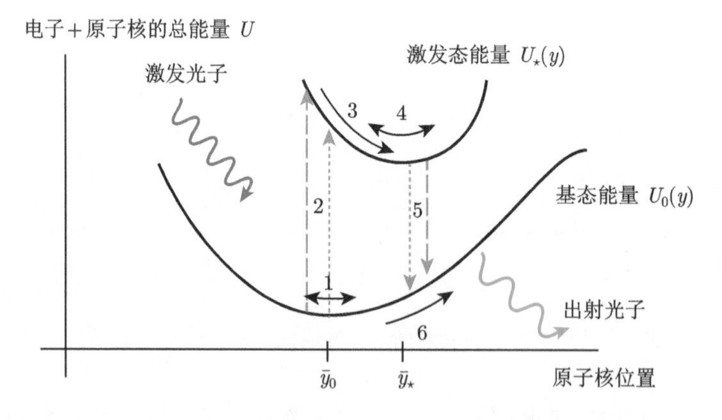

图 1.9　[能量示意图。] **荧光过程的物理模型**。1：分子中原子核的位置在 $\bar{y}_0$ 附近涨落，这个位置对应于电子处于基态时分子总能量函数 $U_0(y)$ 的最小值。2：分子吸收光子，促使电子进入激发态。*虚线和点线*的不同长度表示所需的光子能量取决于当时核的位置 y 。3：核作出响应，向新的激发态势能函数 $U_\star(y)$ 的最小值移动。4：原子核在新的势能最小值对应的位置 $\bar{y}_\star$ 附近涨落。5：分子最终发射一个新的光子 (*右*)，电子回到基态。*虚线和点线*的长度表明发射光子的精确能量值因位置而异。6：原子核位置重排，回到 $\bar{y}_0$ 附近。上升和下降箭头之间的长度差异反映了该荧光分子 (荧光团) 的斯托克斯位移。

当分子溶解在水中 (或在活细胞的复杂环境中) 时，它们参与热运动而不断碰撞，因此不是孤立的。每次碰撞都会造成分子核的相对运动，也就是说碰撞会改变 y。因此，核非常接近但不完全处于构型 $\bar{y}_0$，也就是说 y 在 $\bar{y}_0$ 附近波动。图 1.9 步骤 1 中弯曲的双箭头代表了这种不停的弯曲和拉伸运动。

一旦分子被激发，其新的电子态就会对原子核产生新的有效势能 [图 1.9中标记为 $U_\star(y)$ 的顶部曲线]。改变电子态所需的能量由基态势能曲线上的点与激发态曲线上对应点之间的距离表示。因为在电子跃迁之前 y 有波动，所以该“激发能”也不是定值，换句话说，电子激发所需的能量不像单个原子那样可以严格定义。相对于单原子的窄谱线而言，我们说分子的**激发光谱**被“加宽”了 [比较图 1.8 和图 1.10(a)]。激发谱中无法忽略的波长范围被称为分子的**激发带**。类似地，分子激发后再跃迁回基态时发出的光的波长分布也比较宽，称为**发射光谱**，见图 1.10(b)[①]。

综上，我们可以得到关于荧光的一项重要知识。激发态势能函数的最小能量构型 (在图 1.9 中称为 $\bar{y}_\star$) 可能不同于基态的最小能量构型 ($\bar{y}_0$)。电子跃迁后，原子核开始从 $\bar{y}_0$ 附近向 $\bar{y}_\star$ 移动，同时与周围的水分子发生碰撞使之轻微加热，从而释放过剩的势能。图 1.9 中标记为 3 的步骤表示这一过程。因为下滑步骤 3 的存在，受激分子回到基态时所释放的能量略小于跃迁到激发态所需的能量[②]。

简而言之，

> 荧光分子的发射谱较宽，但其峰值波长比所需的激发波长更大。相反，孤立原子发射的光具有确定的波长，且与激发波长相比无位移。　(1.13)

具有这种行为的分子或分子内的基团称为**荧光团**。激发谱与发射谱的峰值波长之差称为**斯托克斯位移**(图 1.10)，这是荧光团的特征量。对于斯托克斯位移现象你可能并不陌生，例如，许多织物和颜色鲜亮的墨水在被“黑光”(紫外光源) 照射时会呈现出可见的色彩。

激发谱和发射谱的特征可用于辨别荧光团的类型。根据光谱 (即入射光和出射光的光谱) 分析某些现象 (例如荧光) 的学科通常称为**光谱学**。第 2 章将讨论斯托克斯位移 (荧光的光谱特征) 如何引发了显微技术的一场革命。

与一般荧光分子不同，好的荧光团处于激发态时发射光子的概率很大并且持续时间 (核到达 $\bar{y}_\star$ 位置后再回复到基态) 足够长 (通常为纳秒左右)。

---

① 另一种常见情况是，受激发的分子可以通过其他途径消耗能量而不必发出光子，一个典型的途径是与其他分子发生碰撞。此时受激发的分子就不发荧光。不过，如果其激发谱的峰值处于可见光范围内，那这种分子就可用作色素，因为它可以消除该峰值带内的光。

② 图 1.9 的步骤 6 显示了另一个类似的能量损失过程。当电子构型回复到基态时，原子核最初不处于 $U_0(y)$ 最小值的位置。因此，y 必须再次下滑到 $\bar{y}_0$，并以散热的方式耗散更多的能量。

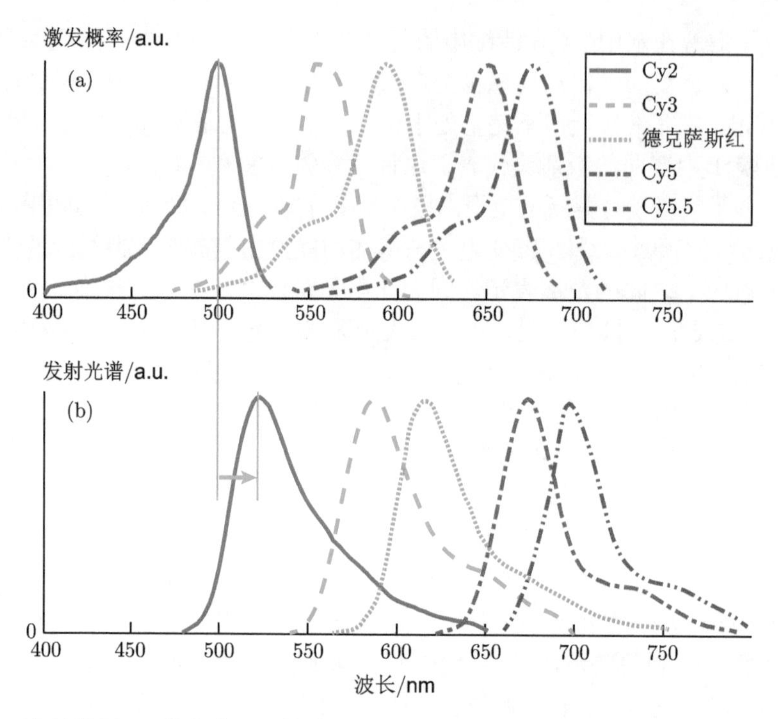

图 1.10 [实验数据。] **激发谱和发射谱**。(a) 五种常用荧光团的激发光谱。每条曲线都分别重新标度过。曲线是光子真空波长的函数，纵轴的值与该波长光子激发荧光团的概率成正比。纵轴单位缩写为 a.u.，表示“任意单位”，参见附录 B。(b) 同一组荧光团的发射光谱。纵轴表示被激发的荧光团发射各种波长光子的概率密度函数。这些光谱比单原子光谱宽得多 (比较图 1.8)。而且，每个分子的发射谱峰值波长相对于激发谱峰值波长都发生了红移，即斯托克斯位移 (箭头；见要点 1.13)。[数据蒙 Yuval Garini 惠赠。]

荧光团与“生色团”是不同的概念。后者是倾向于吸收特定波段光的分子或基团，但它不会发射具有斯托克斯位移的光子[1]。换句话说，生色团通过选择性地吸收光来产生颜色，没有被吸收的光在波长不变的情况下要么透射、要么散射。

还有些发光现象与荧光密切相关。如果能量来自化学反应而不是射入的光子，则该过程被称为“化学发光”(如化学发光棒玩具)。当能量来自活细胞代谢时，我们可以使用更具体的术语“生物发光”(如萤火虫、水母，甚至一些细菌的光晕，见图 1.11)。

T2 1.6.3′ 节讨论了为什么电子跃迁可由图 1.9 中的竖线表示，并且更精确地解释了势能函数 $U(y)$ 的含义。

① **色素**这一术语可以指生色团或含有生色团的大分子。**染料**则是个比较宽泛的词，通常指生色团或荧光团。

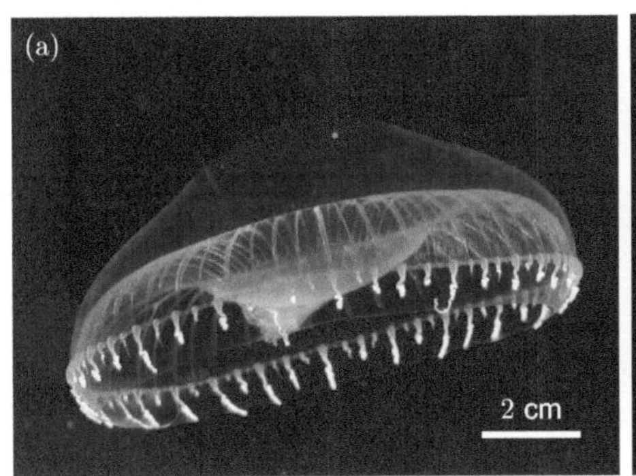

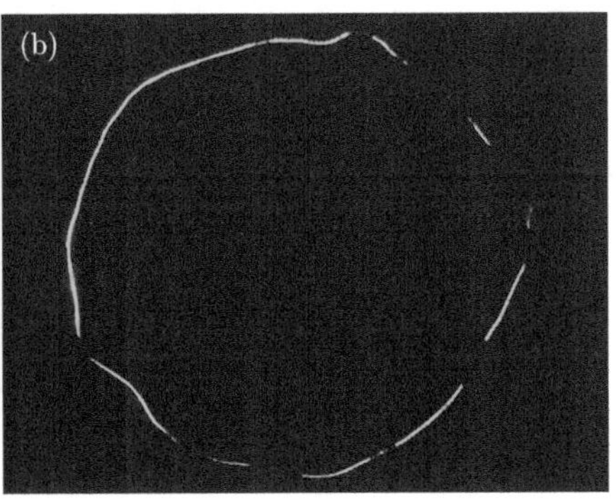

图 1.11 [照片。] **水母的生物发光**。(a) 照明条件下维多利亚水母 (*Aequorea victoria*) 的侧视图。(b) 另一种亲缘水母在暗场中的仰视图。当这种水母受到扰动时，钟形底部的环状生物发光器官会发出蓝光，再通过某种过程转换为绿光 (参见 2.8.3 节)。[(a) 照片由 Sierra Blakely 拍摄。(b) 蒙 Steven Haddock 惠赠，另见 Media 3。]

1.6.4 分子的光致异构化

分子中原子核的等效基态势能函数可能不止一个局部极小，它们之间由势垒隔开 (图 1.12)。如果当前原子核的空间分布对应于其中某个极小点，则分子小形变导致的回复力会将其拉回该点。但较大形变可能使得分子“突变”到另一个稳态。如果这些稳态之间的势垒远大于热涨落能[①]，因而分子间的碰撞只能偶尔促成这种转变，则该分子存在多个**几何异构体**或**构象**。分子一旦到达另一个构象，除非受外力推动，否则也会一直驻留在该稳态。

图 1.12 简介了分子构象被光改变的一种方式，这一过程称为**光致异构化**。基于 1.6.3 节的思想，我们可以将图中变量 y 视为某条**临界路径**上的位置。这条路径是在分子构型空间中连接两个稳态构象的“最快捷”路径。更具体地讲，在连接这两点的任一路径上势能函数都有一个最大值，而沿该捷径，势能函数 U_0 的最大值在上述所有最大值中是最小的。

思考题1B

> 计算可见光光子的能量 (可选择可见光波段的任意波长)，以及室温下热涨落的典型能量 (参见 0.6 节)。比较这两个数值。它们与光致异构化有何关系？

如前所述，激发态势能曲线 $U_\star(y)$ 通常具有不同于初始构象的能量极小构象 $\bar{y}_\star$ 。如果激发态的平衡构象位于初始构象与另一异构构象之间 (如图 1.12 所

① 0.6 节介绍了热涨落的能量。

示)，则当分子回复到电子基态时很可能会到达后一构象。因此，尽管异构化几乎不可能通过分子热运动而自发发生，但在适当波长的光的刺激下，这一过程也会变得容易发生。

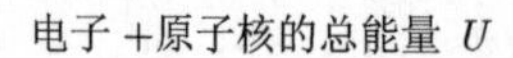

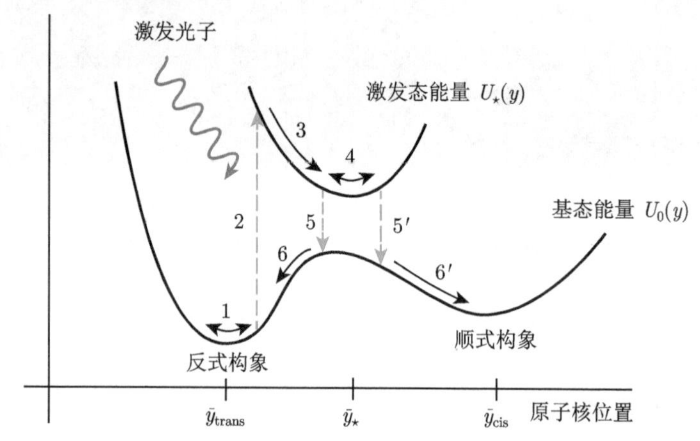

图 1.12　[能量示意图。] **光致异构化的物理模型**。最初步骤类似于图 1.9 所示。注意，现在的等效基态势能函数在 $\bar{y}_{\text{trans}}$ 和 $\bar{y}_{\text{cis}}$ 处分别有两个局部极小。分子中的电子被激发之后再回复到基态时，分子构型会绕开两个基态构象之间的势垒，从而有可能落到不同于初始构象的另一构象 (5′—6′)。当然，分子也可以返回其初始构象 (5—6)，这取决于电子往基态跃迁的瞬时构型。步骤 5 和 5′ 可能不伴随光子发射，例如释放的能量可以经分子碰撞而耗散。

上述普适观点对于理解生物分子具有重要意义，因为生物分子的具体构象会深刻影响其功能。当生物分子处于新构象时，它就可能参与原始构象无法完成的某些新的分子识别过程。

> *光可以将某些分子从非 (生物) 活性构象异构化为活性构象，反之亦然。*　(1.14)

第 10 章将基于这一观点来理解人类视觉活动的早期事件。

一个更简单的例子是**光疗法**。1.3.4 节曾提及早产儿的血液中有时会含有过量的*反式*胆红素，而它们未成熟的肝脏无法有效清除这种物质。无需任何药物或其他侵入式治疗，只要用蓝光照射早产儿的皮肤，就可以将这种分子异构化为水溶性的*顺式*胆红素，从而使*反式*异构体的毒性降至最小。

光致异构化也存在着不利的一面。正常荧光分子有可能跌入非荧光构象，其荧光特性可能暂时性 (**闪烁**)或永久性 (**光漂白**) 地遭到破坏[①]。

① 习题 7.6 将进一步研究荧光闪烁现象。

本小节显示了如何利用光假说和电子态假说来定性理解荧光和光致异构化这两个在生物物理学中非常重要的过程。

T2 1.6.4′ 节进一步讨论了与视觉色素中的快速跃迁有关的构象变化。

1.7 透明介质不会被光照改变，但会降低光速

光子将电子从原子中击出是一个剧变事件，而将电子激发到新的状态虽然没有这么暴力，但仍然是一个可观的离散事件 (1.6 节)。光与物质的相互作用还存在着更加温和的形式，比如电子吸收光子后立即重新发射而不是跃迁到任何新的态。大多数涉及物质对光反射或散射 (例如白纸对光的反射) 的现象都属于这种较温和的作用方式。在其他材料中，电子更可能吸收光子后将能量以热运动能的形式转递到样品中所有原子，从而将样品加热，常见的例子是黑色路面被烈日晒烫。

某些材料是透明的，至少对某些光如此，例如玻璃对可见光透明。光子流穿过这种介质时，其频率不会改变，但是光子与电子的相互作用的净效应却可以减慢光速[①]。频率为 ν 的光的净速度可写为 c/n，其中 n 称为介质的**折射率**，是大于 1 的无量纲量。更准确地说，折射率与频率有关，因此它们的关系最好写成 $c/n(\nu)$[②]。我们可以测量每种介质中的光速，进而可以确定每个频率对应的 n。例如，可见光在水中大约以 $3/4$ 的真空速度传播：$n_{\mathrm{w}} \approx 1.33 \sim 1.34$[③]。速度的改变意味着公式 1.1 需要修正，即介质中的波长应该是

$$\boxed{\lambda_{\text{介质}} = (\text{速度})(\text{周期}) = \frac{c}{n(\nu)}\frac{1}{\nu}.\quad \text{透明介质中的波长}} \tag{1.15}$$

空气是另一种常见的透明介质。但空气密度远小于水或玻璃的密度，其折射率非常接近 1。因此，对于大多数空气中的光学现象，我们可以将其当作真空来处理。

1.3.1 节曾提及，按照惯例，我们用真空中相同频率光的波长来表征单色光，即使实际上光并不在真空中传播。尽管光的真实波长由公式 1.15 给出，但这个“真空波长”仍可由频率函数 $\lambda = c/\nu$ 确定。

总　结

本章介绍了光的一些惊人现象，并提出了“光由*光子*组成”的观点。不过，这个说法目前听来更像是一句口号，其中光子一词仅仅定义为“既不完全像水波，也不完全像在空中掠过的沙粒流”。本章主要介绍了那些需要由非波动理论解释的现

① T2 12.3.3 节将讨论光速减慢的原因。

② 第 4 章讨论了如何用这一现象来解释光透过棱镜 (或暴雨后悬浮在空中的水滴) 后出现的彩虹。

③ 下标 w 表示介质为水。

象。第 2 章和第 3 章将展示更多的生物物理现象，这些现象与本章描绘的光子的最基本特征一致。第 4 章将更详细地介绍光子的物理学，提出一个兼具粒子性和波动性的物理模型。第 9 章将研究光的粒子性是否确与人类视觉相关。

你可能在本科一年级物理课中学到过光的另一个特征，即它与电和磁的联系。本书不会强调这一点，因为生物物理的学生几乎没有必要详细了解这方面的内容。我们有一个很大的理论框架，即场量子化，涵盖了光的这三个特征[①]。不过，本书使用的是更狭隘的理论，与上述优美、完备的理论相比，它能够更简单地导出很多结论，使得我们更容易理解生命系统以及研究这些系统的工具。

关 键 公 式

- 光子：光由称为光子的量子组成。光子可以携带能量 E_{photon} [②]，其值决定了它在光谱中的位置。在某些情况下，单色光的行为类似于频率为 $\nu = E_{\mathrm{photon}}/(2\pi\hbar)$ 的波，其中约化普朗克常数 $\hbar \approx 1.05\times 10^{-34}$ J·s。在真空或空气中，波长 λ 等于 c/ν ，其中光速 $c \approx 3.0\times 10^{8}$ m/s。
- 势能与电势：一个电荷 q 在电势 Φ 的区域内的势能 U 等于 $q\Phi$ 。
- 光电效应：光可以在真空中从金属表面击发出电子。阻止光电流所需的最小势垒 (截止能量) 是

$$U_{\mathrm{stop}}(\nu) = 2\pi\hbar\nu - W. \tag{1.7}$$

  其中截距 $-W$ 仅取决于金属的种类。截止能量也可表达为电势的函数。
- 泊松过程：产生数字 (“尖脉冲时间”) 序列的随机过程。泊松过程具有如下特征：从 t 到 $t+\Delta t$ 的无穷小时隙内包含一个尖脉冲的概率为 $\beta\Delta t$ ；这样一个时隙中信号的有无，在统计上独立于任何其他时隙 (非重叠) 中的信号有无。此处正实数 β 称为平均速率。该过程的等待时间服从一个指数分布，其期望为 β^{-1} 。在有限时间间隔 T_1 内获得 ℓ 个尖脉冲的概率服从期望为 $\mu=\beta T_1$ 的泊松分布。
- 分子能量：原子或分子某个电子态的总能量等于电子之间 (包括与原子核之间) 的相互作用势能，再加上其他能量项 (例如动能)。1.6 节介绍了一种观点，即分子中所有形式的电子能量都对原子核的等效势能函数作出了贡献。如果再加上核之间的静电排斥势能，我们就将这个总势能函数称为 $U_\alpha(y)$ ，它取决于电子态 α 和所有核的位置 (笼统标注为 y)。

① 第 13 章将介绍场量子化。

② T2 光子也带有动量，但其大小与能量相关， $p = E/c$ (1.3.3′ 节)。光还有“偏振”的属性，将在第 13 章讨论。

- 透明介质：光速在水这样的介质中会降低到 c/n，其中 n 是折射率(数值大于 1 的无量纲因子)。波长公式则是 $\lambda = c/(n\nu)$，但我们仍然用真空波长 $\lambda = c/\nu$ (或按其频率 ν) 来表征光。
- T2 热辐射：单位体积内每频率间隔的光子能量密度由普朗克公式给出，

$$\frac{16\pi^2\hbar\nu^3}{c^3}\left(\mathrm{e}^{2\pi\hbar\nu/(k_\mathrm{B}T)} - 1\right)^{-1}. \qquad [1.19]$$

延伸阅读

准科普：

Feynman, 1985; Feynman, 1967; Breslin & Montwill, 2013。(参见 Media 2。)

史料: Stone, 2013; Pais, 1982。

生物发光: Wilson & Hastings, 2013。

中级阅读：

光的量子特性: Townsend, 2010; Greenstein & Zajonc, 2006。

泊松过程: Nelson, 2015; Allen, 2011。

光化学: Bialek, 2012; Atkins & Friedman, 2011。

荧光: Jameson, 2014。

荧光标记: Nadeau, 2012。

荧光显微镜: Cox, 2012, chapt. 3; Nadeau, 2012, x6.5。

DNA 损伤: Atkins & de Paula, 2011, chapt. 12; Nordlund, 2011, chapt. 11。

高级阅读：

史料: 爱因斯坦的光量子论文: Stachel, 1998。

早产儿的光疗法: Maisels & McDonagh, 2008。

生物发光: Branchini et al., 2015; Haddock et al., 2010。

单分子荧光方法: Hinterdorfer & van Oijen, 2009, chapts. 1, 2; Roy et al., 2008; Selvin & Ha, 2008。

荧光闪烁: Stefani et al., 2009。

T2 光镊或光阱: Nelson, 2014, chapt. 6; van Mameren et al., 2011; Hinterdorfer & van Oijen, 2009, chapt. 12; Selvin & Ha, 2008; Appleyard et al., 2007。

T2 1.3.1 拓展

1.3.1′ 量子随机性不同于经典混沌

1. 某些经典的动力系统可以导致不可预测的结果，我们称这种情况为确定性混沌。在现实的意义上，这种系统的行为可能是“随机的”，即初始条件相同 (在设备精度的极限范围内) 的重复实验会导致不同结果，这些结果之间无任何可识别的相关性。对这样的系统进行建模时，概率观念通常很有用，例如，0.1节曾将天气系统等效为随机系统。

   然而，更准确的说法是混沌动力系统具有某个特征*时间尺度*，超出该尺度我们就无法作出准确的预测。这个时间尺度称为“李雅普诺夫 (Lyapunov) 时间”。如果我们能够以某种程度的准确度测得初始条件，就可以预测系统在李雅普诺夫时间内的状态。相比之下，量子随机性是内禀的，即使在短时间内也无法抑制或预测。
2. 正文中曾不太严谨地指出连续介质流体的稳态流不会引起随机的尖脉冲 (图 1.3)，但事实上水龙头上的滴水也可以表现得很混沌，这似乎又与上述论点冲突。然而，目前还没有明确方法可以用能量波传播来实现这一想法。
3. 量子物理并不意味着“一切都是不确定的”。例如，如果我们制备的孤立系统的初始状态具有确定能量，那么这份能量在未来演化过程中将保持不变。量子物理只是说在某些状态下有些可观察量的测量值是不可预测的；这些状态不仅可能，而且在某些情况下甚至是不可避免的。

T2 1.3.3 拓展

1.3.3′a 光子的实在性

爱因斯坦意识到在 1905 年所能获得的支持他模型的证据并不完全令人信服。实际上，很久以后，人们发现光电效应的主要特征也可以用“半经典”模型来解释，其中光本身没有量子化 (参见综述 Mandel & Wolf, 1995, chapt. 9)。

P. Grangier 等的实验最终为爱因斯坦的直觉提供了令人信服的证据 (Grangier et al., 1986)。研究者激发单个钙原子并等待其回复至基态，由此可制备出单光子态。产生的光被导向分束器，研究者发现在每个分光束上的探测器永远不会同时响应。相反，如果光是经典波，那可以很容易地将它的一小部分导到两个不同的探测器，从而 (至少有时) 获得同时触发的事件。更多细节请参阅 Pearson &

Jackson, 2010; Greenstein & Zajonc, 2006, chapt. 2。

一些奇异的材料可以通过自发参量下转换 (SPDC)效应将单个光子劈成两个[①]，所得到的两个光子可以同时到达并激发两个探测器，但是普通的部分反射不会产生这种效应。与经典模型不同，两个新光子具有与原光子不同的频率，但根据能量守恒定律以及爱因斯坦关系，它们的频率之和必须等于原光子的频率。SPDC 晶体通常只能将百万个入射光子中的一个劈成两个，其余光子则不受影响。

1.3.3′b　光也携带动量

爱因斯坦提出光由量子组成，我们从某些方面已经看到这种描述是合理的：

- 光可以以巨大而有限的速度穿越空间。
- 光以高度局域化的方式与物质相互作用。
- 任何弹射体都带有动量和能量。事实上，麦克斯韦 (J. C. Maxwell)的电磁辐射理论也论及了这一点。

关于最后一点，麦克斯韦的经典波动理论定量地预测一束光在单位时间单位面积上传递的动量等于单位时间单位面积内的能量除以 c。这种动量传递产生的“辐射压”效应在爱因斯坦的工作之前已经被实验观察到了[②]。

但光作为“粒子”的概念也面临许多挑战，例如以下难点

a. 与沙粒或电子不同，真空中的光总是以恒定的普适速度传播。

b. 光子的能量不是牛顿力学推导的常数 $\frac{1}{2}m_{\text{photon}}c^2$ ，而是可变的。

c. 牛顿力学的能量公式 $E=\frac{1}{2}mv^2$ 和动量公式 $p=mv$ 暗示 $E=vp/2$ ，这与上面电动力学给出的结果相差一个因子 2 。

爱因斯坦之所以能够看透这些悖论，是因为他在研究光量子的同时也在创造相对论。他提出牛顿公式是近似的，仅在物体移动速度比 c 慢得多的区域有效，应该被替换成更一般的形式

$$p=\frac{mv}{\sqrt{1-(v/c)^2}} \quad 和 \quad E=\frac{mc^2}{\sqrt{1-(v/c)^2}}. \tag{1.16}$$

如果粒子运动速度 $v \ll c$ ，则第一个公式约化为牛顿力学的 mv ，而第二个公式约化为一个常数加 $\frac{1}{2}mv^2$ 。如果粒子速度接近光速，则两个公式似乎都会发散，但爱因斯坦却意识到一个有趣的漏洞，如果质量 m 降到零而 v 接近 c ，则

① 9.4.3 节介绍了 SPDC 在生物学中的一个应用。

② 第 13 章将进一步解释这个结果。德拜 (P. Debye)曾用这个概念来解释为什么彗尾总是远离太阳。

E 和 p 都可以存在，且

$$p_{\text{photon}} = E_{\text{photon}}/c. \tag{1.17}$$

与电动力学结果一致。由此可以解释上述的难点 c。无质量粒子确实别无选择，只能以速度 c 运动，否则其能量和动量就不可能存在。这一推论与上述难点 a 相符。此外，按某种方式完成上述取极限的过程，最终可获得任意指定的能量值，这就解释了上述的难点 b。

对于其他粒子，从方程 1.16 中消除 v 得

$$E = \sqrt{m^2c^4 + p^2c^2}. \tag{1.18}$$

如果我们将光子和电子的动量分别通过公式 1.17 和 1.18 与能量相关联，则 X 射线光子与电子的碰撞实验就能证实动量是守恒的。

将光子假说与动量守恒定律结合起来，可以得出结论：当宏观物体吸收光或发射光时，它必定会改变自己的动量。如果光子以某种平均速率被吸收或散射，则物体获得的动量是平均速率乘以 E_{photon}/c，换句话说，它会受到某种力。生物物理学家利用这个原理来获得精确控制单个分子 (例如马达蛋白) 所需的力。将一个能够折射光束的小透明体通过抗体连接到被研究的分子上。该透明体通常是微米大小的塑料球，起到透镜的作用。因为动量是一个矢量，光束被折射偏转时其动量就会改变，这意味着塑料球会产生一定的补偿性变化，最终产生一个反作用力 (动量传递速率)，这个力的大小甚至可以调节到皮牛顿 (pN) 量级。**光镊**的用途很广，可以对单个生物分子进行精细测量 (Nelson, 2014，chapt. 6; van Mameren et al., 2011)。

1.3.3′c 热辐射谱

提出光假说的关键动机之一是为了解释 1905 年观察到的热辐射 (更准确地说是注入物体内腔的光) 谱[①]。这种光谱最近被实验测量到了，它是光频率与物体温度的函数。但在 1905 年，谱的高频端仍然缺乏理论解释。这类**热辐射**除了在基础物理中非常重要之外，也出现在生物世界中，例如，我们的视觉所依赖的太阳光也大致具有这种形式的光谱。

实验结果可以用空腔中一定频率范围 ($\mathrm{d}\nu$) 内的光子所携带的能量密度 (单位体积的能量) 来描述。普朗克发现实验数据符合如下形式的函数：

$$\mu_\nu \mathrm{d}\nu = \frac{16\pi^2\hbar\nu^3}{c^3}\left(\mathrm{e}^{2\pi\hbar\nu/(k_{\mathrm{B}}T)} - 1\right)^{-1}. \tag{1.19}$$

① B.4 节给出了有关热辐射的更多细节。一些作者称之为“黑体辐射”。

其中 $k_{\mathrm{B}}T$ 表示绝对温度与玻尔兹曼常数的积[①]。普朗克的公式不能用经典电动力学和经典统计物理学解释，下面我们会看到它是如何从爱因斯坦光假说推出的。

首先考虑位于小体积元 d^3r 中、动量在 d^3p 小范围内的光子。其他区域的光子与这里考虑的光子在统计上是独立的，因为光子之间并不直接相互作用，而且腔体内也没有其他物体。在这个意义上，光子有点像理想气体分子，后者几乎不发生碰撞。对于气体，我们可以将每个 $\mathrm{d}^3r\mathrm{d}^3p$ 小区域当作独立无关的，把它们的贡献加起来就能得到总能量。然而，爱因斯坦意识到光子不同于普通的气体分子，它们之间的一个关键差别是光子可以产生或湮灭，其数量是不守恒的。

此外，光子还有一个特征是 1905 年的爱因斯坦所不知道的，即处于同一区域、具有相同动量的光子是*不可区分的*[②]。也就是说，一旦给定了处于 $\mathrm{d}^3r\mathrm{d}^3p$ 范围内的光子数，也就完全确定了一个状态。

光子可以被腔壁上的原子发射或吸收[③]，所有这些光子的总能量 E 是一个随机变量，我们希望计算它的期望值。我们不能直接使用 0.6 节中的经典结果，因为给无限多个光子态都赋予相同的能量，将使真空拥有物理上不可接受的无限大能量和比热。不过，经典物理学中的另一个相关命题仍然有意义，并且在量子物理中也成立，如下：

处于热平衡的系统可以占据其允许的任何状态。能量为 E 的状态被占据的概率与温度的关系为 $\mathrm{e}^{-E/(k_{\mathrm{B}}T)}$ 乘以归一化常数。 (1.20)

因此，我们要计算的期望值是光子数为 $n=0,1,\cdots$ 的各状态的能量项之和。每个态的能量为 $E_n(2\pi\hbar\nu)n$，其中公式 1.17 和 1.6 给出的频率为 $\nu=\|\boldsymbol{p}\|c/(2\pi\hbar)$。每个态被占据的概率是玻尔兹曼因子 (**要点** 1.20) 除以整体归一化常数 (与 n 无关)：

$$\langle E\rangle_{\boldsymbol{r},\boldsymbol{p}}=\frac{E_0\mathrm{e}^{-E_0/(k_{\mathrm{B}}T)}+E_1\mathrm{e}^{-E_1/(k_{\mathrm{B}}T)}+\cdots}{\mathrm{e}^{-E_0/(k_{\mathrm{B}}T)}+\mathrm{e}^{-E_1/(k_{\mathrm{B}}T)}+\cdots}.$$

上式的分母可以使用几何级数公式计算。为此，我们可以将其写为如下导数形式：

$$\sum_{n=0}^{\infty}nE_1\mathrm{e}^{-nE_1/(k_{\mathrm{B}}T)}=-\frac{\mathrm{d}}{\mathrm{d}\beta}\sum_{n=0}^{\infty}\mathrm{e}^{-n\beta E_1}\bigg|_{\beta=1/(k_{\mathrm{B}}T)}=-\frac{\mathrm{d}}{\mathrm{d}\beta}\left(1-\mathrm{e}^{-\beta E_1}\right)^{-1}\bigg|_{\beta=1/(k_{\mathrm{B}}T)}$$

$$\langle E\rangle_{\boldsymbol{r},\boldsymbol{p}}=2\pi\hbar\nu\left(\mathrm{e}^{2\pi\hbar\nu/(k_{\mathrm{B}}T)}-1\right)^{-1}.$$

---

① 0.6 节引入了该常数。

② 爱因斯坦在 1924 年才根据玻色 (S. Bose) 的提议而意识到了这一点。要了解爱因斯坦是如何从 1905 年的不完整理解出发进行推理的，可参阅 Stachel, 1998, Pais, 1982，以及 Stone, 2013。13.5.1 节给出了一个理论框架，其中粒子的不可分辨性是自动出现的。

③ 可参见光假说第一部分**要点** 1.11 。

为了计算总能量密度，我们对 $\mathrm{d}^3r\mathrm{d}^3p/(2\pi\hbar)^3$ 做积分 (此处引入 $\hbar$ 是为了无量纲化积分变元)。对空间位置积分将得到一个因子，即腔体容积。对动量 p 积分会得到 4π 因子。另有一个因子 2 ，这是因为光子有两种可能的偏振形式[①]。将上述结果除以体积就得到能量密度的表达式，它与普朗克为解释实验测到的热辐射谱而提出的经验公式 1.19 一致。

1.3.3′d 频率的含义

正文曾提到“频率”似乎只是为了区分不同光而人为设定的标签 (1.3.1 节)。这种理解可能会导致对爱因斯坦关系(公式 1.6) 可证伪性的质疑。难道 ν 仅仅是 $E_{\text{photon}}/(2\pi\hbar)$ 的一种简写吗？根据 1.3.3 节的提示 (以及后文第 4 章的证明)，ν 是可以被理解为频率的 (按照经典光模型的语言)，因为这样能充分解释给定光源所展示的干涉现象。按照上述理解，爱因斯坦关系中等号两边的物理量都是独立定义的，因此这个等式的确给出了一个可证伪的预言。

在某些情况下光子频率可以更直接地测量。例如，光谱的无线电波段涉及的频率远低于可见光频率，某些实验室仪器可以简单地通过计数特定时间窗口中的波峰数目来确定光子频率。单个光子的能量很小，而某些核自旋跃迁引起的能级劈裂正好在该范围内，实验已经证明这类跃迁只能被特定频率的电磁波所激发，该频率满足爱因斯坦关系。这一发现 (“核磁共振”，简写为 NMR) 是磁共振成像的基础，后者已成为不可或缺的医学工具和分子结构的测定方法。

T2 1.4 拓展

1.4′ 关于泊松型发射或检测事件的补充说明

正文指出，当强度稳定的光源照射探测器时，单个光子的探测事件形成一个随机过程。在那里展示的数据与泊松过程一致，后者也的确是一个良好的近似。例如，对于连续波激光来说，固定时间间隔内的光子计数分布精确满足泊松统计。太阳之类的白热光源具有称为“相干时间”的特征时间尺度。当我们在一个比光源相干时间长得多的时间窗口中计数探测器的尖脉冲时，该计数也遵循泊松分布。

此外，相隔为 τ 的不同时间窗口的激光光子计数互不相关。当 τ 超过光源的相干时间时，太阳光子的计数也互不相关。(有关讨论请参阅 Loudon, 2000, chapt. 6。) 不过，这不适用于某些更特异的光源，例如单个荧光团或阴极射线管。

光子检测事件的分布取决于检测器及光源。许多探测器在记录尖脉冲后有一个明显的“死时间”，在此期间它们对其他光子不敏感，相当于对观察到的等待时

① 13.5.1 节将详细讨论偏振。

间分布进行了截断。某些类型的探测器还会产生随机乘性噪声因子、残留脉冲等假象。

T2 1.5.1 拓展

1.5.1′a　伽马射线

在发明可见光超灵敏电子探测器之前，人们已经清楚知道一些放射性物质发出的射线表现得像光 (“伽马射线”)，这些射线在辐射探测器中产生离散的尖脉冲。就像来自光电倍增管或雪崩光电二极管的尖脉冲，人们发现伽马射线的尖脉冲也遵循泊松过程，它们比可见光子更容易被单个检测，因为每个伽马射线携带的能量更多。

在正电子发射断层扫描 (PET) 技术中，放射性元素绑定到某个糖分子 (通常是氟代脱氧葡萄糖，其中含放射性同位素氟-18)，并在代谢旺盛的组织中积聚。这种特殊的放射性物质含有能够发射 “正电子”(电子的反物质) 的核。正电子在行进过程中会遭遇普通电子，进而相互湮灭，同时发射两个伽马光子[①]。由于动量守恒，两个伽马光子背靠背发射。探测这两个光子，PET就能够确定原始氟-18 核所位于的某条直线。检测足够多的光子对之后，我们就可以推断出目标器官 (例如患者的脑部) 中代谢活性的三维 (3D) 分布图。

1.5.1′b　关于光假说的补充说明

1. 正文中光假说只强调了光子的一个属性：能量 (等效于其频率或真空波长)。1.3.3′b 节也提到了动量，但是只有给出光子的能量和运动方向才能确定动量。对于能量和方向均相同的光子，事实上还有一个可以区分它们的物理量，即它们可以占据两个极化(或偏振) 态中的任何一个[②]。本书在第 13 章之前都会忽略光的偏振态，因为我们的眼睛似乎不能检测到它[③]。来自特殊光源的光 (如激光) 还具有更多特性，例如光子之间的相干度，这些已经超出了本书的范围。
2. 光假说指出光子与电子相互作用。光子也以相同的方式与任何带电粒子 (例如 1.5.1′a 节中提到的质子或正电子) 相互作用。然而，出于许多实用目的，我们可以忽略光子与质子的相互作用，因为其效应被质子的大质量严重压制了。

① 13.6.4 节将讨论电子和正电子的产生和湮灭。

② 通过基矢的线性变换，对任何光子我们都可以用其 “自旋角动量” 的态来描述它。类似地，如果不考虑电子的两个偏振态 (“电子自旋”)，电子之间也是不可区分的。

③ 有些动物可以检测到光偏振，参见 13.7.2 节。

3. 光假说描述光子吸收时似乎只涉及单个电子。实际上，自由 (孤立) 电子不可能只吸收而不发射光子，因为单纯的吸收过程无法使能量和动量同时守恒。然而，原子或分子可以吸收光子，它们通过反冲使得动量守恒，但由于比电子的质量大很多，其反冲吸收的能量非常少。因此，光子“将所有能量传递给电子”的说法仍然是一个很好的近似。
4. 即使自由电子能吸收光子，那它将非常短暂地处于某个能量和动量均被禁戒的状态，它必然会重新发射一个新光子，其频率与初始入射光子不同 (即“康普顿散射”)。输入和输出光子的能量差异体现为电子动能的净改变。

T_2 1.5.3 拓展

1.5.3′ DNA 光损伤机制

紫外线以各种方式损伤生物体的 DNA 分子。在一个常见的光损伤事件中 (由较短波长的紫外线引起)，两个相邻的胸腺嘧啶碱基彼此共价键合 (“胸腺嘧啶二聚体”，图 1.7)，而不与双螺旋中另一条链的相应碱基形成氢键配对。此外，比这种导致 DNA 直接损伤的能量阈值更低的紫外线也可能引起间接损伤，它可以激发另一个分子，后者产生激发态氧分子 (自由基)，这种氧分子会损伤 DNA。

T_2 1.6.1 拓展

1.6.1′ 致密介质

1. 在诸如水溶液这样的致密介质中，我们必须扩展反应坐标 y 的定义以包括周围水分子的状态。例如，这些分子可以排列对齐，从而形成一个局部电场，而这个电场又可以与目标分子发生电偶极相互作用。
2. 图 1.9 中的总势能函数 $U(y)$ 应理解为自由能函数，这才能反映与目标分子内部重排相伴随的环境熵变化①。
3. 最后，为了简化问题，正文忽略了核运动的动能。对于致密介质，这种简化是合理的 (来自周围分子的摩擦完全压制了惯性效应)。然而，对于真空中的孤立分子，甚至某些溶液环境中的分子，其“振动谱”是显著的，因此必须考虑动能。可参见 1.6.3′b 节。

① 自由能讨论参见 Dill & Bromberg, 2010; Nelson, 2014, chapt. 6。

T2 1.6.2 拓展

1.6.2′a 关于原子和光的补充说明

1.6.2 节声称，为了使原子自发地回复到基态，它必须失去一份确定的能量，该能量就是两个离散能级之差。这里必须补充两点。

1. 因为能量的测不准关系，能级之差可能与发射光子的能量略有不同。极短寿命状态将具有显著的不确定性，因此其发射光谱具有一个固有的宽度。但是对于荧光相关的长寿命状态而言，与正文讨论的光谱加宽机制相比，上述机制导致的固有宽度可以忽略不计。
2. 原则上，两能级之差可以等于两个或多个较长波长光子的能量之和。尽管这类多光子过程通常比单光子发射的可能性小得多，但它们是双光子显微技术 (2.7 节) 和自发参量下转换技术 (1.3.3′a 节) 的基本原理。

1.6.2′b 物理学中的柯西分布

1.6.2 节指出原子吸收光子的概率取决于光子的波长，并在某个最佳波长处呈现*吸收峰值*。类似地，原子在从激发态跃迁到基态时发射的光子将呈现一系列波长，其概率密度函数称为发射光谱。尽管某些现实的复杂因素改变了原子发射和吸收线的表观形状，但是对于某些核跃迁过程还是可以精确地获得类似的光谱。图 1.13 显示了伽马射线透射铁-57 样品 (未被其吸收) 的光强度。单色光发射器

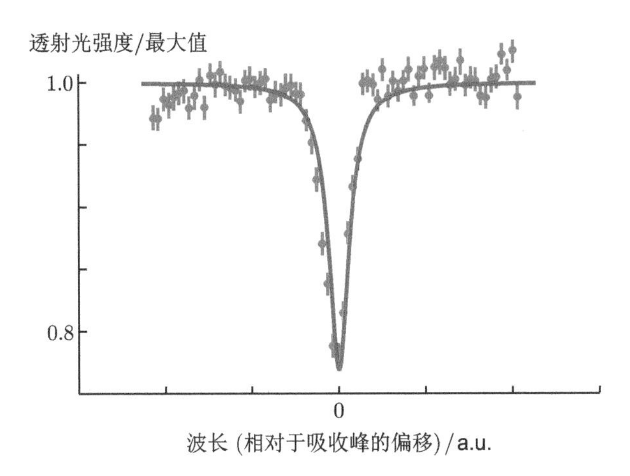

图 1.13 [实验数据与拟合。] **铁-57 的伽马射线吸收光谱。**误差棒反映统计数据的标准偏差 (0.5.3 节)。另见习题 1.5。曲线显示了某个常数减去柯西分布的结果。[数据来自 Ruby & Bolef, 1960 (Dataset 3)。]

相对于样品运动，由此产生的多普勒频移可以等效地扫描其狭窄的波长范围。图中实线显示了柯西分布 (公式 0.40) 对数据的拟合。

T2 1.6.3 拓展

1.6.3′a 玻恩-奥本海默近似

正文中用描述电子和原子核的两组变量来描述一个分子，并且提出：

- 原子核为电子提供了一个静电势场，电子能级因此被量子化，就好像原子核位置是固定不变的。
- 电子能级反过来又为核的较慢运动创造了一个等效势能曲面。

这称为“玻恩-奥本海默 (Born-Oppenheimer) 近似”(将系统分为子系统，且每次只处理一个子系统)，其有效性取决于如下事实：电子的质量远低于任何核的质量，因此运动得更快。很多有关分子的量子力学的书籍 (例如，Atkins & Friedman, 2011; Atkins & de Paula, 2011) 对此有正规的阐述。在光物理的例子中，这个近似相当于说光子的吸收会瞬间将电子泵到激发态，而此过程中核运动可忽略 (“弗兰克-康登 (Franck-Condon) 原理”)。因此，图 1.9 和图 1.12 中的跃迁由竖线表示，图中的水平位移对应于核运动。

1.6.3′b 核运动的经典近似

正文按照电子态假说 (*要点* 1.12) 来描述了原子和分子中的电子，似乎仍将核视为经典对象，例如，认为它们在等效势能曲面上做 “带阻尼滑动”(图 1.9 和图 1.12 中标记为 3 , 6 和 6′ 的箭头)。

实际上，原子核与电子一样是量子物理研究的对象，例如，它们的运动在孤立分子中会产生量子化的能级，该能级可以被拉曼 (Raman) 光谱等方法探测到。然而，在水溶液这样的拥挤环境中，荧光团*不是*孤立的，它与邻近分子的持续相互作用清除了其能级的精细结构，并且在比荧光更短的特征时间尺度上破坏了其量子相干性[①]。在这种情况下，我们可以将荧光团的核运动等效处理成经典的，这样有助于我们阐明荧光的斯托克斯位移之类的关键特征。对于某些超快过程，例如光合作用和视色素视黄醛的光致异构化[②]，上述经典处理不成立。不过，它对我们仍然具有一定的指导意义。

---

① 第 14 章将讨论退相干在 FRET 中的作用。

② 10.4.1 节将介绍视网膜上的光致异构化。有关其超快动力学，请参见下面 1.6.4′ 节和 Bialek, 2012。

1.6.3′c 德拜弛豫

正文提到了使溶液中荧光现象变复杂的一个因素，即如果分子构型并不接近最小等效势能构象，则“摩擦”效应会使分子损耗能量。这种摩擦被认为源自荧光分子与周围水分子的直接碰撞。更真实的图像还包括受激分子与附近高极性水分子之间的电偶极耦合 (1.6.1′ 节)。通过这类相互作用将分子内部自由度的能量耗散到环境的过程称为“德拜弛豫”(Debye relaxation)。

T2 1.6.4 拓展

1.6.4′ 快速构象变化

图 1.12 中设想的光异构化机制在某些情况下显得过分简单。特别是对于构象变化非常快的分子，激发态和基态的能量曲线在 $\bar{y}_\star$ 附近可能非常接近。在这些地方，电子态可能会按照量子力学发生混合，从而导致一个非常快速的跃迁回基态的非辐射路径 (Bialek, 2012, chapt.2)。

习题

1.1 颠覆

牛顿将光想象成一种实体微粒流，并认为它们遵循与普通物质相同的规律。本杰明 · 富兰克林 (Benjamin Franklin) 反对这种观点，他在 1752 年的一封信中写道“不可能是能想到的最小粒子，否则需要有超过炮弹的力才能使它达到这样的高速运动”。假设质量为皮克的微小粒子可以逐渐加速到光速，求该粒子的牛顿动能 $\frac{1}{2}mv^2$，并讨论富兰克林的上述断言。然后将该结果与公式 1.6 的结果进行比较，你可以采用可见光频率。

1.2 计数分布

证明表达式 1.9。

1.3 光子的散粒噪声

音频文件 Media 1 显示的是在低照度条件下光探测器在五秒之内记录到的时间序列。Dataset 1 给出了相应的数值表示，即每个光子尖脉冲的到达时间。

a. 从 Dataset 1 获取数据，第一列给出了 290 个尖脉冲的到达时间，单位为 50 ns。将时间转换为秒。

b. 将上述数据转换为等待时间列表 (连续事件之间的时间间隔)。

c. 你可以自行对时间进行分区，由此绘制等待时间的直方图，然后再绘制一个对应的图以显示每个分区出现的概率。绘制第三个图，显示概率密度函数在各时刻的估计值。你的答案是否类似于前言中出现过的某个概率密度函数？如果是，请在第三个图中添加这个函数的曲线以显示它与数据之间的良好匹配程度。

d. 求等待时间的样本均值。然后将上面得到的等待时间列表转换为 0 和 1 的字符串，如果 $\#i$ 的等待时间小于样本均值，则记为 $s_i = 0$ ，如果大于样本均值，则记为 $s_i = 1$。

e. 求 s_i 的概率分布 $\mathcal{P}(s_i)$。因为 s_i 只取两个值，所以概率只是两个数。求相邻事件对的联合概率分布 $\mathcal{P}_{\text{joint}}(s_i, s_{i+1})$，可取值为 4。相邻的等待时间是否在统计上独立？

f. 为考察上述统计独立性，你还可以检查哪些量？

g. 返回原始的到达时间列表。将 5 s 的总记录时间分成宽度为 0.1 s 的一系列分区。求每个分区中记录到的事件数量。简单计算一下，看看这个时间序列是否可能来自泊松过程。

h. 将时间分区宽度变为 0.05 s ，重复 (g)。样本均值和方差会如何变化？

i. 数据显示在 5 s 内记录到 290 个尖脉冲，换句话说，平均速率可估计为 $58\ \text{s}^{-1}$。按如下方式重新表达 (g，h) 的答案：根据每个分区内的计数，估计其中事件的平均速率。采取哪种分区宽度 (0.1 s 或 0.05 s) 时，这个速率估值在“真值”附近的标准偏差更小？为什么？

1.4 极端敏感性

请先完成习题 0.7(皮肤的触觉灵敏度)。

a. 某种光源可以产生真空波长为 550 nm 的单色光。这种光子在被吸收时会传递给电子多少能量？

b. 第 9 章将提供证据，证明你的眼睛可以检测到 (a) 描述的仅由 100 个光子组成的闪光。假设这个说法属实，你的眼睛比你的皮肤敏感得多吗？

1.5 [T2] 光谱线形

从 Dataset 3 获取数据，采用柯西分布 (见 1.6.2′b 节) 对这些数据进行拟合。

第 2 章 光子和生命

如果我们知道自然规律本身，这就足够了，
大自然如何运行其规律则没有那么重要。
失去支撑的瓷器必然会摔碎，知道这一点当然很有用，
但它如何下落、如何碎裂，这才是值得深究的问题。
了解这些规律是极大的乐趣，
尽管这不是我们收藏瓷器的原因。
——本杰明 · 富兰克林写给彼得 · 科林森 (植物学家)
(Benjamin Franklin to Peter Collinson)

2.1 导读：观察和操控

第 1 章介绍了诸如荧光之类的许多现象，揭示了光和分子能级的粒子特性。我们发现许多不同现象都可通过两个假说 (光假说和电子态假说) 来解释。本章将利用光假说来解释许多生物现象，其中某些新的现象更适合用光粒子模型而不是光波动模型来解释。这些现象催生了一批关键实验技术，使我们能深入活体细胞内部进行观察甚至控制某些过程。这种光学技术提供了具有精确靶向性的观察和操控方法，在生命科学中引起了一场变革。

本章焦点问题
生物学问题：如何使用普通光观察分子内部的微观运动？
物理学思想：荧光共振能量转移能使我们实时监测大分子中两点之间的距离。

2.2 光致 DNA 损伤

1.6.1 节指出每种分子都具有特征吸收光谱。盖茨 (F. Gates) 的开创性实验就是基于这一点。早在 1868 年，J. Miescher 就从细胞核提取物中获得了现在称为 DNA 的分子，但这种物质的生物功能长期以来并不明确。细胞一旦失去了细胞核肯定不能长期生存，但细胞核不只含有 DNA，还包含许多其他类型分子，特

别是蛋白质。DNA 的重要性还远未明了①。

盖茨推断紫外线能够杀灭细菌的可能原因是某些对生命至关重要的分子发生了光损伤。可见光不能杀死细菌的事实为寻找这个对细胞功能最为关键的分子提供了线索。为了获得更多细节，盖茨决定测量足以杀死样品中 50% 细菌的不同波长单色光的剂量。该函数的倒数称为**作用光谱** (图 2.1)。如果关键分子在特定波长下对光的吸收比较强，那么它只需吸收少量该波长光子就可形成光损伤，从而使细胞致死。因此，作用光谱应该类似于关键分子的吸收光谱。

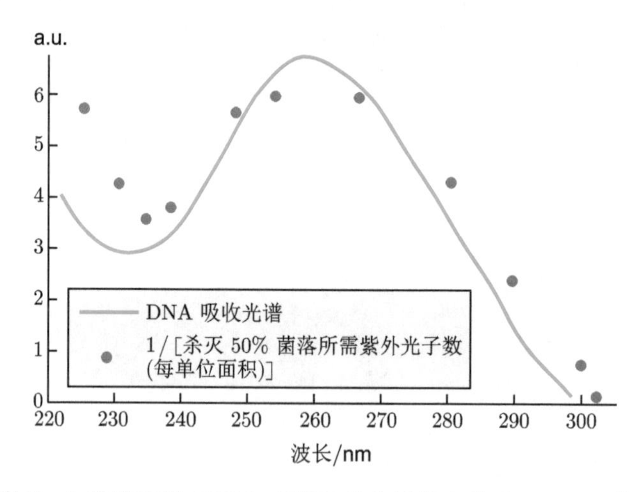

图 2.1 [实验数据。] **盖茨证明 DNA 是细胞生存的基本分子。** 圆点：杀灭金黄色葡萄球菌 50% 菌落所需的紫外光子数 (每单位面积) 与光波长的函数关系，纵轴取为光子数倒数。该函数也称为细胞灭亡的“作用光谱”。[数据来自 Gates, 1930。] 曲线：盖茨实验波长范围内的细菌 DNA 吸收光谱 (即分子吸收单个入射光子的概率)。[数据来自 van Holde et al., 2006。]

思考题2A

为什么？

盖茨的实验结果一目了然 (图 2.1)，正如他本人总结的，“灭菌作用光谱与 DNA 碱基紫外吸收光谱一一对应 …… 说明这些物质是细胞生长和繁殖的基本要素”。特别重要的是，与大多数蛋白质的吸收峰比，作用光谱的峰更接近 DNA 的吸收峰，这就证明 DNA 是关键分子，其损伤能使细胞致死。

① DNA 核心功能的发现通常归功于埃弗里 (Avery)、迈克劳德 (McLeod) 和麦卡蒂 (McCarty)在 1944 年进行的一项实验。但是早在 16 年前，盖茨就已经获得了间接证据并给出了解释。

2.3　荧光是观察细胞内部的手段之一

2.3.1　荧光可用来辨别术中的健康与病灶组织

自发荧光

肺癌是西方世界最常见的癌症。病变通常发生在气道 (支气管)，尤其是位于气道与内部组织之间的边界细胞层 (上皮细胞)。健康的上皮细胞的癌变转化分几个步骤：首先是癌前病变 (非典型增生)，其次是早期阶段 (原位癌)，最后是侵袭破坏周围组织。癌症的早期发现和治疗可以极大地改善患者的预后，但实际上很难做到，即使光纤技术 (内窥镜)[①]能让我们看到肺部深处，也没有多少帮助，因为非典型增生和原位瘤与健康组织没有视觉效果上的差异。

然而，当在荧光模式下观察健康组织和癌前组织时，它们却显示出系统差异。在某些情况下，荧光是组织中某些天然分子所固有的，因此这类荧光被称为**自发荧光**。图 2.2 显示了不同组织发射的荧光光谱的指征，照射光波长均为 405 nm。人们发现，机械损伤之类的非癌变化对组织的自发荧光影响非常小。但是癌前病

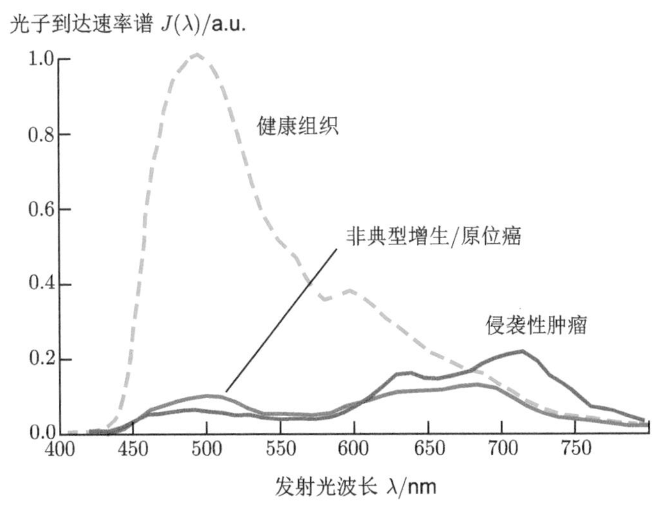

图 2.2　[实验数据。] **人类支气管组织的自发荧光光谱**。数据显示来自健康组织 (虚线) 和早期癌变组织 (非典型增生和原位癌，实线) 的荧光光谱。不同的组织类型具有不同浓度的内生荧光团，从而可观察到其光谱差异。光子到达速率谱的测量中使用 405 nm 波长的蓝紫光作为激发光，所有测量值都以相同的方式重新标度以方便比较。组织类型是通过传统病理学方法独立测定的。[数据蒙 Georges Wagnières 惠赠，另见 Zellweger et al., 2001 和 Media 4。]

① 5.3.4 节将讨论光纤光学。

变组织的荧光谱却显示出肉眼可见的巨大差异①。于是，内窥镜就可以在癌前病变组织进一步发展前发现它们，并且还能将其切除。内窥镜也可用于手术切除肿瘤后的随访筛查。

诱导荧光

并非所有癌症都具有可利用的自发荧光特征。例如，膀胱癌也可通过内窥镜观察，但其早期阶段无论在普通白炽灯光照射下 (图 2.3 左) 还是在荧光激发下，看起来都与健康组织无异。然而，癌前病变在代谢上与相邻健康组织存在极大差异。

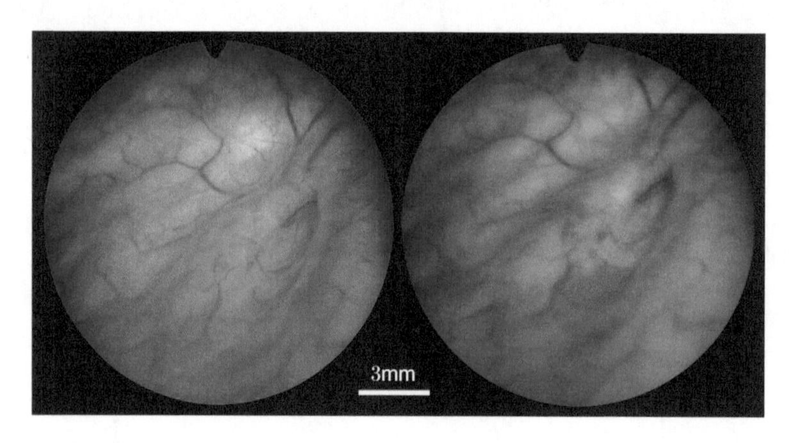

图 2.3 [内窥镜图像。] **癌症的荧光检测。** *左图*：白光照射下施用 5-ALA 相关分子后观察到的人膀胱壁。我们主要看到的是散射光，后者淹没了可能存在的荧光，因此癌前病变即使存在也看不见。*右图*：同一部位用波长 410 nm 的光照射，大部分散射蓝光被滤除，因此红色荧光得以凸显出来。两个小的早期癌变 (原位癌) 明显发红，这正是 5-ALA 的代谢产物发出的荧光。[蒙 CHUV 大学医院的 Patrice Jichlinski 惠赠，另见 Wagnières et al., 2014 和 Media 4。]

这样的差异在于细胞具有将 5-ALA②前体分子转化为荧光团 (属于光活性卟啉) 的能力。当膀胱内部被 5-ALA 溶液填充时，其中一些分子会被吸收到细胞中并被代谢，尤其在癌前组织中会导致荧光的短暂增强。通过内窥镜用蓝光照亮膀胱内部，再用滤镜滤除大部分散射蓝光，红色荧光就会在图像中凸显出来 (图 2.3 右)。当患者接受肿瘤手术时，诱导荧光还可用于检查切除区域的边界，以确认所有癌细胞都已被切除。诱导荧光也可用于发现和清除未清理干净的前癌细胞的其他分散群落，从而改善患者的长期体验。

① T2 参见 3.8.4′a 节。

② T2 这是 5-氨基乙酰丙酸的缩写。该分子的其他衍生物也常被使用。

2.3.2　荧光显微镜可以降低背景噪声，并特异性地显示目标

显微技术的一个重要目标是显示样品中感兴趣的部分，而隐去不感兴趣的部分。历史上，解决这个问题的一种途径是染色技术，即将有色分子 (**生色团**)附着到目标分子上。当然其他许多分子也会随染色结构一起散射光线，并且其中的一些散射光线会干扰染色信号。

用荧光团代替生色团并利用斯托克斯频移，可以极大地改善上述情况。1.2 节提到了滤光片，它可以吸收某些波长的光子，而让其他波长光子透射。我们可以想象如下装置，一台普通 (透射) 光学显微镜配置两个滤光片：

- 在光源前放置一滤光片，其透射光具有较窄波段且处于目标荧光分子的激发带内。
- 在目镜前放置另一个过滤片，滤去几乎所有光线，只透射位于荧光分子发射谱峰附近的窄波段光。由于发射光存在斯托克斯频移，因此通过目镜看到的图像主要由荧光团发出的光构成。

然而，这种简单方案被证明是不实用的。原因是并不存在理想滤光片，既能完全滤掉某些波长光，又能完全透射其他波长光。因此总有一些激发光通过第二个滤光片进入观察者的视野。为了看到来自几个荧光团的光，我们需要探测约为激发光强度 10^{-5} 倍的信号。即使一丁点激发光进入视野，也能轻易淹没目标信号。

J. Ploem 为此开创了一种改进技术，现在称为**落射荧光显微镜**[①]。该技术利用了一个不同于上述滤光片的器件，称为**二向色镜**，它不吸收入射光，而是反射或透射光子 (依赖于其波长)。图 2.4 显示了该技术的一种常见配置。落射荧光方法使用三个相继的步骤来减少杂散激发光对图像的污染：(*i*) 大多数激发光直接透过样品，从图的底部散失[②]。(*ii*) 被样品散射的激发光大部分还是向下的，这与受激产生的荧光不同，后者几乎与入射光方向无关。(*iii*) 二向色镜和阻挡滤片还会将任何散射回来的激发光转移到别处，从而避开目镜。

荧光显微镜还可以解决上面提到的特异性标记问题：

- 小荧光团可以通过各种化学方法连接到目标生物分子上，该流程称为荧光“标记”。
- 最有趣的是某些蛋白质本身就是荧光分子。如著名的**绿色荧光蛋白** (**GFP**)，最初是从生物发光水母 [维多利亚水母，图 1.11(b)] 中提取的天然蛋白[③]。编码 GFP 的基因可以通过基因工程的方法添加到其他目标蛋白的编码基

① 通常缩写为“荧光显微镜”。

② 对于厚样品，部分激发光也会被样品吸收。

③ 从那以后，人们陆续发现和研发了几种类似的具有不同颜色的荧光蛋白，分别命名为“YFP，CFP，RFP”，依次为黄色、青色和红色。目前人们已经拥有了发射谱峰跨越 424 —637 nm 的荧光蛋白家族。

因上，从而形成**融合蛋白**。每当细胞 (或其后代) 制造该蛋白的拷贝时，就会自动包含该荧光结构域。

- 双滤光片方案的更精妙版本允许显示两个甚至更多个不同的荧光标签，每个荧光标签可指示不同的目标 (图 2.5)。

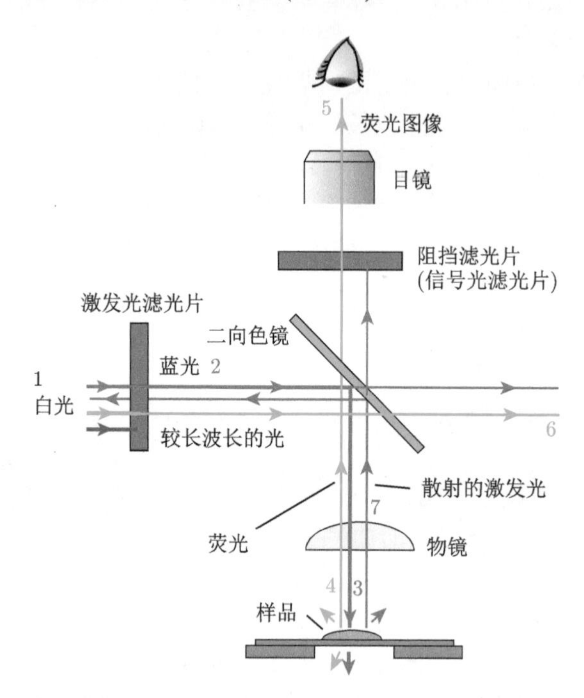

图 2.4　[示意图。] **落射荧光 (宽场) 显微镜**。来自光源 (1) 的白光通过 “激发光滤光片” 后，大多数长波长光子被滤掉。剩余的较短波长的光 (2) 从二向色镜反射后进入显微镜的物镜，最后到达样品 (3)。样品发射的荧光射向所有方向 (4)，包括朝向显微镜的方向。同一物镜也捕获其中一些荧光，它不受阻碍地通过二向色镜，最终在相机或观察者的眼睛中形成图像 (5)。即使少量的长波长的光透过了激发光滤光片，它也会直接透过二向色镜，而不会破坏图像 (6)。同样，一些激发光也会被散射向显微镜 (7)，但绝大部分都从二向色镜反射回光源。最后的 “阻挡滤片”(信号光滤光片) 会滤掉透过二向色镜的残余激发光。两个滤光片和二向色镜通常被打包成一个针对特定荧光团的独立模块 (“滤光体”)。本示意图没有刻意描绘物镜对光的聚焦，见图 6.13a。

本小节概述了荧光如何帮助我们看见原本不可见的东西。在进一步了解如何进行光 “操控” 之前，我们先来回顾一下细胞是如何产生和使用电位的。

$\boxed{T_2}$ 3.8.4′ 节将进一步讨论多色荧光。

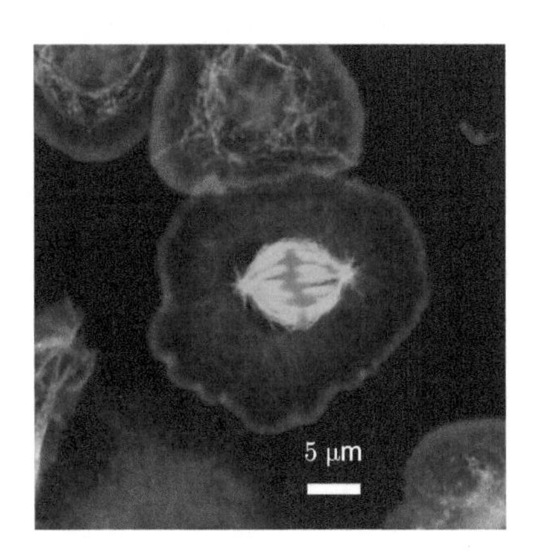

图 2.5　[显微照片。] **多色落射荧光图像。**中部图：细胞分裂 (有丝分裂)S2 期的果蝇 (*Drosophila*) 细胞。不同的靶向荧光团分别对肌动蛋白细丝、微管和 DNA 进行标记显色。来自这三类结构的光分别被滤光片分离，然后人工着色产生红色、绿色和蓝色三幅图像，最后再叠加生成一幅完整的图像。图中其他细胞没有分裂，因而具有完全不同的内部结构。[图片蒙 Nico Stuurman 惠赠。]

2.4　背景知识：膜电位

2.5—2.6 节将介绍在完好无损、功能健全的大脑中操控和查询单个神经元的光学方法。为此，本节先回顾一点关于神经信号的背景知识。

2.4.1　离子运动导致的电流

你可能对导线中的电流比较熟悉：一些电子从导线的一端流入，另一些电子从另一端流出，而导线中金属原子的核没有发生净运动。细胞内部与外部之间也可能存在电流，但是涉及更多复杂因素。原子和分子可以在流体中迁移，但它们通常失去一个或多个电子 (例如钠离子 Na^+，钾离子 K^+，钙离子 Ca^{2+})，或者获得一个或多个额外的电子 (如氯离子 Cl^-)。无论是正离子向细胞内净转移还是负离子向细胞外净转移，都会产生向内的电流。

2.4.2　跨膜离子失衡可以产生膜电位

任何细胞膜都是离子自由流动的屏障。因此，任何活体细胞都类似于电容器：导体 (细胞的内部流体或**胞质**) 与另一导体 (周围流体) 之间被绝缘体 (膜) 隔开。每个导体上的静息电位分布是均一的，但绝缘层两侧的电位值可能不同，其差称为**膜电位**[①]。如果膜电位是负值，则意味着细胞内部的电位低于细胞外部的电位。

① 另一个名称是“跨膜电位”，强调它不是膜本身所固有的。还有一些作者称它为“电压降”(“电压”是电位的非正式名称)，或“膜极化”。

如果某种正离子 (例如钠离子) 在膜一侧的浓度高于另一侧，则这种失衡将贡献一个跨膜电位 (在该侧为高电位)。如果所有离子的这类贡献不能完全抵消，则最终形成的膜电位会将正离子驱向低电位一侧①。但同时，离子也会受到热涨落的影响，类似于气球中压缩气体分子的“逃逸”倾向。静电力和热涨落的净效应决定了不同离子缓慢渗漏 (跨膜扩散) 的方向，类似于气球中氦气的缓慢泄漏。与之对应的膜的离子“电导”很小但并非零，因此“电化学梯度”可以驱动“离子流”。

2.4.3 离子泵维持跨膜静息电位

如果以上就是全部故事，那么我们可以预期最终所有离子都会在膜两侧达到相同浓度，因而在静息细胞膜的两侧不会产生任何电位跳变②。然而事实却相反，尽管存在离子泄漏，但活细胞能通过**离子泵**持续跨膜泵送离子，从而维持一个非零膜电位，这些离子泵是位于细胞外膜 (质膜)上的分子机器。离子泵消耗三磷酸腺苷 (ATP)并利用存储在这些分子的化学键能，将特定离子按特定方向泵送穿膜。这抵消了离子反向渗漏的效果，最终形成稳定的静息膜电位③。

例如，T. Tomita、A. Kaneko 等在 20 世纪 60 年代中期发现感光细胞内的静息电位比胞外的负低 40 mV，其测量方法是直接将微电极插入鱼眼的感光细胞。对于其他动物的细胞④，更典型的值约为 −70 mV。

T2 2.4.3′ 节给出了平衡膜电位的更多说明。

2.4.4 离子通道调节膜电位以实现神经信号转导

细胞膜上除离子泵外还有离子**通道**。离子通道不消耗任何能量，它们被动地允许离子通过。许多通道只允许特定离子通过，比如体积小又带正电的离子。

有些离子通道只在“开放”状态时才会导通。后文中我们将看到这些离子通道的开放取决于内部和外部条件。还有一些离子通道总是开放的，这就是前面提到的“渗漏”电导。

2.4.5 动作电位可以长距离传输信息

2.4.3 节描述了细胞如何获得“静息”态，其中离子泵送效应与渗漏电导之间的平衡产生一个稳定的膜电位。神经细胞可以利用膜电位的变化来作为快速通信的手段，在某些情况下通信距离还非常长。

---

① 正如我们在讨论光电效应(1.3.2 节) 时所说，钠离子的势能是 $U = e\Phi$。因为钠离子的电荷 e 是正的，因此它在电势 Φ 较高区域的电势能也高，这会导致一个力将它们推向 Φ 较低的区域。

② 细胞膜电导虽小但非零，这意味着大而有限的电阻。因此，尽管电位降的弛豫时间常数 RC 很大，但它并不是无限大的。

③ 第 10 章将介绍另一类称为交换器的离子转运机器。

④ 许多植物细胞和细菌也主动维持膜电位。

一般神经细胞 (**神经元**)有一个长而细的圆柱形芽枝，称为**轴突**。一个众所周知的例子是枪乌贼 (*Loligo forbesi*) 的 "巨" 轴突，之所以这么命名是因为它的直径可达 1 mm。轴突的膜上布满了离子通道，其中一种典型的离子通道在开放时只允许钠离子通过。这种离子通道的一个特性是其开闭受到局部膜电位的控制：当神经元处于静息态时，离子通道关闭；当膜电位上升足够高 (即与外部比，内部电位变得不那么负) 时，离子通道打开。我们称这种通道是**电压门控**的 (图 2.6)。

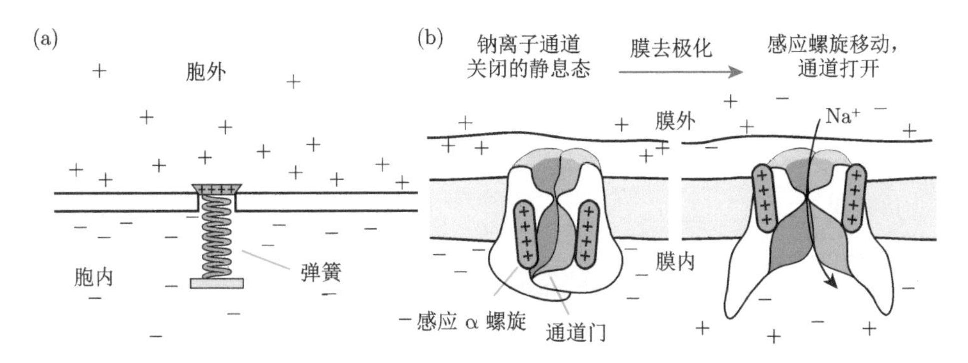

图 2.6　**电压门控离子通道。**(a)[概念模型。] 在静息 (极化) 态，外部正离子和内部负离子产生一个向下的电场。该电场使得带正电的阀门保持关闭。一旦正离子进入胞内，则电场力将被削弱，最终弹簧可以克服电场力从而打开阀门。(b)[基于结构数据的草图。] 钠离子通道。*左*：在静息态，通道蛋白中四个带正电荷的 "感应" α 螺旋受胞内过量负电荷吸引而被下拉，从而使通道处于关闭构象。*右*：去极化后通道变成了松弛构象。感应螺旋仍与蛋白质的其余部分相连，但此时它们向上移动了，因此整个复合物的构象改变了，离子通道被打开。参见 Media 5。钠离子通道还有一个额外的 "通道失活片段"(*未显示*)。即使在膜去极化的情况下，这个片段也会在一段时间后切断离子流。[(b) 摘自 Armstrong & Hille, 1998。]

神经元在静息态通过离子泵维持其通常的 (静息) 膜电位，同时电压门控钠离子通道保持闭合。但是，如果由于某种原因，轴突一端的膜电位上升，则附近的电压门控通道就会打开。在浓度梯度和静息电位的同向驱动下，钠离子就会向内部流动。离子流入的速度很快，以至于相对较慢的逆向离子泵送无法及时将其移出，因此涌入的钠离子会进一步提升膜内电位。膜电位从负静息值趋向零的增长过程称为**去极化**。这个局部去极化可以扩展到近邻区域，从而打开更多离子通道，进而产生去极化行波，一直传播到轴突的远端。这之后的恢复机制会重新关闭离子通道，并让轴突恢复其静息态，为下一个动作电位做好准备。整个时间序列被称为一次 "神经冲动"(即**动作电位**或神经 "**峰电位**")。其他动物使用类似的机制，有时信号传递的距离更长，例如，长颈鹿的个别轴突从脊髓伸展到脚。

T2 *2.4.5′ 节提到了静息电位的其他生物用途。*

2.4.6 动作电位的产生和利用

输入

动作电位是长距离快速通信的主要机制。为了利用这种机制，神经元除了需要一些手段在轴突的一端触发动作电位以应答某些信号外，还需要某些其他手段来利用到达轴突另一端的信号。大多数神经元通过一个称为**树突**的结构来完成这个任务。树突通常分裂成许多分支，每个分支都镶嵌着不同于 2.4.5 节所述的离子通道。这些**配体门控离子通道**可以响应它们所处的化学环境：当对应的**神经递质**分子靠近时，就会与它们结合，诱导其发生构象变化，进而打开通道[①]。因此，神经递质浓度的突然增加会使树突膜发生去极化，膜电位的这种变化会进一步波及树突和整个细胞体。如果神经递质数量够多且到达间隔时间够短，则造成的去极化可以触发动作电位。

输出

轴突将神经兴奋的信息传递到其远端 (如果有多个分支就传递到多个末端)。轴突末端的每个去极化事件触发神经递质的释放，即神经元“输出”。每个轴突末端通常很接近另一个神经元的树突，其间隙 (神经**突触**)仅为 $10 \sim 20$ nm 宽。从轴突末端释放的神经递质可以快速扩散并穿越整个突触，以激活处于树突侧的配体门控离子通道。

神经网络

大多数神经元对化学信号 (树突端接收到的阵发式释放的神经递质) 作出响应，并在其轴突末梢产生类似的化学信号，这就形成了神经元链路，每个神经元都受其上游激发再激发下游。此外，许多轴突都可以连接到单个树突[②]，允许一个神经元整合许多输入信号，其中每个输入都有自己的权重。每个轴突还可以分支多次，将其输出信号传递给许多其他神经元的树突。将每个轴突的信号传播到多个目标细胞的树突，再将每个树突的许多输入按特定的权重整合，这样构成的神经网络可以执行复杂的计算任务。

其他输入输出方式

即使是最复杂的计算机，如果它只与自身相连，对我们也没有用处。因此，不同于上面提及的信号输入方式，一些特殊的神经元可以接收其他输入信号，它们可以调节膜电位以响应力、热、光信号或其他感受刺激。本书后面章节将详细讨论光激活 (**光感受作用**)。

① **配体**是黏附到另一分子 (形成复合物) 的小分子的通称。神经递质是与特定离子通道相对应的配体。

② 我们大脑中的浦肯野 (Purkinje) 细胞中有的树突具有整合超过 10 万个轴突输入的能力。

此外，一些神经元不会终止于其他神经元，而是终止于肌肉细胞。肌肉细胞膜的动作电位去极化会触发肌肉收缩。来自单个**运动神经元**轴突的分支可导致许多肌肉细胞收缩。还有一些神经元可触发激素释放到血液中。

2.4.7　关于突触传输的更多说明

每个神经元不断合成新的神经递质，并且还可以清除上一个动作电位遗留下来的突触中使用过的分子。神经元将递质分子包装进膜泡 (**囊泡**)，然后将其导入轴突末端内侧，时刻准备释放 (图 2.7 顶部)。

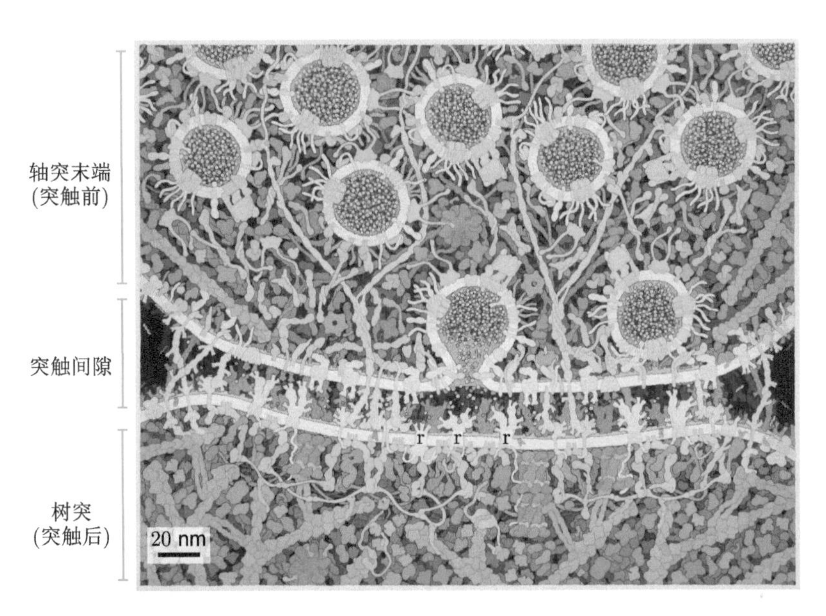

图 2.7　[基于结构数据的手绘图。] **神经突触的横截面图**。轴突末端 (突触前末端) 显示在顶部，其中几个突触囊泡内部充满了神经递质分子 (*黄点*)。其中一个囊泡正在与轴突的外膜融合，并将其内含物递送到突触间隙。接收方 (突触后) 树突显示在底部。穿过突触间隙的递质分子与树突膜上的受体蛋白 (r) 结合。这些受体通常是配体门控离子通道。图中显示为蓝色、绿色和紫色的其他蛋白共同维持了这个空间结构，使得信号传输高效、可重复。[由 David S Goodsell 绘制。]

当动作电位到达轴突末端时，其去极化会打开那里存在的另一类电压门控离子通道，它们能特异性地允许钙离子通过。胞内钙离子通常由离子泵维持在低浓度，因此这个去极化会导致胞内钙离子暴增。这反过来又触发了神经递质囊泡膜与细胞外膜的融合 (图 2.7 中心)。在融合之前，神经递质位于细胞内的囊泡内；膜融合之后，神经递质就直接释放到细胞外，进而继续扩散，最终到达突触另一侧，结合到对应的配体门控通道上[1]。

简而言之，神经元通过离散事件 (动作电位) 进行长距离通信，反过来又触发其他离散事件 (神经递质成团释放)。

囊泡释放的离散性

神经递质释放的离散特征可以直接测量。虽然单个递质分子与目标离子通道的结合对接收端树突的膜电位影响极小，但是整个囊泡释放的数千个神经递质分子确实具有可观的效果。图 2.8 显示这些事件确实大致为某个基本强度的整数倍 ("量子化释放")，符合 2.4.6 节描述的图像。该基本值对应单个囊泡释放的效应[2]。

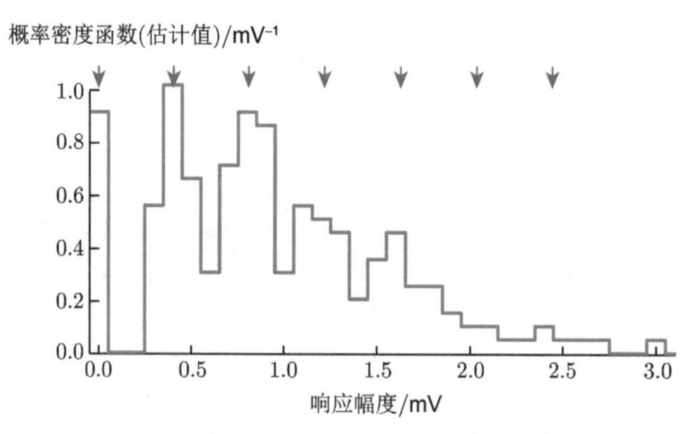

图 2.8 [实验数据。] **突触处囊泡释放离散性的证据**。该实验测量了当肌肉细胞接收来自运动神经元的单个动作电位 (神经冲动) 时其膜电位的响应变化。横轴表示膜电位的变化幅度，纵轴表示基于 198 次相同条件实验而估算的概率密度函数。为了更清晰地展示响应的离散特征，实验者提高了细胞周围溶液中镁离子的浓度，使得递质囊泡释放 (响应动作电位的结果) 的平均数量减小了。肌肉细胞本身被禁止产生动作电位，因此它的响应完全反映了轴突神经递质的释放量。图示分布中的隆起峰值出现在某个基本值的整数倍处 (箭头)，说明了释放的离散特征。每处隆起都存在一定的展宽，部分原因是包裹在每个囊泡中的递质分子数量存在一个分布。0 mV 处的峰值表示偶尔会出现响应失败。另见习题 2.1。[数据来自 Boyd & Martin, 1956，可参见 Dataset 4。]

本小节回顾了电位在神经信号转导中的角色。在此基础上，我们接下来将探讨用光来操纵这些信号的方法。

有关膜电位的更多详细信息，请参阅本章末尾列出的参考资料。

---

① 图 10.13 描述了另一种神经突触。

② 习题 2.1 将分析这些数据。

2.5　光控遗传修饰技术

2.5.1　大脑很难研究

2.4 节概述了连接成网络的神经元如何执行复杂计算。大多数动物都用这样的网络来与环境互动或者协调身体各部分的工作。了解这些网络如何运作当然非常有用，但面临的障碍也令人生畏。例如，人脑包含 10^{11} 量级的神经元，并且它们不像印刷电路那样分布在平面上。我们可以通过观察受试者对各种刺激 (例如视觉) 的反应 (例如口头报告) 来研究大脑，但是这两极 (刺激和反应) 之间相差很多层级，因此尽管研究了几个世纪，我们对大脑的理解仍然很粗浅。

入手研究的一个策略是选择一种更简单的诸如蠕虫之类的动物，但许多心理学和医学关心的问题只出现在具有复杂大脑的生物体中。另一种研究策略是在上述两极之间的各个中间层级上对大脑施加刺激。长期以来采取的主要手段是将电极插入大脑，要么刺穿特定目标群中的单个神经元，要么刺激许多相邻的神经元。第一种方法 (细胞内刺激) 可以改变神经元的内部电位，或者使其去极化 (提高胞内电位，从而触发动作电位)，或者使其超极化(降低胞内电位，从而抑制可能由细胞正常输入触发的动作电位)。然而，在 21 世纪之前，很难知道目标神经元来自哪个类，并且通常不可能提前选择该类。第二种方法 (细胞外刺激) 的细胞特异性就更低了。此外，研究中的动物通常必须固定以避免干扰电极。记录单个神经元活动时也遇到很多问题，因为大多数神经元被深埋在组织中，电极很难达到。

2005 年前后，科学家成功开发了一种用于控制神经活动的强大实验技术，它基于光致异构化①而不是基于电极植入，一般称为**光控遗传修饰技术**。这项发明充分体现了基础研究的价值，因为其早期发展与疾病治疗这类实用目的没有明确关系，甚至与人也扯不上什么关系。

2.5.2　光敏通道蛋白可受光控使神经元去极化

许多微生物都拥有原始视觉，使得它们能够迁移到光富集的区域 (**趋光性**)。比如单细胞绿藻莱茵衣藻 (*Chlamydomonas reinhardtii*)，它可以表达一种**光敏通道蛋白 (channelrhodopsin-2)**，后者位于一小片细胞外膜 (质膜) 上。在该片膜的正下方存在两层或多层色素颗粒阵列，能阻挡来自后方的光，相当于为光敏通道蛋白竖起了一道屏障，使得后者仅对某些方向的光有响应。这个复合系统称为“眼点”。

光敏通道蛋白主要由七个跨膜螺旋组成，呈桶状结构，中心为通道。该蛋白质中镶嵌着一种称为**视黄醛**的小分子 (一种“辅因子”)，它在蓝光照射下可发生

① 1.6.4 节介绍了光致异构化。

异构化，这个构象变化会使得整个蛋白质扭曲变形，打开中心通道，使得离子能够通过。换句话说，*光敏通道蛋白是一种光激活的离子通道*。几毫秒后，视黄醛恢复到其初始构象，同时离子通道关闭。目前人们已经了解了整个光敏通道蛋白家族。

与其他细胞一样，衣藻细胞通过离子泵维持膜电位。光触发的离子通道开放导致整个膜去极化，进而影响其他电压敏感型的嵌膜分子机器，并最终改变细胞的泳动行为 (趋光运动) ①。

许多研究人员意识到，由于人类神经元也是通过调节膜电位来实现信号转导的，因此将光敏通道蛋白添加到神经元中，就为外部光控刺激提供了可能。值得注意的是，尽管光敏通道蛋白来自于单细胞藻类，但是可以在哺乳动物中表达且没有任何毒副作用，而构造这样的转基因生物已被证明是可行的。并且，神经元可以将光敏通道蛋白输送到神经元外膜，在那里它就能发挥作用。光敏通道白蛋白基因可以通过靶向病毒传递给特定类型的神经元。更一般的做法是将基因添加到整个动物的基因组中，并使用适当的控制序列使其仅在目标类型细胞中表达。无论哪种情况，适当波长的光都可以打开通道，并使神经元去极化，与衣藻中的天然过程并无二致。去极化反过来又可以触发动作电位。图 2.9 显示这类响应与闪光刺激在时间上可以精确对应，因此研究者就能将任何特定时间序列的人工信号 (锋电位序列) 馈送给神经网络。

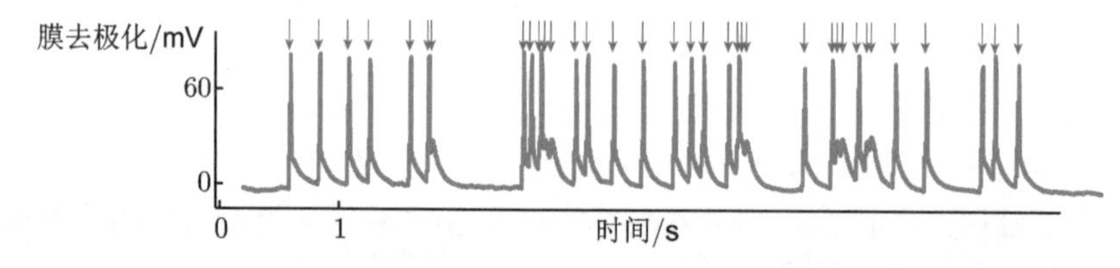

图 2.9 [实验数据。] **光触发的动作电位**。来自大鼠脑的神经元通常对光不敏感，但当编码光敏通道蛋白的基因经病毒整合到其基因组后，大鼠获得了这种敏感性。图中纵轴表示细胞去极化，即膜电位 (细胞膜内外电位差) 与其静息值之差。箭头所指时刻对应于一系列闪光刺激。为模拟大脑内部的正常情况，此处传递的随机光脉冲服从泊松过程。[数据蒙 Edward S Boyden 惠赠，另见 Boyden et al., 2005。]

通过对照明区域的精细调控，我们还可以提高光激活的特异性，例如，通过光纤波导将光传送到特定脑区②。目前人们已经发现了很多光敏离子通道，越来越多的被改造以具有某些特性，例如具有高电导、某种所需的作用光谱或者更快的开关特性。

① 10.3.3 节讨论了更简单的生物的趋光性。

② 5.3.4 节将讨论光纤光学。

上述靶向刺激的效果可以是宏观和剧烈的。研究表明，对自由运动小鼠的特定脑区进行照射，可以迅速诱导小鼠朝一个方向转动；而照射其他脑区，则迅速诱发攻击或恐惧反应[①]。

2.5.3　嗜盐菌视紫红质可受光控使神经元超极化

2.5.2 节集中在光诱导的去极化，后者可以刺激细胞发放动作电位，或者 (在光照较弱时) 使其能在正常输入的条件下更容易发放动作电位。对细胞进行人工**超极化** (使胞内电位比平时更负) 会产生相反的效果。值得注意的是，在古菌中发现了另一类嵌膜蛋白，起到*光驱动离子泵*的作用。**嗜盐菌视紫红质**就是其中之一，该泵将氯离子泵入法老嗜盐杆菌 (*Natronomas pharaonis*，最初在死海中被发现) 的细胞内，帮助其维持与胞外高氯溶液的渗透平衡。因为氯离子是负离子，这种光激活就会使细胞超极化。通过基因工程将嗜盐菌视紫红质表达在哺乳动物神经元中，可发现其仍然是光敏感的。黄色到绿色范围内的光能使这些神经元沉默。这些光的超极化效应盖过了注入的去极化电流的效应，后者原本是肯定能激发锋电位的 (图 2.10)。

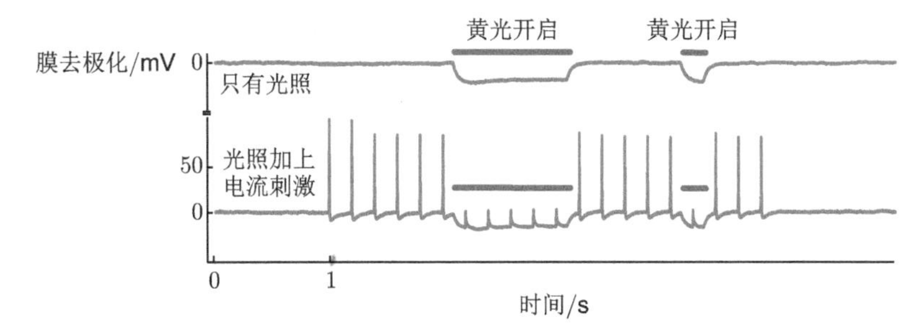

图 2.10　[实验数据] **光能使神经元沉默**。来自大鼠脑的神经元通常对光不敏感，但嗜盐菌视紫红质的基因经病毒被整合到基因组后，大鼠脑的神经元就获得了这种敏感性。在这些图中，纵轴还是表示细胞去极化。**上图**：细胞静息时，用黄光激活嗜盐菌视紫红质，后者将氯离子泵入细胞内，进而诱导超极化。**下图**：电刺激细胞以引发周期性动作电位。黄光照射消除了锋电位，即细胞虽然响应刺激而发生去极化，但未达到引发锋电位所需的阈值。[数据来自 Han & Boyden, 2007。]

嗜盐菌视紫红质的另一个关键特征是其作用光谱的峰值处在 525 ~ 650 nm (黄光) 的波长范围内，与光敏通道蛋白的作用光谱 (蓝光) 距离比较远。因此，我们可以方便地使用两种不同颜色的光分别激发和沉默同一类神经元。

简而言之，

光控遗传修饰技术可用来光控激活或沉默特定类别的目标神经元。

① 参见 Media 6。

光控遗传修饰技术能使神经科学家上调或下调神经回路中的特异点并观察其响应，从而能研究神经元之间是否存在功能上的因果关系 (“A 导致 B”)，而不仅仅是统计关联 (“B 跟随或伴随 A”)。这个方法将直接电刺激的高速与药物作用的精确靶向特征密切结合在了一起。

2.5.4 其他方法

目前人们已经成功开发了多种光控遗传修饰技术，详见图 2.11。

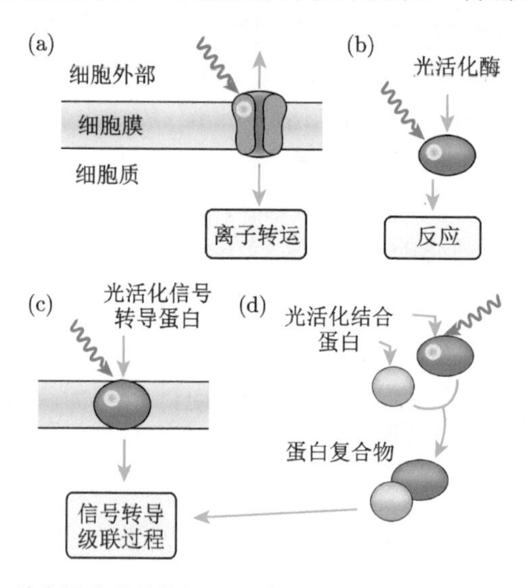

图 2.11 [原理图。] **四种光控遗传修饰技术方案**。(a) 光敏通道蛋白被光激活而打开，从而选择性地实现跨膜离子转运，进而改变其膜电位。其他微生物视蛋白，如嗜盐菌视紫红质，也受光激活主动转运质子或其他离子。(b) 细胞内的酶可以通过融合蛋白添加一个光敏结构域，从而实现光活化。(c) 光活化的信号转导蛋白能够被表达，并与现有的信号转导通路实现偶联。(d) 光驱动的蛋白结合，可使它们紧密接触并触发活性。[另见 Chow & Boyden, 2013。]

2.6 荧光报告蛋白可以实时反映细胞状态

2.6.1 电压敏感型荧光报告蛋白

2.5 节简介了通过引入离子泵或来自其他生物的通道蛋白来产生和抑制神经信号的光控方法。在这些发现的数年后，人们在相关领域也取得了进展，能够利用遗传改造的报告蛋白通过光学方法读出神经元的活动[①]。

这个方法的关键步骤是从视紫红质家族寻找一种膜蛋白，这种蛋白天然存在于微生物中。J. Kralj 及其合作者研究了能够吸收绿光的变形杆菌视紫红质，这

① T2 在此之前，人们已经可以通过外部引入的电压敏感染料来读出膜电位。可参阅本章末尾的延伸阅读。

是一种存在于海洋细菌中的光驱动质子泵。研究人员注意到这种蛋白仅在结合质子时才发荧光，他们由此推断，任何增加膜内侧 (细胞质一侧，也即蛋白质的质子敏感区域所在侧) 质子浓度的环境变化都会提高该蛋白处于荧光状态的概率。

在化学中，通常用溶液 pH 来量化质子的浓度。如果膜是通过泵出正离子而极化的，那么这些正离子由于膜内侧负离子的吸引而倾向于在膜外附近游荡。这层额外的正电荷会对膜内侧附近的质子产生*排斥*，使那里的局部质子浓度*降低*。当膜去极化时，膜外侧的正电荷被释放，则膜内侧的排斥区也随之消失。如果膜上含有变形杆菌视紫红质，其荧光就可以对这种变化做出响应，实际上，研究人员确实发现去极化增强了荧光。结果表明，变形杆菌视紫红质可以用作快速电压变化的报告蛋白[①]。

Kralj 和合作者在后来的工作中发现另一种名为古菌视紫红质 (archaerhodopsin-3) 的微生物离子泵突变体也具有类似活性。然而，与变形杆菌视紫红质不同，古菌视紫红质及其突变体可用于真核细胞。由于它并非天然存在于哺乳动物细胞中，因此研究人员可以通过遗传学方法将其引入特定类型的细胞，类似于光控遗传修饰技术中的处理。图 2.12表明，这种方法在没有刺穿或接触细胞的情况下获得的细胞活性数据，与传统方法获得的数据几乎完全对应[②]。

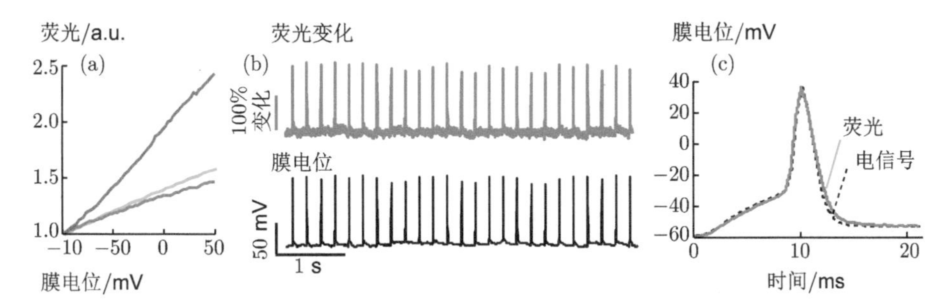

图 2.12　[实验数据。] **基因改造后的膜电位报告蛋白。**(a) 在人体胚胎肾细胞中表达的三种古菌视紫红质变体的荧光信号与膜电位关系。从每种蛋白读出的荧光信号都与外部施加的膜电位呈高度线性的关系。(b) *顶部*：大鼠神经元中观察到的荧光变化，它为了响应电刺激而发放了一系列动作电位。*底部*：通过传统电极方法同步记录到的同一细胞的数据。(c) 单个动作电位的细节展示。*黑色*：电极信号。*蓝色*：荧光信号，强度经重新标度使其能匹配电压峰值。[数据蒙 Adam E Cohen 惠赠；参见 Media 7a。经麦克米伦出版公司许可转载：Hochbaum et al., All-optical electrophysiology in mammalian neurons using engineered microbial rhodopsins. *Nat. Methods* (2014) vol. 11 (8) pp. 825-833, ©2014.]

① T2 Kralj 和合作者找到了一种突变的变形杆菌视紫红质，其亮暗状态之间的转变发生在目标细胞的膜电位范围内。一个意外的收获是，这个突变体也缺乏正常的光诱导质子泵活性，因此反而变成了一个纯粹的电压变化报告蛋白。

② T2 另一种方法使用了融合蛋白技术，即将荧光蛋白与某离子通道的电压敏感结构域融合。

下一步是将光学刺激和监测联合起来。D. Hochbaum 和合作者发现了一对光敏通道蛋白和古细菌视紫红质的突变体，前者的作用光谱峰值与后者的激发带、发射带都相隔较远。于是，对经过遗传改造的特定类型神经元，我们就可以独立地进行刺激或者活性测量 (图 2.13)。

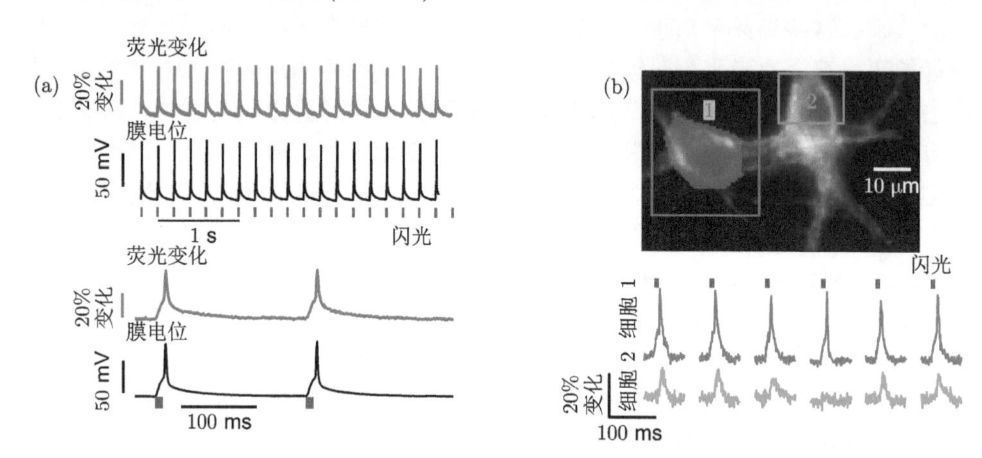

图 2.13 [显微照片；实验数据。] **动作电位的光激发和监测** (来自培养皿中的大鼠神经元)。(a) *上面两条轨迹*：*红色标记*指示了光照时间。*蓝色轨迹*显示了诱发的荧光变化。作为对比，*黑色轨迹*显示了电信号。*下面两条轨迹*：放大图显示了更精细的时间结构。(b) *顶部*：两个神经元通过突触连接在一起。显示为蓝色的神经元胞体受到光刺激。*下图*：受激细胞 (1) 和相连细胞 (2) 的光信号。*红杠*依然表示光刺激时间。图像显示了一次信号传输失败的例子，这是突触的正常特征。如果添加阻断突触传输的化学物质，可发现来自 2 的响应被消除了，但来自 1 的信号不受影响 (*数据未显示*)。[(a) 数据和 (b) 图像蒙 Adam E Cohen 惠赠；参见 Media 7b。经麦克米伦出版公司许可转载：Hochbaum et al., All-optical electrophysiology in mammalian neurons using engineered microbial rhodopsins. *Nat. Methods* (2014) vol. 11 (8) pp. 825-833, ©2014.]

2.6.2 劈裂的荧光蛋白以及基因改造的钙离子报告蛋白

荧光取决于分子内的整个原子团 (荧光团) 的能级，而不仅取决于其中包含的个别原子。即使与荧光团功能不直接相关的分子结构域，也可以影响其能级。因此，可以通过重排分子内的基团来改变甚至消除荧光。

劈开荧光蛋白

上述想法的一个极端例子就是设计两个分离的蛋白，每个仅拥有完整荧光蛋白的一半。当两个蛋白非常接近时，它们可以发生非共价结合，临时凑成一个荧光蛋白。例如，第一个蛋白可以是一个融合蛋白，包含我们想要研究的分子 A 以及黄色荧光蛋白 (YFP)的一半。第二个融合蛋白则包括另一个分子 B 以及 YFP 的另一半。当 A 与 B 结合时，会使两个 YFP 片段足够接近，以至于复合物变成了荧光分子。这种**双分子荧光互补**探针可以报告这两个蛋白在细胞中发生结合的时间、位置，不仅能够记录结合事件，还可以记录其与环境改变、细胞状态的程序性变化等因素的相关性。反过来，这些信息有助于我们构建更好的信号传递网络模型。

例如，K. Cole 和合作者使用双分子荧光互补方法来观察 Cdc42(一种控制细胞周期进程和其他功能的信号分子) 与其调控分子 Rdi1p 的结合。他们发现，在酵母中两种蛋白的复合物经常出现在细胞极性生长的位点处 (例如初期出芽位点)。

双分子荧光互补方法具有与 2.6.1节中提到的基因改造的电压报告蛋白相似的优点：它们由细胞自身产生，并且可以只在感兴趣的细胞类型中得以表达。不过，这种方法的局限性在于响应过程很慢 (约小时量级)，因为当两个融合蛋白载体结合后，荧光蛋白的两半并不能马上就与对方互补结合从而产生荧光。

基因改造的钙离子报告蛋白

图 2.14显示了另一种调控方法，无需将荧光蛋白劈成两个独立的部分。在某些情况下，只需对蛋白略微调整，就能减少甚至消除其荧光。一种做法是重排该荧光蛋白的氨基酸序列：将其从正中分为两部分，对调两者的位置并重新拼接为一条新序列，原序列正中的共价结合的两个残基现在变成了新序列的两个末端。如果这两端可以自由翻转，那么它们靠在一起的时间不会太长，因此荧光就消失了。然而，如果某些机制能将它们拉拢结合，那么这个蛋白质分子就会获得与天然蛋

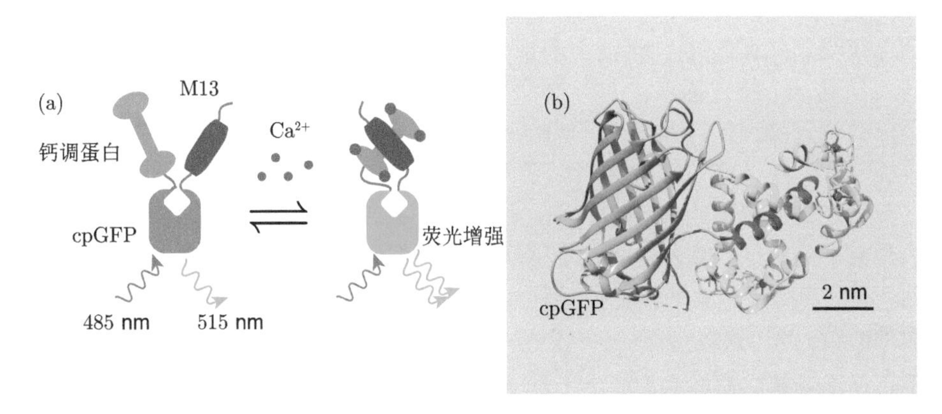

图 2.14　**GCaMP 的传感机制**。(a)[卡通图。] 融合蛋白在待研究细胞中得以表达。该蛋白由三个主要结构域组成。其中包含了循环置换后的绿色荧光蛋白 (cpGFP)。钙结合后，钙调蛋白结构域与第三结构域 (M13) 形成复合物，改变了 cpGFP 的局部环境并增强其荧光。(b)[蛋白结构图。] 钙结合的 GCaMP 结构。桶形 cpGFP (绿色) 夹在钙调蛋白 (蓝色) 和 M13 (品红色) 之间，钙调蛋白上还结合了钙离子 (红色)。[(a) 参见 Broussard et al., 2014。(b) 蒙 Lin Tian 惠赠。]

白相似的构象，从而发出荧光。

图 2.14显示了这种 "循环置换" 绿色荧光蛋白 (cpGFP) 与钙调蛋白的融合蛋白，其中钙调蛋白是一种钙敏感蛋白，连接在 cpGFP 的一端。钙离子在细胞内扮演多种信号角色，因此对单个细胞中的钙离子浓度实现可视化会非常有用。例如，当神经元产生动作电位时，通常会伴随胞内钙离子的爆发事件。因为这种变化发生在整个细胞中，而不仅仅发生在胞膜上，所以所产生的信号可能会比膜电压报告蛋白所显示的更强。

当钙调蛋白结合钙离子时会发生构象变化，使其能够结合某种蛋白片段[①]，如图 2.14所示，这个短片段共价连接在荧光蛋白的另一端。钙调蛋白与其配体的结合改变了 cpGFP 的环境和构象，只要细胞中存在钙离子就能增强其荧光。这就是上述基因改造的融合蛋白 (GCaMP) 作为钙离子浓度报告蛋白的原理。经过大量的基因工程改造尝试，人们设计出了一种名为 GCaMP6f 的蛋白变体，它在钙离子浓度上升时会迅速作出响应 (150 ms)，尽管当钙离子浓度下降时响应会慢一些 (650 ms)。

本小节介绍了几个用光学方法探测单细胞状态的例子。下面我们回到荧光显微镜，介绍另一种很有用的、经典波模型无法解释的光学现象。

2.7 双光子激发可以对活体组织内部成像

2.7.1 厚样品成像问题

传统光学显微技术首先需要照射整个样品，然后再调整显微镜物镜 (透镜)，使其聚焦到一个特定深度的目标平面[②]。其他深度的样品部分所散射的光构成了未聚焦的背景噪声，从而降低了成像质量。解决该问题的一种传统方法是将样品切成极薄的切片，但该过程会破坏正常的生物学功能。

荧光显微镜也面临类似的问题：原本我们只想照亮一个目标区域，但最终照亮的是某个带状区，类似于图 2.15所示样品中的沙漏形发光区域。我们之前已经提到，可以利用荧光的斯托克斯频移规律，实现散射光与入射光的分离。但是，焦平面外的荧光团仍然会被激发并发光，构成背景噪声。显然，如果我们能只照亮一个点，那么情况就会得到改善，但是光线如何能够神奇地出现在样品内部的一个点上，而不会照亮整个出入路径？

① 早期 GCaMP 用到的钙调蛋白结合域是 M13 。也有人选择使用其他结合域，例如 RS20。

② 第 6 章将讨论光的聚焦；第 4 章和第 6 章还将介绍消除图像背景光的其他策略。

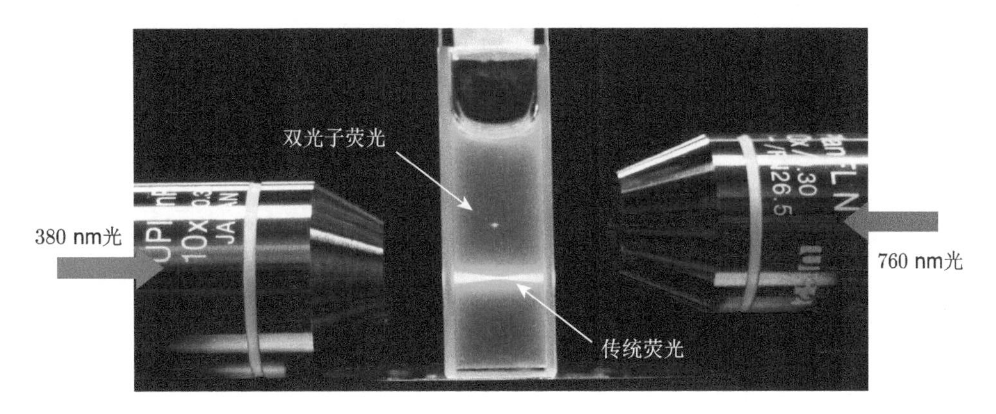

图 2.15　[照片。] **单光子和双光子激发之间的差异**。*中心*：装有荧光染料溶液的小瓶被两种光源照射。*左下方*的显微镜物镜导出波长为 380 nm 的短脉冲光。光线几乎聚焦到样品中心的一点，但在该点的两侧仍会有弥散，形成沙漏形的发光区域。波长为 760 nm 的脉冲光通过*右侧*相同的物镜后照射样品，虽然光也穿过一个沙漏形区域，但它只在一个微小的点区域 (*上方箭头*) 上激发荧光。为了使图像更直观，图示光束经过人为放大，使得光点肉眼可见。实际实验中使用了更窄的光束。[图片蒙 Kevin D Belfield，Zhenli Huang 和 Ciceron Yanez 惠赠。]

2.7.2　双光子激发对光强度敏感

有一个绝妙的办法可以解决上述问题，其原理可以追溯到量子物理的早期阶段。光假说强调光子只能与一个电子相互作用①。但电子还存在吸收多个*光子*的可能性。M. Göppert-Mayer 在她 1931 年的论文中从理论上预测了原子或分子可以通过这样的过程来实现电子态跃迁，即使该分子的初态、末态之间并不存在类似于跳板的中间态。后来的实验证实了她的理论 (图 2.16)：同时吸收两个光子，其中每个光子只有所需激发能量的一半，也可以激发荧光团。

对于显微镜而言，这种**双光子激发**的概率取决于照射强度的*平方*。要理解其中原因，你可以想象一群人从你身边经过，而你站着不动。人群中每百人只有一人有票。如果你碰到这样的人就可以拿到票，同时获得一些奖励。在单位时间内发生这一事件的概率为 β ②，因此你的等待时间为 $1/\beta$ 。你可以重复类似的游戏，但现在是每*两*百人中只有一人有票，因此你的等待时间将变为两倍。在单光子激发中，“你” 就是荧光团，而你所遇到的 “持票人” 就是落在你激发带中的光子。

现在设想另一个游戏。这次为了达标，你必须收集*两*张票。此外，每张票在被收集后的短时间 Δt 后就会到期。将人群中的持票人密度降低一半，会使你的等待时间增加*远超*两倍，因为这次你必须连续快速收集到两张票。事实上，你在单位时间内获得奖励的概率因额外的伯努利试验(概率为 $(\Delta t)\beta$) 而降低。也就是

① 光假说详见*要点* 1.11。

② 1.4.3节给出了等待时间与平均速率之间的联系。

说，此时平均速率变成正比于 $(\Delta t)\beta^2$。减少人群的数量也有类似的效果，因为这会增大持票人撞到你的概率。

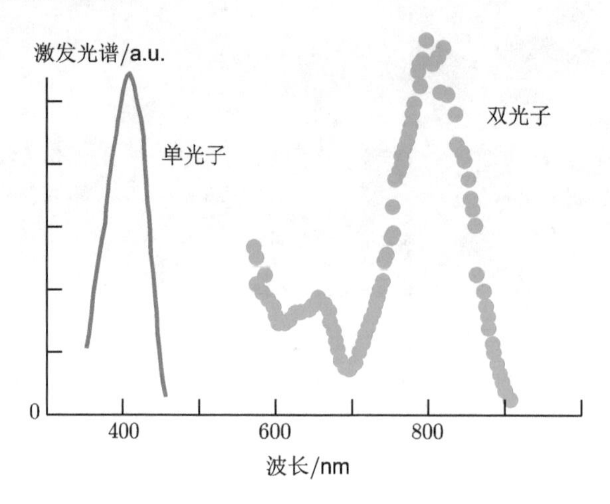

图 2.16　[实验数据。] **单光子与双光子激发光谱**。纵轴是来自样品的激发荧光的平均速率，横轴是照射光波长，不同波长的光都以相同速率传送光子。该数据来自名为 mAmetrine 的荧光团。双光子激发的主峰恰好出现在单光子激发峰值的两倍波长 (能量的一半) 处。(在其他荧光团实验中，由于涉及分子振动的复杂性，这种关系并未严格遵循。) 图中对单光子和双光子的激发光谱分别进行归一化。[数据来自 Drobizhev et al., 2011。]

类似地，当荧光团需要几乎同时吸收两个光子才发荧光时[①]，光子密度一旦减半，则等待时间将增大为四倍。这个类比表明双光子激发速率应该随着激发光强度的*平方*而变化，不同于普通荧光中的线性相关性。

T2 *2.7.2′ 节提供有关 β-平方规则的更多详细信息。*

2.7.3　多光子显微镜可以激发样本的特定体积元

图 2.15阐明了上述想法。位置靠下的显微镜物镜聚焦的光束波长与荧光团的激发峰匹配。沙漏状区域顶点处的光子密度最大，因此那里的荧光团在单位时间内发出荧光的概率也最大。越是向左或右偏离该点，荧光团发光的平均速率越低，荧光因而也逐渐减弱。如前所述，焦点以外的这些区域贡献了显著的背景光。

图中位置靠上的显微镜物镜聚焦的光束波长是左下方物镜的两倍，因此每个光子的能量减半，此时的荧光团只能由双光子激发。当我们远离焦平面时，照明强度当然也下降，然而强度的平方下降得更快，与普通 (单光子) 激发情况相比，双光子激发的荧光因此下降得更甚。只有最高光强度的光束才能产生明显的荧光，如图 2.15 中微小光点所示。

① “几乎同时” 一般意指相继两次吸收的时间间隔在 0.1 fs 内。

W. Denk 和合作者的开创性工作正是利用这一现象变革了荧光显微技术。为了达到双光子激发所需的非常高的光强度，研究人员使用激光将入射光子聚集成超短脉冲 (每个脉冲的持续时间小于皮秒)。由于焦点外的激发迅速衰减，因此该方法可以减少杂散光，后者会降低图像的质量①。该方法还有其他一些好处。例如，用于双光子激发的长波长 (红外) 光子通常比用于单光子激发的可见光更容易穿透目标组织，且散射更少，对组织的光损伤也小。目前已经可以对 1 mm 深度的复杂组织做详细检查，这些组织包括淋巴器官、肾脏、心脏、皮肤和脑，同时还能保持组织的完整性。1 mm 看起来可能不是一个很大的距离，但它对小动物的脑皮质成像已经足够深 (图 2.17)。

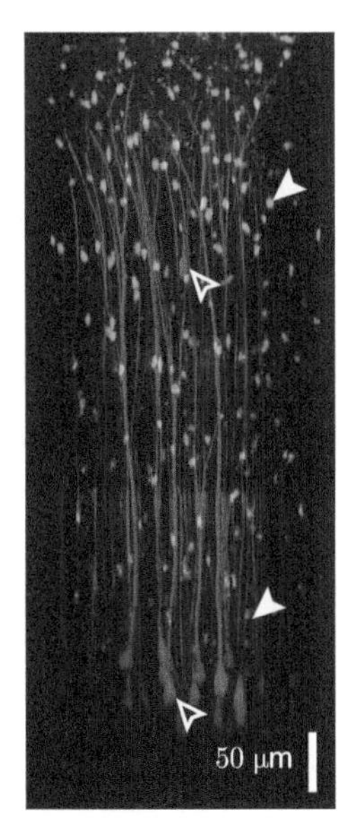

图 2.17　[荧光显微照片。] **完整活脑的双光子成像**。除神经元外，哺乳动物的大脑还包含其他类型细胞，特别是对损伤有反应的小胶质细胞。该图像显示小鼠大脑皮层中位于颅骨下方 (顶部) 的两种细胞：神经元表达增强型黄色荧光蛋白 (红色，空心箭头)，小胶质细胞表达 GFP (绿色，实心箭头)。通过正文介绍的方法扫描截面会产生一叠图像，再用数学方法根据这叠图像数据重构出所示的侧视图。虽然脑组织散射可见光，但用于双光子激发的红外光允许深入组织进行成像。该技术可以证明小胶质细胞是高度动态的，其表面分支会持续地伸展和回缩，检查附近的神经元是否受损。[摘自 Nimmerjahn, 2011; 另见 Media 8。]

双光子成像甚至可以实时记录清醒动物的神经活动，而无需植入电极。C. Harvey 和合作者使用这种装置记录了小鼠在突破一个虚拟现实的迷宫时其脑部导航

① T2 类似地，如果我们希望使用光来触发其他类型的反应，比如活化试剂，我们可以利用精确的三维照明控制。类似的想法已被应用于高密度 3D 光学数据存储。

区域的活动[①]。

将荧光激发限制在焦点还有另一个好处，大多数荧光团在重复激发后会出现光漂白[②]。假设我们希望建立一个三维图像。为此，我们可以对样品中的一叠平行平面进行聚焦扫描，并对每个平面进行成像。在普通荧光显微镜中，焦平面外的无用照射会使那里的荧光团提前被光漂白了，使得随后的焦平面成像强度降低。双光子激发则没有这种限制，对样品本身的光损伤也减少了。

我们甚至可以用两个以上光子来触发电子态跃迁，这种成像原理可将激发波长扩展到红外波段。

本小节介绍了双光子激发，并阐述了荧光成像的概念。接下来我们将介绍另一种情况，该情况在光假说和电子状态假说基础上也可以被定性理解。

T2 2.7.3′ 节描述了双光子显微镜的另一个特征。

2.8 荧光共振能量转移

2.8.1 如何判断两个分子何时彼此接近

在研究分子机制时，我们通常对于无法直接观察到分子事件感到沮丧。毕竟，对于可见光成像来说，即使是最大的生物分子也显得太小[③]。第 7 章将围绕这一限制介绍另一种方法，但该方法 (定位显微镜) 的缺点在于必须收集大量光子，这就要求成像目标必须是静止的，或者至少是缓慢移动的 (保证在图像变化之前收集足够多的光子)，然而许多目标分子的关联事件是短暂的。此外，每次成像需要收集大量荧光光子，这意味着需要更大量的激发光光子，这又会引起光损伤。在许多应用中，我们还希望长时间监控样品。由于这种种限制，必须发展其他直接测量方法。

比如，我们怀疑其中一个分子调控着另一个的行为，于是希望知道两个分子何时结合在一起。如果能够找到一种方法能实时报告两个特定分子何时靠拢，而又不妨碍它们的正常功能，该方法无疑将大有用处[④]。类似地，在某些情况下，我们可能希望知道单个大分子的某部分何时靠近另一部分。在此我们介绍一套有用的方法，其测量信号可以报告两个部分在空间上何时彼此接近，甚至可以以纳米精度定量描述这个距离。理想情况下，我们希望这些报道具有较高的时间分辨率，便于我们分析等待时间等统计数据，甚至将一种事件与另一种事件相关联。

值得注意的是，我们在不需要图像细节的情况下只是基于荧光机制就能获得

---

① 参见 Media 9。人们利用来自 GCaMP 家族(见 2.8.6节) 的报告分子来监测神经活动。

② 1.6.4节介绍了光漂白。

③ 第 6 章将讨论衍射造成的分辨率极限。

④ 2.6.2节描述了另一种解决该问题的方法，但该方法的响应速度比本小节讨论的方法更慢。

这种信息。**荧光共振能量转移** (简写为 **FRET**) 只涉及两种不同的荧光团，分别称为**供体**和**受体**。为了观察两个分子 (或单个分子的两个部分) 的相对运动，我们将供体连接到其中一个分子，而将受体连接到另一个，然后再用可以激发供体但不激发受体的光照射 (图 2.18)。当两个分子相距超过数纳米时，我们只看到供体的特征荧光，而看不到受体的特征荧光。当两个分子彼此接近时，供体荧光急剧下降 [图 2.19和图 2.20(a)]，而受体特征荧光会逐渐增强。因此，我们通过两个滤波器就可以实时报告两个分子的接近程度，这两个滤波器分别只能通过供体或受体的发射光波段，我们可以分别收集这两个波段的光，并比较它们的强度。

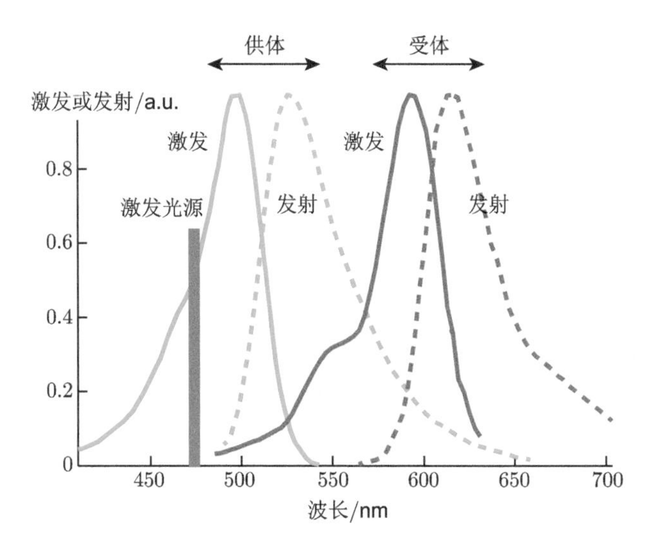

图 2.18　[实验数据。] **光谱重叠**。*左侧曲线*：荧光素的激发和发射光谱，它有时用作 FRET 供体。*右侧曲线*：德克萨斯红的对应光谱，它有时用作荧光素的受体。当波长短于 500 nm (蓝条) 的光照射含有两种分子的溶液时，荧光素分子将被直接激发，而德克萨斯红分子则不会。然而，激发可能从供体传递到受体，最终导致受体发荧光。这种情况发生的频率取决于供体发射光谱与受体激发光谱之间的重叠区域面积 (阴影) 以及两者的空间距离。[数据来自 Johnson et al., 1993。]

为了定量测量能量转移，**FRET 效率**可定义为受体荧光光子数的占比：

$$\mathcal{E}_{\mathrm{FRET}} = \frac{(\text{受体发射的荧光光子数})}{(\text{供体发射的荧光光子数}) + (\text{受体发射的荧光光子数})}. \tag{2.1}$$

通过适当选择一对荧光团，可以实现供体与受体之间几乎完全的能量转移。例如，图 2.20(b) 显示 $\mathcal{E}_{\mathrm{FRET}} \approx 75\%$。

T2 2.8.1′ 节讨论了对公式 2.1 的修正。

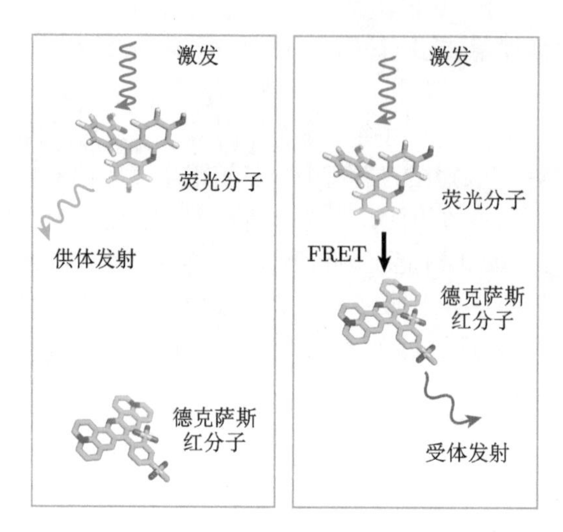

图 2.19　[卡通图。未按比例绘制。] **荧光共振能量转移**。图 2.18 提到的荧光团。*左*：供体分子远离受体分子。当供体分子被激发后，它只是随机地向各方向发射具有斯托克斯频移的光子。即使附近有受体存在，也很难被发射光子所激发，因为大多数光子沿不同方向出射而无法与其作用。*右图*：如果受体就在附近，则发生 FRET 过程，从而供体不再发荧光。此时受激发的受体开始发射光子，其波长较长，因此可以与供体荧光区分开。

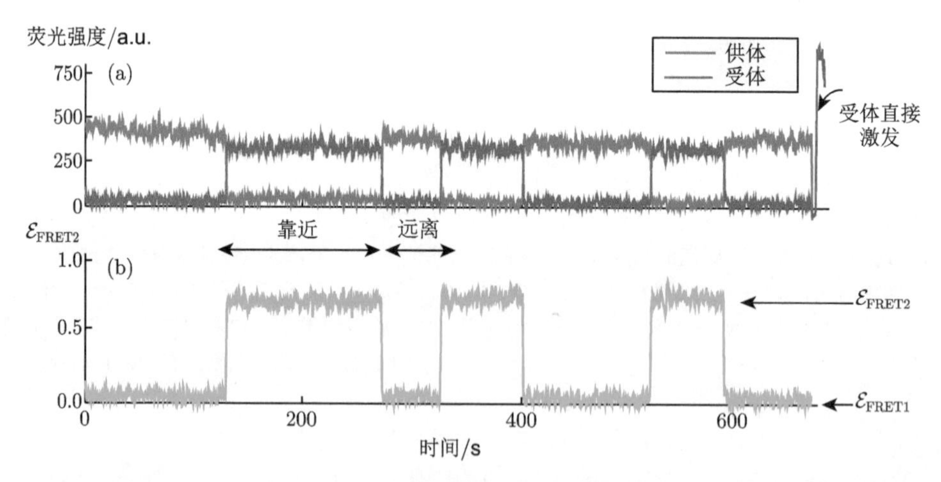

图 2.20　[实验数据。] **单分子 FRET 的数据举例**。(a) 来自单个 DNA 分子上的供体和受体发射的荧光强度的时间序列。DNA 一端标记供体 (Cy3)，在另一端则标记受体 (Cy5)，照射波长在供体的激发峰附近。图中显示了一些显见的事件，表明供体和受体彼此接近或远离。每条轨迹线已经减去了一个常数，后者包含了杂散光、探测器和其他背景噪声。箭头显示在受体激发峰处的一次短暂照明，以确认受体尚未发生光漂白。(b) 对应于公式 2.1 定义的 FRET 效率。有关此实验的更多详细信息，请参见 2.8.5节。[数据蒙 Taekjip J Ha 惠赠。Vafabakhsh and Ha, Extreme bendability of DNA less than 100 base pairs long revealed by single-molecule cyclization. *Science* (2012) vol. 337 (6098) pp. 1097-1101. AAAS 允许。]

2.8.2　FRET 的物理模型

总而言之，我们可以找到一对称为供体/受体的分子，当它们在空间上彼此接近时供体的荧光会消失。换句话说，在供体还来不及发荧光之前，其能量就被供体吸收了。受体要么发射光子，要么在不发荧光的情况下丢失其激发能 (即“非辐射”能量损失)。

我们可以借助本章介绍的思想理解 FRET。图 2.21的左图再现了图 1.9，即供体分子荧光的物理模型。从状态 4 开始，供体像往常一样发射能量为 $\Delta U_{\rm D}$ 的光子。然而，在受体存在的情况下，已经被激发的供体可以通过另一种方式回复到其电子基态。如果受体分子所需的激发量 $\Delta U_{\rm A}$ 刚好等于 $\Delta U_{\rm D}$，则供体可以直接将其激发能传递给受体，从而其自身不再发荧光，而使受体发荧光。斯托克斯频移意味着受体发射的光子能量会比 $\Delta U_{\rm D}$ 低 (图 2.21 的步骤 8)。

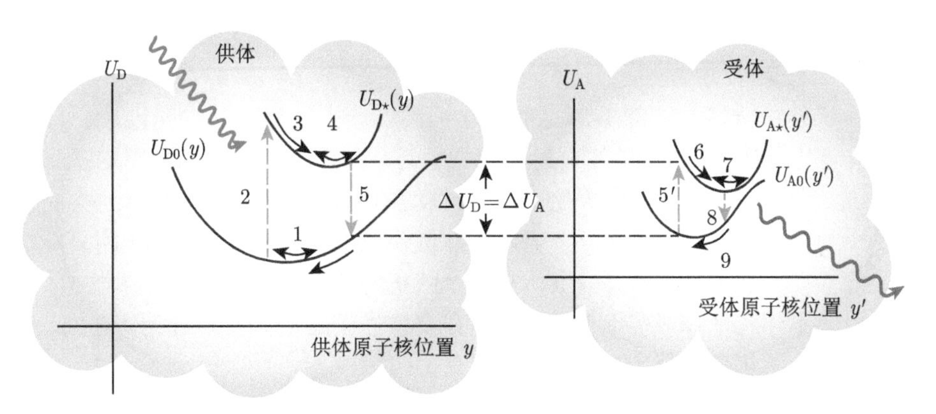

图 2.21　[能量原理图。] **FRET 的物理建模**。本图是图 1.9的扩展版本。1—4：供体像往常一样进入激发态。5, 5′：供体的瞬时构型 y 决定了释放能量 $\Delta U_{\rm D}=U_{\rm D\star}(y)-U_{\rm D0}(y)$ 后返回基态。当受体远离供体时，供体可以像往常一样通过发射光子来释放上述能量。然而，如果受体就在附近，且其瞬时构型 y' 决定的 $\Delta U_{\rm A}$ 等于 $\Delta U_{\rm D}$，则激发能可以通过直接的静电相互作用从供体传递到受体，其间不会产生光子。6：受激的受体会将多余的能量以热的方式释放到周围环境，以防止激发能返回到供体。7—9：最终受体发射一个光子，其发射光谱与直接激发相同。

上述想法可以作为理解 FRET 的良好开端。两位虚拟学生进一步讨论了这些想法

George：激发跃迁如何在两个分子之间完整地转移？也就是说，图 2.21 中的水平虚线表示了什么物理过程？

Martha：入射光子撞击供体电子，类似于吉他拨弦振动。振动电子反过来又产生一个振荡电场，入射光子消失后电场持续存在，并且只要供体保持在激

发态，电场就可以被附近的其他电子“感受到”。也就是说，供体/受体两分子是通过其周围的电场而不是光子的发射和吸收联系在一起的。

George：但为什么这个激发只转移到某个特定的受体分子，而不影响供体和受体之间的许多水分子 (和其他种类分子)？其中一些分子中比受体更靠近供体，距离只是数纳米。这有点像在一个拥挤又嘈杂的房间里的窃窃私语却只被远处的某人听到。

Martha：继续音乐类比，如果我们将第二个吉他放置在第一个吉他旁边，那么其中只有一根弦会对来自第一个吉他的声音产生强烈的共鸣，原因是只有与最初被拨动的音调相对应的那根弦与它发生**共振**。类似地，在 FRET 实验中，其他分子群通常不具有在供体发射频带内吸收能量的任何电子态。因此，这样的分子接受供体激发的概率比受体要低得多，而那个特定受体拥有与供体共振的激发能量。

George：暂停一下！音乐类比要求匹配的是声音频率，但这里要求匹配的是能量。

Martha：激发转移步骤能够满足能量守恒的唯一方法就是让能量匹配。即，当无 FRET 时，供体发射光的频率必须与受体激发光的频率相匹配。

George：还有另一个不一样的地方，即振动的弦以声音的形式不断地将能量辐射到房间中直到耗尽。但电子态假说认为，受激的供体荧光团只能在离散跃迁中失去能量。供体在一个随机等待时间内完全处于激发态，然后不连续地释放多余的能量，但在发射光子还是激发附近受体之间，供体做了随机选择 (伯努利试验)。

Martha：是的，我们必须小心，不要将普通吉他弦的类比扯得太远。而且我承认仍有一些令人费解的问题。例如，仅凭单个受体分子如何使供体的发光概率几乎降为零？为何激发能跳到受体后无法跳回供体，以使供体像往常一样发出荧光？

George：激发能显然经历了一次单向旅行。这是有道理的：一旦受体被激发，某些能量就会不可逆转地转变成热而耗散，就像受体构型 y' 滑向势能的山谷 (图 2.21，步骤 6) 到达 $U_{A\star}$ 的最小值附近。尽管受体的电子仍处于激发态，但该状态不会再与供体共振 (也不与附近其他分子共振)。因此，直到受体发射荧光后激发能才被释放 [①]。

T2 第 14 章给出了能量转移机制的更细致的模型。

① T2 与任何类型的荧光一样，除了发射光子外也存在其他去激发途径。对于我们的实验来说，我们选择的荧光团不会经常经历这些无用的途径。

2.8.3 某些形式的生物发光也涉及 FRET

许多动物、原生生物和真菌利用代谢能量发光 (生物发光)。有些能利用酶 (**荧光素酶**) 将氧分子附着在称为**荧光素**的底物上，从而生成激发态的氧化荧光素，后者再降至其电子基态，同时发射光子。

上述反应产生蓝光，光谱峰值为 460 nm。但是沿海水域对绿光的传输距离长于蓝光。也许正是由于这个原因，水母 *Aequorea* 有一种辅助蛋白 GFP，扮演着 FRET 受体的角色，荧光素的蓝光经斯托克斯频移后转换成约 509 nm 的光 (图 1.11)。

2.8.4 FRET 可用作光谱“标尺”

图 2.22显示，尽管供体和受体不需要相互接触，但能量传递也只能在有限距离内发生。我们可以使用 FRET 来量化两个荧光团之间的距离。下面先来了解一下距离和能量转移之间的关系。

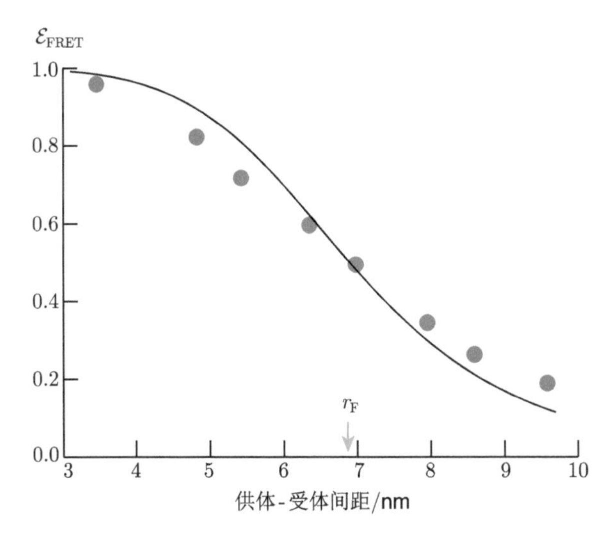

图 2.22　[实验数据。] **FRET 效率与供体-受体间距的函数关系。**$\mathcal{E}_{\text{FRET}}=1$ 表示来自供体的激发能以 100% 的概率转移到受体 (公式 2.1)。实验者制备了一系列短链 DNA 分子，将供体荧光团标记在一端，同时将受体标记在链上的不同距离处。圆圈表示单分子实验中 $\mathcal{E}_{\text{FRET}}$ 的测量值。曲线则表示每个距离处的 $\mathcal{E}_{\text{FRET}}$ 理论值 (由公式 2.3计算)。拟合数据可以获得 Förster 半径 r_F 的值 (参见习题 2.2)。[数据来自 Lee et al., 2005，见 Dataset 5。]

为了预测 FRET 效率 $\mathcal{E}_{\text{FRET}}$，我们必须考虑图 2.21 中水平虚线所代表的相互作用。远离净带电物体的静电力随 r^{-2} 而减小，此处距离 r 大于物体尺寸。然而，激发的供体分子是电中性的 (它既不会增加也不会失去电子)。中性物体也可以有一个外部电场，但场强必然比 r^{-2} 下降得快。一般来说，作用于受体电子的力是以常数乘 r^{-3} 而衰减[1]。

习题 2.4 将表明，在经典力学中，振荡器获得能量的速率正比于振动力平方乘以某个因子。(在 FRET 中，该因子包括光谱重叠的区域面积，见图 2.18。) 如果力与距离的关系是 r^{-3}，则平方得 r^{-6}。

例题: 使用该类比推导 FRET 效率对距离的依赖关系，假设每次供体激发都只产生一个供体光子或一个受体光子。

解答: 假设零时刻供体分子处于激发态，如果这种状态能存活到时间 t，则从 t 到 $t+\mathrm{d}t$ 的期间，它

- 要么以 $\beta_{\mathrm{D}}\mathrm{d}t$ 的概率发射一个荧光光子；
- 要么以 $\beta_{\mathrm{FRET}}\mathrm{d}t$ 的概率将能量转移到受体；
- 或者维持现状。

(在此我们忽略供体以其他形式失去激发能的可能性。)

由此可以得到如下条件概率[2]

$$\mathcal{P}(\mathrm{FRET}|\text{时间 }\mathrm{d}t\text{ 内去激发}) = \beta_{\mathrm{FRET}}/(\beta_{\mathrm{FRET}}+\beta_{\mathrm{D}}) = (1+\beta_{\mathrm{D}}/\beta_{\mathrm{FRET}})^{-1} \quad (2.2)$$

因为我们假设供体的每次激发最终都导致荧光发射 (无论供体还是受体)，所以上式就是 FRET 效率 (受体发射光子所占比例)。

供体荧光的发射速率并不依赖于距离 r，但 β_{FRET} 是某个常数乘以 $(r^{-3})^2$。因此，公式 2.2 可以写成如下形成

$$\mathcal{E}_{\mathrm{FRET}} = [1+(r/r_{\mathrm{F}})^6]^{-1} \quad (2.3)$$

其中 $r_{\mathrm{F}} = r(\beta_{\mathrm{FRET}}/\beta_{\mathrm{D}})^6$ 是与 r 无关的常数，称为 **Förster 半径**。

你也可以考虑供体有可能以 FRET 以外的某种方式损失激发能，从而扩展上述讨论。

公式 2.3用到了几个简化近似。例如，其中假设了 r 足够大 (至少是荧光团尺寸的数倍大)，因此可以使用电偶极相互作用这一近似图像，且其他激发损耗过程可以忽略不计。

每个供体/受体对都有自己的特征 r_{F}， 通常可以查表获得。例如，荧光素 (图 2.15和图 2.18) 有一个发射峰在 520 nm 附近，对于激发峰为 550 nm 的罗丹明来说，前者是合适的供体。该 FRET 对在水中的 $r_{\mathrm{F}} \approx 4.5$ nm。

---

① 学过电动力学的学生可能还记得电偶极子产生的电场就是以这种方式随距离而下降的。

② 公式 0.6定义了条件概率。

上述讨论导致两个预言：

> *如果两者在空间上足够接近，且受体的激发光谱与供体的发射光谱明显重叠，则这对荧光团将参与 FRET。当 r 超过该荧光团对的 Förster 半径 r_{F} 时，FRET 效率随着供体-受体间距大致以 r^{-6} 的方式衰减。* (2.4)

要点 2.4意味着可以用 FRET 定量读出两个分子间距 (“光谱标尺”)。这些想法已经被实验 (例如图 2.22) 所证实。这也指导我们如何选择实验用的荧光团。某些荧光蛋白可以形成良好的 FRET 对，有些可以连接到抗体上，或者与蛋白上的特定点实现共价连接，等等。

T2 2.8.4′ 节简介了其他实验验证。第 14 章从量子力学出发解释了 FRET 效应。

2.8.5 FRET 在 DNA 弯曲柔韧性研究中的应用

DNA 通常表现为完美的双螺旋：两条糖-磷酸骨架绕中轴相互缠绕。然而真实细胞中的 DNA 特别长，其形状总会被扭曲而偏离理想状态，这一方面是由于周围分子的热碰撞，另一方面是由于 DNA 结合蛋白对其施力。

例如，细菌 DNA 与 *lac* 阻遏蛋白 LacI 结合时，通常形成紧密的环状结构 [图 2.23(b)]。原因是 LacI 实际上有*两个* DNA 结合位点，每个位点都能识别并绑定特定的 DNA 序列。在大肠杆菌的基因组中，两个结合序列被 92 个碱基对隔开。单个 *lac* 阻遏蛋白可以根据需要同时结合这两个序列，因此导致 DNA 呈现图 2.23(b) 所示的环状构象。该图还显示了具有生物学功能的剧烈弯折 DNA 的另外两个例子。所有这些例子都令人费解，因为我们认为 DNA 分子非常抗弯折，那么这样的结构是如何形成的呢？

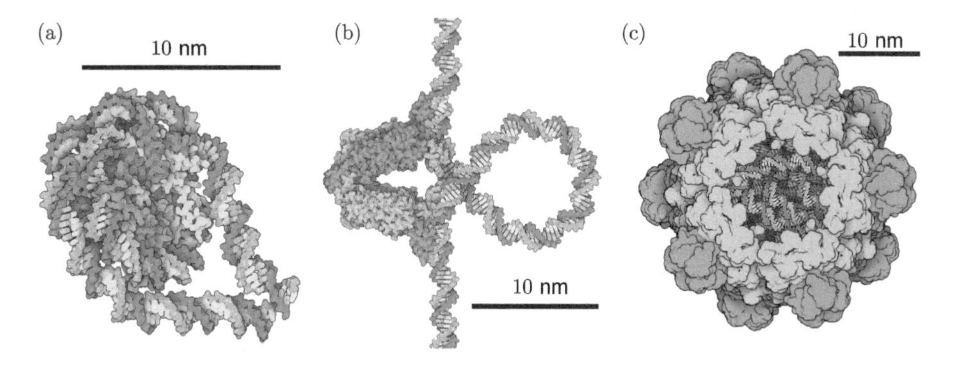

图 2.23　[基于结构数据的艺术构图。] **剧烈弯折的 DNA 的几个例子**。(a)DNA 缠绕蛋白质核心 (*蓝色*) 形成核小体。(b)*lac* 阻遏蛋白 (*左，蓝色*) 与两个特定位点结合，从而迫使 DNA 形成致密环。(c) 噬菌体 ϕX174 (病毒) 将长为 5386 个碱基对的 DNA (编码 11 个基因) 包装进小衣壳 (蛋白外壳，*蓝色*)，图示为*剖面图*。[由 David S Goodsell 绘制。]

R. Vafabakhsh 和 T. Ha 首先证明了致密 DNA 环事实上是自发形成的，从而解决了这个问题。为此，他们使用单分子 FRET 来监测短链 DNA 的整体构象。他们将供体和受体荧光团连接到双链 DNA 短片段的末端 [图 2.24(a)]。在短

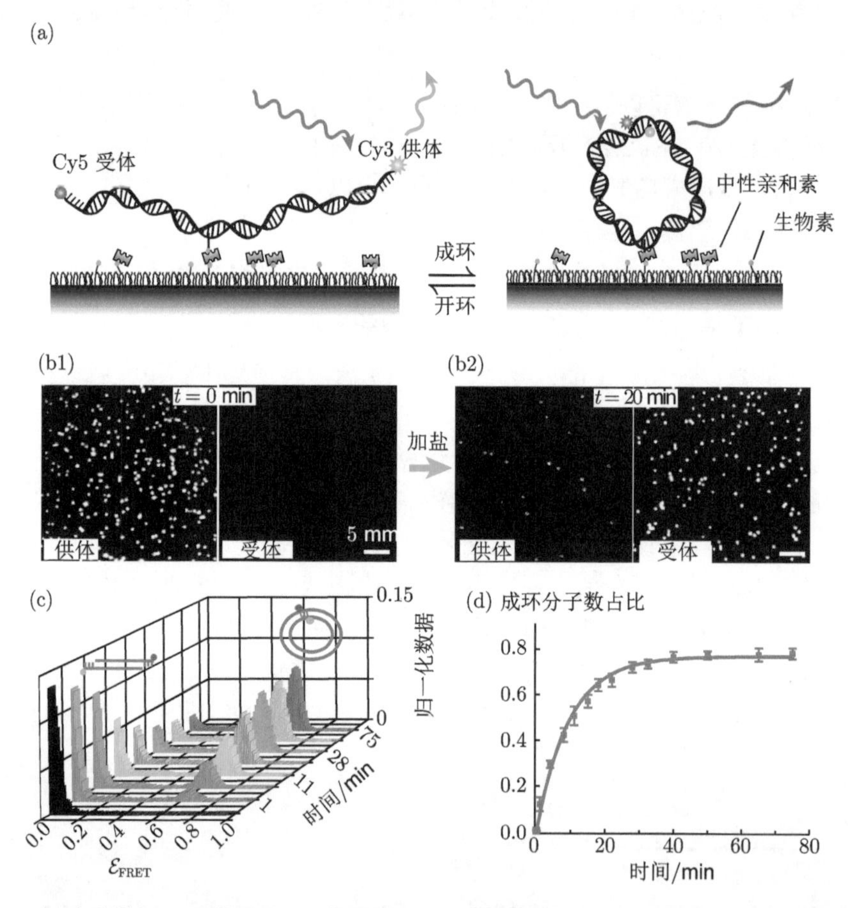

图 2.24　[实验数据，显微照片。] **单分子 FRET 应用于 DNA 成环**。(a) 长度为 91 个碱基对的 DNA 序列通过生物素和中性亲和素的特异性配对被锚定在表面上，序列两端标记了 FRET 对，且每一端都可以自由活动。(b1) 添加高盐缓冲液之前的单个 DNA 分子的荧光图像，滤波片波长分别对应于供体和受体带宽。低盐条件抑制了两端的碱基配对，即使两端能短暂靠拢，也会很快分离。但是在高盐浓度下，这种瞬时对接将导致长时间的成环状态。(b2) 加入高盐 20 min 后，几乎所有 DNA 分子都形成了闭环，对应着高效率 FRET。(c)FRET 效率直方图 (作为时间的函数)，显示了成环 (高效 FRET，*右*) 和开环 (低效 FRET，*左*) 两部分数量的时间演化。(d)“成环” DNA 的占比随时间的变化。用指数函数拟合该曲线可以得到成环的平均速率。[摘自 Vafabakhsh and Ha，Extreme bendability of DNA less than 100 base pairs long revealed by single-molecule cyclization. *Science* (2012) vol. 337 (6098) pp. 1097-1101. 经 AAAS 许可转载。]

链 DNA 的每一端，其中一条单链会比另一条链更长，这多出的两个单链区域又彼此互补 (“黏性末端”)，以至于它们一旦靠近，就有机会结合，从而形成一个致密的环。图 2.24(b) 显示了许多这种结构产生的荧光，来自供体和受体发射带的都有。图 2.24(b1) 所示的情况表明没有持续存在的 FRET，即分子没有成环。但是，当溶液条件变化有利于末端黏附后，几乎所有结构最终都成环了 [图 2.24(b2)]。与先前预期相反，实验表明，即使没有任何蛋白对其施力，DNA 短片段也的确会自发形成致密环。研究人员随后研究了 DNA 长度和序列对成环的影响，并将其动力学分解为来自末端黏性和 DNA 内禀弯折能力的各自的贡献。

T2 2.8.5′ 节对 FRET 效率给出了进一步说明。

2.8.6　基于 FRET 的报告蛋白

2.6节介绍了利用荧光分子作为报告蛋白，在不同时刻读出细胞的内部状态变量。这类报告蛋白都各有优点，例如某种报告蛋白可能比别的更敏感、毒性更小、响应更快，等等。然而，大多数报告蛋白在数据解释上都会遇到困难，即如何进行归一化。例如，某个报告蛋白在条件改变时发光，那么我们看到的总荧光信号应该是响应曲线 [例如图 2.12(a)] 与其他因子的乘积，后者包括：

- 所选波长处的荧光激发概率；
- 激发光子的到达速率；
- 观察区域内有效报告蛋白的数量。

为了确定真实的响应曲线，我们需要将观察到的荧光除以这三个因子，但最后两个因子通常难以估计或控制 (并且它们可能随时间变化)。

解决这个难题的一个方法便是使用 FRET。图 2.25 列举了钙报告蛋白的两个典型例子。每种情况都能用类似于图 2.14(a) 的卡通图展示，此处，我们感兴趣的构象变化正好有助于供体和受体靠得更近。这类构造的分子无论处于哪种构象都具有相同的激发光谱，但它的发射光可能落在两个相隔较远的频段中的任一个。为了确定它在每个构象所花时间的占比，我们只需要将两个频段的光子到达速率相除，于是上面列出的未知因子都会自动抵消。因此，我们可以用 “比率” 来确定报告蛋白的平均状态。图 2.26 显示了这种系统的数据。

还有其他类型的基于 FRET 的报告蛋白，可以用于读出膜电位，或诸如氯离子之类的特定离子水平，或诸如环化 AMP (许多细胞使用的内部信号分子) 之类的分子水平。

本小节介绍了 FRET，这是另一种基于光假说和电子态假说、用于观测细胞内部状态的工具。

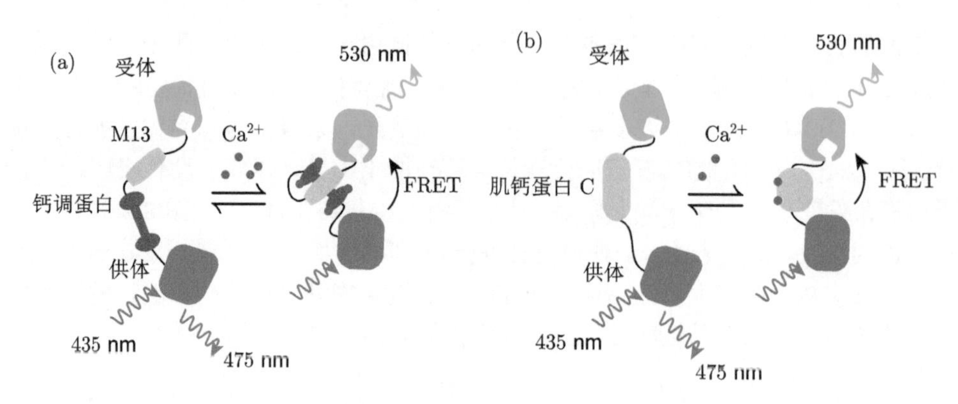

图 2.25　[卡通。] **基于 FRET 的基因改造的钙离子浓度报告蛋白。**(a)cameleon 家族的钙离子浓度报告蛋白。与 GCaMP 传感器一样 (图 2.14)，钙离子水平影响钙调蛋白与其伴侣结构域 M13 的结合。不过，与那些传感器不同，两个附着其上的荧光蛋白可以形成 FRET 对，钙的结合使得该 FRET 对更靠近，从而增强了能量转移。(b) 肌钙蛋白 C 采用类似的策略，使用单个钙结合域的构象变化。[蒙 Lin Tian 惠赠，参见 Broussard et al., 2014。]

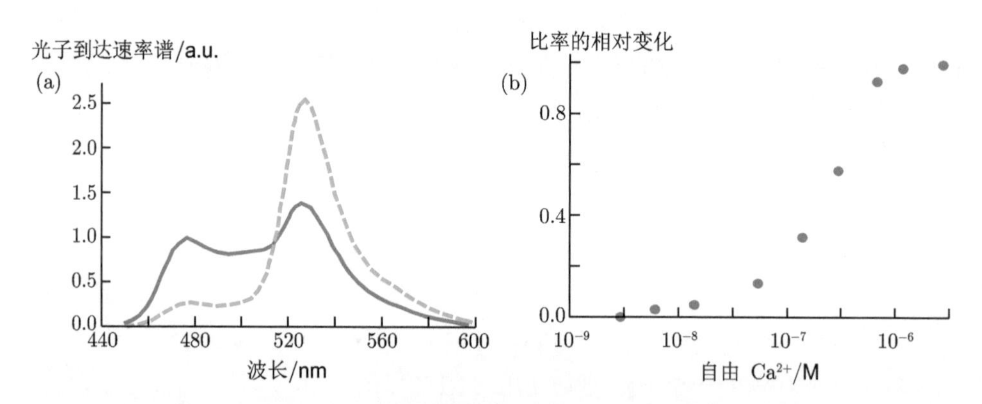

图 2.26　[实验数据。] **基于 FRET 的钙离子浓度报告蛋白的实验数据。**(a) 报告蛋白“黄色 cameleon 3.60”在钙离子浓度为零 (实线) 和较高 (虚线) 时的发射光谱。激发光的波长为 435 nm。[数据来自 Miyawaki et al., 2011。]。(b) 该家族的另一个报告蛋白。供体和受体谱带内的光子到达速率之比随钙离子浓度的变化，纵轴数据经重新标度后范围变为从 0 到 1。[数据来自 Truong et al., 2007。]

2.9　光合作用回顾

以上小节描述了我们如何利用荧光来观看细胞内的状态。但是某些生物体并不需要“看”任何东西，它们只想要捕捉并利用能量。为了理解这个过程，我们必须把分子的激发看成可以通过各种手段创造、改变甚至摧毁的事物。2.8节关于 FRET 的论述实际上已经体现了这一观点转变。

2.9.1　光合作用非常重要

光合生物每年将大约 10^{14} kg 的碳从二氧化碳的形式转化为生物质。除了产生我们喜欢的食物外，光合生物还排泄出废物以及我们自由呼吸的游离氧气，它们还通过消除大气中的 CO_2 来稳定地球的气候。

光合作用很复杂，本书只能讨论蓝细菌光合作用的一点工作机制。顾名思义，蓝细菌是蓝绿色的原核生物，它们占地球当前光合生产力的约四分之一。蓝藻也被认为主要负责将地球大气层从“正常的”无自由氧状态 (像金星和火星) 转变为今天的高氧状态。蓝藻在淡水和咸水中自由生存。它们俘获阳光的能力也使它们成为共生生物，有助于满足地衣、珊瑚和其他大型生物的能量需求。事实上，植物、藻类和其他光合真核生物中的捕光细胞器 (**叶绿体**) 被认为与共生的蓝细菌是同源的。

2.9.2　两个定量谜题促进了我们对光合作用的理解

光合作用的概念至少可以追溯到 1796 年，当时 J. Ingenhousz 基于拉瓦锡 (Lavoisier) 关于化学的新观点，通过实验展示了太阳在植物产氧过程中扮演的角色。此后直到 20 世纪中叶，才出现了与此相关的两个成果丰硕的实验。在当时，人们已经明白光是通过包括**叶绿素** (绿叶植物中含有的一种生色团) 在内的某种机制，激发了氧和碳水化合物的生产。

叶绿素低产氧率之谜

W. Arnold 是一名对天文学感兴趣的本科生。1930 年，他感觉要完成毕业所需的所有必修课程很有难度。他的导师建议他选修 R. Emerson 的植物生理学课程，而不是基础生物学课程。尽管 Arnold 仍然喜欢天文学，但他也喜欢这门课程。由于毕业后无法找到继续从事天文学研究的职位，他接受了 Emerson 助教的职位。

Emerson 和 Arnold 进行了一系列的开创性研究。其中之一就是给一种光合海藻 (蛋白核小球藻，*Chlorella pyrenoidosa*) 提供非常短的 (10 μs) 强闪光。虽然光合作用的重要代谢物是能量分子 ATP，但研究人员发现测量游离氧的产量更容易。对于弱闪光，氧气产量毫不奇怪地与光强度成正比，每个脉冲的光子越多，可以驱动的光化学反应也越多。同样不出所料的是，在更高强度照射下，氧气产量会达到稳定。像许多反应一样，光合作用也是通过分子装置进行的，其中每个分子都有最大运行速率。如果光子到达的速度超过这个极限速率，则超过部分无效，因此反应就达到**饱和**。

Emerson 和 Arnold 接下来采取了一个关键步骤。他们估算了样本中叶绿素分子的总数，以及每个饱和光脉冲产生的氧分子总数，然后他们发现了难以置信的一点。不难想象这两个数字之比是一个不太大的整数，因为在饱和脉冲之后每个叶绿素都被激活，并且似乎有理由猜测每个产物分子的生产反应需要一个或数个这样的活化叶绿素。可是，Emerson 和 Arnold 发现在饱和闪光条件下，每 2500 个叶绿素才产出一个 O_2 分子。后来发现其他植物也有相似的大比值。这么多叶绿素都在做什么？在解释这个神秘的结果之前，我们先讨论一个相关的量化谜题。

光合作用的作用光谱之谜

随着科学家开始测量和理解光合作用的光谱特征，光合作用机制的另一条线索出现了。叶绿素在可见光谱的蓝色和红色区域 [图 2.27(a)] 中强烈吸光，它不吸收这些波段之间的光线，因此大多数植物反射光呈绿色，即植物生长似乎不需要绿光 (见图 2.28)。但几十年来人们就已经知道，某些光合生物也在光谱的其他波段有效地吸光。怎么会发生这种情况？叶绿素不是光合作用中的吸光分子吗？

Emerson 和 C. Lewis 决定使用蓝细菌球菌 (*Chroococcus*) 和远低于饱和的光强度来研究这个问题。他们将光合作用的**量子产率**定义为每个光脉冲产生的 O_2 分子数除以该脉冲被吸收的光子总数①。图 2.27(b) 显示了不同波长的量子产率。曲线在蓝色区域下降这一事实并不奇怪。图 2.27(a) 显示叶绿素不吸收 480 nm 光。其他诸如**类胡萝卜素**之类的**辅助色素**则吸收这个波长的光 [图 2.27(a)]，但它们不进行光合作用。

该曲线令人惊讶之处是在 560—640 nm 区域内的量子产率并不低，尽管图 2.27(a) 显示在该区域几乎所有吸收都是由另一种称为**藻蓝蛋白**(而非叶绿素) 的

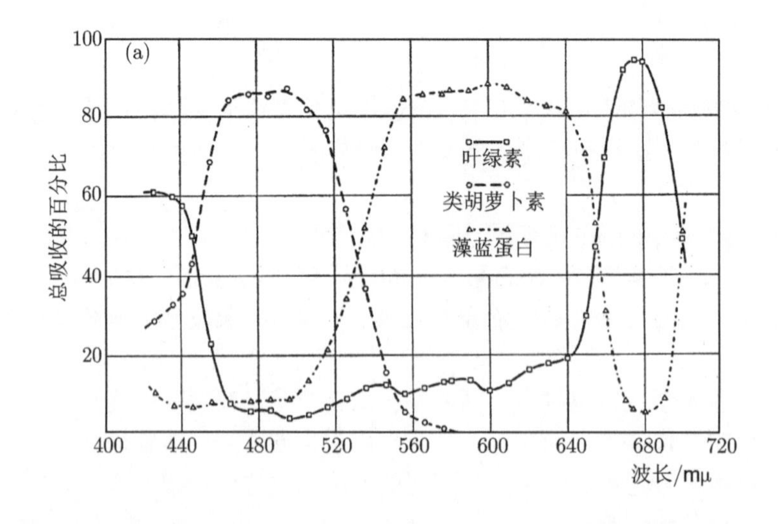

① 短语“量子产率”强调光子 (“量子”) 是化学反应的参与者，其化学计量与其他化学物质一样。量子产率小于 1 是因为需要多个光子才能产生一个氧分子，而且还因为一些被吸收的光子会损耗在其他过程，并最终产生热量。

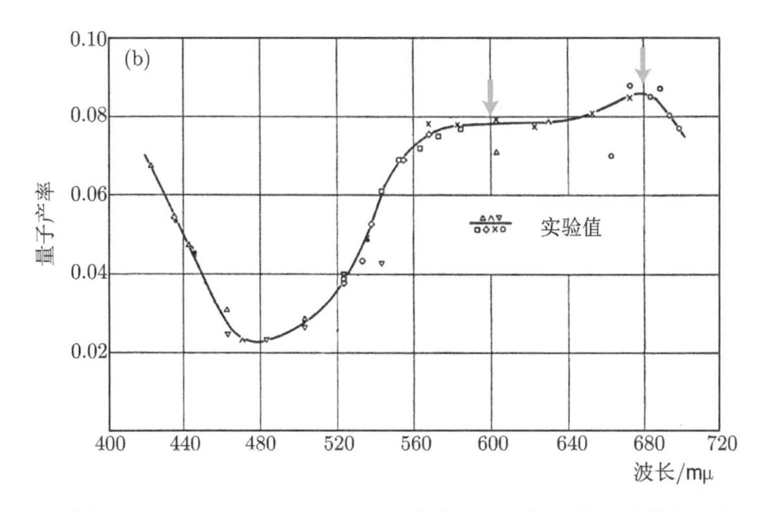

图 2.27　[实验数据。]**Emerson 和 Lewis 发现的光合色素之间能量转移的历史证据。**(a) 蓝藻中存在的三种生色团在各种可见波长下对光的相对吸收。波长单位 mμ 就是我们今天使用的 nm。(b) 球菌光合作用的总量子产率与照射光波长的关系。箭头表示藻蓝蛋白和叶绿素的最大吸收值。[摘自 Emerson & Lewis, 1942。数据见 Dataset 6。参阅习题 2.3。]

图 2.28　[照片。]“粉红屋” 中在蓝色和红色发光二极管的光照下生长着 220 万株植物。[蒙 iBio, Inc. 惠赠。]

辅助色素完成的①。Emerson 和 Lewis 得出的结论是 “藻蓝蛋白吸收的能量肯定能用于光合作用”②。这项工作后不久，其他研究人员排除了藻蓝蛋白自身拥有独立的光合系统的可能性，因此叶绿素是必不可少的。藻蓝蛋白似乎只起到 “适配器” 的作用，它将光从叶绿素无法直接使用的形式转换成了某种东西。这到底怎么回事？

① 更确切地说，藻蓝蛋白是含有相关生色团作为辅因子的蛋白质。

② 习题 2.3 将做更多定量估算。

2.9.3 共振能量转移解决了这两个谜题

解决上述两个谜题的第一步是记住*叶绿素是发荧光的*，你可以将植物叶子浸泡在丙酮之类的溶剂中一天或两天来证实这一点。在普通光照下，溶液呈现亮绿色的原因是叶绿素吸收蓝光和红光。然而，当你用紫外线照射溶液时，你会看到叶绿素发射的耀眼的血红色荧光。其他植物生色团诸如藻蓝蛋白在溶液中也是发荧光的。相反，完整的绿色植物和蓝细菌在其天然状态下发光*并不强烈*。

解决光谱之谜：其他色素可将激发能转移到叶绿素

藻蓝蛋白能否吸收光能并以某种方式将其*转移*到叶绿素系统？一个简单的想法是，藻蓝蛋白的发射光谱与叶绿素的某个激发峰重叠，以至于前者发射的适当光可以被叶绿素拦截。但是以这种方式发射的大多数光子因方向分散而难以击中叶绿素，所以就丢失了，结果会导致净量子产率应该远低于植物在被叶绿素吸收峰波段光直接照射时所观察到的值。然而，实验证实两个产率几乎相等 [参见图 2.27(b) 中的箭头]。

Arnold 最终离开了 Emerson 的实验室而到其他地方学习，但他们依然保持联系。Emerson 告诉他有关 Lewis 的结果，并建议他考虑能量转移问题。Arnold 曾经旁听过量子物理课程，所以他拜访了该课程的教授来构思解决该难题的办法。这位教授正是奥本海默，而且他正好有一个想法。奥本海默意识到核物理学中已经遇到过类似的能量转移过程，由此他建立了一个完整的荧光共振能量转移理论①。奥本海默 和 Arnold 也进行了定量估算，表明藻蓝蛋白和叶绿素可以扮演供体和受体的角色，这种机制可以解释图 2.27(b) 数据所需的高转移效率。

产氧率和集光复合体

类似 FRET 的能量转移机制也阐明了前面提到的另一个谜题：当上千个叶绿素分子都在短暂的强闪光作用下达到饱和时，却只产生大约一个氧分子 (2.9.2节)。

为了捕获足够的光以满足其需要，光合生物必须部署大量的生色团。然而，每个生色团在大多数时间都是闲置的：

思考题2B

> 太阳能到达地球表面的强度约为 1.4 kW/m^2 (在赤道，中午，无云)。假设所有光子的波长约为 500 nm， 将该数值转换为光子数。你的答案可能看起来很大，你可以改用典型的分子尺度 (nm^{-2}·s^{-1}) 来表达。如果生色团可以在 1 μs 内处理光子，那么在这样的光照条件下它会非常繁忙吗？

① 2.8节介绍了 FRET。这项工作是在 T. Förster 独立发现之前几年进行的。

如果生物体为每个生色团都配置一套光合作用装置，那么这些装置在绝大部分时间内也将是闲置的，因此这是一种非常低效的配置方案。与此不同，植物和蓝细菌创造了**集光复合体** (“LHCs”)，后者组装成精细的 “超级复合物”，每个通常含有数百个生色团。被生色团吸收的光子产生一个激发，该激发又通过类似 FRET 的机制被传递，最终落在复合物中的**反应中心**，复合物可以引发电子传递并最终驱动光合反应。当我们拆解复合物时，比如将叶绿素溶解在溶剂中从而破坏激发传递链，则被激发的叶绿素分子就只能通过发射荧光的普通方式返回其基态，与观察到的一致。

当许多光子以饱和脉冲的形式到达时，整个光系统必须等待其反应中心处理首个激发后才能处理后续激发。在此期间，复合物中的数百个生色团都无法将其激发能贡献给光合作用，这些能量最终会被其他无产出过程所消耗。这一观察以及产生一个 O_2 分子需要传递大约 8 个电子的事实，大致说明了 Emerson 和 Arnold 的发现，即饱和光闪烁下每 2500 个叶绿素只产生一个 O_2。

图 2.29(a) 显示了在蓝细菌中发现的一个例子 (**光系统 I**)。图示的大多数叶绿素分子都不能进行电子传递，它们只是捕获能量并将其激发传递给其他分子，直到传递给三个反应中心之一 [图 2.29(b)][①]。工程师目前能够建造基于 FRET 的人工光捕获系统，从而赋予光伏应用类似的优势。

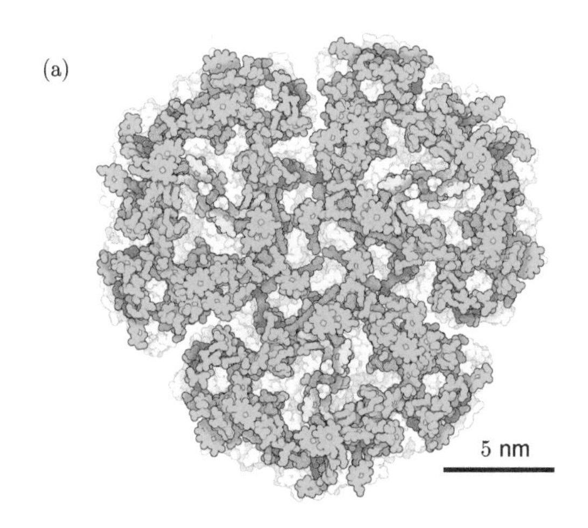

① 更大的生色团复合物为光系统 I 提供能量。

(b)

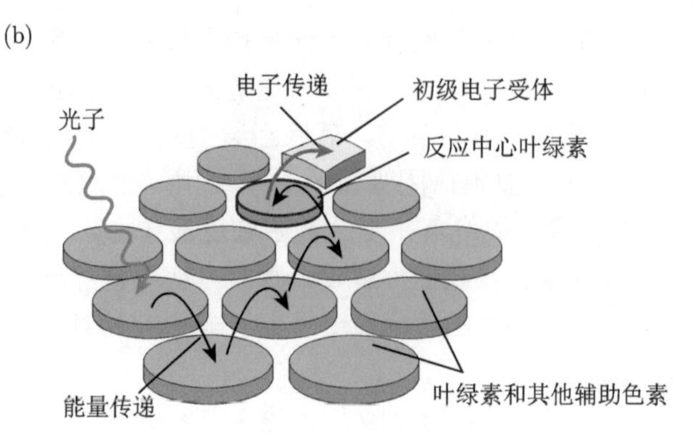

图 2.29　来自蓝细菌 *Synechococcus elongatus* 的**光系统 I**。(a)[基于结构数据的艺术构图。] 此图显示了叶绿素 (绿色) 和其他生色团如类胡萝卜素 (橙色)，在真实系统中，它们是被其他蛋白包围的，其中一些蛋白以灰色显示。当激发到达三个反应中心之一 (黄色) 时，实际的光化学过程才开始。[David S Goodsell 绘制。](b)[示意图。] 当生色团吸收光子时，所产生的激发通过类似于荧光共振能量转移的过程，在光系统的许多生色团之间跳跃，最终到达反应中心。在反应中心，最初是电子从叶绿素分子传递到相邻的电子受体，由此启动光化学链式反应，最终将原始的光能转换为化学能。

本小节仅讨论了光合作用的一个方面，即其初始阶段。我们发现类似 FRET 的机制是高效集光方案的一部分。

T2 2.9.3′ 节提供了有关光合作用装置的更多细节。14.3.3 节概述了有关光合激子的一些最新进展。

总　结

本章介绍了一些观测和操控活细胞内部状态的技术，例如在完整生物体的活细胞中人为引入某些装置，从而赋予这些细胞某些尚未进化出来的功能。这些功能包括膜电位传感、光激活离子通道开放，甚至光驱动离子泵送等。第 10—11 章将讨论人眼中进化程度更高的光信号转导机制。

关 键 公 式

- 作用光谱: 某些光诱导结果 (如细胞死亡) 的作用光谱是光波长的函数，是某常数乘以光子数的倒数，后者是某结果在所有观测结果中达到指定占比所需的光子数。
- FRET: FRET 效率定义为受体发射的荧光光子数除以总体 (供体 + 受体) 发射的荧光光子数。在正文讨论的近似处理中，它与供体–受体间距的关系是 $\mathcal{E}_{\mathrm{FRET}}(r) = (1 + (r/r_{\mathrm{F}})^6)^{-1}$ ，其中 Förster 半径 r_{F} 是一个常数，与供体、受体和溶剂分子有关。

- *量子产率*：光诱导过程的量子产率是样品产出的分子数量与该样品吸收的光子数量之比。因此，高量子产率意味着大多数被吸收的光子是有产出的。

延 伸 阅 读

准科普：
自然界中的荧光和生物发光：Johnsen, 2012。
神经成像：Schoonover, 2010。
光合作用及其进化：Lane, 2009; Morton, 2008。

中级阅读：
荧光显微镜及 FRET：Jameson, 2014。
膜电位：Nelson, 2014, chapts. 11-12; Nicholls et al., 2012; Purves et al., 2012。
双光子显微镜：Jameson, 2014; Ustione & Piston, 2011; Mertz, 2010。
光合作用：Steven et al., 2016, chapt. 15; Phillips et al., 2012, chapt. 18; Bialek, 2012, §4.1; Atkins & de Paula, 2011, chapts. 5 and 12; Nordlund & Hoffman, 2019, chapt. 10。

高级阅读：
用于癌症检测的荧光内窥镜：Wagnières et al., 2014; Wagnières et al., 2003。其他形式的荧光引导手术：Lee et al., 2016; Yun & Kwok, 2017。
荧光显微镜：Fritzky & Lagunoff, 2013。
感光细胞的静息电位：Tomita et al., 1967。
光控遗传修饰技术，历史回顾：基因改造的报告蛋白：Siegel & Isacoff, 1997。藻类光感受器的发现：Hegemann, 2008。光驱动神经元：Zemelman et al., 2002。在人类细胞中表达的光敏通道蛋白：Nagel et al., 2003。2005 年的进展：Boyden et al., 2005; Ishizuka et al., 2006; Li et al., 2005; Nagel et al., 2005。
光控遗传修饰技术控制：Klapoetke et al., 2014; Chow & Boyden, 2013。自由活动动物的控制：Fang-Yen et al., 2015; Liu et al., 2012; Zhang et al., 2011; Lin et al., 2011; Gradinaru et al., 2007。蛋白质相互作用和基因表达的光控制：Zhou et al., 2015。
膜电位读出，历史回顾：Salzberg et al., 1973。最近：Hochbaum et al., 2014; Kralj et al., 2012; Kralj et al., 2011。具有循环置换的荧光蛋白的电压感测结构域的融合也已用于此目的：Yang et al., 2016; St-Pierre et al., 2014。
钙报道蛋白及其他：Newman et al., 2011。

快速 GCaMPs: Badura et al., 2014; Broussard et al., 2014。敏感 GCaMPs: Chen et al., 2013。其他基因改造的钙报告蛋白: Tian et al., 2011。
荧光蛋白劈裂实验的应用: Cole et al., 2007。
双光子激发和成像: Franke & Rhode, 2012; Harvey et al., 2012; Dombeck & Tank, 2011; Fisher et al., 2008; Denk et al., 1990。双光子内源荧光用于诊断年龄相关的黄斑变性: Palczewska et al., 2014。
奥本海默对 FRET 的处理: Arnold & Oppenheimer, 1950; Oppenheimer, 1941。
FRET 应用到 DNA 成环实验: Vafabakhsh & Ha, 2012。FRET 应用到癌治疗光动力学中: Kim et al., 2015。
集光复合体的人工模拟: Buhbut et al., 2010。

T2 2.4.3 拓展

2.4.3′ 关于膜电位的补充说明

2.4.2节提到每种离子都会对最终的总膜电位有贡献，这个电位又会反作用到这些离子上 (依其电荷而异)。另一方面，每种离子又受到各自热驱动力的影响 (依其浓度而异)。这两种力的作用方向可能相反。此时，离子输运将由其净效应决定。例如，尽管钾离子与钠离子具有相等电荷，但当其通道打开时，钾离子还是得移出神经元，原因是细胞内部 “压力”(浓度梯度) 克服了对钾离子向内的静电吸引。最终，细胞到达稳态，其中膜电位和离子浓度使得每种离子的净输运等于零，这些输运源自离子泵送、离子交换、通道开放以及离子泄漏等。更多细节参见 Nelson，2014，第 11 章。

2.4.3节意味着如果离子泵送停止，则细胞达到平衡时膜电位应该等于零。但是，更准确地说，像 Na^+ 这样的小离子的泄漏电导是非零的，而大分子 (例如带负电的 DNA 和蛋白分子) 的泄漏电导基本上为零。这些被束缚的电负性大分子使得即使细胞处于平衡状态，其跨膜电位也会呈现非零的下降 (即唐南电势)。尽管如此，我们还是可以认为膜两侧的离子浓度梯度以及跨膜电位降都是由离子主动泵送维持的，通道由关闭到开放的过程将改变电荷的流动。静息态神经元的钠通道一旦打开，就会使细胞去极化。更多细节参见 Nelson，2014，第 11 章。

T2 2.4.5 拓展

2.4.5′　静息电位的其他用途

离子泵的最初作用可能只是维持渗透平衡 (Nelson，2014，§11.2.3)。真核细胞中的细菌和一些细胞器 (如线粒体和叶绿体) 也利用它们的膜电位作为能源来驱动 ATP 合酶和鞭毛马达，并且真核生物中的某些次级主动转运蛋白也由电化学梯度提供动力。最后，2.5.2节提到一些单细胞真核生物利用膜电位的变化进行细胞内信号转导。

T2 2.7.2 拓展

2.7.2′　β 平方规则

虽然图 2.15中的大多数光子直接穿透样品而没有被吸收，但是它们的空间密度是不均的：光束逐渐向焦点聚拢，随后又弥散开来。因此，荧光团发射光子的平均速率 β 是沿着光束方向改变的。

正文给出了一个定性论证，说明为什么两个光子在短时间间隔 T 内到达的概率应该与 β^2 成正比。更确切地说，假设泊松过程中的一个尖脉冲在某个时刻到达，则首个尖脉冲到达后的 T 时间间隔内再没有尖脉冲到达的概率是 $(1-\beta\Delta t)^{T/\Delta t}$，取 $\Delta t \to 0$ 时的极限值，即 $\mathrm{e}^{-\beta T}$。根据双光子激发模型，在这种情况下，首个尖脉冲不会导致荧光 (还未使用就过期了)。也就是说，原始泊松过程中比例为 $\mathrm{e}^{-\beta T}$ 的尖脉冲被舍弃了。余下的尖脉冲仍旧形成泊松过程，但是其平均速率被降低了 $(1-\mathrm{e}^{-\beta T})$ 倍。当 $T \ll \beta^{-1}$ 时，新的到达速率约为 $\beta^2 T$，与初始平均速率的平方成正比。

为什么 “过期时间” T 很小？当单个光子以不匹配的能量到达分子并试图使其进入任一激发态时，通常激发都不会发生，光子要么不受影响，要么被散射。但是，分子中的电子也可以先吸收这个光子，到达一个虚拟中间态，然后再接收第二个光子。其中时间延迟的大小由量子力学的测不准关系决定。对于双光子显微镜中使用的荧光团，延迟时间确实比光子到达的平均等待时间短得多。

T2 2.7.3 拓展

2.7.3′　关于双光子成像的补充说明

正文提到双光子显微镜中使用了特定波段的激发光，使得组织样品不会对其有显著的散射。然而，激发所产生的荧光波长却更短，因而容易被散射。从散射的出射光中获得的图像仍然是模糊的，情况似乎没有得到改善！

实际上，成像所需的只是沿直线行进的入射光或者出射光。普通显微镜用漫射光照射整个样品，并通过聚焦来记录每个出射光子的出处 (见第 6 章)。对厚样品，双光子显微镜则采用相反的策略：激发光被聚焦在样品内的一个微小斑点上以激发荧光团，然后我们收集*所有*方向的荧光，因为我们*知道*它肯定来自该照射斑。用激发光的焦点扫描平面，我们就可以对该平面上的所有细节成像。同理，对某个体积进行聚焦扫描，我们甚至可以对该体积中的结构进行三维重建。

T2 2.8.1 拓展

2.8.1′ 关于 FRET 及其效率

1. “荧光共振能量转移” 的名称可能令人困惑，因为被转移的其实是能量而不是“荧光共振能量”。一些作者将这一术语缩写为 “RET”。也有人将 FRET 解释为 “Förster 共振能量转移” 或 “Förster 无辐射能量转移”，以强调 T. Förster 的贡献。还有其他版本的 FRET ，例如生物发光共振能量转移 (BRET) 和基于镧系元素的发光共振能量转移 (LRET) 等名称。
2. 公式 2.1忽略了激发损耗的其他通道，例如转换成热能。此外，在实践中，来自受体的光子有可能被误认为来自供体，或者相反 (“串扰”) 。FRET 测量必须对此进行校正。

T2 2.8.4 拓展

2.8.4′ FRET 的其他实验测试

1. 我们在讨论 FRET 时曾猜想其效率取决于供体发射谱和受体吸收谱之间的重叠区域[①]。更确切地说，效率应该与光谱重叠部分的面积成正比。这个猜测已被实验证实 (van der Meer et al.，1994，§2.6)。
2. 我们所猜测的效率随距离变化的关系也已经被证实 (Sindbert et al.,2011)。
3. 两个电偶极子的相互作用也取决于它们的相对*取向*，因此 r_{F} 也应具有这种依赖性。这个猜测也已经被证实 (Iqbal et al.，2008)。

① 见*要点* 2.4。习题 2.4 会提供更多细节。

T2 2.8.5 拓展

2.8.5′a　为什么 FRET 效率的测量值有时会超过 100%

FRET 效率的报道值并不总是处于 0 到 1 之间。要理解这种现象，我们需要使用更精确的定义。

正如任何类型的荧光，FRET 的测量值可能会被背景杂散光 (并非来自目标荧光团) 所污染。因此，真实的供体发射光子数应该等于在时间窗口中实际观测到的光子数减去同一样品当不含供体时发射的光子数，同理可估算受体发射的真实光子数。所有这些数字当然都受到泊松噪声的影响。此外，两个噪声量之差的相对标准偏差比各自的都更大 (0.5.4 节)。这个随机因素使得表观 FRET 效率在某些情况下可能看起来大于 100% (或实际上小于零)。

2.8.5′b　FRET 揭示 HIV 逆转录机制

这里介绍 FRET 在分子生物学的另一个应用。一种名为逆转录酶 (RT) 的分子机器在 HIV 感染过程中扮演关键角色。一旦病毒感染了宿主细胞，RT 的工作就是将病毒基因组 (单链 RNA 分子) 转化成双链 DNA 片段，后者将被整合到宿主细胞自身的基因组中。RT 的这项工作可以被分解为不同的子过程，简单来说，它必须先与核酸链结合再执行：

(*i*) 逆转录：读取病毒的 RNA 基因组并合成一条互补的 DNA 链，后者与原始 RNA 链形成混合的双螺旋。

(*ii*) 降解：销毁原始 RNA。

(*iii*) 合成 DNA：产生第二条 DNA 链，并与第一条形成双螺旋，最后将其整合到宿主细胞的基因组中。

单个酶具有如此多的功能是非常了不起的！RT 为何如此多能？它又是如何知道在给定的时刻要做什么的？

E. Abbondanzieri 及其合作者使用 FRET 来确定酶的某些功能域在什么情况下接近核酸的哪些片段，从而阐明了它如何在上述任务 *ii* 和 *iii* 之间作出选择。他们知道 RT 在其远离的两端各有一个活性催化位点[见图 2.30(a)]。其一 (“手指结构域”，缩写为 F) 负责 DNA 合成，其二 (“RNase H 域”，缩写为 H) 负责切割和移除 RNA 碱基。这两个位点在 RT 分子上相距约 8 nm。研究人员提出，选择执行哪种功能取决于 RT 在其核酸底物上的结合取向，而该取向又受底物性质的控制。

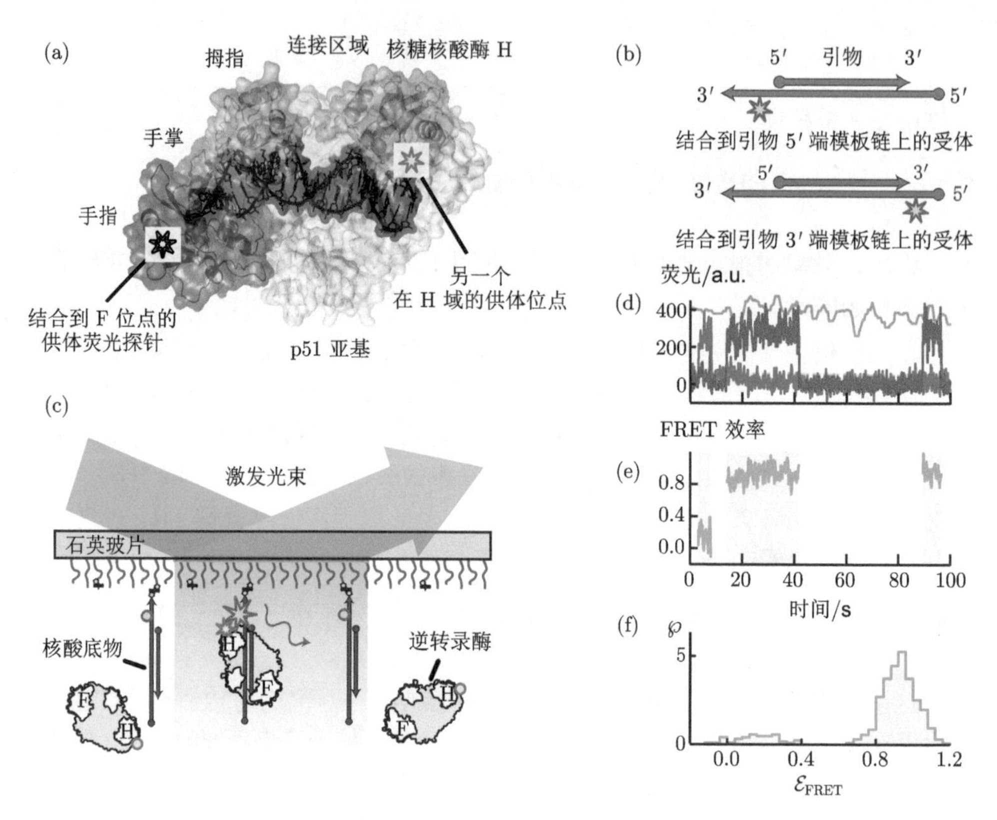

图 2.30　**FRET 用于研究酶的机制**。(a)[基于结构数据的艺术构图。] HIV-1 逆转录酶 (RT) 的结构 (*彩色*)，其中结合了 DNA 双螺旋 (*黑色/灰色*)。两个位点 (*蓝色星号*) 可供标记荧光供体，其中一个位于 F 域 (*左侧*)，另一个位于 RNase-H 域 (*右侧*)。在每次实验中，只有一个位点被标记。(b) 实验中使用的核酸链构造示意图。较短的引物与较长的模板链结合。在靠近引物某一端的模板区域上标记荧光受体 (*红色星号*)。引物是一条 DNA 或 RNA 链，因此共有 $2 \times 2 = 4$ 种不同构造。(c) 观察过程的卡通示意图。将核酸固定在显微镜载玻片上，再对其进行照射 (有关 TIRF 的详细信息参见 5.3.4 节)。已标记的酶分子悬浮在溶液中，如果激发光的波长在供体激发峰处，则只有当酶进入照射区域 (*中心*) 时系统才会发射荧光。如图所示，如果酶的结合取向使得荧光供体和受体靠拢，则导致强 FRET。相反的结合取向 (未显示) 则导致更低效率的 FRET(主要是供体发光)。(d)[实验数据。] 当激发光波长处于受体激发峰时，受体会发出稳定的荧光 (*粉红色痕迹*)。而当激发光波长处于供体激发峰时，则系统没有荧光发射，只有当 RT 进入照明区并发生结合时，才会出现较强的供体荧光发射 (*高蓝色轨迹*) 和较强的受体荧光发射 (*高红色轨迹*)。(e) 酶结合的时间区域 (高亮条带) 显示出两个不同的 FRET 效率值，分别对应于两个可能的结合取向。(f)RT 结合后不同 FRET 效率值的时间占比分布。该图显示了两个峰，它们的面积给出了两个取向的概率。[图由 E Abbondanzieri 惠赠；另见 Abbondanzieri et al., 2008。]

在描述实验之前，我们先回顾一下背景信息。因为核酸是非对称亚基组成的链，因此，DNA(或 RNA) 单链两端的结构不同。传统上，一端被指定为“3′”端，而另一端被指定为“5′”端。单链由带箭头的线段 (指向 3′ 端)表示，两条互补链可以结合在一起，形成双链核酸，即一条从 3′ 到 5′ 链与另一条从 5′ 到 3′ 链相互结合。图 2.30(b) 以卡通形式描绘了这种情况。如果一条链延伸超出了互补区域，则互补部分是双链的，没有匹配的部分是单链的。

RT 结合到核酸双链区域的末端。更具体地说，DNA 或 RNA 的短片段与较长的**模板**链配对时可以充当 RT **引物**。引物引导 RT 从引物的 3′ 端开始朝模板的 5′ 端移动，并合成新的 DNA，引物通常仅由约 20 个核苷酸组成。

研究人员假设 RT 可以以两种取向结合双链核酸,区别在于 RT 翻转了 180°①。图 2.30(a) 描绘了其中一个结合状态。研究人员提出，当模板链为 DNA 时，

(*H1*) RT 根据遇到的引物类型选择其结合取向：当引物是 RNA 时，它选择某个取向。

(*H2*) 当引物是 DNA 时，RT 选择另一个取向。

(*H3*) RT 的酶促活性取决于其根据引物所选择的取向：当以某个取向结合时，它利用其 RNase 结构域移除 RNA 碱基并沿着双螺旋移动②。当以相反的取向结合时，它沿双螺旋移动并使用其 F 结构域合成新的 DNA。

为了检验假设 ***H1, 2***，Abbondanzieri 及其合作者使用 FRET 揭示了 RT 的哪个结构域靠近引物末端取决于哪种引物与模板结合。因此，他们准备了八个不同的系统 (图 2.31)：首先，他们创建了两个修饰的 RT。第一个的供体荧光团附着在手指区域附近的位点上 [图 2.30(a)，左侧绿色星号]；另一个的供体荧光团附着在 RNase H 区域附近的位点上。其次，他们制备了 $2\times2=4$ 种核酸复合物：两种具有 RNA 引物；另两种则具有 DNA 引物。(每个模板链都有相同的 50 个 DNA 核酸。) 每种类型的复合物又分为两批，每批都在引物序列一端或另一端附近标记受体荧光团 [图 2.30(b)]。图 2.31 中的插图描绘了所得的八个实验系统中的六个，显示了假设的 RT 结合取向。

将核酸复合物束缚在显微镜载玻片上，再观察标记的 RT 复合物在载玻片附近的溶液中的自由扩散 [图 2.30(c)]。在观察期间，显微镜载玻片附近的一个小区域可以被两个不同波长的光交替照射：

- 较短波长的光 ($\lambda=532$ nm) 对应于供体的激发峰，但不会显著激发受体。
- 较长波长的光 ($\lambda=635$ nm) 对应于受体的激发峰，但不会激发供体。

图 2.30(d) 显示了来自该试验的一些典型数据。当用 635 nm 的光激发时，粉红色轨迹显示了受体发射的荧光强度。荧光强度 (如预期的那样) 大致恒定：因为受体被固定，所以光照区域发射的光子数量几乎没有变化。但当用 532 nm 的光激发

① 参见图 2.31中的卡通图。

② 某个特定的 RNA 引物序列是例外。此处讨论的实验使用的是通用引物序列。

时，有趣的事情发生了 (红色和绿色迹线)。在这种情况下，RT 的结合将其暂时固定在照明区域中，因此来自供体或受体的荧光会大幅增加。

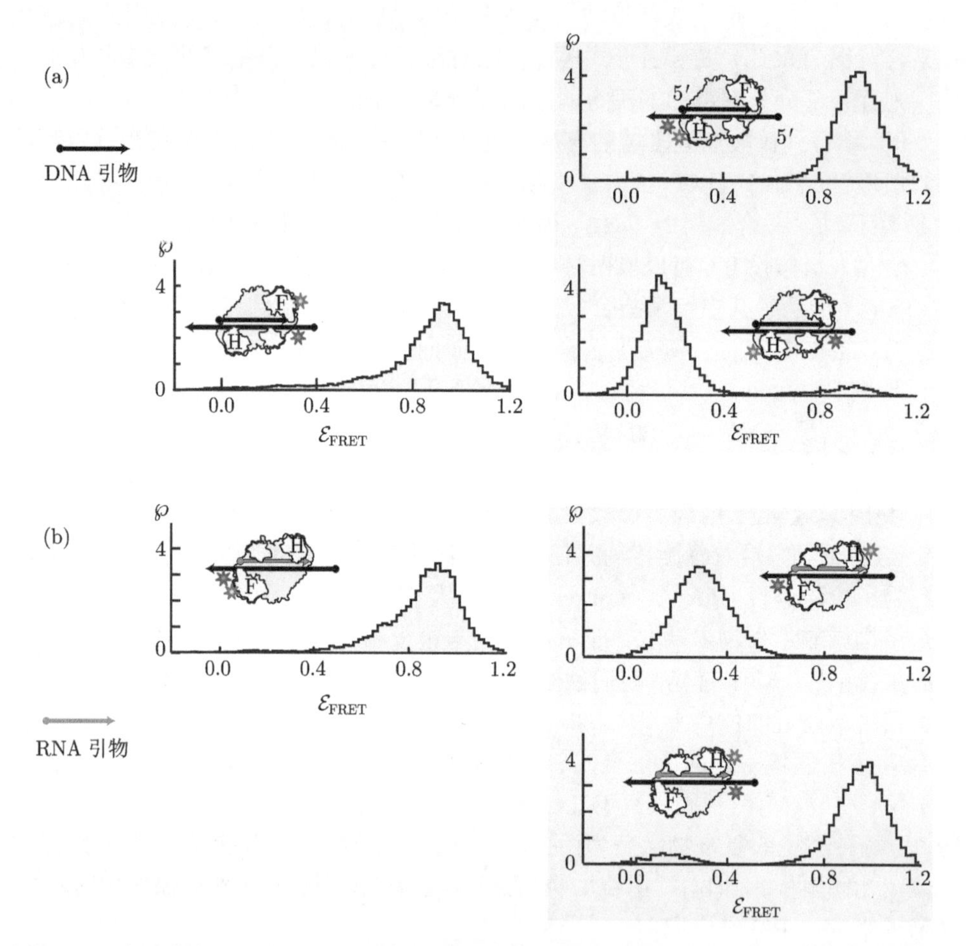

图 2.31　[实验数据。] **图 2.30c 所示实验中八种可能的排列组合方式 (见正文) 的六种结果。** 图 (a，b) 分别对应于引物为 DNA 和 RNA 的情况。每个子图又对应于不同的标记方案：左子图表示供体标记在逆转录酶的 F 结构域，右子图则表示供体标记在 RNase-H 结构域。右侧上图显示了受体标记在引物 5′ 端附近的模板上的结果，下图则对应于受体标记在引物 3′ 端附近的模板上的结果。对于引物/供体/受体的每种组合，都可以将 FRET 效率显示在直方图中。这些结果支持了正文讨论的假说 ***H1,2***，将供体置于受体附近的标记方案确实会产生高的 FRET 信号。(FRET 效率的表观值大于 1 将在 2.8.5′ b 节中讨论。)[摘自 Abbondanzieri et al.,2008。]

较高的受体荧光意味着供体和受体结合紧密 [图 2.30(e)]。研究人员收集了许多 RT 结合事件的数据，并求得了各个 FRET 效率值的结合时间的占比 [图

2.30(f)]。图 2.31 显示了如何利用该信息来确定 RT 与 DNA 和 RNA 引物的结合构型，从而证实假设 ***H1*，*2***[①]。

T2 2.9.3 拓展

2.9.3′ 关于植物光合作用装置的更多细节

蓝细菌、藻类和植物具有两阶段的光合作用反应，分别由两种光系统提供能量，图 2.29(a) 显示的是最早被发现的光系统。另一个系统，即“光系统 II”，其光激发需要更大的复合物。

习题

2.1　神经递质释放的离散特性

本习题需要你进行预测并与实验数据 (图 2.8) 比较，从而检验你的模型。请先获取 Dataset 4，其中包含由运动神经元刺激引起的肌肉细胞中峰值膜电位的多种可能的变化值 $\Delta\Phi$ ，数据集展示了这些值被测量到的频率 (经过分区处理)。在另一组独立实验中，作者研究了膜电位的自发涨落事件 (无外部刺激)，发现峰值电位变化量的样本均值为 $\mu_{\Phi,1} = 0.40$ mV，方差约为 $\sigma^2 = 0.00825$ mV^2。

正文讨论的物理模型表明，肌肉细胞的每次响应都应涉及整数 ℓ 个囊泡的释放。但是所测量 (峰值膜电位变化) 却是连续的。为了搞清楚这两个随机变量之间的关联，模型假设每个囊泡对膜电位变化的贡献是可加的，且这部分电压服从与自发事件相同的分布 (假设每个自发事件都恰好释放一个囊泡)。因此，对于给定的非零 ℓ ，可以假定细胞响应是 ℓ 个独立同分布连续随机变量的总和。假设这个分布就是高斯分布，其期望值和方差由自发事件的值给出。

a. 求释放 2(或 3，$\cdots$) 个囊泡时的响应分布。除了囊泡中神经递质分子数量不固定之外，你可以忽略囊泡之间的其他差异。[提示：参考习题 0.8 。]
b. 模型还假设 ℓ 本身是泊松随机变量，由此可将 (a) 中分布加权求和，权重即是 ℓ 满足的泊松分布。为什么这个结果正好是归一的概率密度函数？(对于 $\ell = 0$，你可以使用峰值为零的非常窄的任意概率密度函数。)
c. 对上面求得的概率密度函数，证明其期望 $\langle\Delta\Phi\rangle$ 等于 $\mu_{\Phi,1}\mu_\ell$，因此可以通

① 其他实验证实了 ***H3*** 的预测。参见 Abbondanzieri et al., 2008。

过计算 Dataset 中所有响应的样本均值再除以单个囊泡的平均响应来获得 μ_ℓ。

d. 绘制 (b，c) 中求得的概率密度函数。

e. 上述概率密度函数不包含任何自由参数。你可以将这个图与实验数据估算出的概率密度函数做对比。

f. 研究人员发现，在 198 项试验中，有 18 项没有任何反应。计算 $\mathcal{P}_{\mathrm{pois}}(0;\mu_\ell)$ 并进行讨论。

2.2 FRET 中的距离

获取 Dataset 5(这是生成图 2.22的数据)。在将这些数据与公式 2.3 的预测进行比较之前，必须将以碱基对数 N 表示的距离 (如 Dataset 所显示) 转换为实际的空间距离 r。为此，请使用实验中用到的如下公式：

$$r=\sqrt{((0.34\ \mathrm{nm})(N-1)+L)^2+a^2}$$

其中 $L=0.4$ nm 且 $a=2.5$ nm。请调整 Förster 半径 r_{F} 的值对数据进行拟合。

2.3 光合作用中的量子产率

正文提出了光合作用的 FRET 型能量转移机制，并给出了一些定性论证。本题将引导你进行更多定量研究。

Emerson 和 Lewis 测量了生物体内光合作用的总量子产率 ϕ_{tot}，即产生一个氧分子必须吸收的光子数量 (2.9.2节)。但是他们无法独立测量叶绿素的量子产率 ϕ_{c}，即每个激发的叶绿素分子产生的氧分子数，也无法测量激发的藻蓝蛋白将其激发能转移到叶绿素的概率 ϕ_{t}。

假设生色团一旦被激发，它就像荧光过程那样不会保留关于激发光子的记忆。特别地，量子产率 ϕ_{c} 和 ϕ_{t} 都不依赖于激发光子的波长 (图 2.32)。因此，在任何波长下的总量子产率是 ϕ_{c} 和 $\phi_{\mathrm{c}}\phi_{\mathrm{t}}$ 的加权平均值，权重对应于两种生色团捕获该波长光子的能力。

a. 由图 2.27(a) 估计叶绿素吸收波长 $\lambda_1=680$ nm 光子数的比例 $f_{1,\mathrm{c}}$，以及波长 $\lambda_2=600$ nm 的对应量 $f_{2,\mathrm{c}}$。同样，请估算藻蓝蛋白的两个吸光比例 $f_{1,\mathrm{p}}$ 和 $f_{2,\mathrm{p}}$。

b. 利用图 2.27(b) 估算这两个波长的总量子产率。

c. 解释为什么总量子产率反映了两个未知量 ϕ_{c} 和 $\phi_{\mathrm{c}}\phi_{\mathrm{t}}$ 的加权平均，由此导出这两个未知量的两个方程。

d. 求解 ϕ_c 和 $\phi_c\phi_t$，并进行比较。

e. 获取 Dataset 6，其中包含了上述图中的数据。假设 ϕ_c 和 ϕ_t 与波长无关，并且其值已经在 (d) 中求得。再假设类胡萝卜素的量子产率在每个波长处都为零。估算整个波段 [如图 2.27(b) 所示] 的总量子产率，将你的预测值与 Dataset 提供的实验测量值绘制在一张图上进行比较。[提示：在 Dataset 6 中，不同色素的测量并非是在完全相同的波长条件下进行的。你可以用计算机算法对给定的数据集进行内插值，以便在一组共同的点处在不同曲线上取值。]

f. 如何改进上述数据拟合？

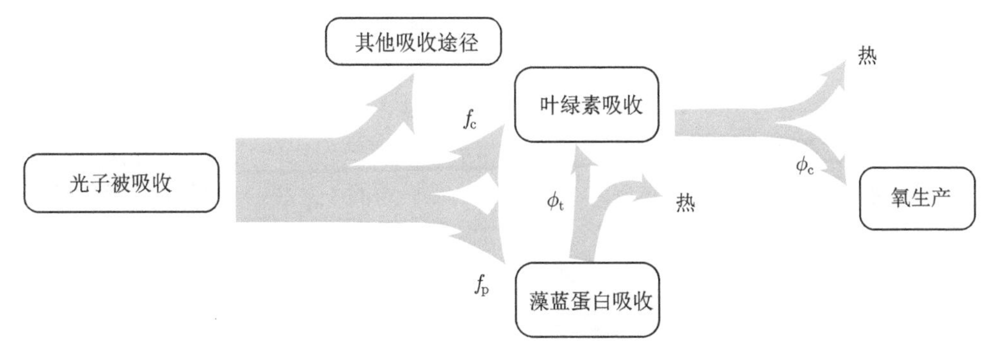

图 2.32　[示意图] **两条通路的总量子产率**。见习题 2.3。吸光比例 f_p 和 f_c 取决于入射光的波长，但量子产率 ϕ_c 和 ϕ_t 则不然。

2.4　T2 FRET 的经典模型

我们可以借助经典力学的思想来了解荧光共振能量转移[①]。想象一个振荡器，它代表供体分子的电子。这些电子可以围绕原子核摇摆，从而对附近的第二个振荡器产生静电力，后者代表受体荧光团。假设这个力 $f(t)$ 具有角频率 ω_D (由供体的激发态决定) 和强度 J (由供体状态和到受体的距离决定)：

$$f(t) = J\cos(\omega_D t). \tag{2.5}$$

我们将受体的电子云模型化为质量为 m 的物体。它通过一根弹簧附着在分子的原子核上，弹性系数为 k。此外，受体不断地通过“摩擦”消耗能量，摩擦是一个经典的说法，此处意味着受体通过荧光损失能量。引入摩擦系数 ζ，牛顿定

① T2 第 14 章给出了相应的量子力学推导。

律 $f_{\mathrm{tot}} = ma$ 表明供体的位置 $x(t)$ 服从

$$m\frac{\mathrm{d}^2x}{\mathrm{d}t^2} = -kx - \zeta\frac{\mathrm{d}x}{\mathrm{d}t} + f. \tag{2.6}$$

为了简化这个等式，定义新的符号 $\omega_{\mathrm{A}} = \sqrt{k/m}$ ，$\eta = \zeta/m$ 及 $K = J/m$，使用新符号表示可以消除 k 、ζ 和 J。

a. 无论其初始条件如何，最终解 $x(t)$ 将以驱动频率 ω_{D} 振荡。因此，可以考虑试探解 $x(t) = A\cos(\omega_{\mathrm{D}}t) + B\sin(\omega_{\mathrm{D}}t)$ 。求解常数 A 和 B，用 K, η, ω_{D} 和 ω_{A} 表达[①]。

b. 计算受体的能量耗散速率，即 $P_{\mathrm{fret}} = \zeta(\mathrm{d}x/\mathrm{d}t)^2$。

c. (b) 中求得的量尽管会波动，但总是正数。我们只关注它的时间平均值，其表达式比 (b) 的答案更简单。求出该表达式。在我们研究的稳态中，该量必须等于受体从供体获得能量的平均速率。

d. 1.6.3节强调，实际上供体和受体并不处于唯一确定的状态[②]。相反地，它们可能服从一个态分布，每个状态对应不同的 ω_{D} 和 ω_{A}。因此，能量转移的平均速率应该是 (c) 中答案的加权平均，权重是对应的分布 $\wp_{\mathrm{D}}(\omega_{\mathrm{D}})$ 和 $\wp_{\mathrm{A}}(\omega_{\mathrm{A}})$：

$$\int \mathrm{d}\omega_{\mathrm{D}}\wp_{\mathrm{D}}(\omega_{\mathrm{D}}) \int \mathrm{d}\omega_{\mathrm{A}}\wp_{\mathrm{A}}(\omega_{\mathrm{A}})[P_{\mathrm{fret}}(\omega_{\mathrm{D}},\omega_{\mathrm{A}})]_{\text{time avg}}.$$

为了简化该表达式，假设阻尼 η 非常小，则 (c) 中结果将在 $\omega_{\mathrm{D}} = \omega_{\mathrm{A}}$ 处出现尖峰。利用这一事实并设定

$$\omega_{\mathrm{D}} = \bar{\omega} - \frac{1}{2}\Delta\omega; \quad \omega_{\mathrm{A}} = \bar{\omega} + \frac{1}{2}\Delta\omega$$

并将积分变量 ω_{D}, ω_{A} 更改成 $\bar{\omega}$, $\Delta\omega$。然后将各处 (除了分母中对应尖峰的那一项) 的 $\Delta\omega$ 替换成 0 来近似 (c) 的答案。通过这种近似，你可以轻松地完成对 $\Delta\omega$ 的积分。

e. 2.8.4节认为力 K 与供体和受体之间距离的立方倒数成正比。根据这一观察结果和你的计算，对 **要点** 2.4进行讨论。

f. 供体有多种途径失去其激发能量，例如直接发光 (供体荧光)[③]。即使不计算这些能量损失速率，我们也可以说它们不依赖于 r，因为即使没有受体存在，这样的损失也会发生。使用 (e) 的结果推导 FRET 效率对 r 依赖的一般表达式，即公式 2.1中的比值。将答案的形式与公式 2.3进行比较。

① 4.4 节将介绍一个利用复数来简化计算的数学技巧。如果你知道这个技巧，你可以直接使用它而无需使用此处建议的方法。

② 图 2.21用双头箭头指出了这一事实。

③ 你可以忽略其他可能的去激发途径，例如能量转变为热。

第 3 章 色　觉

无法想象视网膜上的每个感受点都包含无数颗粒，
每种颗粒又都能与各种可能的波动产生谐振。
为此有必要假设颗粒种数有限，比如三种基本色。
——托马斯 · 杨 (Thomas Young)，1802

3.1　导读：第五维度

生物体是推理机器。他们 (也就是我们) 总是依据现在及过去的测量来尝试预测未来。

视觉是收集周围世界信息的高效机制之一。我们的眼睛不停地截获光子，并对这些光子来向的概率分布做出估计。我们能通过立体视觉获得与目标距离相关的信息，从而能在脑中为这个世界虚构一个四维的认知模型 (这四个维度你在大学一年级物理课中应该已经熟悉了)。后面章节将详细讨论这种感知转化是如何发生的。

本章将首先讨论我们获取光子流“颜色”信息的能力。颜色是我们用来理解世界的富含信息量的*第五维度*。正如本书中的其他故事一样，早在人们开发出直接测量的技术工具之前，想象力丰富的科学家已经正确地掌握了关于颜色的基本知识。

颜色是个微妙的性质。即使是古希腊人也知道颜色并不是如质量那样单纯客观的量。类似地，伽利略在 1630 年写道：颜色“只存在于意识中”。但颜色肯定与进入我们眼睛的物理刺激*有关*！接下来我们将从前面章节提及的想法出发，看看我们对颜色感知可以理解多深。

本章焦点问题

生物学问题：红光和绿光混合为何呈现黄色？

物理学思想：我们的眼睛将光谱投射到低维的“颜色空间”，并在颜色分辨和空间分辨之间做出权衡。

3.2　色觉提升进化适应度

色觉对动物来说具有很多优势。例如：

1. 我们的大脑必须对世界进行二维 (2D) 投影，并以某种方式将其整理成一个个可感知*对象*。颜色信息可以帮助我们区分两个相邻的且具有相似亮度和纹理的物体。
2. 颜色也有助于辨别不相邻的物体。能够从未成熟果实中快速辨别出成熟果实的动物可以更快地觅食。同样，识别有毒物并避开它的能力对动物来说也非常重要。
3. 颜色帮助许多动物将个体 (例如可能的配偶) 从所在群体中区别出来。
4. 有些动物使用基于颜色的线索向同类传递自己的情绪状态 (例如进攻) 或感受它们的状态。

显然，色彩感知可以提升进化适应度。

色彩感知不是全有或全无。大多数哺乳动物 (狗、马) 的辨色力比人类差。一些夜行动物 (浣熊、蜜熊) 只有单色视觉，章鱼、鲸鱼之类的深海生物也是如此。也有一些物种 (某些鸟类和甲壳类动物) 比我们有*更好*的辨色力。因此，除了关心色觉的差异性外，我们还希望进一步理解决定动物辨色力的物理机制。

3.3　牛顿的颜色实验

我们首先总结一下牛顿有关光和颜色研究方面的一些发现。

- 牛顿发现太阳光通过棱镜后可分成各色光谱。也就是说，阳光是由各色光混合而成，用他自己的话说，“其他颜色比红 (赤) 光的折射更强 …… [白光] 由不同折射能力的光组成 …… 具有相同折射度的光呈现同一种颜色；反之，同样颜色的光肯定拥有相同的折射度。”
- 牛顿还证明，通过第二个棱镜可以将从太阳光分解出来的各色光重新*组合*成白光，其性质与第一道入射光完全相同。因此，颜色并不是由第一个棱镜创造的，而是一开始就存在于白色的“阳光”中。
- 在一次“决定性实验”中，牛顿设法阻挡了棱镜出射的其他各色光而只挑出其中一种单色光。当该单色光穿过第二个棱镜时，牛顿发现第二个棱镜再也不能进一步分解它，而且第二个棱镜对其光路的弯曲度与第一个棱镜完全相同。

如果将光束视为光子流，且每个光子都带有特定的能量，那么我们可以假定棱镜以某种方式对光子流进行了*分类*，以此来解释牛顿的实验结果。此处的分类就是将每类光子导向略微不同的空间方向[①]。光子到达速率谱[②] $\mathcal{I}(\lambda)$ 给出了光子到达投影屏上不同位置的平均速率 (光束被该屏幕横截)。图 3.1用两个例子展示了这些概念。牛顿还研究了普通 (非发光) 物体被各种光照射时发生的现象：

- 当单色光照射在物体上时，回到我们眼睛的还是同波长单色光[③]，与被照物体在日光下的观感无关 (图 3.2)。“我用在日光下呈现其他颜色的物体来反射 [这些光]…… 让它在有色介质中传播，同时在被其他光照射的介质中传播，结果原光都消失了，但也没有产生任何新的颜色。”

简而言之，牛顿认为颜色是光进入我们眼睛时才有的属性。正如他所说的那样，这个世界看起来丰富多彩，“因为它由不同物体组成，每个物体对某种颜色光的反射

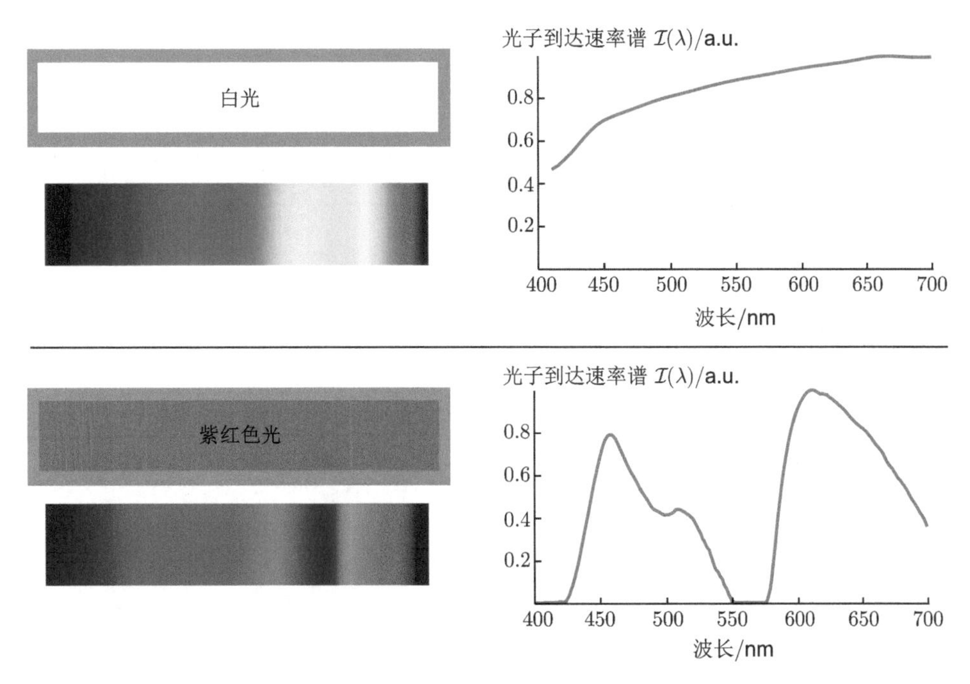

图 3.1　[色带，棱镜分光获得的光谱，以及相关实验数据。] **光谱**。*左上*：阳光 (或来自白热物体的光) 中的光子能量具有很宽的分布。光穿过棱镜时被分解成连续的色带。*右上*：用光子到达速率谱来表示光谱，该函数在可见光范围内几乎为常数。*左下*：来自计算机投影仪的紫红色光的能量构成也很宽泛，但与阳光相比，其中绿光相对于红光和蓝光的量减少了。*右下*：对应的光谱有蓝色和红色两个峰，它们之间缺失的部分对应于绿色。[数据蒙 William Berner 惠赠。]

① 5.3.5节将讨论棱镜是如何实现这一点的。

② 1.5.2 节定义了光子到达速率谱。

③ 实际上后来发现了例外，尽管非常罕见。例如，如第 1 章所述，一些物质可发出荧光。

可能比其他颜色光的反射强得多”。也就是说，物体选择性地反射光子流中特定波长的光。我们所观察到的是到达物体的光子类型分布与它们被物体反射的概率分布之间的联合效应。这一认识简化了我们接下来的任务：我们首先要理解如何分辨各色光，这有助于我们理解各色物体。

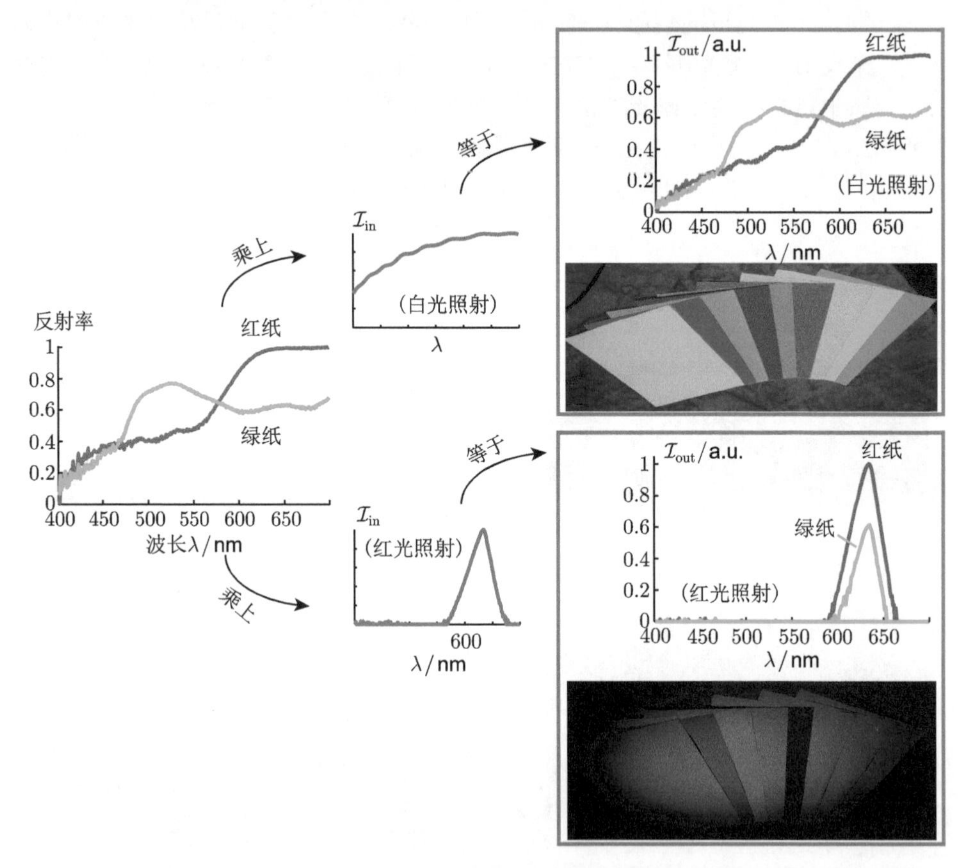

图 3.2 [实验数据，照片] **颜色感知需要较宽范围的入射波长。** *左*：两张彩纸的反射光谱，即光子被反射的相对概率与波长的关系。*中*：用于照射红色和绿色纸张的两个光谱。*右*：两个照明条件下所显示的各色彩纸。*左*图表征的两张彩纸显示在照片中部。当用近乎单色的红光照射时，每张纸看起来都是红色的。*右*图还显示了各照射条件下红纸和绿纸反射的光谱。[数据、照片蒙 William Berner 惠赠。]

3.4 背景知识：泊松过程的更多性质

1.4 节介绍了随机过程的一般概念，同时介绍了一个特别简单的例子，即泊松过程，它描述了许多稳定的单色光源。在此，我们简要说明泊松过程的两个性质(稍后需要用到)。

3.4.1 稀释特性

假设我们有一个平均速率为 β 的泊松过程 (例如来自某光源的光子的到达事件)。对这个随机过程的一次抽样给出一个由大量 "尖脉冲" 组成的时间序列，并且在任何比 β^{-1} 短得多的间隔 Δt 中，产生尖脉冲的概率是 $(\Delta t)\beta$。我们可以通过一个程序从中抽样出一个新的随机过程：

- 首先从原始泊松过程中抽取一系列尖脉冲时间。
- 然后对每个尖脉冲进行伯努利试验，以 ξ 的概率保留该脉冲。这些伯努利试验都是相互独立的。
- 由此获得的尖脉冲时间序列构成了新的随机过程的一个样本。

很容易确认新的过程还是泊松过程。此时在间隔 Δt 内获得一个尖脉冲的概率等于 $(\Delta t)\beta$ 乘上 ξ，所以

$$\boxed{\text{新的泊松过程具有平均速率 } \beta\xi.} \quad \text{稀释特性} \tag{3.1}$$

在讨论双光子激发时，我们已经无意中用到了这个特性 (2.7 节)。

作为对比，如果我们使用周期为 β^{-1} 的周期性尖脉冲序列，则随机删除其中部分尖脉冲一般*不会*导致相同形式 (即周期性) 的新序列。

3.4.2 合并特性

如果我们有*两个*独立的平均速率分别为 β_1 和 β_2 的泊松过程，则可以通过如下程序从中抽样出一个新的随机过程：

- 首先从两个原过程分别抽取一个尖脉冲时间序列；
- 然后将这两个序列直接合并，创建一个新的时间序列。

这样的新过程依然是泊松的。为此，考虑一个远小于 β_1^{-1} 或 β_2^{-1} 的 Δt。在 Δt 中*不出现*任何尖脉冲的概率等于

$$\mathcal{P}(\text{无尖脉冲 } 1)\mathcal{P}(\text{无尖脉冲 } 2) = (1-\beta_1\Delta t)(1-\beta_2\Delta t) \approx 1-(\beta_1+\beta_2)\Delta t$$

此处我们舍弃了 $(\Delta t)^2$ 的小项。因此，获得任一类型尖脉冲的概率只是两个原过程概率的总和，同时也可知

$$\boxed{\text{新的泊松过程平均速率为 } \beta_1+\beta_2.} \quad \text{合并特性} \tag{3.2}$$

作为对比，如果我们使用两个*周期性*的尖脉冲序列，那么合并后将不太可能得到具有相同形式 (即周期性) 的新序列。

合并特性与前言中介绍的卷积运算相符：在合并之前，固定间隔 T 内的尖脉冲数量满足期望值分别为 $\beta_1 T$ 和 $\beta_2 T$ 的泊松分布。合并后，同一时间间隔内的

总尖脉冲数的分布是这两个泊松分布的卷积，也就是期望为 $(\beta_1+\beta_2)T$ 的泊松分布①。我们也可以先根据要点 3.2 合并原始泊松过程，再求尖脉冲计数的分布，得到的结论是相同的。

3.4.3 上述特性对光的重要性

泊松过程的这些数学特性使我们能够回答对光假说的一些潜在质疑。如果我们对恒定强度的光进行物理建模，将其理解成时间上均匀到达的弹射体 (即连续尖脉冲之间的时间间隔始终相同)，则随机删除一部分脉冲会破坏该属性，从而改变光的特性。即使我们遵循严格的规则 (例如，“删除序列号为 3 的倍数的那些尖脉冲”)，所得的时间序列也不均匀。由此可见，恒强光并非由均匀间隔的脉冲构成，而且稀释特性意味着当我们删除了脉冲序列中的部分时仍能保留光的特性。事实上，当我们戴上太阳镜时，恒强光源看起来不那么强烈了，但其他方面的特性是相同的。

当打开第二个完全相同的光源从而使恒强光源强度加倍时，上述论据也是适用的。如果每束光都由等时间间隔的尖脉冲组成，则合并后的时间序列将不再具有该特性。而泊松过程的合并特性意味着来自两个泊松过程的尖脉冲直接合并后还是一个泊松过程。实际上，当我们将两个全同的恒强光源联合时，结果是强度更强，但其他方面的特性不变。

本节回顾了泊松过程的两个关键特性。本章及后面的章节会阐明这些数学特性与色觉中有关物理概念的对应关系。

有关合并和稀释特性的更多详细信息，请参阅本章末列出的参考资料。

3.5 合并两束光相当于光谱加和

当两个独立的光束落在屏幕上的同一点时，合并特性表明 $\mathcal{I}_1$ 和 $\mathcal{I}_2$ 的组合效果与具有光谱 $\mathcal{I}_{\text{tot}}$ 的单束光相同，此处②

$$\boxed{\mathcal{I}_{\text{tot}}(\lambda)=\mathcal{I}_1(\lambda)+\mathcal{I}_2(\lambda).\quad \text{组合光谱}} \tag{3.3}$$

我们将方程缩写成 $\mathcal{I}_{\text{tot}}=\mathcal{I}_1+\mathcal{I}_2$，以此强调该关系对任意波长都成立。

思考题3A

请用泊松过程合并特性 (3.4.2节) 来说明方程 3.3。

T2 3.5′ 节定义了另一些描述光谱的物理量，并给出了类似的组合规则 (方程 3.3)。

① 参见方程 0.49。

② 如果两束光来自同一光源，则会出现更复杂的现象，例如干涉。第 4 章将讨论这种情况。

3.6 色彩的心理学

3.5 节讨论了仪器可以客观测量 (而无需任何人为判断) 的光的各种性质。本章的剩余章节将涉及光谱 $\mathcal{I}(\lambda)$ 与我们对颜色的主观*感知*之间的关系。

3.6.1 红 (R) 加绿 (G) 看起来像黄色 (Y)

像我们每天观察到的许多现象一样，仔细考察颜色时会有惊喜发现。假设我们将纯 500 nm 和纯 650 nm 的光投射到屏幕的不同区域，例如，让白光透过彩色滤光片，我们就会看到绿光和红光的斑点。然而，当我们移动其中一条光束，使其与另一条光束在屏幕上重合时，我们会惊奇地发现呈现在我们眼前的是一种清晰的黄色，而不是某种 “红绿色”。图 3.3(a) 给出了该实验的一个不太生动的版本，其中两种颜色的光发生混合是由于我们眼睛的空间分辨率存在极限。我们的眼睛怎么可能糟糕到不能从光谱上区分红绿色与黄色呢？

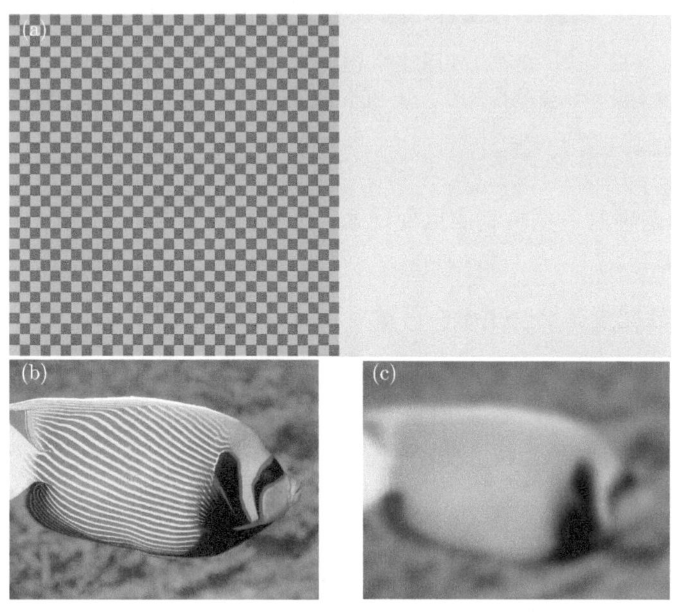

图 3.3 [视觉错觉，照片。] **可加色**。(a) 当你近距离观察时，左侧框看起来由红色和绿色小方块组成。然而，当从几米处远距离观察时，你眼中的每个感光细胞将同时接收来自红色和绿色方块的光，因此它们的光谱合并了。此时你感受到的颜色更接近于右侧图框，而不是纯红色或纯绿色，也就是说黄色是由另外两种颜色通过 “点描法” 合成的。这就证明了正文中提出的论断，即在感知上 $\mathrm{R}+\mathrm{G}\sim\mathrm{Y}$。(b) 天使鱼 *Pomacanthus imperator*。它们以及其他珊瑚鱼都展现出狭窄的黄色和蓝色条纹，近距离看时特别显眼。(c) 与 (b) 是相同的照片，但经过了模糊化处理，近似展现了从 2 m 远处看该珊瑚鱼的视觉锐度。请注意蓝-黄色条纹区域如何融合形成了暗灰绿色，帮助鱼类与周围环境融为一体。[(b，c) 由 Steve Parish 拍摄。]

3.6.2 颜色辨别是多对一的

同样令人惊讶的是，当我们在红色和绿色中再添加第三种颜色 (蓝色) 的光时，结果看起来大致为白色 (图 3.4)，就是很多人称之为“无色”的感觉。简而言之，

$$\text{我们的眼睛舍弃了光谱中的某些信息。} \tag{3.4}$$

然而，在可控的色彩匹配实验中，在感知上存在差异的任何两个光源，它们的确具有不同的光谱。

图 3.4 [照片。]**“白” 光**。顶部：使用透射光栅将太阳光分解为大范围光谱。底部：使用相同光栅从白色紧凑型荧光灯获得的光谱，由红色、绿色和蓝色等孤立波段组成，这种光也被感知为“白色的”。

要点 3.4是理解色觉机制的重要线索。在利用这一点之前，我们需要更加精确和系统地阐释它。

3.6.3 感知匹配遵循某些定量、可重复和背景无关的规则

我们对颜色的感知是复杂和主观的。受过训练的专业人员可以区分和命名上百种不同颜色，他们“看到”的内容与未经训练的非专业人士看到的完全不同。即使同一个体也会对同一光线产生不同的颜色感知，具体取决于周围环境和整体强度等。这种复杂性很大程度上源于视网膜初始吸收光线后发生的神经处理过程，本章不准备讨论这些话题。

然而，当两个相邻且均匀照亮的斑块并排呈现在视野里时 (图 3.5)，关于它们是否一致，大多数观察者都会达成一致意见。如果两个光源具有全同的光谱，那么所有受试者都会肯定它们是一致的。但我们感兴趣的是，两个光谱*不同*的光源有时也会产生感知匹配，这种现象称为**同色异谱**。两个给出感知匹配但物理上不同的光谱称为**同色异谱光**，我们将用等价符号 $\mathcal{I} \sim \mathcal{I}'$ 表示这种情况。我们想知道两个光谱的什么数学性质决定了它们是否同色异谱，这个答案又会对实现颜色分辨的生物物理机制提供哪些信息。

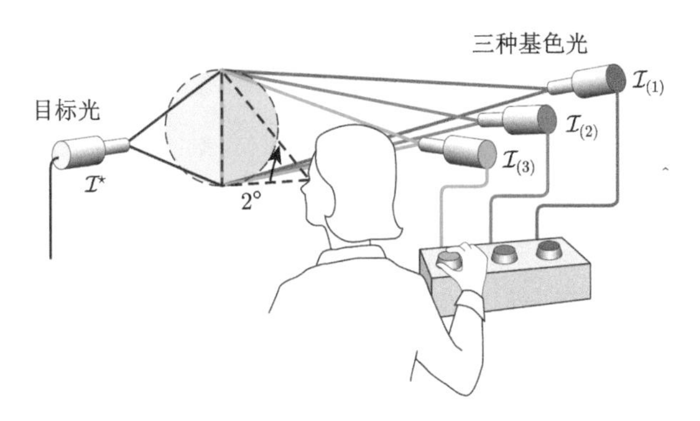

图 3.5　[示意图。] **色匹配实验**。“目标”光投射到屏幕的左半部分。受试者试图通过调整三束固定基色光的强度，使其在右半屏上汇聚光的视觉效果能与目标光匹配。

在人们对视觉的底层机制有所了解之前，早在 18 和 19 世纪，大量实验就揭示了同色异谱现象的一些规律：

1. **观察者的独立性**：对于两个光谱是否形成感知匹配，所有 (正常视觉) 的观察者都会达成一致意见。此外，不断重复该试验，同一观察者总会作出相同判断。
2. **匹配的保守性**：在某组视野条件下匹配的光，在视野条件改变时仍能匹配。例如，我们可以改变两个光斑周围的边界，但无法改变两者的匹配 (或者创建一个之前不存在的匹配)。
3. **自反性、传递性**：如果我们对调两束光 $\mathcal{I}_1$ 和 $\mathcal{I}_2$ 的位置，不会影响它们是否匹配。而且，如果 $\mathcal{I}_1 \sim \mathcal{I}_2$ 和 $\mathcal{I}_2 \sim \mathcal{I}_3$，则 $\mathcal{I}_1 \sim \mathcal{I}_3$。
4. **格拉斯曼定律** (Grassmann's law):

$$\text{如果 } \mathcal{I}_1 \sim \mathcal{I}_2, \text{ 则对任何 } \mathcal{I}_3 \text{ 都有 } (\mathcal{I}_1 + \mathcal{I}_3) \sim (\mathcal{I}_2 + \mathcal{I}_3). \tag{3.5}$$

在最后一个方程中，加号表示两束光合并 (方程 3.3)。

思考题3B

利用上述规则证明：如果 $\mathcal{I} \sim \mathcal{I}'$，则 $2\mathcal{I} \sim 2\mathcal{I}'$。

更一般地说，我们可以通过任何公共因子来缩放任何两束感知等效的光，并获得另外两束感知等效的光[①]。

一个信息特别丰富的匹配实验是保持其中一个光束 (“目标光”) 的光谱 $\mathcal{I}^{\star}$ 固定，实验者调整其他光束以寻求感知匹配 (图 3.5)。实验提供光谱固定的三种**基**

① 然而，$2\mathcal{I} \nsim \mathcal{I}$。总体强度不同的光不能认为是匹配的。

色光，而实验者只能调整这些光的强度，然后再投射到屏幕上。在这种情况下，色彩科学家发现了另外三个经验规则：

5. *三色性*：只需三基色光就足以为各种目标光提供感知匹配。少于三基色则在颜色空间无法实现大范围匹配。人类和其他古老的猿类都是**三色的**[①]。大多数其他哺乳动物都是*二*色的，对于它们来说，两基色足以给出感知匹配。大多数鸟类则需要*四种*不同的基色。
6. *唯一性*：一旦我们选择了三基色，则对特定目标光的匹配是唯一的，不存在三基色的其他强度选择。
7. *基色自由度*：三基色可以有许多不同的选择，任何一种选择都可以匹配出多种颜色。

本章的目标是用物理模型及其数学结论来解释这些观察结果，并给出一些关于颜色匹配的定量预测，从而能与实验数据对比。

如果你已经被告知“光的三基色是红、绿和蓝”，则上面的第 7 项可能会让你感到惊讶。事实上，这种传统选择只是**加色法三原色**的一种方便选择。这个称谓的来由是将色光“混合”就意味着将其光谱*之和* (方程 3.3) 传递给眼睛。这一传统选择也是最流行的选择，因为它可以匹配的色觉范围 (**色域**) 略大于某些其他选择。电视和计算机屏幕由微小的点或像素组成，每个点的光谱峰都在红、蓝或绿色处 (图 3.6)。通过改变像素的相对强度，屏幕可以让你获得百万种颜色的感觉。

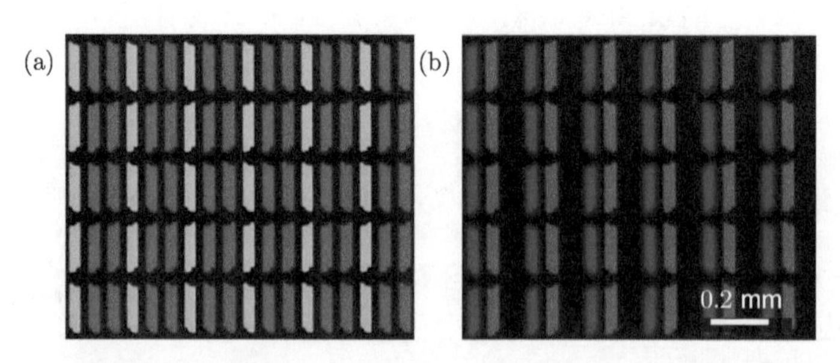

图 3.6　[照片。] **计算机显示屏的像素**。每个像素都是一个小矩形，发出光强可调的固定光谱。(a) 屏幕图像的“白色”区域。(b)“品红色”区域。[照片蒙 Mojca Čepič 惠赠。]

本小节总结了动物色觉的某些一般特征。

T2 *在色匹配实验中，一小部分观察者可能会持不同观点：他们要么是色盲，要么在色觉上有其他遗传异常。参见 3.6.3′ 节。*

---

① 早在 1708 年就已观察到或至少怀疑人类视觉的三色性。

3.7 选择性吸收导致的颜色

3.7.1 反射和透射光谱

牛顿的实验使他得出结论，从非发光物体反射到我们眼睛的光谱取决于反射物体和照明光 $\mathcal{I}_{\mathrm{in}}$ 的光谱 (见 3.3节)。更精确地说，可假设每个光子被反射的概率取决于其波长 λ，也就是该物体的“反射光谱” $\mathcal{R}(\lambda)$。因此，到达眼睛的光子的速率被削弱了，$\mathcal{I}_{\mathrm{refl}}(\lambda)=\mathcal{I}_{\mathrm{in}}(\lambda)\mathcal{R}(\lambda)$。图 3.2 显示了这种乘积规律。

思考题3C

> 用泊松过程的稀释特性来解释上述结果。

类似的讨论适用于透射光的透明物质，其概率也取决于波长，从而生成“透射光谱”。

3.7.2 减色法

你可能会被告知“三原色是红、黄和蓝”，而不是红/绿/蓝。这指的是油漆或墨水而不是光本身。之所以存在这种说法，是因为有色物体 (例如纸上的墨水) 可以选择性地吸收白光的某些组分从而显色，这就是所谓的**减色法**。

减色方案的更精确版本将三原色定义为青色、品红和黄色，例如，“黄色和青色混合产生绿色”。为了理解这一点，我们可以将一束白光透过滤光片，该滤光片只透射以黄色为中心的波段 [图 3.7(a)]，得到的是绿色、黄色和红色的混合 (滤光片阻挡了蓝色和青色)。类似地，一束白光透过“青色”滤光片，将得到蓝色、青色和绿色的混合 [图 3.7(b)]，此时滤光片阻挡了黄色和红色。因此，如果我们发射一束白光连续透过上述两个滤光片，则只剩下绿色 [图 3.7(c)]。

类似地，当我们在纸上涂抹黄色和青色的混合色素并用白光照射时，入射光会在粗糙的纸面漫射，不断遇到色素分子 [图 3.7(d)~(f)]。部分光谱被黄色和青色色素吸收 (就像上面讨论的两种滤光片一样)，因此混合色素最终将只反射绿光。类似的逻辑适用于其他颜色油墨的组合。这就使得我们产生许多颜色知觉，因此我们将青色、品红和黄色称为一组**减色法三原色**。

将三种原色的油料混合，会得到能吸收*所有*波长的光的物质，因而接近*黑色*[1]。为了获得白色，我们要么使用广谱反射的涂料，要么使用*无*油彩的白纸。

---

① 彩色打印机一般都有一个装有黑色墨水 (缩写为 K) 的第四墨盒，部分原因是为了减少黑白文件所需消耗的三种颜色墨水。这就是所谓的 **CMYK 颜色系统**。有的打印机甚至使用更多墨水，以获得更广的色域。

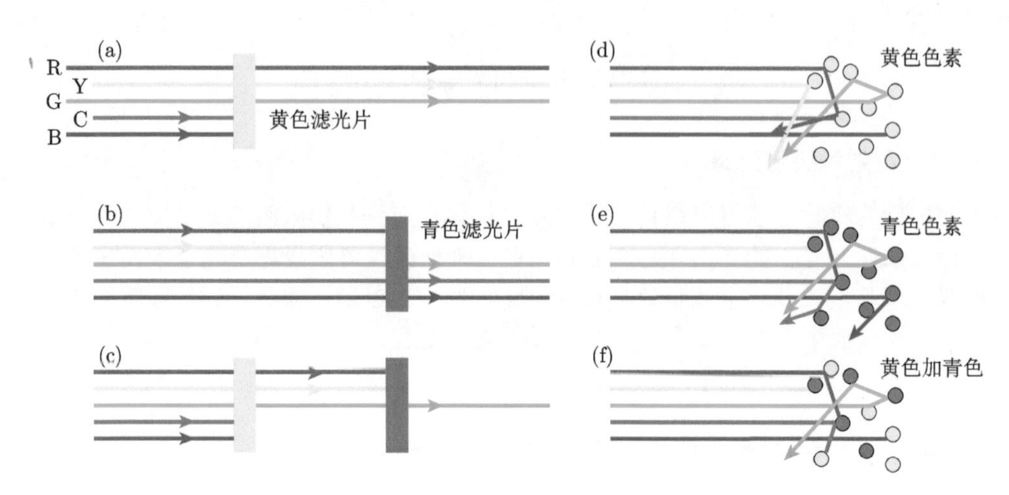

图 3.7 [原理图。] **减色组合**。(a)“黄色” 滤光片可透射绿色、黄色和红色等波段的光，而阻挡蓝色和青色之类的光。(b) 类似地，“青色” 滤光片阻挡红光和黄光。(c) 连续放置这两个滤光片则只透射绿光。(d，e，f) 黄色和青色生色团分布在纸张纤维中，与 (c) 类似，光的多次散射将给出两种色素的联合效应。

思考题3D

色素三基色 (青色、品红和黄色) 如何混合才能获得“红色” 和 “蓝色”?

T2 3.7′ 节介绍了更高级的视觉处理过程如何对照明光谱的变化进行补偿。

3.8 色觉的物理建模

3.6.3节提到我们的色辨别具有系统的、可重复的，甚至令人惊讶的特征。下面我们尝试建立一个定量物理模型，通过与实际数据比较，看看它能否解释这些特征 (3.8.8 节)。

3.8.1 色匹配函数的难题

我们想提出一组基于已知物理事实的简单假说，来预测前述的经验事实 **1—7**。对于这样一个模型，我们可以问：“模型参数是否可以通过物理方法直接测量? 如果是，我们能否从最基础的物理层面开始，对化学、神经科学直到心理学的所有层面都给出成功的预测 (例如人类受试者的口头报告)? ” 这听起来像是一个雄心勃勃的目标。

我们可以将上述难题的后一部分更准确地陈述如下：假设我们已经选好三基色，其光谱为 $\mathcal{I}_{(\alpha)}(\lambda)$ ，下标 $\alpha=1,2,3$ 。对于任意给定的“目标”光谱 $\mathcal{I}^{\star}(\lambda)$ ，我们需要预测与三基色相应的三个数，将三种光按照这些数值进行组合后，受试者就会报告其与目标光匹配。即，求解如下方程中的三个相对强度 $\zeta_{(\alpha)}$

$$\mathcal{I}^{\star} \sim \zeta_{(1)}\mathcal{I}_{(1)} + \zeta_{(2)}\mathcal{I}_{(2)} + \zeta_{(3)}\mathcal{I}_{(3)} \tag{3.6}$$

对实验中 (图 3.5) 的每个目标光，我们都需要求解这一方程。

图 3.8显示了心理物理学中关于色匹配的一些经验数据。在这个实验中，目标光都是单色的 (即其光谱只有一个位于波长 $\lambda^{\star}$ 处的极窄尖峰)。基色光也是单色的，其固定波长分别为 $\lambda_{(\alpha)}=645\text{nm}$, 526nm 和 444nm，对应于 $\alpha=1,2$ 和 3，但相对强度 $\zeta_{(\alpha)}$ 可由受试者调节。也就是说，基色光 α 的平均光子到达速率等于固定的总值 Φ_{p} 乘以可调整的比例因子 $\zeta_{(\alpha)}$，这个三元 ζ 数组是目标光波长的函数。该图显示了某个范围内的目标光波长无法由所选基色匹配。不过，将红光加入目标光中，并调整三基色强度，这样也可以找到匹配，但此时红光的强度要取为负值。也就是说，在此范围内匹配条件 3.6 可改写为

$$\mathcal{I}^{\star} + |\zeta_{(1)}|\mathcal{I}_{(1)} \sim \zeta_{(2)}\mathcal{I}_{(2)} + \zeta_{(3)}\mathcal{I}_{(3)} \tag{3.7}$$

其中 $\zeta_{(1)}$ 是负数。

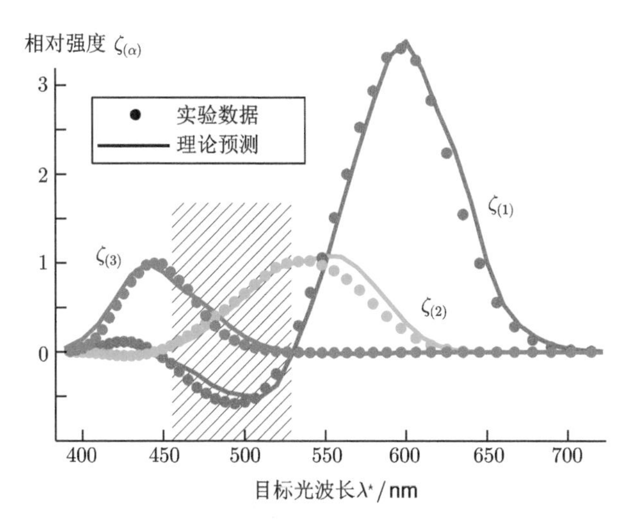

图 3.8　[实验数据和理论预测。] **色匹配函数**。*点*：色匹配实验的结果，实验类似于图 3.5所示。在每次实验中，目标光是波长 $\lambda^{\star}$ 的单色光 (见图 3.5)，波长可调。*实线*：根据测量到的视锥细胞光谱灵敏度而作出的预测 (参见 3.8.5 节)。阴影区域内的单色目标光是无法匹配的。此区域中点的含义请参阅正文。[数据来自 Stiles & Burch, 1959。预测结果来自习题 3.5。]

3.8.2 眼睛中的相关湿件

为了物理建模，我们还需要了解一点脊椎动物视网膜的结构。

解剖图

眼睛的背部排列着一层类似于数码相机像素的马赛克式镶嵌的光敏细胞，称为**感光细胞**。图 3.9(a) 显示了两种明显不同类型的感光细胞，**视杆细胞**以及**视锥细胞**，前者比后者在数量上多得多。然而，视野中心 (**中央凹**)的视网膜区域只紧堆着体积较小的视锥细胞 [见图 3.9(b), (c)]。

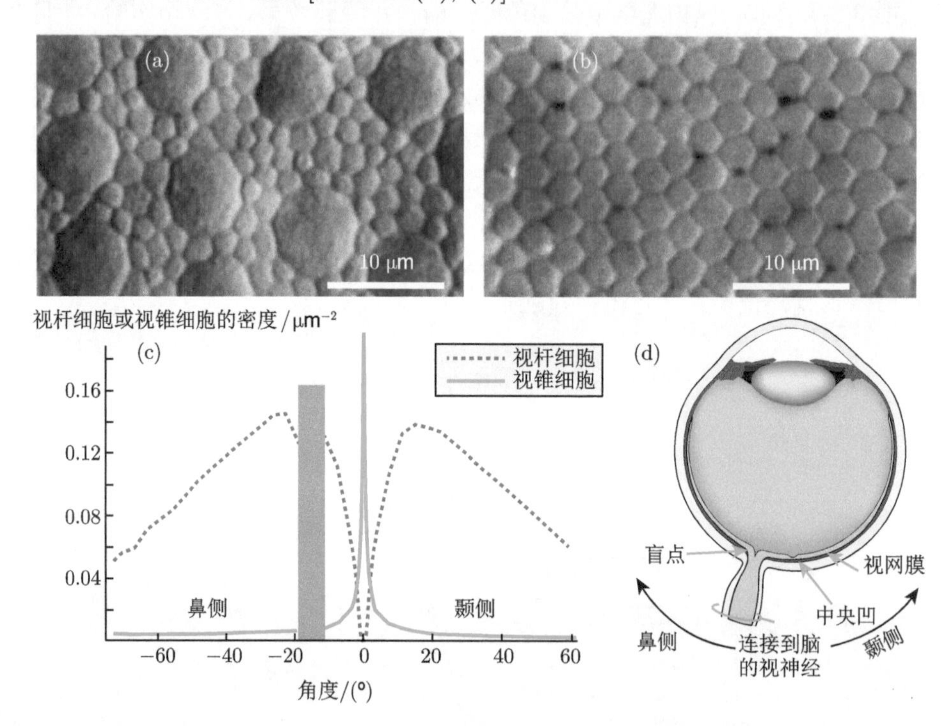

图 3.9　**视锥细胞与视杆细胞**。(a)[光学显微照片。] 处于人眼视网膜外周区域的视锥细胞 (小) 与视杆细胞 (大) 的密排结构。(b) 人眼中央凹的视锥细胞的密排结构。视锥细胞很小，且没有视杆细胞。中央凹产生具有最大视觉敏感度 (最多空间细节) 的色觉，但对弱光的敏感性比外周区域差。(c)[实验数据。] 人眼中视杆细胞和视锥细胞的面密度。横轴给出了视网膜各处在视野中的角位置 (以中央凹为中心，向左前或右前偏移)。灰色区域显示了没有视杆细胞和视锥细胞的区域 (“盲点”)。图 6.6 更详细地显示了视网膜的大体结构。[图像和数据来自 Curcio et al., 1990。] (d)[草图。](c) 中横轴的图解。该草图描绘的是右眼横截面的俯视图。

来自视网膜各部分的神经元轴突汇聚成一束并延伸至大脑，这称为**视神经**。连接视神经的视网膜区域的轴突太拥挤以至于没有容纳感光细胞的空间，这个区域形成了视野中的**盲点**。

功能

当你直视天空中的微弱星光时，它似乎就消失了，原因是中央凹对昏暗光线不如周边区域敏感。但是，中央凹的辨色力比其他区域都强。结合图 3.9(c) 中的信息，这些事实表明：

- 视杆细胞对微弱光线非常敏感，但不能帮助大脑辨别颜色；
- 视锥细胞不如视杆细胞敏感，但辨色力比后者强。

这些说法还得到如下事实的佐证，即我们在昏暗的光线下 (**暗视觉**，图 3.10) 其实都是色盲，因为此时只有视杆细胞在工作。虽然视杆细胞的敏感度取决于波长(其峰值处于蓝绿色区域)，但我们不能用这个事实来区分颜色，因为所有的视杆细胞都具有相同的光谱敏感度。例如，假设眼睛向大脑报告视场中某区域的视杆信号比另一区域更强。这条信息本身是模棱两可的，因为有可能两个区域同样明亮但第二个区域更红，或者两个区域颜色相同但第一个区域更亮。因此，为了区分颜色，我们必须比较两种或多种不同波长光的相对强度，这就需要具有不同光谱响应特性的感光细胞亚群向大脑单独报告。

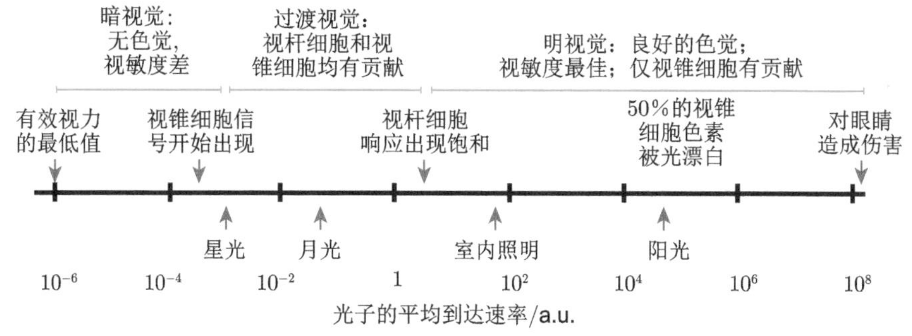

图 3.10　**我们的眼睛可以在 10 个量级的照明范围内提供有用的信息**。(习题 11.1 将给出此标度图中使用的单位的详细信息。)

在白天 (**明视觉**)，视杆细胞的响应是“饱和的”，也就是说，它们都给出了最大响应，因而就不再提供信息。在这种情况下，不太敏感的视锥细胞负责我们的视力。明视时我们也有色觉的事实表明肯定存在多种视锥细胞。

3.8.3　三色模型

对色彩感兴趣的科学家在 1800 年左右分成了两个阵营。一组坚持牛顿的观点，认为光具有某个连续变量，即我们现在所说的波长 (或频率)；另一组强调三色现象[①]，并从中得出世上只存在三色光的结论。

第二组的科学家们犯了“分类错误”，因为他们把混色的三色性当成了光的物理属性，而实际上它是光敏器官 (视网膜) 的属性。如果他们研究过鸡的视觉，便

① 3.6.3节的第 5 点介绍了三色性。

会得出世上只存在四色光的结论！托马斯 · 杨在 1802 年的一次非凡的演讲中正确地指出了这一点，并提出我们的视网膜有三种用于明视觉的光感受器 (现在称为视锥细胞)，每种都能与三个波段之一共振，每种光感受器分别报告与其共振的光有多强，然后大脑将这些不完整的信息综合成色觉。

杨的提议可以翻译成如下的光子语言：

a. “颜色” 由各种波长的光子到达眼睛的相对速率决定。

b. 眼睛包含一层马赛克式镶嵌的感光细胞，每个只对特定波段敏感。

c. 与人眼色觉 (视锥细胞) 相关的感光细胞只有三个不同的类别。每个细胞与同类其他细胞都有完全相同的颜色偏好。

d. 我们可以通过**光谱敏感度**函数 $\mathcal{S}(\lambda)$ 来表达细胞对颜色的偏好，因为每个感光细胞在伯努利试验中会 “捕获” 或 “错过” 每个光子，而光谱敏感度函数的值则给出了该波长光子被捕获的概率[①]。

e. 闪光在视锥细胞中引发的神经信号由平均 “捕获” 速率决定。

视锥细胞现在被分为 L, M 和 S 类型，其敏感峰值依次对应于最大、中等和最短波长的光，相应的敏感度函数 $\mathcal{S}_L, \mathcal{S}_M$ 和 $\mathcal{S}_S$ 的峰值区展布很宽 (见图 3.11)，类似于分子的吸收波段[②]。

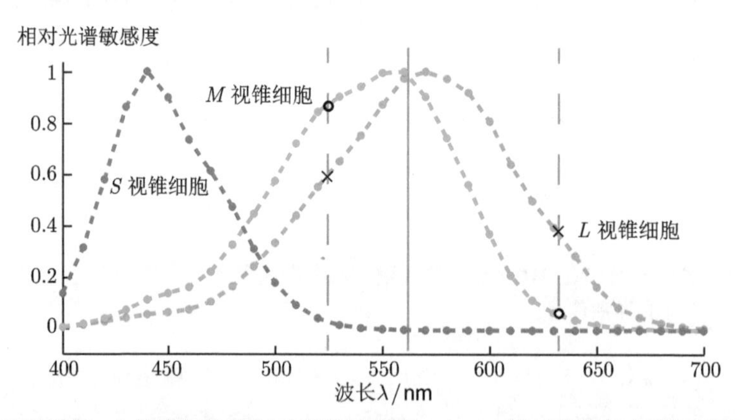

图 3.11　[实验数据。] **视锥细胞的相对光谱敏感度**。实心点显示猕猴的光谱敏感度 $\mathcal{S}(\lambda)$，此处只显示其与最大值之间的相对值。人类视锥细胞与此相似。敏感度由单个感光细胞的电响应确定 (见第 9 章)，校正时考虑到了眼球晶状体和其他地方的光吸收，并将每条曲线的峰值归一化成 1。所有三条曲线在 “可见光” 范围 (400—700 nm) 外几乎为零。垂直虚线分别表示纯绿色和纯红色的两条光谱线，当它们以适当比例混合时可以产生与纯黄色 (实线) 无法区分的感知，该比例正好使得图上空心圈所示值的加权求和等于十字叉所示值的加权求和。[数据来自 Baylor et al., 1987，可在 Dataset 7 中获得。]

① $\mathcal{S}(\lambda)$ 也可理解为引发视锥细胞一定程度反应的作用谱，类似于我们研究 DNA 光损伤的作用谱 (图 2.1)。

② 1.6.3 节讨论了分子的吸收波段为什么很宽。

为什么感光细胞类型如此之少？杨认为视网膜为了获取精细的空间信息必须包含一个探测器阵列[①]。如果我们只有一种类型的感光细胞，就只有单色视觉。为了获得图像每点的全光谱，拥有 20 种甚至 100 种不同类型的检测器似乎更有利。但每种像素类型都需要占用空间。太多类型会导致每个类型像素在阵列中变得稀疏，从而降低每个颜色通道中的图像分辨率。此外，大脑在这种情况下必须处理更复杂的信息。进化选择了有限类型来辨别光谱，以换取更精细的空间分辨率[②]。

下面我们将从杨的假说出发来导出一些预测，并将它们与色匹配数据进行比较 (图 3.8)。

T2 3.8.3′a 节描述了敏感度函数的实验测量。3.8.3′b 节将该情况与听觉进行了对比。

3.8.4　三色模型解释了为什么 R + G ∼ Y

尽管杨是在经典波动理论的框架中思考问题，但其色辨别物理模型基本上是正确的。考虑到 1802 年人类还没有观察到感光细胞，这一认识上的突破更令人赞叹。即便后来人们获得了图 3.9(a), (b) 之类的影像，也并不能推断出视锥细胞有三种类型，更何况其中两种类型在解剖学上至今仍难以区分。人们花了 160 多年才直接确认了杨的假说！

第一个直接证据是通过将微小光束导入视锥细胞来测量单个细胞的光吸收(显微分光光度计)，还有一种是直接测量光谱敏感度的新方法[③]。这两种技术都表明人类视锥细胞确实只有三个不同的类别。

3.8.5 节将根据图 3.11所示的曲线对杨的假说进行定量检验。我们首先看看杨及其追随者们如何定性地解释色辨别中的歧义性 (3.6.1节中提出的难题)。

图 3.11显示了三个视锥细胞的敏感度曲线，特别要注意的是 L 和 M 曲线很宽并有重叠，它们相交于波长 560 nm 处。如果我们呈现 525 nm 的光，则 M 细胞的响应将比 L 细胞更强烈，对 630 nm 光则相反。如果我们适当地混合这两种光就可以使得 L 和 M 细胞产生类似 560 nm 光照时的响应。因为感光细胞的输出是大脑唯一可用的颜色信息，所以它不能将黄色光谱与这种混合物区分开来。类似的论点解释了为什么图 3.4中的两个光谱都呈白色。

T2 3.8.4′a 节讨论了这些观点的一个医学应用。3.8.4′b 节讨论了一个人造系统，它具有比人眼更好的辨色力，同时也是一个很实用的分析工具。

---

① 请参阅本章的牛顿的总结。

② T2 然而，由于未知原因，皮皮虾似乎比任何哺乳动物拥有更多类型的感光细胞，参见 10.4.1′ 节。

③ 第 9 章将解释这种方法的工作原理。T2 另请参见 10.4.1′ 节。

3.8.5 我们的眼睛将光谱投射到 3D 矢量空间

光谱敏感度函数的解释

杨提出有三类感光细胞负责色觉，同类的每个细胞都具有相同的敏感度函数 $\mathcal{S}_i(\lambda)$，其中 $i = L, M, S$。我们可以提出如下假设

c′. 每类感光细胞仅表达三种光敏蛋白 (视网膜色素) 中的一种。

这个假设从三种色素分子的光诱导反应的激发带[可与图 1.10(a) 比较]出发，解释了观察到的光谱敏感度函数 (图 3.11)。也就是说，光谱敏感度函数可以理解为感光细胞上波长 λ 的入射光子被某种色素分子有效吸收(即产生相应信号)的概率 $\mathcal{S}(\lambda)$。

"一种视锥细胞/一种色素" 的图像也对托马斯 · 杨的假说 **d—e** 提供了分子解释：

d′. 我们对光的反应始于一个色素分子吸收光子，继而引发一系列事件，最终将信号发送至脑。以这种方式捕获光子的平均速率不仅取决于单个色素分子的捕光概率，也取决于色素分子的总量以及光子到达细胞的平均速率。

e′. 每个感光细胞以某种方式算出有效吸收速率，再报告给大脑。

这些假说意味着[①]

> *单变量原理：光子波长完全决定了它被特定视网膜色素吸收的**概率**。传递给大脑的所谓颜色信息不过是每类感光细胞对光子的有效吸收速率。* (3.8)

据此我们可以作如下推理 (图 3.12)：

- 各种波长的光子流都可以进入每个感光细胞。
- 在任意小的 $\Delta\lambda$ 范围内，光子以一定的平均速率 $\mathcal{I}(\lambda)\Delta\lambda$ 按泊松过程到达 (1.5.2 节)。
- 这些光子中的每一个能否被有效吸收取决于伯努利试验的结果。成功的概率就是光谱敏感度 $\mathcal{S}_i(\lambda)$，其中下标 $i = L, M, S$。
- 如果我们阻挡以 λ_0 为中心、$\Delta\lambda$ 范围以外的所有光，则根据稀释特性，有效吸收也会以泊松过程的形式发生，但平均速率降为[②] $\mathcal{S}_i(\lambda)\mathcal{I}(\lambda_0)\Delta\lambda$。
- 如果我们不阻挡任何颜色的光，则利用合并特性，有效吸收仍将以随机过程的形式发生，其平均速率 β_i 是所有频率的总和，即[③]

$$\beta_i = \int \mathrm{d}\lambda \mathcal{S}_i(\lambda)\mathcal{I}(\lambda). \tag{3.9}$$

① 9.4.4 节将介绍在单个感光细胞水平上的单变量原理的证据。

② 3.4.1节介绍了稀释特性。

③ 3.4.2节介绍了合并特性。

- 对于视野中的特定区域，一旦我们知道各类视锥细胞中光子的有效吸收速率，那我们的大脑就可以知道该区域中光的颜色。如果两个区域所对应的三个速率 β_L, β_M 和 β_S 都一致，则大脑就必然得出两种颜色匹配 $(\mathcal{I} \sim \mathcal{I}')$ 的结论 (**要点** 3.8)。

方程 3.9是随机到达光子的独立性以及伯努利试验(确定哪些光子被有效吸收)的结果。它意味着有效光子吸收的平均速率 **线性**依赖于入射光的光谱。

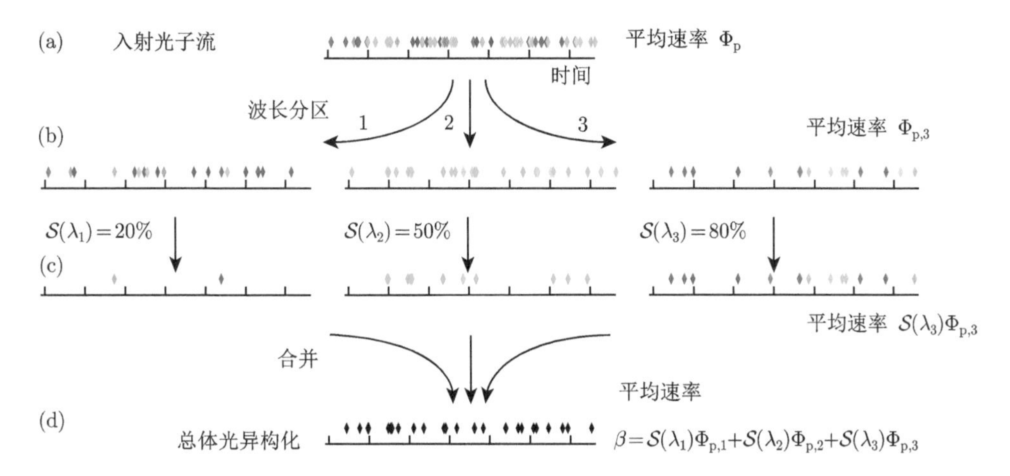

图 3.12　[模拟数据。] **选择性吸收**。(a) 输入光子流包含各种波长的光子。(b) 设想将输入的光子流分成若干波长范围的子流。第一子流的平均速率 $\Phi_{p,1}$ 由 $\mathcal{I}(\lambda_1)\Delta\lambda$ 给出，依此类推。(c) 特定的视网膜色素具有敏感度函数 $\mathcal{S}(\lambda)$，它决定了每类光子有效吸收的占比。图中显示了某色素优先吸收长波光。(d) 所有光子的净效应导致分子光异构化这一泊松过程，其平均速率为 β 。每类视锥细胞都有自己的敏感度函数，因此对相同入射光谱能作出不同响应。对很多窄波长间隔取极限就可以得到方程 3.9。

T2 3.8.5′ 节提供有关“投影”概念的更多细节。3.8.5′b 节提到了无效吸收的作用。3.8.8′a 节更详细地讨论了方程 3.9的线性特征。

3.8.6　色匹配的力学类比

杨的假说看起来很有希望，因为它不仅解释了 $\mathrm{R}+\mathrm{G}\sim\mathrm{Y}$ 的难题，而且可以用我们关于光的其他知识进行更深刻的理解 (3.8.5节)。但是为了确认它的确能描述色觉，我们必须证明它能正确预测 3.6.3节提到的一系列特征，以及从色匹配实验中获得的定量数据 (图 3.8)。为此，我们先来考察一个类似的纯力学系统。

想象一场气垫曲棍球比赛，球是飘浮在薄薄一层空气中的橡皮圆盘，它可以在 x 和 y 两个方向上无摩擦地运动，但在第三个方向上，它被限制在平面 $z=0$ 内。我们可以向圆盘施力 $\boldsymbol{F}$ 并观察圆盘的响应，发现它遵循牛顿运动定律：

$$\boldsymbol{a}_\perp = \boldsymbol{F}_\perp / m,$$

其中 $\boldsymbol{a}$ 是加速度矢量，下标 $\perp$ 表示投影到 xy 平面。让 Π 表示投影算子：

$$\boldsymbol{F}_\perp = \Pi(\boldsymbol{F}) = \begin{bmatrix} F_x \\ F_y \end{bmatrix} \tag{3.10}$$

分量 F_z 与圆盘运动无关[①]。为了表明这一点，我们引入了等价符号 $\sim$，方程 $\boldsymbol{F} \sim \boldsymbol{F}'$ 表示无论两个力是否相等都产生相同的圆盘运动。前面的讨论意味着这个说法与 $\boldsymbol{F}_\perp = \boldsymbol{F}'_\perp$ 是等价的：

> 如果两个力具有相同投影 $\Pi(\boldsymbol{F}) = \Pi(\boldsymbol{F}')$，则它们是等效的，即 $\boldsymbol{F} \sim \boldsymbol{F}'$。　　(3.11)

关系 $\sim$ 具有某些熟悉的数学特性 (参见 3.6.3节)：

3′. 它具有自反性和传递性。

4′. 它遵循格拉斯曼定律。

5′—6′. 我们可以选择两个固定“基”力 $\boldsymbol{F}_{(1)}$ 和 $\boldsymbol{F}_{(2)}$。任意其他“目标”力 $\boldsymbol{F}^\star$ 可以唯一地表示为这两个力的线性组合：

$$\boldsymbol{F}^\star \sim \zeta_{(1)}\boldsymbol{F}_{(1)} + \zeta_{(2)}\boldsymbol{F}_{(2)}. \tag{3.12}$$

7′. 存在多种基力的选择。例如，它们不需要彼此垂直，甚至不必位于 xy 平面内，但是它们不能相互平行，其中一个也不能是纯粹的垂直分量 (z)。

所有这些属性的根源是 $\sim$ 关系相当于*投影*，而投影又是线性函数：

$$\Pi(a\boldsymbol{F} + b\boldsymbol{F}') = a\Pi(\boldsymbol{F}) + b\Pi(\boldsymbol{F}'). \tag{3.13}$$

思考题3E

利用 Π 是线性算子的事实，证明属性 **4′**，即如果 $\boldsymbol{F}_1 \sim \boldsymbol{F}_2$，则 $\boldsymbol{F}_1 + \boldsymbol{F}_3 \sim \boldsymbol{F}_2 + \boldsymbol{F}_3$ 成立。

例题：推导上述属性 **5′—7′**。

解答：我们希望证明方程 3.12存在唯一解。首先，应用**要点** 3.11和线性方程 3.13将其重新表述为普通向量方程：

$$\begin{bmatrix} F^\star_x \\ F^\star_y \end{bmatrix} = \begin{bmatrix} \zeta_{(1)}F_{(1)x} + \zeta_{(2)}F_{(2)x} \\ \zeta_{(1)}F_{(1)y} + \zeta_{(2)}F_{(2)y} \end{bmatrix}. \tag{3.14}$$

① 前提是 F_z 不是太大。若向下的力太大，则圆盘会与冰底面产生摩擦；向上的力太大，则圆盘会脱离底面。

两个线性方程中存在两个未知数 $\zeta_{(1)}$ 和 $\zeta_{(2)}$，别的符号表示已知量。只要两个基力具有非零投影 $\boldsymbol{F}_{(1)\perp}$ 和 $\boldsymbol{F}_{(2)\perp}$ 且相互不平行，上述方程就有唯一解，即 **5′** 成立。类似的推理可导出其他属性。

更一般地，一旦我们知道 $\Pi(\boldsymbol{F}^\star)$ (方程 3.14 的左侧) 和两个向量 $\Pi(\boldsymbol{F}_{(\alpha)})$ (右侧 $\zeta_{(\alpha)}$ 的系数，$\alpha=1,2$)，就可以利用矩阵表示法，将方程 3.14写成如下形式

$$\begin{bmatrix} F_x^\star \\ F_y^\star \end{bmatrix} = \begin{bmatrix} F_{(1)x} & F_{(2)x} \\ F_{(1)y} & F_{(2)y} \end{bmatrix} \begin{bmatrix} \zeta_{(1)} \\ \zeta_{(2)} \end{bmatrix}. \tag{3.15}$$

这个方程组存在解的条件就是其中的 2×2 矩阵可逆，该条件还保证了两边乘以其逆矩阵而获得唯一解。

3.8.7 力学类比和色觉之间的联系

气垫曲棍球类比如何帮助我们理解颜色？

3.8.5节认为光子的有效吸收速率是光谱的线性函数 (方程 3.9)，类似于力学类比中的投影 Π (方程 3.10)。在这个类比中，Π 将三维力投射到二维空间的值 (F_x, F_y)。在人类视觉中，方程 3.9 将光谱的*无穷维*空间投影到由 β_L,β_M,β_S 三个有效吸收速率值构成的*三维*空间。尽管有所不同，我们还是可以将色匹配经验 (3.6.3节) 理解为对 $\mathcal{I}$ 进行线性投影的结果。

思考题3F

> 由上述模型导出经验色匹配规则 **3**—**4**。

3.8.8 与实验观察到的色匹配函数进行定量比较

3.8.1节提出的定量挑战是：给定目标光谱 $\mathcal{I}^\star$ 和三基色光谱 $\mathcal{I}_{(\alpha)}$，求出与目标光谱匹配 (或说明为何有些匹配不可能) 所需的每个基色光的权重 $\zeta_{(\alpha)}$。

为此我们先总结一下前面介绍的符号，并稍微扩展一下：

$\Phi_{\mathrm{p}}^\star$	目标光光子的平均到达速率 (单位 s^{-1})
$\Phi_{\mathrm{p}(\alpha)}$	基色光 α 的平均光子到达速率，其中 $\alpha=1,2,$ 或 3
$\mathcal{I}^\star$	待匹配的目标光的光子到达速率谱 (“光谱”)(单位 $\mathrm{s}^{-1}\cdot\mathrm{nm}^{-1}$)
$\lambda^\star$	单色目标光的波长 (单位 nm)
$\mathcal{I}_{(\alpha)}$	基色光 α 的光谱 (单位 $\mathrm{nm}^{-1}\cdot\mathrm{s}^{-1}$)
$\lambda_{(\alpha)}$	单色基色光的波长
$\zeta_{(\alpha)}$	基色光 α 的权重 (无量纲)
β_i	第 i 类视锥细胞有效光子吸收的平均速率 (单位 s^{-1})

$\mathcal{S}_i(\lambda)$	第 i 类视锥细胞的光谱敏感度函数 (无量纲)
$\beta_i^\star$	目标光谱在视锥细胞 $i=L,M,S$ 敏感度函数上的投影 (单位 s^{-1})
$B_{(\alpha)i}$	基色 α 光谱在视锥细胞 i 敏感度函数上的投影

其中 $i=L,M$，或 S。

为了应对这一挑战，我们现在求解方程 3.6中给出的条件：

$$\mathcal{I}^\star \sim \zeta_{(1)}\mathcal{I}_{(1)} + \zeta_{(2)}\mathcal{I}_{(2)} + \zeta_{(3)}\mathcal{I}_{(3)}. \qquad [3.6]$$

与力学类比一样，首先对 $\mathcal{I}^\star$ 进行投影 (方程 3.9)，得到三个数值

$$\beta_i^\star = \int \mathrm{d}\lambda \mathcal{S}_i(\lambda)\mathcal{I}^\star(\lambda), \quad i=L,M, \text{ 或 } S.$$

类似地，可以定义一个 3×3 矩阵，其矩阵元 $B_{(\alpha)i}$ 是 $\mathcal{I}_{(\alpha)}$ 的投影。类似于方程 3.14，方程 3.6可改写为

$$\begin{bmatrix} \beta_L^\star \\ \beta_M^\star \\ \beta_S^\star \end{bmatrix} = \begin{bmatrix} \zeta_{(1)}B_{(1)L} + \zeta_{(2)}B_{(2)L} + \zeta_{(3)}B_{(3)L} \\ \zeta_{(1)}B_{(1)M} + \zeta_{(2)}B_{(2)M} + \zeta_{(3)}B_{(3)M} \\ \zeta_{(1)}B_{(1)S} + \zeta_{(2)}B_{(2)S} + \zeta_{(3)}B_{(3)S} \end{bmatrix}. \qquad (3.16)$$

这是含有三个未知数 $\zeta_{(\alpha)}$ 的三个联立线性方程，因此可直接求得所需值 $\zeta_{(\alpha)}$。方程 3.16中的所有其他符号代表已知量。

思考题3G

从前面的公式导出方程 3.16。

只要三基色的选择是恰当的[1]，方程 3.16 在数学上总存在唯一解。然而，与气垫曲棍球上的力不同，这里不存在负值的光。因此，所有三个系数 $\zeta_{(\alpha)}$ 物理上必须是非负数。如果特定目标光导致方程 3.16的解具有负 $\zeta_{(\alpha)}$ 值，则该目标光不能与所选择的基色光匹配[2]。计算机或电视监视器的色域因而是不完整的，而从棱镜中看到的光谱颜色比在计算机屏幕或打印页面上看到的都更生动。

我们感兴趣的实验实际上是方程 3.16的一个特殊情况：用于获取图 3.8的目标光是单色的。用符号 $\Phi_\mathrm{p}^\star$ 表示目标光的平均总光子到达速率，则在计算方程 3.16 的左侧时，我们不需要进行积分：

$$\beta_i^\star = \mathcal{S}_i(\lambda^\star)\Phi_\mathrm{p}^\star, \quad i=L,M, \text{ 或 } S. \qquad (3.17)$$

① 如果基色少于三个，或者其中一种基色的强度是另一个的倍数，或者其中一个是另外两个的组合，则许多目标光将无法匹配。为了避免这些问题，我们选择的基色必须在数学上使得 $B_{(\alpha)i}$ 构成的矩阵是可逆的。

② 我们已经在实验数据中观察到了这种失效 (图 3.8)。

思考题3H

> 在实验中，基色光也是单色的。在这种情况下，类比方程 3.17，导出 $B_{(\alpha)i}$ 的表达式。

习题 3.5 将导出色匹配实验的预测，也就是说，利用图 3.11所示的经验敏感度函数以及方程 3.16—3.17，你将预测作为 $\lambda^{\star}$ 函数的 $\zeta_{(\alpha)}$ 值，并将它们与实验数据进行比较。结果如图 3.8中的实线所示，这就是本章的主要目的。

本节表明，基于光假说和电子态假说的光物理模型，以及人类使用三类感光细胞确定颜色的假说，关于色匹配的很多细节经验都能自然地得到解释。

T2 3.8.8′a 节解释了为什么我们可以在这个推导中使用相对敏感度函数来代替绝对敏感度函数。3.8.8′b 节更详细地讨论了有限色域。

3.9 为什么天空不是紫罗兰

人们常说无云的天空呈现蓝色是因为地球大气层散射的蓝光多于长波长光。不像在月球上，我们的视线通常并不是阳光直射方向，因此感受到的光谱并不同于原太阳光谱。图 3.13 显示了这种差异，因为天空光在最短可见波长处的光子数比任何较长波长处的光子数更多。

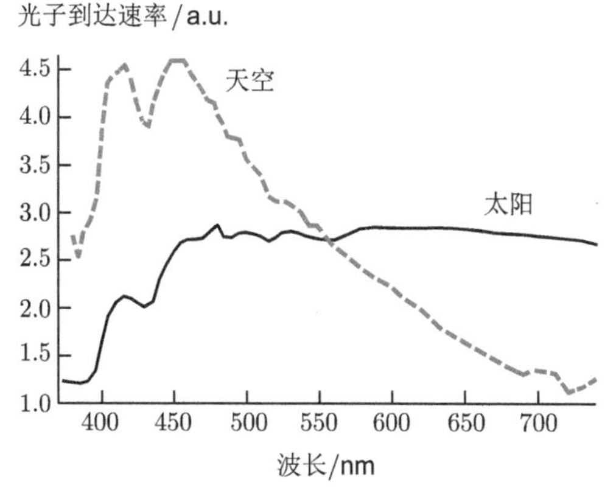

图 3.13 [实验数据。] **太阳光和天空光。**实线：地球大气层外沿处太阳光子的到达速率谱。虚线：蓝色天空光子的到达速率谱。[数据来自 Smith，2005；Thekaekara et al., 1969。]

然而，这一观察事实让人疑惑：如果我们接收的主要是紫色光子，那为什么天空不是呈现紫色呢？要回答这个问题，得回到视锥细胞的光谱敏感度函数 (图 3.11)。单色紫光 (440 nm) 对 M 和 L 视锥细胞的响应可以忽略不计。因此，为了获得“紫色”色觉，需要 S 细胞产生活性，且同时 L 或 M 细胞不产生活性 (避免长波长光)。然而，图 3.13所示的天空光光谱不具有这样的特征，所以它看起来不是紫色的。实际上，天空光在长波长区强度并不弱，因此给人一种不饱和 (浅) 蓝色的感觉。

3.10 视锥细胞马赛克图案的直接成像

本章前面几节为三色假说提供了强有力的但是间接的证据。直接观察每类视锥细胞在完整活体眼中的位置非常有意义，例如，视网膜上每种视锥细胞的排列和密度必定影响我们的视力。但 L 和 M 视锥细胞在形态上是全同的，即使在电子显微镜下也难以区分。原则上可以通过吸收光谱的差异来区分它们，但在实践中这种差异很细微，并且像差 (视光学系统的缺陷) 会扭曲普通的显微照片，使得这些差异更难以解释[①]。

A. Roorda 和 D. R. Williams 使用从天文学中借鉴的自适应光学方法克服了这一限制[②]，该方法也面临地球大气层导致的类似失真问题。除了消除像差外，研究人员利用强光照射选择性地漂白一些视觉色素，并比较漂白前后所拍摄的图像，以此来放大视锥细胞类型之间吸收光谱的细微差别。例如，L 和 M 视锥细胞在 550 nm 的强光照射下就会被漂白，但 S 视锥细胞受影响很小。每个像素在光漂白前后的强度之差给出的信号与该像素处的 L 或 M 色素的密度成正比，从而将这些类型与 S 视锥细胞区分开。使用其他光漂白波长可以进一步区分 L 和 M 视锥细胞。

图 3.14说明了所有人类视网膜都有一个非常稀疏的 S 视锥细胞阵列 (蓝点)。

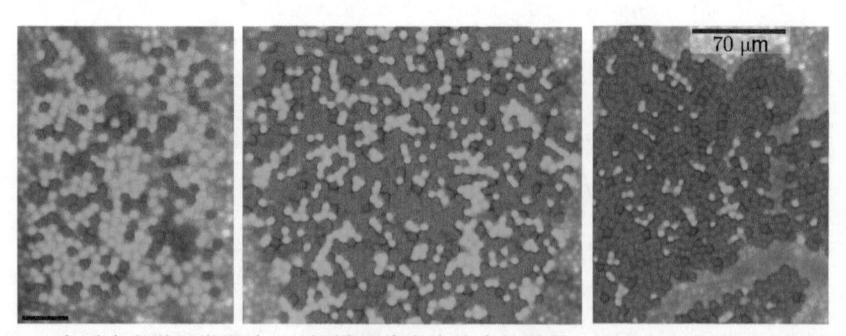

图 3.14 [自适应光学显微照片。] **视锥细胞密度的个体差异**。假彩色图像显示了不同人类受试者的视网膜中 L (红色)、M (绿色) 和 S (蓝色) 视锥细胞的排列，所有受试者都具有正常的色觉。L 和 M 视锥细胞的相对密度差异很大。(显示的视网膜区域包含很少的视杆细胞。) [蒙 Heidi Hofer 惠赠，另见 Hofer et al., 2005；Hofer & Williams, 2014。]

① 第 6 章将讨论像差。

② 参见 6.3.4′ 节。

值得注意的是，具有正常色觉的不同受试者的 L 和 M 视锥细胞 (红色和绿色点) 的密度差异很大。此外，所有受试者都存在缺乏 M 或 L 视锥细胞的大块区域，因此我们每个人都有一定程度的色盲。当我们观察某个场景时，我们是通过不断移动眼球来重构彩色世界的。

总 结

本章表明，波长是可为我们眼睛所用的*第五维*信息。虽然我们不清楚动物们能否充分利用这些信息，但它对于我们构建外部世界的心理模型确实非常有用。

我们利用第 1 章介绍的光子概念解释了色匹配现象：想象光子流到达视网膜的每个区域，位于那里的感光细胞向大脑发出信号，这些信号显示了它们有效吸收光子的平均速率，并且视锥细胞有三个类型，每个类型都有特征的光谱敏感度函数。我们设想了一个力学模型 (气垫曲棍球圆盘上的力)，受此启发，我们提出了色匹配函数，其预测计算结果与实验数据吻合。

虽然我们的模型与光的已知事实似乎是一致的，但它也衍生出了许多问题。第 4—6 章将讨论我们的眼睛如何在视网膜上成像，第 9—11 章将讨论光如何转化神经信号并最终到达脑区。

此外，色*匹配*只是色彩*感知*领域的一小部分。本章末尾列出的部分书籍延续了这个故事，讨论了色彩幻觉以及这个迷人领域的其他微妙话题。

关 键 公 式

- *稀释特性*：假设我们从泊松过程抽样，再对得到的时间序列进行伯努利试验，从而丢弃部分尖脉冲。如果 β 表示原始平均速率，ξ 表示剩余的尖脉冲的占比，则所得到的时间序列是来自另一个“稀疏的”、平均速率为 $\beta' = \xi\beta$ 的泊松过程的抽样。
- *合并特性*：假设我们有平均速率分别为 β_1 和 β_2 的两个泊松过程，现在对每一个进行抽样，再将两个样本直接合并，创建一个新的时间序列。这个时间序列本身是来自另一个平均速率为 $\beta_{\mathrm{tot}} = \beta_1 + \beta_2$ 的泊松过程的抽样。
- *色匹配*：色匹配遵循一些经验规则，如格拉斯曼定律，即如果 $\mathcal{I}_1 \sim \mathcal{I}_2$，则对任意 $\mathcal{I}_3$ 有 $\mathcal{I}_1 + \mathcal{I}_3 \sim \mathcal{I}_2 + \mathcal{I}_3$。
- *视锥细胞*：视锥细胞的类型 (i) 是由其线性投影性质来表征的，该投影将入射光谱 $\mathcal{I}$ 转换为有效吸收平均速率 β_i。可以由光谱敏感度函数 $\mathcal{S}_i$ 将其表达成 $\beta_i = \int \mathrm{d}\lambda \mathcal{S}_i(\lambda)\mathcal{I}(\lambda)$，下标 i 可取 L、M 和 S，代表对长波、中

波和短波敏感的视锥细胞群。如果三个相应的速率 β_L, β_M 和 β_S 都一致，则大脑就认定两种颜色匹配 ($\mathcal{I} \sim \mathcal{I}'$)(**要点** 3.8)。

- **色匹配 (定量描述)**：典型的色匹配实验会使用波长为 $\lambda_{(\alpha)}$ ($\alpha = 1, 2, 3$) 的三种单色“基色”光，受试者试图用它们的混合来匹配“目标”光 $\lambda^\star$。将目标光对应的有效吸收速率记为 $\beta_i^\star$，同时用 3×3 矩阵元 $B_{(\alpha)i}$ 表示三基色光的有效吸收速率，则色匹配所需的每个基色的相对权重 $\zeta_{(\alpha)}$ 可由方程 3.16求得

$$\begin{bmatrix} \beta_L^\star \\ \beta_M^\star \\ \beta_S^\star \end{bmatrix} = \begin{bmatrix} \zeta_{(1)} B_{(1)L} + \zeta_{(2)} B_{(2)L} + \zeta_{(3)} B_{(3)L} \\ \zeta_{(1)} B_{(1)M} + \zeta_{(2)} B_{(2)M} + \zeta_{(3)} B_{(3)M} \\ \zeta_{(1)} B_{(1)S} + \zeta_{(2)} B_{(2)S} + \zeta_{(3)} B_{(3)S} \end{bmatrix}. \qquad [3.16]$$

  T2 该方程可以紧凑地表示为矩阵形式 $\boldsymbol{\beta}^\star = \mathsf{B}^{\mathrm{t}} \boldsymbol{\zeta}$，其中 B 是 α 行 i 列矩阵元为 $B_{(\alpha)i}$ 的矩阵，而 $\boldsymbol{\beta}^\star$ 和 B^{t} 是列向量。

延 伸 阅 读

准科普：

Mahon, 2003; Livingstone, 2002; Hubel, 1995。

牛顿实验: Johnson, 2008。

色觉进化: Carroll, 2006。

中级阅读：

科普: Snowden et al., 2012; Packer & Williams, 2003; Rodieck, 1998。

合并和稀释: Nelson, 2015; Blitzstein & Hwang, 2015。

矩阵和线性方程组: Felder & Felder, 2016; Shankar, 1995。

利用颜色的动物: Cronin et al., 2014。

高级阅读：

Brainard & Stockman, 2010。

为什么我们具有分离的视杆和视锥系统: Lamb, 2016。

视锥敏感度曲线和其他最新数据: http://www.cvrl.org/。

视锥细胞马赛克图案: Hofer & Williams, 2014; Roorda & Williams, 1999。

T2 光谱核型分析: Garini et al., 2006; Fauth & Speicher, 2001; Schröck et al., 1996。

T2 3.8.8′b 节简要介绍了色空间。有关标准色度图的详细信息，可参见 Shevell, 2003。

T2 3.5 拓展

3.5′a　通量、辐照度和光谱辐照通量

视觉科学家有时会用“光子通量”这个术语来指代平均光子到达速率 $\Phi_{\rm p}$。这种用法可能引起混淆,因为物理学家说“通量”通常指每单位面积的速率,即 $\Phi_{\rm p}/A$,其中 A 是光束的横截面积，我们不会给这个量取任何特定名称，但视觉科学家通常称之为**光子辐照通量**。

上述两个量都可以进一步细分为它们的光谱，正如正文引入的光子到达速率谱 $\mathcal{I}(\lambda)$ 。视觉科学家定义**光子辐照通量谱** $E_{\rm p\lambda}(\lambda)=\mathcal{I}(\lambda)/A$。因此 $E_{\rm p\lambda}$ 的典型单位是 $\rm s^{-1}{\cdot}nm^{-1}\cdot\mu m^{-2}$。在本章中，我们想象一束聚焦光落在某个感光细胞上，我们想了解光子落在其上任何地方的总速率。因此，$E_{\rm p\lambda}$ 总是乘以 A，真正有用的是这个乘积 $\mathcal{I}$ ①。

类似上述的光照物理量称为“感光量”。另一组基于每光子能量的物理量称为“辐射量”，包括“辐射通量”(功率单位 W)、“辐照度”($\rm W/m^2$) 和“光谱辐照度”[$\rm W/(m^2{\cdot}nm)$]。

视觉科学家还创建了一整套完全独立的量来描述显性照明强度，该系统称为“光度测定”，具有对应的“光度量”和单位。习题 11.1 介绍了一些光度量，参见 Peatross & Ware, 2015, §2.A；Bohren & Clothiaux, 2006, chapt. 4；或 Packer & Williams, 2003, § 2.8。

3.5′b　光谱合并是一种线性操作

方程 3.3的线性可以认为是光假说的结果。按此假说，光子之间不会相互作用，它们只与物质中的电子相互作用，或者在更小程度上与质子相互作用。

T2 3.6.3 拓展

3.6.3′a　色匹配的多样性

图 3.11给出了一些光谱敏感度函数，实际上都是近似函数，因为它们因受试者而不同。L 和 M 视锥色素基因有数十个“正常”变体，因而造成了色匹配函数的微小变化。不同人的眼睛晶状体的吸收光谱也不同，例如随年龄而不同。此外，一层具有波长依赖性吸收的“黄斑色素”也可能覆盖视网膜的中央部分，当然这也因人而异。

① 一些视觉科学家使用符号 $\Phi_{\rm p\lambda}$，称之为“光子通量谱”。

还有一些其他的细微之处在 3.6.3节中没有提到，例如，不同波长的光对视锥色素光漂白的效果不同，因此色匹配函数实际上也取决于光的强度。关于这一点以及相关问题的讨论，参见 Packer & Williams, 2003, §2.5.3。

3.6.3′b 色盲

当个体完全缺乏编码某种视锥细胞色素的功能基因时，就会产生严重的后果。此时大脑感受到的是物理光谱经投影后形成的*二维*颜色空间，许多颜色配对成为同色异谱光 (无法区分)，尽管正常个体可以明确区分它们。

这种现象最常见的是缺失 M 视锥色素。由于其对应基因位于 X 染色体上，雌性有两次机会从它们的双亲中获得这样的基因。男性中约有 4% 的人群会产生这种缺失。不过，“色盲”一词对他们来说并不确切，因为这些**二色视者**具有正常的 L 和 S 色素，所以他们的色辨别能力虽然减弱了，但仍然部分存在。其他更严重的缺失更为罕见。

3.6.3′c 四色视者

上面 (a,b) 中的讨论衍生出一个有趣的问题：如果一个女性的两条 X 染色体上的两个 M 视锥色素基因略有*不同*的话，那会发生什么？每个视锥细胞在 X 染色体的两个拷贝中随机选择一个使其沉默，则这样的个体将具有*四种*不同类型的视锥细胞，因而可将光谱投影到一个四维空间 (视锥信号的维度)，因此她原则上可以区分其他人看起来是同色异谱的光，但人类大脑是否真能利用这些额外的信息呢？

G. Jordan 及其合作者研究了许多女性受试者。这些受试者的儿子的 M 视锥细胞的敏感度函数略有不同：其中一个儿子遗传了正常的视锥色素基因，另一个儿子的基因异常但功能正常。因此，我们知道这些女性在其两条 X 染色体上携带两种版本的基因，因此她们是“四色视者”的候选人。她们并非都拥有四维颜色空间，但其中至少有一个人可以 (Jordan et al., 2010)。类似地，经过遗传修饰的小鼠 (具有一种额外视锥细胞类型) 与野生型相比其色辨别能力有所增强 (Jacobs et al., 2007)。

T2 3.7 拓展

3.7′ 颜色感知

按照 3.7.1节的陈述，被照射物体的颜色是照射光光谱与物体固有反射谱的乘积。然而，值得注意的是，我们对颜色的*感知*在很大程度上不依赖于照射光谱。我们大脑中高级视觉区域的神经回路会综合许多线索，对不同场景的光谱差异进行补偿，例如黎明前、早晨、正午的阳光以及各种人工照明等。只有在纯单色照明的极端情况下，我们才会失去辨色力 (图 3.2)。

T2 3.8.3 拓展

3.8.3′a 光谱敏感度函数的确定

为获得图 3.11所示的敏感度曲线，D. Baylor，B. Nunn 和 J. Schnapf 监测了单个视锥细胞对单色闪光的反应。相关技术将在第 9 章中介绍，其中需要测量细胞外表面一侧的电流 I 及其峰值在闪光后的变化 ΔI_{peak}。

实验者没有尝试观察细胞对单光子的响应，而是根据经验注意到 ΔI_{peak} 可以用闪光强度的函数 $I_0(1-\exp(-\mathcal{S}\mu))$ 来拟合，其中 μ 是一次闪光所传递的平均光子数，而 $\mathcal{S}$ 是波长相关的拟合参数，也就是所谓的敏感度。因为每个个体细胞的总体敏感度不同，所以所得的敏感度函数必须先归一化；对于三类视锥细胞的每一类，再选取若干代表性细胞，对其敏感度函数进行平均。

3.8.3′b 与听觉对比

我们的听觉没有空间分辨率，因此杨所提出的物理约束在此不适用。事实上，我们的耳朵使用声感受器阵列来分析整个声谱，每个感受器只在很窄的频率范围谐振。因此，当音符 C 和 E 同时演奏时会听到一个和弦，而不是处于两个频率中间的音符。

T2 3.8.4 拓展

3.8.4′a 自发荧光内窥镜的色彩对比度的提升

2.3.1 节介绍了一个经验事实：支气管中的癌前细胞可通过其荧光光谱来区分 (图 2.2)。然而，差异主要表现为波长 500 nm 附近的荧光发射的*缺失*。因此，病灶看起来就是一个暗块。但这也可能存在其他原因，例如区域照度不佳 [见图 3.15(a), (b)]。为了确认病灶，我们可以使用某些图像处理的数学技术，在考虑这种非均匀性的前提下尝试将光信号归一化。

T. Gabrecht 及其合作者开发了一种更简单的方法，只需动用我们自身内置的色觉通路，就能自动完成同样的工作 [图 3.15(c)]。他们在紫色激发光中添加了

另一组分 (光谱的红色区域)，红光虽然不会激发荧光，但它会正常散射。因此，健康组织会发出绿色荧光和红色散射光并呈现黄绿色，而病灶仅反射红光，因而呈红色。未发光的组织当然看起来仍然很暗。

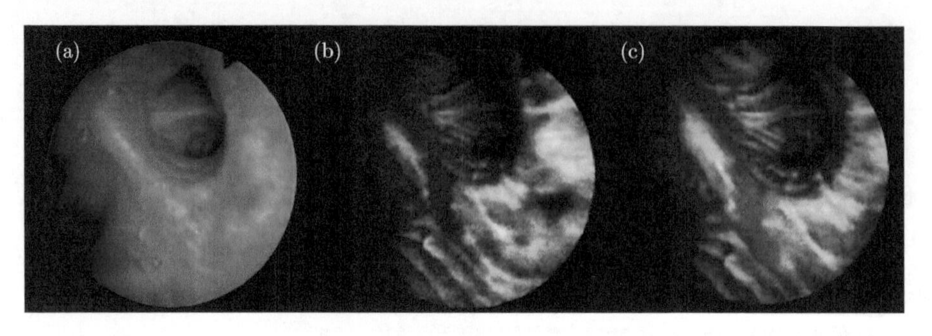

图 3.15　[内窥镜图像。] **诊断影像中色彩对比度的提升**。每个图像是通过相同的光纤仪器观察相同的组织 (人体支气管活体) 所得。各图中右上方气管直径约为 12 mm。*左*：白光照射。*中*：纯紫光照射，激发光已被滤除，仅显示荧光。*右*：与中间图一样，但增加了红光照射，可以清晰看到发育异常的病变。[来自 Gabrecht et al., 2007。]

3.8.4′b　光谱分析可来用分辨荧光团及其组合

研究色觉的一个动因是学习如何发明一个比我们自己更好的人造色觉系统。

人类的某些遗传病变表现为单条染色体的严重畸变。例如，生殖细胞可能含有某条染色体的额外拷贝，从而导致了唐氏综合征。有些畸变更不易观察，例如，位于两条不同染色体上的大片区域发生交换。在这些情况中，最基本的基因都不曾缺失 (至少都有一个拷贝)，但它们的精细调控关系遭到了破坏，在前一种情况中是由于基因拷贝数错误，在后一种情况中是因为它们被置于不恰当的基因组上了。

对这类缺陷进行可视化的传统方法之一是对染色体染色，并在显微镜下观察它们 (**核型分析**)。人们需要检查所有染色体并进行辨别，然后确定哪些染色体没有正确的整体形状、大小和带型。尽管该方法已经比较成熟，但有时也会漏检。

我们可以设想一种互补的方法，其中基因组的每个部分都依据其所属染色体进行标记。因此每个正常的染色体都将被均匀标记，而有缺陷的染色体将明显存在原本属于其他染色体的部分。实现上述想法的一种方法是创建一组荧光标记分子 (标签)，它们仅结合染色体 #1 上的 DNA 片段[①]。如果观察到它们确实定位于单条染色体，这就意味着它是正常的 #1。然而，这样的测量需要执行 23 次，以便检查所有 23 对人类染色体，这是一项耗时的任务。

① 其中一种技术称为荧光原位杂交或简写为 “FISH”。

更快的程序是同时拥有 23 组不同的荧光标记，每组对应于不同的正常染色体，然后我们只需通过查看被标记细胞的彩色影像来并行检查。但这种方法也面临一个实际问题：候选荧光团的种类有限，并且每种荧光团的发射光谱都相当宽。此外，对于那些较易获取的荧光团，人眼的色觉系统会舍弃其光谱谱带的大量信息[①]，进而使得辨别两三种以上的标记物变得困难重重 [图 3.16(a)]。为此，人们设计了标准相机来模拟人眼，对它来说，收集那些我们眼睛稍后将丢弃的光谱信息几乎毫无意义。

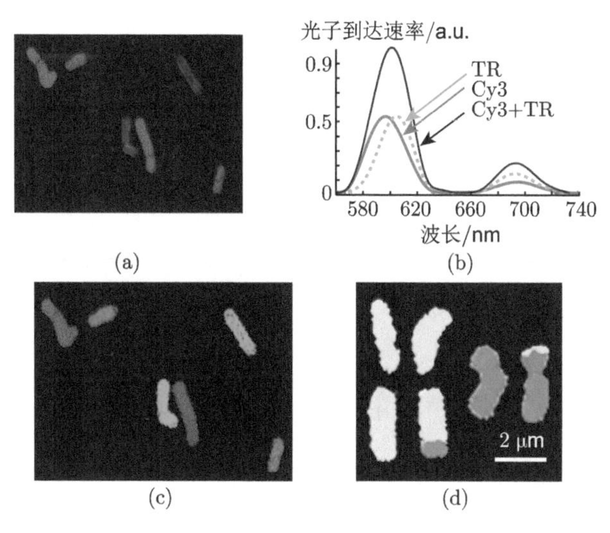

图 3.16　[实验数据。] **光谱核型分析技术**。(a) 三对人类染色体 (编号 4，7 和 13) 的荧光显微照片，每条染色体通过荧光原位杂交 (FISH) 被唯一地标记。染色体 #7 的两个拷贝标记了荧光团 Cy3，染色体 #13 则由荧光团德克萨斯红 (TR) 标记，而染色体 #4 由 Cy3 和 TR 组合标记。在普通显微镜下，所有六条染色体看起来都相似，原因是它们在形态学上本来就相似，而且每种标记都主要激发我们的 L 感光细胞。(b)Cy3、TR 及其组合各自具有不同的光谱指征。(此处的光谱与图 1.10 中的不同，因为这里使用了滤光片以便滤除激发光波段的光子。) (c) 图 (a) 中的每个像素都被分解成光谱。将每个这样的光谱与 (b) 中的三个进行比较，找到最佳拟合的那个，对每个像素按所属染色体 (#4、#7 或 #13) 进行标记。对三种标记分别指定不同 “假彩色”，给每个像素赋予相应的伪色，从而创建新的图像。该方法可以为正常染色体的每个部分指定一个专属的标记。(d) 相同的分析程序应用到某个体 (患有严重遗传疾病的儿童的父亲) 的血细胞染色体上，显示了其中两对染色体。尽管这两对染色体在普通核型分析中看起来正常，但是光谱技术显示通常位于 #1 染色体上的 DNA 片段 (黄色) 与位于 #11 染色体上的 DNA 片段 (蓝色) 发生了交换。[(a—c) 图像和数据蒙 Yuval Garini 惠赠。(d) 来自 Schröck et al., Multicolor spectral karyotyping of human chromosomes. *Science* (1996) vol. 273 (5274) pp. 494-497。经 AAAS 许可。]

① 3.6.2节介绍了信息如何被人眼舍弃。

E. Schröck 和合作者克服了这一局限，发明了一种称为**光谱核型分析**的技术 (Schröck et al., 1996; Lindner et al., 2016)。他们选择了一组具有不同发射光谱的五个荧光团，创建了一套“二进制码”：每个染色体的标签中某种荧光团要么存在要么不存在，因此总共有 (2^5-1) 种可能组合，足以为每条染色体分配唯一的标签。但是，研究人员并不是对这些标记的染色体进行普通的彩色显微成像，而是将它们的显微像经光谱仪处理，获得每个像素的完整光谱。然后，他们将各像素的光谱与预期的 23 个标签的光谱进行比较，从而确定与每个像素最匹配的标签。为了展示所得数据，他们相应地人造了一套人眼容易区分的“假彩色”(23 种)。用指定的伪色替换每个像素就会得到一幅富含信息的图像。

图 3.16显示通过此方法可以获得惊人的结果。图 3.16(a) 显示了经标记的三对染色体的普通荧光显微成像。尽管根据三者的大致轮廓 (长度) 可以作一定区别，但三者在颜色上看起来是相似的。然而，这三种不同标记实际上具有不同光谱，如图 3.16(b) 所示。图 3.16(c—d) 显示该方法辨别正常和异常染色体的能力，例如，在染色体的整体形状和大小看起来正常的情况下，该方法能揭示某种缺陷。

T2 3.8.5 拓展

3.8.5′a　光致异构化速率可视为某种内积

方程 3.9给出了视锥细胞信号的平均速率是两个光谱乘积的积分。虽然这个公式可能看起来有点像卷积[①]，但是两者有重要区别：在卷积计算中两个概率密度函数是在*不同点*处分别赋值，而方程 3.9 是在*同一*波长处吸收光谱与光子到达速率谱的乘积。此外，两个概率密度函数的卷积是另一个概率密度函数，而方程 3.9的结果仅仅是一个数值。

该公式更像是两矢量点积 (有时称为“内积”) 的推广。在普通的三维空间中，$\boldsymbol{v}$ 和 $\boldsymbol{w}$ 的点积是单个数字 $v_1w_1+v_2w_2+v_3w_3$。在高维空间中则有更多的项，但总是在求和之前将 $\boldsymbol{v}$ 和 $\boldsymbol{w}$ 的对应元素相乘。方程 3.9 可视为连续下标 λ 的极限情况。因此，我们可以将视锥细胞的光谱敏感度视为从光谱的无限维空间到单个数值的一次*投影*，正如 $\boldsymbol{v}\cdot\boldsymbol{w}$ 可视为 $\boldsymbol{w}$ 在 $\boldsymbol{v}$ 上的投影分量 (须按 $\boldsymbol{v}$ 的长度重标度)。正如 3.8.5节中所述，三类视锥细胞可将任何光谱投影到三维颜色空间。

3.8.5′b　色匹配函数的光吸收校正

眼睛中还存在其他“无效”吸收和光散射，其发生概率可能取决于光子波长。例如，尽管视色素可以响应紫外线，但是由于角膜和晶状体的吸收，这些光子大

① 0.5.5 节定义了卷积。

多数未能到达视网膜。事实上，手术切除眼睛晶状体的人倒是增强了紫外线敏感度。

Baylor 和合作者将这些影响等效为整个视锥细胞有效敏感度函数的减小，图 3.11 给出了这些修正的函数。

T2 3.8.8 拓展

3.8.8′a　相对敏感度与绝对敏感度

方程 3.17和对应的 $B_{(\alpha)i}$ 基于光源光谱来计算有效光子吸收的平均速率。有人可能会反对这一点，理由是视锥细胞向大脑发送的信号与这个吸收速率有关但绝不相同，前者甚至可能是后者的非线性函数[①]。更糟糕的是，正文甚至没有给出真实的敏感度函数，因为图 3.11 只显示了*相对*光谱敏感度，即每个光谱敏感度都分别乘上了某个总体常数以满足峰值为 1 的人为约定，这些曲线仅能准确显示不同波长下真实敏感度的比率。真实的 (或 “绝对的”) 敏感度甚至不是固定不变的函数！例如，感光细胞中光敏分子的组成可能会因观察者的近期病史、观察者之间的个体差异等而有所不同。

幸运的是，我们不需要为了分析色匹配实验而去了解上述细节。方程 3.9给出了有效吸收速率 β_i 作为光谱 $\mathcal{I}(\lambda)$ 的线性函数，由绝对敏感度决定[②]。下面我们给出一个用相对敏感度 (加一上划线以示与绝对值敏感度相区别) 表达的类似公式：

$$\bar{\beta}_i = \int \mathrm{d}\lambda \bar{\mathcal{S}}_i(\lambda)\mathcal{I}(\lambda). \tag{3.18}$$

因为每个 $\bar{\mathcal{S}}_i$ 是常数乘以 $\mathcal{S}_i$，所以 $\bar{\beta}_i$ 也是绝对值乘以常数。因而必须存在三个 $\bar{\beta}_i$ 函数才能将信号发送到大脑

$$信号\ i = f_i(\bar{\beta}_i), \quad i = L, M \text{ 和 } S. \tag{3.19}$$

这里的关键点在于，尽管每个 f_i 可能是非线性的且可能随着时间和观察者的不同而变化，但它*不*依赖于波长 (单变量原理，**要点** 3.8)。每个视锥细胞的波长依赖性又由其生色团的吸收光谱决定，并且每类视锥细胞仅表达一种类型。因此在每类视锥细胞中，f_i 在不同视锥细胞之间并无区别。

当所有三个信号在两个视域上一致时，就产生了色匹配 $\mathcal{I} \sim \mathcal{I}'$。根据方程 3.19，只有当所有三个 $\bar{\beta}_i$ 等于它们各自对应的 $\bar{\beta}_i'$ 时，色匹配才会发生。因此，

① 3.8.3′a 节给出了这种非线性函数的一个例子。

② 有关符号请参阅 3.8.8节中的表格。

3.8.8节各公式中的敏感度函数可以被替换为对应的相对敏感度①。我们不需要知道关联两者的常数或者关于函数 f_i 的任何其他信息。

思考题3I

> 按照上面逻辑，简要说明当我们解释 $\mathrm{R}+\mathrm{G}\sim\mathrm{Y}$ 时 (3.8.4节) 为什么可以用相对敏感度代替绝对敏感度。

3.8.8′b 简化的色空间

本小节将概述“色空间”的概念，但是只关注某些细节，详情请参阅 Shevell, 2003, 或 Peatross & Ware, 2015, § 2.A。

正文认为“颜色”感知涉及三种信号，这些信号被发送到大脑，代表视场的每个区域。这是一个过分简化的模型。事实上，在信号被发送之前，视网膜上已经进行了某些空间处理②。但无论进行了何种处理，我们进行色匹配评估的原始数据仍包含若干三元数组。(3.8.8′a 节举例说明了为什么这种“下游”修正不影响匹配。)

因此，颜色感知涉及三维矢量空间：该空间中的点 $\boldsymbol{\beta}$ 表示有可能被我们感知到一个信号。但并非所有点都与我们看到的颜色相对应。例如，敏感度曲线之间的重叠 (图 3.11) 意味着*不存在*只激发 M 视锥细胞的光。因此，形如 $\boldsymbol{\beta}=(0,x,0)$ 的矢量表示在正常情况下绝不会产生的信号。因此，我们只对那些在生理上可能的信号所对应的部分 $\boldsymbol{\beta}$ 空间感兴趣，这些信号是由各种单色光或其组合产生的。

三维色空间是冗余的。 如果我们对一个光谱在每个波长处乘以某因子 (如 1.1)，那么我们会得到一个稍强但并非新“颜色”的光③。因此，为了研究色度，我们可以考察 $\boldsymbol{\beta}$ 空间中的一个 2D 表面，该表面由总光强 (“光亮度”)近似相等的光构成。

这样的 2D“色空间”可以用来表征由三基色混合产生的色彩信号，研究它们是如何构建所有可能的信号的。你会在习题 3.6 中处理这个问题，一个典型的结果如图 3.17 所示。在这个图中，大三角形区域代表所有 $\boldsymbol{\beta}$ 矢量，其三个分量的和总为 1，表示信号总强度处处相当。在这个三角形内，实黑线代表对单色光的响应。所有可实现的颜色响应信号对应于该曲线上的点的线性组合。例如，两种单色光的组合效应将由实黑线上相应两点之间的连线上的某点来表示。这些点构

① 为简洁起见，正文和习题 3.5、习题 3.6 实际上已经隐含了这种替换，符号中的上划线被删除了。

② 11.4.1′b 节介绍了该过程的一些细节。

③ 实际上，感知差异是与光强相关的。例如，尽管只存在强度差别，我们仍将“棕色”和“橙色”归为不同类别。因此，将色空间降维到二维只是一种近似。

成了弧形三角区域 (图中白色区域)。

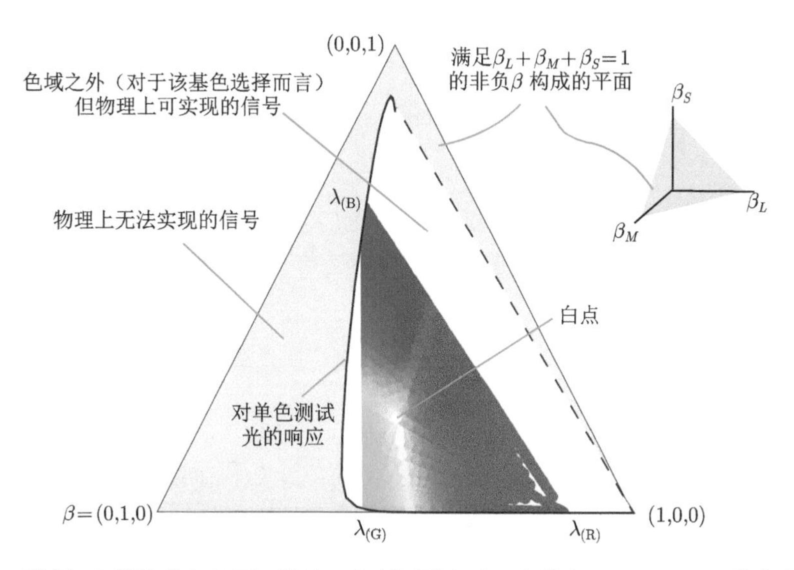

图 3.17 [绘图。] **简化的色度图**。等边三角形区域表示三个数字 $(\beta_L, \beta_M, \beta_S)$ 的集合，其总和处处等于 1(见插图)。中心对应于点 $(1/3, 1/3, 1/3)$，顶点坐标如图所示。这种三元组合表示视锥细胞对大致相同强度的光的响应。黑色曲线表示由各种单色光产生的响应，最长波长位于最右侧，最短波长位于顶部。物理上可实现的色刺激都落在由该曲线和虚线所限定的三角形区域内。三种基色的响应显示为彩色区域的顶点 (标记为 $\lambda_{(B)}, \lambda_{(G)}, \lambda_{(R)}$)。其他有色斑点代表混合色，它们涂有的 RGB 值表示基色的相对强度 $(\zeta_1, \zeta_2, \zeta_3)$。因此，中心附近的“白点”表示 $\zeta_1 = \zeta_2 = \zeta_3$ 的混合色，见习题 3.6。

图中较小彩色区域的三个顶点就是三种基色。此三角形内的点表示对这些基色的所有可能组合的响应，即代表了该基色方案所构成的色域(3.6.3节)。虽然为此插图选择的基色与计算机显示器中使用的基色并不完全一致，但本图仍然指出在该色域以外，还存在大量可实现的色彩信号 (以及色觉)。单色光位于可实现区域的边界上，因此是三混色方案中最难匹配的。这就是为什么由基色 (或墨水) 制成的人工混合色没有棱镜光谱或蝴蝶翅膀的深蓝色显得那么鲜艳生动。

图 3.17的另一个特征是，当我们向区域中心的“白点”靠近时，颜色看起来逐渐变浅了。这提示我们可以引入由该点发出的极坐标。到白点的径向距离大致衡量了色彩的**饱和度**(一种颜色区分度)，单色光具有 100% 的饱和度。角向位置大致相当于**色相**(另一种颜色坐标)。第三个坐标称为**明度**，大致类似于总体光强。色相、饱和度和明度一起构成了“**HSV 颜色系统**”的基础，这是指定红绿蓝三基色权重的方案之外的另一个选择。

习题

3.1 四色显示器

一家电视机制造商推出了一款包含红、绿、蓝和黄色像素的高端型号。但“黄色”可以从红色 + 绿色合成。那么这个方案还有什么优势呢？

3.2 光谱转换

图 3.1显示了两个不同的光子到达速率谱。1.5.2 节将这个谱定义为到达光子波长的概率密度函数 $\wp(\lambda)$ 乘某个常数。然而，一些科学家更喜欢用频率来表达概率密度函数。请给出这两种表述之间的关系。[提示：利用 0.5.1 节中的结果。]

3.3 稀释特性

1.4.3 节指出，泊松过程的等待时间是来自指数分布的抽样。因此可按如下方法模拟泊松过程：从指数分布抽取若干随机数，这些随机数的逐项累加就给出了泊松过程的一个时间序列。

a. 用计算机实现上述想法。首先，产生在 0 和 1 之间均匀分布的随机数 x。然后，请证明 $y = -\beta^{-1}\ln x$ 实际上服从期望为 β^{-1} 的指数分布。选择一个 β 值，计算 y 的累积值，从而得到模拟尖脉冲的到达时间序列。

b. 接下来，随机删除上述序列中的部分脉冲 (例如，其中的一半)，画出新的等待时间的直方图，讨论泊松过程的稀释特性 (3.4 节)。

3.4 广义格拉斯曼定律

使用色匹配规则来证明格拉斯曼定律的扩展形式：

$$\text{如果}\ \ \mathcal{I}_1 \sim \mathcal{I}_2\ \ \text{且}\ \ \mathcal{I}_3 \sim \mathcal{I}_4,\ \ \text{则}\ \ (\mathcal{I}_1 + \mathcal{I}_3) \sim (\mathcal{I}_2 \sim \mathcal{I}_4)。$$

3.5 色匹配函数

a. 本习题需要你使用数值软件来求解线性方程组。作为热身，先求解下列三

个方程组

$$\begin{bmatrix} x+y \\ x-2y \\ 2z \end{bmatrix} = \begin{bmatrix} 1 \\ 3.14 \\ 2.71 \end{bmatrix}. \tag{3.20}$$

同时你也可以手动求解，使得你的结果与计算机的一致。

从 Dataset 7 获取数据，将其加载到计算机。它包含一个 `lambdas` 数组 (波长列表，单位为 nm)，以及另一个数组 `sensitivity`，其中包含视锥细胞对该波长单色光的敏感度函数 $\mathcal{S}_i$，其中 $i = L, M$ 和 S(见图 3.11)[①]。

考虑一个色匹配实验，其中三基色的单色波长分别是 $\lambda_{(\alpha)}$ =645nm, 526nm 和 444nm。所有基色光光子的平均到达速率都等于 Φ_p，并且每个目标光也有相同的 Φ_p。

b. 利用敏感度数据集中的相邻条目进行插值，估算上述基色光所对应的敏感度。建立三个线性方程，其解给出能匹配任意单色光的每种基色光的量 (见方程 3.16和方程 3.17)。若目标光为 $\lambda^\star = 560$nm 的单色光，数值求解这个方程组。

c. 在单色目标光波长范围 400nm $< \lambda^\star <$ 650nm 内选取若干点，分别求解上述方程组，并绘制色匹配函数图 (类似于图 3.8)。

d. 总有一些目标光无法 (哪怕是大致) 用这组三基色匹配。为什么？[提示：具体来说，如果 ζ 的每个计算值大于 -0.05，则认为目标光能被近似匹配。]

e. 我们稍微调整一下匹配问题：我们不再取目标光为单色光，而是通过向目标光中添加固定量的白光来“稀释”它们 (这里“白”光具有均匀强度并覆盖整个可见光光谱范围)，例如，红色变成了微粉红色。我们说目标光比 (b) 中的欠**饱和**。定性解释为什么在经过上述处理后我们就可以匹配光谱中的每个目标光。

3.6 T2 简化的色度图

从 Dataset 7 获取三类视锥细胞的相对敏感度曲线 (参见习题 3.5 对该 Dataset 的简介)。方程 3.9的离散形式给出了色空间中的一个点 $\boldsymbol{\beta} = (\beta_L, \beta_M, \beta_S)$ (对应于任意指定光谱)。

虽然 $\boldsymbol{\beta}$ 空间是三维的，但其中一维仅对应于总照明强度。剩下的两个维度对应于我们通常认为的光的颜色 (色度)，因此可能颜色的范围可以在二维**色度图** (图 3.17) 中显示。在本习题中，你将构建标准色度图的一个简化版本。

① T2 该数据集和图 3.11 已经对眼晶状体和视网膜之前的其他元件的光吸收的波长依赖性进行了校正。Dataset 给出了相对敏感度曲线，参阅 3.8.8′a 节。

a. 定义三基色，波长分别为 $\lambda_{(1)} = 630\ \mathrm{nm}, \lambda_{(2)} = 540\ \mathrm{nm}$ 和 $\lambda_{(3)} = 470\ \mathrm{nm}$，并且具有相同的平均光子到达速率。根据数据集，写出每种基色光的 $\boldsymbol{\beta}$。

b. 考虑一系列不同波长的单色目标光，每种光都具有与基色光相同的平均光子到达速率。对于每种这样的光，使用数据集中的敏感度函数来构造相应的 $\boldsymbol{\beta}$。将这些点在 $\boldsymbol{\beta}$ 空间组成的曲线画成一个 3D 图。突出显示此曲线上与三基色相对应的三个点。在空间旋转图形 (改变其 3D 视角) 获得最佳显示效果。

c. 方程 3.6中的三个数字 $\zeta_{(1)}, \zeta_{(2)}, \zeta_{(3)}$ 可表示三基色的任意组合。对于 $\zeta_{(\alpha)} \in [0,1]$ 立方区域中的参数，求其在 $\boldsymbol{\beta}$ 空间的对应点，并将它们添加到你的图中。

d. 3.8.8′ 节曾论及，重新标度 $\boldsymbol{\beta}$ 的所有三个分量大致相当于改变光的总亮度(明度)而不改变其色度。取 (c) 中的每个点并重新标度它，以满足 $\beta_{\mathrm{tot}} = 1$，其中 $\beta_{\mathrm{tot}} = \beta_1 + \beta_2 + \beta_3$。对单色光曲线执行相同操作，并绘制第二个 3D 图。选择一个好的视角，使得常量 β_{tot} 平面不变形。

e. 对 (d) 进行着色，绘制第三个 3D 图。即根据每种基色的相对量 $\zeta_{(\alpha)}$，为网格中的每个点指定 RGB 值。

f. 将上述色度图中对应于白光光谱 (光子在整个可见光波长范围内等概率出现) 的区域标记为星号。

g. 是否存在着某 $\boldsymbol{\beta}$ 区域无法对应于任何物理上可实现的光？是否存在物理上可实现但不对应任何色觉 (由某个指定的三基色的组合来产生) 的区域？

第 4 章　光子如何知道往哪走

我非常钦佩迪克 [费曼]，
但我不相信他在自己的领域能胜过爱因斯坦。
迪克反对我的质疑，他认为爱因斯坦的失败在于
他不再思考具体的物理图像而是满足于把玩方程。
而我不得不承认这是事实。
——弗里曼 · 戴森 (Freeman Dyson)

4.1　导读：概率幅

第 1 章提出光应该视为微粒流 (光子)。这类非凡的论断需要极具说服力的证据。我们首先将光子概念简化为了光假说 (1.5.1 节)，并介绍了一些似乎与之相符的生物物理现象 (第 2 章)。然后我们看到了如何使用光子模型 (第 3 章) 深入理解人类色觉的一些实验现象。

但是，我们也知道光还具有*波动性* (图 4.1)。例如，光会进入你的眼睛，发生弯曲和聚焦，最终形成图像。你的视觉敏感度部分地受到衍射的限制，而这本质上是一种波动现象[①]。于是，针对你眼睛前部的晶状体和背部的感光细胞，我们提出了两种不同甚至相互矛盾的光物理模型。这是不允许的！

再看人工系统。单个荧光团分子在普通光学显微镜下是模糊一团。但如果光由微粒组成，每个微粒都与单个电子相互作用，那么我们为什么不能消除这种模糊呢？通常的说法是，“你不能分辨接近光波长尺度的物体”，但这并没有说服力，因为光假说中没有明确包含“波长”这类概念。

光*要么*必须像水波，*要么*必须像微粒流吗？用日常经验来类比物理现象的确令人愉悦，也方便思考。例如，数百万年的投石活动使得我们的大脑感觉弹射运动是合理的。数百万年与水打交道的经验使我们觉得经典波运动也是合理的。但是大自然并不在乎我们对“合理”的感觉。我们希望找到一个简单的、符合所有观察的物理模型，即使该模型涉及一些全新的概念 (不是我们大脑基于长期经验

① 第 6 章将讨论衍射在视觉和显微镜中的作用。

而近乎固化的那些观念)。值得一提的是，人类有可能通过细心观察来突破日常经验对思想观念的束缚，而这的确时有发生。

图 4.1　**光的类比**。本章将介绍图中部第二个科学家的思想。[Larry Gonick 的漫画。]

本章将介绍一个既非微粒流也非经典波的光物理模型。在这个模型中，我们要引入描述客观实在的一个全新的物理量*概率幅*， 20 世纪前的物理学中没有任何与此对应的概念。此处介绍的量子物理学模型将运用最少的概念，给出很多可检验的定量预言 (其中不少还与生物学相关)。后面的章节将利用这些结果来研究生物系统。

如果你学过物理化学，那你可能会用另一种方法——薛定谔方程——来研究量子现象，而这个方程看起来与本书的公式完全不同。事实上，对于不同类型的问题，两种方法各具优势①。在本书中，我们需要保持开放的心态，先看看第一种方法如何帮助我们理解一些重要的生命现象以及研究它们的实验技术。

本章焦点问题

生物学问题：如果光真是由微粒组成，那么眼睛晶状体如何使其聚焦呢？

物理学思想：稳相原理决定光子该往哪里走。

4.2　重要现象

第 1 章指出

1. 光具有一系列特征行为，包括在真空或介质中传输能量。光的发射和吸收是一系列离散事件 (例如，显示为光敏检测器中的尖脉冲)。

① T2 第 12 章将阐明两者为何等价。

2. 无论我们如何努力来制造一个稳定的光源，这些事件都是随机的。光强实质上是光子随机发射的平均速率。
3. “图像” 就是上述平均速率的空间不均匀性的体现。点光源的模糊图像意味着平均速率的弥散分布，而不是指单个光子本身尺寸被放大。

这些观点表明，理解光并不意味着预测任意单个光子的去向 (这显然是一项不可能完成的任务)。相反，我们应该尝试预测光子到达投影屏或探测器阵列 (例如眼睛的视网膜) 上不同位置的概率。本章将证明这项任务是可能的，同时提出实现它的物理法则。

此外，

4. 日常经验告诉我们光似乎是直线传播的。例如，当用手挡住阳光直射时，地面就会留下你手的阴影。
5. 但光也可以**衍射**(路径发生弯折)。虽然我们通常不会留意这种效应，但某些场合下很容易就能看见。例如，让阳光透过一个狭缝落在远处的屏幕上。当我们缩小狭缝时，图像开始变窄但随后又变宽，直至变得模糊。

水波遇到障碍物时确实会衍射 (弯折)，但不容易看出一束独立运动的微粒 (“沙粒”) 流是如何做到这一点的。

这里举一个特别难用 “沙粒” 来类比理解的衍射现象。想象一下来自远处光源的单一波长光穿过狭缝 (如上面第 **5** 点所示)。当光线落在远处的屏幕上时，我们会看到一个中心处强度最大的照明图案，离中心越远，强度下降得越厉害。如果我们挡住该狭缝而打开另一个同样的狭缝 (例如其左侧 0.5 mm 处)，我们在屏幕上会得到一个类似的图案，只是向左移动了。但是当我们打开两个狭缝时会得到一个惊人的结果，实验给出了一个有明暗条纹的**双缝干涉图案**，而不是两个亮带或一个合并的模糊区域。图 4.2(c) 和图 4.3(d) 显示了这种图案[①]。如果我们切换到更靠近光谱蓝端的光源，那么相同的狭缝对会产生一个新的图案，图样类似但尺寸比原来的图案更小。

不知何故，关闭一个狭缝会增加光子到达亮带之间的暗区的可能性 (图4.4)！深入研究发现光线究竟如何 “失踪” 的 [图 4.3(c), (d)]：双缝衍射时亮带的亮度是单缝情况下同一位置处亮度的两倍以上，就好像应该去暗带的光线被移到了亮带。在光的波动模型 (1.2.2 节) 中，这种行为并不令人意外。两组圆形水波在水面上碰撞时会发生类似的情况：一组水波的波峰 (最大高度) 与另一组的波谷 (最小高度) 重合时，所得波幅为零。在这一点处的浮动物体不会上下摆动，它也无法吸收来自波浪的任何能量，类似于双缝干涉图案的暗带没有能量。同理，当两个波峰重合时，水的位移比单个波源时更大。

---

① 参见 Media 10。

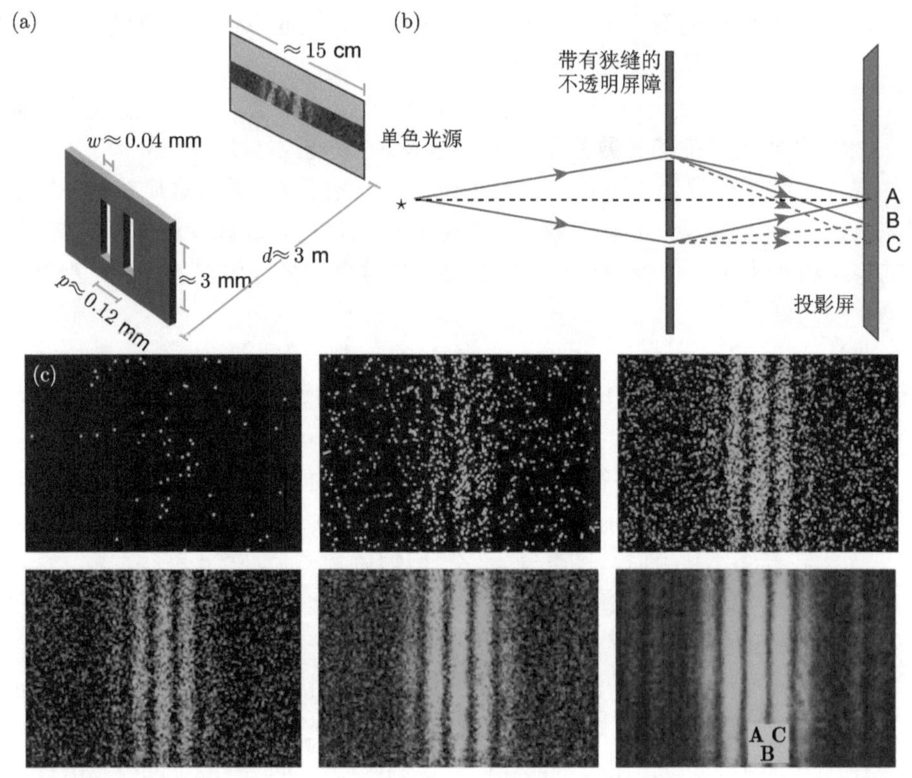

图 4.2　**显示衍射图案的实验**。(a)[示意图 (未按比例绘制)] 光子的路径部分地被不透明屏障阻挡，该屏障只有两个狭窄的开口 (“狭缝”)。(b)[路径图](a) 的俯视横截图。每个开口在页面内很窄，但在垂直页面的方向上很长。投影屏上有三个标记点，其中 **A** 位于两狭缝中央的屏幕中垂线上。这些点上放置的光子探测器可以计数来自*左侧*光源的光子。(c)[实验数据。] 使用对单光子敏感的电子照相机记录的照明图案 (即 a,b 中的实验结果)。波长为 537 nm 的激光可以通过两条路径到达相机的探测器平面。连续多幅图显示了随着曝光时间增加而收集到的数据，最后一幅的曝光时间是第一幅的 50 万倍。实验中的照度非常微弱，以至于装置每次最多只能记录一个光子，但最终还是能形成尖脉冲的分布图案。对应于 (b) 中屏上标记的三个点显示在最后一幅图中。参见 Media 10。[(c) 来自 Dimitrova & Weis, 2008。]

前面遇到的难题在于我们认为光是由光子组成，且其强度必须理解为光子的平均到达速率。双缝干涉意味着那些光子必须做出一些非常奇怪且高度有序的往哪儿走的 “决定”。人们可能会争辩说干涉图案是由于光子 “碰撞到” 彼此而产生的。但是，就在爱因斯坦的原始光子假说提出仅仅几年之后，杰弗里 · 泰勒就证明了，即使光微弱到*在任何时刻装置至多只探测到一个光子*，也可以产生双缝干涉图案！实际上，图 4.2(c) 中的图像就是在这种条件下产生的。

本节提出了我们面临的挑战，即光显然不能被视为实体微粒或经典波。本章的剩余部分将提出光的第三个物理模型，它基于费曼在 20 世纪中期提出的一种描述方法。这个模型将扩展光假说，明确告诉我们光子该往哪儿走。

T2 4.2′ 节对非直观理论做了更多说明。

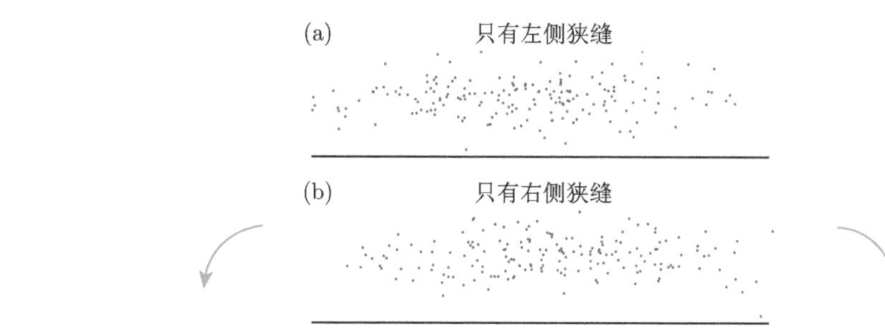

图 4.3　[模拟数据。] **双缝干涉**。(a) 当来自远处光源的一个光斑透过水平狭缝 (远离投影屏) 后光子到达投影屏的概率密度函数 (云状点图)。衍射使得分布比狭缝宽得多。(b) 狭缝向右移动一小段距离时的衍射分布图。(c) 将 (a,b) 的概率密度函数相加得到的分布。这个分布其实就是两个遥远的独立光源照射各自的狭缝时，光线在屏幕上的组合分布。(d) 单个单色光源照射两个间隔很近的狭缝时观察到的分布，如图 4.2所示。不同于 (a)，此时从源到屏幕多出了一条路径，但光子的到达概率在某些位置处下降到了零。

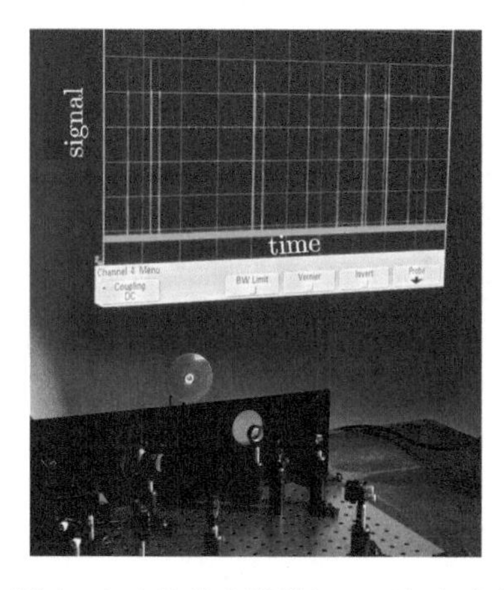

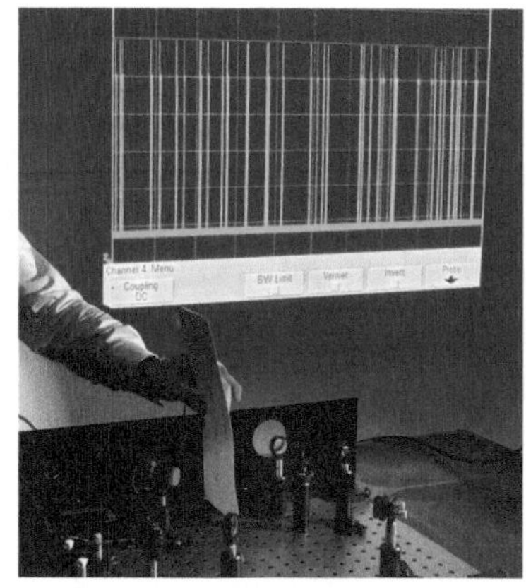

图 4.4　[照片。] **光的非定域特征**。两条光路产生干涉图案。单光子记录探测器被放置在该图案的某一最暗处附近，*左*图：当两条路径都打开时，来自探测器的信号显示为屏上离散尖峰构成的时间序列。观察到的尖脉冲遵循泊松过程，如图 1.2 所示。*右*图：若其中一条路径被阻挡且不移动探测器，尖脉冲 (光子到达) 的平均速率*增加*。[蒙 Antoine Weis 惠赠；另见 Dimitrova & Weis, 2008。]

4.3 概 率 幅

在面对行星轨道问题时，牛顿通过研究更简单、更深刻的问题 (即作用在任何两个物体之间的力)，从而找到了突破的方向。因此，我们似乎不可避免地要问，"当光子不做直线运动时，是什么力推动它们转弯？" 然而，没有证据表明这类思考方向是富有成效的。因此，在这里我们不是要再提出一些新的物理机制，而是暂时放弃解释原因转而寻求对*现象*的描述。也就是说，我们不追求 "有一个新的随机力源自 ⋯⋯" 这类说法，而只是寻求一个可以预测光子到达概率的概念框架。一旦掌握了这个框架，我们就可以通过添加一个额外规则来扩充光假说，从而计算所需的概率。我们还可以进一步考察该规则如何调和光的波动性和粒子性，即便我们目前还无法从更深层、更直观的物理原理来导出这一规则。

4.3.1 调和光的粒子性和波动性需要引入一个新的物理量

我们希望根据光子到达的概率分布来重新解释 "强度" 的概念。然而，当我们试图为这些概率制定规则时马上就遇到了一个障碍，即概率必须是*非负数*[①]。因为需要解释双缝干涉图案中的暗带 [比较图 4.3(c) 和图 4.2(c)]，但似乎没有办法使两个正的概率之和为零。相反，量子物理学的开创者们被迫假设存在一种新的称为**概率幅**(用字母 Ψ 表示) 的物理量[②]。概率幅不必为正，因此两者贡献可以抵消，就像 $(1)+(-1)=0$。马克斯 · 玻恩在 1926 年提出，任何位置处的概率幅的平方就是我们在那里观察到光子的概率。根据这个规则，我们计算的概率永远不会是负值。

然而，仅承认 Ψ 可以取负值是不够的。我们希望解释光的明显波动行为。假设我们试图通过概率幅函数 $\Psi=\sin\varphi$ 来描述从点光源出射的光，其中 φ 与点光源距离 r 相关。这样两个函数之和确实会导致抵消 ("干涉" 效应)。但是即使对于单个光源，函数 $(\sin\varphi(r))^2$ 也会周期性地*归零*，用它来刻画光子概率就失去了意义，因为点光源不可能在某些距离处看起来突然变暗！相反，当我们朝向或背向远处光源移动几百纳米时，我们捕获光子的概率应该没有什么变化[③]。

我们似乎陷入了僵局：我们所需的概率幅函数必须具有一个特性，即对于单光源其平方几乎是常数。但是，为了与第二光源产生干涉图案，该函数又必须周期性地在正、负之间变化。那么，这个概率幅函数如何才能满足上述两个要求，同时又能避免经过零点呢？

---

① 0.2 节提到了这一点。

② 将概率幅与经典波的幅度区分开是很重要的，因为后者必为正实数，原则上可以直接测量，例如电场强度或空气超压。

③ 如果你距离这样一个点光源一米，然后再移动半个光波长，那么由于 $1/r^2$ 定律导致的强度降低可以忽略不计。

突破僵局的办法是将 Ψ 理解为一个函数，其值域比实数域更宽。普通数的一种推广是二维向量。与普通实数一样，两个非零向量的和有可能为零。然而，与实数不同，向量可以“指向”许多方向 (不仅仅是数轴上的左或右)。因此，当我们考虑投影屏幕上的各种位置时，Ψ 值可以围绕原点周期性地反转其方向但不必改变其长度 [参见图 4.5(b) 中的箭头]。

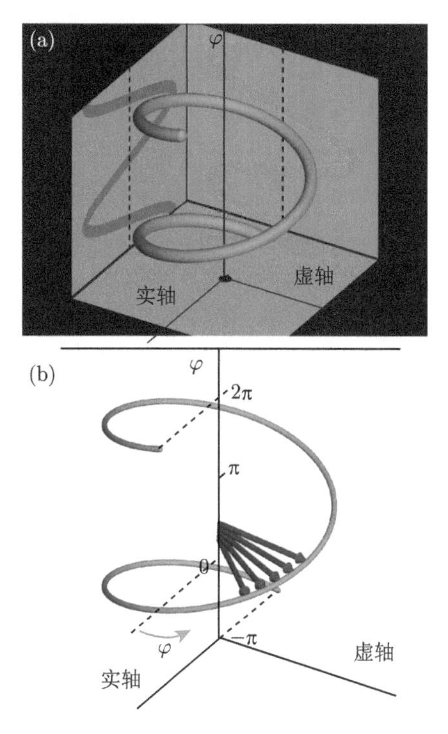

图 4.5　[数学函数。] **欧拉公式**。(a) 纵轴表示变量 φ 的取值，其范围从 $-\pi$ 到 2π。对于每个 φ 值，在其对应高度的水平面上标记一个点。该点可理解为始于垂直轴并位于该平面内的矢量的顶点。该点也可以被解释为复函数 $Z(\varphi)=\cos\varphi+\mathrm{i}\sin\varphi$ 的值。这些标记点扫出了图示螺旋线。两侧墙上的阴影分别表示 $Z(\varphi)$ 的实部和虚部 (其实就是 $\cos\varphi$ 和 $\sin\varphi$)，整个函数围绕着原点 (垂直轴) 但不触及它。(b) 在该图中，箭头表示一系列特定 φ 值 [同 (a)]，其长度代表函数的模 (见附录 D)，几何上可证明其值总是等于 1，每个箭头与实轴的角度是 $Z(\varphi)$ 的相位 φ。

结合以上想法，我们提出如下观点，它避免了上述概念上的缺陷：

任意点处的概率幅是个二维向量。如果光可以沿多条路径从一个点到另一个点 (如双缝实验)，则对应的向量可以叠加。光子到达概率就是叠加向量的幅度的平方。　(4.1)

二维向量还有其他一些简单属性，我们容易利用它来描述波。4.4节和附录 D 考查了这些属性。

4.5节将进一步细化**要点** 4.1以扩展光假说。在这里我们已经看到它完全不同于前面提到的天真想象 (即认为光子之间可以相互干涉)，后者已经被泰勒观察到的单光子干涉效应证明是无效的[①]。相反，**要点** 4.1的意思是

光子具有**多条路径**是引起干涉的原因。 (4.2)

向量通常被用于某些有空间指向 (北、南、东、西、上、下以及它们组合的某个方向) 的量。但用于描述概率幅的向量不能这样理解。它们位于一个抽象平面内，后者不能理解为普通的空间[②]。

概率幅无法对应于日常经验中的任何有形物。每当我们将这种抽象事物引入物理模型时，我们必须特别谨慎地用实验来验证模型的预言。同时，我们还必须努力寻找另一种更直观的对自然的描述，其中无需借助这类抽象概念。然而，尽管付出了巨大努力，迄今为止人们还没能找到被广泛认可的可替代概率幅的描述方法。为了协调光的波动性和粒子性，引入无法直接观测的量似乎是必须付出的代价。

本小节引入了在经典物理学中没有任何对应的物理量。下面我们先回顾与此相关的一些数学知识，便于后面对这类量进行计算。

4.4 背景知识：引入复数能简化计算

二维向量可以由两个实数 (沿两个轴的分量) 表示，但这类表示会使得我们的公式变得冗长。幸运的是，存在一个代数系统，能将二维向量视为单个**复数**，这样就大大简化了我们的公式。附录 D 回顾了复数的定义和性质，本节介绍一个对波动现象特别有用的关键结果。

对于各种 φ 值，图 4.5(a), (b) 的水平投影显示了具有实部 $\cos\varphi$ 和虚部 $\sin\varphi$ 的复数 $Z(\varphi)$。图 4.5(b) 显示了一个关键特征，即 φ 每增加一个常量，复数将转过相同角度。因为围绕原点旋转一个复数相当于乘上另一个复数[③]，则对任意初始 φ 值添加增量，其结果只是将该复数乘以一个常数 (与 φ 无关)，即

$$Z(\varphi+\Delta\varphi)=CZ(\varphi)\quad \text{对所有 } \varphi. \tag{4.3}$$

这是指数函数的特征，因此复数可表示为 $Z(\varphi)=\mathrm{e}^{A\varphi}$，$A$ 是某个常数。考虑 φ 接近于零的情况。比较 $\cos\varphi+\mathrm{i}\sin\varphi$ 与 $\mathrm{e}^{A\varphi}$，则可知 $A=\mathrm{i}$，或[④]

---

① 4.2节曾提到泰勒的实验。

② T2 特别是，Ψ 内部空间的方向与光子的极化无关。甚至没有极化的希格斯玻色子也具有这种类型的概率幅。

③ **思考题** DA 证明了这一属性。

④ 公式 4.3中的常数 C 因此是 $\exp(\mathrm{i}\Delta\varphi)$。附录 D 给出了更详细的讨论。

$$\boxed{\cos\varphi + \mathrm{i}\sin\varphi = \mathrm{e}^{\mathrm{i}\varphi} \quad \text{欧拉公式}} \tag{4.4}$$

出现在该公式中的无量纲量 φ 称为复数的**相位**，它也是实轴 (用 $\varphi = 0$) 与表示该数值的向量之间的夹角 (见图 4.5)。

欧拉公式对我们非常有用，因为它给出了可以描述光子行为的周期函数的紧凑形式。它还向我们展示了如何计算部分干涉效应。例如，图 4.6(b) 表示两个函数 $Z(\varphi)$ 和 $U(\varphi)$ 的和，我们将其诠释为总概率幅。在图示的情况下叠加向量的长度始终小于 1，即存在一定程度的相消性干涉。使用三角恒等式计算最终函数将是一项烦琐的工作，我们不妨使用欧拉公式：

$$Z(\varphi) + U(\varphi) = \mathrm{e}^{\mathrm{i}\varphi} + \frac{1}{3}\mathrm{e}^{\mathrm{i}(\varphi+3\pi/4)} = \mathrm{e}^{\mathrm{i}\varphi}\left(1 + \frac{1}{3}\mathrm{e}^{\mathrm{i}3\pi/4}\right).$$

也就是说，函数的和还是周期函数 $\mathrm{e}^{\mathrm{i}\varphi}$ 乘以常数因子 $\left(1 + (1/3)\mathrm{e}^{\mathrm{i}3\pi/4}\right)$。

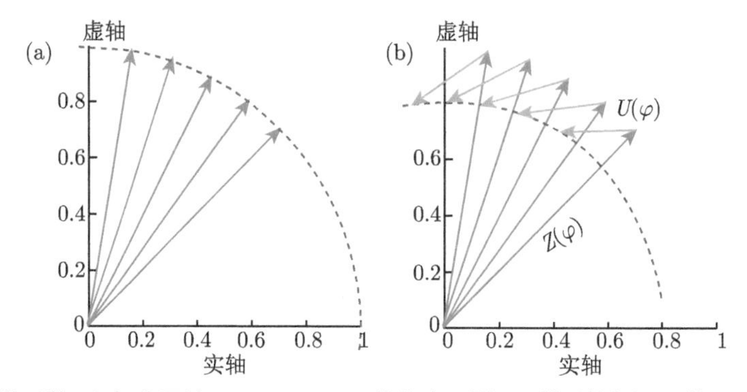

图 4.6　[数学函数。] **部分干涉**。(a) 蓝色箭头的终点：图 4.5所示的相同函数 $Z(\varphi) = \cos\varphi + \mathrm{i}\sin\varphi$，在相同的 φ 值 $(0.25\pi \leqslant \varphi \leqslant 0.45\pi)$ 下计算而得。该函数在复数平面内扫出一个单位圆 (虚线)。(b) 此图代表 (a) 中函数加上另一个函数 (较短箭头) $U(\varphi) = (1/3)(\cos(\varphi + \varphi_0) + \mathrm{i}\sin(\varphi + \varphi_0))$ 的和。这里 $\varphi_0 = 3\pi/4$ 是常数。因此，虚线上的每个点就是所示两个向量的和。端点再次围绕原点扫出圆形路径，只是半径比 (a) 的小。

例题：计算该因子的模。从几何上解释为什么它小于 1。

解答：首先使用方程 D.3，D.9 和 D.7 得到模的平方

$$\begin{aligned}|Z+U|^2 &= |\mathrm{e}^{\mathrm{i}\varphi}|^2 |1 + \frac{1}{3}\mathrm{e}^{\mathrm{i}3\pi/4}|^2 = \left(1 + \frac{1}{3}\mathrm{e}^{\mathrm{i}3\pi/4}\right)\left(1 + \frac{1}{3}\mathrm{e}^{-\mathrm{i}3\pi/4}\right)\\ &= 1 + \frac{2}{3}\cos\left(\frac{3\pi}{4}\right) + \frac{1}{9} \approx 0.64.\end{aligned}$$

其平方根等于模或 0.80。因为几何上 $3\pi/4$ 比直角大，所以所叠加的箭头总是使原向量部分“回折”，即合成向量变短 [见图 4.6(b)]。

更多细节请参阅附录 D。

4.5　光假说，第二部分

光假说第一部分中曾提到单色光由携带相同能量 E_{photon} 的微粒组成 (1.5.1 节)。下面我们利用理查德 · 费曼提出的一个公式来拓展上述说法，给出计算光子到达概率的具体流程。

光假说第二部分 a:

- 观测到光子的概率是概率幅 Ψ 的模平方，即 $\mathcal{P}=|\Psi|^2$。
- 如果光子从光源到探测器有多条路径 (或过程)，而我们又无法观察到光子选择了哪一条，则每条路径对总概率幅都有贡献。
- 对真空中行进的单色光，每条对 Ψ 有贡献的路径的**相位**等于 $E_{\mathrm{photon}}/\hbar$ 乘以沿该路径的传播时间，其中 $\hbar$ 为约化普朗克常数。
- 对于直线传播路径，其贡献的**模**是某个总体常数除以路径长度。对于由折线段组成的路径，模是每个线段的贡献的乘积。

(4.5)

对第一点，我们通常认为概率是位置 (例如屏幕上各处) 的函数，因此 Ψ 也将取决于位置[①]。

我们将在 4.6 节看到**要点** 4.5中的第二点如何解释双缝干涉。4.7.2节将对这一点给出更仔细的解释。我们也会看到这一点是理解反射、折射、衍射和其他光学现象的关键。

要点 4.5的第三点认为路径的相位是某两个量的乘积。第一个因子 $E_{\mathrm{photon}}/\hbar$ 的重要性在于它与所研究的光的种类有关，其量纲为 $\mathbb{T}^{-1}$，与传播时间相乘后就给出相位。在真空中，第二个因子是 (传播时间)= (路径长度)$/c$，因为光在真空中以固定速度 c 传播。

光假说的最后一点提到的路径长度倒数因子很重要，因为它意味着光强随着与光源的距离而下降[②]。但是为了简化我们的数学运算，本章和第 5 章将考虑对

---

① 出于这个原因，Ψ 有时也被称为“波函数”(我们不会使用这个术语)。严格地说，我们寻求的是一个概率密度函数，尽管我们经常使用一般的符号 $\mathcal{P}$。

② [T2] 第 12 章将从更一般的角度来导出 $1/r$ 因子。

于所有可能的路径该因子几乎相等的情况，此时 $1/r$ 因子实际上变成了一个总体常数，我们可将其与其他常数囊括在一起，当成统一的归一化因子。

例题：结合双缝干涉实验，更精确地阐释上述论断。

解答：我们要研究的数学函数形式如下

$$\frac{1}{L}\mathrm{e}^{\mathrm{i}(E_{\mathrm{photon}}/\hbar)(L/c)}$$

引入缩写 $\lambda = 2\pi\hbar c/E_{\mathrm{photon}}$，即将指数中出现的因子合并起来，则表达式可简化为 $L^{-1}\mathrm{e}^{2\pi L/\lambda}$。因此，$\lambda$ 是相位变化 2π 所需的距离。

前述论断宣称 $1/L$ 因子对 L 的依赖性不如指数因子对 L 的依赖性重要。我们来计算上式对 L 的导数

$$\left(-\frac{1}{L}+\frac{2\pi\mathrm{i}}{\lambda}\right)\frac{1}{L}\mathrm{e}^{2\pi\mathrm{i}L/\lambda}$$

括号中的第一项来自对 $1/L$ 的求导，第二项来自对指数的求导。在图 4.2中，$L \approx 3$ m 及可见光波长 $\lambda \approx 500$ nm。因此，第二项事实上占主导地位。

要点 4.5适用于真空，而不是生物相关的场合。在大多数情况下，我们也可以将它应用于空气中传播的光。而在均匀透明的介质 (如玻璃或水) 中，**要点** 4.5 也是一个很好的近似，只是光速减小到 c/n，其中 n 是介质折射率[①]。有时我们还需要考虑混合的情况，即光从一种介质传播到另一种介质 (例如从空气到我们眼睛内的液体)。对于这种情况，我们增加一些额外的要点来细化**要点** 4.5：

光假说第二部分 b：

- 当光从一种均匀透明介质传播到另一种时，每个光子的能量不会改变。
- **要点** 4.5在这样的介质中仍然有效，但是传播时间必须考虑到速度的下降 (降为 c/n)。
- 当光到达透明介质的边界时，其轨迹要么透过边界而发生折射，要么在边界“反弹”而反射回原介质。
- 如果光垂直入射到边界而被“反弹”，并且是从较小 n 的介质朝向较大 n 的介质 (例如从空气到水)，则其对总概率幅的贡献需要乘以额外因子 -1。

(4.6)

① 1.7 节介绍了介质使得光传播减慢的情况。T2 第 12 章将表明它不是一个独立的假说，可以从更基础的原理导出。

关于上述最后一点，我们可以在所讨论的相关路径的相位中加入 π 来代替乘积因子 -1。但是，光子从较大 n 向较小 n 介质前进而被反射时，其光子路径没有这个额外的相位。

就像光假说第一部分，这里提出的附加规则也没有明确提及光的波动特征 (例如，既没有提及 “波长” 也没有提及 “频率”)。我们在 4.6 节会看到完整的光假说如何暗示光在某些方面*看起来像是*频率 $\nu = E_{\mathrm{photon}}/(2\pi\hbar)$ 的波 (因此波长 $\lambda = c/\nu$)。作为光假说的数学结果，我们将明确导出光的波动性以及爱因斯坦关系。我们还将看到光何时表现得像波，而何时又会更像粒子。

与光假说第一部分类似，我们不会证明**要点** 4.5—4.6。相反，我们将它们视为一组规则，由此可以导出许多可实验检验的结论。后续章节将证明它们的确可以协调某些波动现象与光子概念之间的冲突。

本节直接给出了光假说，而没有过多考虑其基础。接下来我们就要用这个假说来解释诸如干涉、折射等明显的波动行为。后面的章节我们还要系统研究其他光现象，这些现象对任何希望 “看” 的生物 (以及希望看得更清楚的科学家) 都很有用。

T2 4.5′ 节将给出**要点** 4.5—4.6 的更精细的论述。第 12 章证明了它们如何从更一般的原理导出，而不仅限于单色光的特殊情况。此外，本节所述的光假说忽略了极化效应，因此我们得出的衍射理论只是近似的 (“标量衍射理论”)。第 13 章概述了一种更完整的方法。

4.6 干涉现象

4.6.1 光假说解释双缝干涉

让我们回到双缝实验 [图 4.2(b)]，并尝试使用扩展的光假说来理解它。在本章和第 5 章中，我们将忽略**要点** 4.5最后部分出现的 (1/ 长度) 因子，因为它大致恒定，因此我们将注意力集中在变化快速的相位因子上。

要点 4.5适用于发射/传播/检测的整个过程。在双缝实验中，光子到达投影屏上给定点的概率幅包含两份贡献。考虑如下例子：

- 图示 **A** 点处的测量值涉及两条长度相同的路径的贡献。所以

$$\Psi(\mathbf{A}) = C(\mathrm{e}^{\mathrm{i}\varphi} + \mathrm{e}^{\mathrm{i}\varphi}), \tag{4.7}$$

  C 和 φ 为常数。该函数的模平方为 $4|C|^2$。
- 在 **B** 点，上部路径略长于而下部路径略短于 **A** 中相应路径。假设它们的传播时间差是 $2\pi\hbar/E_{\mathrm{photon}}$ 的一半。这种差异对于缓慢变化的模 C 是无关紧要的，但对于相位差却很重要

$$\Psi(\mathbf{B}) \approx C\left(\mathrm{e}^{\mathrm{i}\varphi'} + \mathrm{e}^{\mathrm{i}\left(\varphi' + (E_{\text{photon}}/\hbar)(\pi\hbar/E_{\text{photon}})\right)}\right), \tag{4.8}$$

φ' 为常数。该量等于 $C\mathrm{e}^{\mathrm{i}\varphi'}(1+\mathrm{e}^{\mathrm{i}\pi})$，即等于零，正如所观察到的那样，没有光子会到达 **B**。

- 对于离轴更远的 **C** 点，传播时间差是 $2\pi\hbar/E_{\text{photon}}$，则

$$\Psi(\mathbf{C}) \approx C\left(\mathrm{e}^{\mathrm{i}\varphi''} + \mathrm{e}^{\mathrm{i}\left(\varphi'' + (E_{\text{photon}}/\hbar)(2\pi\hbar/E_{\text{photon}})\right)}\right), \tag{4.9}$$

φ'' 为常数。此时概率幅等于 $C\mathrm{e}^{\mathrm{i}\varphi''}(1+\mathrm{e}^{\mathrm{i}2\pi})$，其模平方为 $4|C|^2$，与 **A** 的相同。

如果我们将光检测器在投影屏上向另一个方向移动 (图中向上)，则可以得到类似结论。简而言之，光假说预测了第二个狭缝打开时屏幕上会观察到明暗相间的条纹 [图 4.2(c)]。

双缝衍射图案产生的根源在于每个光子具有多条相互干涉的传播路径，每条路径都对概率幅有贡献。

例题：给出投影屏上衍射图案的完整描述。

解答：首先，请注意传播时间差可以用 Δ(路径长度差) 表示为 Δ/c。利用与上述相同的推理，到达屏幕上某点的概率幅等于某个整体常数乘以 $1+\mathrm{e}^{\mathrm{i}(E_{\text{photon}}/\hbar)(\Delta/c)}$。再次引入缩写 $\lambda = 2\pi\hbar c/E_{\text{photon}}$，光子到达特定位置的概率密度等于常数乘以

$$\left|1+\mathrm{e}^{\mathrm{i}2\pi\Delta/\lambda}\right|^2 = \left|(\mathrm{e}^{\mathrm{i}\pi\Delta/\lambda})(\mathrm{e}^{-\mathrm{i}\pi\Delta/\lambda}+\mathrm{e}^{\mathrm{i}\pi\Delta/\lambda})\right|^2$$

利用公式 D.7，这个表达式可以简化为

$$= 1 \times \left|2\cos\frac{\pi\Delta}{\lambda}\right|^2 = 4\cos^2\frac{\pi\Delta}{\lambda}. \tag{4.10}$$

因为 Δ 取决于屏幕上的位置，这个表达式显示了当我们在屏幕上移动探测器时光子的到达概率如何平滑地上升或下降。我们之前得到的结果 (方程 4.7—4.9) 是 Δ 分别为 0、$\lambda/2$ 或 λ 的特殊情况。

光的波动模型也能给出光强图案的预测，即给出相同的公式 4.10，尽管它与上述模型在理解上差异巨大[①]。光假说囊括了爱因斯坦关系，因为它能预测具有给定 E_{photon} 的单色光给出的衍射 (干涉) 图案，而这类似于波长 $\lambda = 2\pi\hbar c/E_{\text{photon}}$ 的经典波给出的预期图案。

① 习题 4.3 会探讨衍射图案的更精细规律。

方程 4.10包含了一些近似，因此不能想当然地认为它总是成立的 (在某些范围外近似会失效)。例如，图 4.2(c) 中的真实衍射图案的光强在前几个条纹之后迅速下降。方程 4.10 中的公式却没有此属性，且实际上也无法归一化。造成这种差异的原因是我们一直假设狭缝为无穷窄，而这又与真实实验不符①。不过，眼下我们只需知道上述暂定公式能正确解释衍射图案中心的周期结构即可。

T2 4.6.1′ 节对双缝干涉进行了更多讨论。

4.6.2 牛顿环阐明了三维装置的干涉

当我们将两块几乎平坦的抛光玻璃板放在一起时，从中反射的光往往会显示出有趣而多彩的图案。从水中的薄油层或洗涤剂或者空中肥皂泡反射的光中也可以看到类似图案。

罗伯特 · 胡克利用一种简单的实验装置研究了这一现象②。在平坦的抛光玻璃板的上方再放置另一块板，其下表面也抛光但略微弯曲 [图 4.7(a)]。然后我们用一个远处的单色光源照射这两块玻璃板，并观察反射到屏幕上的光。

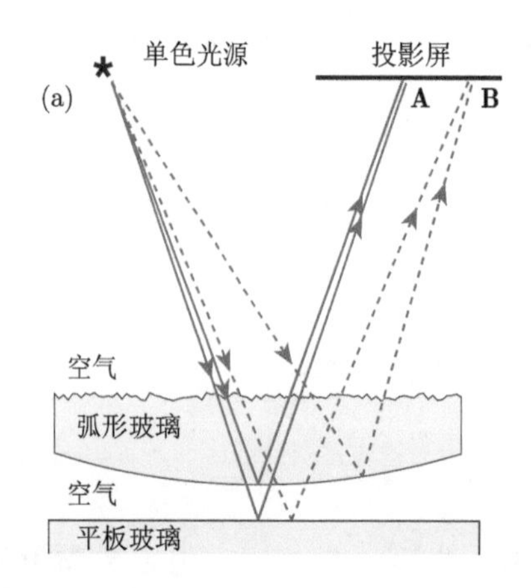

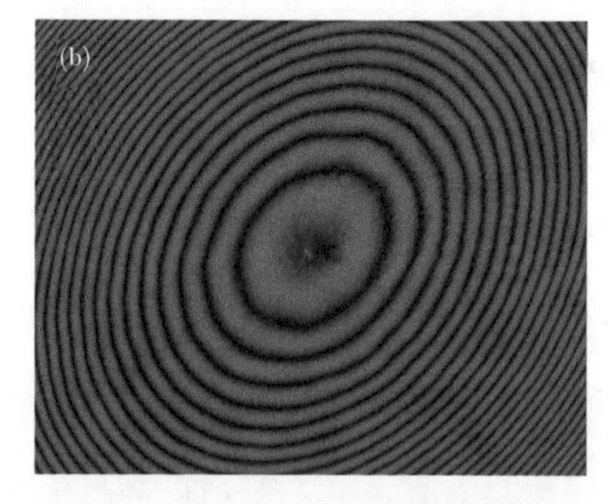

图 4.7　[路径图，照片。] **牛顿环**。(a) 装置的侧视图。上部玻璃的底面像球面的一部分。两条不同的路径对 **A** 处观察的光都有贡献 (实线)，另外两条路径则对 **B** 处观察到的光有贡献 (虚线)。为简单起见，图中没有显示空气–玻璃界面处的折射 (光线弯曲)。从玻璃的粗糙顶表面的反射沿着随机方向 (未显示)，因此也可以被忽略。本图未按标尺绘制，上部玻璃的曲率被夸大了。在两玻璃表面之间反射多次的附加路径是存在的 (未显示)。第 5 章将说明如何计算其贡献。(b) 当单色光照射在 (a) 中的装置时干涉图案的俯视图。(a) 中装置具有近似轴对称性，这导致 (b) 中产生大致圆环状的条带。[图片蒙 Robert D Anderson 惠赠。]

① 4.7.3节和习题 8.2 讨论了有限宽度的狭缝。

② 罗伯特 · 玻意耳 (Robert Boyle) 也观察到了这种现象，艾萨克 · 牛顿 (Isaac Newton) 后来在他的 *Opticks* 一书中对此进行了描述，后来人们将其称为“牛顿环”，但胡克是第一个尝试进行波动解释的人。后来，托马斯 · 杨 (Thomas Young) 使用牛顿自己的数据对特定色调对应的波长首次给出定量估算。

图 4.7(a) 所示的实验装置排布比我们研究过的狭缝装置更复杂。狭缝是直的，且缝长比缝间距大得多，因此照射图案在一个方向上有结构但在另一个方向上是均匀的，我们将这种情况称为“二维的”，因为我们在分析中可以忽略一个维度。相反，牛顿环装置涉及在两个方向上都弯曲的表面，不存在单一的方向。这类装置称为三维的，它们会产生如图 4.7(b) 所示的照射图案，比 2D 问题中出现的条带 [图 4.2(c)] 复杂得多①。

图 4.7(a) 显示了装置的侧截面。光子可以经由较低的平坦表面反射的路径，或经由弯曲玻璃 → 空气界面反射的路径到达 **A**。与双缝干涉一样，光子到达 **A** 的概率由这两条路径的长度差 $\Delta(\mathbf{A})$ 决定②。在另一点 **B**，$\Delta(\mathbf{B})$ 将具有不同的值，两者导致屏幕上出现交替的亮暗环。

对于投影屏上任意一点，**要点** 4.6指出两条路径中的某一条的总概率幅将带有额外的负号，因为它对应于空气中的光子从玻璃表面反射的过程。在图 4.7(a) 中，从平板上反射的路径属于这种类型。因此，方程 4.10略有变化，如下

$$\begin{aligned}\left|1-\mathrm{e}^{\mathrm{i}2\pi\Delta/\lambda}\right|^2 &= \left|(\mathrm{e}^{\mathrm{i}\pi\Delta/\lambda})(\mathrm{e}^{-\mathrm{i}\pi\Delta/\lambda}-\mathrm{e}^{\mathrm{i}\pi\Delta/\lambda})\right|^2 \\ &= 1\times\left|2\mathrm{i}\sin\frac{-\pi\Delta}{\lambda}\right|^2 = 4\sin^2\frac{\pi\Delta}{\lambda}. \end{aligned} \tag{4.11}$$

方程 4.11看似很像双缝公式 (方程 4.10)，但这里的路径长度差 Δ 同时取决于投影屏上的坐标 x 以及 y，而不仅仅是 x。在大多数演示实验中，曲面实际上是与平板接触在一起的。因此，靠近接触点的两条干涉路径具有*相同的长度* $(\Delta=0)$，于是按照方程 4.11，可以预测环形图案的中心是*暗的*，如图 4.7(b) 所示。向远离屏幕 **A** 点的任何方向移动都会增加 Δ，因此随着 Δ/λ 是整数，屏幕上就出现同心环，对应于图 4.7(b) 中的暗带。

水上的油层因为其厚度通常随位置而变，所以也产生干涉图案。我们通常在白光下观察这些油层，而反射光看起来是彩色的。发生这种情况是因为光子是自身干涉而不是相互干涉③，且白光中的每种光子都有自己的波长。亮带和暗带之间的区别取决于油层厚度以及每种光子的波长 (见方程 4.11)。因此，不同波长的光子将导致不同的暗带图案。来自光源的红光所对应的暗带将显示为青色，依此类推。

T2 *4.6.2′ 节进一步讨论了上面使用的负号规则和其他要点。*

---

① 当我们在第 6 章研究棱镜或在第 8 章分析 X 射线时，为了数学上的简化，我们将再次讨论 2D 情况。

② 较长路径的额外长度几乎完全是其在空气中的路径片段，因此除了在其中一条路径的贡献中引入额外的负号以外，玻璃折射率的具体数值不会出现在这个简化的计算中。

③ 参考泰勒实验 (4.2节)。

4.6.3 光假说的反对意见

前面小节描述了两个看似有利于光假说的引人注目的现象。但深入思考后，你会发现还存在一些令人不安的问题。

- 光假说 (**要点** 4.5) 对于需要考虑的“多条路径”的定义是含糊的。为什么我们只画出图 4.2(b) 和图 4.7(a) 所示的折线状路径呢？什么原理告诉我们路径不包括图 4.8(a) 中的曲线部分？这是光假说尚未明言的新内容吗？如果是，那么光通过密度可变介质时的情况会怎样？我们知道此时光线应该是弯曲的！
- 即使只关注折线路径，除了图 4.7(a) 所示的路径之外，依然存在许多从光源到 **A** 点的路径。为什么我们既不考虑图 4.8(a) 中的锯齿形路径，也不考虑图 4.8(b) 中显示的路径呢？还存在新规则吗？

费曼对这个难题的解决方案很优雅：

> 并不存在新规则迫使我们舍弃这些违反直觉的路径。但是存在一个数学原理，它解释了为什么在宏观实验中这些路径对结果的贡献可以忽略不计。因此我们可略去这些路径，从而简化计算。　　(4.12)

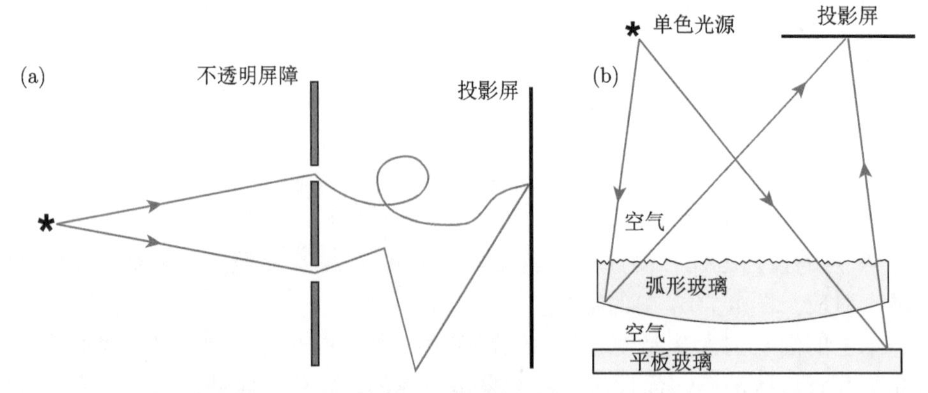

图 4.8　[路径图。] **反直觉路径**。(a) 图 4.2b 未考虑的光子路径举例。(b) 图 4.7a 未考虑的光子路径举例。不同于那些图中考虑过的路径，这里的路径不遵守 5.3.1 节讨论的“反射定律”。

4.7 节将阐述**要点** 4.12中提到的关键数学思想：稳相原理。4.7.2节将解释该原理如何证明费曼的上述卓越见解，我们也将看到同样的观点如何为我们提供从日常光体验到显微镜中衍射效果的定量结果。

本小节为我们开启了从光假说到成像 (见第 6 章) 之旅。

T2 4.6.3′ 节解决了对光假说的另外两个反对意见。事实上，按照费曼的想法，我们可以构思出比上述更违反直观的路径，第 12 章解释了为什么在宏观情况下这些路径都可以被忽略。

4.7 稳相原理

4.7.1 菲涅耳积分阐明稳相原理

按照光假说，我们必须将*每条路径*的贡献相加才能计算出概率幅。每条路径对 Ψ 的贡献是一个复数，其模大致相同但相位不同。前面小节指出，不能只考虑从光源到探测器的*两条*路径，而必须包括*一系列*可能的连续路径。为避免一上来就面对这样的难题，我们先考虑类似的可能最简单的一个计算，即积分 $\int_{-\infty}^{\infty} \mathrm{d}\xi \mathrm{e}^{\mathrm{i}\xi^2}$。菲涅耳早在量子物理学出现之前的约 1819 年就研究了这个问题，所以这类积分被称为“菲涅耳积分”。我们先把这个表达式理解为一个纯粹的数学问题，然后再看看它与光的物理模型的相关性。

计算菲涅耳积分似乎是不可行的 (梦魇)。我们通常被教导说，除非被积函数随 ξ 快速下降，否则对于无穷大区间的积分是没有意义的，但眼前这个被积函数是处处模为 1 的复数！更糟糕的是，它对于大的 $|\xi|$ 值是快速振荡的 (图 4.9)。但仔细观察图后发现，在远离 $\xi = 0$ 的任何区域 (例如，$\xi \in [5, 7]$)，被积函数的实部呈现正、负的频次相当 [图 4.9(b)]，所以我们有理由希望这些区域的积分基本上相互抵消，因而只剩下 $\xi = 0$ 邻域的有限净值。类似的处理也适用于虚部 [图 4.9(c)]。也就是说，我们有理由希望对于大 $|\xi|$ 区间来说，积分将“振荡相消”，因而菲涅耳积分有明确定义。让我们看看这个希望能否被证实。

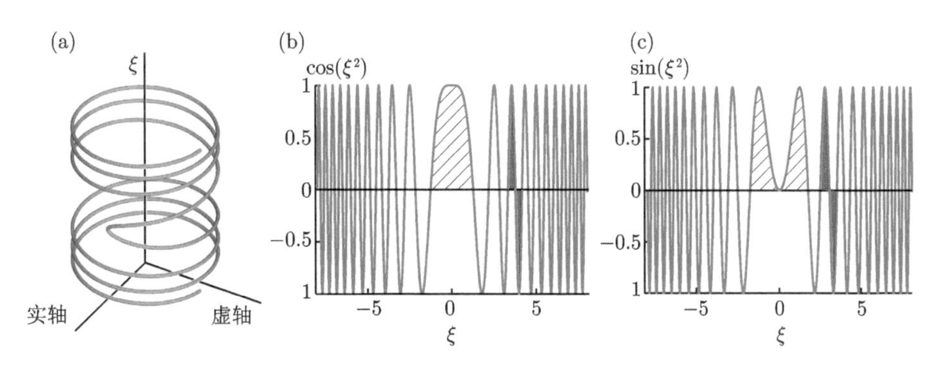

图 4.9　[数学函数。] **菲涅耳积分**。(a) 函数 $\exp(\mathrm{i}\xi^2)$，类似于图 4.5的表示。ξ 值由纵坐标表示，它涵盖范围 $-4.5 < \xi < 4.5$。(b) 此函数的实部。当我们将其在远离 $\xi = 0$ 的区域积分时，正的贡献 (例如，*上部红色区域*) 与负的贡献 (*下部红色区域*) 大致抵消。(c) 函数虚部也有类似的抵消。但是，无论实部还是虚部，接近 0 的区域的贡献都不会抵消 (*阴影区域*)。

图 4.10给出了这种积分的不同的图形表示。我们可以想象将区域分割成宽度为 $\Delta\xi$ 的较小间隔，则 $\exp(\mathrm{i}\xi^2)$ 的积分近似为其在每个小间隔上的值的累加再乘

以 $\Delta\xi$。对总和的每个贡献都是一个复数 $\Delta\xi e^{i\xi^2}$。作为示例，该图显示了三个箭头，三个 ξ 值的每一个都对应着角度 ξ^2，将所有箭头首尾相接就得到了其总和，彩色箭头就是合成向量。

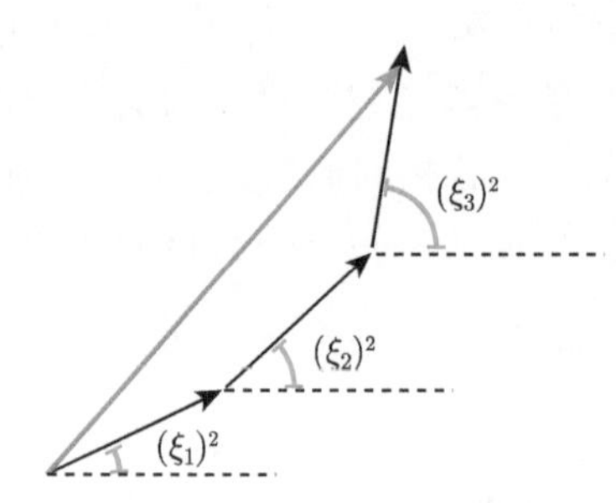

图 4.10　[向量和。] **用有限和逼近复数积分**。对于每个 ξ 值，菲涅耳积分中被积函数的值可用复平面中的黑色箭头表示。每个箭头具有相同的长度 $\Delta\xi$，但每个箭头相对于实轴具有不同的角度 ξ^2。将这些箭头首尾相连就得到了其总和 (长箭头)。为清楚起见，本图将区间 $0.66 < \xi < 1.2$ 分割为三段，图 4.11和图 4.12讨论了我们感兴趣的另一些区间。只要区间划分足够细，给出的答案也会足够准确。

将此程序应用于完整的菲涅耳积分，结果如图 4.11(a) 所示，接近 $\xi = 0$ 的区域出现在画面中心，相位 ξ^2 在此变化缓慢，导致所有箭头几乎指向同一个方向，因此整个画面出现了大的总体偏移。但是在大的 $|\xi|$ 处，曲线出现了紧致的卷曲。我们在 $\xi = 5$ (如图所示)，或 50，还是 5000 截断积分似乎无关紧要，因为彩色箭头的终点几乎没有变化。因此，当我们将积分范围设定到无穷大时也存在一个很好的极限，即全域积分等于 $(1+i)\sqrt{\pi/2}$。

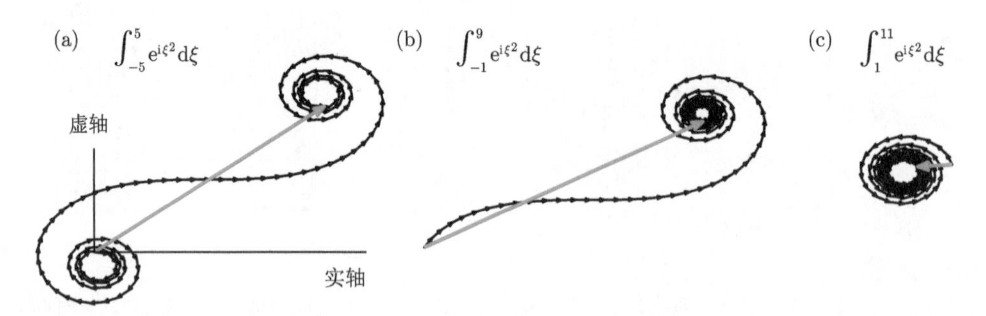

图 4.11　[向量和。] **各区域上 ξ 菲涅耳积分的计算**。每个图显示的向量之和类似于图 4.10，只是积分区域越大，划分越精细。每个小箭头都对复平面中的积分有贡献，而长箭头表示最终结果 (总和)，即该积分的 (离散方法) 近似值。从 $-\infty$ 到 $+\infty$ 的整个积分类似于图 (a)，称为**考纽螺线**。图 (a—c) 描绘了较宽区域内的积分，区域的宽度都是 $\xi_{max} - \xi_{min} = 10$。这些图表明，当积分范围很大时，总和的大小很大程度上取决于积分范围是否包含稳相点 $\xi = 0$ [图 (a,b) 包含而 (c) 不包含]。参见要点 4.13和习题 4.5。

例题：我们在图 4.9(b) 中已经看到红色区域几乎完全相消，因而对积分无贡献。这与图 4.11(a) 的直观特征有何联系？

解答：图 4.11(a) 中箭头的首尾相连表示对各点的积分。曲线的每个卷曲末端都会返回到几乎相同的点。图 4.9(b), (c) 显示了曲线积分的相同行为，即一旦远离 $\xi=0$，则正负偏移几乎恰好相互抵消。

并非所有的振荡积分都会收敛，但这里的振荡积分的确是收敛的，因为图中螺线向内延伸并收敛到最终端点。

图 4.11和图 4.12计算了几种不同的端点组合，显示了菲涅耳积分的另一些重要特征。

- 如果菲涅耳积分区间较宽且包含稳相点 $\xi=0$，则得到的合成向量也较大 [图 4.11(a), (b)]；如果积分区间同样大但不包含稳相点 $\xi=0$，则得到的合成向量要小得多 [图 4.11(c)]。
- 如果积分区间很小，则所得合成向量的大小与该区间内是否包括 $\xi=0$ 并无很大关系 (图 4.12)。

(4.13)

要理解这些观察结果，就必须考虑 $\xi=0$ 这一特殊点，因为此处相位 ξ^2 不随 ξ 快速变化。实际上，其变化速率 $\mathrm{d}(\xi^2)/\mathrm{d}\xi$ 在 $\xi=0$ 时为零。因此，$\mathrm{e}^{\mathrm{i}\xi^2}$ 的角方向旋转在此暂停。我们将 $\xi=0$ 称为被积函数的**稳相点**。在稳相点附近，代表被积函数的一系列箭头将大致对齐，因而产生较大的向量和。如果积分区间明显包含这一点 [图 4.11(a), (b)]，则获得的结果比不包含情况 [图 4.11(c)] 的数值更大。简言之，

稳相原理：当振荡积分在其积分区间内多次振荡时 (极限情况)，积分值主要由那些接近稳相点的点决定。　(4.14)

在相反的情况下 (缓慢振荡或窄的积分范围)，则稳相点没有特殊的意义。

(a) $\int_{-0.16}^{+0.16} \mathrm{e}^{\mathrm{i}\xi^2}\mathrm{d}\xi$　(b) $\int_{-0.11}^{+0.21} \mathrm{e}^{\mathrm{i}\xi^2}\mathrm{d}\xi$　(c) $\int_{+0.84}^{+1.16} \mathrm{e}^{\mathrm{i}\xi^2}\mathrm{d}\xi$

图 4.12　[向量和。] **图 4.11续**。三个图都描绘了与图 4.11相同的被积函数，但积分区间均很窄，其宽度均为 $\xi_{\max}-\xi_{\min}=0.32$。结果表明，当积分区间很小时，总向量 (橙色) 的大小并不特别依赖于积分区间内是否包括稳相点 $\xi=0$ [图 (a,b) 包含而 (c) 不包含]。参见**要点** 4.13 和习题 4.5。

考察稳相点还有另一种有用的方法：如果我们看一下平庸点 (比如 $\xi_0 = 1$) 附近，会发现在其一侧 (ξ 略大于 1) 的相位函数 ξ^2 略大于 ξ_0 的，而在另一侧又略小一些。但是稳相点不同：相位函数在 $\xi = 0$ 的任意一侧都略大于其在 $\xi = 0$ 的值。这只是微积分的熟悉结果，即导数等于零的地方通常也是一个**极值点** (这种情况下属于局域最小)。

4.7.2　计算概率幅需要对光子所有可能路径求和

利用稳相原理，我们可以回答前面提及的谜题：

1. 我们需要考虑如图 4.8所示的所有反直觉路径吗？
2. 为什么光通常似乎走直线而有时又不？

我们还无法把第一个问题完全处理成数学问题，然而，关键的想法并不难理解。我们曾认为需要对从光源到探测器的*所有路径求和*，这构成了光假说的主要内容[1]。这个处理似乎是矛盾的，但费曼认为这也有道理，因为把反直觉路径考虑进来并没有坏处 (*要点* 4.12)。现在我们可以解释他的推理：

- 被积函数具有振荡性。
- 前面小节表明这种类型的积分可以变得非常简单，即单变量的菲涅耳积分有时可以仅由其稳相点的贡献来近似。
- 因此，我们可以预期所有*路径*上我们感兴趣的完整积分都将具有类似的性质。
- 换句话说，我们的路径求和将由一条或几条特殊路径的贡献主导。类比菲涅耳积分，我们称这些特殊路径为**稳相路径**。

4.7.1节指出菲涅耳型积分中的稳相点通常也是相位的极值点。因为光假说定义相位是传输时间乘以常数，所以该结果通常被称为**极小时间原理** (费马原理) 。

有了上述认知，我们再回到图 4.8(a)。不难发现其中*所显示的任何反直觉路径都不是局部极小的* (即最小长度的)，因此也不是稳相路径。例如，我们可以拉伸或收缩环状路径以生成稍长或稍短的类似路径。当我们遍历这类路径时，相位不会如图所示那样发生暂停。类似的讨论适用于图 4.8(a) 中的弯折路径。

相比之下，我们在双缝衍射中考虑的路径 [图 4.2(b)] 是局部极小的，它们类似于从光源发出、穿过其中一个狭缝、最终到达投影屏上特定点的一条拉紧的橡皮筋。这些极值路径对概率幅起主导作用。我们稍后将看到牛顿环现象中所考虑的路径也是稳相的，而图 4.8(b) 中的路径不是[2]。

也就是说，如*要点* 4.12中所述，*在宏观世界中考虑那些严重反直觉的路径是不会影响整个振幅的*。实际上，当我们试图通过一个小窗户向外看时，外部世界

---

[1] 见*要点* 4.5 光假说第二部分 a。

[2] 请参见 5.3.1节。

的大部分都是不可见的，因为光在宏观世界中似乎以直线传播。4.7.3 节我们将通过识别具有稳相路径的直线，将上述结论与光假说联系起来，我们会看到光在何种程度上能通过这类路径到达我们的眼睛。我们或许会惊讶地发现，稳相原理并不适用于小孔，源自任何方向的光都可以到达我们的眼睛。

T2 4.7.2′ 节讨论了在稳相路径附近的许多路径上求和的问题，以及介质具有连续变化折射率的情况。

4.7.3　单个大光圈的衍射

当我们考察具体情况 (图 4.13) 时，4.7.2 节的想法会变得更加清晰。该图描绘了光穿过宽度为 W 的**光圈** (此处为屏障上的开孔) 的情况，光圈可宽可窄。在这种情况下，即使我们只关注折线路径，仍然需要考虑许多路径。

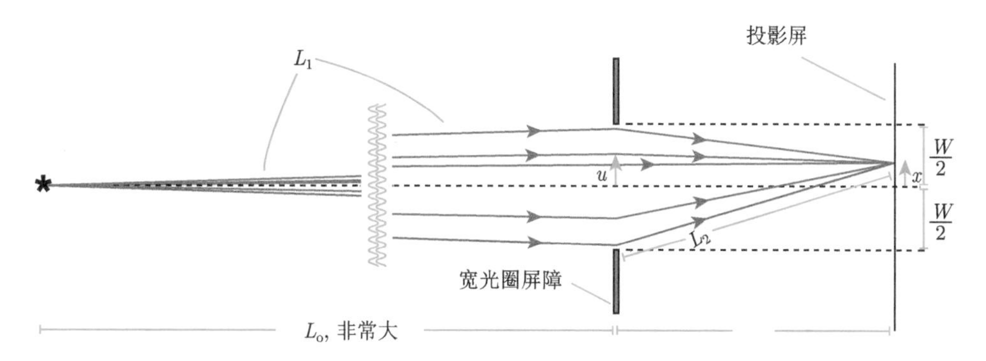

图 4.13　[路径图。] **大光圈衍射**。来自远处单色光源的光穿越宽度为 W 的光圈，再照亮距离光圈 d 处的屏幕。图示未按比例绘制，实际 W 比 d 小得多。绿色波浪线表示省略的实验装置部分。实际上，光源远离光圈，且五条红色线条都是连续的。屏幕上的位置由到中心线 (点线) 的距离标注为 x，负 x 值描述图中的下部区域。图中显示了五条可能的光子路径，其中只有一条是稳相路径 (粗线)。正文描述了如何计算各观察位置 x 处的照度 (光子被检测到的概率)。对于任一路径，我们可以将其通过光圈时的高度 (到中心线的距离) 记为 u。当光源很远时 (极限情况)，稳相路径具有 $u = u_\star \approx x$。(在实际装置中，由于光源距离有限，因此 $|u_\star|$ 小于 $|x|$。)

在典型的课堂演示中，从光圈到屏幕的距离可以是 $d = 4$ m。如果光圈的宽度 $W = 1$ cm，则根据日常经验，我们会料想屏幕上呈现宽度为 W、边缘清晰的均匀照明带。但是当我们减小狭缝宽度至低于 0.5 mm 时，会看到不寻常的现象。我们想知道光假说是否能够正确地预测这一现象及发生转变的 W 值。

为了求得光子到达位置 x 的概率，我们必须首先计算 $\Psi(x)$。为此，我们需要累加所有路径的贡献。图示的每条路径可以由其在光圈中的高度 u 来描述。路径片段的长度 L_1 和 L_2 取决于 u。因此，我们对整个 u 积分[①]：

① 我们在此使用光假说第二部分 a，要点 4.5。

$$\Psi(x) = C\int_{-W/2}^{W/2} \mathrm{d}u \frac{1}{L_1(u)} \mathrm{e}^{2\pi \mathrm{i} L_1(u)/\lambda} \frac{1}{L_2(u,x)} \mathrm{e}^{2\pi \mathrm{i} L_2(u,x)/\lambda}, \tag{4.15}$$

其中 C 是归一化常数。与 4.5节中的示例一样，我们现在也做出近似，将因子 $1/L_i$ 视为常数 (与 u 和 x 无关)。这个近似成立的理由是这些因子的变化比指数项的变化要慢得多 (后者取决于 $1/\lambda$)。进一步，在两个指数项中，由于 $L_1 \gg L_2$，所以 L_1 随 u 的变化比 L_2 的慢得多。因此，第一个指数项可以近似用常数 $\mathrm{e}^{2\pi \mathrm{i} L_0/\lambda}$ 代替并移到积分之外。

思考题4A

计算方程 4.15中被积函数相对于 u 的导数，并证明上述论断。

写出指数中 $L_2(u,x)$ 的明确表达式，则有

$$\Psi(x) = C' \mathrm{e}^{2\pi \mathrm{i} L_0/\lambda} \int_{-W/2}^{W/2} \mathrm{d}u \exp\left[(2\pi \mathrm{i}/\lambda)\sqrt{d^2+(u-x)^2}\right], \tag{4.16}$$

其中 $C' = C/(L_0 d)$。

我们可以用计算机对上述积分进行数值计算。但是许多我们关注的情况允许使用结果的近似简化形式。例如，在课堂演示中，我们通常只对屏幕上宽度不超过 10cm 的照射图案感兴趣，因此整个图像中 $|x| \ll d$。而狭缝宽度通常又不大于约 2mm，因此 $W \ll d$。设 $R = \sqrt{d^2+x^2}$ 是从光圈中心到观察点的距离，则我们可以有效地将 L_2 表达成 $\sqrt{R^2+(-2ux+u^2)}$，在这个表达式中，R^2 项不依赖于积分变量 u，且比剩余的 $-2ux+u^2$ 大得多。因此，我们可以用泰勒级数展开来近似表达平方根：

$$\sqrt{d^2+(u-x)^2} \approx R\left(1+\frac{1}{2R^2}(-2ux+u^2)+\cdots\right). \tag{4.17}$$

忽略高阶项[①]后得

$$\Psi(x) = C' \mathrm{e}^{2\pi \mathrm{i}(L_0+R)/\lambda} \int_{-W/2}^{W/2} \mathrm{d}u \exp\left[\frac{2\pi \mathrm{i}}{2R\lambda}(-2ux+u^2)\right].$$

完成指数内的配方后得

$$= C' \mathrm{e}^{2\pi \mathrm{i}(L_0+R-x^2/(2R))/\lambda} \int_{-W/2}^{W/2} \mathrm{d}u \exp\left[\frac{\pi \mathrm{i}}{R\lambda}(u-x)^2\right]. \tag{4.18}$$

① T_2 问题 4.8 将探索这种近似。

将积分前面的所有因子合并为单个符号 C''，该因子依赖于 x，但是 Ψ 的模不依赖于 x。

这个公式初看起来很熟悉。为了使它看起来与菲涅耳积分完全相同，我们定义无量纲变量 $\xi=(u-x)/\sqrt{R\lambda/\pi}$ 和另一个缩写 $C'''=C''\sqrt{R\lambda/\pi}$，则有

$$\Psi(x)=C'''\int_{\xi_{\min}}^{\xi_{\max}}\mathrm{d}\xi\exp(\mathrm{i}\xi^2), \tag{4.19}$$

此处 $\xi_{\min}=-\left(\dfrac{1}{2}W+x\right)/\sqrt{R\lambda/\pi}$ 和 $\xi_{\max}=\left(\dfrac{1}{2}W-x\right)/\sqrt{R\lambda/\pi}$。光子到达的概率就是该表达式的模平方。前因子 $|C'''|^2$ 在数厘米的 x 范围内几乎是恒定的，所以我们可以忽略它，况且我们也只对屏幕上不同位置的光强度的相对值感兴趣。

方程 4.19中的被积函数现在就是精确的菲涅耳形式。4.7.1节给出了积分方法。定义参数 M 为积分区域的近似宽度：

$$M=W/\sqrt{d\lambda/\pi}\approx W/\sqrt{R\lambda/\pi}=\xi_{\max}-\xi_{\min}. \tag{4.20}$$

上述近似依赖于 $|x|\ll d$ 的事实，所以 $R\approx d$ ①。因为 M 无量纲，所以讨论其相对于数字 1 更“大”或更“小”是有意义的。

我们将来自点光源的照射图案称为透镜系统的**点扩展函数**。图 4.14显示了四个示例 M 值的结果 (方程 4.19的模平方)，它们表明

- 如果 M 很大，则前面关于菲涅耳积分②的讨论意味着，当稳相点 $\xi=0$ 位于积分范围内时，概率幅会较大，否则就会小得多 (图 4.11)。也就是说，屏幕上 $x\in[-W/2,W/2]$ 的区间将被照亮。这正是基于“光沿直线传播”的观念所应预期的图像 [图 4.14(a)]。
- 如果 M 很小，则概率幅不会完全集中在按直线传播预期的条带内 [图 4.14(d) 和图 4.12]，由此产生的图案是较宽的模糊亮带。

至此，我们已经利用光假说成功解释了 4.2 节中第 4 和第 5 点所论述的两种情况以及如何在两者之间过渡。在图 4.1所示的类比中，详细论述考纽螺线的科学家拥有最一般的观点，其他人的解释可视为其特例。

方程 4.20 强调了我们对于衍射的几个直观想法。例如，增大光圈宽度 W 就进入了大 M 或**几何光学近似**，此时我们得到普通 (非衍射) 的几何光学行为。因为衍射效应涉及光的有限波长，当其他参数固定而 $\lambda\to 0$ 时我们应该也能进入几何光学近似，事实上 M 确实在这个极限中变得很大。最后，方程 4.20 显示增加到投影屏的距离 d 就会减小 M，同时也使系统朝向**衍射区间**移动。

① 参见习题 4.8。

② **要点** 4.13给出了菲涅耳积分的相关结论。

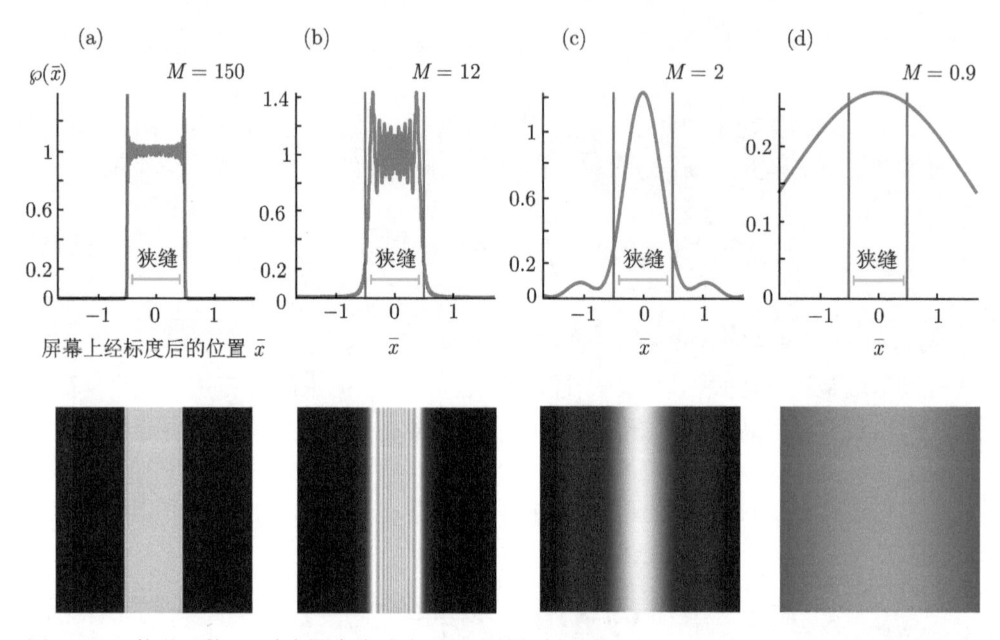

图 4.14 [数学函数。] **随光圈宽度减小而呈现的衍射现象**。上图：每个图显示的是光子到达的概率密度 (常数乘以 $|\Psi|^2$)，它是 $\bar{x} = x/W$ 的函数，不同的图代表不同的 M 值，后者由方程 4.20定义。以这种方式重新标度 x 的目的是使各种情况下狭缝按几何光学所成像都落在同一范围 $-1/2 < \bar{x} < 1/2$(红线)。有关计算细节可参阅习题 4.6。参数 d, λ 和 W 的绝对值对于这些图无关紧要，重要的是复合量 M。下图：每个图显示与上图对应的相同信息，它们是模拟得到的衍射图案，灰度对应于概率密度函数 $\wp(\bar{x})$ 乘以某个整体标度因子。

思考题4B

> 对于红色可见光和 $d = 3$ m，估计几何光学失效而衍射现象开始变显著的临界狭缝宽度。

其他光圈形状

可以对三维空间中的其他光圈形状 (例如矩形) 进行类似计算。图 4.15显示了这种情况下的实验结果。动物眼睛的光圈称为**瞳孔**。某些动物的眼睛确实有长方形的瞳孔 (例如山羊)，但我们人类的是圆形的[①]。

① T2 习题 4.6e 将研究矩形光圈，而习题 4.7 研究圆形光圈。值得注意的是，在亮光下乌贼 *Sepia officinalis* 将它的瞳孔缩小到字母 ω 的形状，这或许与其特定生态位相关。

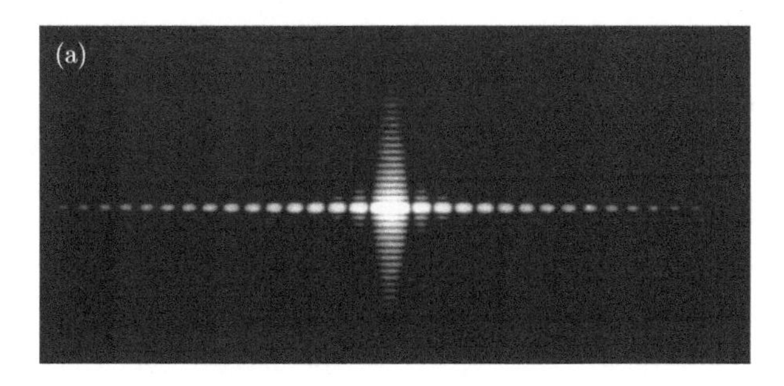

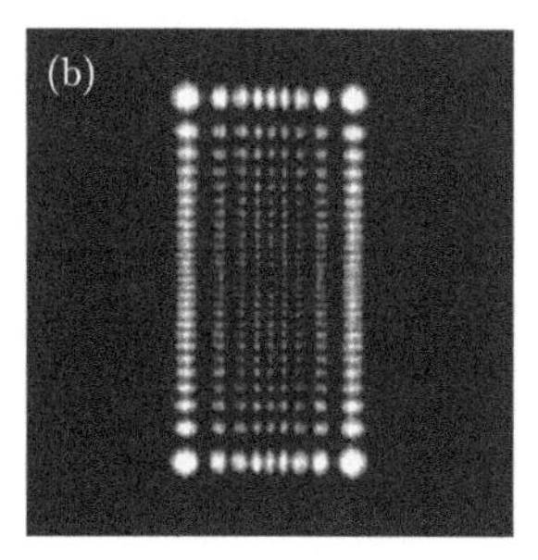

图 4.15　[照片。] **矩形光圈**。(a) 光穿过矩形光圈后投射在远处屏幕上 (小 M，对应衍射区间) 的衍射图案。矩形光圈的长轴沿图中的竖直方向，其水平方向的短轴对光的限制比长轴更大，导致光在水平方向上展布更宽。(b) 相同光圈但在近处 (几乎处于几何光学近似) 屏幕上投射的图案。图像基本上是几何光学预测的矩形。[图片来自 Cagnet, et al., 1962。]

4.7.4　调和光的粒子性和波动性

4.7.2节首先提出了两个问题，又定性地回答了第一个问题：对于宏观系统，我们不需要考虑反直观路径，因为它们不是稳相路径。4.7.3 节则通过计算解决了第二个问题：对于处于几何光学近似的系统来说，光似乎是以直线传播的，因为只有单条路径的贡献主导了概率幅度，而该路径是直线的 (图 4.13 中的粗线)。更准确地说，当我们在屏幕上观察与狭缝范围 $\left[-\frac{1}{2}W,\ \frac{1}{2}W\right]$ 内相对应的点 x 时，我们发现方程 4.15 中的积分由来自 u 值的有限范围的贡献所决定，其中中心值 $u_* = x(L_0/(L_0+d))$。因此，我们在日常生活中总可以说光沿直线或者“射线”传播，类似沙粒飞行的弹道轨迹①。我们考虑了 $L_0 \gg d$ 的情况，此时对应更简单的结果 $u_* \approx x$。

现在，我们已经触及物理学的核心，即如何调和光的波动性与粒子性。和以前的许多考古学家一样，你可能会对我们发现的东西感到失望：“没啥新东西，尽是一些枯燥的、老掉牙的数学！”至此，我们不妨暂停下来，好好欣赏一下我们如何规避上述表观冲突、我们的结论具有何种预测能力、它们的适用范围又有多广。

- *规避冲突*：在模平方之前对路径求和，可以给出我们观察到的衍射和干涉 (波动) 现象。这并不与光每次只与一个电子发生局域相互作用 (粒子性) 的事实相冲突。
- *预测能力*：完整的光假说定量地解释了两种极端行为的现象。
  - *粒子性*：在日常生活中，阳光投射出边缘清晰的阴影，等等。
  - *波动性*：光可以显示干涉 (牛顿环) 和衍射 (通过狭缝后扩散)。

① 6.5.1 节将进一步发展光的“几何光路 (光线、射线)”概念。

光假说也可以定量地预测在两个衍射区间之间的过渡情况 [图 4.14(b), (c)]。

- 普适性：值得注意的是，电子、夸克和所有其他已知的基本粒子也表现出类似行为。
  - 粒子性：在宏观装置中，自由电子如光一样沿直线传播。一旦受到外力的作用，它们就像沙粒 (或行星) 一样会遵循牛顿力学定律。
  - 波动性：然而，在微观体系中，电子也像光一样显示出干涉行为①。当空间受限时，它们也会呈现类似于声共振的现象，导致其能级的量子化 (电子态假说)。

T2 只需对光假说稍作改造就能应用于电子，第 12 章概述了这个方法。其他版本 (例如薛定谔方程) 的量子力学则可作为等效表述，对于某些特殊问题会很有用。

总　结

第 1 章强调了光的随机性，即光子到达过程 (泊松过程)的时间随机性。本章则扩展到空间随机性并以此描述衍射现象。我们采用的规则要求我们引入概率幅。这个物理量在第一次被提出时引起了很多批评，而且目前看起来仍然很奇怪。然而，幸运的是，这并非孤立事件，电子和所有其他基本粒子在最基本的方面也都遵循相同 (不可思议) 的规则。该规则以内在的方式引入随机性，与热分子搅动布朗运动等现象完全不同。不同于热运动，量子随机性不能通过改变温度或其他任何因素来调整。

虽然我们已经看到费曼规则如何将光的颗粒特征与光的波动现象协调起来，但本章还没有解释图像的形成，尽管成像是我们视觉的核心。第 6—8 章将探讨这些话题，同时介绍显微镜和 X 射线衍射等超越人类的视觉技术。当然，我们首先将研究更多的物理和生物物理现象，传统上它们都是通过光的经典波动模型来解释的，而使用更普适的量子物理规则对其进行解释也是有意义的。

关 键 公 式

- 复数：概率幅是复数，可以将其视为 2D 向量。复数总可以写成 $Z = a + \mathrm{i}b$，其中 $\mathrm{i}^2 = -1$ 而 a, b 是普通实数。我们也可以将其写为长度和角度的形式，$Z = r\mathrm{e}^{\mathrm{i}\varphi}$。角度量 φ 称为复数 Z 的相位 (数学家有时将其称为“Z 的辐角”)。实数 r 称为 Z 的“模”、“长度”、“幅度”或“绝对值”，也可以写成 $|Z|$。

  为了在这些表示之间进行转换，请使用 $r = \sqrt{a^2 + b^2}$, $\varphi = \arctan(b/a)$ 或反向关系 $a = r\cos\varphi$, $b = r\sin\varphi$。更紧凑的表述是欧拉公式

$$\mathrm{e}^{\mathrm{i}\varphi} = \cos\varphi + \mathrm{i}\sin\varphi,$$

① 参见 Media 11 和第 12 章。

或

$$\cos\varphi = (\mathrm{e}^{\mathrm{i}\varphi} + \mathrm{e}^{-\mathrm{i}\varphi})/2, \quad \sin\varphi = (\mathrm{e}^{\mathrm{i}\varphi} - \mathrm{e}^{-\mathrm{i}\varphi})/(2\mathrm{i}).$$

复数相乘时请使用 $(a + \mathrm{i}b)(a' + \mathrm{i}b') = (aa' - bb') + \mathrm{i}(ab' + a'b)$，等价地

$$r\mathrm{e}^{\mathrm{i}\varphi} \cdot r'\mathrm{e}^{\mathrm{i}\varphi'} = (rr')\mathrm{e}^{\mathrm{i}(\varphi+\varphi')}.$$

- *光假说第二部分 a*: 观察到光子的概率是概率幅函数 Ψ 的模平方，即 $\mathcal{P} = |\Psi|^2$。如果光子从光源到检测器存在多条路径 (或过程) 而我们又不能直接观察到究竟选择了哪一条，则每条路径对总概率幅都做出了累加贡献。对于在真空中传播的单色光，每条路径对 Ψ 贡献的相位等于 $E_{\text{photon}}/\hbar$ 乘以路径的传播时间，其中 $\hbar$ 是约化普朗克常数。对于直线路径，路径贡献的模是总体常数除以路径长度。对于由直线段组成的路径，模是每段贡献的乘积。
- *光假说第二部分 b*: 当光从一种均匀的透明介质(或真空) 传播到另一种时，每个光子的能量不会改变，但是传输时间必须考虑到光速下降 (至 c/n)。如果它是从较小 n 介质朝向较大 n 介质 (例如从空气到水) 的“反射”路径，那么它对总概率幅的贡献需要乘以额外因子 -1，也可以等价地在与其路径相关的相位上加 π。但是，如果光子从较大的 n 向较小的 n 行进时产生反射，则无需这样的额外因子。
- *双缝干涉*: 屏幕照射强度是一个常数乘以 $\cos^2(\pi\Delta/\lambda)$，其中 λ 是单色光源的波长，而 Δ 是路径长度差。
- *牛顿环*: 屏幕照射强度是一个常数乘以 $\sin^2(\pi\Delta/\lambda)$。
- *菲涅耳*: 积分 $\int_{-\infty}^{\infty} \mathrm{d}\xi \cos(\xi^2)$ 不是无限的，它约等于积分 $\int_{-5}^{5} \mathrm{d}\xi \cos(\xi^2)$。也就是说，剩余区域 (远离稳相点 $\xi = 0$) 对积分的贡献大多抵消。类似的结论也适用于正弦 (代替余弦) 的积分。
- *单个宽缝*: 假设波长为 λ 的光从点光源传播很长的距离再穿过宽度为 W 的缝，最后到达离缝 d 的屏幕。如果 $M = W/\sqrt{\lambda d/\pi}$ 远大于 1，则屏幕上的缝图像将是宽度为 W 的边缘明晰的条带，这就是“几何光学”区间。否则，我们将得到更宽的明带，可能还有一些额外的结构 (“衍射”区间)。

延伸阅读

准科普:

Feynman, 1985, Feynman, 1967, Styer, 2000, 都对量子物理学进行了一般的讨论，同时也特别讨论了双缝衍射。本章的论述源于 Feynman, 1985。

中级阅读：
Feynman et al., 2010a; Lipson et al., 2011; Hecht, 2002。Aspden et al., 2016 和 Pearson & Jackson, 2010 描述如何构建单光子装置。有关现代实验的综述参考 Townsend, 2010, chapt. 1。
复数: Shankar, 1995。

高级阅读：
Feynman et al., 2010c。
波动干涉图案已经在纯原子上，甚至在超过 800 个原子的巨大分子上也观察到 (Eibenberger et al., 2013)。
按照传统，涉及许多光子的干涉现象都被当做经典电动力学的应用。有很多优秀的书籍可参阅，其中 Zangwill, 2013 论述了许多真实现象。

T2 4.2 拓展

4.2′ 哲学上存在争议的理论

爱因斯坦关于光的颗粒特征的假说遇到了强烈的抵抗，甚至他最坚定的支持者也相信这是一个错误[①]。此外，爱因斯坦也从不认为量子随机性是他的理论的必需要素。实际上，量子理论的基础仍然存在激烈争议。

但是，今天的许多科学理论曾由于哲学上存在争议而被否决过。例如，早年欧洲科学家对牛顿的万有引力定律表示疑惑，两个物体在没有接触的情况下就存在相互拉扯似乎是荒谬的。正如理查德 · 费曼所说，“[科学] 智慧中很重要的一点是，不应预先肯定什么事是必然的。”

尽管量子随机性对某些人来说是讨厌的，但它对许多观察事实提供了细节上定量的迄今最简单的解释。这也充分满足了科学家的偏好，即理论的内在逻辑应该直接包含对最典型现象的解释，而无需通过冗长的逻辑或数学推导。但是，像任何科学理论一样，这些理论总会在一些新的实验观察出现之后得以修正。

就我们的目的而言，光是以颗粒形式被接收的，且这些颗粒无论在空间和时间上都是随机的，这些事实对于理解生物物理仪器和我们的视觉都具有重要的实际意义，也是光的量子理论不可或缺的基本要素。

① 请参阅第 1 章开篇的题词。

T2 4.5 拓展

4.5′a　光假说的补充信息

正文中狭缝衍射的讨论看起来有点奇怪：我们假设是狭缝产生了衍射图案，但我们从未明确提及光与屏障之间的任何物理相互作用！此外，稍作思考就产生了另一个悖论：我们知道物质内部不完全是真空的，既然光假说要求我们累加“所有路径”，那为什么不包括那些经过电子和原子核 (真实路障) 的路径呢？

从第二个问题开始，想象一个没有缝隙的不透明屏障。光子与原子中的电子的许多复杂相互作用最终导致一个简单结果，即在另一侧检测到的光子抵达的概率幅为零，这就是“不透明”的意思。当然，穿过屏障而没有任何作用的路径确实也存在，但它们的贡献被其他类似路径的贡献抵消了。

现在从屏障上移除一个或多个窄条，得到狭缝。在狭缝之间的材料仍然具有之前的相消性质[①]。然而，在狭缝内，先前涉及与材料相互作用的光路不再存在。因此，我们只保留光子穿过狭缝且不与阻挡材料相互作用的路径，这些贡献也是正文中讨论的内容。

关于牛顿环的讨论看起来同样神奇：两块玻璃能制造环形图案，但除了关键的负号外，我们也没有明确引入光与玻璃之间的任何相互作用！请参阅下面 4.6.2′ 节中的讨论。

4.5′b　关于均匀介质的补充说明

要点 4.6引入了“均匀”介质的概念，但像玻璃和水这样的真实介质与所有物质一样都由颗粒化物质 (分子) 组成。更确切地说，如果我们是在某些小于光波长的尺度上来衡量均匀性的，那么**要点** 4.6对于我们理解这种均匀介质将很有用。第 8 章将研究用更短波长的光探测物质时会发生什么现象。

T2 4.6.1 拓展

4.6.1′　走哪条缝？

我们虚构的两个学生又回来了，这次是讨论双缝衍射图案。

① 我们需要忽略光子与窄条内外材料发生相互作用的路径的影响，所以这个讨论是近似的。参见 Feynman et al., 2010b, § 31-6, p.31-10，或 Bohren & Clothiaux, 2006, § 3.4.3, p.139 中的讨论。

George: 如果光子与单个电子的相互作用是局域的，那么它通过这个或那个狭缝的可能性肯定是互斥的。因此，到达屏幕上特定点的概率必须遵循概率的加法规则 (方程 0.3)，特别是第二条路径打开时概率也不会减少。

Martha: 实验与你的推理相矛盾！根据 4.2节的描述，打开第二个狭缝可以*降低*探测器屏幕上某些点处发现光子的概率。我们必须得出结论，这两条路径*并不是真正互斥的*。当探测器响应光子时，我们确实无法说出它究竟选取了哪条路径。

George: 但我们可以改变一下实验安排，以增加这种分辨能力。假设我们使用高能光子，并将一些电子置于某狭缝附近 (例如，添加一些气体分子)。则入射光子在穿越过程中可能会与电子碰撞，将电子从正常位置撞出并进入探测器，这将证明光子肯定穿越了一个特定的狭缝。

人们实际上已经研究了 George 提议的实验。观察到的结果是：只要我们设置足够多的散射体，仅为原则上确定光子到底穿越哪个狭缝，而无需确实知道具体的穿越信息，*干涉图案就会消失*。当我们减少散射体以至于某些光子能瞒天过海，我们就得到部分干涉；当散射体的数量减少到零时，就出现了完整的干涉图案 (Buks et al.,1998)。在极端情况下 (没有信息或没有采用哪条路径的完整信息)，我们可以概括地说概率幅度给出了*与测量信息兼容*的所有路径的贡献。

T2 4.6.2 拓展

4.6.2′ 有关反射的补充说明

1. 光假说包括一个关于光从界面反射的特殊规则[①]，为了理解牛顿环现象，我们需要这个规则。
   要理解这一规则的必要性，必须注意到单片玻璃将反射来自其正、反两面的光。想象一系列不断变薄的玻璃片，最终变得比光波长更薄，那么在最薄的片材中将无法看到反射，因为在这个极限下可认为玻璃几乎不存在。按照光假说，反射的总概率幅是两项之和，而在上述极限下这些项具有相等的路径长度，因为在玻璃内部的路径片段的长度几乎为零。为了使两项之和为零，我们就需要引入上述负号规则。第 12 章将介绍如何从第一原理 (*要点* 12.3) 出发来导出这一规则以及介质中光速变慢和其他一些现象。
2. 图 4.7的图注指出存在其他路径，光子在最终到达 **A**(图中未显示) 之前来回反射不止一次。第 5 章将涉及这些效应。

① *要点* 4.6给出了光假说第二部分 b。

3. 图 4.7中显示的每条路径都是一系列事件，包括穿越空间、进入玻璃、穿过玻璃、反射、再穿过玻璃、离开玻璃、再穿过空间到达 **A**。我们对问题作了一些临时的简化，忽略了与上述某些步骤相关的数值因子 (例如，反弹所对应的“反射因子”)，因为这些因子对于我们感兴趣的 (成对) 相干路径来说是相同的。玻璃的反射因子很小，所以实际上在图 4.7中来自光源的大部分光根本没有反射，而是直接穿过装置并从底板出来[①]。然而，我们感兴趣的是反射到屏幕上不同点的情况之间的差异，而不是透射和反射光的相对强度，所以我们省略了这个整体因子。
4. 实际上，我们忽略的一个因子对两条路径*并不*相同：一条路径必须重新进入曲面玻璃因而产生“透射因子”，而另一条路径则不然。但是，对于玻璃，透射因子几乎等于 1，见第 5 章。

T2 4.6.3 拓展

4.6.3′　更多反对意见

1. 单光子干涉的想法似乎是矛盾的。考虑从光源到检测器的两条不同长度的路径，因为光在真空中总是以恒定速度传播，所以两条路径经历的时间就不同。而探测器尖脉冲只会发生在单一时刻。因此，想象中的相互干涉的两条光子轨迹必须在光源处具有*不同*的发射时间，那么它们怎么可能是“同一个”光子？
   为了回答上述问题，我们首先必须注意到理想单色光源的发射光频率完全恒定，并且发射*时间*完全不确定。如果不同长度的光子路径终结于同一时刻，那它们的出发时刻必然不同。但是这并不意味着它们之间无法形成相干，只要光源足够接近单色[②]。第 12 章将更明确地解释，即使对于单一路径，为什么也必须对所有可能的发射时间进行积分。
2. 从物理反对上升到数学反对，光假说(第二部分 a，**要点** 4.5) 首先看起来就是自相矛盾的。考虑连接相隔为 a 的两个点的直线路径。我们被告知要为此路径指定一个加权因子 $a^{-1}e^{i\omega a/c}$,再乘以一个常数,此处的 $\omega=E_{\mathrm{photon}}/\hbar$。但是假设我们将相同的路径细分为长度分别为 b 和 $a-b$ 两段，则我们应该为总路径 (总长度仍然为 a 的直线) 指定一个加权因子 $b^{-1}e^{i\omega b/c}(a-b)^{-1}e^{i\omega(a-b)/c}$。

① 见**要点** 5.1。在玻璃折射率 $n\to 1$ 的极限条件下，反射因子应该趋于零。

② 在更技术性的讨论中，“足够接近”可以通过“相干长度”来量化，后者是可测量的光源属性。

这个新表达式与前面不同，两者之间也不只是差一个整体常数因子。

上述推理的缺陷是只引入了一个中间点，而我们必须对所有可能的中间点进行积分。首先，我们选择原始直线路径位于 z 轴上，并从原点到点 $(0,0,a)$；其次，我们考虑位于如下平面上的所有点 (都是中间点)，该平面垂直于原始路径且穿过点 $(0,0,b)$。这个平面上的任何一点都可以通过一个双分量向量 $\boldsymbol{u}$ (u_1,u_2,b) 来指定，因此我们可以将两个分段的总贡献写为

$$\int \mathrm{d}^2\boldsymbol{u}\frac{1}{\sqrt{b^2+\boldsymbol{u}^2}}\frac{1}{\sqrt{(a-b)^2+\boldsymbol{u}^2}}\exp\left[\mathrm{i}\omega\left(\sqrt{b^2+\boldsymbol{u}^2}+\sqrt{(a-b)^2+\boldsymbol{u}^2}\right)/c\right].$$

在众多路径中，唯一的稳相路径是 $\boldsymbol{u}=0$ 的路径。对此路径邻近区域的贡献进行积分，近似得到

$$b^{-1}(a-b)^{-1}\int \mathrm{d}^2\boldsymbol{u}\exp\left[\mathrm{i}\omega\left(b+\frac{1}{2}\boldsymbol{u}^2/b+\cdots\right)/c\right]$$
$$\cdot\exp\left[\mathrm{i}\omega\left(a-b+\frac{1}{2}\boldsymbol{u}^2/(a-b)+\cdots\right)/c\right].$$

我们可以将变量变换为 $\bar{\boldsymbol{u}}=\boldsymbol{u}\sqrt{\omega(b^{-1}+(a-b)^{-1})/(2c)}$，则积分转换为菲涅耳形式，其值是一个常数。可以忽略它和其他独立于 a 和 b 的因子，则

$$b^{-1}(a-b)^{-1}\frac{1}{b^{-1}+(a-b)^{-1}}\mathrm{e}^{\mathrm{i}\omega a/c}=\frac{1}{b+(a-b)}\mathrm{e}^{\mathrm{i}\omega a/c}=\frac{1}{a}\mathrm{e}^{\mathrm{i}\omega a/c},$$

这与前述第一个表达式一致。

T2 4.7.2 拓展

4.7.2′a 稳相路径的邻近区域

我们对“所有”路径的积分的讨论实际上仅限于具有一次弯折的折线路径 (单参数族路径)。但正如一个小而有限的 u 值范围都对方程 4.15中的积分有贡献，许多略有起伏的路径 (不是仅由两个直线段构成) 对光传播的全概率幅也都有贡献。尽管对所需的无限维菲涅耳型积分的全面分析超出了本书的范围，但我们至少可以给出启发性答案。4.7.3节做了一些近似，并最终将方程 4.15简化为方程 4.19的形式。在几何光学近似，积分结果要么大约为零 (如果没有稳相路径)，要么大约是一个*普适常数*，如图 4.11(a) 中的红色箭头所示 (如果有一个稳相路径)。该常数乘以一个因子 C'''，后者仅包含稳相路径本身的相位信息。类似地，当我们累加所

有近稳相路径的贡献时，我们得到的答案是另一个普适常数乘以 $e^{i\varphi_*}$，其中 φ_* 是与稳相路径相关的相位。

4.7.2′b　非均匀介质

在我们的例子中，稳相路径一直是直线，或由直线段组成。实际上，如果介质的折射率不均匀，则稳相路径也可能是弯曲的。例如，如果太阳正在加热地面，地面附近的空气可能比高处的空气更热。那么，几乎平行于地面到达的光线可以具有弯曲的稳相路径，从而产生海市蜃楼现象①。

习题

4.1　欧拉公式

定义 $f(\varphi)=\cos\varphi+\mathrm{i}\sin\varphi$ 和 $g(\varphi)=e^{\mathrm{i}\varphi}$。按下述思路证明欧拉公式 (方程 4.4) $f=g$。首先证明 $f(0)=g(0)$。然后将 g 在 $\varphi=0$ 附近展开为泰勒级数，再将 i 的偶数次幂和奇数次幂分别累加在一起，最后证明其正好对应于 $\cos\varphi$ 和 $\mathrm{i}\sin\varphi$。

4.2　复数

a. 从方程 D.2 导出方程 D.8。[提示：借用三角函数中的两个著名等式。]
b. 证明**思考题 DA**(c) 的结果可由方程 D.8 导出。

4.3　双缝干涉条纹间距

对图 4.2(a) 所示实验中的亮线 (“干涉条纹”) 的间距进行定量预测。设狭缝间距 $p=0.30$ mm 及屏幕距离 $d=3.0$ m，并假设入射光是波长 $\lambda=550$ nm 的单色光。根据方程 4.10的推导，假设狭缝本身非常窄，则概率幅 $\Psi(x)$ 将只是两项之和。将模平方表示成 x, d 和 p 的函数，说明你需做的任何近似。最后将上述数值代入，预测条纹的间距。

4.4　多缝系统

来自遥远的单色光源的光撞击带有平行狭缝的不透明屏障。双缝位于离装置

① 习题 5.6 和 6.14 将研究梯度折射率材料。

中心线 $\pm p/2$ 处。在习题 4.3 中求出了双缝系统的最终照明图案。在本习题中，我们假设狭缝间距 $p = 0.30$ mm，屏幕距离 $d = 9.0$ m，可见光波长 $\lambda = 600$ nm。

a. 对双缝系统，用计算机绘制屏上光强与位置 x 的关系图。

b. 现在考虑一个新的系统：同样的结构布局，同样的光撞击带有三个平行狭缝的不透明屏障。一个狭缝位于中心线上，其他两个距离中心线 $\pm p$。求远距离投影屏上所得照明图案的公式，用计算机绘制强度与 x 的关系图，并给出定性描述。[提示：你可以尝试略去涉及 p^2 的项。]

c. 考虑第三种情况：相同的光撞击带有四个狭缝的不透明屏障，四个狭缝等间距平行地分别置于离中心线 $\pm p/2$ 和 $\pm 3p/2$ 处。再绘制一张图。描述一下你从这几张图中发现的某些趋势。

4.5 菲涅耳积分

图 4.11 和图 4.12 通过几个菲涅耳积分的图形表示说明了稳相原理。用计算机绘制该图形。将显示的积分范围分割成足够细的片区。用计算机绘制与每个片区中被积复函数值相对应的箭头，将箭头首尾相接。积分范围为 $-5 < \xi < 5$，$-0.5 < \xi < 9.5$ 和 $15 < \xi < 25$，每个的宽度都是 10。

4.6 衍射

来自无限远处点光源的光照射到具有宽度为 W 的狭缝的屏障上 (参见图 4.13)，投影屏位于距离更远的位置 d 处。求光强度作为屏上位置 x 的函数。更确切地说，假设光源和狭缝中心的连线垂直于屏幕 (如图所示)，设 x 是屏幕上的点到中心线的距离。

在几何光学近似，狭缝的投影是 $|x| > W/2$ 的区域。我们研究光子可能选择的所有路径，包括从光源到屏障的直线以及紧接着到观察点的另一条直线。这样的路径有一系列，每条路径穿过狭缝时与中心线的距离都不同，记为 u。为了对路径求和，我们必须对 u 从 $-W/2$ 到 $+W/2$ 进行积分。

假设 $d \gg x$ 和 $d \gg W$，4.7.3节使用此极限来简化概率幅的计算 (方程 4.15) 并得到方程 4.19。方程 4.20中定义的量 M 控制着投影图案的“波状”程度。例如，$|\Psi|^2$ 的值取决于 x 是否位于几何光学投影内。我们定性地认为，如果 M 很大，则图案从亮带到阴影的过渡就比较突然；如果 M 不大，则过渡就是渐变的。在本习题中，你将对一系列 M 值来考察这种直觉。

a. 首先学习如何使用数学软件包进行数值积分。尝试一个你知道答案的例子，例如用它来计算 $\int_0^1 \xi^2 \mathrm{d}\xi$。

b. 对 $M = 12$ 和 $x \in [0, 3W]$ 计算积分并得到 $|\Psi|^2$。(为什么你不需要考虑 x 的负值？) 光假说没有告诉我们整体归一化因子，所以要弄清楚它必须是多少才能使你的答案成为概率密度函数。将结果绘制为 x/W 的函数，并进行讨论。[提示：许多数值积分算法接受一个称为“公差”的参数。当你把公差变小时，计算时间变长，但答案也更准确。你只需找到足够小的公差值即可获得相当稳定的结果。]

c. 使用 $M = 2$ 和 $M = 0.5$ 重复上述计算并讨论。

d. 教学演示实验的一些典型数值是 $d = 5$ m，$W = 0.1$ mm，$|x| < 20$ cm 和 $\lambda = 600$ nm。你期望在这种布局条件下能观察到什么？

e. T2 你眼睛的瞳孔不是一条无限长的狭缝，而是一个圆形光圈。此情况下的数学有点复杂，但有一个相关的更容易处理的例子。考虑光线穿过边长为 W 的方形孔。对于这个问题，我们必须检查屏幕上用 x, y 标记的网格点，类似地，每个路径都用两个量 u, v 标记。做这样的双积分可能看起来更加困难，但实际上你只需遵循 (b, c) 中同样的方法。为什么可以？计算并显示前述三个 M 值条件下所预测的衍射图案。

4.7 T2 圆形光圈

4.7.3节概述了一个适用于狭缝衍射的二维计算。计算虽然只涉及单个积分，但如果想研究我们眼中的衍射，就必须先意识到我们的瞳孔是一个小的圆形光圈。对这种情况建立相应的 3D 计算 (双重积分)，求来自远处点光源的 600 nm 的光通过这样的孔落在屏幕上时的模糊程度。数值计算直径为 0.5 mm 针孔所对应的光强度图案 (点扩散函数)(屏幕距离 $d = 3$ m)，定性描述你的答案。[提示：照射强度图案将是圆对称的，因此可以用相对强度与图案中心距离的图表替换图 4.14。]

4.8 T2 关于某些近似的证明

从方程 4.16到方程 4.18需要使用泰勒级数展开式 (方程 4.17)。此展开式中的主导 (“零阶”) 项 R 与积分变量 u 无关。

a. 尽管下一项 (“一阶”) 比第一项小得多，但我们仍然将其保留。在其他情况下，我们只是简单地略去零阶以上的项，例如，从方程 4.15到方程 4.16时，我们分别用 $1/L_0, 1/d$ 替换了 $1/L_2(u), 1/L_2(u, x)$，并将这些因子归入整体常数。为什么我们不能在这里也这么做？

b. 然而，在泰勒级数展开的推导中，二阶和更高阶项通常被略去 (方程 4.17中的省略号)。代入下列典型数值：$d = 5$ m，$W \leqslant 1$ cm，$|x| \leqslant 10$ cm，

$\lambda \approx 600$ nm，证明舍弃这些高阶项是正确的。

c. 方程 4.20中采用了另一个近似，即用 $W/\sqrt{d\lambda/\pi}$ 代替 $W/\sqrt{R\lambda/\pi}$。计算替换前后 ξ^2 的差异。

d. 即使在一阶项中，有时也可以略去 $u^2/(2R)$。W 必须多小时这种近似才是合理的？

第 5 章　光学现象与生命

色彩是艺术的精华，
它蕴含着神奇的魔力。
主题、形式和线条主要与智力有关；
色彩对心智没有意义，但对情感的作用巨大。
——欧仁 · 德拉克洛瓦 (Eugène Delacroix, 1798—1863)

5.1　导读：分类和定向

第 1—3 章聚焦于光的粒子性，而第 4 章解释了我们如何以及何时可以预期光的波动行为。下面我们准备利用这些特性来解释很多生物现象以及其他某些曾被视为经典波动模型证据的现象。这些都涉及按波长对光子流进行*分类*以及以复杂的方式对其进行*定向*。

本章中的示例仅考虑稳相路径对概率幅的贡献[①]。后续章节则会回到衍射现象的分析。

本章焦点问题
生物学问题：当某些蝴蝶翅膀被适当液体浸透时，为什么会失去其鲜艳的颜色？而在液体挥发后又会重新获得鲜艳的颜色？
物理学思想：许多生物利用光子路径的干涉来产生颜色。

5.2　昆虫、鸟类和海洋生物的结构色

第 3 章指出一些动物展现鲜艳的颜色是为了识别潜在的配偶。许多这类颜色都与选择性吸收光子的色素分子有关。但是诸如某些蝴蝶翅膀、甲虫翅膀和鸟类羽毛之类的颜色则具有非常不同的特征。大多数色素分子在阳光下或化学试剂中会漂白，但是昆虫被制成标本后的一个世纪或更长时间内仍然能保持鲜艳的颜色，而且它们也能抵抗化学漂白剂的作用。

① 4.7节解释了这种近似。

5.2.1　一些动物使用透明材料的纳米结构产生颜色

图 5.1显示的两只蝴蝶提供了结构色的另一条线索。在每个标本中，右翼处于自然状态，而左翼浸泡在甲苯溶剂中。右方标本在外观上几乎没有受到这种标本制备的影响，而左方标本则完全失去了蓝色。人们可能会认为在这种情况下溶剂已经溶解掉了着色剂，可事实是甲苯一旦挥发后，左方标本的左翼又会恢复原状。

图 5.1　[照片。] **结构色与色素**。(a) 雄性 *Morpho rhetenor* 蝴蝶的背部 (顶部)。(b) 雄性 *Cymothoe sangaris* 蝴蝶的背部。在这两张照片中，右侧的翅膀处于自然状态，但左侧的翅膀被液体浸透，液体折射率与翼鳞材料的折射率相匹配。*Cymothoe* 的源于色素的色彩几乎不受影响，而 *Morpho* 的结构蓝则消失了。这种变色效应是可逆的，当液体挥发后颜色即可恢复。[蒙 Glenn S Smith 惠赠；参见 Smith, 2009。]

事实上，*Morpho* 蝴蝶的翅膀上覆盖着主要由透明物质 (称为角质层) 制成的鳞片，其折射率几乎与甲苯相当。这一观察结果使科学家们怀疑这些鳞片包含一个由角质层和空气层交替构成的复杂结构，并且两者折射率的差异在某种程度上就决定了其颜色。用折射率与角质层匹配的流体 (甲苯) 替换空气层以消除上述差异，这就可逆地破坏了其原有颜色。也就是说，这些颜色本质上是源于结构的，即来自翼鳞的结构而不是任何生色团的吸收特性。

电子显微镜发明之后，我们可以直接验证结构色假说。图 5.2显示了放大倍数逐渐增加的一系列图像，每个翼都被图 5.2(a), (b) 中的薄鳞片所覆盖。每个鳞片的上表面包含一系列平行的脊，每个脊具有图 5.2(c)(横截面) 所示的类似“书架”的结构。每个书架大致平行于鳞片表面且厚度大致均匀。

前面章节中我们对牛顿环的讨论暗示了层状纳米结构会产生颜色。对于光在透明介质中的行为，我们对原先的光假说进行了补充说明[①]，即均匀透明的介质使

① 4.6.2节研究了牛顿环。光假说第二部分 a 见**要点** 4.5，第二部分 b 见**要点** 4.6。

光速减慢，并且有时会在界面反射概率幅的相位中引入 π 的额外贡献。现在考虑折射率为 n_2 的单个平面介质层 (如肥皂水) 被另一个具有较小 n_1 的介质 (如空气) 包围的情况[①]。图 5.3(a) 显示了入射光子回到其出发点可能采取的两条路径。顶部路径在第一个界面处反射，其概率幅相位中包含额外贡献 π。第二条路径在 $2 \to 1$ 界面反射，尽管在此处无相位变化，但整条路径必须经过两倍的层厚，因此相对于第一条路径应该引入相位差 $2\pi(2d_2)\nu/(c/n_2)$。如果这两条路径的相位匹配 (或相差 2π 的任意倍数)，则其对总反射概率幅的贡献将相互加强，因此总反射将取决于光的频率[②]。

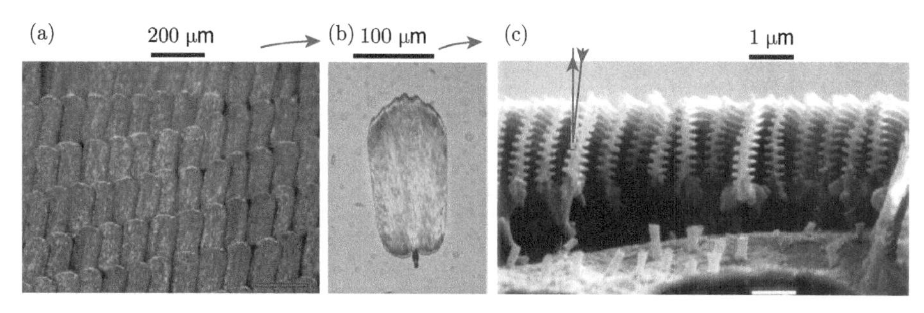

图 5.2　**蝴蝶 *Morpho rhetenor* 的翼的鳞片**。连续放大图像。(a)[光学显微照片。] 鳞片的整体排列。(b)[光学显微照片。] 反射显微镜观察到的单个鳞片，俯视图。(c)[扫描电子显微镜照片。] 鳞片的横截面 (侧视图)。由透明角质层构成的长脊从表面向上突出。每个脊都是带肋的“书架”，它们近似周期地排列。从垂直方向向看，光线从图上方到达，再从一个或多个书架上反射，如图所示。[(a, b) 来自 Kambe et al., 2011。(c) 来自 Kinoshita et al., 2002。]

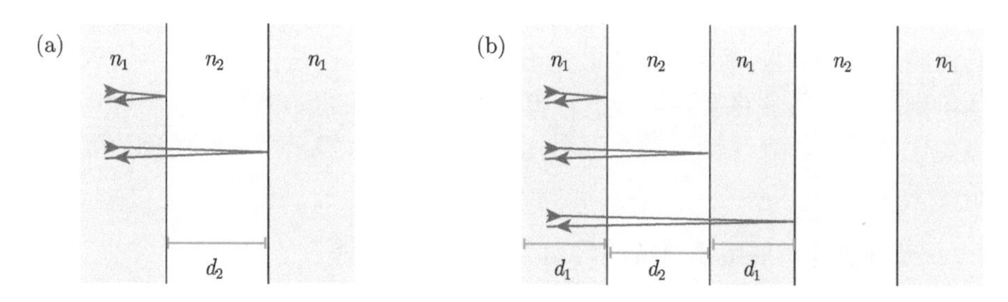

图 5.3　[路径图。] **多层结构的反射**。(a) 折射率为 n_2 的单层透明介质被折射率 $n_1 < n_2$ 的另一介质包围。每条线都代表一类稳相路径。图中并未显示所有类别的路径。(图 5.4b 和 图 5.5b 将给出更完整的描述。)(b) 折射率为 n_2 的两层介质被另一种介质分开并被其包围。光密介质层可以代表图 5.2c 所示的“书架”结构，而光疏介质层可以代表这些架子之间的空气。

对于多层结构 (有时称为**布拉格堆**)，图 5.3(b) 显示了其对概率幅的另一项贡

① 在本章中，我们将忽略折射率本身依赖于光频的可能性。6.5.4 节再讨论这种“色散”现象。

② 图 5.4(d) 显示了生成的颜色。

献。类似于上述结构的第一条路径，存在一个来自反射的相位差 π。类似于上述第二条路径，也有往返穿越介质 *2* 的附加相位 $2\pi(2d_2)\nu/(c/n_2)$。额外地，还有往返穿越介质 *1* 所导致的相位贡献 $2\pi(2d_1)\nu/(c/n_1)$。如果满足如下两个条件

$$\begin{aligned}\pi &= 4\pi d_2 n_2 \nu/c + 2\pi\text{的倍数}\\ &= \pi + 4\pi d_2 n_2 \nu/c + 4\pi d_1 n_1 \nu/c + 2\pi\text{的倍数},\end{aligned}$$

则三条路径的贡献将相互加强。例如，我们可能有 $d_1 = \lambda_1/4$ 且 $d_2 = \lambda_2/4$，其中 $\lambda_i = c/(n_i\nu)$。这类反射片被称为给定光频率的**四分之一波长堆**，因为每层的厚度是该层介质中光波长的 1/4。

上述半定量讨论对于理解两种透明无色材料 (空气和角质层) 构成的分层结构如何优先反射某些波长的光进而产生颜色 (例如在昆虫翅膀上观察到的) 提供了一些启发，但这个分析远不完善。首先，我们需要考虑的路径要比图 5.3 所示的路径多得多；其次，自然界中真实结构色的层状结构往往不是完美的四分之一波长堆。

思考题5A

蝶翼鳞片的一些典型数值是 $n_1 \approx 1$(空气)，$d_1 \approx 155$ nm，$n_2 \approx 1.56$，以及 $d_2 \approx 65$ nm。哪些真空波长能使得每层厚度是四分之一波长？相应的颜色又是什么？

到目前为止，我们的初步讨论还指出了结构色的另一个方面，即强反射条件是几何的 (它们取决于距离)，如果光不是以垂直方向而是以某个角度进入和离开表面，则强反射条件将会随之改变。**虹色**一词用于描述随着视角或照射角度的变化而变化的颜色。表观颜色对光照和视角的依赖性也提示了一些动物的颜色本质上是源于结构的。

5.2.2 光假说的扩展版本可描述界面处的反射和透射

第 4 章举例说明了多条路径之间的干涉如何对光子进行分类和定向。我们还知道生物体非常善于形成空间纳米结构以提供丰富多样的光子路径。5.2.1节给出的初步计算表明颜色可以通过结构方式产生。但是所有这些路径的完整列表看起来相当复杂，为简化问题，下面我们先介绍一些数学工具。

尽管光假说第二部分 b 给出了牛顿环等问题的正确答案，但它仍然是不完整的[①]。当光从空气进入玻璃时，一部分反射而其余透射，但是目前的光假说并没有

① 要点 4.6给出了这一假说。T2 4.6.2′ 节解释了为什么在研究牛顿环时我们不需要反射因子的详细形式。

告诉我们这个反射的占比。为了处理这些问题，我们需要进一步扩展原假说：

光假说第二部分 c:

考虑折射率分别为 n_1 和 n_2 的两个透明介质，其界面是平面。

- 当光子路径穿越两种透明介质的边界时，如果路径垂直于边界并从 *1* 到 *2*，则其对概率幅的贡献将具有额外的“透射因子” $t_{1\to 2} = 2\sqrt{n_1 n_2}/(n_1 + n_2)$。　(5.1)
- 当光子路径从边界反射时，如果路径一直在介质 *1* 中，则其对概率幅的贡献将具有额外的“反射因子” $r_{1\to 2} = (n_1 - n_2)/(n_1 + n_2)$。

要点 5.1与之前的光假说是吻合的，因为当路径通过空气并在水面反射时，反射因子 $n_1 - n_2 \approx 1 - n_{\text{water}} < 0$，而负实数的相位为 π。反之，如果路径通过水而在水-空气界面处反射，则因子 $\approx n_{\text{water}} - 1 > 0$，而正实数的相位为 0。这些事实与**要点** 4.6是一致的，但比后者更细致，因为此处给出了反射和透射因子的模。特别是，如果 $n_1 = n_2$，则 $r_{1\to 2} = 0$，就光而言根本没有边界，因此也没有反射。

因为我们忽略了吸收概率 (假定是透明介质)，所以每个光子要么反射，要么透射[①]。

思考题5B

验证 $|t_{1\to 2}|^2 + |r_{1\to 2}|^2$ 确实等于 1。

思考题5C

光垂直于平板玻璃表面入射。玻璃的折射率为 1.5。求反射和折射光子各占的比例。

T2 5.2.2′ 节给出了**要点** 5.1与经典电磁学中类似结论之间的联系。

5.2.3　单个薄透明层的反射与波长的弱依赖关系

在细致研究布拉格堆的反射问题之前，作为热身，我们先来看一个简单的情况。尽管肥皂泡由无色透明材料 (肥皂水) 组成，但有时我们可以在薄膜上看到微弱的颜色。同样，一些昆虫翅膀也由一层薄薄的透明材料组成，它们也会显示出源于干涉的颜色 [图 5.4(d)]。尽管这些物种都在进化，但颜色图案是保守的，它们可能在信号传递中发挥某种作用。

① 界面的另一个例子是平板金属表面 (“镜面”)，我们将其理想化为 $|r|^2 = 1$。

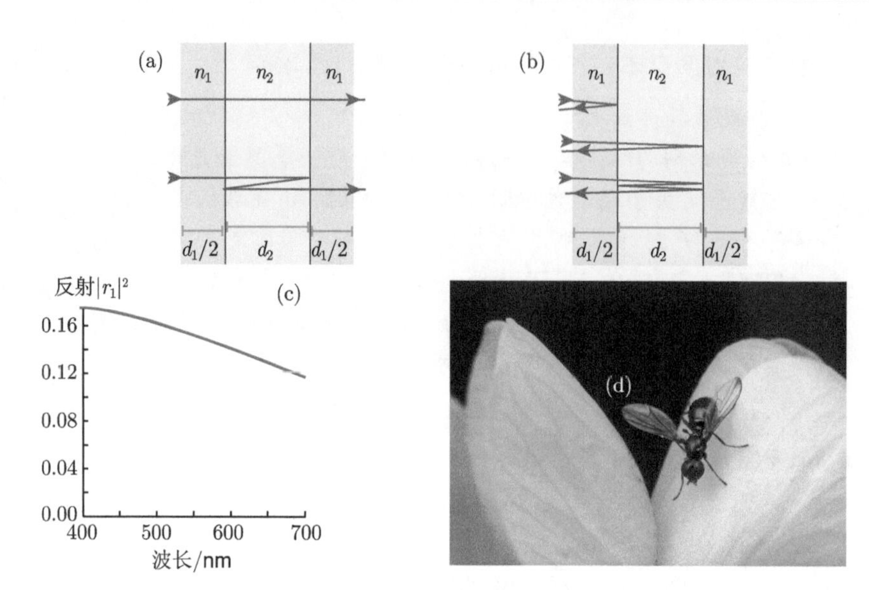

图 5.4　**单层透射和反射**。(a)[路径图。] 透射。图中显示了无限条光子路径中的前两个。在两个物理界面 (*实黑线*) 上都可能出现反射。对单层结构，介质 *1* 向左右延伸至无限。(b) 反射。图中显示了无限条路径中的前三个。(c)[数学函数。] 垂直于单层传播的光子被反射的概率 (作为空气中波长的函数)。一种介质是空气 ($n_1 \approx 1$)，另一种是翼上角质层 ($n_2 = 1.56$)，厚度 $d_2 =$ 65 nm。(d)[照片。] 来自宽钳鼓翅蝇 (Sepsidae) 属的蝇。蝇的翅膀是透明的，所以在浅色背景下观察时看到的主要是透射光，而很难觉察到较弱的反射光 (*右*)。但是在深色背景下观察时，会出现微妙的干涉色 (*左*)。[(d) 蒙 Alex Wild 惠赠。]

图 5.4(a) 表示折射率为 n_2 的材料层夹在折射率为 n_1 的材料的两层之间。为简单起见，我们假设光源和探测器位于界面的垂直线上 (如图所示)。材料 *1* 可以是空气；材料 *2* 可以是肥皂水或昆虫翅膀角质层。单色光从左侧光源射出，我们想知道右侧观察到的光会有多少。一旦我们意识到光子可以采用许多路径，那么难题就来了：光子可以直接通过 (图中的上方路径)，或者在最终穿越之前反射任意偶数次 (下方路径)，那我们如何累加所有这些贡献呢？

首先，我们写出对应于图 5.4(a) 中所示路径的透射概率幅的前两个项。为方便，我们定义如下简写符号

$$k_i = 2\pi n_i \nu / c, \quad i = 1, 2,$$

称为光的**波数**[①]。另外，将 $t_{1\to2}$ 和 $r_{1\to2}$ 分别缩写为 t_0 和 r_0，则第一项贡献就是穿越介质 *1*、在第一个界面处透射、穿越介质 *2*、在第二个界面处透射以及再穿越介质 *1* 等因子的乘积，即

① 具有此大小的指向光传播方向的矢量被称为**波矢**。一些作者称其为“角波数”，因而定义其为不含 2π 因子的“光谱波数”。为了避免混淆，你可以使用不同单位 rad/m 或 cycles/m 来明确你所使用的定义。

$$\left(\mathrm{e}^{\mathrm{i}k_1d_1/2}\right)(t_0)\left(\mathrm{e}^{\mathrm{i}k_2d_2}\right)(t_0)\mathrm{e}^{\mathrm{i}k_1d_1/2}.$$

第二项贡献涉及相同的步骤，只是要加上第二个界面的反射、反向穿越介质 *2*、第一界面处的反射以及再次穿越介质 *2*：

$$\mathrm{e}^{\mathrm{i}k_1d_1/2}t_0\mathrm{e}^{\mathrm{i}k_2d_2}\left[(-r_0)\left(\mathrm{e}^{\mathrm{i}k_2d_2}\right)(-r_0)\left(\mathrm{e}^{\mathrm{i}k_2d_2}\right)\right]t_0\mathrm{e}^{\mathrm{i}k_1d_1/2}.$$

注意上面公式中的两个内部反射都贡献因子 $-r_0$[①]：在每种情况下，路径在介质 *2* 中传播并从介质 *1* 的界面反射，因此每个因子都是 $r_{2\to1}$，或者 $-r_{1\to2}=-r_0$。

接着出现的第三项贡献与第二项类似，是又一轮内部反射。事实上，整个概率幅度就是几何级数[②]：

$$t_{1\ \mathrm{layer}}=(t_0)^2\mathrm{e}^{\mathrm{i}(k_2d_2+k_1d_1)}\frac{1}{1-r_0^2\mathrm{e}^{2\mathrm{i}k_2d_2}}. \tag{5.2}$$

例题：利用上述技巧，求介质层的整体反射因子。

解答：见图 5.4(b)。此处第一项不是几何级数的一部分

$$r_{1\ \mathrm{layer}}=r_0\mathrm{e}^{\mathrm{i}k_1d_1}\left[1-\frac{t_0^2\mathrm{e}^{2\mathrm{i}k_2d_2}}{1-r_0^2\mathrm{e}^{2\mathrm{i}k_2d_2}}\right]. \tag{5.3}$$

反射概率 $|r_{1\ \mathrm{layer}}|^2$ 有时被称为**反射率**，图 5.4(c) 显示了在某些特定参数值下它与光波长之间的函数关系。从中可以看到，尽管单个薄层不能非常有效地反射，但是由于各种允许路径之间的干涉，其反射也与波长有关。正如 5.2.1节所说，在波长 $\lambda_1=4d_2n_2/n_1\approx410$ nm 处的反射强于其他波长处的反射。

思考题5D

> 第 4 章提到了牛顿环的情况，随着层厚度减小到零，层的效应应该消失。现在我们已经完成了更完整的计算，请检验透射和反射概率幅在极限 $d_2\to0$ 下的行为是否符合直观预期。

5.2.4　多层薄透明介质的堆叠会产生光学带隙

现在让我们将上述分析拓展到多层介质的重复性结构。当存在两个以上界面时，列出所有可能路径并求出每一条对总概率幅的贡献，这项任务看似极难。的

① 在我们考虑的情况下 r_0 是负数，因此公式中出现的因子 $-r_0$ 是正的，与光假说、**要点** 4.6一致。

② 几何级数公式见前言。

确，锯齿形路径的清单非常庞杂。但是一个小技巧就能简化整个计算，只需在上述计算上增加额外的一小步。

想象将图 5.4所示的单元重复 n 次从而形成一个多层结构。图 5.5中用粗虚线框表示这个堆叠结构，用粗实线框表示一个额外的单元。图 5.5(a) 显示了两类允许路径。穿越左侧方框的粗线表示对单层透射 [图 5.4(a)] 有贡献的所有路径。在该方框内部反射的粗线表示对其反射有贡献的所有路径 [图 5.4(b)]。上面已经计算了它们各自对应的概率幅之和。我们将 $t_{1\ \mathrm{layer}}$ 缩写成 t_1 等，依此类推。

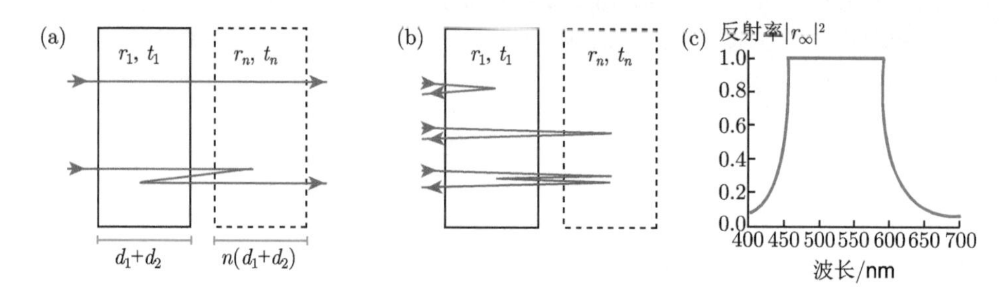

图 5.5 **反射概率幅和透射概率幅的递归关系。**(a)[路径图。] 透射。*左*框代表图 5.4所示的复合结构单元，*右*框表示 n 个这类单元的堆。每个箭头线段代表无限类光子路径。例如，左框中的箭头线段表示图 5.4a, b 绘制的类。(b) 反射。(c)[数学函数。] 无限层堆的反射概率，该解由方程 5.6 给出。为了与图 5.4c 进行比较，我们设定一种介质是空气 ($n_1 \approx 1$)，另一种介质是蝶翼角质层 ($n_2 = 1.56$)。每个角质层的厚度 $d_2 = 65$ nm，由 $d_1 = 155$ nm 的气隙层隔开。(在真正的蝶翼鳞片中，层数不是无限的，参见习题 5.1。)[计算来自 Amir & Vukusic, 2013。]

图 5.5(a) 右侧的虚线框表示 n 层堆的所有复杂路径的总和。它的反射和透射概率幅未知，分别记为 r_n 和 t_n。接下来的关键步骤是根据每条路径穿过实线和虚线框边界的次数，对穿越整个 $n+1$ 层的路径进行分类。对第一类 (穿越一次的路径)，我们可以考察一条代表性路径，它穿越第一层后径直通过剩余的 n 层路径，图中顶部实线代表了这类路径。图中底部实线显示了在界面处来回穿越三次 (Z 字形)，这代表了另一类路径，依此类推。因此，我们可以写出透射整个 $n+1$ 层的概率幅

$$t_{n+1} = t_1 t_n + t_1 r_n r_1 t_n + \cdots = \frac{t_1 t_n}{1 - r_1 r_n}. \tag{5.4}$$

类似地，图 5.5(b) 显示了对总反射概率幅有贡献的代表性路径，其贡献之和为

$$r_{n+1} = r_1 + t_1 r_n t_1 + t_1 r_n r_1 r_n t_1 + \cdots = r_1 + \frac{t_1^2 r_n}{1 - r_1 r_n}. \tag{5.5}$$

这些方程虽然没有直接回答我们的问题，但给出了所求量的递归关系。我们

可以从单层开始，根据需要多次应用方程 5.4和 5.5。当层数非常大时，答案会变得更简单，而不是更难！在这种情况下，我们可以猜想即使再添加一层也不会改变总反射，因此 $r_n \approx r_{n+1}$。将这两个量设为一个共同的变量 r_∞，则方程 5.5 就变成了

$$r_\infty = r_1 + \frac{t_1^2 r_\infty}{1 - r_1 r_\infty}. \tag{5.6}$$

重排该公式得到关于 r_∞ 的二次方程。该方程的物理解的模平方如图 5.5(c) 所示。

这个解显示了一个引人瞩目的特征：在多层极限下，出现了具有*理想反射率*的某个波段。因此，我们说这类多层结构具有**光学带隙**。该波段之外的光将大部分被透射。在 *Morpho* 中，这部分光子从上层鳞片透射进入含有深色色素 [如图 5.1(a) 左侧所示] 的底层并被吸收，因而最终的净效应就是波长特异性的反射，导致我们观察到的颜色。

例题： 相同逻辑可应用于方程 5.4吗？

解答： 假设我们令 $t_{n+1} = t_n = t_\infty$，然后从公式两边将其消去。但由此得到的是关于 r_∞ 的一个新约束，而不是 t_∞ 的解。由上面我们已经知道，与反射不同，在多层极限下，带隙中的光的透射将趋于零。而在等式两边同时除以零通常会导致错误的结论。此处我们就犯了这种错误。

实际上，任何真实的材料至少都会有一些吸收，这是我们迄今为止所忽略的。因此，即使在带隙之外，无限大堆的透射幅也必然为零。相比之下，来自无限大堆的反射主要由前面几层决定，因此计算反射时忽略吸收是合理的，如导出方程 5.6时所做的处理。(习题 5.1 将检验这一点。)

虽然本小节讨论的模型非常粗糙，我们只考虑与结构垂直的入射和反射，但我们仍然在光谱的蓝色段找到了一个有明确界定的理想反射区，当然这取决于两种透明介质之间的折射率的对比度。除了解释某些动物的着色外，这种现象还被用于构建荧光显微镜的核心部件二向色镜(图 2.4)。

T2 5.2.4′ 节介绍了如何将本节结论推广到更一般的层状结构。

5.2.5 海洋生物的结构色

某些动物在营养贫乏的环境中可以通过共生体光合作用而得以维系。一个著名的例子是 *Tridacna* 家族中的砗磲，它们含有很多光合藻类群落。我们可能会期望这些砗磲像藻类本身一样呈现出单调的绿色，但事实上它们色彩鲜亮、斑斓 [图 5.6(a)]。这些颜色来自砗磲软组织最外层的球形虹色细胞 [图 5.6(b)]。虹色细胞内部充斥着某种平行结构，是由不同折射率的介质层交替堆叠而成 [图 5.6(c)](本质

上就是布拉格堆)，这造成了我们观察到的颜色。A. Holt 和合作者很好奇为什么砗磲具有这类虹色细胞。这些砗磲是不动的，所以它们并不需要利用颜色来寻找或吸引异性伴侣。那么其生物学意义是什么？

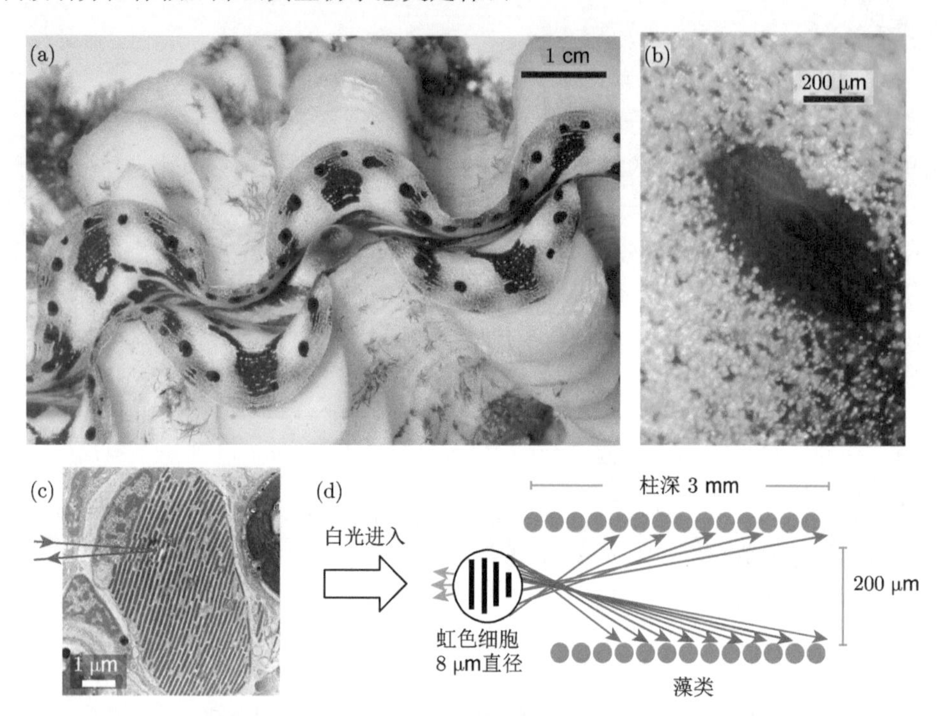

图 5.6 **海洋生物的结构色**。(a)[照片。] 巨型砗磲 *Tridacna derasa* 的软组织呈现鲜艳的色彩。(沿着边缘的黑点是其眼。)(b)[暗场显微照片。] 砗磲的颜色来自眼周围的虹色细胞，即彩色点所示颗粒。每个颗粒直径约 8 μm。(c)[电子显微照片。] 单个虹色细胞 (侧视图) 含有约 100 nm 厚的平行的蛋白板。这些小板通常是透明的。为方便观察，它们在此已被染色。(d)[卡通图。] 虹色细胞反射不需要的绿光并散射其他波长的光，使后者能沿着光合藻类细胞柱的方向照射到柱上所有位置。图示未按比例。[图片蒙 Alison M Sweeney 惠赠，另见 Holt et al., 2014。]

一个线索来自于以下事实：砗磲将它们的藻类共生体深埋于虹色细胞下方。一般说来，这样的安排是相当低效的，因为处于最上层的藻类将获得超出其处理能力的光量，导致光损伤；而处于最下层的细胞被上方细胞遮掩了，只能获得少量的光。研究人员怀疑实际结构可能克服了这一局限。他们发现虹色细胞内的堆层走向总是垂直于入射光，并主要反射藻类光合作用中不使用的绿色和黄色光。因此，一些对光合作用无用的或者可能会导致光损伤的光就会被反射。

另一个线索来自于藻类的不均匀分布：它们被有序排列成很多长柱，每根柱的走向平行于入射光并由砗磲生成的膜来维系。因此，入射光得以穿过柱间空隙而深入组织。处于顶部的虹色细胞能微弱地散射其透射的光，因此透射光并非完全平行于这些柱，于是就能照射到柱上的所有位置 [图 5.6(d)]。原本只能穿透顶层几微米的光，现在能分散到更深的组织区域，从而保证该区域中所有藻类细胞都能获得最佳光照 (最大光子到达速率)，使砗磲能通过光合作用获得最多营养。

本节展示了生物体如何利用光子干涉产生鲜艳色彩或改变光子流向 (以某些适应性方式)。下面我们转向其他一些与生命科学有关的光学现象。

5.3 几 何 光 学

5.3.1 反射定律是稳相原理的结果

图 5.7(a) 显示了光源、镜面和投影屏。光以多个角度离开光源并从镜面反射回来，反射光照亮整个屏幕。如果我们将探测器放在屏幕上的 **A** 处，日常经验告诉我们，只需要 $\mathbf{A}_*^\dagger$ 附近的一小部分镜面就能将光反射到 **A**。然而，光假说要求我们必须考虑如图所示的所有路径。

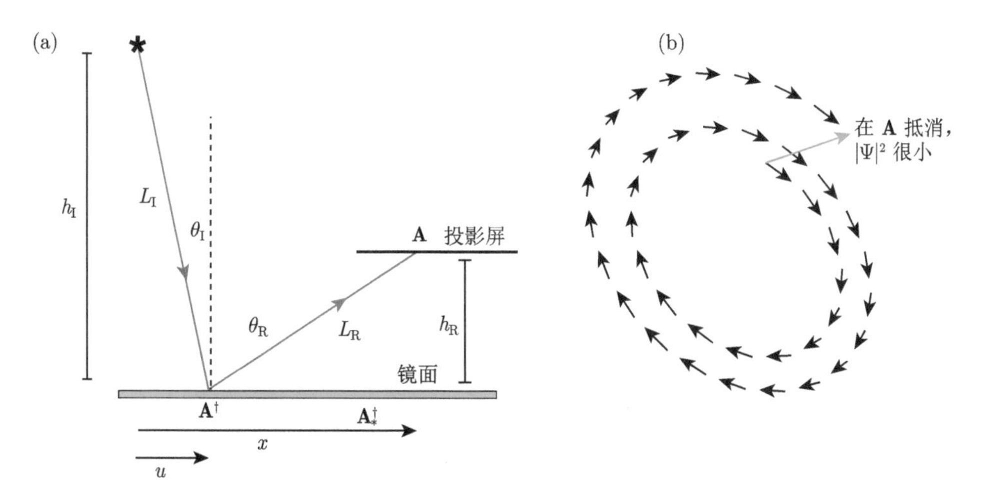

图 5.7　**空气或真空中的反射装置**。(a)[光子路径。] 镜面将来自点光源 (左上角) 的光反射到投影屏，探测器放置在屏上的 **A** 点。对于一个面积较大的镜面来说，反射定律表明图示路径不会对 **A** 处探测到的光有很大贡献，原因是角度 $\theta_\mathrm{I} \neq \theta_\mathrm{R}$。因此，$\mathbf{A}^\dagger$ 位于一个特殊的镜区，移除该区域并不影响 **A** 处光强度。(b)[矢量和。] 黑色箭头表示镜面上 $\mathbf{A}^\dagger$ 附近的路径对反射概率幅的贡献，其总和 (彩色箭头) 很小。

为此我们考虑一系列路径。设路径与镜面相交于 $\mathbf{A}^\dagger$ 点，我们用 u 表示该点与光源的水平距离，而 x 表示光源与观察点 **A** 之间的水平距离。则路径的总长 $L_\mathrm{tot}(u) = \sqrt{h_\mathrm{I}^2 + u^2} + \sqrt{h_\mathrm{R}^2 + (x-u)^2}$。我们现在问使该路径成为稳相路径

的 u 值是多大？为此需要计算 L_{tot} 相对于 u 的导数，并要求它等于零：

$$0=\frac{2u_*}{2\sqrt{h_{\text{I}}^2+(u_*)^2}}+\frac{2(x-u_*)(-1)}{2\sqrt{h_{\text{R}}^2+(x-u_*)^2}}. \tag{5.7}$$

稳相路径对应于该方程的解 u_*。

参考图 5.7(a) 可进一步简化方程 5.7：上式第一项是 $\sin\theta_{\text{I}}$，第二项是 $-\sin\theta_{\text{R}}$。因此，这两项和为零的条件就是熟悉的**反射定律**：

稳相路径是**入射角** θ_{I} 等于**反射角** θ_{R} 的路径。 (5.8)

尽管所有路径对 $\Psi(\mathbf{A})$ 都有贡献，但我们知道这些贡献的大多数都会相互抵消，例如图 5.7(a) 中路径附近的那些路径，它们的贡献如图 5.7(b) 所示[①]。那些遵守反射定律的路径及其紧挨着的路径是例外，它们贡献了 **A** 点接收到的大部分光。

T2 5.3.1′ 节讨论了反射分析中的另一个因子。

5.3.2 透射和反射光栅通过调制光子路径而产生非几何光学行为

我们已经从稳相原理导出了反射定律 (**要点** 4.14)。但是，只有当我们对某个振荡函数在整个周期上积分时，稳相路径才占主导地位 (回想图 4.14)。为了说明在其他情况下可能发生的情况，图 5.8(a) 显示了带有均匀间隔光吸收带的镜面。这种不连续性消除了对反射概率幅有贡献的某些路径。选择性移除路径的最终结果是仅保留了图 5.8(b) 中绿色虚线包含的那些箭头。如图 5.8(c) 所示，即使这些路径不满足反射定律，其贡献之和也不可忽略[②]。

例题：对于给定的单色照明光以及给定间距的反射条，定性解释为什么可以存在多个不同的反射角。

解答：考察落在某个镜区的路径与落在下一镜区的路径，如果这两类路径的长度差正好是波长的整数倍，则它们对反射概率幅的贡献将具有相同的相位 [图 5.8(c)]。

图 5.8所示的器件称为**反射光栅**。上面的例子表明它可以将白光分成一系列光谱，因为每个光带的位置取决于波长。当你用数字视频光盘 (具有间隔 740 nm 的同心圆形轨道) 反射一束窄的白光时，就可以观察到这种效果。

① 这个推导表明我们在研究牛顿环的时候的确可以忽略图 4.8(b) 所示路径。习题 5.3 将探究可以移除多大镜区而不明显改变 **A** 处照明。

② 习题 5.4 将给出详细信息。

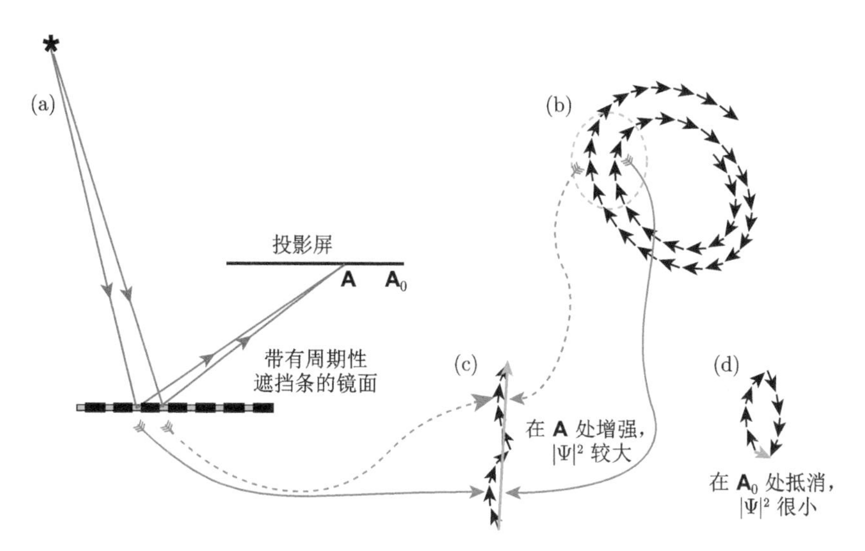

图 5.8　**反射光栅的原理**。(a)[路径图。] 反射装置类似于图 5.7，但镜面的大部分被周期性吸收条 (黑条) 阵列遮挡，更细节的版本可参见图 5.14。(b)[向量和。] 周期性遮挡消除了图 5.7b 所示的大部分贡献，只留下绿色虚线包围的那些箭头。(c) 即使 $\theta_\mathrm{I} \neq \theta_\mathrm{R}$，上述路径子集的贡献总和也是不可忽略的。下方四个黑色箭头表示图 (a) 中左侧路径附近若干路径的贡献，上方四个黑色箭头表示图 (a) 右侧路径附近若干路径的贡献。在图示情况中，这两类路径的长度之差约为光波长。(d) 如果将探测器移动到投影屏上的另一位置 $\mathbf{A}_0$，类似于 (c) 中的贡献将相互抵消，因此屏幕在 $\mathbf{A}_0$ 处将变暗。

思考题5E

如果在透明介质的表面 (非镜面) 上覆盖一系列不透明线，能否制造一种可称为**透射光栅**的器件？

5.3.3　折射定律是稳相原理应用于分段均匀介质的结果

光在透明材料中的传播速度小于 c。我们将折射率 n 定义为 c 与实际速度之比值，是一个无量纲量。在水中，$n_\mathrm{w} \approx 1.33$[①]，各种玻璃的 $n \in [1.45, 1.55]$。

假设光源位于 $n = 1$ 的真空 (或具有几乎相同值的空气) 中，但检测器在水中，空气/水的界面是平面 (图 5.9)，探测器将探测到来自光源的光。我们想知道"光会选取什么路径"。与往常一样，我们的答案是"所有路径对概率幅都有贡献"。但我们在其他例子中已经看到，对宏观系统我们还可以给出更具体的答案。如果我们将一张带有一个小洞的不透明卡片置于水面，我们预料卡片会挡住到达观察

① 1.7 节介绍了折射率。此处，符号 n_w 中的 w 指的是水。

者的所有光线，除非这个洞处于正确的位置。我们想找到这个正确位置[①]。

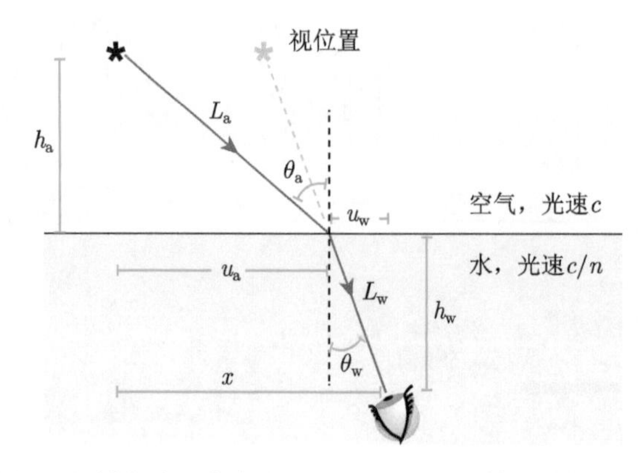

图 5.9　[几何光路图。] **折射实验**。来自光源 (顶部) 的光在被探测器 (底部) 接收之前穿过了空气和水。角度 θ_a 和 θ_w 遵循折射定律 (方程 5.10)。假设观察者认为光是直线传播的，虚线表示观察者感受到的光源的视位置。

与前面类似，我们可以考察这种情况下的稳相路径。请注意光假说在光子到达探测器时给出的相位是 $2\pi\nu$ 乘以总传输时间[②]。总传输时间是 L_a/c(空气中路径的传播时间) 加上 $L_w/(c/n_w)$(水中路径的传播时间) 之和。光源和探测器之间的总的水平距离 x 是固定的 (见图 5.9)，也是水和空气中两部分的和，即水中的水平距离 $u_w = x - u_a$。因此稳相路径对应于

$$0 = \frac{d}{du_a}\left[\sqrt{(h_a)^2 + (u_a)^2} + n_w\sqrt{(h_w)^2 + (x - u_a)^2}\right]. \tag{5.9}$$

例题: 稳相条件即方程 5.9仅适用于一条路径。求导并整理你的答案，将上述条件改写为 $0 = (u_{a,*}/L_a) - n_w(u_{w,*}/L_w)$。

解答: 微积分的链式法则给出导数

$$\frac{1}{2}((h_a)^2 + (u_a)^2)^{-1/2}(2u_a) + n_w\frac{1}{2}((h_w)^2 + (x - u_a)^2)^{-1/2}(-2(x - u_a)).$$

令此表达式为零，则给出所求关系。

---

① 我们也可以将探测器包在一个盒子中以至于它只能朝一个方向“看”，然后我们寻找使得探测器能收到光源光的那个方向。

② **要点** 4.5给出了光假说的第二部分 a。

因此，存在角度关系 $\sin\theta_{\rm a} = n_{\rm w}\sin\theta_{\rm w}$，或更一般地[①]

$$\boxed{n_1\sin\theta_1 = n_2\sin\theta_2. \quad 折射定律} \tag{5.10}$$

换句话说，折射这种宏观光学现象也遵循光假说。

T2 5.3.1′ 节讨论了折射分析中的另一个因子。

5.3.4 全内反射为荧光显微镜提供了另一种增强信噪比的手段

折射可能引发惊人的幻觉。下次你游泳时试试潜水并抬头向上看，你会发现水面上方的物体似乎都挤在垂直方向上了 (“鱼眼” 畸变)，原因是你的大脑仍预期光线是直线传播的 (见图 5.9)。人类可能无法靠本能来理解折射，但射水鱼可以，因为它能准确地瞄准空气中的昆虫并射出一束水流将其击落[②]。

当你的视角更大时会发现更加惊人的事情。你在水下将视线远离垂直方向 (即更大的角度 $\theta_{\rm w}$)。当达到**临界角** $\arcsin(1/n_{\rm w})$ 时，对应的入射角变为 90°。对于 $\theta_{\rm w}$ 超出临界角的视野，来自外界空气的光将无法进入你的眼睛。此时水面类似于镜面，只是将池内的光反射到你的眼睛。

如果考虑光源在水中的情况，我们只需反转图 5.9中的箭头，而上述关于折射的所有内容也适用。现在光从光密介质 (水) 进入光疏介质 (空气)，光线会偏离垂直方向而弯曲。同样有趣的事情发生在 $\theta_{\rm w}$ (此时扮演入射角的角色) 超过临界值时的情况：透射的稳相路径不存在，因此几乎没有透射光。

更一般地，当光穿过透射率为 $n_{\rm from}$ 的透明材料进入较小 $n_{\rm to}$ 的透明材料时，其在界面上的入射临界角是

$$\theta_{\rm crit} = \arcsin(n_{\rm to}/n_{\rm from}). \tag{5.11}$$

入射角超过临界值时，会在界面发生**全内反射**。

医疗应用

图 5.10显示了全内反射的医学应用，一种简单的装置可以消除全内反射，以便我们查看隐藏的眼睛区域。全内反射也是光在没有明显损失的情况下能够在光纤内传输数千米的 (部分) 原因。光首先沿着高折射率的细光纤的轴线传输，如遇光纤弯曲，光可能会撞击其内表面。如果弯曲比较平缓，则入射角将很大，因而光将被全内反射回到光纤中。这种反射即使一再发生直到远端，光也几乎不会减弱。数条这样的光纤可以独立地传输光信息，因此，尽管光纤沿途有弯曲，但进入端的光的空间分布 (图像) 可以被保留到输出端。内窥镜就使用了此原理，能对体内器官进行微创视觉检查[③]。我们甚至可以利用光纤将强光引导到激光手术所

① 折射定律通常被称为 “Snell 定律”，但是 Ibn Sahl 早在 W. Snell 之前的 964 年就发表了这个结果。

② 参见 Media 12。

③ 请参见图 2.3。

需的精确位置。

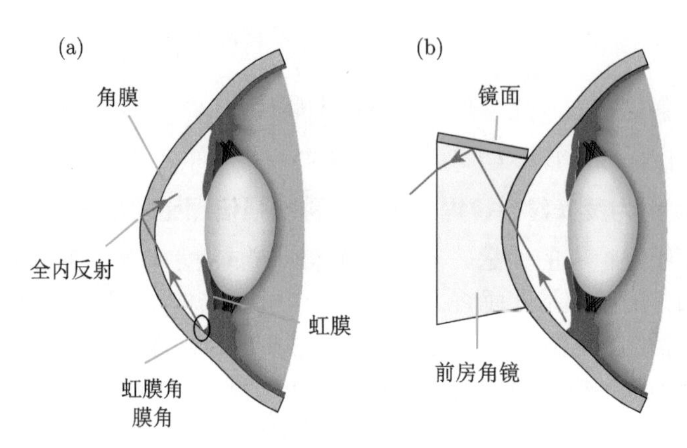

图 5.10　[光线图] **阻止全内反射的仪器。**(a) 诊断和分类青光眼的一种方法是测量眼睛虹膜和角膜之间的角度。然而，两者的连接处不容易看清，原因是来自这一部分的光都被全内反射了。(b) 为了观察该区域，可将所谓的前房角镜 (一种棱镜) 紧贴在眼球上，用角膜-玻璃界面取代角膜-空气界面，从而阻止那里发生的全内反射。(当然，从镜中出射的光的角度也低于玻璃-空气界面上的临界角。)

全内反射荧光显微镜

第 2 章提及显微镜技术的一个主要课题是如何隐去样品中许多不感兴趣的物体，例如引入荧光标记技术将荧光标记到目标分子上。然而“背景”(不需要的) 荧光依然存在，这会降低图像质量。2.7 节讨论了减少背景的一种方法 (双光子激发)，但是全内反射提供了另一种思路，对于某些应用来说可能更简单。

为了理解全内反射荧光 (TIRF) 显微镜，回想一下我们推导折射定律时利用了几何光学近似，因为我们只保留了稳相路径的贡献。更详细的计算表明，即使入射光几乎平行于界面，光子也有可能透入低折射率介质的薄层内。因此，在图5.11所示的情况中，除了玻璃表面 100—300 nm 薄层内的样品，其余区域的样品都不会被激发。如果我们希望只看到这个**隐失场**区域中的荧光分子 (例如，细胞膜中被标记的受体分子)，那么 TIRF 显微镜是一种很好的方法。该区域之外的杂散荧光分子不会被显现，因为它们没有被照射到。

思考题5F

> 上述推理是否意味着荧光团发出的光也会被困住，因而在显微镜下不可见？

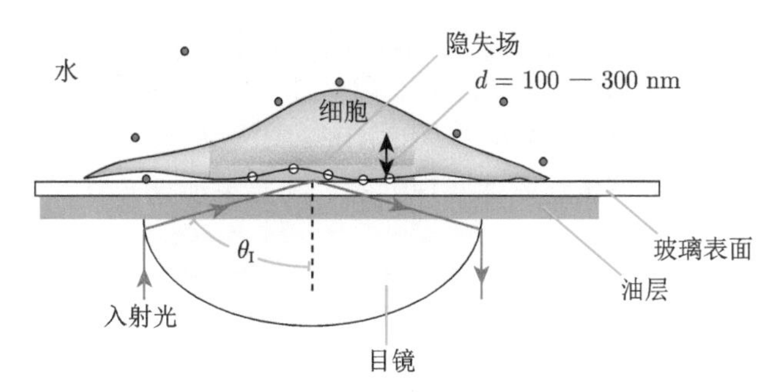

图 5.11　[光线图。] **全内反射荧光 (TIRF) 显微镜的一种形式**。左下方光束进入物镜时弯曲，然后照射到盖玻片与样品 (浸在水中) 之间的界面，其入射角大于临界角。(油层与玻璃的折射率相匹配，因此在油-玻璃界面处几乎没有反射或折射。) 光子到达样品的概率随着与界面的距离指数下降，衰减长度 d 取决于照射角度。*白色和灰色圆点*代表荧光团在 TIRF 中分别被照亮或没有被照射到的情况。来自这些点光源的光被收集起来，并通过同一透镜 (用来产生 TIRF 照明) 成像。图示未按比例。[图片受 Macmillan Publishers Ltd 许可：Single-molecule visualization in cell biology. *Nat. Rev. Mol. Cell Biol.* (2003) vol. 4(Suppl.) pp. SS1-SS5, ©2003。]

图 5.12说明了 TIRF 显微镜降低背景荧光的能力。

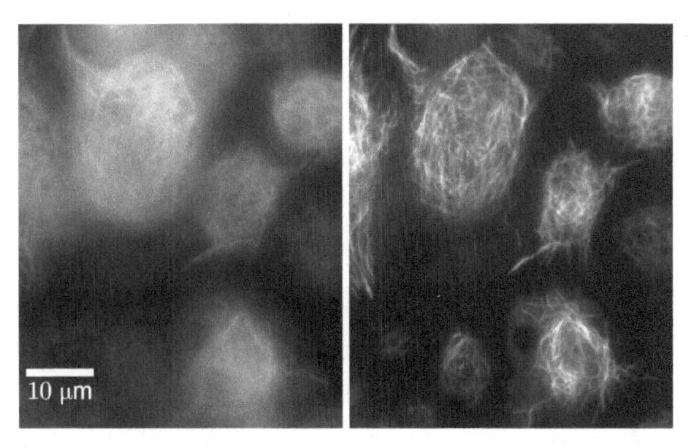

图 5.12　[荧光显微照] **TIRF 成像的优势**。*左图*：在传统宽场落射荧光显微镜中，观察到的活细胞中 GFP 与结构蛋白 α 微管蛋白的融合表达。即使这些细胞相当平坦，对比度也会因来自失焦区的背景光而降低。*右图*：在 TIRF 显微镜下观察到的相同样品 (见图 5.11)。[图片蒙 Nico Stuurman 惠赠。]

5.3.5　折射通常与波长有关

不同波长的光在真空中都以相同速度 c 传播，但在介质中通常不是这样，也就是说，折射率 $n(\lambda)$ 可能与波长有关。折射定律可以预测混合光 (例如白光) 中各类波长的光进入介质时的不同弯曲程度。棱镜便是通过这种方式分离白光的。我们可以利用这种**色散**效应来构建分光镜，甚至制造美丽的彩虹。

如果分色效应*不是*我们所需要的，我们就给它取个贬义名称：**色差**。例如，白光很难被聚焦就是因为这种效应①，除非我们使用单色光或设计消除这种效应的复杂镜头，否则所得图像会受到彩色条纹的影响。

本小节研究了利用稳相路径就能理解的一些熟悉现象，以及它们在成像技术和其他技术中的一些应用。

总　结

动植物对光线进行*分类*和*定向*的策略极为丰富，本章的简介仅触及其皮毛。生物体擅长创造物理特性精确可控的纳米结构材料 (例如骨骼)，因此当这种技术能力被用于创建有用的光学结构时，我们也不感到奇怪。一些动物的眼睛拥有内部反射器以反射多余的散射光，而其他动物又拥有复杂的隐形减反射膜等。本书的剩下部分不会再详细讨论这些适应性及其机制，而是转向一种最重要的基于光的适应性行为，即视觉图像的形成。

关键公式

- *结构色*:“四分之一波长堆”由两种透明介质层交替组成，其折射率和厚度满足 $c/(n_1\nu)=4d_1$ 和 $c/(n_2\nu)=4d_2$。这样的堆将完全反射频率为 ν 的光。
- *光假说第二部分* c:当光子路径垂直于两个透明介质层的边界并从 *1* 到 *2* 穿越时，它对概率幅的贡献将具有一个额外的“透射因子”$t_{1\to2} = 2\sqrt{n_1n_2}/(n_1+n_2)$。当光子路径从界面反射回介质 *1* 时，它对概率幅的贡献具有一个额外的“反射因子” $r_{1\to2} = (n_1-n_2)/(n_1+n_2)$。
- *反射定律*: 考虑宏观情况，在此我们忽略衍射，因而可以认为光是在折线路径上传播 (几何光学近似)。当光从镜面反射 (或从任何其他平坦界面部分反射) 时，入射和反射光线与界面垂线成等角度。
- *折射定律*: 仍采用几何光学近似。当光从空气或真空传播到折射率为 n 的透明介质 (例如水) 时，一部分被反射，另一部分则透射到透明介质中。定义入射角 θ_a 为入射光子 (在空气中) 的方向与界面法线之间的夹角。类似地，折射角 θ_w 为透射的方向与界面法线之间的夹角。

  如果光垂直于界面进入 ($\theta_a = 0$)，则折射角也为零。更一般地说，$\sin\theta_a = n\sin\theta_w$。

  折射率 n 与光波长有关，从而产生色散效应 (诸如透镜中的色差)。
- *全内反射*: 当光从折射率为 n_{from} 的透明介质越过边界到折射率 n_{to} 较小的透明介质时，临界角 $\theta_{crit} = \arcsin(n_{to}/n_{from})$。

① 第 6 章将讨论光的聚焦。

延 伸 阅 读

准科普:
Johnsen, 2012。

中级阅读:
折射率: Feynman, 1985, chapt. 3。
生理学和医学中的全内反射: Yildiz & Vale, 2011; Franklin et al., 2010; Amador Kane, 2009; Ahlborn, 2004。
布拉格堆栈的反射：Bohren & Clothiaux, 2006, chapt. 5。
天然的和人造的结构色: Kinoshita, 2008, Nassau, 2003。递归关系的技巧解释见 Amir & Vukusic, 2013。

高级阅读:
Feynman et al., 2010c。
蝶翼的颜色: Smith, 2009。透明的昆虫翅膀: Shevtsova et al., 2011。

T2 5.2.2 拓展

5.2.2′　经典电磁学中的透射与反射

光假说第二部分 c (**要点** 5.1) 给出了两个透明介质界面处的透射和反射公式。如果你熟悉光的经典电磁波理论，你可能已经见过这些公式的不同形式 (垂直于界面传播的“菲涅耳公式”，参见 Zangwill, 2013, p.590)。虽然本书不涉及电磁波理论，我们还是需要讲讲两者之间的联系。

假设平面电磁波沿 $\hat{\boldsymbol{z}}$ 方向在折射率为 n_1 的均匀透明介质中无限传播，则其电磁场是

$$\boldsymbol{E}(t,\boldsymbol{r}) = A\hat{\boldsymbol{x}}\mathrm{e}^{\mathrm{i}(kz-\omega t)} + \text{c.c.},\quad \boldsymbol{B}(t,\boldsymbol{r}) = A\frac{k}{\omega}\hat{\boldsymbol{y}}\mathrm{e}^{\mathrm{i}(kz-\omega t)} + \text{c.c.},$$

其中 “c.c.” 表示前一项的复共轭。容易验证，当 $\omega/k = c/n_1$(即波降速传播) 时，这些表达式构成介质中麦克斯韦方程组的解。整体因子 A 由光强决定。

如果波遭遇一个界面，则须将介质 *1* 中反向传播的波 (反射波) 和在介质 *2* 中同向传播的波 (透射波) 叠加到上述解上。如果界面上没有自由电荷或电流，则界

面两侧的电场和磁场必须在界面处匹配。这两个条件就可以求解反射波和透射波，其整体因子分别等于

$$A\frac{n_1 - n_2}{n_1 + n_2} \quad 和 \quad A\frac{2n_1}{n_1 + n_2}.$$

这些公式中的第一个与**要点** 5.1中的公式一致，但第二个公式不一致。

为了消除这个差异，我们需要知道波携带的能量正比于 $n|A|^2$。在目前的讨论中，单位面积上的反射功率是常数乘以

$$|A|^2 n_1 \frac{(n_1 - n_2)^2}{(n_1 + n_2)^2}, \tag{5.12}$$

而单位面积上的透射功率是常数乘以

$$|A|^2 n_2 \frac{4n_1^2}{(n_1 + n_2)^2}, \tag{5.13}$$

你可以检查这两项相加是否等于入射波功率，而后者正比于 $n_1|A|^2$。

上述反射或透射功率除以入射功率 ($\propto n_1|A|^2$)，则得到任何一个光子被反射或透射的概率，这些结果与**要点** 5.1中表达式的模平方一致。

光子路径与界面不正交时则需要更复杂的公式。不过，在图 5.4和图 5.5 所示的装置结构中，这类路径并非极值路径，因此均可忽略。(此外，在这种情况下，我们也不必担心折射。)

T_2 5.2.4 拓展

5.2.4′ 更复杂的介质层

5.2.4节的分析得以大大简化的原因在于我们精心选择了如图 5.4(a) 所示的单元：将介质 *1* 层从正中切开，我们得到了一个左右对称的单元；当我们求解这个单元的整体反射系数和透射系数时，这个对称性意味着向左和向右的光路具有相同的因子。至于更复杂的单元 (例如，三层介质) 的情况，则需要更复杂的计算。

T_2 5.3.1 拓展

5.3.1′ 关于反射和折射的更多说明

1. 5.3.1节对反射定律的讨论忽略了与表面反射路径相关的概率幅因子。在我们考虑的宏观情况中，这种忽略是合理的，因为其中 r 因子在相消路径区域内变化很小，所以它实际上只是一个整体的乘积因子。

2. 类似地，5.3.3节对折射定律的讨论忽略了与穿越界面的路径相关的概率幅因子。在所考虑的宏观情况中，这种近似也是合理的，因为其中 t 因子在相消路径区域内变化很小，所以它实际上也只是一个整体的乘积因子。

习题

5.1　有限堆

正文显示了如何计算无限堆的透射和反射。请用计算机对更真实的 8 层堆系统进行计算，并给出类似图 5.5(c) 的结果，所需参数值如该图图注所给。遵循正文中的近似处理方法，你可以忽略色散 (即角质层的折射率与波长无关) 和吸收 (每个光子要么反射，要么透射)。

5.2　总概率

回顾方程 5.2 和 5.3，并证明 $|r_{1\ \mathrm{layer}}|^2+|t_{1\ \mathrm{layer}}|^2=1$。

5.3　反射定律

由于存在衍射，我们有理由期望反射定律 (**要点** 5.8) 在某些情况下失效。正文只考虑了稳相路径，本习题将拓展正文的推理。

图 5.13显示了沿 y 方向 (向页面外) 均匀延伸的某个装置的横截面。镜面在 x 轴方向的宽度为 W，因此，$u\in[-W/2,W/2]$。点光源位于 $x=-a$, $z=h$ 处，而检测器位于 $x=+a$, $z=h$ 处。不妨设 $a=h=1$ m。不透明屏可以防止探测器直接从光源接收到光。

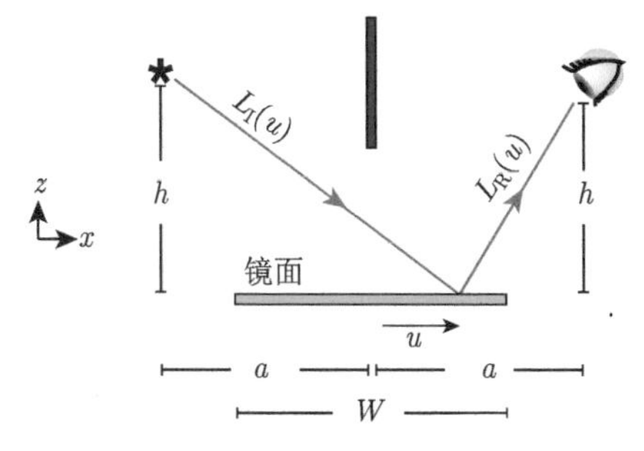

图 5.13　[路径图。] **见习题 5.3**。不透明的屏障 (顶部) 可防止光直接从光源到达探测器。

日常经验表明反射只需要一小部分镜面。实际上，几何光学表明，在 $u=0$ 附近的*无穷小*条带的镜面就足以反射光。但是我们对衍射的研究表明，如果 W 太小，则光会弥散到各处，而且大部分不会到达探测器。这就是本习题的主题。

像往常一样，对所有路径求和可近似地替换成对所有从光源到镜面上的点 u 再到探测器的折线路径求和。

假设单色光波长为 500 nm，我们想象将镜面分成每条宽度为 Δu 的细条，则共有 $W/\Delta u$ 个条带。取 Δu 为光波长的 30 倍，并假设 $W=3$ mm。

每条路径对概率幅的贡献都可表达为 $\exp(2\pi\mathrm{i}(L_{\mathrm{I},j}+L_{\mathrm{R},j})/\lambda)$。这里，$L_{\mathrm{I},j}$ 和 $L_{\mathrm{R},j}$ 分别是路径 j 的第一部分 (“入射段”) 长度和第二部分 (“反射段”) 长度。

a. 将 $L_{\mathrm{I},j}+L_{\mathrm{R},j}$ 表达为 h,a,λ 及路径 j 与镜面交点 u_j 的函数。

b. 注意 h 和 a 远大于 $|u_j|$，简化 (a) 中的答案，保留到 u_j 的二阶项。

c. 数值计算所有路径的概率幅之和。仿照图 4.11(a) 作图，显示每条路径贡献的箭头及其总和。再求总箭头长度的平方。[*提示*：此处计算的长度平方等于探测器测得的光强度乘以归一化常数因子。你不必担心这个因子，因为在本习题中，我们只关心镜宽 W 的变化引起的光强的*相对*变化。]

d. 考察更窄的镜面，如 $W=0.75$ mm 或更小。随着 W 减小，总箭头长度的平方最终将明显变小，比如 (c) 中求得的 1/4 值。这种情况对应的 W 是多大？

e. T2 拓展方程 4.20的推导，找出控制衍射程度的某个无量纲组合参数。针对前面研究过的情况 (即 $W=3$ mm 和 0.75 mm)，估算该组合参数，并进行比较、讨论。

5.4　反射光栅

图 5.14显示了一个远处的单色点光源通过光圈 (屏上的一个开口) 形成光束。光圈足够宽以至于当光束射出时我们可以忽略其衍射效应。光束投射在镜面上形成宽度为 W 的光斑，其中心在光源右侧 d_{I} 处。在投影屏上 **A** 点观察到反射光。

假设 W 远小于光斑中心到光源或到观察点的距离 L_{I} 或 L_{R}。因此所有光的入射角都约为 $\theta_{\mathrm{I}}=\arcsin(d_{\mathrm{I}}/L_{\mathrm{I}})$，反射角都约为 $\theta_{\mathrm{R}}=\arcsin\left((x-d_{\mathrm{I}})/L_{\mathrm{R}}\right)$。

光照射到均匀间隔的窄镜带阵列 (向页面外延伸)，阵列周期 p 小于 W 以至于入射光至少可照射几个镜带。如果这是一个普通的镜面，我们就不会在 **A** 处看到任何光，因为遵循通常反射定律的路径必须在 **B**† 处反射，而这一点现在没有被照亮。我们感兴趣的问题是因为镜面中断而需要如何修改反射定律 (**要点** 5.8)。

如图所示，仅考虑由两个直段组成的路径，并且假设镜带很窄，以至于从第 j 条镜带反射的所有路径具有基本相同的长度。因此可以通过对 j 求和来近似得到所有反射带对概率幅的贡献。

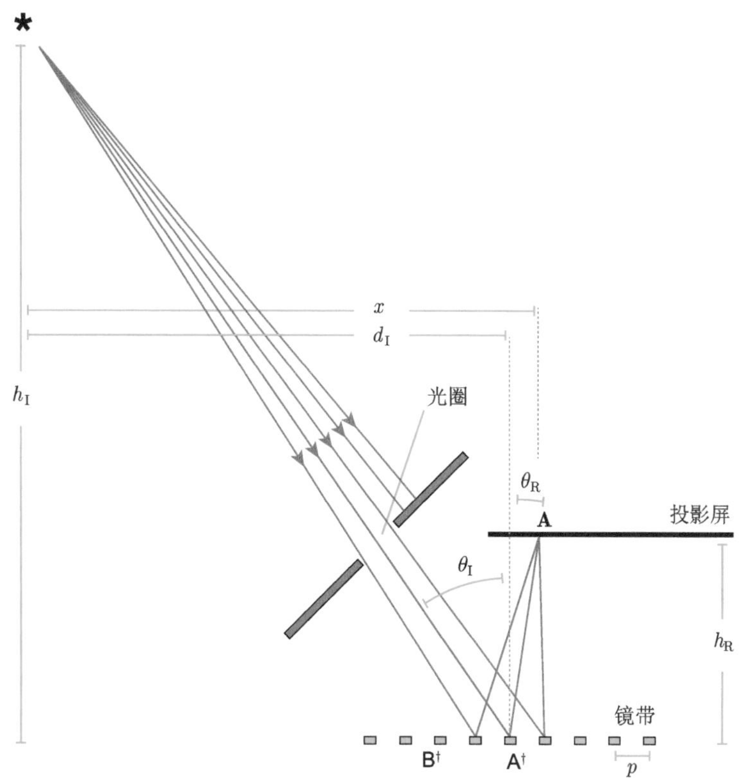

图 5.14　[路径图。] **反射光栅**。参见习题 5.4。镜带阵列 (底部) 反射来自远光源 (顶部) 的光。未按比例绘制。距离 h_I, h_R, x 和 d_I 都是宏观尺度，而镜带间距 p 是很小的微观尺度，以至于从光圈出射的光束能照射到它们中的几个。

a. 将中心路径标记为 $j=0$，两旁路径标记为 $j=\pm1$，依此类推。设 $L_I(j)$ 和 $L_R(j)$ 分别为光路入射段和反射段的长度。写出总长度 $L_{tot}(j)$ 与 h_I、h_R、d_I、x 和 j 之间的精确关系式。

如果到达 **A** 点的路径都具有大致相同的相位，或者相位相差 2π 的整数倍，则 **A** 点会被照亮。换句话说，总路径长度需要满足 $L_{tot}(j+1)-L_{tot}(j)=m\lambda$，其中 m 是整数。

b. 将 (a) 答案中的平方根做泰勒展开 (围绕中心路径)，保留 W/d 的最低阶非平凡幂次，其中 d 是相应的宏观参数。

c. 必须满足什么条件才能使相邻镜带产生增强作用，进而使 **A** 点被照亮？该条件的解对应于屏上的哪个位置 x？$m=0$ 的情况有什么特别之处？

d. 对本题中颜色扮演的角色进行讨论。

5.5　全内反射

人眼填充的透明介质折射率 $n = 1.34$。假设角膜也具有大致相同的折射率。眼睛内部以一定角度射入角膜的光线被囚禁而无法射出，求这个角度范围。除非采取一些特殊措施来克服这一问题，否则这种影响会干扰眼科医生对眼睛的检查(图 5.10)。

5.6　T2 非均匀介质

正文只考虑光穿过诸如空气和水之类的均匀介质。在这类介质中，两点之间的稳相路径是直线。当存在障碍物 (不透明物) 时，稳相路径 (如果存在的话) 仍然是直线 (如图 4.13 中的粗线)。5.3.3节考虑了一个涉及两块不同介质的较复杂的情况，每种介质都均匀但它们之间有明显的界面 (图 5.9)。在那种情况下，我们假设稳相路径是分段直线，但发现它在界面处有一个弯折，正好使得每个直段对界面垂直方向的角度 θ 能保持 $n\sin\theta$ 不变 (方程 5.10)。

当介质折射率连续变化时会发生更有趣的事情，例如第 6 章将提到其眼睛晶状体的折射率连续渐变的动物。假设 $n(\boldsymbol{r})$ 是位置的函数，并考虑所有可能的起始于“源点” **A** 并终止于“观察点” **B** 的曲线。我们用矢量函数 $\ell(\xi)$ 参数化地描述这样一条曲线，其中 $\ell(0) =$**A**， $\ell(1) =$**B**。参数 ξ 不一定是沿曲线的弧长 s，而是满足

$$\mathrm{d}s = \sqrt{||\mathrm{d}\ell/\mathrm{d}\xi||^2}\mathrm{d}\xi. \tag{5.14}$$

我们想要知道指定点之间的哪条路径具有稳相相位，因此考虑两条差异无穷小的路径：$\ell(\xi)$ 和 $\ell(\xi)+\delta\ell(\xi)$。变分 $\delta\ell(\xi)$ 必须在端点 $\xi = 0$ 和 1 处等于零，因为这些点固定在 **A** 和 **B**。

a. 路径的传播时间 Δt 由 $n(\ell(\xi))\mathrm{d}s/c$ 的积分给出 (ξ 从 0 到 1)。求该量的一阶变分表达式，即上述两条相邻路径的传播时间之差 $\delta(\Delta t)$，保留到 $\delta\ell(\xi)$ 的一阶项。

b. 使传播时间对 $\delta\ell(\xi)$ 的一阶变分为零，证明：对于每个 ξ 值，$\ell(\xi)$ 必须满足

$$\boxed{\frac{\mathrm{d}}{\mathrm{d}s}\left(n\frac{\mathrm{d}\ell}{\mathrm{d}s}\right) = \boldsymbol{\nabla} n \quad \text{几何光学方程}} \tag{5.15}$$

现在考虑一种情况：折射率是只依赖于高度 z 的函数 (图 5.15)。这个问题在数学上比一般情况简单，部分原因是方程 5.15的某些解严格限制在 xz 平面中。光源处于高度 z_0 处，而探测器在同一高度但相距为 D。我们可以用高度 $z = h(x)$ 函数来描述 xz 平面内的曲线，其中 $h(\pm D/2) = z_0$。

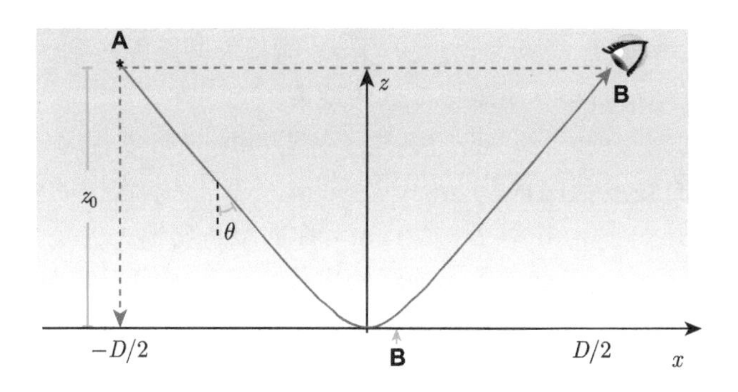

图 5.15　[数学函数。] **非均匀介质中的曲线稳相路径**。见习题 5.6。x 和 z 轴没有按相同比例绘制。虚线表示习题 (d) 部分提到的简单解。习惯于直线传播的观察者会将来自 **A** 的光误认为来自 **B**。

c. 将方程 5.15点乘单位向量 $\hat{\boldsymbol{x}}$。设 $\theta(x)$ 为曲线与 z 轴的夹角，用 θ 表达你的公式，并将其与普通折射定律联系起来。

d. 证明你在 (c) 中求得的方程有两个平凡解：其一是一条水平直线 $h(x)=z_0, \theta(x)=\pi/2$；其二是一条垂直线 $\theta(x)=0$。当然也有曲线解。假设 $n(z)$ 严格随 z 的增加而增加，而 θ 开始时是下倾的 (如图所示，$0<\theta<\pi/2$)，随着 h 的减小而增大，甚至可能趋于平缓 $(\theta \rightarrow \pi/2)$。这种情况发生在什么高度 z_{bounce}？(求其解析表达式。)

海市蜃楼是这种情况的一个常见例子[①]。在漫长平坦的高速公路上，太阳能会在地面 $z=0$ 附近加热一层空气，其密度比其他地方的空气密度小，类似于 (d) 所述的情况。因此，当我们将目光向下 (朝向路面) 时将会看到来自天空的光线，这些光沿曲线路径传播。很容易将这些光线误认为路面上水 (不存在的) 的反射，特别是因为它很容易闪烁 (由于空气对流)。经验告诉你这种错觉只出现在远处而不是在近处。

e. (c) 中求得的方程包括 $\hat{\boldsymbol{x}} \cdot(\mathrm{d}\ell/\mathrm{d}s)$，用 $h'=\mathrm{d}h/\mathrm{d}x$ 表示该量。由此证明该方程可以重新表述为

$$0=\frac{\mathrm{d}}{\mathrm{d}x}\left[(1+(h')^2)^{-1/2}n\right].$$

这个公式表明，当我们沿着轨迹移动时某个量不会改变。用 $\theta(x)$ 重新表述上述结论。

f. 除了靠近地面的薄层外，假设 $n(z)$ 等于 30°C 的空气的折射率，而地面附近空气的温度可能上升到 50°C。这两个温度折射率的值可以在附录 C 中查到。使用这些数值计算一个小的正数 $\alpha=1-(n(0)/n_\infty)$。再使用 (d)

① 4.7.2节介绍了海市蜃楼。

中的结果考察 θ_0 必须多接近 $\pi/2$，才能使稳相路径在到达地面之前变平。由此估算海市蜃楼会出现在多远的地方。

g. 为了找到完整的轨迹，我们必须了解温度场分布或者等效的折射率函数 (在较小的高度范围内从 $n(0)$ 变到 n_∞)。一个这样的函数是 $n(z) = n_\infty(1-\alpha e^{-z/L})$，其中 $L = 20$ cm。你的眼睛离地大约是 $z_0 = 2$ m。

h. 在 (c) 中你得到了确定整个曲线的方程。使用上述折射率函数，计算 (e) 中的整个曲线。采用使海市蜃楼成为可能的 θ_0 最小值，绘制一条曲线来展示你的解。

计算机可以为 x 和 z 轴选择不同的比例，因此请在图中标注清楚。

II 人类与超人类视觉

球形透镜成像。通过一个直径 25 cm 的天然石英球所成的像（清朝，19 世纪）。

第 6 章　直 接 成 像

如果光学设备商卖给我的仪器存在各种缺陷，
我应该理直气壮地退货，
以最强硬的语气指责他的疏忽，多强硬都不过分。
—— 赫尔曼 · 冯 · 亥姆霍兹（Hermann von Helmholtz），有关人眼光学

6.1　导读：既明亮又清晰的图像

前面章节对光子路径做了大量研究，本章开始讨论生物体如何在眼中创造视觉影像。人类利用现代技术将图像聚焦到光检测器阵列，制成相机或显微镜。这些装置大大加强了我们的视力，远超任何现存动物的视力。

“聚焦” 光线似乎意味着对光施加某种程度的控制，这与光假说是不一致的，后者认为“光子可以选择任意一条路径”。不过，第 4 章介绍的稳相原理可以帮助我们解决这个矛盾。本章将系统讨论这个想法，将其从孤立的稳相路径扩展到所有具有相同相位的路径。我们将看到相机和动物的眼睛如何使用这个技巧在亮度与清晰度之间达成平衡。

本章焦点问题
生物学问题：护目镜如何帮助你在游泳时能水下视物？
物理学思想：空气-水界面的曲率决定了护目镜是否能聚焦光线。

6.2　无透镜成像

在后续几节中，我们将假设光只沿着稳相路径传播（“几何光学近似”）。在理解成像的主要思想之后，6.8节将检验上述近似的有效性。特别是，我们将推导出衍射效应对显微镜分辨率的限制。第 7 章将介绍最新研究进展是如何突破这一限制的。

6.2.1　阴影成像

在几何光学近似中，光在真空或均匀透明介质中沿直线传播。如果有不透明物体介于光源和探测器阵列之间，则阴影将落在探测面上。假设光源是无穷远点

(例如晴天的太阳)，其光线垂直落在投影屏上（例如中午的人行道)，则阴影将具有与不透明物体相同的尺寸和形状 [图 4.14(a)]。常规 X 射线成像技术就是依据同样的原理在探测器阵列上投射出我们骨骼或牙齿（对 X 射线不透明）的全尺寸阴影图像。

6.2.2 小孔成像足以满足某些动物的需求

阴影是由远处的照明光源所创建的物体轮廓图像。对于更一般的情况，动物已进化出其他系统以创建内容更丰富的图像，其中最简单的是**小孔成像系统**。

图 6.1显示了这个装置的基本思想。我们在外界和投影屏之间放置一个带有窄孔径的屏障，假设外界只存在两个点光源（即图中 **A′** 和 **B′**)。光源可以是发光物体（天空中的两颗星)，也可以是反射太阳光的普通物体。理想情况下，我们希望每个点光源照亮屏幕上唯一的对应点进而形成图像。图示表明，在几何光学极限下，这一愿望是可以实现的，因为在该极限中光沿直线传播[①]。只是形成的是反转（倒置）的图像，且大小按几何因子 d/L_0 缩放。

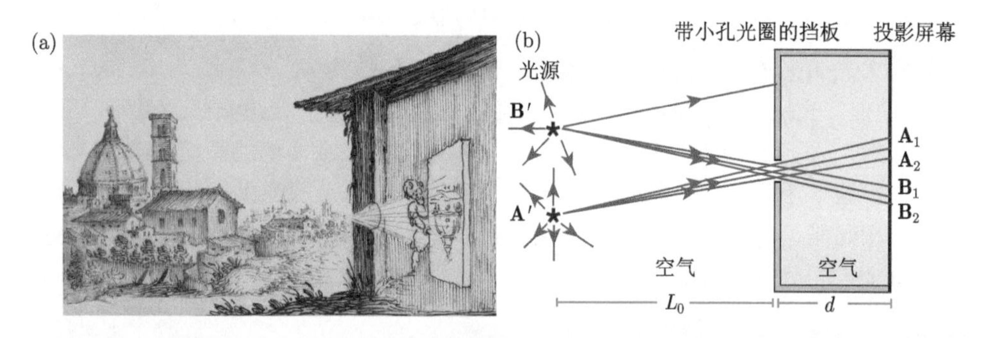

图 6.1 **小孔成像系统**。(a) [原理图。] 相机暗箱（取自 17 世纪的军事设计草图)。(b) [几何图。] 来自远处光源（*左*）的光线穿过一个窄光圈并落在投影屏幕上（*右*)。从光源 **A′** 出射的光到达屏幕上（**A**$_1$-**A**$_2$）的一系列位置，对应于来自 **A′** 的穿过小孔的所有直线光路；来自另一光源 **B′** 的情况也有类似的模糊光斑。只有当两个像的距离大于模糊区尺寸时，它们才可以被分辨。

但是仔细观察图 6.1(b) 可以发现小孔摄像机的缺点。从 **A′** 绘制的多条直线表明，即使点光源也会在屏幕上显示为光斑，其尺寸不小于光圈（小孔)。（图中 **A′** 通过直线路径与 **A**$_1$ 和 **A**$_2$ 等一系列点相对应。）此外，光源在空间中的连续分布也会使成像变得模糊，这对于使用小孔成像的生物来说会大大降低其**视敏度**。我们可以尝试使用小光圈来减小这些影响，但这会使图像变得非常暗淡，因

① 本节中的草图是横截面，我们的推导也通常会忽略第三个维度，从而简化数学运算。

为大部分光被阻挡了。此外，当光圈太小时衍射开始变得显著，图像清晰度也会变得*更差*[①]。

如果能部分补偿上述缺陷，则小孔成像具有以下优势：首先，到光源的距离 L_0 不重要，只要它远大于光圈的宽度；其次，不需要“聚焦”系统。

蛇的感觉器官；鹦鹉螺的眼睛

小孔成像尽管有其局限性，但对某些动物来说已经足够了。例如，某些蛇存在一个内衬红外传感器的“凹陷”，其上有一个裂缝可以粗略地投射出潜在猎物身体的热成像。

头足类动物鹦鹉螺也有小孔成像系统（图 6.2)。它的眼睛甚至可以调节光圈的大小，即在光线较强时通过调小光圈获得更好的视敏度，或在光照较差时调大光圈获取图像，当然后者以牺牲视敏度为代价。

图 6.2 [照片。] **珍珠鹦鹉螺（*Nautilus pompilius*）的头**，本图显示了它的小孔状眼。[摄影：Hans Hillewaert。]

6.2节介绍了一些原始但有效的成像策略。现在我们的问题是在生命系统允许的范围内，还能如何进一步提高成像质量。

6.3 加入透镜可得到既明亮又清晰的图像

小孔成像是以丢失大部分可用光为代价的。最好能找到一种在宽孔径光圈上收集光线的方法以避免小孔成像造成的模糊，即所有从 **A′** 进入光圈的光能够到

① 4.7.3 节分析了这种现象。

达单个点 **A**，而来自点光源 **B′** 的光全部到达另一个点 **B**。这个想法可以借助**透镜系统**来实现。下面我们来考察两个例子，一个是尺寸较大的“相机”系统，另一个是尺寸接近我们眼睛的系统。

6.3.1　聚焦准则将物距和像距与透镜形状关联起来

如果我们在宽光圈内加入某个装置，它能操纵由此经过的光路的*相位*，则有可能实现上述目标（图 6.3）。我们称这个装置为**透镜**，此处暂不讨论其细节，因此在图中显示为问号。在演示实验中，图中所示的距离 d 可以是 1 m。

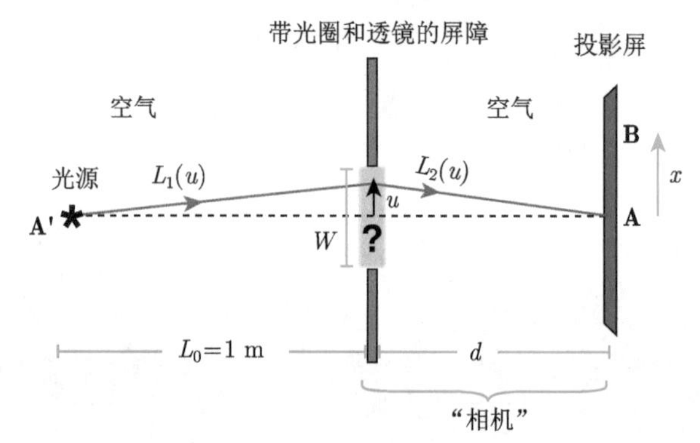

图 6.3　[路径图。] **透镜成像**。在本示意图中（横截面），点光源 **A′** 位于中心线上，该线（*虚线*）垂直于不透明屏（*图中部*）并穿过宽度 $W = 1$ cm 的光圈的中心。光圈包含一个薄的透明元件（透镜，表示为*问号*），它改变了由此经过的每条光路的相位。图示为一条典型路径，它穿过透镜时的位置距离中心为 u，最终落在投影屏上的 **A** 点。

如图所示，让我们首先考虑位于光圈中心线上的单个光源 **A′**，并想象将光探测器放置在中心线与其相对点 **A** 处。我们要实现

> 聚焦准则：从 **A′** 到 **A** 的所有路径的相位相同（尽管几何长度不同）；而从 **A′** 到轴外任何点 **B** 的所有路径的相位都与之不同。　(6.1)

为了理解*要点* 6.1，回顾一下相位的重要性：光假说认为两点之间的所有路径对光子到达的概率幅都有贡献，且相位一致时这些贡献是相互增强的[①]。在小孔相机中，图 6.1(b) 显示了多个点 $\mathbf{A}_1$，$\mathbf{A}_2$，$\cdots$，每个点都对应来自 **A′** 的稳相路径，它们都有一定的照度，从而形成了弥散的图像[②]。与此不同的是，满足*要点* 6.1意味着从 **A′** 到 **A** 的*每条*路径都是稳相路径，而到屏幕其他点的都是*非*稳相路径。因此，几乎所有穿越光圈的光线只到达一个点，在 **A** 处形成 **A′** 的明亮清晰

① 参见光假说的第二部分 a，*要点* 4.5。

② 4.7.3 节描绘了同样的事情：在几何光学近似中，无限远处点光源照亮的区域尺度与光圈尺寸相同。

的图像[1]。看来满足**要点** 6.1的成像系统的确可以克服小孔成像中亮度与清晰度之间的矛盾。这真的可以实现吗？

与第 4 章一样，我们只考虑由两个直线段组成的光子路径。因此，我们还是用与中心线的距离 u 来标记各条光路，但不再假设物距 L_0 远大于像距 d。此外，我们还要引入第 4 章没有的透镜。

因为每条路径的总长度不同，所以透镜系统（图 6.3中的问号）需要引入与 u 有关的补偿时延 $\Delta t(u)$,则路径的总相位等于 $2\pi\nu(L_{\rm tot}(u)/c+\Delta t(u))$,其中 $L_{\rm tot}$ 是路径的实际（几何）长度。因子 $2\pi\nu$ 与 u 无关，对于寻找稳相位路径并不重要，可以略去。

我们想知道满足**要点** 6.1的函数 $\Delta t(u)$ 是否存在，如果存在，能否构造出具有这类延迟的物理装置。我们先写出一个类似于方程 5.9 但有额外延迟的表达式，再计算总相位并要求它与 u 无关。也就是说，我们希望 $\Delta t(u)$ 具有以下属性

$$L_{\rm tot}(u)/c+\Delta t(u)=c^{-1}\left(\sqrt{L_0^2+u^2}+\sqrt{d^2+u^2}\right)+\Delta t(u)=\text{const.} \tag{6.2}$$

为了简化数学运算，假设 L_0 和 d 都比光圈大得多，因此我们可以像第 4 章那样用泰勒级数来近似其中的平方根。

例题：

a. 证明: 从 **A′** 到 **A** 的所有路径具有相同相位的要求可以明确表示为

$$\frac{u^2}{2L_0}+\cdots+\frac{u^2}{2d}+\cdots+c\Delta t(u)=\text{const.} \tag{6.3}$$

省略号代表 u 的高阶项。为证明这个结论，你可以按照 4.7.3 节中的步骤进行。

b. 将表达式中的参数取为“相机”系统的适当值。那么，忽略方程 6.3中的高阶项是否合理？

解答：

a. 对 $u\ll L_0$ 和 $u\ll d$ 的情况作简化近似。将泰勒级数展开应用于方程 6.2 给出

$$L_0\left(1+\frac{u^2}{2L_0^2}+\cdots\right)+d\left(1+\frac{u^2}{2d^2}+\cdots\right)+c\Delta t=\text{const.}$$

将所有常数集中在等号右侧便得出了方程 6.3。

[1] 习题 6.12 将给出更加精确的解释。

b. 省略号代表的项分别小于 $(u/L_0)^2$ 或 $(u/d)^2$ 等因子对应的保留项。我们假设 d 也大约是 1 m，因此这些项也同等重要。图 6.3显示光圈宽度为 1 cm，因此 $|u| \leqslant 5 \times 10^{-3}$ m。对于波长为 500 nm 的光，我们所忽略的光子路径对相位的贡献约为

$$\frac{E_{\rm ph}}{\hbar}\frac{L_0}{c}\left(-\frac{1}{8}\right)\frac{u^4}{L_0^4} = -\frac{2\pi}{5\times 10^{-7}\text{m}}\frac{1}{8}\frac{(5\times 10^{-3}\text{m})^4}{(1\text{m})^3} \approx 10^{-3}.$$

远小于 2π，因此在指数里被忽略并不会引起大误差。

思考题6A　对人眼重复上述计算。亮光下瞳孔直径约为 2 mm，而 $d \approx 24$ mm。

因此，聚焦装置必须将光延迟

$$\Delta t(u) = c^{-1}\left[\text{const} - \frac{u^2}{2}\left(\frac{1}{L_0}+\frac{1}{d}\right)\right]. \tag{6.4}$$

图 6.4显示了完整的相位函数（方程 6.2），由此可以看出条件 6.4 满足与否的差异。即使该条件满足，相位函数也不是真正的常数。因为存在 u 的高阶项（被我们忽略了），图中的实线不是完全笔直的。上例表明在某些几何构型中（光圈远小于 L_0 和 d），这种忽略可能是合理的。

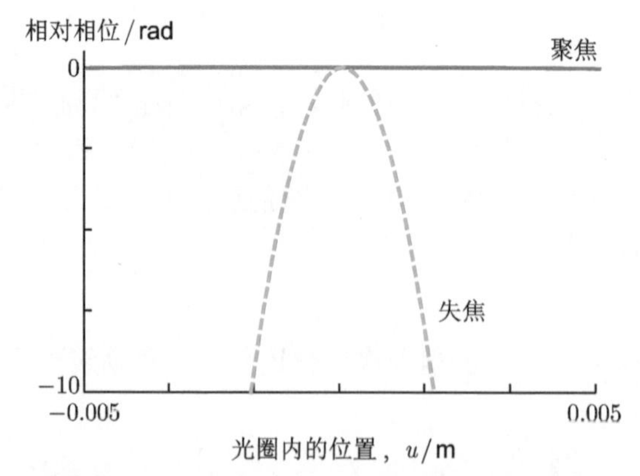

图 6.4　[数学函数。] **透镜成像中的相位**。实线：聚焦系统的相位函数（相对于 $u=0$），该函数几乎是常数。正文使用的相位近似值仅保留到 u^2 项，在该近似中相位函数的确是常数。虚线：改变 d 使系统失焦，此时只剩下对应于 $u=0$ 的单条稳相路径。[两条曲线使用了方程 6.2 和 6.5计算，其中 $f=0.25$ m，$L_0=1$ m，$\lambda=500$ nm。到屏幕的距离为 $d=1/3$ m（实线）或 2/5 m（虚线）。]

什么样的装置可以产生所需的时延？我们知道像玻璃这样的透明介质会降低光速[1]。假设光子穿过玻璃部分的路径长度为 L_g[2]。由于透镜导致该路径的净传输时间增加 $L_g/(c/n) - L_g/c$ 或 $L_g(n-1)/c$。（注意，在 $n \to 1$ 时，减速效应消失了，这种情况对应于没有透镜！）

方程 6.4 暗示合适的装置可以由一块玻璃组成，这块玻璃端部很薄但中间较厚（即“透镜形状”），在 $u = 0$ 处时延最大。特别是，如果透镜形状遵循曲线 $L_g(u) = c\Delta t(u)/(n-1)$，其中 $\Delta t(u)$ 由方程 6.4 给定，则从轴上光源（**A′**）到 **A** 的所有路径对光子到达的概率幅度的贡献将如愿得到加强[3]。

我们可以将方程 6.4 表达为更实用的形式。假设透镜具有某种关于中轴线对称的固定形状，则相应的时延函数可做泰勒展开（只含偶数阶）：

$$\Delta t(u) = c^{-1}(\text{const} - u^2/(2f) + \cdots). \tag{6.5}$$

其中 f 是长度量纲的透镜常数，省略号表示 u 的高阶项。方程 6.4 表示当屏幕距离 d 满足

$$\boxed{\frac{1}{f} = \frac{1}{L_0} + \frac{1}{d}. \quad \text{透镜公式}} \tag{6.6}$$

时来自距离 L_0 处光源的光才会聚焦。透镜公式的一个重要特例是当光源距离较远时（$L_0 \to \infty$）d 必然等于 f。f 因此被称为透镜的**焦距**。

注意，焦距是透镜而不是整个成像系统的固有属性，它的数值仅取决于透镜的形状和成分。图像聚焦的位置并不在距离 d 处，除非是 L_0 趋于无穷的特殊情况。f 较大的透镜聚焦能力较“弱”，因为它对光线的弯曲不大。我们可以等价地定义**聚焦能力**为 $1/f$ 而不是 f，此时相关单位 m^{-1} 经常更名为**屈光度**。

例题： 假设方程 6.6中的条件满足，则从 **A′** 到 **B** 的光路的相位是怎样的？

解答： 设 **B** 位于距中心线 x 处（见图 6.3），并假设该距离远小于 d 或 L_0。我们必须用 $d^2 + (u-x)^2$ 代替 $d^2 + u^2$ 来修正方程 6.2。

和以前一样，我们也假设光圈尺寸比 d 或 L_0 小得多。联合方程 6.5，可推导出有效路径长度

$$\begin{aligned}
&\approx L_0 + \frac{u^2}{2L_0} + \sqrt{d^2+x^2} + \frac{-2ux+u^2}{\sqrt{d^2+x^2}} - \frac{1}{2f}u^2 + \cdots \\
&\approx \text{const} - \frac{ux}{d} + \frac{1}{2}\left(\frac{1}{L_0} + \frac{1}{d} - \frac{1}{f}\right)u^2 + \cdots .
\end{aligned}$$

---

① 1.7 节阐述了这个想法。

② 正如前面的章节一样，下标“g”指“glass”（玻璃）的首字母。

③ 你将在习题 6.8 和 6.13 中对更实际的系统进行更准确的计算。

$\sqrt{d^2+x^2}$ 项与 u 无关，因此它也包含在常数项中。

与轴上情况相比，u^2 项的系数仍然为零，但是线性项不再是零（$x \neq 0$）。因此，在 **A** 点之外的其他任何点 **B** 处，有效路径长度没有稳相点，来自 **A′** 的光的干涉性被破坏了。在几何光学近似下，在 **B** 处看不到来自 **A′** 处的任何光，因此来自 **A′** 的所有光在穿越光圈后最终都会落在 **A** 处[①]。

方程 6.6和上述示例表明相机透镜只能聚焦特定距离 L_0 处的物体。为了聚焦不同物距的物体，相机要么调整其透镜，要么调整到投影屏的距离 d。人眼采用了第一种选择（调整透镜）。其他动物诸如鱼之类的则选用第二种策略[②]。

思考题6B

为什么下列部件无法聚焦光线：

a. 垂直于中心线的平板玻璃；

b. 与中心线成一定角度的平板玻璃；

c. 楔形玻璃（即图 6.3透镜横截面是三角形）。

6.3.2 更一般的方法

第 4 章解释了为什么在宏观装置中光是沿稳相路径传播的：在计算概率幅的模平方之前，我们需要对稳相路径附近的所有路径求和，而大部分路径拥有相近的相位。上述小节则进一步指出，如果相位函数接近一个常数，则相干增强效应会更显著。更具体地说，我们求出了相位函数在 u 二阶（不是一阶）以上项在稳相点消失的条件，本章的其余部分将充分利用这一点。对于其他系统，我们仍将沿用该策略

- 计算光的传播时间，它仍是 u 的函数。
- 将 u 的一阶项设为零，求出稳相路径，也就得到了像点的位置。
- 将 u 的二阶项设为零，求出聚焦条件。

我们将继续假设 u 被约束在光圈内，因而小到可以忽略其高阶项。此外，在研究偏离中心线的物体和屏上的点时，我们也假设它们偏得不是很远。我们会使用更精确的**近轴近似**，即 $\epsilon = x/d$ 及 $\epsilon' = x'/L_0$ 都是小量，等价于图 6.5 中的角度 θ 和 θ' 都很小。在这种情况下，我们可以对四个小量 $u/d, u/L_0, \epsilon$ 和 ϵ' 进行泰勒级数展开，通常只需保留到二阶项（$u^2/d, u^2/L_0, u\epsilon$ 和 $u\epsilon'$）。

---

① 6.8节将探讨衍射效应带来的修正。

② 6.4节将讨论动物眼睛的设计。

6.3.3　完整像的形成

到目前为止，我们只考虑了中心线（穿过透镜中心的线）上的单个点光源。能否同时聚焦来自许多地方的光线从而形成完整的图像？参考图 6.5，是否存在单个透镜既能将 **A**′ 点发出的光聚焦到 **A**，也能将 **B**′ 发出的光聚焦到另一个点 **B**？

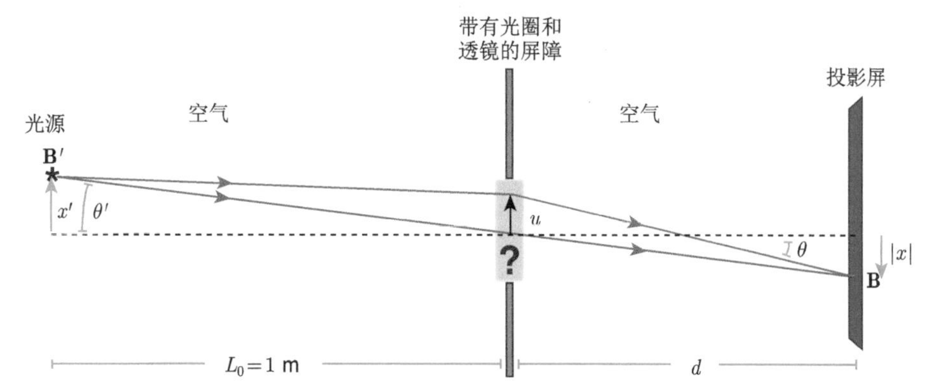

图 6.5　[路径图。] **透镜系统的轴外光源成像**。该横截图中显示了连接 **B**′ 至 **B** 的两条光路，一条路径的 $u=0$，另一条路径的 $u>0$。点 **B**′ 位于离中心线 x' 的上方，**B** 则位于离中心线 $|x|$ 的下方（这里 x 是负数）。图中问号表示此处不特指哪种聚焦元件，当然包括了 6.4.2节中讨论的真实透镜。

例题： 假设装置满足透镜公式（方程 6.6），在屏幕上求一个点 **B**，使得从 **B**′ 来的所有路径具有相同的相位。

解答： 我们对前面例子中的方法做一点改进，允许点光源和观察点都离轴。在方程 6.2中用 $L_0^2+(u-x')^2$ 取代 $L_0^2+u^2$，并做近轴近似（包括 **B**′ 在内）。根据 u 的幂次对所得项进行分组后导出有效路径长度

$$\approx[\text{const}]+\left[\frac{1}{2}\left(\frac{(x')^2}{L_0}+\frac{x^2}{d}\right)\right]+\left[u\left(-\frac{x'}{L_0}-\frac{x}{d}\right)\right]+\left[\frac{u^2}{2}\left(\frac{1}{L_0}+\frac{1}{d}-\frac{1}{f}\right)\right]+\cdots. \tag{6.7}$$

该公式由四个方括号项组成，其中前两项与 u 无关，且无论 x' 值如何最后一项都是零（假设透镜公式是满足的），因此第三项是关键项。该项如果为零则也与 u 无关，因此有 $x=-x'(d/L_0)$。

这个条件 $x=-x'(d/L_0)$ 的含义很简单，它意味着从 **B**′ 和 **B** 到透镜中心的线段拥有相同的斜率，换句话说，它们形成一条直线（图 6.5）。简而言之，

- 来自离轴光源的光全部到达单个像点 **B**。
- **B** 随光源的位置而变化。
- **B** 是由 **B**′ 和透镜中心的连线与屏幕相交所确定的。

将这些结论推广到拥有多个点光源的场景，则容易得知：

满足透镜公式的单透镜系统可以产生明亮的倒置图像，其尺度缩放取决于实际场景的 d/L_0 比例。 (6.8)

要点 6.8看起来很熟悉，因为它与我们求得的小孔成像的结果类似（6.2.2 节）！不同之处在于透镜系统可以借助更宽的光圈收集更多的光线，还能给出位于特定焦平面上的清晰图像。

思考题6C

> 继续前面的例题，假设 $|x'| < 5$ mm，在“相机”几何（L_0 和 d 均约为 1 m，而 $|u| < 5$ mm）中讨论为什么必须保留 ux 和 ux' 等项，而扔掉 u, x, x' 或其组合的更高次项。在此继续假设 L_0 和 d 大致为 1 m，而光圈宽度为 1 cm。

尽管本节仅讨论了二维聚焦的问题，但是我们可以直接将这些论述推广到更现实的情况，即透镜表面不是曲线而是*曲面*。我们还隐含地假设了投影屏是平坦的，这一点与动物眼中的曲面视网膜不同。曲面屏的计算本质上与此处的研究相似。

6.3.4 像差会在近轴极限之外降低成像质量

方程 6.7有一个关键特征：u 的二次项不依赖于 x 或 x'。这就是为什么我们可以通过适当选择 L_0 和 d 来取消该项从而使整个 x' 范围同时聚焦。然而，这仅适用于近轴近似。当泰勒展开中的高阶项必须保留时，同时聚焦就无法实现，这种情况常称为**像差**。“像差”一词似乎暗示着对物理定律的偏离，然而这种现象完全可以预测，它只不过不是我们所需的结果罢了（对于成像这个目的而言）。6.5.3节将讨论生物体进化出的可削弱聚焦限制的某种策略。

6.3节展示了如何调和图像亮度与清晰度之间明显的冲突问题。下面我们看看动物是如何具体实现这个想法的。

6.4 脊椎动物眼睛

脊椎动物的眼睛如图 6.6所示。西方科学家花了很长时间才注意到这种光学元件的排列是为了将外部世界的图像聚焦到眼睛的内表面上：直到 1625 年 C. Scheiner 才从动物的眼背面移除包衣并发现了半透明的内壁，在内壁上他看到了一幅微缩的、明亮又清晰的、倒置的外部图像。本节开始我们将更详细地探讨这种成像原理。为此，我们不再将透镜表示为抽象的时延函数并绘制为一个问号，而是将其视为具有一定形状的坚固材料，其折射率与周围介质不同。

T2 6.4′ 节描绘了图 6.6中各元件之间令人惊讶的位置关系。

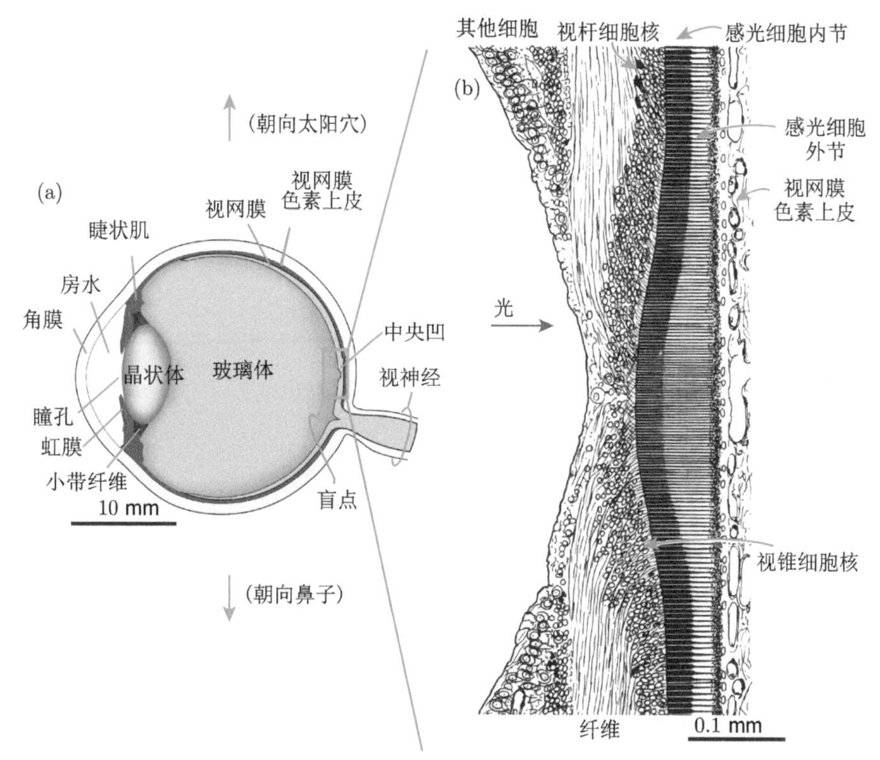

图 6.6　**人眼**。(a) [草图。] 右眼的横截面（俯视）。在到达视网膜之前，入射光子必须穿过四层透明介质（角膜、房水、晶状体、玻璃体）。(b) [解剖图。] (a) 中方框区域的放大视图，显示人类视网膜（中央凹）的中心部分及其邻域。*最右边*：一层细胞支撑着感光细胞（视杆和视锥细胞），后者的外节部分显示为*水平细线*。较粗的水平线是视锥细胞内节，为外节提供代谢需求。*空心椭圆*代表视锥细胞的细胞核，紧接着是一层神经细胞，它将每个细胞的信号从视网膜引导至下一个处理层。所示区域周边的*实心椭圆*代表视杆细胞核，视杆细胞的密度从中心区域向外周而上升。来自瞳孔的光从左侧进入视网膜（*箭头*），因此在到达感光细胞对光敏感的外节之前必须穿越多层。离中心越远（*图中顶部和底部*），介入的细胞层越多，包括血管、双极细胞及节细胞（它们将信号从感光细胞传递到视神经）。当我们观察外部时不会注意到这些层，部分原因是它们的阴影没有聚焦在包含感光细胞外节这一层。另外，中央凹区域很少有这些额外层。越是远离中央凹，它们引起的扭曲和散射越不重要，因为我们的视敏度在远离中央凹的区域是较低的。此外，其他细胞（穆勒胶质细胞，未显示）在光传播方向上跨越整个视网膜厚度，实际上有助于将光子引导到其目的地。[(b) 来自 Polyak, 1957。©1957, 芝加哥大学。]

6.4.1 空气-水界面的成像

从图 6.6你可能很难立即看出我们眼中最重要的光学元件。众所周知，当我们的祖先离开海洋时，他们需要适应含有气态氧的新环境。因此当他们暴露在空气中时，在眼睛的前表面（角膜）处会形成一个空气-水界面。下面我们来讨论这种情形的一个简化模型。

图 6.7(a) 显示了两种具有不同折射率的介质之间的曲面边界（此处仍沿用之前章节的图形符号）。我们对这种情况重复 6.3.3节的分析。为了进行解析计算，我们再次假设位移 x', x 和 u 都小于眼睛的尺度（L_0, R_c 和 d），因此仍可以只保留低阶项[①]。与 6.3 节的主要区别是光源与路径上折射点间的水平距离依赖于 u（因为界面的曲率）。这个距离值是

$$q = L_0 + R_\mathrm{c} - \sqrt{R_\mathrm{c}^2 - u^2} \approx L_0 + \frac{1}{2R_\mathrm{c}}u^2. \tag{6.9}$$

因此，所示路径第一部分的长度

$$\begin{aligned} L_1 &= \sqrt{q^2 + (x'-u)^2} \approx \sqrt{L_0^2 + (x')^2 + L_0 u^2/R_\mathrm{c} - 2ux' + u^2} \\ &\approx \mathrm{const} + \frac{1}{2L_0}\left[-2ux' + u^2\left(1 + \frac{L_0}{R_\mathrm{c}}\right)\right]. \end{aligned} \tag{6.10}$$

类似的推导给出

$$L_2 \approx \mathrm{const} + \frac{1}{2d}\left[-2ux + u^2\left(1 - \frac{d}{R_\mathrm{c}}\right)\right]. \tag{6.11}$$

则所示路径的总相位为 $2\pi\nu/c$ 乘

$$L_1 + n_\mathrm{w} L_2 \approx \mathrm{const} - u\left(\frac{x'}{L_0} + \frac{n_\mathrm{w} x}{d}\right) + \frac{1}{2}u^2\left(\frac{1}{L_0} + \frac{1}{R_\mathrm{c}} - \frac{n_\mathrm{w}}{R_\mathrm{c}} + \frac{n_\mathrm{w}}{d}\right).$$

我们现在可以像 6.3.3节那样来解释该结果。为了在 **B** 处获得 **B′** 的明亮又清晰的图像,所有路径的相位(至少保留到 u 的二次幂)必须相等。这就意味着 u 和 u^2 的系数必须都等于零，即

$$x = -x'd/(n_\mathrm{w} L_0) \tag{6.12}$$

和

$$\boxed{\frac{1}{L_0} + \frac{n_\mathrm{w}}{d} = \frac{1}{f},\ \text{其中} f = \frac{R_\mathrm{c}}{n_\mathrm{w} - 1}.\quad \text{空气-水界面的透镜公式}} \tag{6.13}$$

① 习题 6.8 将进行更完整的计算。[T2] 与 5.3.1′ 节一样，我们省略了透射因子，因为它对每条路径都是一样的。

与单透镜系统（**要点** 6.8）相同，这个系统也会在距离 d 处产生倒置像，d 由上述修正版透镜公式决定（比较公式 6.6）。修正后的透镜公式仍包含界面的特征参量 f（仍可称其为系统焦距），倒置像也按方程 6.12中的比例因子缩放。

思考题6D

a. 在近眼轴区域，角膜的形状大致可视为曲率半径 $R_c = 7.8$ mm 的球体。房水和玻璃体液均是透明介质，且其折射率与水相似，为 1.34。计算焦距（忽略眼睛晶状体）。

b. 因白内障手术摘除眼睛晶状体的患者在没有辅助透镜的情况下甚至无法聚焦远处的物体图像。根据（a）中的结果讨论其中原因。

方程 6.13表明，如果折射率差异较小或者界面曲率较小，则焦距变长（聚焦变“弱”）。在 $n \to 1$ 或 $R_c \to \infty$ 的极限下，系统完全无法聚焦。你可能熟悉类似的情况：当你在水下睁眼看时，角膜会变成水-水界面，两侧的 n 相同，因此角膜会失去聚焦能力，一切看起来都非常模糊。在两种环境中都能视物的动物（例如海豹），其角膜必须比单纯的陆生或海洋生物的角膜更平坦，因为较大的 R_c 值降低了界面在任一介质中的聚焦能力，也缩小了在空气和水中的差异[①]。

思考题6E

为什么在水里必须戴上泳镜才能矫正你的视力？

6.4.2 复合透镜系统提升了聚焦能力

鱼和章鱼的眼睛没有空气-水界面，因此需要一些其他类型的聚焦元件在视网膜上创建图像，其解决方案是由透明蛋白质混合物制成晶状体，其折射率高于水的折射率[②]。在进化史上，当水生动物移动到陆地时，它们的眼睛会发生变化以适应角膜上的新聚焦元件，但晶状体依然保留了下来。因此，为了理解我们自己的眼睛，我们需要考虑由多个元件组成的成像系统。图 6.7(b) 显示了这种情况。光线从光源出射后遇到三个界面：空气-水、水-晶状体和晶状体-水，每个界面都有自己的曲率半径（分别为 R_c, R_a 和 R_b）。

复合透镜系统的数学会变得复杂，但简化近似处理还是合理的：我们假设所有三个界面彼此非常接近（**薄透镜近似**）。在这种情况下，我们可以忽略光子路

① 水面栖息的鱼 *Anableps* 为应对这个问题做出了显著的适应性改变，它们进化出了天然的双焦点！

② 其他生物也进化出不同的聚焦元件，见习题 6.3。

径中间部分弯折的可能性[①]，即我们只考虑如图 6.7(b) 所示在第一个和第三个界面之间的单个直水平段的路径。这种路径完全可以由到中心线距离 u 来表征。我们再简化考虑源 **A′** 和检测器 **A** 都在中心线上的情况。6.3.3节的分析稍作调整就可以推广到近轴情况。

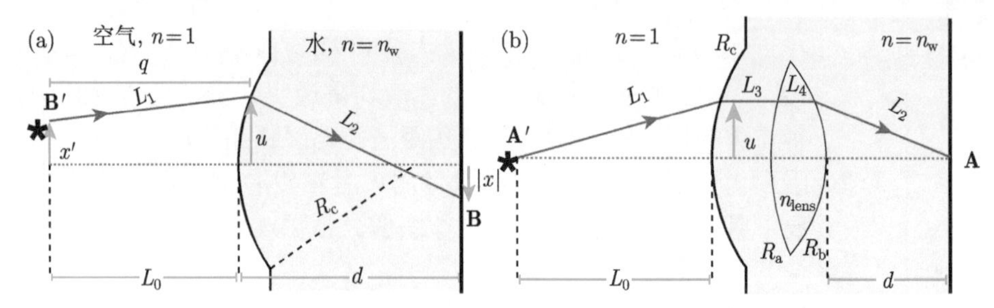

图 6.7　[路径图。] **空气-水的弯曲界面**。(a) 空气与另一种介质之间的球形界面（曲率半径 R_c）的横截面。这种简化的光学系统可以代表晶状体被摘除（例如白内障手术）的人眼，也可以近似代表蝎子眼，它的晶状体一直延伸到其视网膜（可将右侧介质视为此晶状体）。图中各尺度未精确标定，按正文中假设，实际上 x 和 x' 远小于 L_0, d 或曲率半径。(b) 由空气-水界面和透镜组成的复合透镜系统，该系统类似于普通的脊椎动物眼睛。6.4.2节只考虑与图示相似的路径：它们仅在第一个界面和最后一个界面发生弯曲（薄透镜近似）。

聚焦条件与前面相同：总相位对 u 泰勒展开的前两阶小量必须等于零。习题 6.6 将证明此条件具有与先前公式（例如方程 6.13）相同的普适形式，聚焦能力由下式给定[②]

$$\boxed{\frac{1}{f}=\frac{n_w-1}{R_c}+\left(\frac{1}{R_a}+\frac{1}{R_b}\right)(n_{lens}-n_w).\quad \text{图 6.7(b) 的复合透镜系统}} \tag{6.14}$$

由于 $n_w>1$ 及 $n_{lens}>n_w$，因此三个界面对总体聚焦能力的贡献都是*正的*。

相关数据

人眼晶状体不是均匀材料，其折射率从中心到边缘不相等[③]。尽管如此，晶状体仍可近似视为 $n_{lens}=1.42$ 的均匀材料。在松弛的眼睛中，晶状体表面近似为球面，前表面的曲率 $1/R_a=1/(10\text{ mm})$，而后表面的曲率 $1/R_b=1/(6\text{ mm})$。**思考题** 6D 给出的 $R_c=7.8$ mm。从虹膜到视网膜的距离约为 20 mm。

眼睛中的其他透明介质是房水和玻璃体液 [图 6.6(a)]，我们假设其为 $n=1.34$ 的均匀介质。

---

① [T2] 习题 6.13 将证明此近似的有效性。

② 一些作者为了方便取其中的某些 R 为负数。我们取的值都是真的（正的）曲率半径，相应的减号明确显示在方程 6.14 中。

③ 请参见 6.5.3 节。

思考题6F

a. 根据薄透镜近似，求系统的焦距。

b. 假设我们观察一个远处（ $L_0 \approx \infty$ ）的物体，利用方程 6.14计算 d，讨论你的结果。

6.4.3 晶状体形变调焦

思考题 6F 的一个结论是空气-水界面贡献了我们所需的大部分聚焦能力。尽管人眼晶状体对聚焦能力的贡献从数值上看不大，但它具有**可调节**这一重要性质。

我们松弛的眼睛被设计成可对远方物体进行聚焦，但我们时常还需要关注近处的物体。透镜公式和方程 6.14都暗示，当 L_0 变化时，d, R_i 都必须随之发生补偿性改变。例如，

- 大部分鱼的晶状体都有固定形状，它们与显微镜和相机一样只能通过调整距离 d 来实现聚焦。
- 而人类则是通过调整晶状体的曲率来实现聚焦的[①]。
- 一些鸟类（如雕）也通过调整角膜的曲率实现聚焦。

图 6.8描绘了人眼透镜系统的细节，揭示了它**聚焦**近处物体的机制。晶状体是

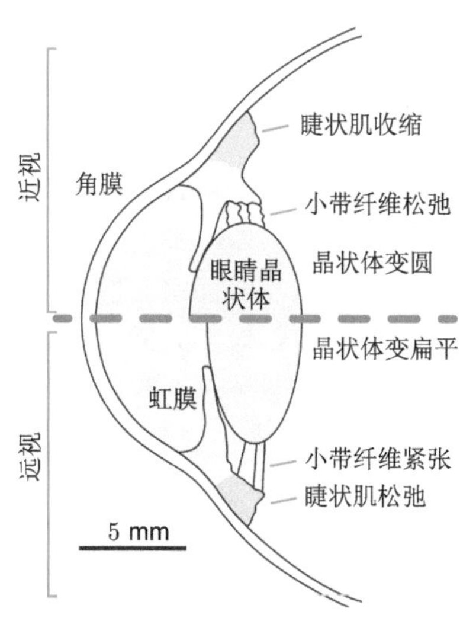

图 6.8 [解剖图。] **人眼调焦**。上部：近视情形。晶状体周围的肌肉环收缩可以释放小带纤维上的张力，因而允许晶状体采用其优选的圆形形状。下部：远视情形。肌肉松弛导致晶状体径向外移，进而小带纤维将晶状体拉成扁平形状。

① 著名科学家托马斯 · 杨甚至在他的色觉研究之前就于 1793 年（当时 20 岁）提出了这个解释。在那之前，其他人认为我们的眼睛是通过改变整体形状来实现聚焦的。

弹性体，它由称为**小带纤维**的细丝固定，后者又附着在周围的**睫状肌**环上。当睫状肌松弛时，小带纤维紧张，促使晶状体径向拉伸因而变得扁平，使 R_a 和 R_b 值（见 6.4.2节）增大。当睫状肌环紧张时，环内径减小，则小带纤维变得松弛，晶状体则恢复到未拉伸时的球状，增大其曲率（即减小其曲率半径）。

晶状体的微小形变可以实现调焦：

思考题6G

> 假设 R_a 和 R_b 都以相同的微小比例 ϵ 减少。使用前面给出的数值，计算物距 $L_0 = 25$ cm 时发生聚焦所需的 ϵ 值，并讨论你的结果。

调焦失败

正常儿童的眼睛晶状体可以使得复合透镜系统对 $L_0 \approx 5$ cm 至无穷远的物体进行聚焦。然而，由于种种原因，有些人无法对远处物体聚焦，这就是“近视”。有多种可能原因，例如其眼睛的整体形状有异，即晶状体到视网膜的距离与常人不同（**轴性近视**）；或者角膜和/或晶状体的表面曲率异常，或者一个或多个内部介质的折射率异常（**屈光性近视**）。青春期后的眼睛晶状体慢慢开始失去其弹性形变能力，以至于即使被拉伸也不会像以前那样变得平坦（最终会导致**老花眼**，即年龄相关的聚焦障碍）。即使眼睛晶状体能最大程度地被拉伸，上述原因中的每一个都会将图像聚焦在视网膜前方的平面上。治疗近视的最简单办法就是在眼睛前面再放置一个具有微小负焦距的透镜（眼镜或隐形眼镜）。

相反，还有一些人无法聚焦近处物体，即“远视”。导致**远视**的原因与上述导致近视的原因相似，只需将相关因素反号即可。同理，最简单的治疗远视的方法是在眼睛前放置一个焦距为正的透镜。老年人同时失去近远物体的聚焦能力是自然的，本杰明 · 富兰克林为此发明了同时带有两种不同镜片（双光镜）的眼镜。

6.4节将基于透镜的聚焦系统的概念扩展到了由进化产生（后由科学家发明）的各种装置。接下来，我们将进一步扩展这些概念。

6.5 光学显微镜及其相关仪器

6.5.1 “光线”是几何光学中很有用的理想化概念

到目前为止，我们已经根据第一性原理（光假说及路径求和规则）研究了成像。然而，当我们想要研究多元件复合透镜系统，特别是薄透镜近似不成立时，这种方法就不太好用了，因此我们需要一种更简单的研究策略。

普通物理课程中的图示通常与本章使用的不同，其中并不考虑*所有*可能的光子路径，而只是如图 6.9所示的称为“射线”的特殊路径[①]。每条这样的射线都是一个具有给定起点和终点的稳相路径。为了理解它们的重要性，想象一下在图中左方透镜的紧左侧插入一个不透明屏障[②]。屏障上有一个与整个装置尺度相比较小的小孔，但小孔的尺度还没有小到足以产生明显的衍射 。如果我们现在用烟雾填充两个透镜之间的空间，则可观察到其间的某条窄细光路会被照亮。我们将这条发光路径视为一束“射线”。四处移动小孔就可以绘制出所有的射线。

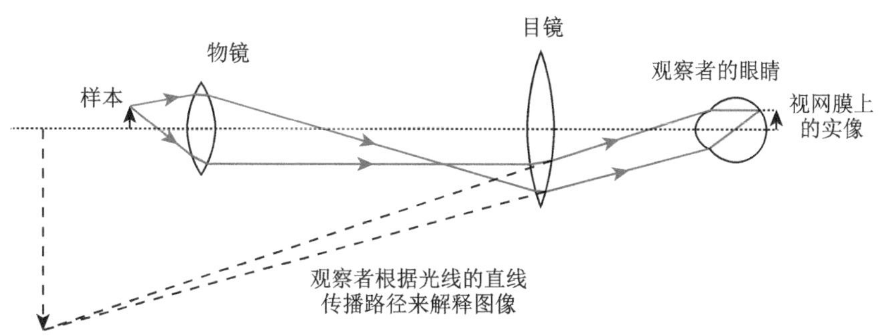

图 6.9　[几何光路图。] **传统显微镜**。显示了两条代表性的光路（*实线*），*虚线*代表观察者对其所见的解释。物镜（*左*）在其右侧的一个平面上对样本成像（“中间实像”），但在该位置处未放置投影屏，而是在附近放置了第二个透镜（“目镜”），它能再次弯曲光线，使其进入观察者眼睛（或相机）。观察者将所见场景解释为在其眼睛前方 25 cm 处的一个放大的倒置物体（*最左侧*的“虚像”）。

作为透镜装置草图的**几何光路图**，其中就只显示上述这类光路：光路沿直线传播，并遵循我们之前导出的反射或折射定律。尽管几何光路（射线）这种简化图像忽略了衍射，但它确实有助于我们直观描述复合透镜系统或更复杂系统中光线的行为（图 6.9）。

6.5.2　实像和虚像

胡克在 17 世纪开发的常规显微技术包括三个步骤：照射样品、收集散射光、形成放大图像。在图 6.9所示的装置中，每条射线在每个空气-玻璃界面发生折射（依据折射定律）。如果来自样品同一部位的多条射线重新聚集于某一点，就可以认为光线在那里“聚焦”。如果薄样品上每个部位的焦点组成了一个平面，就可以认为在那里形成了一个**实像**[③]。在图示中，这样的实像位于两透镜之间，它包含了

① 实际上图 6.1 也是几何光路图。

② 5.3.3 节在讨论折射时，我们假想了一个类似的过程。

③ 例如，6.3 节在近轴近似下发现，位于距离 d（由透镜方程确定）处的点都是聚焦的。

图中两条光线（红色实线）的交点。如果我们在该处放一个投影屏，则会真的看到这个像。不过，我们也可以让这些光线再次散开，在其后方放置额外的透镜使其再次折射。在图示中，第二个透镜以及人眼的联合作用会使得在眼睛后表面产生二次实像，被我们的视网膜所接收。

显微镜最终会在我们的眼睛或相机中形成实像。此外，还有另一个关于成像的值得一提的事实。当我们通过图 6.9的复合透镜系统观察样品时，人眼可以调整使实像聚焦。因为我们的大脑预期光线是直线传播的，所以它会当显微镜不存在，并将图像理解为远处某点的物体。这个想象的物体称为样品的**虚像**。

6.5.3　球差

我们已经看到光线之所以能聚焦的关键是引入一个能让每条光子路径增加时延的元件。6.3.1节提到实现聚焦的方法之一是让光线穿过一个曲面物体，后者的均匀折射率与周围介质不同，例如，空气-水界面或玻璃透镜。但是前面的分析仅限于近轴光路。例如，对弯曲界面，我们假设与中心线的距离 u 远小于界面的曲率半径，以至于方程 6.9 中比 u^2/R 更高阶的项（诸如 u^4/R^3 等）都忽略不计。6.3.4节指出了这些被忽略的项一般会导致像差。

如果我们希望用显微镜观察非常暗的样品（可能是单个荧光团），那就需要收集样品发射的大部分光。为此，光圈需要截取一个很大的立体角，我们需要对这种非近轴情况做更详细的分析，例如，镜头的理想形状不再是圆形（二维）或球形（三维）。图 6.10 显示了均匀球面透镜的缺陷。近轴光线确实能聚焦到一个点，但更多的远轴光线不会聚焦于同一点。它们在图中与中轴线的交点会延展，表明它们没有聚焦在一个平面，我们称这种像差为**球差**①。

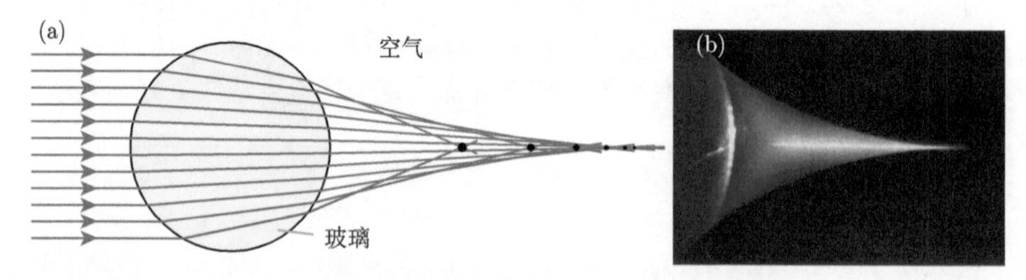

图 6.10　**球差**。(a) [几何光路图。] 平行射线到达球面透镜，靠近轴的射线（较细的线）几乎汇聚在一个共同的焦点（右方最远处最小的点）。然而，最初远离轴的射线（较粗的线）相交于轴线但形成一系列散点（较大的若干点）。图示为玻璃透镜浸入水中的情况，其中射线路径是通过折射定律（方程 5.10）计算的。(b) [照片。] 照片中的亮线就是散开的焦点。[（b）摘自 Cagnet et al., 1962。]

① 球差是伊本 · 海瑟姆（al-Haitham）在 11 世纪描述的一种现象。习题 6.8 将在不进行射线近似的情况下研究球差。

梯度折射率晶状体部分地补偿了动物眼睛中的像差

为了解决上述像差问题，某些光学仪器的玻璃透镜需要做成非球形的奇怪形状。但动物早就进化出了另一种方案：晶状体由折射率不均匀的材料组成[①]。例如，我们眼睛晶状体的折射率是从中心的 1.43 连续变化到边缘的 1.32，图 6.11 显示了适当的梯度折射率可以改善球差。如今人类科技已能效仿自然进化：人造**梯度折射率透镜**可以很好地聚焦光线，尽管在某些情况下它们依然是*扁平的*。

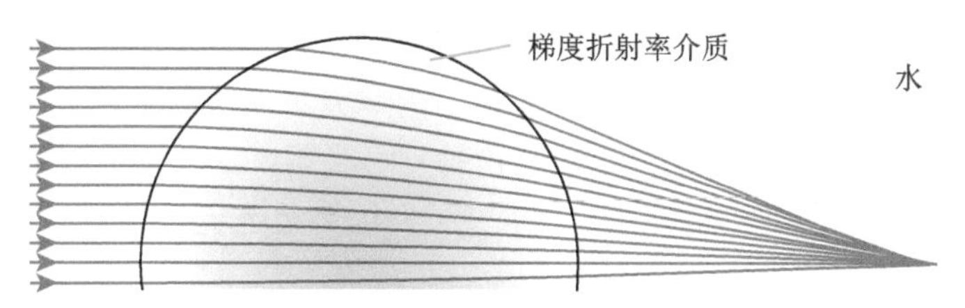

图 6.11　[几何光路图。] **连续梯度折射率情况中所计算的球差校正**。图中显示了一组类似于图 6.10a 的平行入射光线。因为折射率在中心处大于在周边处，此时光线在透镜内部连续弯曲。额外的弯曲使所有射线几乎汇聚在同一焦点处。（习题 6.14 描述了用于制作此图的折射率函数。）

陆栖动物还可以使角膜和晶状体产生适当的非球形形变来进一步补偿晶状体像差。尽管拥有上述这些适应性，当我们的瞳孔完全打开时，眼中的光学像差仍然很明显（见图 6.12）。

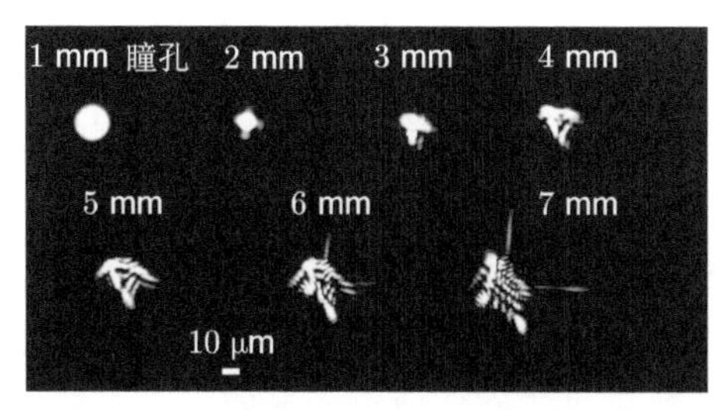

图 6.12　[基于实验数据的模拟。] **正常人眼的点扩散函数与瞳孔大小的关系**。瞳孔直径为 1 mm 时，衍射会使得光斑扩大。超过 3 mm，像差就开始变得显著。为了创建这些模拟图案，受试者测试时其瞳孔完全扩张，并测量一次其球差函数。然后，应用各种瞳孔函数预测视网膜上的照射图案。（实际上，人类瞳孔只能收缩到约 2 mm。）[蒙 Austin Roorda 惠赠。]

6.5.4　色散产生色差

5.3.5 节提到了另一种限制图像形成的因素，即介质折射率（透镜的聚焦能力）一般与光的频率（或真空波长）有关。视场中的不同颜色因而具有略微不同的焦

① T2 习题 5.6 和习题 6.14 探讨了梯度折射率材料。

平面，这种色差效应取决于构成透镜的材料。在实验室或摄影光学系统中，它可以通过前后两个透镜来补偿，这两个透镜由具有相反效应的材料制成。我们已经知道某些动物眼睛是可以补偿色差的。

人类视觉系统展示了另一种改善色差的方法。我们的 L 型和 M 型视锥细胞具有彼此接近的峰值敏感度，但与 S 型视锥细胞的峰值敏感度相差甚远①。因此，我们要么对成像在 L 型和 M 型细胞处的光进行聚焦，要么对成像在 S 型细胞上的光聚焦，但不能同时聚焦三者。因此，我们视敏度最高的中央凹的中心部分对蓝光不敏感，因为此处只有 L 型和 M 型视锥细胞。此外，整个中央凹还有一个叫**斑点**或“黄斑”的滤波器，能滤掉蓝光。在中央凹之外， S 型视锥细胞比红色和绿色细胞分布得更稀疏（图 3.14）。这种差异表明：尽管有一些 S 型视锥细胞的存在是有利的，但如果太多就没有意义了，因为蓝光无论如何都不如红光和绿光容易聚焦。

我们的眼睛通常会无意识地持续移动视线（即便我们自以为正在直视一个物体）以便大脑在视野中心重构出蓝色。我们会暂时将这个物体呈现在含有 S 型视锥细胞的视网膜上。某个时刻我们在蓝盲的中央凹处收集高分辨率的空间信息，下一刻则用中央凹的其他部分收集完整的颜色。对于视野中的其他物体，我们也是如此处理。大脑将所有这些碎片化的、快速变化的信息集成起来，形成一种对我们来说稳定且完整的感知。

6.5.5 共聚焦显微镜可抑制失焦的背景光

6.4 节已经指出了显微镜面临的挑战是如何屏蔽样品中多余的信息②。我们自己的眼睛则采用了另一种方案：我们一次只调焦到一个距离，因而忽视其余距离处的物体。(例如，当你通过屏蔽窗进行观察时，你通常不会意识到它的存在，但是你想关注时也很容易聚焦它。）显微镜也只聚焦样品中的一个较窄深度的区域。

然而，即使是失焦物体仍然会产生漫反射光，进而降低图像的对比度，最终使图像质量下降。我们讨论过全内反射荧光显微镜，它可以通过定域照射来减少这种不想要的光③，但是 TIRF 有一个很大的局限性：它只能看到非常接近盖玻片的物体，也就是只能看到样品的边缘。另一个方法是早期发明的，通常称为**共聚焦荧光显微镜**，现已成为厚样品成像的标准工具④。

图 6.13(b) 及其图注描述了共聚焦显微镜如何阻挡来自其他位置的光而只观察样品上单个荧光点的情况。第一步是将激发光聚焦成一个斑点。这种技术很好地排除了轴线之外的物体，但是激发光在进入和离开聚焦光斑的过程中依然会照

① 第 3 章介绍了视锥细胞，图 3.11 显示了它们的光谱敏感度函数。

② 2.3.2 节也是由这个问题引发荧光显微镜的研究的。

③ 5.3.4 节介绍了 TIRF 显微镜。

④ 双光子激发也允许深度成像（2.7 节），但这里描述的共聚焦方法在技术上对某些应用来说更容易实现。

射到多余部分的样品[①]。为了抑制这些区域的荧光，我们要用到它们失焦的事实。在探测器前面放置一个窄的光圈可以阻挡大部分来自非探测区的荧光，但来自焦点对准区域的所有荧光则几乎能够全部通过。为了形成一个完整的图像（图 6.14），可以通过移动样品使每个体积元依次进入焦点区域，或者是样品固定而移动仪器进行扫描成像。

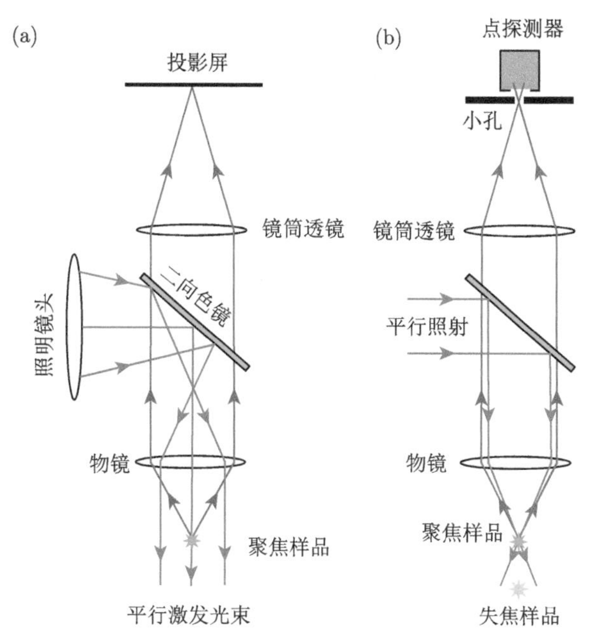

图 6.13 [几何光路图。] **落射荧光显微镜与共聚焦显微镜**。(a) 落射荧光显微镜回顾。该图是图 2.4 的简化版，但显示了一些更真实的光线。照射光线汇聚成一束平行光覆盖到整个样品，激发的荧光再被聚焦到相机上。(b) 共聚焦荧光显微镜。照射光被聚焦到一个斑点，使大部分样品无法被照射。该光斑位于成像光学系统的焦平面上。靠近光斑但略有纵向偏差的区域仍然会接收一些激发光，但是它们发射的荧光在到达探测器时是失焦的。照射斑附近略有横向偏差的区域（未显示）所激发的荧光，能够被聚焦到探测器上，但有一定的横向移位。这两种多余的发射光都可以被探测器前面的小孔所屏蔽，该小孔只放行光斑区域发射的荧光，而屏蔽其附近点所发出的绝大部分荧光。

共聚焦技术不限于荧光模式，它也可以用于传统显微镜。无论哪种方式，它都使用单个显微物镜来聚焦激发光束，并对返回的光进行成像。因为它一次仅探测一个点，我们可以使用便宜的点探测器而不是探测阵列来获取数据，但这也使得它比对样品整个焦平面一次成像的技术要慢一些[②]。

① 参见图 2.15 中较低的光束。

② 共聚焦方法并没有解决 6.8节介绍的分辨率的衍射极限问题。

6.5节介绍了几何光路图这一概念化工具，便于我们理解光学系统（例如共聚焦显微镜）及其像差。

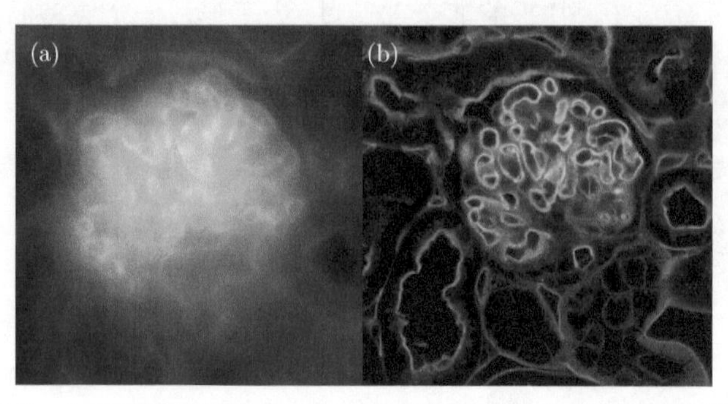

图 6.14　[显微照片。] **共聚焦显微镜的优势**。分别使用传统落射荧光显微镜（*左*）和共聚焦显微镜（*右*）拍摄的 50 μm 厚的小鼠肾切片的图像。传统落射荧光显微镜中存在的失焦光不但降低了对比度而且模糊了细节，共聚焦显微镜则捕获了单个横截面中清晰的细节。[蒙 Luke Fritzky 惠赠，另见 Fritzky & Lagunoff, 2013。]

6.6　达尔文困境

我们可以想象长颈鹿的颈是如何逐渐进化的：它由一系列微小的改变所导致，每次伸长都能获得足够的适应度并因此在种群中固定下来。但是，眼睛的构造似乎与此截然不同：它是由许多精密零件组成的，如果没有其他零件的配合，似乎很难认清某个零件的用途。达尔文在这个问题上挣扎了很久，用他的话来说，“眼睛的独特结构使其能对不同距离的物体进行聚焦、能吸收不等量的光线，并且能矫正球差和色差。我不得不承认，认为如此独特的设计是由进化选择产生的，真是最最荒谬的假设。”

达尔文继续，“然而理性告诉我，如果能够证明的确存在从完善且复杂的眼睛到不完善且简单的眼睛的大量渐变级，每一级都对其拥有者有用；更进一步地，如果眼睛确曾发生轻微变异，而这些变异又能遗传（事实的确如此）；如果器官发生的变异或改动对处于变化条件下的动物有用，那么相信一个完善且复杂的眼睛能经由自然选择形成，就不算是真正的难题了。”尽管不掌握关于我们祖先眼睛的完整化石记录，但达尔文合理地认为我们可以检视一组现今的物种，看看可能存在哪些渐变。

图 6.15显示了在达尔文去世后不久绘制的一系列光感器官，这些器官都存在于当代动物身上。这些不完善的“眼睛”都赋予了动物们足够的适应性以利于其在各自的生态位中繁衍。事实上，由于某些专门化的视觉需求，某些眼睛已经显得比较“先进”。按照达尔文的逻辑，这些眼睛中的每一个可能都与通向脊椎动物

眼睛的进化阶梯中的某个步骤是相似的。

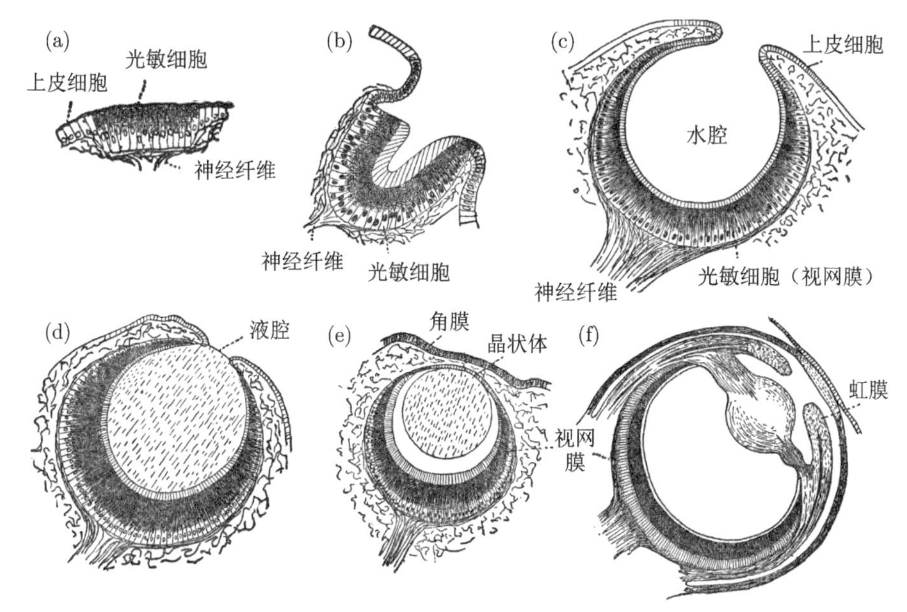

图 6.15 [解剖学草图。] **几种海洋动物中发现的感光器官**。该门中的动物对视力有不同的需求。图中各结构按复杂度增加的顺序排列。(a) 简单的色素化眼点（海星）由少数（甚至单个）光敏细胞组成。(b) 内衬光受体的凹坑可加强采光（帽贝、某些甲壳类动物）。(c) 小孔状眼（鹦鹉螺、鲍鱼、纽虫）。(d) 充满分泌液的小孔状眼（某些巨蛤）。(e) 薄膜或透明皮肤覆盖整个眼装置，提供进一步的保护。此外，眼睛内的一些液体硬化成凸透镜，从而改善了光线在视网膜上的聚焦（玉黍螺）。(f) 全摄像头型眼睛，带可调虹膜和聚焦用的晶状体（鱿鱼）。[摘自 Conn, 1900。]

达尔文无法猜到的是，尽管眼睛的类型多样，但眼的发育总是从控制某个基因开关的单基因的激活开始，这种控制机制在整个动物王国中基本相同。令人难以置信的是，在哺乳动物中发现的这种基因（称为 $PAX6$）可以插入昆虫的基因组中，它可以在任何组织中被激活，从而使该组织长出*昆虫*的眼睛！

6.7 背景知识：角度和角面积

前文使用几何光路图研究成像系统。6.8节将超越几何光学近似，揭示光的物理特性对成像系统施加的关键限制。在此我们首先回顾一下角度的测量。

6.7.1 角度

几何**角度**是一个无量纲的可测量。例如，我们可以根据角所涵盖的单位圆的占比来计算其数值。

更一般的是，我们将角度表示为跨越该角的任何圆弧的弧长（量纲 $\mathbb{L}$ ）除以其半径（量纲 $\mathbb{L}$ ）。当使用该单位制时，我们经常附加符号 rad （或单词 “radians”），只是为了提醒读者此处使用的单位制。同样，当 “每秒周数” 或 “每分钟转数” 这样的短语被认为是角频率时，我们将 “周数” 和 “转数” 视为无量纲单位（纯数），均等于 2π rad。

较老的无量纲角度单位称为 “度数”，定义一周为 360 度，则 1 度就是 (2π/360) rad。一些作者为了小角度计数方便又定义相关单位，包括 “角分”：1 arcmin=(1/60) deg，以及 “角秒”： 1 arcsec= (1/60) arcmin。

这些巴比伦单位（角度、角分、角秒）有时分别用圆圈、一撇和两撇缩写，如 GPS 坐标： 42°22′42.29″。本书将使用较少混淆的缩写 deg、arcmin 和 arcsec 代替 °、′ 和 ″。

物理学家则更倾向于用毫弧度（mrad）表示小角度。

6.7.2 角面积

类似地，我们也可以讨论**角面积**（物理学家通常称之为 “立体角”，一个易混淆的名称）。假想我们对天空中某区域感兴趣，希望求出它所占据的角面积。想象一下以你头部为中心、半径为 r 的球体，将该区域投影到球面上，求出其所占据的球面面积。该面积（量纲 $\mathbb{L}^2$ ）除以 r^2 （量纲 $\mathbb{L}^2$ ）就是角面积（无量纲）。整个天空（半球）因此具有角面积 2π。与角度一样，我们有时也称其为**球面度**（缩写为 sr），只是为了提醒我们正在使用的这个单位制。研究视觉的科学家经常谈论非常小的球体占比，因此他们引入了其他无量纲单位，例如 msr 或 arcmin² （参见习题 6.2）。

6.8 衍 射 极 限

我们已经看到至少有三个原因可能导致透镜系统成像不完美：

- 可能没有满足透镜公式，这个问题可以通过 “聚焦”[即调整透镜形状或相机几何形状（距离 d）] 来校正。
- 相位的高阶校正，例如，我们不能再忽略 u^4 项，因为它会导致像差，这个问题有时可以通过一些措施使得近轴近似成立而得到改善[①]。或者，通过使用更复杂的透镜系统设计使这些项的系数很小。
- 不同波长的光聚焦于不同点（色差）。

然而，即使上述三项聚焦误差达到了最小化，依然存在另一项误差，即迄今为止被我们忽略的衍射，它也会降低普通成像系统中的聚焦能力。下面我们要精

① 6.3.1节介绍了这种近似。

确地讨论这一问题，同时更深入地理解自然成像系统的设计。

6.8.1 完美透镜也不能完美聚焦光线

6.2.2节的小孔成像分析仅考虑了从光源到观察点的稳相路径。如果光圈很小，稳相近似会破坏，因而导致衍射效应[①]。类似的效应也适用于透镜系统，正是它对所得图像的清晰度施加了基本限制。

让我们回到空气中单透镜的例子。中心线上有一个点光源（点 **A**$'$ 处于图 6.3 所示的 $x'=0$ 位置）。我们假设物距 L_0 和投影屏距离 d 满足透镜公式。在这种情况下，我们在成像点 **A** 看到的所有路径都有相同的相位[②]，问题是在*其他任何地方*真的都没有光线吗？假设我们在屏幕上离轴移动一小段距离 x，看看点光源的最佳聚焦图像有多清晰，即距离 $x=0$ 多远时光子到达的总概率幅才会显著降低。

方程 6.7给出了从 **A**$'$ 发出、以距离参数 u 穿过光圈最终到达屏幕位置 x 的光子路径的有效长度，即一个常数减去 ux/d。我们现在问：如果 $x\neq 0$，不同光路的相位是否会至少布满一个周期？在这种情况下，因为 $\int_0^{2\pi}\mathrm{d}\varphi\mathrm{e}^{\mathrm{i}\varphi}=0$，各光路之间会发生干涉相消。这种情况是否发生取决于光圈宽度 W 和透镜，因为 W 控制了 u 值的范围。如果路径的相位在 u 的这个范围内变化很大，则各光路的贡献将会抵消，在 x 处只能接收到很少的光；反之，如果所有路径拥有几乎相同的相位，则整体贡献将会增强，在 x 处将接收到明显的光。因此我们必须计算

$$(2\pi\nu/c)\left[\frac{W}{2}\frac{x}{d}-\left(-\frac{W}{2}\frac{x}{d}\right)\right], \tag{6.15}$$

并且确定它是否远小于 2π。换句话说，只有当 $|x|$ 大于 $x_{\max}$ 时（其中 $x_{\max}\approx\lambda d/W$），干涉相消才变得显著。

我们重申一下上述判据。在几何光学近似中，来自 **A**$'$ 的光将全部落在 **A** 上。如果有任何光线落在屏幕上的其他地方，我们可能会将其误解为来自真实场景 [或者视角 $\arctan(x/d)$] 的其他点光源。我们假设所有角度都很小，所以这个角度 $\approx(x/d)$ rad[③]。因此，我们可以用点光源的视角宽度 $\Delta\theta=2\lambda/W$ 重新表述上述判据，即

$$\text{点光源具有弧度角约为 } \Delta\theta\approx 2\lambda/W \text{ 的表观尺寸。} \tag{6.16}$$

要点 6.16暗示光圈越小或波长越大，衍射的模糊效应越严重[④]。

---

① 4.7.3 节分析了这种现象。

② 6.3.1节通过近轴近似得到了该结果。

③ 这是从正切函数的泰勒级数展开得出的。

④ 为什么不使用较大光圈？事实上，巨大的天文望远镜就使用大光圈。但是这种设计存在诸如像差之类的实际缺陷。再者，陆地或空中动物如果携带这样重的眼球会付出巨大的成本。当然，海洋动物可以免除这样的成本，请参见图 9.1。

你可以试着将上述要点扩展到存在两个或更多个点光源（在暗背景下）的视觉场景[①]。

思考题6H

> 两个光源不能同时位于中心线上同一点。当某点光源略微偏离中线时（非零距离 x' ），前面导出方程 6.15的分析思路应该做出哪些改变？证明光子到达的概率密度仅取决于屏幕观察点 x 以及几何光学所预测的像位置（$x'd/L_0$）之间的距离。

现在假设视野中有许多亮点。哪个点会发出下一个光子完全是随机的，由某个概率分布决定。**思考题** 6H 的结果意味着每个检测到的光子与其理想情况中的到达点之间存在一个随机偏移（随机变量）。因此，我们获得的图像可以认为是上述分布与成像系统衍射特征（点扩散函数，使图像模糊）之间的卷积[②]。

简言之，如果点光源之间的实际距离使它们的角度间隔小于约 λ/W，则它们在图像上将不可区分，即**要点** 6.16给出了分辨率的**衍射极限**。

6.8.2 三维情况：瑞利判据

6.8.1 节的分析适用于狭缝光圈。然而，对直径为 W 的圆光圈的 3D 透镜的分析（使用更精确的分辨率定义）会导出类似的结果，即两个独立点光源的最小可分辨距离对应于角度间隔

$$\Delta\theta \approx 1.2\lambda/W. \tag{6.17}$$

思考题6I

> 考虑直径 2 mm 的透镜，对距离 10 cm 的物体聚焦。
> a. 对于波长为 500 nm 的光，最小可分辨角度间隔是多少 arcsec？
> b. 假设成像屏幕离透镜 5 cm。你在（a）中求得的衍射极限对应到屏幕上的尺寸是多少？
> c. 使用几何光学近似，计算当无透镜时（即只是小孔相机）相应的光斑尺寸。

点光源的分辨标准可以推广到下述情况

① 习题 6.9 讨论了点光源之间过于接近时的情况。你会更清晰认识到问题所在。

② 0.5.5 节介绍了卷积。

- 填充样品与透镜之间空间的不是空气而是某些透明介质；
- 光圈不再比物距小很多。

在上述情况下，我们设 n 为介质折射率、 $\alpha_{\max}$ 是从样品看光圈的角半径。我们定义**数值孔径**为 NA= $n\sin\alpha_{\max}$。如果样品中的两个点至少相隔 $\Delta x'$

$$\boxed{\Delta x' = 1.2\lambda/(2\mathrm{NA}).\quad \text{瑞利判据}} \tag{6.18}$$

则这两个点可以分辨。对于窄光圈的情况，即宽度 $W \ll L_0$， $\alpha_{\max} \approx W/(2L_0)$，方程 6.18就简化到先前的形式。

瑞利判据表明最高分辨率必然对应于宽透镜（大 W）并靠近样品（小 d）。但是这种情况要求光必须以远离中心线非常大的角度从样品中出射。在如此大的出射角度下，全内反射可以完全阻止光从样品（或其盖玻片）上出射。

例题： W/d 值较高的显微镜的物镜与样品之间常会注入一滴油。给出这样设计的理由。

解答： 物镜与样品之间注入与盖玻片折射率相匹配的油（$n \approx 1.52$）比注入空气更好。因为前者增加了临界角（超过该临界角的光会全内反射），允许更多从样品出射的光进入透镜的光圈（见图 6.16）。此外，瑞利判据的分母中的因子 n 意味着使用 $n > 1$ 的油可以提高分辨率。

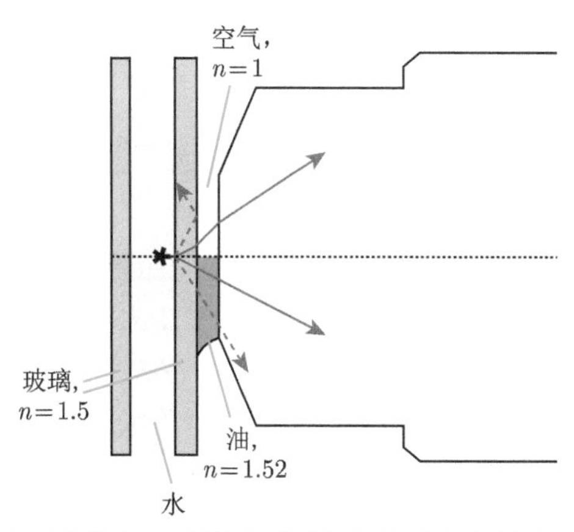

图 6.16 [几何光路图。] **油浸物镜**。显微镜透镜与其样品之间的油层增加了透镜收光的角度范围。上部：对于干透镜，数值孔径受限：由于全内反射（上部虚线路径），大角度出射的光不会进入透镜。干透镜的实际极限对应于 NA≈ 0.95。下部：油浸物镜使用的油的折射率与玻璃盖玻片的相匹配（$n \approx 1.52$），因而消除了反射。这种透镜收集光线的角度可以高达 67 deg（底部虚线路径），对应于 NA= 1.4。合成油的折射率最高可达 1.6。

类似的想法在前房角镜（图 5.10）中曾被提及。

T2 6.8.2′ 节讨论了另一种更适用于某些类型显微镜的分辨率判据。

6.8.3 动物眼睛感光细胞的尺寸与衍射极限相匹配

人类

6.8.2 节讨论了限制我们视敏度的衍射极限。这导致另一个重要结论：因为衍射效应将来自点光源的光分散投射到投影屏上（例如视网膜），所以将感光细胞网格设计得比衍射极限更精细就变得毫无意义。

在我们视场的中心部分，角度都很小，因此我们可以采用近似 $\tan\theta \approx \theta$。方程 6.17指出，无论感光细胞网格有多精细或镜头的质量有多高，只要两个点光源在视网膜上的图像间距小于 $1.2\lambda d/W$ ，则这两个点光源无法区分。

思考题6J

a. 在人眼中，从虹膜到视网膜的距离约为 20 mm。在昏暗的光线下，虹膜的开口直径（瞳孔）约为 8 mm。求两个点的衍射极限，其中发射的真空波长为 500 nm。再将该值转换为投影屏（视网膜）上的等效距离，并与人类中央凹视锥细胞的实际直径进行比较 [见图 3.9(b)]。
b. 在明亮的阳光下，人体瞳孔可以缩小到 2 mm 直径。重复上述估算。
c. 按上述结论，距离你眼睛 50 cm 的两个物体的间距达到多少时，它们在亮光下将几乎无法分辨（如果衍射是视敏度的唯一限制因素）?

雕

猛禽眼睛的敏锐度比我们的更好。这种令人印象深刻的性能部分源自日光下也有较大的瞳孔直径，因此它们的衍射极限斑点对应的角度 $\Delta\theta$ 较小。例如，楔尾雕 *Aquila audax* 在日光下的瞳孔直径达到 5 mm，因此其角分辨率 $\Delta\theta$ 的衍射极限约为人类的 3/5。雕的感光细胞具有比我们的更精细的间距，大致与其主要生态位（日光下狩猎）中的衍射极限一致。

总 结

我们已经看到了如何通过光假说来理解光学仪器（如脊椎动物眼睛）中明亮又清晰的成像。虽然涉及大量代数运算，但其目标是一致的：我们都在寻求一个几乎具有常数相位的路径族。我们还探讨了使得成像不完美（产生像差）的一些因素。除了几何光学近似，我们对衍射扩散函数进行了定量估算。第 9—11 章将讨论眼睛视网膜上的感光细胞阵列上的成像，其中也会涉及衍射。

本章没有明确提及光的量子特征，但我们使用的理论框架其实包含了这方面。意识到这一点非常重要，因为我们将看到视杆细胞实际上能够响应单光子吸收事件。此外，我们学习衍射的经验也适用于单光子事件，并为第 7 章中讨论定位显微镜奠定了基础。

关 键 公 式

- 空气中的透镜：我们将透镜描述为透明光学元件，它对穿越的光路施加了时延 $\Delta t(u)$（额外传输时间，取决于它们到中轴线的距离 u）。我们只考虑小角度的情况，其中 u 总是远小于透镜的尺度。

  我们把 Δt 写成 $(\text{const} - u^2/(2fc) + \cdots)$ 的形式，以此来描述透镜。其中 f 是常数，省略号表示 u 更高阶的项。f 称为透镜的焦距。距离 L_0 处的物体将被聚焦在距离 d 处的屏幕上，d 由下面的透镜公式确定

  $$\frac{1}{L_0} + \frac{1}{d} = \frac{1}{f} \qquad [6.6]$$

  我们可以通过改变 d（如在相机和某些鱼的眼睛中）或 f（如在人眼中）聚焦距离 L_0 处的目标。虽然我们只研究了二维情况（柱面透镜），但该公式也适用于更熟悉的圆对称透镜。

  以这种方式形成的图像将按比例 d/L_0 放大或缩小。

- 空气-水界面：此时透镜公式修改成

  $$\frac{1}{L_0} + \frac{n_{\mathrm{w}}}{d} = \frac{1}{f}, \quad \text{其中} \quad f = \frac{R}{n_{\mathrm{w}} - 1} \qquad [6.13]$$

  R 是界面的曲率半径。

  在这种情况下，在水侧形成的倒置图像根据比例

  $$d/(n_{\mathrm{w}} L_0) \qquad [6.12]$$

  放大或缩小。

- 角度：角度被定义为 1 deg = (π/180) rad，1 角分（arcmin）是 (1/60) deg，1 角秒（arcsec）是 (1/3600) deg，另一个小角度单位是毫弧度（mrad）。

- 角面积：为了求从一个点出射的一组矢量的角面积，先以该点为中心画一个球，再求得矢量与球壳的交集面积，角面积的球面度（sr）就是交集面积与球壳半径的平方之比。因此角面积的单位 sr 是无量纲的。

- 衍射极限（瑞利判据）：如果波长为 λ 的光从点光源（零尺度）出射，穿过光圈，最后通过符合上述聚焦条件的完美透镜聚焦到屏幕上，则得到的图像仍然会有一点弥散，就仿佛该光源是有尺寸的（具有非零角尺寸）。

假设光穿过直径为 W 的圆形光圈（孔），再由透镜聚焦。则在小角度（近轴）近似中，两个独立点光源（例如两个荧光团）的最小可分辨角度间隔约为 $1.2\lambda/W$ 弧度。点光源的模糊图像称为衍射极限光斑，其中光强度的空间分布称为光学系统的点扩散函数。

延伸阅读

准科普:
Saxby, 2002。
人眼光学: McCall, 2010。
眼睛进化: Lane, 2009; Shubin, 2008; Carroll, 2006; Dawkins, 1996。

中级阅读:
光学与成像: Lipson et al., 2011; Hecht, 2002。
动物眼睛: Cronin et al., 2014; Land & Nilsson, 2012; Ahlborn, 2004。
显微镜: Murphy & Davidson, 2013; Nadeau, 2012; Cox, 2012; Lanni & Keller, 2011; Mertz, 2010; Chandler & Roberson, 2009;
http://micro.magnet.fsu.edu/primer/。
共聚焦显微镜: Fine, 2011; Mertz, 2010; Pawley, 2006。
本书没有讨论的其他成像方法: Chandler & Roberson, 2009; Nolting, 2009。
眼睛进化: Zimmer & Emlen, 2013; Schwab, 2012。

高级阅读:
奥林巴斯显微镜资源中心: http://www.olympusmicro.com/。
生物梯度折射率晶状体: Pierscionek, 2010。
眼睛进化: Lamb et al., 2007。

T_2 6.4 拓展

6.4′ 视网膜色素上皮细胞

图 6.6在最右侧显示了视杆和视锥细胞的外节（对光线敏感的部分），这些区段明显被其他组织挡住了，而这些组织是光线必须首先穿越的。这似乎是一种反常的排布。鱿鱼和章鱼的眼睛很像我们的眼睛，有类似于相机的结构（有晶状体、瞳孔等），但其视杆细胞的位置相对于我们的眼睛是相反的。因此，人眼的构造并

非是唯一可能的方式。不过，脊椎动物的眼睛确实将外节与视网膜的后壁直接接触，其中的**视网膜色素上皮细胞**（RPE）完成对色素分子的回收、再生并循环使用。RPE 细胞还不断地蚕食（吞噬）感光细胞的最外面（最老）的节，新节则从靠近内节的另一端生成①。

而且，显而易见的是，脊椎动物的感光细胞排布实际上也具有光学优势。感光细胞的内节和其他元件对可见光是透明的，因此它们并不会明显阻挡到达光敏外节的光。相反，这些元件似乎起着光导的作用，将更多的光子汇集到外节而不是其他区域，从而提高了光子捕获能力（Lakshminarayanan & Enoch, 2010; Franze et al., 2007）。

$\mathcal{T}_2$ 6.8.2 拓展

6.8.2′ 阿贝判据

正文对衍射极限的讨论隐含地假设了我们希望分辨的两个光源是独立的（如天空中的两颗恒星，或者样品中的两个荧光团）。然而，大部分显微镜是在单光源照射下观察整个样品的散射或透射的，此时样品中的两点各自创建从光源到投影屏的两组路径。正如我们对双缝干涉的分析那样，在计算 $|\Psi|^2$ 之前必须累加这些路径对概率幅的相应贡献，如 6.8.1 节和习题 6.9 那样修正计算。

阿贝在 1873 年使用光的波动模型研究了这种情况的衍射极限。他发现，可达到的分辨率不仅取决于样品的性质和用于收集光的光学系统，还取决于照明的特性。有关此分辨率判据的详细信息，请参阅 Lipson et al., 2011 和 Cox, 2012，实际上通常类似于瑞利判据：$\Delta x' = \lambda/(2\mathrm{NA})$。

习题

6.1 阳光斑驳

a. 当你穿越森林时，阳光穿过树叶的间隙在地面上投射出小小的光点。如果地面是平坦的，则较小的斑点通常呈完美的椭圆形，即使叶间间隙不是那种形状。解释其原因。

b. 在一张纸上打一个 1 cm 见方的方孔，再把它置于一个遥远的点光源前面，

① 10.7′c 节描述了回收方案，也称“视黄醇循环”。

并投射到几厘米远的屏幕上，你会得到一个方形的光点。为什么这与（a）的答案不矛盾？

6.2 角面积

当你直视前方时，在你视线的一度范围内（即你的“中心视野”）的视域的角面积是多大？用 msr 单位表示。

6.3 抛物型反射镜

Pecten 属扇贝采用了与我们截然不同的聚焦方案 [见图 6.17(a)]。在本习题中，你将研究简化版本的扇贝眼的聚焦问题。

波长为 λ 的单色光落在曲面形状如图 6.17(b) 所示的镜子上，光来自远处的点光源（假设其在水平虚线上且相距很远）。图片显示了镜子的横截面，按照本章研究的二维问题的思路进行解题。

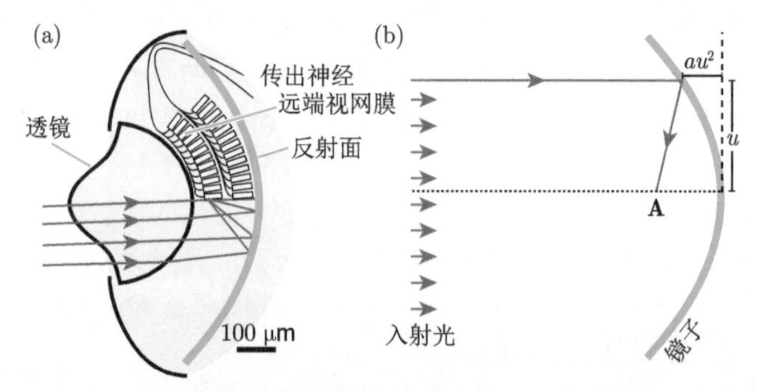

图 6.17 [几何光路图。] **抛物型反射面成像**。见习题 6.3。（a）扇贝眼的大体结构。该眼睛有一个聚焦能力很弱的晶状体，它将图像投射到远离眼睛背面的后方，但是一个曲面反射镜将光反射回位于反射镜与晶状体之间的感光细胞阵列（“远端视网膜”）。为清楚起见，感光细胞仅显示在图的上半部分（但它们也存在于图的下半部分）。图中另一层感光细胞（“近端视网膜”）却不会接收到聚焦图像。[摘自 Land & Nilsson, 2006。]（b）简化的光学系统的横截面，有反射镜但没有晶状体。

曲线上各点到竖直虚线的距离满足抛物线关系，即 au^2，其中 a 是某个常数，u 是到水平中心线的偏移。你可以从对称性猜测此镜面会将入射光聚焦到中心线上的某个点。

a. 使用本章发展的方法，但不再假设 u 很小，求焦点的位置并解释光聚焦的原因。[提示：如果没有镜子，每个入射光路都会有相同的路径长度到达竖直虚线。绘制一系列路径，每个路径由如图所示的两个直线段组成。第一个水平段终止于镜子，并且比到竖直虚线的距离更短。第二段连接到中心线上的点 **A**。调整该点的位置，直到满足聚焦所需条件。]

b. 为什么具有这种形状的镜子（抛物线）优于具有圆形横截面的镜子？

6.4　焦点深度

a. 取一张薄卡片并用图钉将其中心刺破。取下你的眼镜（如果有的话），并让一只眼睛尽可能靠近小孔（同时闭上另一只眼睛），然后观察一个明亮的场景并描述你所看到的情况。

b. 6.3.3节认为，为了获得聚焦图像，系统必须满足透镜公式（方程 6.6），否则我们认为来自点光源的光不会全部到达单个像点。如果透镜公式只是接近满足，即 $1/L_0 + 1/d \approx 1/f$，此时会发生什么？只要 u 被限制为非常小的偏移，则方程 6.7 中的 u^2 项可能仍然无关紧要。将这个想法与你在（a）中定性观察到的内容联系起来。

6.5　空气-水界面

根据折射定律解释方程 6.12。

6.6　三个曲面界面

推导方程 6.14。

6.7　几何光学中的球面像差

在本习题中，你将利用人眼晶状体折射率的典型数值（1.42），再使用几何光学近似绘制如图 6.10(a) 所示的图片。

a. 在一个过球心的平面内考虑一组平行入射光线。如图 6.18所示，入射光线与中心线的距离记为 y_0。导出图示入射角 θ 与 y_0、球体半径 B 的函数关系。

b. 利用折射定律求角度 ψ。

c. 图示的三角形是等腰三角形，利用该事实求角度 α（对应于出射点 **Q**）。

d. 再次使用折射定律求光线离开玻璃球后与水平线的夹角，并求光线与中心线的交点。

e. 使用计算机绘制三段光线，取其他 y_0 值重复绘制。看看不同光线与中心线交点是如何分布的。

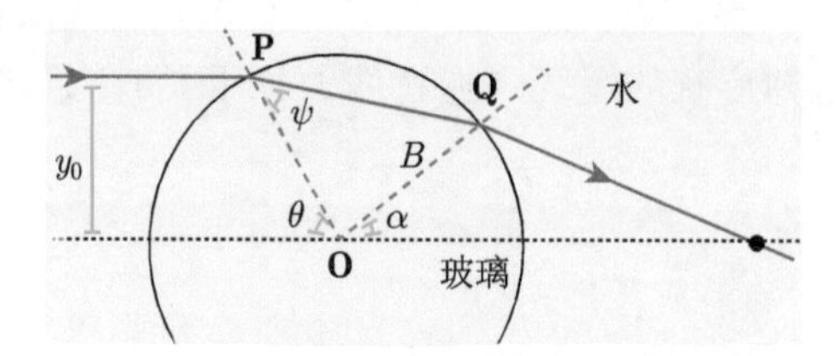

图 6.18 [几何光路图。] **见习题 6.7**。

6.8 厚晶状体及衍射

鱼眼中的晶状体是由一种透明蛋白（称为**晶体蛋白**[①]）构成的球状体。在本习题中，我们将把真实的鱼眼晶状体简化成一个具有均匀折射率 n_{lens} 的透镜，其中 n_{lens} 大于周围水的折射率 n_{w}。就像本章研究其他问题那样，我们将系统简化成二维几何。

假设点光源位于中心线（图 6.19中的虚线）上的 $\mathbf{A}_{\mathrm{L}}$ 处，到透镜中心的距离为 d_{L}。我们希望所有通过透镜的光都到达中心线上另一侧离球心 d_{R} 的另一个点 $\mathbf{A}_{\mathrm{R}}$ 上。参考 6.3节，假设所有光路都由均匀折射率区域的直线段组成。该图显示我们可以用两个角度 θ_{L} 和 θ_{R} 来表征每个这样的路径片段。对于直接穿过球心的路径，$\theta_{\mathrm{L}}=\theta_{\mathrm{R}}=0$。

a. 首先考虑 $d_{\mathrm{L}}=d_{\mathrm{R}}$ 的特殊情况，此时系统对镜像变换（左右交换）是对称的，所以我们可以预期最重要的路径是 $\theta_{\mathrm{L}}=\theta_{\mathrm{R}}$ 的路径。假设的确如此，写出 L_{L}，L_{M} 和 L_{R} 与角度 θ、距离 d 的精确函数关系。[提示：余弦定律可能会有所帮助。]

b. 利用（a）中的答案写出光子路径相位作为 θ 函数的表达式。特别地，对于小 θ 的情况，将你的答案在 $\theta=0$ 附近做泰勒级数展开。

c. 为了使所有路径的相位相等（直到 θ^2 阶），距离 d 必须是多少？能否利用透镜公式（方程 6.6）求出该透镜系统的焦距？

d. 鱼 *Astatotilapia burtoni* 眼晶状体的平均折射率约为 1.45。估算（c）中导出的焦距。你所求得的 f 与 d 的比值是否切合实际？

e. 如果（c）中的条件都满足，那么所有路径相位是否完全相同？请作图验证。

f. 使用球面镜头，你得到的结果在三维情况中会如何变化？

① 尽管如此命名，但其中蛋白质分子并未以晶格状排列，而是如玻璃那样保持在无序状态。

g. [T2] 你可能不相信只考虑 $\theta_L = \theta_R$ 的路径是合理的。你可以放弃这个条件并推导出一个依赖于 θ_L，θ_R 与常参数 d，B，n_w 和 n_{lens} 的相位函数。再次使用泰勒级数展开此函数，并截断为两个小角度的二次函数，可用 2×2 矩阵 M 来表示

$$\text{const} + \frac{1}{2}\begin{bmatrix} \theta_L & \theta_R \end{bmatrix} \mathsf{M} \begin{bmatrix} \theta_L \\ \theta_R \end{bmatrix} + \cdots.$$

为了在 $\mathbf{A}_R$ 处达到一定亮度，我们要求该矩阵的一个特征值为零，以至于沿该方向的单参数路径族将具有几乎恒定的相位。求此要求成立所需的条件，并将其与（c）中的结果进行比较。

h. [T2] 将（g）中的结果推广到 $d_L \neq d_R$ 的情况。此时不存在反射对称性，因此我们不能假设稳相路径满足 $\theta_L = \theta_R$。将你的结果与透镜公式进行比较，其中 d_L 对应于 L_0，d_R 则对应于 d。

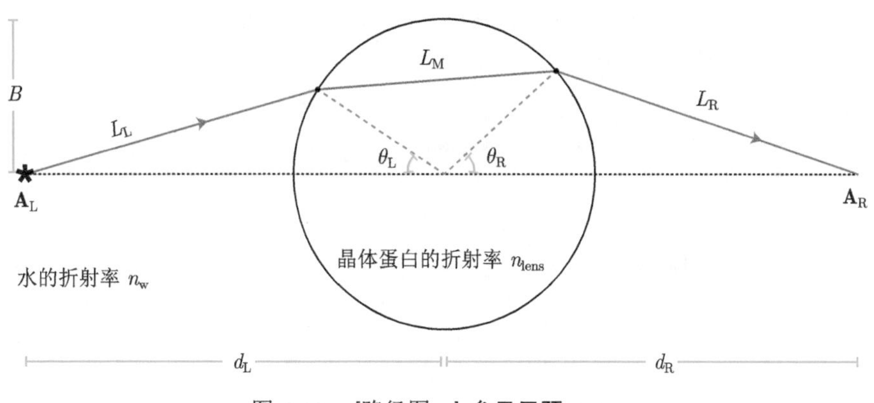

图 6.19　[路径图。] **参见习题 6.8**。

6.9　无法分辨的点光源

如本章研究的其他问题那样，我们也在二维空间中研究这个问题。6.8.1节定性地论证了如果两个点光源距离太近则无法分辨的问题（见图 6.5）。

a. 假设点光源 $\mathbf{A}'$ 位于中心线上并能被聚焦（即满足透镜公式），光圈宽度为 W。应用方程 6.7，求屏幕上的照明图案（光子到达的概率）。你需要做积分的解析解而不是数值解。

b. 对你所得的 x 的函数（无需归一化）作图。[提示：你可以首先选择一个合适的量对屏幕上的位置重新标度，由此得到一个无量纲位置变量 $\bar{x}$。] 这与方程 6.16 有何关系？

c. 假设在 **B′** 处存在第二个独立光源，**B′** 位于 **A′** 旁边，两者间距 $\Delta x' = L_0(\Delta\theta)$，其中 $\Delta\theta$ 由方程 6.16 给定。重复（a），（b）的计算，将你所得结果与（b）中所得结果叠加，绘制这个总体照明图案。为何叠加的是概率而不是概率幅？

d. 将两光源的间距调整为 $0.42L_0(\Delta\theta)$，重复上述计算，并讨论你的结果。

6.10 精细印刷品

本习题的目的是假设你的视敏度仅受衍射限制，估算你在 30 cm 外能够读取的最小印刷品尺寸。取瞳孔直径为 0.3 cm 及光波长为 0.5 μm。

a. 视网膜上衍射极限光斑的近似角宽是多少？

b. 为了使各自的像不重叠，距离眼睛 30 cm 的两个点光源必须相距多远？

c.（b）的答案与你习惯阅读的最精细的印刷品比较有何不同？[注意：在排版中，“n-点类型”意味着字母“M”的宽度等于（$n/72.27$）英寸，即大约是 $n \times 0.35$ mm。]

6.11 分辨率

想象一个丝网，每个网格为 0.5 mm 的正方形。

a. 假设距离丝网为 L、直径为 3 mm 的薄圆形透镜将丝网图像聚焦到距离透镜 $d = 24$ mm 的平面上。对于波长为 500 nm 的光，角分辨率的衍射极限是多少？取 arcsec 或 mrad 为单位。

b. 根据经验，你可能在 20 cm 处能看清正方形网格，但在 5 m 处只能看到一片灰色。根据（a）的答案定量解释这个事实，使用（a）的答案估算网格从可分辨到无法分辨的临界距离 L。

6.12 $\boxed{T_2}$ 更真实的点扩散函数

6.3.3节的讨论做了两个近似，这些近似也限制了我们结果的准确性。首先，从源到焦点的各条光路并不具有完全相同的相位：近似忽略 u^3 阶和更高阶项导致结果不精确。其次，6.8节指出投影屏上的照明区域不会仅限于焦点处，因为焦点附近区域的光路相位只是部分抵消而不是完全抵消。不过，一个大尺度、高质量的透镜仍然可以将相当多的阳光聚集到一个小区域。

在本习题中，你将通过数值计算来理解正文中讨论的缺陷。将太阳理想化为波长为 600 nm 的远距离点光源。仍然考虑简化的二维系统（参见图 6.5），其中透镜可以调整光子路径的相位（根据方程 6.4），其焦距为 $f = 2$ cm。透镜将光聚焦到屏幕上。

a. 求距离透镜 $d = 2$ cm 的投影屏上的光强度分布，你可以在 $|u| < 0.5$ cm 的范围内对 u 进行数值积分（我们假设较大的 u 值被不透明屏障阻挡）。你需要使用精确表达式（包括平方根），而不是近似式（方程 6.7）。[提示：由于被积函数的振荡特性，对 u 的积分很复杂。进行数值积分时，请务必使用足够精细的格子来获得稳定的解。]

b. 太阳以大约 1.4 kW/m^2 的强度向地球表面传递能量。在（a）求得的照明图案中心的对应强度是多少？该装置的三维版本能够用来点火吗？

6.13 T2 复合透镜系统

考虑有两个界面的复合透镜系统（图 6.20）：光线首先穿过空气，再穿过折射率为 n_{lens} 的透镜，最后穿过水到屏幕。[该系统是动物眼睛系统的简化版本，图 6.7(b)。] 每个界面都是圆截面，但它们的曲率半径 R_{a} 和 R_{b} 可能不相等。如正文所做的那样，本习题只讨论二维的情况。

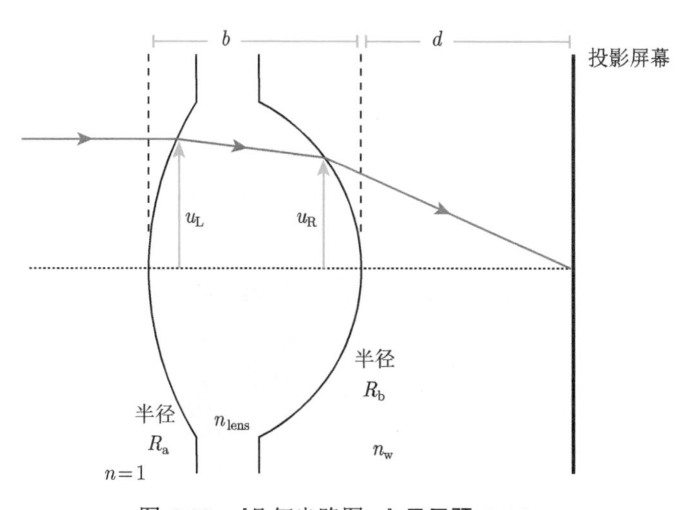

图 6.20　[几何光路图。] **见习题 6.13**。

按照正文的思路，如图所示由离轴距离 u_{L} 和 u_{R} 来表征光路。假设光来自远处的物体（$L_0 \to \infty$），沿着图示的路径传播，并到达距离内（右）表面为 d 的平坦屏幕上。

a. 求图示三段路径长度的表达式，并对 u_{L} 和 u_{R} 进行泰勒级数展开，只保留到二阶项。

b. 求该路径的总相位，可写成 u_{L} 和 u_{R} 的二次项表达式。根据常数 b，R_{a}，R_{b} 与折射率 n_{lens} 和 n_{w}，求 d 满足路径相位为常数的条件。[提示：见习题 6.8。]

c. 讨论 b 远小于 R_{a} 和 R_{b} 的极限情况（薄透镜近似）。[提示：根据图 6.20，这个极限可能看似矛盾，因为当 $b \to 0$ 时图中透镜的某些部分的厚度变为负值！但请记住，我们是对 u_{L} 和 u_{R} 进行泰勒级数展开，即我们只对中心线附近的一小部分区域感兴趣。无论我们采取多小的 b，在中心线附近总是有一窄条，其透镜厚度为正。]

d. 在 6.4.1节中我们宣称，由于采用了薄透镜近似，我们可以将路径的中间段视为水平的。请解释这为何是合理的。

6.14 T2 梯度折射率的眼睛晶状体

使用几何光学近似来解本习题，先完成习题 5.6 和 6.7。习题 5.6 是在非均匀介质（其折射率仅取决于一个笛卡儿坐标，即高度）中求光线轨迹。在本习题中，把该结果推广到非均匀介质（“梯度折射率透镜”），其折射率仅取决于半径（即与透镜中心的距离 r）。6.5.3节提到这种情况适用于动物的眼睛晶状体，并声称这种不均匀性可以消除由于球体透镜的均匀折射率所产生的大部分像差 [比较图 6.10(a) 和图 6.11]。

在本习题中，你可以按球体半径 a 来标度所有长度，即 $\bar{r} = r/a$ 等。令 $n_{\mathrm{c}} = n(0)$ 为球心的折射率，$n_{\mathrm{p}} = n(1)$ 为球面的折射率，以及 $K = n_{\mathrm{p}}/n_{\mathrm{c}} - 1$。鱼眼的 $n_{\mathrm{c}} \approx 1.52$，$n_{\mathrm{p}} \approx 1.38$，以及

$$n(\bar{r}) \approx n_{\mathrm{c}}\left(1 + K(0.82\bar{r}^2 + 0.30\bar{r}^6 - 0.12\bar{r}^8)\right),$$

鱼眼两侧都注入 $n_{\mathrm{w}} = 1.33$ 的介质。为方便起见，我们定义 $g(\bar{r}) = n^{-1}(\mathrm{d}n/\mathrm{d}\bar{r})$。

a. 选择透镜中心作为坐标原点，再选择一个平面（例如 xy 平面）穿过该原点。写出几何光学方程（方程 5.15）的两个分量，它们确定稳相路径 $\boldsymbol{\ell}(\boldsymbol{s})$。它是平面内路径的两个笛卡儿坐标 [$\ell_x(\boldsymbol{s})$ 和 $\ell_y(\boldsymbol{s})$] 的一对耦合的二阶常微分方程。请用弧长 $\boldsymbol{s}$ 对曲线进行参数化（方程 5.14）。

b. 利用几何光学方程构造一系列解，生成类似于图 6.11的图。每条光线最初从透镜外部平行于 x 轴传播。求入射光线在透镜面处交点的 x 和 y 值，以及该点与原点连线相对于竖直方向的夹角（入射角）。

c. 利用折射定律求光线刚进入透镜后的切向量。

d. 利用（b，c）结果求几何光学方程所需的四个初始条件，然后使用计算机求数值解。

e. 根据你的解，求 r 达到数值 1 时的 $\bar{s}_{\text{exit}}$ 值。

f. 切向量 $\mathrm{d}\bar{\ell}/\mathrm{d}\bar{s}|_{s_{\text{exit}}}$ 给出光线进入透镜-水界面时的入射角。再次利用折射定律求光线离开透镜的角度。

g. 离开透镜后，光线再次沿直线传播。求它到达 x 轴的点，然后让计算机绘制所有三个片段（直线、曲线、直线）。对要跟踪的每条光线重复上述步骤。

第 7 章　基于统计推断的成像技术

当你的想象力不够集中时，你不能依靠所见来判断。

—— 马克 · 吐温（Mark Twain）

7.1　导读：信息

第 6 章讨论了直接成像中存在的根本性问题，即分辨率的物理极限，其根源在于衍射必然会使图像模糊。瑞利判据给出了定量的判断标准[①]：如果两个相邻点光源（例如荧光分子）彼此距离小于 $1.2\lambda/(2\mathrm{NA})$，则各自产生的发散像会重叠成一个模糊斑点。数值孔径 NA 定义为介质折射率与光圈角半径（从光源观察时）正弦值的积，因此其值不可能超过 $n\sin(\pi/2)$，对油浸透镜来说这个值约为 1.6。因此，500 nm 可见光的分辨率极限约为 200 nm，该数值太大，以至于不能分辨细胞内大多数具有生物学意义的结构。

上述内容是一百多年来有关成像的最终结论，部分原因是波长短于可见光的光对活细胞具有破坏性。对分子尺度的结构的研究主要依赖于电子显微镜（这就意味着必须杀死细胞），对蛋白进行结晶再进行 X 射线照射[②]更是非自然方法。因此企图观看活细胞的纳米尺度结构似乎毫无希望。

然而，近年来陆续涌现出了许多新思想和新发现，在攻克衍射极限方面取得了突破。其中一条重要的思路称为定位显微镜，这也将是本章的主题[③]。这个思路经过多年探索，终于在 2006 年厚积薄发，产生了三种不同的实现方案。这三个方案都基于同样的原理，即成像可理解为用最优方式从实验数据中提取信息的过程。为此，本章将首先回顾这一原理所涉及的一些基本思想。

本章焦点问题

生物学问题：如果光是波，那么你如何能看到小于波长的物体呢？

物理学思想：光也可以*不是*波。图像实际上是光子抵达的概率密度函数。如果有足够的样本，就可以比较精确地确定概率密度函数的中心。

---

① 参见方程 6.18。

② 如果我们想要分辨单个原子，仍会用到 X 射线晶体学（第 8 章）。其他间接技术包括低温电子显微镜和核磁共振。

③ 其他超分辨率方法还有受激发射损耗成像（STED）等，其物理原理与此不同。

7.2　背景：关于统计推断

7.2.1　贝叶斯公式可用于更新概率估计

本书前言将概率定义为在给定证据条件下对某个陈述的信任程度的估计值。在日常生活中我们也会客观地随着有效证据的积累而不断*更新*这些估计。为了理解这个估算过程，我们考察一个与成像相关的具体案例。

假设我们重复测量一个物体在某个轴上的位置 x[①]。由于存在衍射，光子到达相机探测器阵列上的位置是一个随机变量。假设我们知道 x 到其整体中心的距离的概率密度函数，

$$\wp(x|x_{\rm t}) = f(x - x_{\rm t}), \tag{7.1}$$

其中点扩展函数 f 是已知的，但真实位置 $x_{\rm t}$ 是未知参数。

真实位置尽管不像 x 那样涨落，但仍然存在不确定性。因此，*它也*具有概率分布。最初，我们只知道它的值在一定范围内，但具体值是多少则一无所知。我们设定该范围是从 0 到 A，其中常数 A 可以对应于显微镜中的整个视场。所以在每次测量之前，我们最好先猜测 $x_{\rm t}$ 的概率密度函数是均匀的（在给定范围内是常数）。我们称此分布为 $x_{\rm t}$ 的**先验分布** $\wp(x_{\rm t})$。

现在我们进行一次测量，并得到观测值 x_1。直觉上似乎很清楚刚才测得的值就是我们对分布中心的最佳估计值。为了证明这一直觉，我们需要计算 $\wp(x_{\rm t}|x_1)$，即在*给定新信息*的前提下 $x_{\rm t}$ 的概率分布。因为这个更新的分布仅在测量后才有效，所以它被称为 $x_{\rm t}$ 的**后验分布**。后验分布是条件概率，因此我们可以定义其表达式为

$$\wp(x_{\rm t}|x_1) = \frac{\wp(x_{\rm t}\ \textbf{and}\ x_1)}{\wp(x_1)}. \qquad [0.36]$$

该表达式的分子可以重写为条件概率形式 $\wp(x_1\ \textbf{and}\ x_{\rm t}) = \wp(x_1|x_{\rm t})\wp(x_{\rm t})$。联合表达式给出

$$\boxed{\wp(x_{\rm t}|x_1) = \wp(x_1|x_{\rm t})\frac{\wp(x_{\rm t})}{\wp(x_1)}.\quad \textbf{贝叶斯公式}} \tag{7.2}$$

方程 0.36 和 7.2 的形式容易混淆，尽管两者都常用。值得注意的是，后者在*四个不同函数*之间建立了联系。通用符号 $\wp$ 表示“概率密度”，括号内的符号则指明了随机变量。方程 7.2 将后验分布（左侧）表示为先验分布 $\wp(x_{\rm t})$ 与两个校正

① 在前面的章节中，x 指的是探测器平面上的位置，x' 则指目标物的位置。在本章中，我们将删除撇，因为这里的任何公式都不会同时涉及这两个量。

因子的积。第一个校正因子 $\wp(x_1|x_t)$ 称为**似然**，它是给定函数 $f(x_1-x_t)$。另一个校正因子 $1/\wp(x_1)$ 没有给定，但它与我们试图求解的量 x_t 无关。我们通常不需要 x_t 的具体数值，而是利用方程 7.2对变量 x_t 的概率密度表达式作恰当的归一化来获得其估值。

离散与连续

方程 7.2及其推导都假设了 x_1 和 x_t 都是连续变量。如果其中一个或两个是离散变量，我们可以应用同样的逻辑。例如，假设实验测量的量 K 是离散的，则有如下类似公式

$$\wp(x_t|K)=\mathcal{P}(K|x_t)\frac{\wp(x_t)}{\mathcal{P}(K)}. \tag{7.3}$$

7.2.2　基于均匀先验分布的推断相当于最大化似然函数

在上述情况中，我们所了解的所有物理知识都写在了方程 7.1中，我们称其为要测量的**概率模型**。现在我们可以说目标真实位置的最佳估值 $x_{t,*}$ 是在给定观察值 x_1 的前提下使后验分布（方程 7.2）最大化的 x_t 值。也就是说，一旦我们完成观察，其结果 x_1 就被冻结，在此基础上我们尝试对待估量（非直接测量量）x_t 提出各种假说从而进行优化。

方程 7.2告诉我们，在给定一个测量值（x_1）的情况下，未知真实位置（x_t）的各种值的概率。该公式的分母是一个与 x_t 无关的常数。此外，7.2.1节指出，如果我们事先只知道 x_t 必须在某个范围内而不知道具体数值，则将先验分布 $\wp(x_t)$ 设定为均匀分布（常数）可能是合理的。在这种情况下，除了似然函数之外，贝叶斯公式中的所有内容都是与 x_t 无关的常数，因此求最概然值相当于保持实验数据固定的前提下最大化似然。假设已知 f 是简单的诸如以零为中心的高斯或柯西分布的单峰函数，则 x_t 的最概然值就是 $f(x_1-x_t)$ 达到最大时的值。该值是 x_1，这与我们的第一直觉一致。

7.2.3　分布中心的推断

基于**似然最大化**或“最大似然估算”（MLE）的统计推断是一种广泛适用的技术。例如，假设我们在同一条件下对 x 进行了几次独立测量，则似然 $\wp(x_1,\cdots,x_N|x_t)$ 是积 $f(x_1-x_t)\cdots f(x_N-x_t)$。将该表达式代入方程 7.2的右侧可以得到比单次测量更尖锐的后验分布。分布越尖锐就意味着我们通过最大化获得的估值具有更大的置信度。

思考题7A

假设 f 是高斯函数，即 $f(x) = (2\pi\sigma^2)^{-1/2}\mathrm{e}^{-x^2/(2\sigma^2)}$，其中方差 σ^2 已知，且每个观测值 x_i 都远离设定区域 $[0, A]$ 的边缘。求最大化后验分布的 $x_{\mathrm{t},*}$ 值的公式，再根据 $x_1, \cdots, x_N$ 和 σ 求 x_{t} 的方差。

在**思考题** 7A 中得到的结果可能并不令人惊讶。但在习题 7.1 中你将看到在更复杂情况中上述估算流程会多么有效。

思考题7B

如果某些测量值（尖脉冲）靠近观测范围的边缘，**思考题** 7A 将变得更难求解。为什么？

7.2.4　参数估计及置信区间

最大化似然给出了未知参数 $x_{\mathrm{t},*}$ 的最概然值，但这常常是不够的，因为我们想知道这个估计有多好，即可能包含 $x_{\mathrm{t},*}$ 真值的范围有多大。如果后验分布如**思考题** 7A 中那样简单，则可以用其方差来说明问题。更一般地，我们可以给出一个包含 $x_{\mathrm{t},*}$ 的数值范围，它覆盖后验分布曲线下总面积的 95%，则可称此区域为推断值的 “95% 置信区间”。

7.2.5　对数据分区会减少其信息量

除上述方法外，另一种处理多次测量数据的方法可能更为熟悉。在该方法中，我们为 x 的所有测量值制作直方图，然后求该直方图的峰值和宽度。如果没有预设的概率模型，那么这种方法可能是我们所能想到的最佳估计方法，但它是有缺陷的。

本书前言曾从原则上将概率密度函数定义为在作数据频率直方图时将数据不断细分（$\Delta x \to 0$）而获得的极限①。然而，当我们将数据分区时会破坏其信息量，例如，x 的每个测量值的测量精度本来都高于 Δx，但是在分区之后，多个测量值会落在同一分区中，导致精度降低。我们也不能通过进一步细化分区来解决这个问题，因为任何真实数据集包含的测量值数目都是有限的，如果将 Δx 设定得太小，则每个分区中的数据点太少，导致很大的相对标准偏差②。

① 0.4.1 节介绍了概率密度函数。

② 0.5.3 节讨论了数据计量中存在的涨落。

最大化似然避免了上述麻烦，因为它不需要对数据进行分区。如果我们有一个含有某些未知参数的概率模型，我们只需用精确的观测值来评估似然函数并将其最大化，特别是对于小型数据集，估算结果的提升很明显。

本节指出，后验分布是我们从新数据中学到的内容的一个总结。在没有先验信息的情况下，似然函数可以作为后验分布的替代。

有关推断的更多详细信息，请参阅本章末尾列出的参考资料。

7.3　单荧光基团的定位

7.3.1　定位可视为推断问题

7.1节指出，为了克服衍射极限，我们必须将成像理解为统计推断问题：我们观察探测器阵列上光子到达的图案，并希望由此推断出样本中的哪些结构可以产生该图案。当我们使用望远镜远距离观察一张纸时，这也可以视为一次统计推断：我们所看到的光线构图反映了该纸张的反射率结构。如果观测条件不佳，那我们还可以利用对纸上内容（也许是特定语言中的单词）的猜测来进一步帮助我们理解观测结果。

同样，当我们观察显微图像时，看到了光子到达速率的不均匀分布。如果我们对于观察对象拥有更多的先验知识，就能够更好地解释该分布。例如，我们可能知道该物体是*静态的*或缓慢移动的。在这种情况下，特别是如果观察对象发光非常微弱（例如，单个荧光团），我们可以通过长时间收集光子来改善成像质量。

在某些情况下，我们先验地知道视场中只有*一个孤立的荧光分子*，并且在一段时间间隔内它*不会移动*，这就是**定位显微镜**的缘起。一旦设置好显微镜，我们就能获知光子到达的空间分布，但无法知道发光分子本身的位置。我们可以将少量未知信息表示为一对参数（荧光团的 x, y 坐标），并按 7.2.2节的最大化似然方案来进一步估算它们。实际上，如果获得了足够的测量（光子到达）次数，再利用**思考题** 7A 方法求得 x 和 y，其精度肯定比点扩展函数 f 的展宽要小得多。

上述先验假设（孤立、静止的点光源）何时成立？

- 前面章节已经概述了几种屏蔽无关分子发光的策略。例如，用荧光探针标记重要分子并滤除荧光波长以外的光以降低背景噪声（2.3.2 节）。如果目标分子本身分布稀疏，那么我们确实可以将它们处理成孤立的光源。
- 我们还研究了进一步减少样品区域内无关分子发出的杂散光的方法，例如共聚焦、双光子或全内反射显微镜（2.7 节、5.3.4 节和 6.5.5 节）。
- 如果荧光探针结合到静态结构上，它就会被固定。像分子马达之类的移动物体，尽管在某些情况下可能会突然出现不连续的步进，但在两个步进之间，荧光分子也几乎是固定的。

即便我们可以消除来自荧光探针分子以外的其他光源，但显微视野中仍然可能有许多不可避免的光源。7.4节将描述解决这一问题的方法，因为该方法已经取得了令人瞩目的成果。下面我们首先了解一下相关的生物背景，我们每次只关注一个分子。

7.3.2 建立概率模型

分子马达是具有酶功能的生物大分子或其复合物，它们能不断将三磷酸腺苷（ATP）分子分解成磷酸基团和二磷酸腺苷（ADP）。马达利用这种水解反应释放的化学能沿着微管之类的多聚物线状“轨道”步进。当载有囊泡之类的“货柜”时，分子马达就扮演细胞内运输系统中“卡车”的角色，将货柜从产地运送到远方的目的地[①]。

在研究分子马达的动作时，我们通常需要挨个观察它们的进程。例如，对一小组马达进行荧光标记，然后跟踪每个马达的进程并反复对它们成像。如要查看马达的单个步进，就需要在连续视频上查找其位置并找出其跳跃步骤。典型的分子马达步长仅为 $6 \sim 70$ nm，因此普通光学显微镜无法分辨如此小的步长[②]。此时使用前述单光源先验假设进行推断就不仅是可行的，而且是必须的。这种情况比**思考题** 7A 更复杂，因此在开始研究之前，我们对系统建立的概率模型中必须要考虑到四个现实因素。

二维

我们的荧光团可能位于显微镜焦平面的任何位置，因此 7.2.2节中的一维似然函数需要扩展。我们将使用矢量 $\boldsymbol{r} = (x, y)$ 来表示样本中的横向位置，它在相机探测器阵列上的相应位置经由显微镜的放大系数来标定。

真实的点扩展函数

点光源在相机探测器阵列上的成像是模糊的斑，即一个单峰的概率密度函数（点扩展函数）。7.2.2 节中假设的高斯分布只能粗略刻画这种函数。习题 6.9 给出了简单的狭缝装置所给出的点扩散函数图案。一般地，我们可以假设在几微米视域范围内，点扩展函数仅取决于矢量 $\boldsymbol{r} - \boldsymbol{r}_{\mathrm{t}}$，因此，我们可以先对一个固定的荧光分子进行成像，从而测量它的点扩散函数。为了简化分析，我们假设该函数具有中心对称性（仅取决于距离 $\|\boldsymbol{r} - \boldsymbol{r}_{\mathrm{t}}\|$）。

杂散光

7.3节认为单光源不含除待定位分子外的其他光源的光，这当然是一种近似。实际上总会有一些微弱的漫反射背景光掺杂在目标信号中。因此，单个光子到达

① 参见 Media 13 和 Media 14。

② 参见 Media 15。

表观位置 $\boldsymbol{r}$ 的概率公式是方程 7.1的某种推广：

$$\wp(\boldsymbol{r}|\boldsymbol{r}_{\mathrm{t}}) = \mathrm{const} \times \left(f(||\boldsymbol{r} - \boldsymbol{r}_{\mathrm{t}}||) + b\right). \tag{7.4}$$

其中常数 b 表示背景光的强度，归一化常数可以通过将该表达式在整个视场上积分并要求结果必须等于 1 而获得[①]。

相机也会产生错误信号（电子噪声），在我们的模型中可将这一效应也计入常数 b 中[②]。为了根据经验确定总体的 b 值，我们可以找出无荧光分子的样本区域，再对该区域上（多个视频帧）的信号值求平均。

像素化

不幸的是，大多数相机并不会如实报告探测器阵列上每个光子的确切到达位置。显微镜中使用的探测器将光子的位置*网格化了*。也就是说，探测器是像素的一个网格，当某像素在其表面任何地方捕获光子时都会发出同样的信号。7.2.5节指出网格化分区会丢失吸光电子的确切位置信息，但这是我们不得不承受的技术限制。

换句话说，探测器像素网格将光子到达的概率密度函数 $\wp(\boldsymbol{r})$ 转换为*离散分布* $\mathcal{P}(i,j)$，即光子落在网格第 i 列 j 行的像素内的概率。如果我们观察到 N 个光子到达，则相当于仪器从这个离散分布抽出了 N 个样本值。

典型装置使用的是称为"电荷耦合器件"（CCD）的探测器阵列，方形像素的边长约为 6 μm，放大系数为 60。因此，每个像素对应于样品中的物理尺寸是 6 μm/60 = 100 nm。似乎没有希望达到比该网格尺度更高的分辨率，但幸运的是这种直觉可能是非常错误的。

T2 7.3.2′ 节给出了与点扩展函数相关的一些细节。

7.3.3　成像数据的最大似然分析

图 7.1(a) 显示了一些模拟数据，从类似方程 7.4的概率分布产生 400 个抽样，使用了典型实验装置中的点扩展函数 f 和背景光水平 b。每个模拟的光子到达数据都被分配给相应的相机像素，每个像素的光子到达计数以灰度显示。因为这是模拟数据，我们清楚知道其真实位置 $\boldsymbol{r}_{\mathrm{t}}$（在图上显示为蓝点）。简单观看这幅模拟图像，我们可能会有信心将分子的位置定位在约 1.5 像素或 150 nm 之内。但是，我们实际上可以做得更好。

7.3.2节为该系统建立了概率模型。为了分析数据，我们提出了关于其真实位置的一系列假说，并根据数据计算出每个假说的似然。此处我们感兴趣的是 $\boldsymbol{r}_{\mathrm{t}}$ 的

① 方程 0.33 介绍了这种条件。

② 其他更现实的噪声模型有时也会被采用。

可能值。虽然 $\boldsymbol{r}_\mathrm{t}$ 是连续量，但我们只能要求计算机对一组有限的可能值去评估其后验概率。在所示计算中，被评估的值组成的网格比像素网格精细 30 倍。

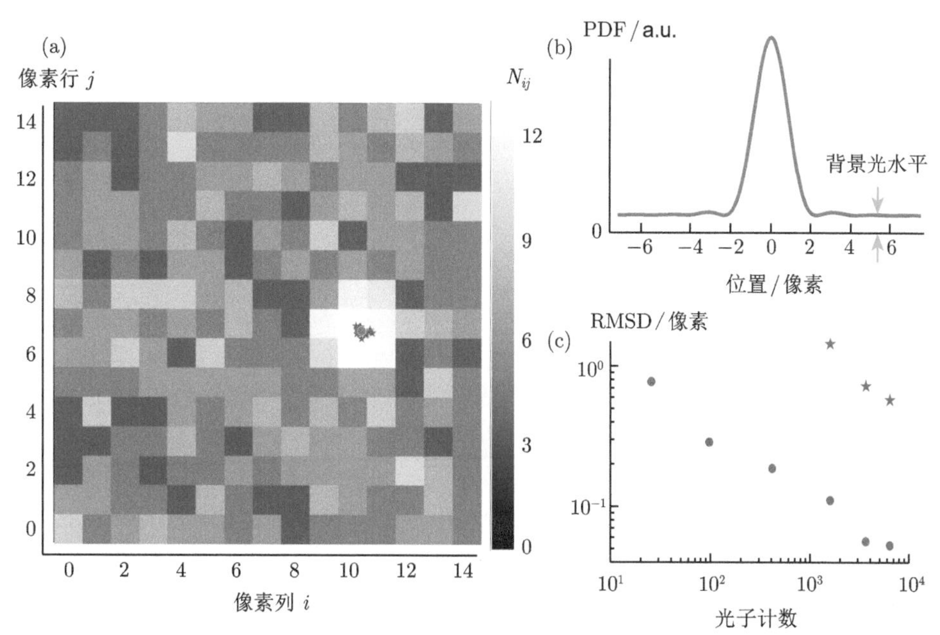

图 7.1　**从模糊的、网格化和带噪声的图像中定位粒子。**（a）[模拟的相机数据。] 图示为 15×15 个像素网格共探测到 400 个光子。每个像素中的光子计数由灰度表示。蓝圈表示光源的真实位置 $\boldsymbol{r}_\mathrm{t}$。20 个红星表示从 20 个这样的模拟数据帧（含本图所示帧）分别推断出的光源位置。（b）[数学函数。] 用于生成（a）中数据的光子到达的概率密度函数，即叠加在均匀背景上的实际点扩展函数。（c）[模拟相机数据的分析。] 双对数作图显示最大似然定位算法的优势。对于任一给定的光子总数，进行 20 次模拟并分别给出光源位置，红点表示由此推断的光源位置与 $\boldsymbol{r}_\mathrm{t}$ 的均方根偏差（RMSD）。收集更多光子可以降低 RMSD，也意味着对真实位置的推断更准确。另一个更简单的算法是直接求光子的平均位置，为便于比较，简单算法的结果以灰色星表示。[模拟数据来自 Dataset 8。参见习题 7.4 和 7.7。]

对于每个假设，我们想要计算的是后验概率 $\wp(\boldsymbol{r}_\mathrm{t}|\mathrm{data})$，其中 “data” 指的是每个像素中观察到的光子计数的集合 $\{N_{ij}\}$，选择均匀的先验概率并应用贝叶斯公式（方程 7.3），得到后验概率密度函数为常数乘以似然，即计算

$$\mathcal{P}(\mathrm{data}|\boldsymbol{r}_\mathrm{t}).$$

因此，对于所考虑的每个 $\boldsymbol{r}_\mathrm{t}$，我们先计算 $\boldsymbol{r}$ 的连续似然（方程 7.4），然后在像素之间配分该概率以求离散似然函数[1]，该函数指在第 i 列和第 j 行的像素中检测

① 方程 0.34 显示了如何以这种方式从概率密度函数中获取概率。

到光子的概率：

$$\mathcal{P}(i,j|\boldsymbol{r}_{\mathrm{t}}) = \int_{\mathrm{pixel}\ i,j} \mathrm{d}^2\boldsymbol{r}\,\wp(\boldsymbol{r}|\boldsymbol{r}_{\mathrm{t}}). \tag{7.5}$$

在这个公式中，“pixel i,j” 意味着我们要对像素 (i,j)（正方形区域）中所有 $\boldsymbol{r}$ 值进行积分。

每个光子的到达与其他光子无关，因此我们现在可以将方程 7.5 定义的每个光子的到达概率相乘以求得完整似然函数 $\mathcal{P}(\mathrm{data}|\boldsymbol{r}_{\mathrm{t}})$，再两边取对数将乘积变成加和以便于后续处理：

$$\text{log-似然} = \sum_{ij} N_{ij} \ln \mathcal{P}(i,j|\boldsymbol{r}_{\mathrm{t}}). \tag{7.6}$$

由于对数函数是严格递增的，因此最大化方程 7.6 等价于最大化似然。给定图像数据 $\{N_{ij}\}$，我们计算方程 7.6中的量（使用方程 7.5），选出使得似然最大化的 $\boldsymbol{r}_{\mathrm{t},*}$ 值。

图 7.1(a) 中，我们从分布（方程 7.4）抽样 400 个光子的位置数据，重复 20 次，得到 20 帧数据[①]。把上述分析流程应用于每帧，得到 20 个关于荧光分子真实位置的估值。这些估值在图中显示为红星，它们紧密围绕在模拟中所用的真实位置点附近。

图 7.1(c) 给出了结果的另一种表示，即把推断的 $\boldsymbol{r}_{\mathrm{t},*}$ 值的方差显示成每帧收集到的光子总数的函数。正如预料的那样，如果我们只观测到少量光子，则相对统计涨落很大，我们获得的估值也很差。你还会发现该图的总体趋势是合理的，因为**思考题** 7A 给出方差正比于 $1/\sqrt{N}$。值得注意的是，

- 这种改善会随 N 增加而一直持续下去，直至达到相机像素尺寸的一个很小的百分比（此处 ≈ 0.05）；
- 在上述模拟条件下，我们所得到的推断位置的不确定度（弥散度）的最佳结果大致为 (0.05 像素)(100 nm/像素) = 5 nm，远小于所用的光波长！

T2 7.3.3′ 节讨论了最大似然算法在定位显微方面的优势。

7.3.4 分子马达步进

图 7.2显示了这些方法在分子马达步进实验数据中的应用。A. Yildiz 和合作者用荧光标记了单分子马达肌球蛋白 V（myosin V）。这种马达沿肌动蛋白细丝步行，而后者结合在显微镜盖玻片上。因此，那些准备执行其功能的马达会自动固定在其腔室壁附近，这种腔室适用于全内反射荧光显微镜[②]。当 ATP 添加到溶液中时，结合在细丝的马达开始以约 76 nm 步长步行[③]。

① T2 习题 7.7 更详细地描述了模拟过程。模拟数据的生成和分析都使用了图 7.1(b) 所示的更真实的点扩展函数（完全非高斯）。

② 5.3.4 节介绍了 TIRF。

③ 参见 Media 15。

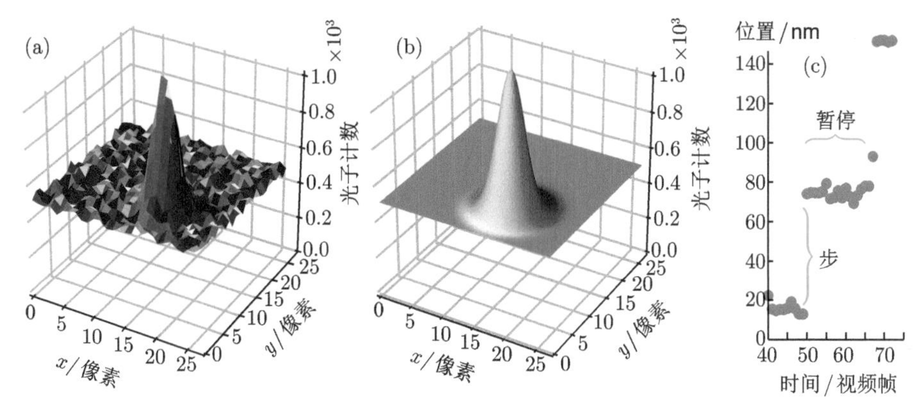

图 7.2　**用于辨别分子马达步进的定位显微镜**。(a) [实验数据。] 每个典型的视频数据帧都被可视化为平面图：每个 x, y 值处的高度与相机像素网格上该位置处的光子计数成比例。像素尺度对应于样本中的 86 nm。(b) [拟合数据。] 概率模型，由高斯分布和均匀背景光叠加而成。(c) [最大似然拟合。] 荧光团在前几帧中的推断位置，显示了马达在快速步进之间穿插着长时间的暂停。[数据蒙 Ahmet Yildiz 惠赠，参见 Dataset 9 和 Media 15。]

存在几个现实问题使实验数据的分析变得复杂。在两次步进之间，成像的荧光团由于热运动可能不会完全固定，因此其分布的弥散度可能比仅从衍射预测的更大。不过，图 7.2(a), (b) 显示这种情况可以模型化为高斯分布叠加上均匀分布的背景噪声。此外，概率模型的每个方面（背景水平、高斯分布的宽度和高度）在跟踪的时间过程中可能都会缓慢变化，这些实际数据都必须进行拟合。经过这些处理后，图面（c）清楚地显示了突然发生的步进，其耗时小于各帧时间间隔，并且步长能够非常可靠地确定，其精度远高于衍射极限。除了量化这些步长外，该方法还给出了研究马达化学能-力学能转化机制所需的精确的时间信息。

7.3节概述了如何使用最大似然方法从实验数据中提取位置信息，这些数据因噪声、数据分区和衍射而变得模糊。

T2 7.3.4′a 节描述了获得似然函数的某些参数的一种方法。7.3.4′b 节讨论了如何从图像中裁剪出包括单个活性荧光团的“目标区域”。

7.4　定位显微镜

7.3节表明，如果我们事先知道图像只包含单个点状发光体（荧光团），则定位精度是可以大幅改善的。将此结果推广到多个光源的同时定位并不困难，前提是这些光源是稀疏分布（完全分离）的，以至于我们可以裁剪出只含单个光源的像区。即使两个发光点的点扩展函数部分重叠，我们也可以对每个发光点的位置做出更精细的假设，并通过最大化联合似然的方法来解释观察到的数据。

然而，我们通常还要对活细胞中微管网络之类的广延结构进行成像。整个延展区域内的结构物都需要被标记，因此我们必须应对许多间隔很近的光源。前面讨论的定位方法并不直接适用于这种情况，甚至有一段时间认为该定位方法仅在特殊情况下有用（例如马达步进）。

E. Betzig 在 20 世纪 90 年代中期就意识到要想取得进展，关键是必须确保各发光点之间能区别开来，以便每一类发光点形成一个稀疏的排列，即一个包含完全分离的点光源的子场景。分别对每类点光源都进行定位，最后将所有结果组合起来就构建出了完整图像。Betzig 最初提出发光点之间的区别可能就是它们的发射光谱，但随后发展的**光活化**技术为他的想法提供了更为实用的实现方案[①]。

在发现绿色荧光蛋白（GFP）后不久，R. Dickson 及其合作者就发现 GFP 具有长寿命的不发光的“暗”构象。出乎意料的是，他们发现 405 nm 光照就可以将单个分子从暗态激活到完全荧光态。每个分子可以处于“全开”或者“全关”状态，而选择哪些分子“开”又是随机的，这让人联想到了光异构化[②]。每个光活化分子在 488 nm 光照下会一直发射荧光直到永久性地光漂白。而 488 nm 的光对暗态没有影响，特别是 GFP 暴露在这种波长的光下不会影响其后期的光活化能力。G. Patterson 和 J. Lippincott-Schwartz 随后通过基因改造的方法构建了一种 GFP 变体，后者具有类似的行为，但性能大大提高。

这项工作的意义是深远的。光活化蛋白的发现表明：只需使用一种具有多个状态的探针分子（而无需多种不同类的探针）来标记结构。用较弱的活化光照射样品，可仅将少量探针转换到荧光态，这些激活的探针可以由定位显微镜成像直至被光漂白。再次短暂照射可以再激活一些其他探针，这些探针又可以成像。如此循环多次，每轮激活和成像可以构建出标记点的不同子集，直到累积足够的点就可以形成结构的完整图像[③]。2006 年，三个研究小组克服了其余的技术障碍，开启了定位显微镜的时代。基于该方法的第一代显微镜分别称为光活化定位显微镜（PALM）、随机光学重构显微镜（STORM）和荧光光活化定位显微镜（FPALM）。

与其他单分子成像方法（如原子力显微镜和近场扫描显微镜）相比，定位显微镜的特点是在“远场区”工作，设备的任何部分都不需要离成像目标几纳米近。特别是，我们不必将样品摊平就可以看到活细胞的深处（微米或更深）。此外，具有大量像素阵列的相机可以在单个循环中同时成像较多明显分离的目标点，同时也减少了成像所需的激活循环数。近来这套方法已经拓展到三维成像。

图 7.3(b) 显示了神经元中肌动蛋白细丝排列的梯状结构模式。在定位显微镜发明之前，这种结构是不可能被观察到的。

---

① T2 其他相关方法依赖于称为光开关或光转换的类似现象。

② 1.6.4 节介绍了光异构化。

③ 参见 Media 16。

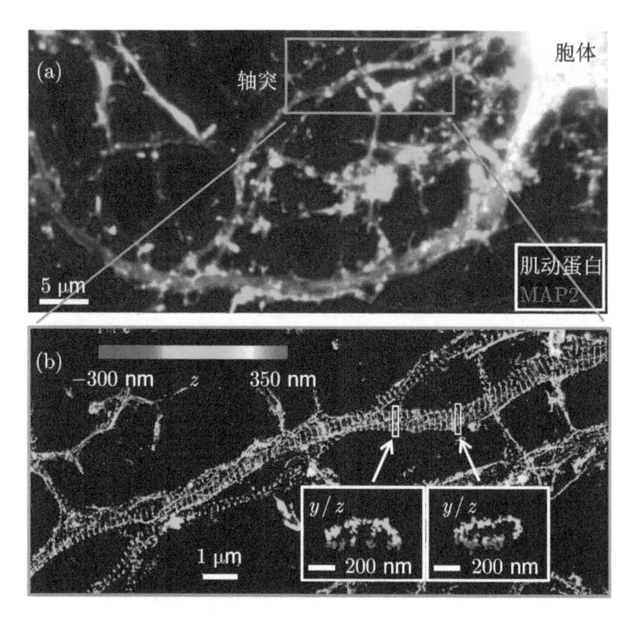

图 7.3 **神经轴突中高度结构化的肌动蛋白细丝组织**。(a) [传统的双色荧光显微照片。] 神经元中的肌动蛋白细丝（绿色）和微管相关蛋白 MAP2 （品红色）。(b) [三维 STORM 图像。] 含有轴突的区域中的肌动蛋白组织 [(a) 中的方框]。只有肌动蛋白被标记，色标指示深度 z（顶部），图中清楚显示了出人意料的周期性子结构。插图显示方框区域对应的 yz 横截面。[摘自 Xu et al. Actin, spectrin, and associated proteins form a periodic cytoskeletal structure in axons. *Science* (2013) vol. 339 (6118) pp. 452-456. 的 Fig. 1 D, E, p. 453。引用获 AAAS 许可。]

T2 7.4′ 节描述了定位显微镜扩展到三维成像的情况。

7.5 散焦定向成像

根据本章的阐述，成像可理解为基于光子在检测器上的分布图案来推断物体空间结构的过程。第 6 章考虑了极其简单的情况，以至于我们没有必要明确指出其中的推断过程。例如，图 6.5 的透镜系统能将前焦面上物体的横向位置关系复现在投影屏上，尽管图像部分地被衍射和像差所破坏。本章则应用最大似然方法来解决衍射问题[①]。

到目前为止的所有讨论都仅涉及点状光源的*定位*问题。如果分辨率很高，则该方法就够用了。例如，我们至少可以想象一下对分子马达的整条“腿”进行成像，以便在它沿着“轨道”行走时看清楚它从一个朝向摆动到另一个朝向。但在实

① 第 8 章将讨论另一种技术，但该技术要求所研究的分子必须能结晶。因此，如果我们希望观察蛋白质发挥正常功能的动力学过程，则该技术是不合适的。

践中，大分子的各个部分还是太小以至于不能光学分辨，而且也难以用足够多的不同荧光标签标记它们以构建能显示其相对定向的实时图像。

不过，推断单个荧光团的空间取向还是可能的。如果荧光团与大分子的一部分（如分子马达的“腿”）刚性结合，则它可以报告整个结构域的指向。为了理解其可能性，我们先来看看贯穿第 4—6 章的一个隐含假设，即我们在分析图 6.5这类系统时假设了

a. 光源是点状的且远离透镜系统（可能是天空中的一颗星）。或者，

b. 光源不是无穷远，但也足够远，以至于光子都在相同的方向上传播（可能来自激光器）。又或者，

c. 光源既不遥远，光线也不平行，但光子发射的概率幅度不依赖于方向（**各向同性**）。

如果前两个条件中的任何一个成立，那么我们可以忘掉每条光路在透镜左侧的部分，因为这部分光路对概率幅度的贡献相同，由此产生的公因子可以被纳入整体归一化常数中[①]。即使 **a, b** 都不成立，以至于必须考虑每条光路在透镜两侧的部分，我们依然可以求得聚焦的条件[②]。假设我们将光探测器放置在后焦面上，忽略衍射效应，则来自光源的所有光将汇聚为后焦面上的一个像点。即使假设 **c** 不成立（光源是**各向异性的**）也无关紧要，因为无论光源的指向如何，所有光都只会到达一个点。

现在考虑 **a—c** 都不成立且系统还略有失焦的情况。第 13 章将表明单个荧光团发射的光子通常在空间方向上呈各向异性，因为受激发的荧光团有一个特殊的轴，称为**跃迁偶极**。光子最有可能在垂直于跃迁偶极的方向（“赤道面”）上发射。如果荧光团的跃迁偶极垂直指向透镜，则光子在失焦的探测平面上将投射出一个环，如图 7.4(a) 所示。如果跃迁偶极子偏离该方向，那么成像环的不同部分将显示不同的强度。M. Böhmer 和 J. Enderlein 证明在考虑了衍射效应后上述结论仍然有效，实际上，后来的实验表明这种效应可用于确定单个荧光团的取向 [图 7.4(b)]。

如果荧光团附着在大分子上，则大分子动作时我们可以实时读出荧光团取向。此外，使用定位显微镜还可以找回因散焦而丢失的大部分位置信息，从而衍生出一种名为“散焦定向定位成像”（DOPI）的方法。

T2 7.5′ 节提到荧光团聚焦时出现的定向效应。

① 这是 4.7.3 节所考虑的情况。

② 这是 6.3.1—6.3.3节所考虑的情况。

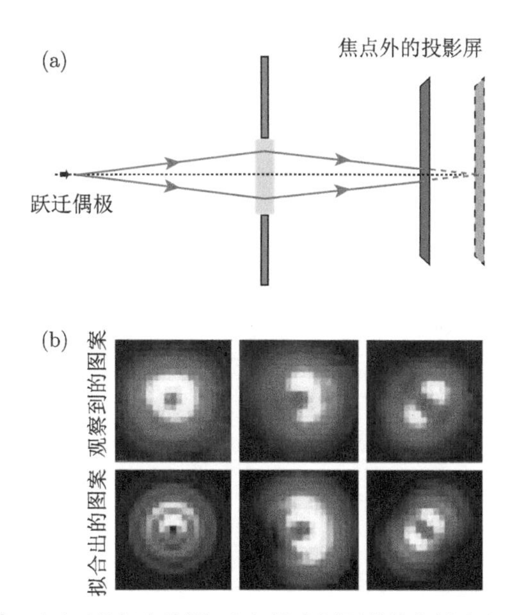

图 7.4　**散焦定向成像**。(a) [几何光路图。] 如果光源不是均匀地在各方向上发出光子，那么它在散焦透镜系统中的图像将不再是一个简单的模糊斑。例如，单个荧光团由一个称为跃迁偶极的轴表征，沿该轴发射光子的概率为零。如果该轴向沿着图示中心线，那么按照几何光学近似，可以预期在所示屏幕上的照明图案将是一个环。跃迁偶极子的其他定向产生不同的预测图案。相比之下，无论跃迁偶极子的定向如何（红色虚线），将屏幕放置在焦平面上，所有光线必定都汇聚到一点。(b) [实验数据和拟合。] 上：观察到的三个单荧光团的点扩展函数。较亮颜色对应于具有较大光子计数的像素。下：在找到跃迁偶极和中心线夹角的最佳拟合值之后作出的物理预测。从左到右，该夹角的拟合值为 10 deg、60 deg 和 90 deg。面内定向（方位角）也可以通过拟合获得。[来自 Toprak et al., 2006。]

总　结

光学显微的目标是通过收集和解释物体发出的光线（或散射光）来获取那些我们无法触及的物体的信息。虽然光线本质上是光子流，但对于许多日常用途来说我们可以忽略这一事实，近似认为光线被透镜聚焦为探测器上的图像，从而高效地执行所有必要的计算。然而，在衍射区间，这种简单的计算会丢失光子流中某些有用的信息。

本章概述了一种更好的方法，部分工作需要进行数值计算。第 6 章解释了透镜系统如何创建（由于衍射而变得模糊的）图像，本章的分析以此为基础。方程 7.1 总结了所有相关的物理，然后我们看到了如何利用得到的信息（以及光化学中的一些开创性发现）来突破衍射极限。

第 8 章将介绍一种完全不同的成像技术，当然也可视为统计推断问题：我们将再次考察关于某未知结构的多种假设，从每个假设推断出衍射图，并与实验数据进行比较。

关键公式

- 贝叶斯方程：假设我们得到一个测量值 x_1，希望由此推断出参数 x_t 的最佳值，以便通过概率模型最好地解释观测数据。我们写出 $\wp(x_t|x_1) = \wp(x_1|x_t)\wp(x_t)/\wp(x_1)$，然后在给定测量数据的前提下最大化该表达式。$\wp(x_t)$ 称为先验分布，$\wp(x_t|x_1)$ 是利用新信息后 x_1 获得的后验分布，$\wp(x_1|x_t)$ 则为似然函数。
- 孤立点源的先验分布：

$$\wp(\boldsymbol{r}|\boldsymbol{r}_t) = \text{const} \times (f(||\boldsymbol{r} - \boldsymbol{r}_t||) + b). \qquad [7.4]$$

延伸阅读

准科普：
Lippincott-Schwartz, 2015。

中级阅读：
物理和生命科学中的统计推断：Nelson, 2015; Woodworth, 2004。
超分辨显微镜：Villiers & Pike, 2017; Mertz, 2010。

高级阅读：
纳米精度荧光成像 (FIONA)：Simonson & Selvin, 2011; Selvin et al., 2008; Toprak et al., 2010。此方法的前身包括 Ober et al., 2004; Thompson et al., 2002; Cheezum et al., 2001; Lacoste et al., 2000; Gelles et al., 1988; Bobroff, 1986。
FIONA 应用于测量分子马达步进：Yildiz et al., 2003。
定位显微镜前身：Lippincott-Schwartz & Patterson, 2003; Patterson & Lippincott-Schwartz, 2002; Dickson et al., 1997; Betzig, 1995。
定位显微镜的发现：Betzig et al., 2006; Hess et al., 2006; Rust et al., 2006。同年发表的第四篇文章使用了不同方法创建稀疏的、随机的标记以满足定位需求：Sharonov & Hochstrasser, 2006。
没有外源荧光染料的定位显微镜：Dong et al., 2016。应用于神经元的三维 STORM：Xu et al., 2013。
包括其他超分辨率方法的评论：Small & Parthasarathy, 2014; Bates et al., 2013;

Zhong, 2011; Bates et al., 2011; Hell, 2009; Hinterdorfer & van Oijen, 2009, chapt. 4; Huang et al., 2009; Bates et al., 2008; Hell, 2007。
散焦定向成像: Böhmer & Enderlein, 2003。散焦定向定位成像: Toprak et al., 2006。
T2 干涉式光活化定位显微镜 (iPALM): Shtengel et al., 2014。

T2 7.3.2 拓展

7.3.2′a　艾里函数

系统的点扩展函数的一个常用理想化公式是艾里函数 [见图 7.1(b)],

$$f(r) = \left[\frac{2J_1(ar)}{ar}\right]^2. \tag{7.7}$$

在该公式中，常数 $a = 2\pi\mathrm{NA}/\lambda$，NA 表示系统的数值孔径，$J_1$ 是第一类贝塞尔函数。然而，在实际应用中将似然函数模型化为高斯分布（加上均匀背景），这通常就够用了，因为艾里函数尾部的细微隆起通常被像素化和添加的背景消除了。不过，对于真实的高 NA 值的光学系统，艾里函数一般无法完美地刻画其点扩展函数。

7.3.2′b　各向异性的点扩展函数

第 13 章将讨论单个荧光团的发射光各向异性的事实。如果荧光探针可以自由旋转，则它的热运动将抹去这种各向异性，给出正文中假设的那种对称的点扩展函数。如果不能自由旋转，则这种各向异性可成为观测分子空间取向的额外观测量（7.5节，Backlund et al., 2012; Toprak et al., 2006）。

7.3.2′c　其他默认假设

正文的分析基于方程 7.4，其中包含一些默认的假设。首先，假设点扩展函数和背景光在整个视场中保持不变。对任何特定的实验都可以检查这些假设，必要的话可以用更准确的经验模型代替。

其次，我们假设了每个分布的中心 x_t 与荧光团的物理位置有一些简单的关系（假设它是真实位置的线性放大）。但是，可能会存在一些位置的非线性失真，这种失真可以通过如下步骤来补偿：来回扫描视场内某个固定的荧光团，确认其表观位置与已知真实位置间的函数关系，再将得到的校正关系应用于样品的超分辨率图像。

T_2 7.3.3 拓展

7.3.3′ 最大似然法的优点

正文描述了一种能从部分失真的数据中尽可能多地提取信息的方法，数据失真的原因是衍射导致的模糊化、数据分区（像素化）处理以及光子到达时间的随机性（散粒噪声）。即使我们对该系统建立了准确的概率模型，通过上述方式我们能获得的信息量也是有限的。信息论将此精确表述为定理的形式，给出了发光点位置方差估计的“克拉默-拉奥下界”（Abraham et al., 2010; Mortensen et al., 2010; Ober et al., 2004）。最大似然估计（MLE）具有多个优点：达到了可能的最小方差，无偏（例如，不会偏向视场中心或最近的像素中心），无论发光点相对于相机像素网格的位置如何都能给出同样准确的结果。最优性很重要，因为我们只有有限数量的光子可供使用，每个荧光分子在光漂白之前只能发射约 10^4—10^6 个光子。

尽管最大似然法有最优性，但使用该方法时必须小心。许多相机将额外的电子噪声也混入输出信号中，该信号就可能不具备我们在简化讨论中所假设的泊松特征。如果这种效应没有正确地纳入概率模型，那么 MLE 估算可能比简单方法（最小二乘法）的效果更差。此外，在概率模型中使用正确的、经验的点扩展函数很重要，例如，光学像差和其他影响可能使点扩展函数明显不同于理想的艾里函数（方程 7.7）。

T_2 7.3.4 拓展

7.3.4′a 背景光估计

似然函数（方程 7.4）包括点扩展函数 f 和代表杂散光的均匀分布背景 b。b 必须由数据本身确定并且可能与时间有关。确定的方法之一是在多帧视频上寻找不包含任何荧光团的成像区域，再对来自该区域的光子计数求平均。

确定 $b(t)$ 之后，我们就可以从数据中减去它，再用剩余的光子计数去拟合所假设的点扩展函数 [例如，具有特征宽度和高度（也可能随时间缓慢变化）的高斯分布]。经此处理产生的经验点扩展函数 $f(\boldsymbol{r},t)$ 可用于时刻 t 的似然分析。

上述两个步骤需要在产生图 7.2(c) 的逐帧似然最大化之前进行。

7.3.4′b 目标区域

在实践中，超分辨率算法会在每个强度峰值周围抽样出一个“目标区域”，然后只对该区域进行分析。当然，我们必须排除可能同时活跃的其他荧光团。如何真实地描述该区域的边界看起来非常微妙，事实上确有几种不同的方法（Small & Parthasarathy, 2014）。但如果我们有一个很好的背景噪声统计模型，那么选择哪种方法无关紧要，只要区域足够大以至于能捕获大多数真实荧光光子，同时也足够小以至于可以排除相邻活性荧光团点扩展函数的影响。

T2 7.4 拓展

7.4′ 干涉式光活化定位显微镜 (iPALM) 成像

正文描述了使用可见光在垂直于显微镜光轴方向上获得纳米分辨率图像的方法。但是这种图像在轴向的分辨率并不比显微镜普通点扩展函数更好，通常为数百纳米。当目标被约束在极薄的一层（例如，马达蛋白实验中结合到玻璃盖玻片表面的微管，或 5.3.4 节中提到的细胞膜中的受体）时，这种限制并不严重。但是许多活细胞没那么薄，并且我们通常最感兴趣的恰是细胞内部由特定分子搭建而成的三维结构。

G. Shtengel 及其合作者解决了这个问题，他们基于第 4 章介绍的思想拓展了定位显微镜的应用。他们利用单个光子可以显示干涉现象的事实来应对挑战（同时完成轴向和横向的高分辨定位）[①]。更确切地说，光子从光源到观察者可能采取的所有潜在路径之间存在相干的可能性 [图 4.2(b)]。图 7.5(a) 显示了设备的示意图。图 4.2(b) 中两个狭缝的角色现在由两个显微镜物镜扮演，它们一起收集几乎所有方向的光子。一种理论上可能的简单装置是使用多个镜子将来自这两条路径的光线合并到单个光探测器上。来自样本中点状光源（荧光团）的每个光子要么到达检测器，要么偏离，其概率取决于两条有效路径的长度差。在图中左侧所示的装置中，小的垂直位移 δ 将使路径长度差改变为 2δ，因此所接收的荧光强度给出了关于轴向位置的信息。

虽然上述方法会给出一些轴向位置信息，但仍可进一步改进。例如，位于某些特定 δ 值的目标会遭受干涉相消，因此是不可见的！我们可以沿轴向移动整个样品，使每个目标依次到达可见位置，但是我们需要比较不同时刻荧光团的表观亮度，因为荧光团的固有亮度会随时间变化[②]。Shtengel 和合作者没有采取这种方案，他们通过增加一个三向分束器 [图 7.5(a) 中心] 构建了一个更精细的设备。由两条入射光路中任一条进入该复合棱镜的光子最终会在图示三个相机之一产生信号。

① 泰勒的实验，请参阅 4.2 节。

② “闪烁” 是这类变化的一种极端形式，请参阅 1.6.4 节。

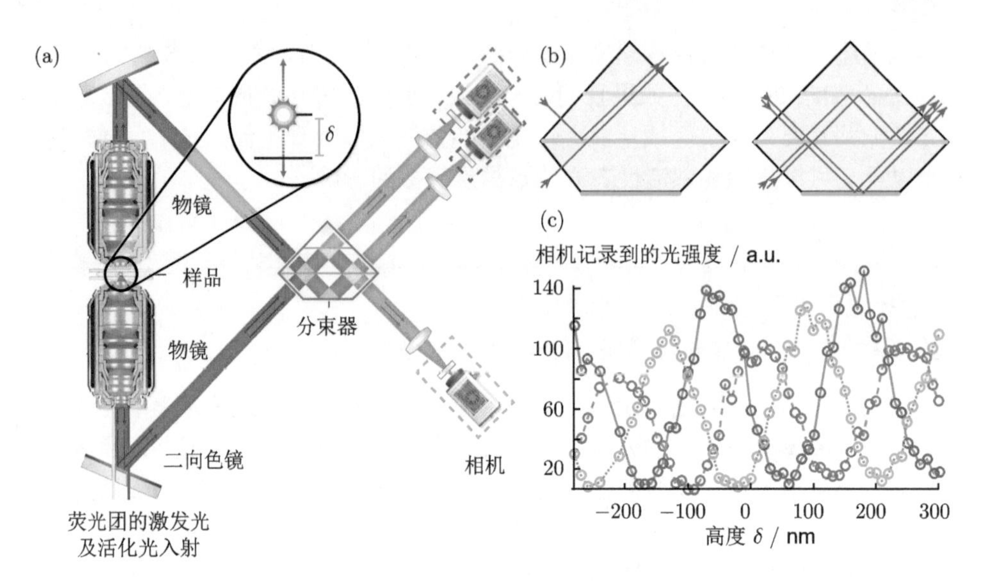

图 7.5　**干涉式光活化定位显微镜 (iPALM)**。所示装置可以高精度地同时确定许多成像元素的轴向位置。(a) [示意图。] 高度为 δ 的荧光团发射单个光子。光子可以采用多条路径，它先穿过两个显微物镜中的任一个，然后进入一个三向分束器，最终到达三个高灵敏相机（*右*）中的任一个并参与该处的成像。(b) 分束器的细节。光子通过*左侧*的两条路径进入，首先到达中间层并被随机地反射掉一半，余下的一半被透射。其中有些光子到达底层并被全部反射，余下的将到达顶层，其中 1/3 被反射，其余的透射。左侧图显示了终止于 (a) 中顶部相机的两条路径，右侧图显示了终止于中间相机的四条路径。(另外四条路径终止于底部相机，*未显示*。) (c) [实验数据。] 当两条入射光束同时打开时，由于干涉效应，出射光子将不均匀地分配到不同相机，这依赖于光源高度 δ。为了证明这一点，在样品中植入一个不动的荧光团，将样品在 600 nm 范围内上下移动，荧光点在三个相机中的亮度分别被记录下来。数据显示三个相机中的相对亮度可用于确定高度 δ。注意，图中*线段*不是拟合线，只是数据点之间的连线。[图表和数据蒙 Pakorn Kanchanawong 惠赠，参见 Shtengel et al., 2009。]

分束器包含三个平行的反射表面：顶部表面能反射三分之一的入射光子，并透射其余光子。中部表面能反射从任一侧入射的光子的一半，并透射其余光子。底部表面反射所有入射光子。两个输入光路到顶部相机都只有一条稳相路径，因此如果其中一个输入光路被阻挡，就不会产生干涉。所以，如果任一入射光束被阻挡，则来自另一光束的每个入射光子将有 1/3 的概率被顶部相机检测到，与其位置 δ 无关。另外两个相机尽管有点复杂，但当一个输入光路被阻挡时，其给出的信息也不依赖于 δ。

然而，当两个入射光路都开放时，路径干涉效应将改变这种结果。为了计算干涉，实验者注意到分束器内部的反射薄膜使得反射光子路径比透射光子路径对概率幅贡献了额外的 $-\pi/2$ 相位[①]。此外，上方两个反射面之间的距离与中部、底部两表面之间的距离略有不同。根据光假说累加所有路径的概率幅贡献，结果表明，每个相机都会在光源高度 δ 发生变化时获得干涉模式，但如图 7.5(c) 所示，*这三个模式之间存在相位差*。因此，无论 δ 的值如何，至少有一个相机会被照亮，再通过比较三个相机之间的照明强度，拟合可以求得精度为 10 nm 的 δ 值，该精度远远好于点扩展函数的宽度（轴向约 500 nm）。此外，由于每个相机都在观察图像，观测者仍然可以在两个横向上使用定位显微镜，进而构建真正的三维超分辨图像。

图 7.6显示了该技术的生物学应用。

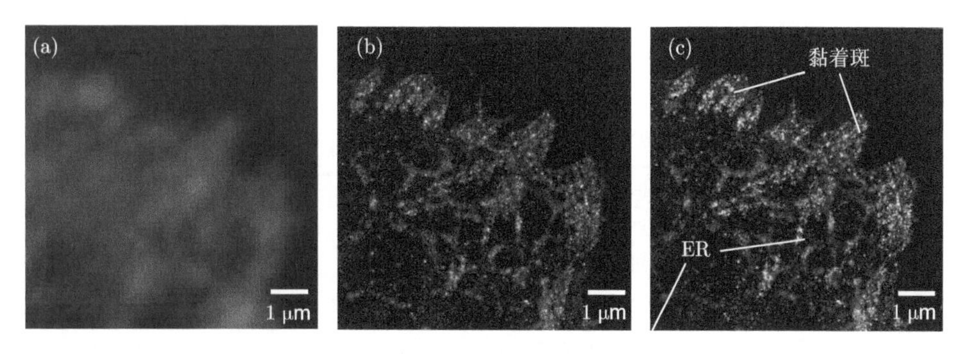

图 7.6　[显微照片。]**iPALM**。每个图都力图显示细胞边缘，这些细胞正在表达荧光标记的整合素蛋白分子。(a) 标准落射荧光图像。(b) 相同细胞的 PALM 图像显示了更多细节，但仍然只是二维投影。(c) 根据每个荧光团的推断高度 δ，iPALM 图像进行了伪着色。将细胞附着在其邻居上的蛋白质复合物（黏着斑）位于盖玻片上方数十纳米处（*黄色*），内质网（ER）较高（*蓝色和品红色*）。黄色和品红色所代表的位置对应于约 200 nm 的轴向间隔 [图片蒙 Pakorn Kanchanawong 惠赠，另参见 Shtengel et al.,2009, 整个 3D 重构参见 Media 17。]

T_2 7.5 拓展

7.5′ 关于各向异性的更多信息

即使荧光团完全聚焦，光子发射的角度依赖性也会影响其衍射导致的模糊化：衍射涉及路径传播时间的微小差异，这会与光子发射概率幅的角度依赖性产生共同作用。更先进的定位显微镜方法解释了这一现象，并利用它来提高荧光团定位的精确度，进而推断其指向（Mortensen et al., 2010）。

① 此行为与单个界面的情况形成了对比（*要点* 4.6）。

习题

7.1 柯西分布估算

a. 使用计算机从期望值为 0、方差为 1 的高斯分布（或称为“正态”分布）中抽样 600 个随机数。求前 N 个的样本均值，其中 $N = 1, \cdots, 600$，将结果对 N 作图并讨论。

b. 暂时忘掉分布的中心值，尝试从你的数据推断出分布中心。假设你在（a）中抽样出的数字是某个遵循高斯分布的量的观测值，其方差为 1 但期望值未知。对前 N 个抽样值，使用贝叶斯公式（方程 7.2）估算其后验分布 $\wp(x_\mathrm{t}|x_1, \cdots, x_N)$，再将其绘制为 $N = 1, 10, 100, 600$ 的函数图。[提示：用分布的对数来计算和绘图会更好，此时你无需担心分布的归一化，为什么呢？] 多次运行你的程序，看每次有什么异同。

c. 使用计算机从区间 $[0,1]$ 上的均匀分布抽样 600 个随机数 x_i。利用函数 $\tan(\pi(x - 1/2))$ 将每个 x_i 转换为服从柯西分布的样本值[①]。求前 N 个抽样的样本均值，其中 $N = 1, \cdots, 600$，并将结果绘制为 N 的函数。与（a）相比，你有什么不同的发现？将 600 改为 10000 会有帮助吗？

d. 实际上，求样本均值并不是确定诸如（c）之类的长尾分布中心的有效方法。将（b）的处理流程用于服从柯西分布的数据，计算并讨论。

e. 0.5.2 节声称，样本均值会随着样本库增大而给出期望的更好估值。这个说法为什么不适用于柯西分布？

7.2 泊松过程的似然分析

假设你正在研究酶的活性（例如，分子马达），它以不规则的时间间隔发生步进。你相信步进之间的等待时间是指数分布的：$\wp(t_\mathrm{w}) = C\mathrm{e}^{-\beta t_\mathrm{w}}$，其中 C 和 β 是常数。该酶在实验结束前进行了七步，给出了六个等待时间的测量值 $t_{\mathrm{w},1}, \cdots, t_{\mathrm{w},6}$。求模型分布的最佳拟合参数（常数）。

a. 求出 C 与 β 的关系。

b. 根据 $t_{\mathrm{w},1}, \cdots, t_{\mathrm{w},6}$，写出任何特定值 β 对应的似然表达式。

c. 求参数 β 最大可能值的表达式。

d.（c）中归一化因子对模型参数的依赖性是必须考虑的，但在**思考题** 7A 中，

---

① 0.4.2 节和 0.5.1 节引入并讨论了这一概率密度函数族。0.5.1 节解释了为什么对随机变量做非线性（如正切）变换时其概率密度函数也会随之改变。

这种考虑却不是必需的。这两种情况有什么不同？

7.3　幂律分布

假设某连续可测量 x 位于 $1 < x < \infty$ 内且满足概率密度函数 $\wp(x) = Ax^{-\alpha}$，其中 A 和 α 是正的常数。

a. 常数 A 由 α 确定。求两者之间的关系。这对 α 的值有限制吗？

b. 求 x 的期望和方差，并讨论这些量何时才有有限值。

c. 假设测得 N 个独立值 $x_1, \cdots, x_N$。根据这些数据导出 α 最大可能值所满足的公式。

7.4　质心定位

获取数据集 Dataset 8。该数据给出了模拟的多个“视频帧”，即光敏相机中光子计数的多组数字。对于六个不同“曝光”水平（总光子计数），分别给出了 20 个这样的模拟帧，总共 120 帧。在每种情况下，模拟的场景由视场中某处的单个点光源和一些杂散背景光组成。图 7.1(a) 显示了其中一帧，采用灰度级表示光子计数。所有帧具有相同的真实光源位置和亮度、点扩展函数及背景光水平。

思考题 7A 概述了分析此类数据的方案：假设来自光源的光满足高斯分布并最大化其似然函数。

a. 将此方案应用于上述数据时，首先要估算背景光水平并去除该背景。寻找一个确定*没有*点光源的图像区域，对于任一“曝光”水平，求该区域中所有像素的背景光子计数的样本均值，然后再对 20 个视频帧求平均值。

b. 从数据中减去（a）求得的背景水平，并利用它们计算平均位置[①]：

$$\bar{\boldsymbol{r}} = \sum_{ij} N'_{ij} \boldsymbol{r}_{ij} / N'_{\text{tot}}.$$

其中 $\boldsymbol{r}_{ij}$ 是第 i 列第 j 行相机像素中心位置的 2D 矢量，N'_{ij} 是该像素光子计数减去背景水平的值，求和是针对任一数据帧中的所有像素。

c. 通过这种方式，你可以估算每帧中光源的位置，并对每个模拟“曝光”水平下的 20 个样本，计算该位置估值的均方根偏差（RMSD）与光子总数之间的关系。作出方差对光子数的双对数图，看看它是否符合**思考题** 7A 的预期。

① 该量是数据的矢量样本均值，也称为“质心”。

d. 画出一个与图 7.1a 相似的图，以展示一个典型光子计数的代表帧。在图中用星号标明上述求得的 20 个平均位置。

7.5 T2 推断伯努利试验参数

假设一个实验产生一个二进制随机变量（“成功/失败”），并且我们认为这个变量是从伯努利试验分布（每个试验独立于其他试验）中抽样得到的。因此其分布可由单个参数 ξ 描述，其值是未知常数。假设我们没有关于 ξ 的先验信息，换句话说，ξ 本身是一个随机变量，在区间 $[0,1]$ 上具有均匀的先验分布。现在我们观察 N 次试验，并且发现有 k 次“成功”。我们不仅想得到 ξ 的最佳估算，还想知道该估值到底有多准确。

a. 使用贝叶斯公式求出 ξ 的后验分布表达式。

b. 求最佳估算的一种方法是计算后验分布的 ξ 的期望值。利用（a）得出的公式，将该期望表达为 N 和 k 的函数。对于较大的 N 和 k 值，答案将约化到熟悉的形式。

c. 计算后验分布的方差，并再次对 N 和趋于无穷大的极限求得简化表达式。如果我们进行多轮 N 次试验，则该方差的平方根是 ξ 的 N 个推断值的弥散度的一个合理估计，也可视为 ξ 估值的可靠性的一个合理量度。

7.6 T2 荧光团闪烁

被照射的荧光团会随机地发射光子。即使照射强度恒定，发射过程也可能随时变化：其平均速率可以在零和非零之间（或在几个值之间）来回跳跃。这种现象一般被称为“闪烁”，它既是导致实验中荧光测量复杂化的因素，也是物理上奇妙的现象。

要精确理解闪烁，我们必须从每个发射光子的实际到达时间入手。为此，我们先讨论一个简单问题：假设我们已经记录到了荧光团发生“开”、“闭”状态转换的一系列时刻，这就等价于得到了等待时间 t_w （即态转换事件之间的时间间隔）的概率密度函数的一个估计。具体而言，数据集 Dataset 10 包含了下列估计

- $\wp_{off}(t_w)$，其中 t_w 是荧光团切换到“闭”态之前的等待时间（即“开”态的寿命），以及
- $\wp_{on}(t_w)$，其中 t_w 是荧光团切换到“开”态之前的等待时间（即“闭”态的寿命）。

在本习题中，你可以假设“开”、“闭”态上的停留时间是从这些分布中抽取的独立无关的随机变量。

a. 对某些选定的 t_{w} 值，数据集给出了 $\wp_{\mathrm{off}}(t_{\mathrm{w}})$ 和 $\wp_{\mathrm{on}}(t_{\mathrm{w}})$ 的相应估值。在线性、半对数和双对数坐标内绘制这些关系图，并猜想一个关系式。

b. 先完成习题 7.3，然后考虑如下假设

$$\wp_{\mathrm{on}}(t_{\mathrm{w}}) = \mathrm{const} \times (t_{\mathrm{w}})^{-\alpha} \quad \text{其中} \quad t_{\mathrm{w}} > t_{\mathrm{min}}. \tag{7.8}$$

其中 $t_{\mathrm{min}} = 1.8$ ms 是实验可测量的最短时间间隔。仿照习题 7.3，导出该常数因子与 α 的函数关系。

你可以在上述作图的某一个中放置一把直尺，由此直观地求得 α 的最佳拟合值。但是对 t_{w} 的概率估算并不像其他 t_{w} 值那样可靠，因为在大 t_{w} 区域能用到的事例数更少。这些点被抽样到的概率也应该比其他点更小。最大化似然是使这种直觉变得更精确的一种方法。

c. 假设观察到 N 个 “闭” 事件，其间隔时间（等待时间 t_{w}）依次为 $t_{\mathrm{w},1}, \cdots, t_{\mathrm{w},N}$。再次应用习题 7.3 的结果，求方程 7.8 所示模型的对数似然的表达式，并求似然最大化的 α_* 值。

d. 数据集中并不包含单个间隔时间 $t_{\mathrm{w},i}$，而只包含集合信息，即在一组离散时间值上估算的概率密度函数 $\wp_{\mathrm{on}}(t_{\mathrm{w}})$。如何使用此信息来计算 α_*？

e. 使用最佳拟合值 α_* 和实验数据对方程 7.8绘图。

f. 对 “开” 事件的等待时间重复（d—e）。

7.7 [T2] 基于最大化似然的定位方法

先完成习题 7.4。本习题探讨 7.3.3节中描述的更精细的最大似然算法。再次从 Dataset 6 获取数据，即对同一场景进行不同水平的 “曝光”（共六次），每次给出 20 帧模拟视频，记录每个像素上的光子数量。一些整数量的总结见下述表格：

$\boldsymbol{r}_{\mathrm{t}}$	在像素内部的真实位置，二维矢量（无量纲）
i, j	相机像素中心的水平和垂直坐标，以像素尺寸为单位
K	像素网格化的因子
$\mathtt{I}, \mathtt{J}$	相对于某像素中心 [由关于光源真实位置的假说（方程 7.9）确定] 的位置偏离量

与习题 7.4 一样，我们感兴趣的是如何可重复地估算场景中点光源的真实位置。为此，我们先考虑关于光源真实位置 $\boldsymbol{r}_{\mathrm{t}}$ 的各种假设，再评估每个假设的似然，最后选择最优者。

检查图 7.1(a) 发现光源位于点 $(i = 10, j = 7)$ 附近。假设其真实位置可表达为

$$\boldsymbol{r}_{\mathrm{t}} = (x_{\mathrm{t}}, y_{\mathrm{t}}) = (10 + \mathtt{I}/K, 7 + \mathtt{J}/K), \tag{7.9}$$

其中 $K = 5$ 表示在每个方向上将像素进一步细分，I 和 J 是从 $-K$ 到 $+K$ 的整数。

为此，我们需要建立概率模型，指定光子在以 i, j 为中心的像素中出现的概率，其中 i, j 是从 0 到 14 的整数（像素网格为 15×15 ）。使用方程 7.4中背景水平 $b = 0.1$ 以及由方程 7.7中 $a = 16.6\ \mu\mathrm{m}^{-1}$ 给定的点扩展函数 f。假设相机像素的尺寸与被观察对象的 0.10 μm 尺寸相对应，因此测量值 a 用像素尺寸归一化后等于 1.66，你可以使用这个无量纲量来解答习题。

方程 7.5告诉我们要在每个像素上对似然函数进行积分，而在实践中往往用求和近似代替积分。因此，我们将像素网格化为 $(15 \times 2 \times K)^2$ 个单元，再对以 i, j 为中心的像素中的 $(2K)^2$ 个单元进行累加从而得到该像素上的求和。

a. 执行上述步骤，写出所有 i, j, I, 和 J 值（总共 27225 种组合）的似然 $\mathcal{P}(i, j|$假设 I, J)。

b. 在精细网格上计算点扩展函数（方程 7.7）并作图。假设一个孤立的点光源位于第一帧视频中最亮像素的中心。你可以在相机像素上对此函数求和，再对求和值与 i, j 的函数关系作灰度图，最后与模拟数据的第一帧进行对比（例如，确认两个图的亮度峰值位于同一位置！）。

c. 现在可以求真实位置的最佳估算。对于数据集中 20×6 帧中的每一帧，计算对数似然（方程 7.6）。求最大化似然的 I, J 值，并结合方程 7.9 给出解释。对每个“曝光”水平下的 20 个数据帧，求出 $\boldsymbol{r}_{\mathrm{t}}$ 推断值的期望和方差。

d. 如果你认为可以得到比 1/5 像素更精确的结果，不妨采用较大的 K 值再次重复上述计算。

e. 绘制与图 7.1(a) 类似的图，显示某个典型“曝光”水平下的第一帧图像。用星号标明你从 20 帧图像所确定的 20 个平均位置。

第 8 章　X 射线衍射成像

当“宇宙如何诞生？物质由什么组成？生命的本质是什么？”
之类的一般性问题被具体化成
“石头如何坠落？水在管中怎样流动？血液在血管中如何循环？”
之类的问题时，现代科学便萌芽了。
我们对一般性问题的思考所获有限，
反而是对具体问题的研究却能取得越来越普适的结论。
这就是提问方式不同所产生的惊人后果。
——弗朗索瓦 · 雅各布 (Francois Jacob)

8.1　导读：反演

本书聚焦的主题之一是不同类型的光所承载的丰富信息。第 6、第 7 章特别关注如何从直接成像中提取信息，即通过聚焦光线在探测器屏幕上创建视觉场景的副本。后面的章节会延续这一讨论，我们将看到动物眼中的特殊探测阵列上会发生什么现象。不过本章将先探讨另一种方法。

你可能已经注意到，即使是定位显微镜也只能获得数纳米的分辨率，大概是原子尺寸的 10 倍。如果结构生物学家想知道分子的内部结构就需要确定单个原子的位置，这就得借助比较古老的 X 射线衍射成像技术。

前面的章节已经指出正是衍射限制了直接成像的分辨率，所以现在反过来提出衍射可以提升分辨率，不禁令人感到惊讶。事实上，衍射是在原子尺度推断分子结构的物理基础！这是如何做到的、什么条件下可行，将是本章的主要内容。X 射线衍射图是原子空间排列的一种特殊变换，因此，我们必须对这种变换进行反演才能推断出原子的空间排列。

接下来我们聚焦于一个特别典型的案例，即 DNA 结构的发现。值得注意的是这个分子的关键结构特征显示在 1952 年获得的某个衍射图中。

本章焦点问题

生物学问题：既然原子尺度的子结构小到无法分辨，那么如何获得大分子结构的细节？

物理学思想： X 射线衍射图可以揭示大分子的结构信息。

8.2 原子分辨率的挑战

为了解问题的难度，我们不妨先看看能否用可见光在距离 0.1 m 的投影屏上分辨原子尺度（0.1 nm）的结构。

思考题8A

a. 证明这样的装置远远超出了直接成像所需的几何光学极限。[提示：回顾公式 4.20。]

b. 证明：即使使用 $\lambda \approx 0.1$ nm 的 X 射线，我们仍无法摆脱衍射区间。

理论上我们当然可以尝试用伽马射线来成像（用非常靠近样品的探测器），但是这里面存在很多技术上的困难，例如高能光子会破坏样品。

为此，本章将详细阐述如何克服衍射限制来推断分子结构①。图 8.1(a) 显示

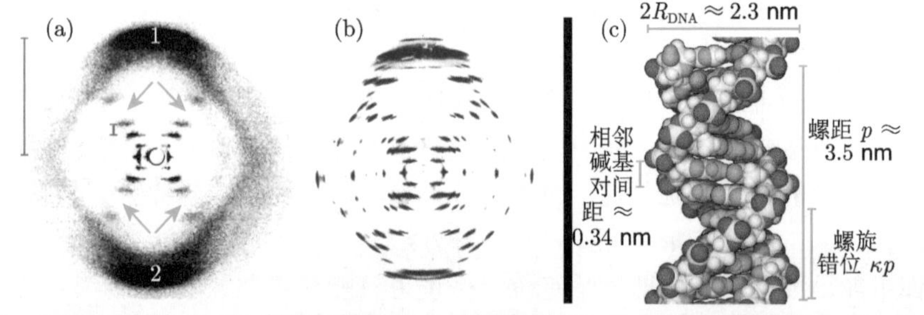

图 8.1 **DNA 结构**。(a)[X 射线衍射数据。] 富兰克林（R. Franklin）和葛斯林（R. Gosling）从 DNA 纤维样品中测得的具有历史意义的 X 射线衍射图。深色区域对应于相机底片上接收光子较多的区域。绿色箭头指示了正文中提及的“缺失”斑点。8.4.1节讨论了标记为 **1,2** 的深色斑块，红色标记指示的尺寸为左侧蓝色标记的十分之一；8.4.1节解释了为什么这个比率意味着大约 10 个碱基对构成一个螺旋。(b) 后来获得的相同图片的高分辨率版本。(c)[数学重构。]DNA 分子的结构显示了四个关键参数（参见 Media18），8.4.1节定义了这些参数，并阐明了如何从衍射图中获得这些参数值。图中构成骨架的磷原子被标为黄绿色；碱基中的氮原子被标为蓝色。这三个图展示的都是所谓的标准“B”型 DNA。[(a) 经 Macmillan Publishers Ltd: Nature 许可转载自 Franklin and Gosling, Molecular configuration in sodium thymonucleate. *Nature*(1953)vol.171(4356)pp.740-741,©1953。(b) 来自 Langridge et al., 1957。(c) 由 David S Goodsell 绘制。]

① 我们将要描述的方法在 1937 年首次应用于生物分子，当时多萝西 · 霍奇金（D. Hodgkin）用它来研究胆固醇的结构。

了 20 世纪科学的一个标杆，即罗莎琳 · 富兰克林（R. Franklin）和雷蒙 · 葛斯林（R. Gosling）用 X 射线透射 DNA 纤维（由许多 DNA 分子排列成）样品时在投影屏上获得的图案。这张非同一般的图像中包含了 DNA 结构的关键信息。

本书并不打算详细讨论 X 射线衍射图的完整分析，本章点到即止，只为帮助读者理解这个分析的大致流程。我们将看到如何从图 8.1(a) 的数据推断出图 8.1(c) 中所列的四个关键几何参数。

8.3　衍　射　图

8.3.1　周期性狭缝阵列产生衍射条纹

虽然我们的目标是讨论由原子散射的光形成的图案，但我们可以先用一个类似的简单问题做个热身。我们不考虑周期性排列的局域散射体，而是让一束平行光穿过光栅（具有周期性排列的狭缝）。真正重要的不是散射体的类型（狭缝或原子），而是散射体的全同性、相同指向以及周期性排列等事实。

在前面章节我们了解了一两个狭缝的情况，特别是单色光通过两个狭缝时会在屏幕上形成一系列明暗交替的条纹[①]。现在考虑一种稍微复杂的布局，光栅上有 K 个（不再是两个）均匀间隔的狭缝，并且 K 是奇数（$K=2N+1$），其中 N 是在中心缝之上或之下的狭缝的数量。狭缝间隔为 p，所以整个光栅从 $u=-Np$ 到 $+Np$（图 8.2）。

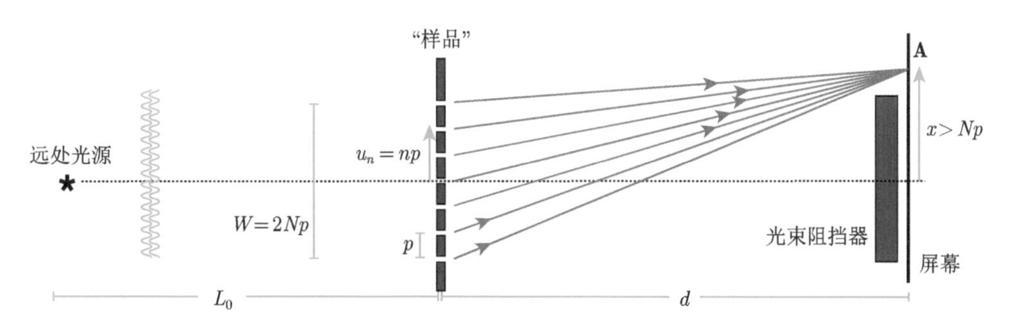

图 8.2　[路径图。] **理解晶体样品衍射的第一种方法**。用单色光照射 "样品"（此处为含有周期性狭缝的不透明屏障，类似的设计在 5.3.2 节中被称为 "透射光栅"）。该样品会在屏幕上形成几何阴影区，我们测量该阴影区以外区域的光强度。样品后面放置了一个 "光束阻挡器"（障碍物）以阻挡未散射的 X 射线束，否则将会使灵敏的检测器阵列不堪重负。["光束阻挡器" 的阴影显示为图 8.1(a),(b) 中心的空白圆圈]。此原理图未按比例绘制。实际上 $L_0 \gg d$（用波浪线表示）且 $d \gg W$ 和 x，因此几乎所有路都平行于中心线。

① 参见图 4.2。

我们假设：

- 光源在光栅左侧很远；且
- 投影屏与光栅的距离 d 远大于“样品”（光栅）尺寸 $W = 2Np$，也比屏幕上的成像尺度 x 大得多。

这属于“小角近似”，例如，偏转角 $\arctan(x/d) \approx x/d$ 很小[1]，以及 $R = \sqrt{d^2 + x^2} \approx d$（前面的章节也只考虑了这种情况）。再假设 $|x| > Np$，也就是说，我们所观察的区域在几何光学预测的投影区域之外。

令 $u_n = np$ 表示缝 n 在“样品”中的位置，则屏幕 x 处的概率幅 Ψ 是 $2N+1$ 项的累加[2]：

$$\Psi = \text{const} \times \sum_{n=-N}^{N} \mathrm{e}^{\mathrm{i}\varphi_n}, \quad 其中\ \varphi_n = (2\pi/\lambda)\sqrt{d^2 + (u_n - x)^2}. \tag{8.1}$$

我们可以使用如下几何近似并忽略三种因素，从而简化公式 8.1：

1. 我们只对屏幕亮度的相对变化感兴趣。因此，可以删除公式 8.1中的所有乘积因子常数，这里的“常数”是与 n 和 x 无关的量。
2. 我们最终只需要 $\Psi(x)$ 的平方模量，所以，即使乘积因子与 x 有关，但只要与 n 无关，且其模量等于 1，则也可以被删除。等价地，如果 φ_n 中有额外实数项但与 n 无关，则也可以删除，因为指数项的模量总是等于 1[3]。
3. 最后，即使与 n 和/或 x 有关，对 φ_n 的贡献远小于 2π 的项仍将被忽略。上述假设使我们只保留一阶小量 x/d 和 u/d。

为了应用这些规则，我们采取 4.7.3 节类似的办法

$$\varphi_n = (2\pi/\lambda)[(d^2 + x^2) + (-2u_n x + u_n^2)]^{1/2}. \tag{8.2}$$

规则 3 提示我们可以用泰勒级数展开的第一项做近似，即 $\varphi_n \approx (2\pi/\lambda)[R + (-2u_n x + u_n^2)/(2R)]$[4]。规则 2 还提示我们可以删去第一项。

我们现在再引入大 d 近似，注意到在实际情况中，样品尺度远小于 $\sqrt{\lambda d}$，所以 $(u_n)^2/(\lambda d) \ll 1$。这种近似表明我们离几何光学近似很远（参见**思考题** 8A）。大 d 极限有时也称为**夫琅禾费（Fraunhofer）（远场）衍射**[5]。

---

① 我们对正切函数利用了泰勒级数展开。

② 类似于方程 4.16 的形式。

③ 参见 4.4 节和附录 D 有关复数的内容。

④ 你可以在习题 8.3 中作更细致的检验。

⑤ 注意到在 4.7.3 节中，为了维持几何光学性质，u^2 项至关重要，但这里显然远离几何光学成立的参数区间。

思考题8B

> a. 晶体学中的典型值：样品尺寸约 1 μm，X 射线波长 $\lambda = 0.1$ nm，屏幕位于 $d = 1$ m。评估上述最后一个近似的合理性。
> b. 课堂演示中的典型情况："样品"尺寸约 1 mm，使用红色可见光，且 $d \approx 3$ m。这是远场衍射吗？

通过上述近似，我们得到如下简化的表达式

$$\varphi_n \approx -\left(\frac{2\pi px}{\lambda R}\right)n \approx -\left(\frac{2\pi px}{\lambda d}\right)n. \tag{8.3}$$

习题 8.2 将完成概率幅值的完整计算，但公式 8.3已经给出了主要的定性结果。首先，每当 $px/(\lambda d)$ 的值是一个整数时，所有的相位都是 2π 的整数倍，则对应的所有因子 $e^{i\varphi_n}$ 都等于 1。在这种情况下，所有项的贡献都会叠加，我们将在屏幕上观察到一系列均匀间隔的亮条纹，其位置为 $x_\ell = \ell\lambda d/p$ （ ℓ 是任意整数）[①]。注意，p 的增加会减小亮带的间隔，所以我们得到了如下**尺度反转原理：**

> 样品中物质排列周期与衍射图案中亮条纹的间距之间存在反比关系。 (8.4)

我们似乎没有发现更多新东西，因为双缝干涉也产生周期性的亮带[②]。但是，公式 8.1的平方表明，每个最大值处的光强度不是与狭缝数 K 而是与 K^2 成正比。出现这种情况的唯一可能原因是每个亮带随着 K 增大而缩窄；你会在习题 8.2 中证实这个预言[③]。亮度的增加是很重要的，因为大分子并不是真正带有阵列缝隙的不透明物体。相反地，分子中每个原子散射的光线都很弱，因此需要由许多重复排列（即晶体结构）进行相干放大，以获得足够强度的可观察图案。将光聚集成较窄的条纹（或斑）也有助于实验者解析真实大分子结构 [例如图 8.1(c)] 产生的更复杂的衍射图案。

8.3.2 拓展到 X 射线晶体学

我们从前述分析得出一个关键结论：

> 当某一维模块发生周期性重复时，原本模糊的衍射图案就会凝缩成一系列孤立亮带。

此外，我们发现周期为 p 的重复性线性物体（狭缝阵列）的衍射图案也是周期性

① 在课堂演示中，我们通常用小直径的圆形光束而不是线状光源照射。在这种情况下，上述透射光栅将在垂直于（不是平行于）狭缝的方向上扩展光束。结果是屏幕上呈现一排垂直于狭缝排列的亮点 [见图 8.3(b)]。

② 方程 4.10 总结了该结果。

③ 习题 4.4 已经给出了这种暗示。

的。如果测得图案周期是 x_1，则我们可以利用公式 $x_1 = \lambda d/p$ 从衍射图案推断样品的微观结构。

但是我们离最终目标还很远，因为

- 我们想确定的是 DNA 或蛋白质分子之类物体的*内部*结构。我们对它们如何排列成周期性晶体不感兴趣，因为通常在活体组织中，大分子不是这样排列的。
- 真正的晶体是*原子*的*三维*阵列，而不是平面上的一排平行狭缝。
- 此外，在富兰克林、葛斯林和威尔金斯(M. Wilkins)的原始实验中，DNA 分子*并未*排列成完美的晶体。

以下小节我们将通过改进前面的初步计算来解决上述问题。

8.3.3 具有子结构的狭缝阵列的衍射图案可由形状因子调制

假设我们将周期严格为 p 的两个光栅叠加在一起，且*第二个*与第一个错位分数为 $\kappa \in (0,1)$[图 8.3(a)]，即新的缝隙位于 $u_n = (n+\kappa)p$ 处。根据 8.3.1节给出的简化规则，此时对衍射图将会有两重贡献：

$$\Psi(x) \approx \sum_{n=-N}^{N} \left[\mathrm{e}^{-(\mathrm{i}2\pi px/(\lambda d))n} + \mathrm{e}^{-(\mathrm{i}2\pi px/(\lambda d))(n+\kappa)} \right]. \tag{8.5}$$

值得注意的是，上式可以*分解*成两个更简单函数的乘积：

$$\Psi(x) \approx \sum_{n=-N}^{N} \left[\mathrm{e}^{-(\mathrm{i}2\pi px/(\lambda d))n} \right] \left[1 + \mathrm{e}^{-(\mathrm{i}2\pi px/(\lambda d))\kappa} \right]. \tag{8.6}$$

这个分解的形式很方便后续处理，因为

- 第一个因子被称为**结构因子**，它与简单狭缝阵列的对应表达式完全相同[①]，且完全不涉及错位分数 κ。它告诉我们样品中物体的重复排列（“晶体结构”），此处 “物体” 就是成对的狭缝，结构因子再次给出位于 $\lambda d/p$ 整数倍位置处的一组尖峰。
- 第二个是描述单个物体*内部*结构排列方式的**形状因子**，即错位分数 κ 的值。

如前所述，如果物体是大分子，我们对它们周期性排列的细节并不感兴趣，我们真正所需的信息是形状因子而不是结构因子。

方程 8.6显示 $\Psi(x)$ 是 x 的两个函数的乘积。因此，我们可以将形状因子视为对结构因子所产生衍射斑强度的一个*调制*。图 8.3(b) 显示了这种现象。因为重复物体的尺寸必然小于它们的间距 p，所以尺度反转原理（*要点* 8.4）意味着

① 8.3.1节介绍了这个函数；习题 8.2 将给出一些细节。

衍射图的精细结构给出物体组分重复排列的信息，而其整体调制则给出单个组分的内部结构信息。

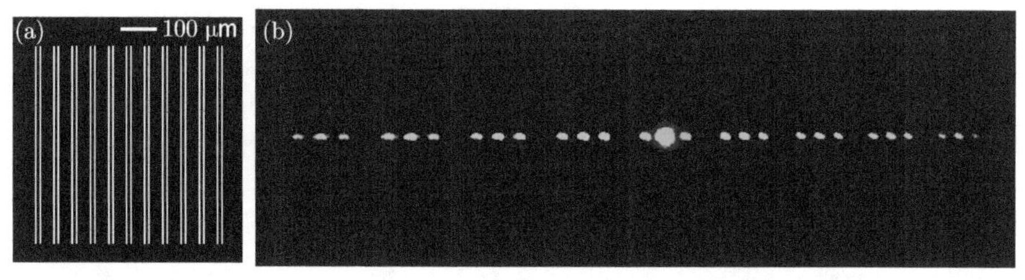

图 8.3　**一维结构的形状因子。**(a)[绘图。] 展示了具有子结构的透射光栅的细节。图示布局对应于方程 8.6 中的错位分数 $\kappa = 1/4$。(b)[照片。] 使用一窄束单色可见光照射该光栅时获得的衍射图案。每四个斑点中就有一个“缺失”，这是因为斑点强度受到 (a) 中双缝模式的形状因子所调节，该因子在某些斑点处为零。[(b) 蒙 William Berner 惠赠。]

思考题8C

a. 为了解上述原则，我们只需要在公式 8.6 中第一个因子非零的位置处计算第二个因子。例如，计算在 $x_\ell = \ell\lambda d/p$ 处的形状因子，其中 ℓ 是整数（衍射斑的“级数”）。

b. 讨论 $\kappa = 1/4$[图 8.3(b)] 和 $\kappa = 3/8$ 的情况。

习题 8.2 会给出更多细节。

T2 8.3.3′ 节从更宽广的视角讨论了方程 8.2。

8.3.4　二维“晶体”产生二维衍射图

我们现在考虑周期性的平面小孔（不是狭缝）阵列。投影屏上探测点的位置记为二维向量 $\boldsymbol{r} = (x, y)$，样品内物体的位置记为 $\boldsymbol{u} = (u, v)$。例如，在正方形网格中，标记为 (n, m) 的孔位于 $\boldsymbol{u}_{nm} = (np, mp)$，其中 n, m 均是整数，则公式 8.3 变成

$$\varphi_{nm} = (2\pi/\lambda)\sqrt{d^2 + (\boldsymbol{u}_{nm} - \boldsymbol{r})^2} \approx \text{const} + \left(-\frac{2\pi p}{\lambda d}\right)(nx + my). \tag{8.7}$$

为了在屏幕上获得明亮的图案，每个组合 (n, m) 对应的 φ_{nm} 必须是 2π 的整数倍，即 $px/(\lambda d)$ 和 $py/(\lambda d)$ 都必须是整数。也就是说，衍射图案将是一个正方形的亮点阵列，两个方向上的间距都是 $\lambda d/p$。

正如 8.3.3节所述，我们现在可以推广到更精细的“晶体”，它由规则的重复模体组成，这些模体比小圆点的结构更复杂。图 8.4显示了矩形物的三角形晶格的

实验衍射图案。单个亮斑的位置取决于样品的大尺度结构（三角形晶格），而斑的亮度由形状因子调节，取决于样品的微观结构（即矩形）。

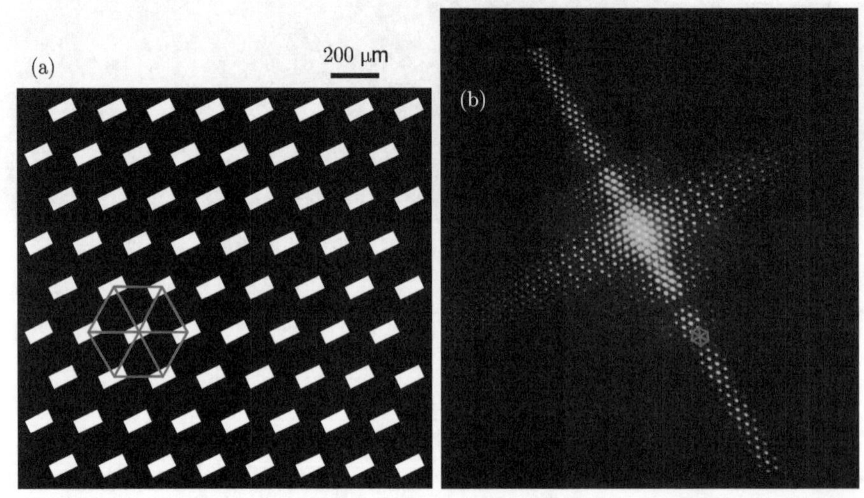

图 8.4　**二维结构的形状因子。**(a)[绘图。] 矩形物（不透明屏障上的矩形孔）构成的周期网格。各矩形中心形成一个三角形晶格（红线）。(b)[照片。] 波长为 543 nm 的光照射 (a) 中样品时在屏幕上形成的衍射图案。尽管散射体远大于分子，光的波长也远大于 X 射线波长，但实验装置的各几何参数能确保系统处于衍射状态，与 X 衍射实验类似。衍射图也是一个三角形晶格（微观结构，如红线所示），与（a）中的大尺度结构相对应。衍射斑亮度受到矩形对称性模式调制（衍射图的总体结构），该调制模式对应于（a）中原始矩形的形状和指向 [(b) 蒙 William Berner 惠赠。]

8.3.5　三维“晶体”也能用类似方法分析

8.3.2节指出，真实晶体是物体的三维阵列，所以我们必须推广 8.3.4 节的分析。

假设样品由位于立方格点上的小物体组成，位置 $u_{nmj}=(np,mp,jp)$。这种情况有一个新特点：物体不再与光源等距，所以我们不能忽略每条光路的入射部分对 φ 的贡献。根据 8.3.1 节给出的规则得

$$\begin{aligned}\varphi_{nmj}&=(2\pi/\lambda)\left(jp+\sqrt{(d-jp)^2+(x-np)^2+(y-mp)^2}\right)\\&\approx(2\pi/\lambda)\left[jp+R+\frac{(jp)^2-2djp-2npx+n^2p^2-2mpy+m^2p^2}{2R}\right]\\&\approx\text{const}-\frac{2\pi p}{\lambda d}(nx+my).\end{aligned}\tag{8.8}$$

其中 d 是 $j=0$ 的平面到屏幕的距离，而 $R=\sqrt{d^2+x^2+y^2}\approx d$。也就是

> 对于小角和大 d 的极限情况，三维样品的衍射图案与等价的二维阵列的衍射图案相同，该二维阵列可通过将样品结构投影到垂直于光束的单个平面而获得。　(8.9)

8.3节建立了一个理论框架，可以预测完美晶体产生的 X 射线衍射图。8.4 节将展示如何从不完美的晶体样品获得有用信息。

8.4　DNA 的衍射图案编码了其双螺旋特征

本章前几节已经指出，在原子分辨率尺度上，衍射是最主导的效应。在衍射状态下，光子到达速率不会直接反映其光源的结构。尽管如此，光源与光子到达速率之间还是存在某种数学关系，我们已经在一系列逐渐逼近真实的例子中看到了这种关系。

我们现在将这些关系应用于 DNA。由于其螺旋结构，即使是单分子 DNA 也具有我们想要研究的重复结构。

8.4.1　从衍射图可获知 DNA 螺距、碱基对间距、螺旋错位和螺旋直径

图 8.1(c) 显示了两个层次的周期性重复模体。最小尺度的周期结构由垂直页面的**碱基对**薄板构成。想象一下，用垂直于页面方向的单色光照射这样一个无限堆叠结构。尺度反转原理（**要点** 8.4）意味着衍射图案的最大尺度特征将是一个竖直方向上的点列，从中心算起，头两个点就是图 8.1(a) 顶部、底部的两个大斑块[①]，测量它们到图中心的距离 [图 8.1(a) 中的蓝色标线] 可给出**碱基对间距**（沿中轴线） 0.34 nm。

越大尺度的周期结构会在衍射图中产生越精细的特征。为了理解 DNA 衍射图特征，请注意磷酸根基团 [图 8.1(c) 中的黄绿色原子] 是排列在两条螺旋线上的。这两条螺旋线绕中轴线产生的周期性结构比碱基对的尺度更大。图 8.1(a),(b) 将中心到顶部（或底部）大斑点的空间细分为 10 个水平面，从而给出了**螺距** $p\approx 0.34$ nm/(1/10) $\approx$ 3.5 nm[②]。

为了理解衍射图的“十字叉”结构，回想一下三维结构的小角衍射图涉及原始结构在垂直于 X 射线束的平面上的投影（**要点** 8.9）。将一条螺旋线（含其中轴线）投影到平面时会得到一个正弦波[③]，可粗略近似为一系列左倾线段和一系列右

① T2 光束阻挡器已经移除了零级衍射斑，否则它会（与未散射的 X 射线）占据衍射图案的中心。

② 图中虽然缺失了某些等间隔水平面，但当我们测量 p 时仍然会把它们考虑在内，理由见下文。更精确的测定结果表明，螺距略超过 10 个碱基对，由此得出这里的估计值。

③ 见图 4.5(a)。

倾线段交替而成的“锯齿”。这两列斜线段都会各自产生一列倾斜的衍射斑点，因此在 DNA 衍射图案中会看到相互交叉的两臂。

DNA 衍射图中某些斑点缺失的事实 [图 8.1(a)，(b)] 意味有形状因子存在①。对此的解释是：存在两条形状相同但略有错位的锯齿线，错位大约为 3/8 螺距②。错位不是 $p/2$ 的事实意味着两个螺旋骨架之间的沟具有非均匀的宽度，这对 DNA 的功能有重要影响。

图 8.5显示了 X 射线衍射图的更详细的计算结果。双螺旋被理想化为一对正弦曲线，且碱基对本身被省略。图 8.5显示了预料中的十字叉图案，其中第四个斑点缺失，但没有给出在真实衍射图案中看到的顶部和底部斑点③。

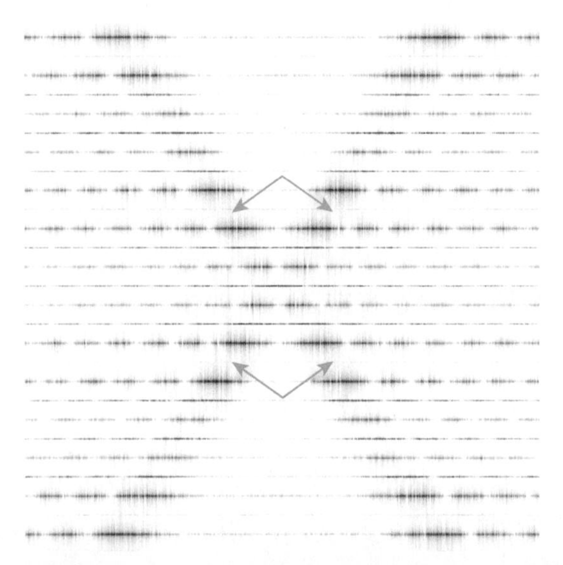

图 8.5 [数学函数。] **计算得到的 DNA 衍射图案**。计算中对 DNA 纤维样品的结构作了简化处理。图中显示了十字叉图案和缺失点（箭头），与真实实验数据（图 8.1a，b）相似。灰度表示光子到达探测器阵列的概率密度函数值，与实验衍射图一致。见习题 8.4。

图 8.1(c) 中还有一个额外的结构参数，即每个螺旋的半径 R_{DNA}。因为大多数可以散射射线的电子都位于磷酸基团，所以 X 射线衍射使我们能够获得从中轴线到磷酸基团中心的距离 R_{p}（比螺旋半径稍小）。为了估计它，我们首先在半径 R_{p} 的圆柱体周围缠绕一个直角三角形来构造螺旋线。在一张纸上绘制边长为 $2\pi R_{\mathrm{p}}$、另一边长为 p 的直角三角形。当三角形缠绕在圆柱体上且有一条边与柱轴平行时，其斜边变成了螺距为 p 的螺旋线 [见图 8.6(a)]。如果我们在垂直于

① 图 8.3(b) 显示了错位分数等于 $p/4$ 时斑点缺失的现象。

② 习题 8.2 会给出这种关系。

③ 习题 8.4 会给出此图像。

其轴线的任何平面上切割圆柱体，则螺旋线与截线之间总会得到相同的角度 Θ，且 $\tan\Theta = p/(2\pi R_p)$。这个 Θ 也是前述锯齿线（三维螺旋投影后所得）的左倾线段或右倾线段与中轴线垂线之间的夹角，所以衍射图中十字叉的两臂各自偏离垂直方向的角度为 $\pm\Theta$。更完整的分析表明，测量衍射图顶部或底部空白区域的角宽度可以更精确地给出 2Θ，真实测量值为 60 deg。

总之，

$$\text{衍射图案中十字叉两臂的夹角 } 2\Theta = 2\arctan[p/(2\pi R_p)]。\tag{8.10}$$

从衍射图案中的层间距推导出螺距 $p \approx 3.5$ nm，从图 8.1(a) 测得 $2\Theta \approx 60$ deg，我们就可以计算磷酸基团的螺旋链半径 $R_p \approx 0.96$ nm。富兰克林和葛斯林的更精确分析得出 $R_p \approx 1.0$ nm。

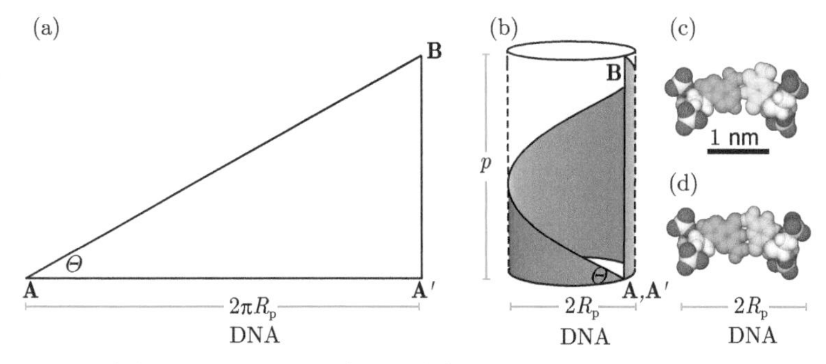

图 8.6　**DNA 结构参数。**(a,b) [图。] 螺旋线的螺距 p 与半径 R_p 和角度 Θ 之间的关系示意图。将直角三角形 **ABA′** 卷到圆柱体的表面上并使 **A′** 与 **A** 接触。该图建立的关系可让我们根据 p 和 Θ 的测量值计算 R_p。(c)[由 X 射线晶体学推断的分子结构。] DNA 碱基对的俯视图。当配对的腺嘌呤和胸腺嘧啶的磷酸基团间距等于 DNA 双螺旋直径时，这两个碱基可自由转动从而使其所有氢键刚好都能形成。非配对的碱基对则没有这个属性，所以会产生弱配对的结构。腺嘌呤和胸腺嘧啶形成两个配对氢键。(d) 鸟嘌呤和胞嘧啶形成三个配对氢键。[(c,d) 由 David S. Goodsell 绘制。]

T2 8.4.1′ 节讨论了 8.3.2节提及的最后一项，也讨论了 X 射线衍射成像的某些局限。

8.4.2　尺寸参数的精确测定解开了 DNA 结构和功能的难题

沃森（Watson）和克里克（Crick）指出 $2R_p$ 这个值恰好使得配对碱基能装入螺旋骨架形成的笼，如图 8.6(c),(d) 所示。然而，如果碱基对紧密包裹在笼子内，那么每个碱基都会接触到其伴侣。因此，腺嘌呤可与胞嘧啶匹配，鸟嘌呤可与胸腺嘧啶匹配 [参见图 8.6(c)]，但腺嘌呤与腺嘌呤不匹配，如此等等。不仅分子的形状要合适，互补双方携带的原子还可以形成氢键，而非互补的双方则不然。

沃森和克里克因此指出

> DNA 分子的精细结构提示了碱基配对机制，其中双螺旋的每条链都与另一条链互补。

链的互补性意味着任一条单链可用于指导另一条链的合成。因此，细胞为了复制基因组，先将其“解”成两条链，然后重新合成每条链的互补链。更早的分子结构模型中不可能存在这种优雅的机制，因为早期模型将骨架置于螺旋的中心而碱基径向朝外，因此不能实现特异性配对。

8.4节表明，即使非晶体样品也能揭示其分子组分的结构信息。

总　结

本章研究了稳相近似失效的情况，并为此开发了另一种基于推断的成像技术，同样能从照明图案中提取物体的结构信息。尽管这种图案直观上完全不像普通“图像”，但我们已经知道如何从这类衍射图案反推出部分结构信息。

DNA 的故事展示了利用光获取生物信息的一种新方法，这也是通过物理建模更普遍地理解生命系统的一个案例。遗传的物理基础这类谜题是通过对具体生物学问题（遗传特征的稳定传递）发展富有想象力的研究方法从而得以解决的，其中用到如下约束性信息

- 生物化学事实：埃尔文 · 查戈夫（E. Chargaff）发现所有生物的 DNA 中都含有等量的腺嘌呤和胸腺嘧啶，以及等量的鸟嘌呤和胞嘧啶。
- 结构事实：碱基的平板形状和确切大小。
- 几何事实：全同物体按照统一规则均匀堆叠在一起时，一般会形成螺旋。以及
- X 射线衍射图给出了关键测量值（特别是螺旋半径以及从缺失斑点推导出的第二螺旋的存在和错位）。

关键公式

- 衍射图案：当远处光源照射一维周期性狭缝阵列（间距为 p ）时，将在远处屏幕上形成条纹图案。在小角范围内且高度衍射状态下，亮条纹位置 x_ℓ 是 $x_1=\lambda d/p$ 的整数倍，其中 λ 是波长，d 是样品到屏幕的距离。
- X 射线衍射：由复合狭缝构成的一维周期阵列将在单狭缝阵列对应的相同位置处生成衍射条纹，但是条纹亮度受到子结构“形状因子”的调制，例如，错位分数为 κ 的两个周期性狭缝阵列，其形状因子是

$$1+\mathrm{e}^{-\mathrm{i}2\pi px\kappa/(\lambda d)}. \tag{8.6}$$

全同物体组成的 2D 或 3D 周期性阵列在衍射状态下会选择性透射（或散射）远处光源照射的光，进而在远处屏幕上产生斑点图案。如果物体具有内部结构，则衍射斑的亮度也会被形状因子所调制。

- *DNA 半径的确定*：DNA 衍射图中典型的十字叉斑图的开口角等于螺旋线（糖-磷酸骨架）倾角的两倍，该倾角由 $\Theta = \arctan[p/(2\pi R_{\rm p})]$ 给定。因此，一旦 p 和 Θ 由 X 射线衍射法测定，则容易求得磷酸骨架的半径 $R_{\rm p}$。

延伸阅读

准科普：

DNA 结构的发现: Judson, 1996。

中级阅读：

DNA: Nolting, 2009; Rhodes, 2006; Lucas & Lambin, 2005; Lucas et al., 1999。

高级阅读：

Rupp, 2010。

T2 8.3.3 拓展

8.3.3′ 概率幅的因式分解

当我们研究复杂物体的周期性阵列（即晶体）的衍射现象时，我们发现 X 射线衍射的概率幅公式可被简化：方程 8.6显示其为两个因子的积。其中一个因子是由晶体结构决定的（它不依赖于物体自身的结构）；另一个因子只取决于物体本身，而与晶体结构无关。

这个结果源于更一般的结论：

- X 射线衍射实验装置的几何参数确保我们使用的某些近似是成立的，由此我们导出了公式 8.5，该公式在数学上将概率幅表示为狭缝阵列几何结构的傅里叶（Fourier）变换。
- 当某个模体在空间上重复时，我们可以将整体衍射图案看成两个函数的卷积[①]：其中一个函数描述单个模体的性质，另一个函数描述其空间的周期排列。
- 数学定理指出：卷积的傅里叶变换等于各函数傅里叶变换的乘积。等式 8.6是这个定理的一个特例。

① 0.5.5 节介绍了卷积。

该结论在二维乃至三维上依然成立。对于更复杂的晶体结构，可以使用更真实的电子密度函数取代正文中讨论的简单函数，上述结论依然成立。

T_2 8.4.1 拓展

8.4.1′a 如何处理纤维状 DNA 样品

8.3.2节提到：富兰克林和葛斯林用于获得衍射图 8.1(a) 的 DNA 样品实际上并不是完美的单晶结构，实验者从浓缩的 DNA 溶液中提取许多并排细丝来制备“纤维”样品。细丝中 DNA 分子除了双螺旋轴线大致相互平行外，其他方面都是无序排列的。尽管存在部分的无序性，每个 DNA 分子个体仍有很强的规律性：它由许多重复的螺旋圈组成。习题 8.4 将生成如图 8.5所示的计算机模拟图像，我们在 8.4.1节中看到的 X 射线衍射图案的特征将依然保留在纤维样品的例子中。由此，葛斯林和威尔金斯获取了 DNA 的第一个 X 射线衍射图。富兰克林和葛斯林进一步完善了该方法，最终获得了可用于结构推断的高质量图像。

后期的研究人员成功地从 DNA 的短片段中制作出真正的晶体。图 1.7 所示的结构是由这些样品的 X 射线晶体学获得的。

8.4.1′b 相位问题

尽管 X 射线衍射图给我们提供了许多有关分子结构的线索，但总的来说，这些线索不足以让我们完全确定分子结构。因为我们不能直接测量 Ψ，所以无法进行正文中提及的反演变换。我们只能测量 $|\Psi|^2$，但其中的概率因子的相位已经丢失。为解决该“相位问题”，人们发明了许多巧妙的技术，包括直接法（限于小分子）和多波长反常散射（对于蛋白质）。对于后者，当 X 射线波长扫过硒原子的吸收线时，衍射图案将发生急剧变化（硒原子通过修饰甲硫氨酸残基从而引入蛋白质中）。

与上述不同，本章采用的是间接法，即猜想一个结构，预测其产生的衍射图案，再与实验数据进行比较。

习题

8.1 透射光栅

图 8.2为一个透射光栅被远处一个单色光源（位于中心线上）照射。如果光栅被替换为宽度为 W 的一个大孔，则我们在图中指示的屏幕位置处看不到多少光。

但是如果存在很多狭缝，则所指位置可能就会变亮。推导被照亮位置 x 的近似公式，表达为单光子平均能量与距离 d 和 p 的函数。假设 $p \ll W$ （有很多狭缝），且 $W < x \ll d$，光源的距离远大于其他任何尺度。

8.2　形状因子

本习题阐明了如何从简化的二维 X 射线衍射图案来确定大分子结构。首先回顾 8.3.1—8.3.3节，特别是思考题 8C。

真正的实验用晶体由许多全同的目标大分子以相同指向和间距 p 规律排列而成。为了简化数学计算，8.4节只考虑了单个分子的 X 射线衍射。本习题将进一步简化，用一列狭缝代替这个具有周期结构的长分子。具体地说，我们考虑一个间距为 p 的 K 个狭缝线性周期排列而成的结构（见 8.3.1节）。令 $K = 2N + 1$，其中 N 是整数。

样品被远处光源照射，在另一侧距离为 d 的屏幕上产生干涉图案（图 8.2）。令 x 为屏幕上某位置到中心线的距离。假设 $d \approx 1$ m 远大于晶体的尺寸（Np)，也远大于我们研究的 x 的最大值。同时我们再取大 d 近似（远场衍射，见 8.3.1节）。

a. 给出有限和 $\sum_{n=0}^{M} \xi^n$ 的解析表达式。[提示：参考习题 0.4(b) 的结果。]

b. 写出位置 x 处的概率因子 $\Psi(x)$ 的解析表达式。只考虑从狭缝到该位置的直线路径，并将每个狭缝视为无穷窄。只需写出累加公式，无需计算。

c. 使用 8.3.1节中的近似简化上述公式，再利用 (a) 结果进行估算。

d. 虽然一般情况下光假说给出的概率因子是复数，但在此特殊情况下，$\Psi(x)$ 是一个常数乘以一个模等于 1 的因子，再乘以一个 x 的实函数。求该实函数。

e. 本习题存在几个带量纲参数，但它们只出现在一个无量纲组合中：$\bar{x} = xp/(\lambda d)$。用计算机绘制 $|\Psi|^2$ 关于 $\bar{x}$ 的函数图，分别取 $K = 2, 3, 7$ 和 9。[提示：正文的公式只适用于 K 为奇数的情况，因此你需要对 $K = 2$ 的情况做出必要修正（或参考习题 4.3）。习题 4.4 已经得出了 $K = 3$ 的结果。] K 个狭缝的透光量相当于单狭缝的 K 倍，请对函数作适当归一化来满足这个条件。

为了更接近真实的大分子衍射，8.3.3节考虑了比单种狭缝更复杂的周期结构。除了位于 np 的狭缝外，我们还引入了位于 $(n + \kappa)p$ 处的额外的 K 个狭缝。其中 $\kappa \in (0, 1)$ 是相邻狭缝的错位分数。

f. 令 $K = 7$，分别对 $\kappa = 1/2, 3/8$ 和 $1/4$ 作图。讨论这三张图的特征与对应的 κ 值之间的关系。讨论图 8.1(a) 与图 8.3(b) 之间的关系。

g. [T2] 实际上，图 8.3的缝隙并非无限窄，每个都具有 0.067p 的厚度。在模

型中考虑这个因素，再对 $K = 7, \kappa = 0.25$ 的情况绘制 $|\Psi|^2$ 的图。[提示：在（f）的基础上再考虑另一个依赖于 $\bar{x}$ 的整体乘积因子。]

8.3 T2 数学近似的合理性

先完成习题 8.2 和 4.8，设想一维“晶体”由间距 $p = 1.0$ nm 的物体周期排列而成。习题 8.2 表明，相邻衍射斑之间的角宽度为 $\Delta\theta \approx \lambda/(\pi p)$，类似于两个缝隙的情况。如果我们使用 $\lambda = 0.10$ nm 的 X 射线，则小角近似对于前几级衍射斑来说确实是合理的。

我们曾对公式 8.2作泰勒级数展开并忽略二阶以上的项，请说明这样处理的合理性。假设 $d = 1$ m 且 $|u_n| < 0.5$ μm。

8.4 T2 DNA 衍射图案

本习题将通过一个简化的 DNA 分子结构模型来计算其衍射斑图，你将得到与富兰克林和葛斯林最初使用的 DNA 分子纤维样品相似的衍射图。

8.3.5节指出，在某种近似下，三维结构衍射的光子路径的相位由公式 8.8给出。因此，对于立方晶格来说，位于样品内所有格点（na, ma, ja）上的全同物体在投影屏上的总概率幅为

$$\Psi(x,y) = \sum_{n,m} \exp\left[-\frac{2\pi i}{\lambda d}(nax + may)\right].$$

（你可以忽略总体乘积常数。）

现在来处理一个更接近真实的情况，想象一个晶格，其中某些格点被“原子”占据。为此引入函数 $F(n,m)$，如果格点 (n,m) 处无原子，则函数值为零，否则为非零。特别是当 $|n| > N_{\max}/2$ 或 $|m| > N_{\max}/2$ 时设置 $F = 0$，这样可以将样品限制在有限区域内。

a. 设置合适的无量纲量 $\bar{x}$ 和 $\bar{y}$ ，将概率幅表达为

$$\Psi = \sum_{n,m} F(n,m) \exp\left[-(2\pi i/N_{\max})(n\bar{x} + m\bar{y})\right]. \tag{8.11}$$

b. 在计算程序中先将 F 设置为方形零矩阵，其中 $N_{\max} = 2048$。将物理网格间距设为 $a = 0.04$ nm。再将 F 的某些矩阵元取为 1，使这些非零矩阵元看起来排成一条正弦曲线（沿水平方向）。[提示：当螺旋投影到平面上时就变成了正弦曲线。取该曲线的峰-谷高度差为 2 nm，约为 DNA

螺旋骨架的直径。峰-峰间距（波长）为 DNA 螺距 $p = 3.5$ nm。再定义 $\bar{p} = p/a$ 和 $\bar{R} = 2$ nm$/a$，对 F 赋值时使用这些无量纲量。]

c. 产生 100 条这样的正弦曲线，每条正弦曲线拥有均匀分布的幅度和波长，但其位置 [在 (n, m) 空间中] 随机分布。将这些曲线对 F 的贡献累加起来，相当于产生了一个模拟的纤维样品①。

d. 将公式 8.11当作 F 的离散**傅里叶变换**。计算程序包中一般都含有此变换的快速算法，一般都是对 $(\bar{x}, \bar{y})$ 的整数值进行计算。计算 F 并将其模的平方显示为如图 8.5所示的灰度图像。[提示：仔细检查计算程序调用的傅里叶变换子程序的确切定义，可能与公式 8.11 有所不同。如果不同，你需要研究一下内置子程序的文档以了解如何调用。]

e. 对 $|\Psi|^2$ 值作直方图，并看看是否可以对图像进行缩放。

f. 将 100 个正弦波修改为 100 对，以模拟双螺旋分子。每对中两个正弦波轴向偏移 3/8 波长。找出模拟衍射图案中最重要的定性变化。

8.5 T2 三维结构的形状因子

考虑一个三维立方晶格，每个格点上都有一个散射体。格点可记为 $(x, y, z) = (n_x p, n_y p, n_z p)$，其中 n_x, n_y, n_z 是区间 $[-N, N]$ 中的整数（参见 8.3.5 节）。本题中，每个散射体还包含 k 个子体，每个子体都偏离散射体中心，偏移矢量记为 $\mathbf{a}_k$。所有散射体的空间指向都相同，即每个散射体中的偏移矢量都相同。结合 8.3.3节及 8.3.5节的论述，导出光子到达投影屏（距离样品 d）上 x 处的概率幅 $\Psi(x)$。

8.6 T2 螺旋形分子

请先完成习题 8.5。本题中你将对单个螺旋分子的 X 射线衍射图作出预测，这个分子被简化为由一系列散射点（碱基对）构成的长链。

在样品内部与入射光垂直的平面中设置二维坐标 (u, v)（根据习题 8.5，我们只需把三维螺旋投影到这个二维平面即可）。散射点在 u 方向上均匀分布，间隔为 0.34 nm。螺旋的投影是一条正弦线，因此 v 具有如下函数形式：$v = (1\ \text{nm}) \sin(2\pi u/(10.5 \cdot 0.34\ \text{nm}))$。也就是说，分子的一个完整螺距相当于 10.5 个碱基对。

a. 假设分子的总长度为 14 个螺旋。用计算机绘制 (u, v) 平面内的所有散射点。

① 这个问题也可以通过类似于 8.3.3节那样分解为形状因子和结构因子来完成，但此处直接计算会更容易。

b. 计算光子到达远处投影屏（距离样品 d）上 (x, y) 处的概率幅 $\Psi(x, y)$。假设为远场衍射，且光波长为 0.05 nm。

c. 画出 Ψ^2 关于无量纲量 $x/d, y/d$ 的函数关系图，这两个变量的范围需要囊括 $\pm\lambda/0.34$ nm（这个值有何意义）?

d. 富兰克林和葛斯林使用的 X 射线发生器所产生的光的波长峰值为 0.154 nm。正文中使用的小角近似并不是很准确（为什么？）。放弃这个假设，重复上述计算。

第 9 章　弱光视觉

任何视觉系统（生物、化学或电子）的最终目标
都是为了提升检测（或计数）单个光子的能力。
光通量有限意味着光子数量有限，也意味着信息量有限。
因此必须计数每个光子才能提取光中的所有信息。
—— 艾伯特 · 罗斯（Albert Rose）

9.1　导读：构建

生物体必须收集环境信息，构建外部世界的模型，然后才能采取适当行动。收集、感知和解释光的能力为动物提供了特别丰富的信息来源。视觉可以向生物体汇报远处的情况，因此具有预警功能（甚至夜空的美也能激发我们的灵感）。

前面章节已经涉及视觉的许多方面，我们研究了光的本质、分子对光的吸收、视觉系统辨别颜色的能力以及成像过程。我们还研究了如何从不完整或嘈杂的信息中形成最佳推断，这些都为本章的视觉研究奠定了基础。第 9—11 章将把这些想法整合成更详细的视觉转导图，我们还将得到关于其他感官系统的更一般的结论。

下面我们从视觉的一个显著特征入手开始研究，即光的颗粒特性会从分子到个体行为的各个层面影响生物体。

本章焦点问题
生物学问题： 是什么设定了夜视力的绝对极限？
物理学思想： 光子是颗粒化的，所以你看不到半粒光子。

9.2　视觉极限

本章将聚焦一个对许多动物都至关重要的问题：是什么决定了视觉敏感度的极限？人类和其他动物离该极限有多远？一旦我们能对视觉系统进行表征，就有机会探索实现这些性能的机制（详见第 10 章）。

9.2.1 许多生态位都处于弱光中

夜视显然具有选择优势。能用星光导航的动物至少在觅食时被捕食的风险较小。反之，许多捕食者为了夜间捕食也发展出了夜视能力。

夜间到底有多暗？夜间照明强度从日光的 10^{-6} 倍（满月）到 10^{-8} 倍（星光，无月亮）。在其他生态系统中，对光的利用会受到更多限制，例如，即使在明亮的白天，穿透海面以下 700 m 的光照也不会超过水面上的星光照度。

在 1000 m 以下的深海处根本没有阳光透射下来。在这样的“深海区”，一些生物只能携带自己的光源来吸引和照亮猎物。还有一些浮游生物则依赖于生物发光，后者受到干扰时会发光，进而揭示捕食者的存在。例如，巨型深海鱿鱼显然是以这种方式利用视觉来发现遥远的抹香鲸并采取规避行动。为了捕获这些微弱的信号，这些鱿鱼已经进化出了篮球般大小的眼睛（图 9.1）！

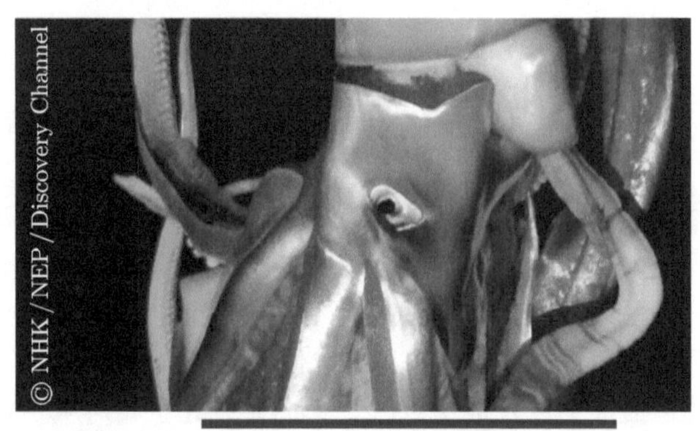

图 9.1 [照片。] **巨型鱿鱼 *Architeuthis* 的细节**。此个体的总长度约为 7 m（还存在其他更大的个体）。其眼睛（图中心）直径达到 37 cm。[摄影：Edith Widder，另见 Media 19。]

9.2.2 单光子难题

在光子概念被广泛接受之前，物理学家洛伦兹在 1911 年左右就意识到如果光确实是颗粒化的，那么就会对视觉敏感度设置一个极限。洛伦兹知道生理学家已经粗略确定了能被受试者可靠检测到的最微弱闪光的能量。他将该能量值除以单个可见光子的能量[①]，由此估算出眼睛接收到的光子数大约为 25—150。洛伦兹知道部分光子由于在眼内被吸收或在表面被反射等原因而损失，因此到达视网膜的实际数量肯定会更小。因此，动物感光细胞的视觉敏感度非常接近其极限，即单光子敏感度。然而，如此优异的性能似乎又很荒谬，因为 100 个可见光子的能量比触觉能感受到的最小扰动还要小许多个数量级[②]。即使大自然能设计出具有如

① 该能量由爱因斯坦关系给出（方程 1.6）。

② 回想一下习题 1.4 中的比较。

此精确敏感度的感光细胞，它又如何避免来自其他光源的巨大干扰？这样的奇迹怎么可能发生呢？

9.2.3 探测器性能的量度

在讨论动物眼睛是否是理想探测器之前，我们应该先对“理想的”这一概念进行定量化描述。

我们可以将一个理想探测器理解为一种可以准确探测并报告闪光所包含的总能量的仪器。但是要确认这些性能或者衡量一个探测器离理想状态有多远不是一件简单的事，因为第 1 章指出：单色闪光的总能量是光子数量乘一常数，但对于普通光源，即使是可重复的闪光，其光子计数仍会发生不可控的波动（回顾图 1.2）。因此，更好的表述应该是：我们希望了解眼睛对入射光信号施加了多少超出光固有的最小随机性的*额外*随机性。

在此利用第 1 章的想法，我们考虑这样一个探测器，它包含一个或多个对可见光有响应的分子。当闪光出现时，

- 探测器将随机地“丢失”一些入射光子。例如，在光子到达视网膜之前会部分地被人眼晶状体吸收。我们可以定义探测器的**量子捕获率** Q，即有效吸收光子数与到达光子数的比例。理想探测器的量子捕获率等于 100%。
- 探测器在*没有*任何光照的情况下也可以产生信号，类似于其他决策过程中的假阳性信号。理想探测器的假阳性率应等于零。
- 检测器中的响应分子会吸收光子，但检测器可能不会产生任何信号，除非吸收的光子数达到了*最小数量*（**阈值**）的要求。理想探测器的阈值应等于 1，即没有阈值要求。

图 9.2在逻辑上将弱光探测器想象成“转导模块”（可用量子捕获率、假阳性率及阈值等进行表征）和“决策模块”（可能包括信号丢失、噪声和/或阈值行为等）[①]。根据这一观点，模块对接收到的不同信号采取不同策略似乎是合理的。例如它可以施加高阈值来“清除”噪声，以这种方式降低假阳性率，但其代价是会丢失一些真实事例[②]。它也可以采取相反策略，即报告每个事件（包括假阳性事例）。一个非常复杂的探测器甚至可能灵活到足以根据任务而*切换*策略，从而提升自己的性能。

本章将提供证据证明我们眼中的视杆细胞扮演了转导模块的角色，具有较高（尽管不完美）的量子捕获率，且“视杆阈值”等于 1（无阈值）。第 11 章将进一步论述视杆细胞下游的后续处理过程如何抑制假阳性率：在大脑意识到看见了闪

① $\boxed{T_2}$ 我们仅使用此模型来了解弱光视觉。我们的视觉系统具有不同回路，与此平行的另一回路用于强光视觉。

② 细胞的其他反应网络也展示了阈值行为，在某些情况下也拥有类似的优势。

光之前，该过程会对视杆细胞群体产生的信号的数量施加一个可调阈值（即所谓的“网络阈值”）。

9.2节介绍了弱光探测的框架图。

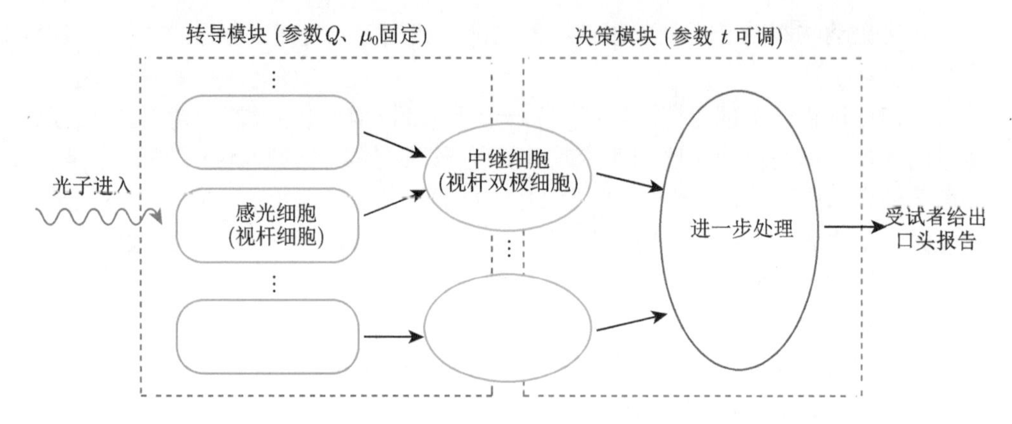

图 9.2　[示意图。] **用于表征弱光下人类视觉能力的模型。**虚线框表示将整个检测分为两个抽象的“模块”，分别由量子捕获率 Q 、假阳性参数 μ_0 以及阈值 t 表示，这些参数的精确定义见正文。实线框代表本章及后面两章将要讨论的各种真实的湿件。视杆双极细胞跨在这两个抽象模块的边界上，因为在首个视觉突触处发生的过程会影响 Q 和 μ_0 的值，并且双极细胞执行的求和运算也被认为是决策模块的一部分。

9.3　人类视觉的心理物理学测量

洛伦兹的观察激发了许多进一步量化人类视觉敏感度的尝试，其中的巅峰之作是 S. Hecht 和合作者以及 H. van der Velden 在 20 世纪 40 年代早期进行的关键实验。本节仅介绍 Hecht 及其合作者的工作（van der Velden 的实验很相似，尽管是独立完成的）。

两组都进行了**心理物理学**实验，即实验中的输入都可用物理量精确表征，但输出是受试者的口头报告。当然，受试者非常复杂，他们的主观感知报告可能受到许多因素的影响（包括心理影响）。然而，这些早期实验给出了一个非常强的结论，这个结论本该是在几十年后单细胞技术成熟时才可能获得的。他们的开创性工作为间接的概率推断方法提供了一个极具说服力的成功案例。

9.3.1　视觉的概率特征在弱光下表现得最为明显

为了量化弱光视野的绝对极限，Hecht 和合作者小心翼翼地在理想条件下开展实验。

优化条件：暗适应

我们在关灯后的数分钟内会经历较差的夜视能力。当我们的瞳孔放大时，眼睛的敏感度会立即迅速升高，紧接着其他**暗适应**机制会继续运作，直到 20 分钟后我们的视觉敏感度会上升到初期的 2000 倍。在开始实验之前，实验者让受试者在黑暗中等待 40 分钟，以使他们达到最大敏感度。

优化条件：视网膜上的位置

视网膜上不同部分对视觉反应存在很大差异。例如，我们视野的中心（中央凹）就没有对光最敏感的感光细胞（视杆细胞）[图 3.9(c)]。实验者将他们的闪光聚焦在距离中央凹约 20 deg 的小区域（“斑点”）上①。

优化条件：波长

眼睛对弱光的敏感度也取决于光的波长：视杆细胞的最大敏感度处于蓝绿光区（波长约为 507 nm）。实验者选择了具有该波长的闪光，使受试者视觉敏感度最大化。

优化条件：闪光持续时间和光斑大小

想象一下若干闪光序列，不同序列中闪光时间间隔不同但平均光子数相同。当一定的光子数被分摊到过长时间内时，闪光会变得难以察觉。然而，Hecht 之前的实验表明，只要闪光持续时间短于约 200 ms （视杆细胞的**积分时间**），则视觉敏感度不受其影响。实验者选择 1 ms 的闪光持续时间（远低于积分时间）。

类似地，想象另外几个闪光序列，不同序列中闪光的光斑尺寸不同但平均光子数相同。当一定的光子数散布在视网膜上太大的区域时，闪光也会变得难以察觉。然而，早期的工作再次表明，只要光斑角直径不超过约 10 arcmin，则视觉敏感度不受光斑尺寸的影响。因此，实验者使用的光斑角直径等于 10 arcmin。

觉察概率

即使在上述优化条件下，人类受试者也会对弱闪光产生部分随机反应。生理学家很熟悉感知过程中的随机性，但之前都将其归因于受试者感觉器官中的复杂过程、受试者注意力不集中等因素。然而，按照 9.2.3节的逻辑，Hecht 和合作者提出了相反的质疑，他们将受试者反应的随机性主要归因于光的物理特性。

根据经验，我们知道，随着试验次数增多，我们对假说是正确（或错误）的信心就越强。Hecht 和合作者发现，对于特定的闪光强度，受试者的每次响应都可视为独立的伯努利试验（其概率称为**觉察概率**$\mathcal{P}_{\rm see}$）。实验员训练受试者只有当

---

① 用右眼观察，闪光灯出现在中心左侧 20 deg 处。因此，其在视网膜上的倒置图像沿中央凹到“颞骨”的方向（朝向太阳穴，远离鼻子）发生了水平移位。从中心算起的角位移有时被称为“偏心距”。

确定看到闪光时才回答“是”，以确保假阳性最小化。受训之后，受试者对每个闪光强度接受 50 次闪光测试，则每个强度下的 $\mathcal{P}_{\text{see}}$ 可以用“是”的比例来估计。

图 9.3显示了一个受试者的结果。正如预期的那样，曲线并没有在某个特定闪光强度下发生陡变，而是呈现 S 形走向。

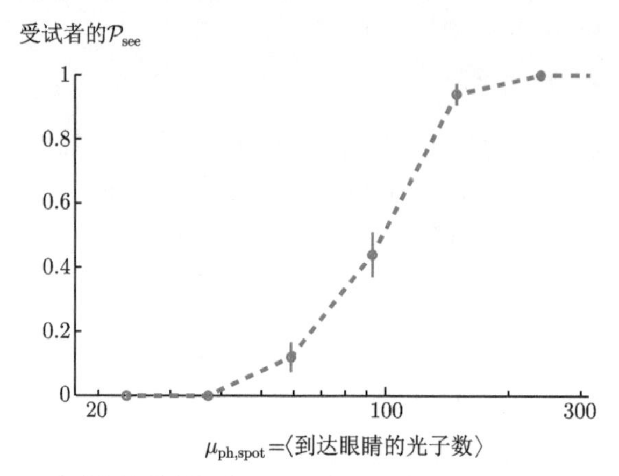

图 9.3 [实验数据。] **受试者的觉察概率。** $\mathcal{P}_{\text{see}}$ 的半对数图。纵轴是受试者在 50 个试验中报告看到微弱闪光的比例，横轴是每次闪光到达受试者眼睛的光子数的期望值。虚线不是拟合线，只是实验值的连线。误差棒代表 50 次伯努利试验所对应的（伯努利分布）参数的后验分布的标准偏差（详见习题 7.5)。[数据来自 Hecht et al., 1942。]

9.3.2 视杆细胞必须有能力响应单光子吸收

Hecht 和合作者在他们的心理物理学实验以及有关眼睛的已知物理事实的基础上做出了非凡的推论。根据眼睛晶状体和其他元件对光子吸收的光学测量，他们估算出只有大约一半的入射光子能到达视网膜。根据视杆细胞中存在的色素分子对光吸收的测量，他们进一步估计约 20% 的光子会被吸收，因此净捕获约 $50\% \times 20\% \approx 10\%$ 的入射光子。然而，并非每个被吸收的光子都是*有效*吸收（即能触发视杆细胞信号），类似于荧光团并非每吸收一个光子就产生荧光。也就是说，如果有 150 个光子到达眼睛，则平均有效吸收*不超过* 15 个[①]。图 9.3 表明能被受试者可靠地看见的闪光大约平均向眼睛传送 150 个光子。这种闪光很可能产生了至少 10 次有效吸收，这个值给出了人类弱光视觉系统总体阈值的一个粗略估计。

接下来，实验者注意到他们在实验中使用的光斑尺寸足以将这十来个吸收事件分散到数百个视杆细胞上。因此，任何一个视杆细胞都不太可能捕获一个以上的光子[②]。

① T2 9.4.2′ 节更新了对这些数字的估计。

② 习题 9.1 中拓展了这个论点。

思考题9A

a. 使用图 3.9(c) 估算在颞侧方向上偏离中心 20 deg 处视杆细胞的面密度。

b. 估算角直径为 10 arcmin 的光源所产生的圆形光斑能覆盖的视杆细胞的数量。[提示：有关角度单位请参阅 6.7 节。将眼睛近似为距离视网膜 24 mm 的弯曲空气-水界面，并使用方程 6.12]。

因此，眼睛能够可靠地检测到如此微弱的闪光，其中没有一个视杆细胞的有效吸收会多于一个光子。假设每个视杆细胞都是独立工作的，Hecht 和合作者得出结论

- 视杆细胞可以因为*单次有效光子吸收*（无视杆阈值）而产生信号。
- 在施加其他网络阈值之前，存在某种神经机制能将许多视杆细胞的输出信号合并起来。

9.3.3 本征灰度假说：真实光子信号总是伴随着本底自发信号

Hecht 和合作者的实验意味着视杆细胞能响应单次有效光子吸收。那么，为什么整个信号处理通路需要更高的网络阈值（大约 10 个光子吸收事件，且每个激发一个视杆细胞）才会向受试者的意识明确报告一次闪光？

H. Barlow 在 1956 年使用 9.2.3节中介绍的概念提出了一个物理模型，以回答上述难题：

本征灰度假说：感光细胞会产生假阳性随机脉冲。虽然单个视杆细胞不施加细胞阈值，但是当需要低假阳性报告时，下游的某个信号处理环节会施加网络阈值以消除这些假阳性事件的干扰。 (9.1)

Barlow 假说根植于当时已知的一些事实。例如，视杆细胞含有一种叫做**视紫红质**的色素，其吸收光谱与我们的弱光视觉的光谱敏感度相匹配。该结果有力地证明了视紫红质负责视觉信号转导的第一步①。众所周知的事实还有视紫红质在光照下会光漂白（失去其吸收可见光的能力）。该观察结果表明，光漂白可能是光诱导视紫红质分子产生结构变化（光异构化②）的结果，与其信号转导功能多少有点关系。Barlow 指出，这一构象变化也可能由其他原因造成，例如视紫红质分子与其邻近分子的热碰撞。因此存在某种可能，即单位时间内自发产生的信号与实

① 视锥细胞也含有密切相关的与视紫红质功能类似的分子，只是吸收光谱不同（图 3.11）。

② 1.6.4 节介绍了光异构化。

际光子产生的信号无法区分。我们将这种本底活性称为**本征灰度**，来自德语单词，其意思是“其自身的灰色”[①]。

下面我们遵循 Barlow 假说对**要点** 9.1进行细化。我们的最终目标是作出可检验的定量预言（第 11 章）。

尽管视紫红质分子吸收特定光子或自发异构化的概率非常小，但每个视杆细胞含有大量的视紫红质分子（人体视杆细胞中约有 1.4×10^8 个），因此，

- 在任何短时间间隔内，可以认为视杆细胞要么吸收光子，要么没有，其概率取决于光子到达的平均速率[②]。
- 当视杆细胞遭遇一个光子时，视紫红质分子中至多只有一个会吸收它并且实现光异构化。因此，光异构化事例的数量为 0 或 1。这个二进制随机变量符合伯努利试验，它对于原始的光子到达的泊松过程起到了稀释作用。
- 一些异构化可能不会触发视杆细胞的任何信号（即被“遗漏”）。我们仍将这种效应假设为一次伯努利试验，以表征该次异构化事件是否被遗漏。
- 泊松过程的稀释特性[③]暗示：在微弱光线下，视杆细胞信号遵循泊松过程，其平均速率正比于光子到达的平均速率。
- 每个视紫红质分子在单位时间内因热涨落而自发异构化的概率也很小。应用泊松过程的合并特性[④]，我们最终可预测由所有因素导致的视杆细胞信号仍然是一个泊松过程，其平均速率是一个常数加上光诱导信号的平均速率。

考虑到每个闪光持续时间都有限，我们可以根据泊松过程的另一个特性重新表述我们的预测[⑤]：

> （对于单个视杆细胞）在短暂的闪光期间由视杆细胞产生的信号总数 ℓ 服从泊松分布，其期望值由公式 $\langle \ell \rangle = Q_{\mathrm{rod}}\mu_{\mathrm{ph,rod}} + \mu_{0,\mathrm{rod}}$ 给出。 (9.2)

在**要点** 9.2中，$\mu_{\mathrm{ph,rod}}$ 表示传给视杆细胞的光子数量的期望值。我们可以将 Q_{rod} 解释为视杆细胞的量子捕获率，而 $\mu_{0,\mathrm{rod}}$ 是闪光期间（或者在时间上足够接近因而混淆在一起）自发事件数量的期望值[⑥]。

要点 9.2可能是合理的，但它不能直接应用于心理物理学实验，因为后者并不记录单个视杆细胞的输出。而且，当时可用的实验方法还不能照射单个视杆细胞。

① 除了自发热致异构化之外，还存在其他潜在因素可导致这种活性。11.2.2 节讨论了一个例子。

② 1.4.2 节将平均速率与单位时间的概率相关联。

③ 见 3.4.1 节。

④ 见 3.4.2 节。

⑤ 1.4.2 节给出了固定时间间隔内计数的分布。

⑥ T2 更确切地说，常数 $\mu_{0,\mathrm{rod}}$ 是指视杆细胞积分时间（可能比闪光的实际持续时间长）内的自发信号数量。

Barlow 做了一些额外的合理假设才将他的物理模型与实验现象联系起来：

- 心理物理学实验是向眼的前端而不是直接向视网膜提供光照。因此，每个入射光子都存在一定的丢失概率，例如，被眼角膜反射、被晶状体吸收等。也就是说，每个光子都遭受了一系列独立的伯努利试验，以一定概率通过每层阻碍。然而，根据稀释特性，净效应仍然是以泊松过程向视网膜输送光子，只是平均速率降低了。
- 到达视网膜的每个光子都有可能击中视杆细胞以外的其他物质，相当于进一步稀释了有效光子流，但仍保留其泊松特征。
- 视觉系统的神经回路汇集了来自刺激区域内和附近的许多视杆细胞的信号。Barlow 做了最简单的假设，即这种汇集操作相当于在每个积分时间窗中估算各视杆细胞 ℓ 数的总和 ℓ_{tot}。

Barlow 再次应用稀释和合并特性后得出结论：视杆细胞信号的总和必然也服从泊松分布，其期望由类似于**要点** 9.2中的公式给定，只是其中的量子捕获率和本征灰度参数具有不同的有效值：

> *（对于整个眼睛）短暂闪光期间视杆细胞信号的总数 ℓ_{tot} 服从泊松分布，其期望值与闪光强度之间存在线性关系：$\langle \ell_{\mathrm{tot}} \rangle = Q_{\mathrm{tot}}\mu_{\mathrm{ph,spot}} + \mu_{0,\mathrm{sum}}$。* (9.3)

其中 $\mu_{\mathrm{ph,spot}}$ 表示传递到眼睛的整个光斑中所含的光子数量的期望值，即光子到达速率与闪光持续时间的乘积。量子产率 Q_{tot}是表征所选视网膜区域的新的常量，而不是单个视杆细胞的量子捕获率。本征灰度参数 $\mu_{0,\mathrm{sum}}$ 再次给出了在时间上足够接近以致易与闪光事件混淆的假阳性信号数的期望值，同时也包含了在空间中足够接近以致与闪光照射区域（效应累加区域）不易区分的所有视杆细胞。

Barlow 认为 ℓ_{tot} 是提交给决策模块的数值。他还提出了一个具体模型：只有当 ℓ_{tot} 超过某个网络阈值时，决策模块才会报告一次闪光，这就能将假阳性率降低到特定任务所需的水平。如果这个假说正确，他认为受试者就应该能对决策模块进行*编程*，以至于能响应低于 10 个的有效光子吸收（前提是前期训练允许他们做出一些假阳性报告）。相反，参数 Q_{tot} 和 $\mu_{0,\mathrm{sum}}$ 属于较低层级的转导模块（图 9.2），Barlow 的模型假定它们对每个受试者都是*固定的*（在暗适应之后）。

9.3.4 迫选实验表征弱光响应

Barlow 通过一些心理物理学实验来检验他的假说，B. Sakitt 之后又做了更系统的实验。Hecht 和合作者在实验中为了避免假阳性而给出了有点含糊的指令。与之不同，Sakitt 则要求她的受试者对结果按照 0 （“没有看到任何东西”），1（“非常怀疑是否见到光”），$\cdots$，6 （“看到了非常明亮的闪光”）进行评级。受试者面对两种不同强度的闪光和“空白”（完全没有闪光）（三种情况的出现完全是随机的），被要求对每个闪光的刺激程度按上述 7 档进行评级。与 Hecht 实验一样，受试者在响应具有相同标称强度的重复刺激时给出的答案是可变的。但与伯努利试验（“抛币”表示看见/未见）略有不同，每个受试者的反应就像掷七面骰子的试验：对于任何给定的闪光强度，七种评级结果按照不相等但确定的概率出现。实验员是知道每次闪光的强度的，因此这七个概率值（对任一给定强度）可从评级数据中直接估算出来。

图 9.4显示受试者报告的平均评级如预期的那样随着闪光强度的增加而增加。即使在零强度，其平均打分也非零，这支持了本征灰度假说。然而，当呈现 55 个光子时，受试者给出“2”的评级次数远远高于无闪光时给出“2”的评级次数。将这一结果与 Hecht 及其合作者的估计（即量子捕获率最多为 10%）联合起来，可以看出大约六个光异构化事件就足以产生统计上可测量的行为响应。这个表述比“人类可以看到单个光子”这句话更精确，第 11 章将给出更多细节。

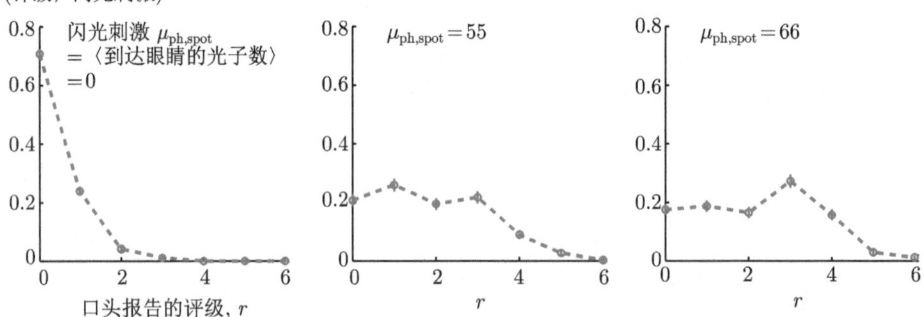

图 9.4　[实验数据。] **一个受试者的 Sakitt 实验结果。**三种不同强度（平均光子数 $\mu_{\text{ph,spot}}=0,55,66$）的 500 nm 闪光以随机顺序呈现给受试者，要求受试者对其亮度按照 $r=0,\cdots,6$ 等七个级别进行评分。对于每个闪光强度 $\mu_{\text{ph,spot}}$，每个评级的概率是根据受试者报告 r 值的频率估算的。误差棒表示伯努利分布参数的后验分布的标准偏差，试验重复了 400 次（对于 $\mu_{\text{ph,spot}}=55,66$）或 800 次（对于 $\mu_{\text{ph,spot}}=0$）。虚线不是拟合线，而是实验数据点的连线。其他受试者也给出类似的结果（未显示）。（图 11.5 将拟合此类数据。）[数据来自 Sakitt, 1972，见 Dataset 11 。参见习题 11.3。]

在拓展了 Barlow 的提议后，Sakitt 建议

- 闪光期间视杆细胞信号数服从**要点** 9.3中提及的概率分布。
- 受试者对视杆细胞信号的计数施加了一组网络阈值，由此给出评级 r。不同评级对应不同阈值，受试者在先前的训练过程中已经无意识地设置了这些阈值。　(9.4)

人们试图通过对图 9.4和图 9.5所示数据进行拟合、预测来证实或证否上述假说。但不幸的是存在很多种不同的拟合。例如，我们只对量子捕获率 Q_{tot} 进行了粗略估计。它可能很高（每次闪光会产生大量信号），同时本征灰度参数也可能很大，因而需要较大的网络阈值才能消除假阳性。将这些未知参数的值调小，也会导致类似的预测结果，即给出同样好的数据拟合。单靠心理物理学数据无法消除这种模糊性。因此，为完成分析，我们必须通过其他独立方法来确定常数 Q_{tot} 和 $\mu_{0,\mathrm{sum}}$（参见 11.3.4 节）。

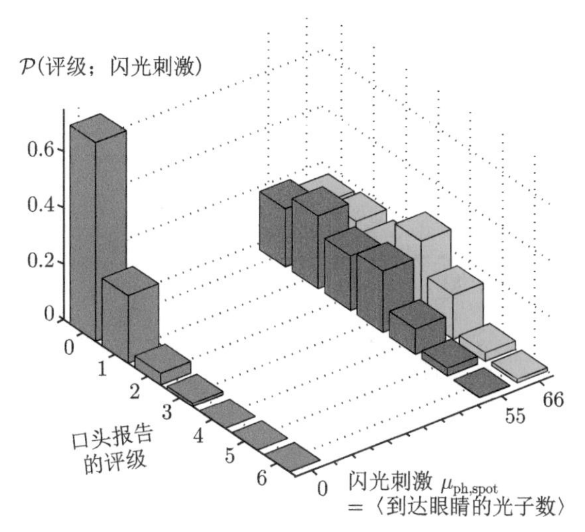

图 9.5　[实验数据。] **Sakitt 实验数据的另一种表示**。该图强调了她测量的是两个变量的函数：$\mathcal{P}$(评级; 闪光刺激)。[数据来自 Sakitt，1972。]

9.3.5　心理物理学实验提出的问题

尽管心理物理学实验无法完全表征感光细胞的性能，但这些实验间接确立了两个关键特征：

1. 实验的间接证据表明暗适应的人类视杆细胞能吸收单个光子并产生信号。
2. 结合光化学的基本事实，实验表明同时还产生了一些杂散信号。

本章余下部分将描述由开创性工作推动的后续实验如何在单个感光细胞水平上表征弱光视觉。与上述特征相关的一些问题包括

1′. 能否直接确认不存在视杆阈值？量子捕获率的数值是多少？什么样的细胞机器可以实现这种性能？

2′. 能否直接测量假阳性率？是否存在其他噪声源？

9.4 节和第 10 章将讨论这些问题。

9.4 单细胞测量

9.4.1 吸管法监测脊椎动物感光细胞

解剖学家在 20 世纪初发现，脊椎动物视网膜[①]包括紧密堆积的并与入射光平行的长细胞阵列（图 6.6），然而，这些感光细胞产生的信号难以测量。感光细胞记录的首批尝试始于 20 世纪 30 年代，对象是昆虫和鲎之类的无脊椎动物（图 9.6）。这些努力终于在 1977 年得到了回报，P. Lillywhite 发现单个细胞是以概率方式产生信号的，给出的响应曲线与心理物理学实验中的响应曲线类似（图 9.3）。另一组实验则使用脊椎动物，但为了方便记录，他们测量的是从视网膜输出层（视网膜的**节细胞**）发送到大脑的信号。然而，节细胞信号与原初光转化事件之间已经间隔了多个中间步骤。

图 9.6 [照片。] **美洲鲎**。*左*：整只鲎。*右*：复合侧眼的特写。[蒙 Lisa R Wright / 弗吉尼亚生活博物馆惠赠。]

监测单个脊椎动物视杆细胞所需的技术突破牵涉到细胞质及周围流体中离子运动所建立的电流[②]。所有动物细胞在其膜上产生跨膜电位，神经元（神经细胞）的特殊之处在于它们利用这些膜电位沿其长轴传输信号。通常用于记录神经元信号的技术有两种，但每种技术在与感光细胞一起使用时都有缺点：

- 实验者可以用微吸管轻轻刺穿神经元，再直接测量其内部的电位（“胞内记录”）。这种方法适用于大多数神经元，但在脊椎动物感光细胞中由单光子吸收所导致的膜电位变化量很小，因此最初难以测量。
- 在某些情况下，实验者可以简单地将电极放置在靠近神经元输出线（轴突）的位置，在神经冲动（动作电位）沿轴突传播时探测胞外电位的微小变化。但人们发现脊椎动物感光细胞不会产生动作电位，也没有任何方便测量的长轴突。

① 参阅第 I 部分的首页彩图。

② 2.4 节介绍了膜电位，第 10 章将提供有关离子电流的更多细节。

为了克服这些障碍，D. Baylor 和合作者在 1979 年左右开发了第三个测量方案（图 9.7）。每个视杆细胞都有一个称为“外节”的圆柱形凸起，这是细胞对光敏感的部分。实验者将单个视杆细胞的外节小心地吸入吸管中，细胞的其余部分保留在吸管外，因此中断了带电离子流的胞外通路。离子通常从细胞体流出，然后通过外节重新进入胞内。将外节吸入管中会迫使该循环电流绕行测量装置，进而实现了对它的记录 [图 9.8(a)]①。

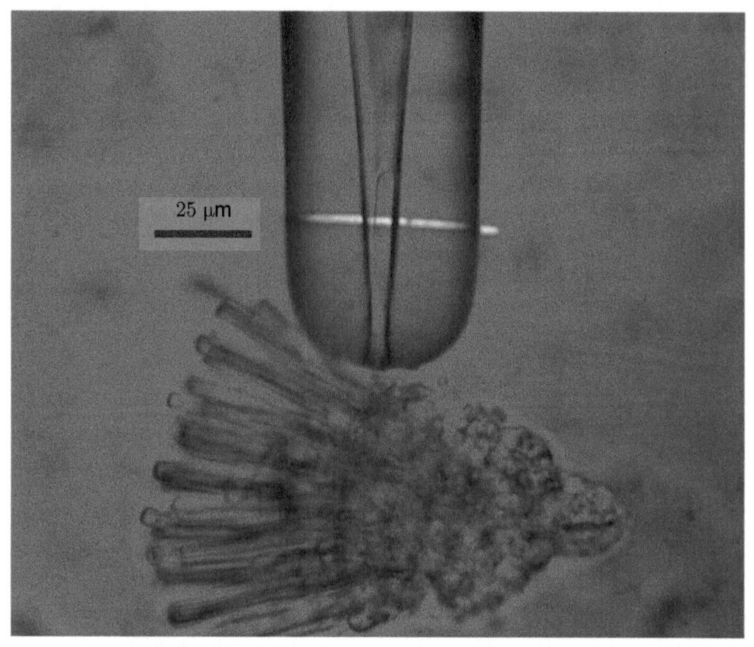

图 9.7　[显微照。] **吸管记录装置**。底部：来自蟾蜍 *Bufo marinus* 的一片视网膜，含许多长视杆细胞。中部：单个视杆细胞的外节被吸入吸管中以记录其胞外电流。该外节部分区域受到来自侧面的 500 nm 光刺激（黄绿色条纹）。（在其他实验中则是整个外节被照亮。）为了保持细胞对黑暗的适应性，吸管操作都是在红外光下进行的，并通过视频监视器实时观察。这里显示的照片是在实验结束后用可见光拍摄的。[蒙 King-Wai Yau 惠赠。另见 Baylor et al., 1979。]

实验表明，约 20 pA 的电流在未受刺激的视杆细胞内外流动。这种“暗电流”的涨落幅度约为 0.2 pA，称为**连续暗噪声**。然而，当视杆细胞暴露在光线下时，电流显著下降。例如，强闪光可以完全消除电流。弱光会产生较小的离散电流脉冲，在哺乳动物视杆细胞中，测得的电流幅度为 1—2 pA，持续时间约 300 ms[图 9.8(b)]。

① 图 10.8 给出了此电流环的更详细描述。W. Hagins 和合作者最先记录了黑暗条件下的连续胞外电流。

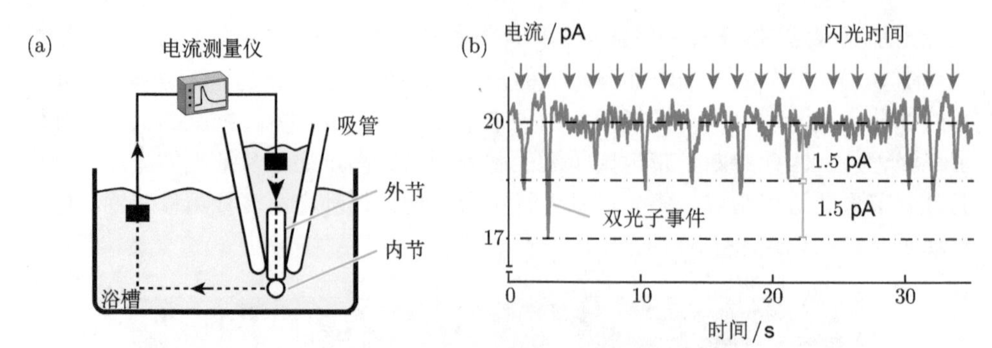

图 9.8　**吸管记录数据。**(a) [示意图。] 图 9.7所示实验中的测量电路。离子运动所导致的电流(虚线)通常先从视杆细胞内节流出，再从外节返回。然而，吸管作为屏障阻止了电流在细胞外部溶液中的闭合，因此电流必须先流入放置电极的浴槽，再经过电流测量仪，最后通过另一个电极(实线和矩形)流入吸管。(b) [实验数据。] 灵长类视杆细胞对强度固定的闪光序列作出响应时，在胞外测得的电流。闪光到达时间由曲线上方的箭头指示。该曲线中，闪光引起的响应信号从“连续暗噪声”背景中凸显出来。对这类弱光的响应信号按强度进行分类，可看出它们可能对应于 0、1 或偶尔两个或多个光子的有效吸收(参见图 9.12)。[数据由 Greg D Field 提供; 另见 Rieke，2008。]

9.4.2　阈值、量子捕获率和自发信号率的确定

Baylor 和合作者将感光细胞进行电隔离，再按照 9.2.3节的思路表征其性能，最后求得单细胞量子捕获率①。因为在暗电流中观察到的尖脉冲幅度大于连续暗噪声幅度，因而很容易被识别。此外，虽然在黑暗中测得的电流偶尔也会出现这种尖脉冲(与本征灰度假说一致)，但与闪光同步发生的可能性很小②。因此，视杆细胞对闪光的响应(尖脉冲有或无)是清晰可辨的，实验者可由此构建类似于“觉察概率”图(图 9.3)的单视杆细胞响应曲线。

Baylor 和合作者使用泊松分布来预测有效光子吸收数 ℓ 的概率。我们用 $\mu_{\mathrm{ph,rod}}$ 表示传递给视杆细胞的平均光子数、$Q_{\mathrm{rod,side}}$ 表示实验(图 9.8)中测得的侧向照明的量子捕获率，令 $\mu = Q_{\mathrm{rod,side}}\mu_{\mathrm{ph,rod}}$。那么零次有效吸收的概率③是 $\mathcal{P}_{\mathrm{pois}}(0;\mu) = \exp(-\mu)$，因此*非零吸收*的预测概率是

$$\mathcal{P}_{\mathrm{see}}(\mu_{\mathrm{ph,rod}}) = 1 - \mathrm{e}^{-Q_{\mathrm{rod,side}}\mu_{\mathrm{ph,rod}}}.\ (\text{对单细胞而言，设视杆细胞阈值} = 1) \quad (9.5)$$

也就是说，如果视杆细胞没有施加阈值(正如 Hecht 的实验间接暗示的那样)，则它响应闪光的概率应该由方程 9.5给出。如果视杆细胞的阈值是*两个*光子，则上述

① 量子捕获率在**要点** 9.2 中作为参数出现。

② [T2] 11.2.2 节将指出，多个视杆细胞信号的汇集会使得完整视网膜中的自发信号变得显著。然而，Baylor 的单细胞实验中不存在这样的汇集现象。

③ 0.2.5 节给出了完整的泊松分布。

公式中的 $e^{-\mu}$ 将被捕获零个或一个光子的概率所取代，依此类推。

方程 9.5给出了一个具体的物理模型。虽然这个公式包含未知参数 $Q_{\mathrm{rod,side}}$，但我们可以尝试用其拟合实验数据来检验该模型。如果不存在能拟合数据的参数值，则模型就是错的或者说过于简化了。上述模型是可证伪的，因为尽管可以改变参数，但这对模型拟合数据的能力只有有限的影响。

思考题9B

a. 图 9.9横轴显示了 $\mu_{\mathrm{ph,rod}}$ 的对数坐标。证明：改变 $Q_{\mathrm{rod,side}}$ 的值只能将方程 9.5的曲线左右平移，而不改变其形状。[提示：首先将 $\mathcal{P}_{\mathrm{see}}$ 写成 $f(y)$，其中 $y = \ln Q_{\mathrm{rod,side}} + \ln \mu_{\mathrm{ph,rod}}$，$f$ 只是 y 的函数。]

b. 证明上述结论也适用于视杆细胞阈值为两个或多个光子的情况。

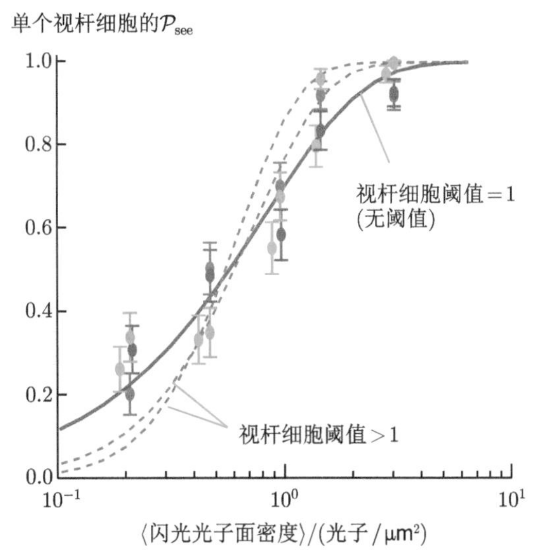

图 9.9　[实验数据拟合。] **视杆细胞阈值的确定。**圆点：单个视杆细胞响应 500 nm 弱闪光的概率，数据点的四种颜色分别代表来自猕猴的四个视杆细胞。实验装置类似于图 9.7。视杆细胞外节受到沿长轴正交方向（“侧向”）的光照。对数横坐标是平均光子数除以照射区域的面积（约 50 μm²）。实曲线显示了某物理模型对所有数据点的拟合，该模型假设单个光子的有效吸收即可产生信号；虚曲线给出了替代模型对数据的拟合，这些替代模型假设需要吸收两个或三个光子才能产生信号（见习题 9.3）。误差棒代表 65 次试验对应的伯努利分布参数的后验分布的标准偏差。人眼视杆细胞表现与此相似（未显示）。[数据来自 Baylor et al., 1984，见 Dataset 12。]

因此，如果模型所预测的觉察概率曲线太陡（或太浅），则仅调整拟合参数$Q_{\mathrm{rod,side}}$的值将无助于数据拟合[①]。图 9.9显示，如果假设视杆细胞存在理想阈值（即 1），则实验数据可以被很好地拟合，这也排除了更高阈值的可能性。这个结论证实了 Hecht 和合作者早期作出的间接推断（9.3.1 节）。该拟合值也为量子捕获率提供了数值估计[②]。

K. Yau、G. Matthews 和 Baylor 还发现了视杆细胞在黑暗条件下产生杂散信号的平均速率。对于猕猴视杆细胞，最新的估值大概是 0.0037 s^{-1}。

思考题9C

> 为了理解上述数值的含义，注意每个猕猴视杆细胞含有约 1.2×10^8 个视紫红质分子。求单位时间内任一视紫红质分子自发异构化的概率的上限。

你的结果展示了视紫红质分子的热稳定性，这是它成为优良光探测器的原因。这种稳定性使得视杆细胞能够携带大量视紫红质分子，实现相当高的量子捕获率，同时又保证没有太多的假阳性信号。

T2 9.3.4节末尾提到我们需要了解受轴向照射的视杆细胞的量子捕获率 Q_{rod}。然而，本节只概述了测定侧向照射的量子捕获率 $Q_{\mathrm{rod,side}}$ 的实验方法。9.4.2′ 节描述了如何获得 Q_{rod} 进而获得整个视网膜的量子捕获率 $Q_{\mathrm{rod,ret}}$，其出发点就是 $Q_{\mathrm{rod,side}}$ 的测量值。

9.4.3 视杆细胞无阈值的直接证据

前面小节介绍了视杆细胞无阈值的经典实验，即它们可以在单光子有效吸收后发出信号。然而，这些实验依赖于间接的概率推理，因为当时可用的光源还不能产生单光子闪光。原则上，我们可以将闪光强度或持续时间降低到使闪光的平均光子数 μ_{ph} 小于 1 这个临界点，即每次“闪光”不可能多于一个光子，而大多数情况一个都没有。当一个孤立的视杆细胞受到这种闪光刺激时，它有时确实会响应，但不能直接证明这就是视杆细胞对单光子有效吸收作出的响应。相反，有些观察到的视杆细胞信号可能是自发的假阳性事件（没有光子刺激也会发生）。要区别闪光有或无条件下的视杆细胞信号是很困难的，因为两者差值（可能很小）的相对标准偏差可能很大[③]。

幸运的是，现代技术可以产生只含一个光子的闪光。N. Phan 和合作者使用

① 习题 9.3 和习题 9.5 将探讨该结论。图 9.3也是半对数作图。

② 拟合细节见习题 9.7。

③ 0.5.4 节讨论了噪声量之差的 RSD。

该技术重新检验了视杆阈值问题（图 9.10）。为了克服大量零光子态带来的麻烦，Phan 和合作者让闪光穿过 β-硼酸钡晶体。大多数光子会直接通过晶体，但是一小部分被转换成光子对[①]。成对的光子同时出现并且具有相同的波长，该波长与青蛙视杆细胞的敏感度峰值匹配。其中一个光子被引导至吸管中的视杆细胞，另一个光子被引导至具有高量子捕获率、无阈值和低假阳性率的电子检测器，该检测器产生的响应信号被用来触发对视杆细胞信号的记录，这样就确保了记录的的确是单个光子到达视杆细胞时的数据。

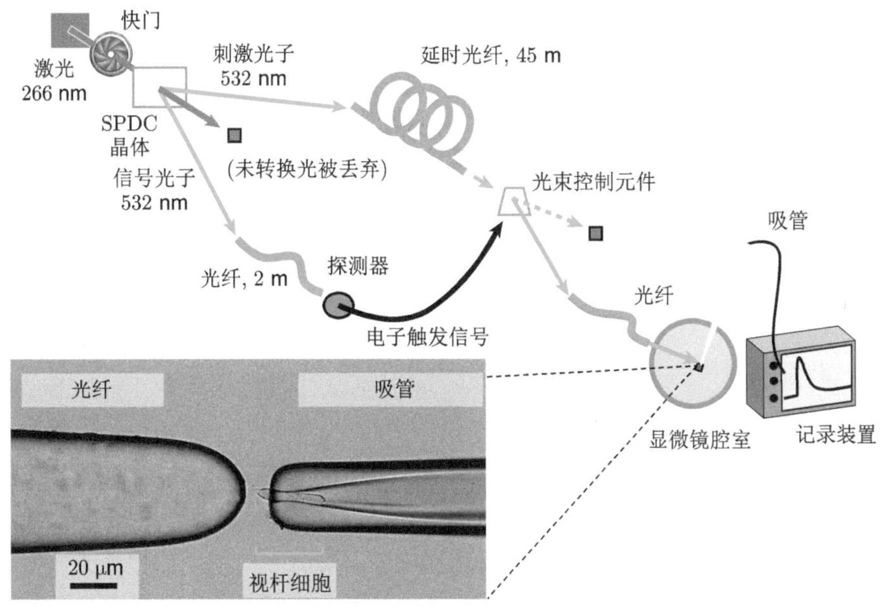

图 9.10　[示意图；光学显微镜。] **直接测定视杆细胞阈值**。光子对由紫外激光通过自发参量下转换（SPDC）机制产生。其中一个光子（称为“信号光子”）由电子光检测器检测，其输出可触发一个光束控制元件（声光调制器）。每当信号光子到达时，光束控制元件将另一个“刺激光子”引导至光纤并最终到达活体视杆细胞。刺激光子需要通过一根长的延时光纤，这为光束控制元件提供了足够的响应时间。触发信号也开启了对视杆细胞附近电流的记录（通过吸管法测量）。插图：显微镜图像，显示了吸管中的视杆细胞和光学纤维的尖端。[蒙 Leonid A Krivitsky 惠赠；另见 Phan et al., 2014。]

图 9.11显示了零光子和单光子“闪光”后观察到的视杆细胞电流峰值的分布。两个直方图存在差异，这直接证明了视杆细胞确实可以对单光子刺激作出响应。在习题 9.6 中，你将使用这些数据来确定响应事件发生的概率，从而直接估算视杆细胞的量子捕获率。

① $\boxed{T_2}$ 1.3.3′ a 节描述了光子分裂的物理特性。

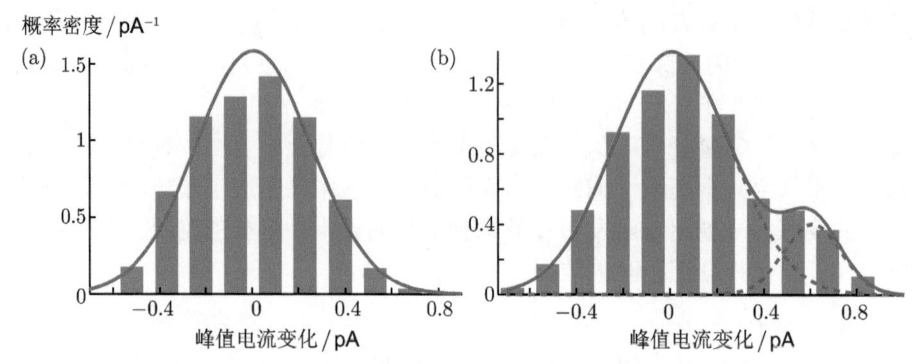

图 9.11 [实验数据。] **视杆细胞对单光子刺激的响应**。来自非洲爪蟾（*Xenopus laevis*）单个视杆细胞的电流变化（室温下）。(a) 视杆细胞受零光子闪光照射的对照实验，测量次数超过 157。*曲线*是对测得数据的最佳高斯分布拟合。(b) 同一视杆细胞的电流数据，每次闪光只含一个光子，共 195 次实验。*左侧虚曲线*与 (a) 中分布相同（适当归一后）。整个曲线偏离高斯分布的部分展示了光子吸收对电流的影响。*右侧虚曲线*也是一个对数据的高斯分布拟合（见习题 9.6）。*实曲线*是这两个分布的最佳加权求和，表明所记录的信号是光子未被吸收或被有效吸收两类事件的混合。[数据来自 Phan et al., 2014。]

9.4.4 单细胞测量的更多信息

多光子吸收

我们现在回到使用传统闪光进行的实验。图 9.8(b) 和图 9.12显示了视杆细胞响应弱光的另一个关键特征。虽然大多数信号峰值在 1.8 pA 附近，但有一些信号大约是两倍大。Baylor 和合作者提出如下解释，

- 在他们使用的闪光强度下，一次闪光响应有时会有*两个*（或更多个）光子被有效吸收。并且
- 视杆细胞的响应反映了吸收光子的数量[①]。这些额外信息会被视网膜下一级信号处理环节所利用。

实际上，图 9.12中的直方图表明，不同的光子计数对应于不同部分的峰值，这些峰值大致是吸收光子数的线性函数（至少当这个数很小时）。

单变量原理

第 3 章色觉分析中有一个关键假设，即任何感光细胞响应闪光而产生的信号都不太依赖于光波长。具体地说，这个单变量原理指出光波长仅影响其被感光细胞吸收的概率，而一旦被吸收，则不会影响后续响应行为的特征[②]。Baylor 和合作者在他们的两栖动物视杆细胞的研究中检验了相应的假设。例如，即使当波长

① 习题 10.3 将检验这个说法。

② *要点* 3.8 介绍了单变量原理。

从 420 nm 变到 700 nm 导致细胞的敏感度变化超过 10^5 倍，他们发现单光子响应的峰值电流仍然与光波长无关。后来的实验将这一结果扩展到了哺乳动物。

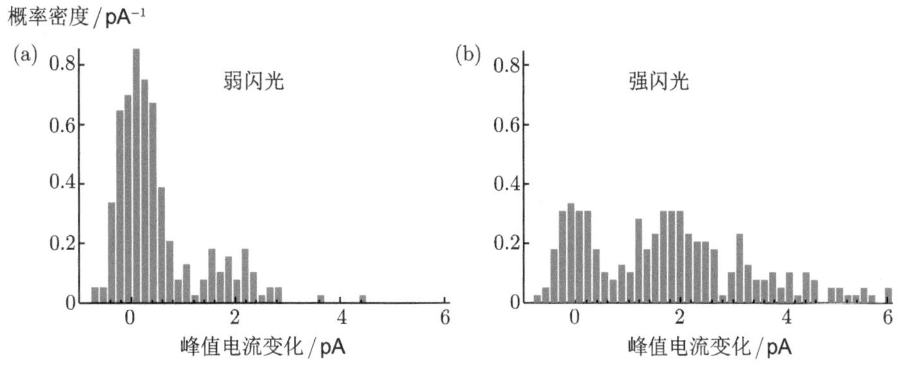

图 9.12　[实验数据。] **灵长类动物视杆细胞中记录的电流直方图**。实验中将泊松分布的闪光呈现给单个细胞，实验方法类似于图 9.9（但不同于图 9.11）。但是，与图 9.9所示不同，现在每个响应不再是粗略地分为“看见/未看见”，而是记录响应的真实值。在每个子图中，*左侧*隆起对应于细胞无响应的试验，在 1.8 pA 附近的隆起对应于单光子响应。第二个直方图对应的平均光子数是第一个的四倍。图（b）中，在 3.6 pA 附近存在第三个很宽的隆起，对应于两个光子被有效吸收。作为比较，可参见图 2.8，那是在另一场合下出现的相似分布（也可参见习题 10.3）。[数据蒙 Greg D Field 提供，可在 Dataset 13 中找到；另见 Rieke，2008。]

9.4.5　单细胞测量衍生的问题

前面小节介绍了少量光能如何诱导视杆细胞作出响应，这样的响应拥有一些显著的特性：

- 与光子的能量相比，视杆细胞的响应强度*很大*。更定量地说，测量到的视杆细胞响应是约为 1—2 pA 的电流变化，其持续时间约为 300 ms[见图 9.8(b)]。

思考题9D

a. 估算上述事件中跨过视杆细胞膜的电荷的总变化量。

b. 视杆细胞的跨膜电位约 40 mV。根据（a）中求得的跨膜电荷，估算其对应的电势能变化量。

这份能量小于将一块砖提升一米所需的能量，但它远大于触发跨膜电流所需吸收的光子的总能量①。视杆细胞如何在不引入巨大噪声（足以掩盖信号）的情况下实现上述惊人的能量放大？

① 见习题 1.4。

- 9.3.2节提到大约 20% 到达视网膜的光子会被视紫红质分子吸收。考虑到单个生色团不太可能直接捕获入射光子，则上述结果是令人惊讶的。
- 在无真实光子照射的情况下，视杆细胞很少发射类似真实光子的响应信号。例如，图 9.8(b) 中的每个信号似乎都是对应着真实光子。如此灵敏的探测器为何假阳性会也如此低？
- 视杆细胞对单光子吸收的响应是相当均匀的 [图 9.8(b) 和图 9.12]。考虑到包含极少量分子的事件内在的随机性，我们原本预期信号会有很大的变化。因此，这一观察结果也令人惊讶。

第 10 章我们将探讨感光细胞如何将光转换成适宜于在大脑中传输的信号，那时我们还会回到这些问题。

总　结

本书描述了许多单分子检测方法，例如在荧光显微镜领域的应用。现在我们知道了每个人（甚至是低等的粪甲虫）其实都是单分子生物物理学家：我们的感光细胞一直都在报告单个光异构化事件。我们有意识的大脑可以利用少数这样的事件来构建外部世界的模型，该模型给我们带来了巨大的适应性优势。我们先介绍了 20 世纪 40 年代的开创性心理物理学实验，然后回顾了一些细节，这些细节被后来发展的单细胞记录技术所揭示。第 10 章将讨论如此出色的性能究竟是如何实现的。

关键公式

- *视杆细胞对弱光的响应*：9.3.3节介绍了 Barlow 的提议，即单个视杆细胞对弱光的响应就是产生 ℓ 个"信号"，其中 ℓ 是服从泊松分布的随机变量，且 $\langle\ell\rangle = Q_{\rm rod}\mu_{\rm ph,rod} + \mu_{0,\rm rod}$，其中 $Q_{\rm rod}$ 表示视杆细胞的量子捕获率，$\mu_{\rm ph,rod}$ 表示单次闪光传递给视杆细胞的光子数的期望值，$\mu_{0,\rm rod}$ 则是在视杆细胞积分时间内产生的假阳性事例数的期望值。
  在侧向照射的孤立视杆细胞的实验中，我们同样预期会得到泊松分布，只是视杆细胞具有不同的量子捕获率 $Q_{\rm rod,side}$。如果我们仅使用极短闪光来刺激视杆细胞，则检测到的自发事件数量可忽略不计。在这种情况下，我们响应单次闪光而获取一个或多个信号事件的概率 $\mathcal{P}_{\rm see}(\mu_{\rm ph,rod}) = 1 - \exp(-Q_{\rm rod,side}\mu_{\rm ph,rod})$。
- *整个视网膜对弱光的响应*：9.3.3节认为整个视网膜对弱的、短暂的局部闪光的响应也是一个离散的随机变量 $\ell_{\rm tot}$，它是通过汇集许多视杆细胞的信号而获得的，因而也呈泊松分布，其期望 $\langle\ell_{\rm tot}\rangle$ 取决于闪光强度，其形式

为 $Q_{\mathrm{tot}}\mu_{\mathrm{ph,spot}}+\mu_{0,\mathrm{sum}}$。在该公式中，$\mu_{\mathrm{ph,spot}}$ 是闪光中光子总数的期望值。T2 第 11 章将联合 9.4.2′ 节中的推导和对首突触处信号损失率的估计，用单细胞的 Q_{rod} 来估计 Q_{tot}。类似地，我们也可以用 $\mu_{0,\mathrm{rod}}$ 的测量值来估计本征灰度参数 $\mu_{0,\mathrm{sum}}$。

- T2 *截面、吸收率、消光系数*: 生色团的吸收截面为 $a_1=f/\sigma$，其中 f 是光子撞击面密度为 σ 的生色团薄层时被吸收的占比。摩尔吸收率（也称消光系数）定义为 $a_1/(\ln 10)$，传统上以 $\mathrm{M}^{-1}\cdot\mathrm{cm}^{-1}$ 表示。该生色团的体相溶液的吸收系数是摩尔吸收率与浓度的乘积。
- T2 *量子产率与量子捕获率*: 视杆细胞信号的量子产率 ϕ_{sig} 是指光子被吸收后触发视杆细胞响应的概率。相反，侧向照射下视杆细胞的量子捕获率 $Q_{\mathrm{rod,side}}$ 是指光子抵达后视杆细胞响应的概率。并非所有抵达的光子都被吸收，因此量子捕获率小于量子产率：

$$Q_{\mathrm{rod,side}}=\phi_{\mathrm{sig}}a_1c\pi d_{\mathrm{rod}}/4. \qquad [9.11]$$

其中 c 表示生色团的数密度（浓度），d_{rod} 是视杆细胞的直径。

延伸阅读

准科普:

Henshaw, 2012。

中级阅读:

Cronin et al., 2014; Bialek, 2012, chapt. 2; Land & Nilsson, 2012; Packer & Williams, 2003。

Hecht 实验: Benedek & Villars, 2000。

其他细胞反应网络中的阈值行为: Nelson, 2015, chapt. 10。

高级阅读:

来自心理物理学的单分子光异构化检测: Rieke, 2008; van der Velden, 1944; Hecht et al., 1942。

巨型鱿鱼眼: Nilsson et al., 2012。

本征灰度假说: Sakitt, 1972; Barlow, 1956。

胞外电流: Hagins et al., 1970。

通过单个视杆细胞检测单分子光异构化: Baylor et al., 1984; Lillywhite, 1977。

在黑暗条件下与光诱导信号相似的自发响应: Yau et al., 1979。

T2 9.4.2 拓展

9.4.2′a 光子吸收比与样品厚度呈指数关系

Baylor 和合作者用各不同强度的闪光照射单个视杆细胞，获得了如图 9.9 所示的“觉察概率”的数据。虽然图中的曲线看起来与心理物理学数据（图 9.3）非常相似，但它更容易分析，因为视杆细胞信号无需经过后续的神经系统处理。在习题 9.3 中你将分析这些数据，证明它们可以拟合方程 9.5 这种形式的函数。

不过，这还不是故事的全部，因为 Baylor 实验只是用了侧向（垂直于其轴线）闪光照射视杆细胞，而我们想要知道轴向光照（就像在完好的眼睛中那样）时视杆细胞的量子捕获率。为了建立两者的联系，我们需要考虑光密介质如何吸收光线[①]。

想象一块面积为 A 的薄透明材料受到垂直光照，所有的光线都直接穿过[②]。现在用 N 个能完全吸光的斑（面积为 a_1）来点缀这个薄板 [图 9.13(a)]。吸收斑的面密度 $\sigma = N/A$。如果斑互不重叠，则它们能阻挡 $f = a_1\sigma$ 比例的光。

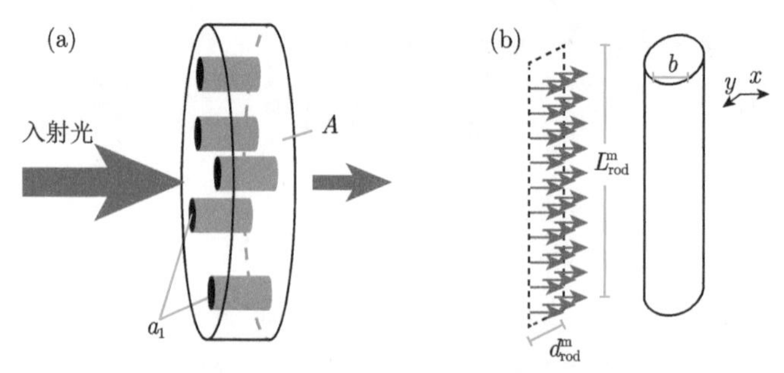

图 9.13 **生色团吸收。**(a) [类比。] 薄层集合了 N 个宏观的理想吸收体，单体的吸收截面积为 a_1。总共阻挡了比例为 Na_1/A 的垂直穿行光。(b) [示意图。] 一个均匀强度的矩形光束侧向照射含有生色团的圆柱体，吸收概率取决于路径长度 b，而后者又取决于 y，方程 9.9是对 y 求平均的结果。

再考虑一种更现实的情况。一些吸光分子悬浮在薄水层中，面密度为 σ。我们可以测量入射光被阻挡的比例 f。该比例可被理解为任何入射光子（具有所选波长）被吸收的概率。对于单个光子，生色团中至多有一个可以吸收它。因此，光子被吸收的总概率与生色团数量成正比[③]。此外，想象一系列实验，其中 N 个生色团分布在越来越大的区域 A 上，并且入射光束也扩展到整个区域 A。显然，吸光分子的间隙也越来越大，每个入射光子“遇到”生色团的可能性越来越小。总之，f 是生色团面密度乘某一常数。我们将该比例常数称为所选生色团的**吸收截**

① 此处存在一个与光偏振相关的微妙话题，详见 13.7.4 节。

② 忽略表面反射。

③ 我们忽略了可能存在的量子干涉效应，因此我们可以使用概率法则 [此处是加法规则（方程 0.3）]。

面 a_1。因为尽管它可能不等于分子的几何尺寸，但它确实具有量纲 $\mathbb{L}^2$，其定义为 $a_1 = f/\sigma$，与前述宏观例子相同[①]。

现在考虑一个厚度 b 不是很小的样品，样品中生色团的体积密度（浓度）为 c。想象一下样品是厚度为 b/M 的 M 片薄层的堆积，则每层中生色团的面密度 $\sigma = cb/M$。光垂直进入想象的样品层，当单个光子遇到第一层时，其被吸收的概率是 $f = a_1(cb/M)$，则它能穿过整个样品的概率是在任何层都不被吸收的概率的乘积，即 $\mathcal{P}(\text{透射}) = (1-f)^M$。当 M 趋于无穷大时，复利公式（方程 0.50）允许我们将此结果改写为[②]

$$\boxed{\mathcal{P}(\text{透射}) = \mathrm{e}^{-a_1 cb}. \quad \text{厚样品}} \tag{9.6}$$

一些作者将该方程重写为 $10^{-\zeta b}$，其中**吸收系数**定义为 $\zeta = a_1 c/(\ln 10)$。它取决于吸收截面 a_1（分子特征）和发色团数密度（浓度）c。如果 $a_1 cb \ll 1$，我们就可以估算光子被吸收的概率

$$\mathcal{P}(\text{吸收}) = 1 - \mathrm{e}^{-a_1 cb} \tag{9.7}$$

$$\approx a_1 cb. \ (\text{薄样品近似}) \tag{9.8}$$

Baylor 和合作者使用的是猕猴视杆细胞，其外节是圆柱形的，直径 $d_{\mathrm{rod}}^{\mathrm{m}} = 2\ \mu\mathrm{m}$，长度 $L_{\mathrm{rod}}^{\mathrm{m}} = 25\ \mu\mathrm{m}$。对于视杆细胞中的视紫红质及其测得的浓度，$a_1 c$ 的测量值为 $0.044\ \mu\mathrm{m}^{-1}$。因此，对于视杆细胞侧向照射的情况，方程 9.8是很好的近似，因为穿越视杆细胞的任何侧向路径的长度小于或等于 $d_{\mathrm{rod}}^{\mathrm{m}}$，而 $d_{\mathrm{rod}}^{\mathrm{m}} a_1 c = 0.09 \ll 1$。在 Baylor 实验中，光束在 $d_{\mathrm{rod}}^{\mathrm{m}} \times L_{\mathrm{rod}}^{\mathrm{m}}$ 的矩形面积内（仅覆盖外节）具有均匀强度。对整个圆柱求平均 [图 9.13(b)] 给出侧向吸收概率

$$\mathcal{P}\left(\text{吸收(侧向)}\right) = a_1 c(\pi d_{\mathrm{rod}}^{\mathrm{m}}/4) \tag{9.9}$$

9.4.2′b 视杆细胞信号的量子产率

我们现在通过将方程 9.9与广义乘法规则[③]相结合来求被吸收光子实际触发视杆细胞响应的概率 ϕ_{sig}（“信号的量子产率”[④]）

$$\phi_{\mathrm{sig}} = \mathcal{P}\left(\text{视杆细胞信号}|\text{吸收(侧向)}\right)$$

---

① 化学家传统上将吸收截面的单位表示成 $\mathrm{M}^{-1}\cdot\mathrm{cm}^{-1}$。当 a_1 被转换成这种单位时，$a_1/(\ln 10)$ 被称为生色团的“摩尔吸收率”或“消光系数”。我们也可以为更精细的过程定义吸收截面，例如伴随后续荧光发射的光吸收。第 1 章中讨论的激发光谱就是这样的吸收截面，它是波长的函数。

② 这个简短的推导看起来应该很熟悉，请参阅 1.4.1 节。它是在 1729 年之前由 P. Bouguer 发现的，J. Lambert 使其为大众所熟知，后由 A. Beer 进行了推广。

③ 0.2.2 节介绍了条件概率。方程 0.7 给出了乘法规则。

④ 该术语与 2.9.2 节的术语一致，其中光合作用的量子产率被定义为光子被吸收后能产生氧分子的概率。你将在习题 9.3 中估算 ϕ_{sig}。

$$=\mathcal{P}\left(\text{视杆细胞信号 and 吸收(侧向)}\right)/\mathcal{P}\left(\text{吸收(侧向)}\right). \tag{9.10}$$

该表达式的分子是量子捕获率（9.2.3节），所以我们得

$$\phi_{\text{sig}}=\frac{Q_{\text{rod,side}}}{a_1 c\pi d_{\text{rod}}^{\text{m}}/4}. \tag{9.11}$$

我们做个有趣的比较。视紫红质吸收一个光子后发生异构化的概率可以用纯物理方法测量，因为已经异构化的视紫红质*再次*遇到闪光时会以不同方式吸收光子。“光致异构化的量子产率”约为 0.67，意味着大多数光子吸收的确触发了异构化而不仅仅是转化为热。将上述数值与习题 9.3 或习题 9.7 中求得的 ϕ_{sig} 值相比较，结果表明视杆细胞具有极高的概率来记录单个异构化事件（可能发生在 1.4×10^8 个视紫红质分子中的任一个中）。

我们对 ϕ_{sig} 的主要兴趣点在于：*无论光如何照射视杆细胞，其值应该相同*。一旦光子被视紫红质吸收，其原初方向就不会有任何影响了：

$$\mathcal{P}\left(\text{视杆细胞信号}|\text{吸收(轴向)}\right)=\mathcal{P}\left(\text{视杆细胞信号}|\text{吸收(侧向)}\right)=\phi_{\text{sig}}.$$

下面我们就利用这个事实来求得轴向照射（出现在正常视觉功能，特别是心理物理学实验中）时视杆细胞的量子捕获率。

9.4.2′c 轴向照射下单个人体视杆细胞的量子捕获率

为了估算 Q_{rod}，我们先求轴向照射人类视杆细胞时光子被吸收的概率（细胞的外段长度大约为 $L_{\text{rod}}^{\text{h}}\approx 42\ \mu\text{m}$），然后乘以 ϕ_{sig}（参见方程 9.7和 9.11）：

$$\begin{aligned} Q_{\text{rod}} &= \mathcal{P}\left(\text{视杆细胞信号(轴向)}\right)\\ &= \mathcal{P}\left(\text{视杆细胞信号}|\text{吸收(轴向)}\right)\mathcal{P}\left(\text{吸收(轴向)}\right)\\ &= \phi_{\text{sig}}\left(1-\exp(-a_1 c L_{\text{rod}}^{\text{h}})\right). \end{aligned} \tag{9.12}$$

请注意，此处薄样品近似（方程 9.8）*无效*，这一点在意料之中：为了获得良好的夜视，视杆细胞需要捕获大部分到达的光子，因此 $\exp\left(-a_1 c L_{\text{rod}}^{\text{h}}\right)$ 不应该接近 1。

9.4.2′d 整个视网膜的量子捕获率是数个因子的乘积

现在我们已经获得了单个视杆细胞量子捕获率（见方程 9.2）的数值。然而，为解释行为学实验，我们需要求得整个视网膜响应单个入射光子的概率 Q_{tot}。光子在到达视杆细胞之前必须经历几道障碍，每道障碍都对有效吸收概率贡献一个小于 1 的因子[①]。由于这些因子数值的个体差异很大，因此本书中涉及这些因子的任何计算都是近似的。

① 3.4.1 节讨论了泊松过程的稀释特性。

第一个要考虑的因素是大约 4% 的入射光从角膜被反射（这些光根本不会进入眼睛）。此外，在光到达视网膜之前，角膜、眼睛晶状体与液体中的吸收和散射也会造成损失。剩余光所占的比例取决于受试者的年龄，例如对于 35 岁的受试者，507 nm 光的典型剩余值为 47%（van de Kraats & van Norren, 2007）。考虑角膜反射后再乘以 0.96 得到“眼球介质因子”：

$$[\text{屈光介质因子}] \approx 0.45.$$

其次，视杆细胞并非完全覆盖视网膜表面 [图 3.9(a)]，因此到达视网膜的一些光子不会碰到任何视杆细胞。这个“平铺因子”取决于闪光所指向的视网膜上的具体位置，Sakitt 实验中选择指向偏离中心视线 7 deg 的位置，此时该因子的值大致是（Donner, 1992）

$$[\text{平铺因子}] \approx 0.56.$$

我们现在可以联合这些因子来估算视网膜一个区域上视杆细胞的有效量子捕获率：

$$Q_{\text{rod,ret}} = [\text{屈光介质因子}] \times [\text{平铺因子}] \times Q_{\text{rod}}. \tag{9.13}$$

在习题 9.7 中，你将估算到达眼睛的光子触发视杆细胞信号的概率。我们可以将它与 Hecht 和合作者估计的 10% 进行比较，后者仅基于眼的光学效应和视紫红质的吸收截面。考虑到这些作者并不知道视杆细胞信号的量子产率（单细胞记录技术是 40 多年后才出现的），因此他们的估计是非常成功的！

然而，$Q_{\text{rod,ret}}$ 仍然不是心理物理学中的量子捕获率 Q_{tot}。第 11 章将引入另一种损失机制，该机制包括首突触的分辨过程，后者会丢弃一些真正的光子信号。

习题

9.1　从心理物理学角度看视杆细胞阈值

假设闪光分布在 300 个探测器（视杆细胞）上，每个探测器都含有许多光敏分子（生色团）。每个生色团捕获入射光子的机会很小，但是生色团数量很多以至于每次闪光在整个视网膜上能触发平均 10 次有效吸收。忽略生色团自发异构化的可能性。

a. 设随机变量 ℓ 是任何一个探测器中的有效光子吸收次数，写出其概率分布 $\mathcal{P}(\ell)$ 的表达式。

b. 计算任何指定的探测器捕获不多于 1 个（ 0 个或 1 个）光子的概率。

c. 计算*无一*探测器捕获多于 1 个光子的概率。

d. 计算至少有一个探测器捕获 1 个以上光子的概率。

e. Hecht 和合作者发现在这种强度的闪光条件下，觉察概率大约是 50%。由此可得出关于视杆细胞阈值的什么结论？

9.2 从外在表现看视杆细胞阈值

假设某动物眼有两种设计方案。A 方案中感光细胞能够对单次光子吸收作出响应。B 方案中感光细胞只有在 200 ms 的积分时间窗内获得两次有效光子吸收后才会发出信号。这两种设计在其他方面是完全相同的，特别是两种感光细胞具有相同的量子捕获率 $Q_{\mathrm{rod}} = 0.30$。将任一种方案嵌入一个类似人眼的视觉系统中，如果每个感光细胞能产生平均速率约 $0.0002\ \mathrm{s}^{-1}$（至少每 1.4 小时一个光子）的信号，则系统可以看到外部世界。

比较每个方案中为实现此信号速率所需的平均光子到达速率，并讨论你的结果。

9.3 单个视杆细胞的“觉察”概率

Baylor 和合作者记录了来自猕猴的单个视杆细胞的信号并测量了“觉察概率” $\mathcal{P}_{\mathrm{see}} = \mathcal{P}\left(\text{信号(侧向)}; \mu_{\mathrm{ph,rod}}\right)$（图 9.9）。从 Dataset 12 获取数据（其中包含了图中显示的数据点）。为量度闪光强度，考虑到光束被限制在尺寸为 $2\ \mu\mathrm{m} \times 25\ \mu\mathrm{m}$ 的矩形内，请将单位区域的光子数转换为总光子数。

a. 尝试选取合适的参数值 $Q_{\mathrm{rod,side}}$（视杆细胞的量子捕获率），使得测量数据能被视杆细胞零阈值的预期函数（方程 9.5）所拟合。拟合效果看起来不错即可。

b. 再假设视杆细胞只有在一次闪光中捕获*两个*或多个光子时才发出信号，写出相应的拟合函数，并再次对数据进行上述初步拟合。讨论你的结果。

c. T2 使用方程 9.11和（a）的结果求出视杆细胞产生信号所需的量子产率 ϕ_{sig} 的数值。（其他所需的数值参见 1.4.2′ 节。）使用方程 9.12和方程 9.13分别求出视杆细胞的量子捕获率 Q_{rod} 和整个视网膜的量子捕获率 $Q_{\mathrm{rod;ret}}$。

9.4 单视杆细胞响应关系的另一种作图法

继续习题 9.3：

a. 再次从 Dataset 12 获得数据，作出 $-\ln(1-\mathcal{P}_{\mathrm{see}})$（而不是图 9.9中的 $\mathcal{P}_{\mathrm{see}}$）

与闪光平均光子数的函数图。这是一个有趣的作图法：因为对于我们的模型没有设定视杆细胞阈值（视杆细胞阈值等于一次光异构化），因此其函数图将具有某种特征。而具有更大阈值的类似函数图不具备该特征。这个特征是什么？

按照习题 9.3 的初步拟合做法，我们再次将实验数据点与不同模型的函数图比较，看哪个模型能更好地拟合数据。但是这种方法存在一个困难：当 $\mathcal{P}_{\rm see}$ 转换为 $y = -\ln(1-\mathcal{P}_{\rm see})$ 之后，某些点上的误差棒将比其他点上的大很多。实验数据给出了大约 66 次试验中能够观察到视杆细胞信号的比例，这可视为对 $\mathcal{P}_{\rm see}$ 的一个估值。

b. 利用伯努利试验的知识，求每个闪光强度条件下上述比例的标准偏差。将估算的 $\mathcal{P}_{\rm see}$ 加、减标准偏差从而获得取值的范围，再计算 y 值的相应范围，并在实验数据的曲线上放置误差棒以反映统计不确定性。
c. 哪种模型最能说明数据？

9.5 阈值对单视杆细胞响应的影响

正文指出提高视杆细胞阈值会使单视杆细胞的觉察概率曲线变得陡峭。本习题将检验该陈述。

分别对无阈值或阈值为 2（视杆细胞需要两个光异构化事件才能产生信号）的情况，解析计算斜率函数 $\mathrm{d}\mathcal{P}_{\rm see}/\mathrm{d}(\ln\mu_{\rm ph,rod})$ 的最大值，可参考方程 9.5以及相关正文的描述。证明最大斜率仅取决于阈值而不依赖于拟合参数量子捕获率。结合思考题 9B，对结果进行讨论。

9.6 单光子刺激

9.4.3节概述了 N. Phan 和合作者如何确定单个视杆细胞的量子捕获率。

a. 从 Dataset 14 获得数据，第一对数组描述了对未受刺激的视杆细胞测到的电流噪声。使用 7.2.3节中的方法，求出这些数据的最可能高斯分布拟合。对该概率密度函数作图，并叠加在实验数据给出的原始概率密度图上（以柱状表示）。
b. 从 Dataset 14 获得的另一对数组描述了当一次闪光只含一个光子时来自视杆细胞的测量电流。假设（i）有效吸收光子在总光子数中的占比是 ξ；（ii）细胞对有效吸收的响应是给出服从高斯分布（期望值 I_0 和方差 σ^2）的峰值电流 I。如果没有发生有效吸收，则细胞的峰值电流服从（a）中求得的分布。由此构建你的物理模型。

c. 求参数 ξ, I_0 和 σ 的最佳拟合（最大可能）值，并作图 [类似于（a）中的图]。拟合之前，你可以先通过观察柱状图的形状，对上述参数作预估值，然后在这些值附近进行搜索。最终拟合得到的图能够吻合观察数据的柱状表示图吗？

d. T2 你求得的 ξ 值是视杆细胞响应的次数，占所有光子对（由特定装置产生）数量的一定比例。然而，每个飞向视杆细胞的光子对可能会在途中丢失，从而使 ξ 低到小于细胞的真实量子捕获率[①]。实验者估计约 79% 的光子以这种方式丢失。将（c）中的答案除以 $(1-0.79)$ 即得视杆细胞的量子捕获率的估计值。（为什么这么处理是合理的？）

9.7 T2 关于单个视杆细胞响应的更多补充

a. 习题 9.3 或习题 9.4 中所做的是非正式拟合。此处我们用最大似然法来严格拟合 Dataset 12 的数据。写出似然函数，求出视杆细胞量子捕获 $Q_{\text{rod,side}}$ 的最佳估值。该方法也称**逻辑回归**。

b. 对于人类受试者的视网膜区域，使用（a）的结果和方程 9.12、方程 9.13来估算 $Q_{\text{rod,ret}}$。当 100 个光子撞击眼睛时，视杆细胞会产生多少信号？

c. 为了在不同模型之间进行客观的比较、选择，现在假设视杆细胞阈值等于两个有效吸收，重复（a）的计算，并计算此模型的最佳拟合似然值与（a）中似然值之比，讨论该结果。

9.8 T2 单个荧光分子检测

在实验室典型光强的照射下，人眼是否可以检测到单个荧光染料分子（荧光团）？

a. 化学品供应目录引用了每种荧光团的消光系数（摩尔吸收率）。假设你的荧光团具有典型值 $\epsilon = 10^5\ \mathsf{M}^{-1}\cdot\mathsf{cm}^{-1}$。使用 9.4.2′ a 节中的方法将其转换为吸收截面 a_1。注意，方程 9.6 与类似公式 $\mathcal{P}(\text{透射}) = 10^{-\epsilon c b}$ 等价。将答案的量纲表示成 m^2。

b. 设想用一个真空波长 $\lambda = 510\ \mathsf{nm}$ 和强度 $I = 100\ \mathsf{W}\cdot\mathsf{cm}^{-2}$ 的光源激发这个荧光团。计算每单位截面积上光子到达的平均速率。

c. 假设典型的量子产率为 50%，也就是说，有一半的吸收光子会导致荧光发射光子。假设显微镜物镜捕获了其中的一半，并将它们引导到你的眼睛。

① 还存在另一种修正：我们忽略了一个自发的视杆细胞事件与真实的光子诱导事件发生重合的可能性，这导致即使入射光子未被有效吸收也会测量到视杆细胞的响应，从而虚增了 ξ 值。

再假设到达你眼睛的大约 10% 的光子被有效吸收。求光子有效吸收的平均速率。

d. 将 (c) 的答案乘以视杆细胞的积分时间（$\approx$ 200 ms）。一个暗适应的眼睛能觉察单个荧光分子吗？

第 10 章 视觉转导机制

如果万能的主在着手创世之前咨询我，
我就会推荐一些更简单的方法。
——摘自阿方索十世（Alfonso X）
又称“智者阿方索”（“Alfonso the Wise”），1221—1284

10.1 导读：动态范围

第 9 章展示了人眼的卓越性能，本章开始我们要了解感光细胞能在体温条件下高灵敏及低噪声地探测信号的内在机制。我们先简要介绍几个为建立该机制奠定基础的独创性实验，这些实验也展示了人们为探究这些知识而付出的巨大努力。此外，我们将看到感光细胞如何在照度的巨大*动态范围*内为我们提供有用的信息（图 3.10）。

本章焦点问题
生物学问题：什么机制可以让我们监测上亿个生色团并可靠地报告其中任何一个的单光子吸收事件？
物理学思想：化学和电学之间的级联响应最大程度地降低了单分子反应中固有的随机性。

10.2 感光细胞

10.2.1 感光细胞是一类特殊的神经元

以下几节将简介视杆细胞内光响应的一连串事件。这是一个汇集了前几章众多主线的复杂故事。

我们首先考虑人体视杆细胞的空间结构。早期的图像展示了视杆细胞大致为圆柱形（图 9.7），且光线沿细胞长轴传播（图 6.6）。图 10.1显示了视杆细胞更多的结构细节。细长的**外节**内部充斥着大约 1000 个被称为**膜盘**的细胞器[①]。膜盘是

① T2 视锥细胞的外节具有不同的组织形式；参见 10.4.1′ 节。

由脂双层构成的闭合扁平状物，厚约 16 nm，直径约 2 μm。膜盘的被膜上镶嵌着视紫红质分子[①]和其他蛋白质。各膜盘每 8 ~ 10 天就会被替换一次，它会从视杆细胞上脱落，其组分被邻近的上皮细胞再循环利用。

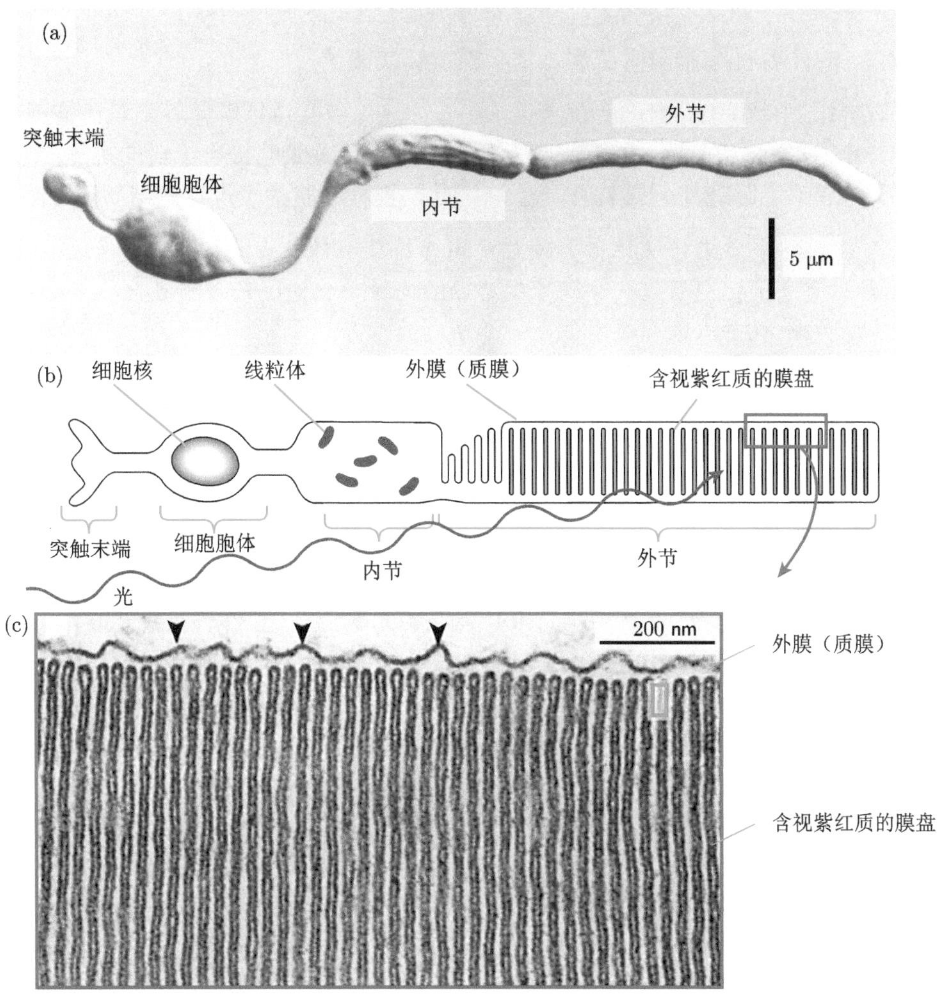

图 10.1 **感光细胞结构**。(a) [光学显微照片。] 兔子视杆细胞的主要结构特征。(b) [卡通图。] 展示了上述结构及其内含物。(c) [电子显微照片。] 视杆细胞外节的细节 [对应于 (b) 中蓝色框]，展示了规则排列的小圆盘。每个圆盘都带有一个双层膜包被，所有膜盘又被细胞的外膜 (质膜，箭头) 所包裹。橙色框的区域进一步放大在图 10.5a 中。[(a) 摘自 Townes-Anderson et al., 1988; (b) 摘自 Townes-Anderson et al., 1985。]

① 9.3.3 节介绍了视紫红质。

与外节相连的**内节**①包含许多线粒体，后者是产生胞内能量分子 ATP 的细胞器，这表明视杆细胞比其他类型的细胞需要更多的能量。紧接着是包含细胞核的**胞体**。最后，在与外节相对的胞体另一端有一个类似于神经元输出端的特化凸起，这个**突触末端**将信号传输到一种特化的神经元，即**视杆双极细胞**（稍后将讨论）②。

10.2.2 每个视杆细胞同时监测上亿个视紫红质分子

视杆细胞外节中存在大量视紫红质分子，这一事实可以解释其高量子捕获率，因为每个入射光子都有很大概率被有效吸收③。但这种策略提出了新的挑战：视杆细胞必须持续监测每个视紫红质分子。因此，视杆细胞的表现可总结如下④

> 人类每个视杆细胞在其膜盘中储存了总共约 1.4×10^{8} 个视紫红质分子。当**任何一个**视紫红质分子光异构化时，已经暗适应的视杆细胞会以很大概率产生一个明确的信号。 (10.1)

后续章节将概述视杆细胞如何实现此性能。

猫眼

猫和许多其他夜行哺乳动物的眼睛似乎都可以在“黑暗中闪烁”，即来自点光源（例如手电筒）的光可以被眼睛按原路反射回去。该效应源于感光细胞背后的一层**反光膜**。该反光膜具有高反射性，某些情况下还与特定波长有关，因为它具有类似于第 5 章研究的层状结构。来自光源的光聚焦到视网膜上的一个点。未被感光细胞捕获的光会被反光膜反射，再被眼睛的光学元件定向原路返回至光源。

夜行哺乳动物通常不会遇到明亮的光源，因此上述现象并不会带来任何适应性优势（或成本）。相反，反射膜是改善弱光视觉的一种适应性手段，因为它确保被感光细胞层遗漏的光子都会被反射，因而仍有机会被感光细胞捕获。这种方法相当于将猫眼感光细胞长度加倍以提升其量子捕获率，但又无需付出细胞长度真正倍增所需的成本。

然而，这种策略也是有代价的：从反光膜反射的光可以被多个感光细胞吸收，而这些细胞又都位于原初入射光子本该到达的那个感光细胞附近。因此，它虽然创建了模糊图像，却降低了视力（视敏度）。这就解释了为什么并非所有动物眼睛都具有这种设计。

10.2节描绘了感光细胞的一般结构。在尝试描述其机制之前，我们首先讨论一些更简单的细胞响应环境的方式。

---

① 不要将外节、内节与胞外、胞内混淆了。图 10.1(a) 显示了外节与内节相连，它们都处在胞内。

② T2 更确切地说，每个视杆细胞连接到 $2\sim4$ 个视杆双极细胞（以及两个“水平细胞”，将在 11.4.1′ 节中讨论）。

③ T2 习题 10.5 精确计算了该期望值。

④ 9.4.5 节介绍了视杆细胞的这种特征。

T2 10.2.2′ 节讨论了在较高光子到达速率下视杆细胞的响应。

10.3　背景：细胞控制和转导网络

我们很快将看到每个感光细胞都有精细的信号处理器，以完成将光异构化事件转换成电信号并发送到大脑的任务。在描述这种处理器之前，我们首先需要建立一套图形语言来描述一般控制系统（细胞回路是其特例）。

10.3.1　细胞可通过别构作用调控酶活性

简单电路由离散元件组成，这些元件之间通过受控电流而相互通信。电子在金属线中穿行，这些线连接着各主要作用点，而其他无关的点由空气、塑料或其他非导电材料彼此绝缘。细胞也包含通信所需的离散元件，但与电路元件相比有两个主要的不同之处：

- 许多小分子携带的是信息和能量，而不是单一通货（电子）。
- 细胞内几乎没有隔室（特别是在细菌中）。然而，一个元件仍能通过特定的"信使分子"与另一个元件发生特异性关联。一种元件仅能与某些与之密切相关的分子发生相互作用。

图 10.2 列出了小分子（称为"效应物"，配体的一种）调节分子机器（例如酶）活性的三种典型机制。在第一行中，处于失活状态的酶不能发挥其生化功能，直到效应物与其结合。酶在某个位点结合一个小分子可以使整个酶发生形变，进而改变其另一个作用位点的形状。酶的结合位点之间的这种**别构相互作用**可以改变第

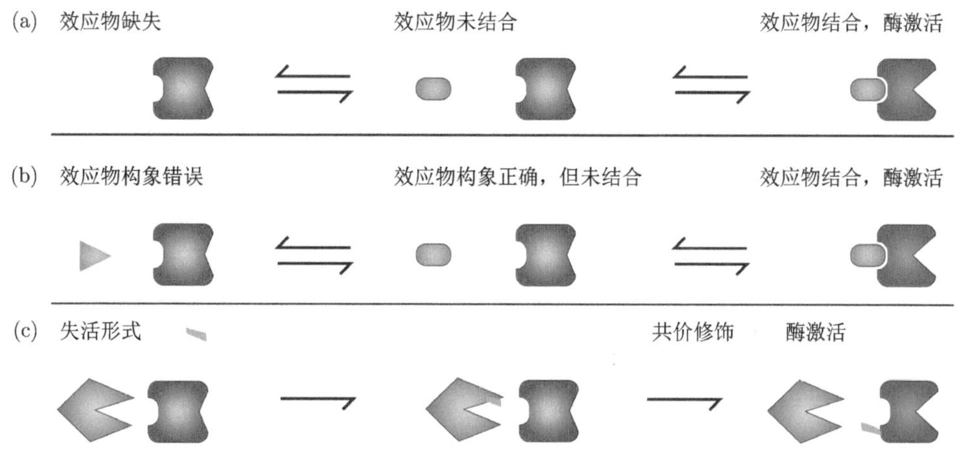

图 10.2　[卡通。] **一些酶调控机制**。(a) 效应物是一种小分子，通常与酶结合后再通过别构相互作用调控后者的活性。(b) 效应物可以有两种状态，但只有一种状态可以与酶结合并激活后者。(c) 某种酶（*左侧，蓝色*）可以通过将某化学基团共价修饰到另一种酶上来激活后者。

二位点与**底物**分子之间的“契合度”。如果契合度提高了，则提升了酶结合并作用于其底物的概率，即酶被“激活”。反之，如果契合度很低，效应物的结合则导致酶“失活”。

图 10.2(b) 表示效应物本身可以具有多个构象，其中只有一种“活性”构象可以与酶结合，然后再激活后者。最后一行表示第二个酶催化第一个酶的修饰，例如通过共价添加额外的原子（如磷酸基团），这种方式可以永久地改变酶的活性（直到另一个酶去除该基团）。

10.3.2　单细胞生物可以改变行为以响应诸如光之类的环境变化

大多数动物会从一个栖息地迁移到另一个气候更舒适、食物更丰富，甚至阳光更适宜的栖息地。值得注意的是，单细胞生物也可以实现上述行为，这种现象通常被称为细胞运动性或趋向性。例如，大肠杆菌或鼠伤寒沙门氏菌等细菌会沿食物浓度梯度向上游动（**趋化**）；一些光合细菌也会沿光照梯度向上移动（趋光，即视觉的原始形式）。当然还有逆向趋化（避免有毒化学物质）。

为了理解这些生物如何在*没有大脑*的情况下做出这样的决策，我们必须首先了解它们是如何移动的。大肠杆菌表面具有几条突出的长细丝（称为**鞭毛**）。每根鞭毛都相当坚硬且呈螺旋状结构[①]，且都通过旋转分子马达固定在细菌的细胞壁上。当所有细胞的马达都沿同一个方向（通常称为“逆时针”方向）旋转鞭毛时，鞭毛会集成一束，并沿细胞长轴方向产生一个净推力。当一个或多个马达反转（按“顺时针”方向旋转它们的鞭毛）时，鞭毛则会散开，细胞也失去了其趋化性[②]。

在中性环境中，马达逆时针旋转约 1 秒后就会顺时针旋转约 0.1 秒，如此循环往复。因此，细胞的定向**运动**时常被**原地打转**（在此期间重新随机设定其运动定向）所打断。净效应是细胞看似在**随机游走**，类似于分子的扩散，只不过发生在更长的空间和时间尺度上。

但是，如果环境不是中性的，则会发生一些更有趣的事情。一旦细胞偶遇一个条件更好（食物更多，或有害化学物质更少，或温度、照度更适宜）的方向，它的马达旋转就会偏向于定向运动，从而降低原地打转的频率。如果情况恶化，则细胞会做出相反举动。也就是说，细胞执行了一个简单有效的算法：

如果事情在变好，则继续前进；如果情况越来越糟，则随意改变方向。　　(10.2)

连续对环境状态采样并应用此算法，足以使大多数生物运动到最适宜的环境中。

① 像草履虫这样的单细胞真核生物具有更大的纤毛，这些纤毛具有很好的柔韧性并善于做鞭状运动。

② 参见 Media 20。这两种行为引发的差异是因为鞭毛都具有相同的螺旋手性，所以打破了顺时针和逆时针旋转之间的等效性。

也就是说，它们会沿化学引诱物浓度梯度升高（或者降低）的方向迁徙。

10.3.3　双元件信号通路模体

单个细胞如何将传感器的输入信号传输到其执行元件（“输出”）? 值得注意的是，一种古老的控制方案就可以实现细菌以及某些真核生物（如植物、真菌和原生动物等）的多种环境响应。

图 10.3（a）显示了该信号的转导途径。传感器通常是称为**受体复合物**的分子集合，它们嵌入细胞膜并延伸到膜内[①]。每个大肠杆菌细胞拥有数千个这种复合物。每个受体的胞外末端可结合引诱物分子（接收信息），并通过别构相互作用改变自身的正常活动来作出响应，该活动包括从胞内结合一个 ATP 分子，从 ATP 分子三个磷酸基团中截取一个，然后将该磷酸基团共价结合到其自身。结合引诱物分子会降低这种**自磷酸化**的平均速率，因此打破磷酸化和去磷酸化状态之间的平衡。（结合驱避剂则有相反的效果。）将磷酸基团添加到某分子的酶通常称为**激酶**。受体复合物包含一个“组氨酸激酶”，后者使其自身的特定组氨酸残基发生磷酸化。在大肠杆菌的趋化网络中，受体复合物中的激酶缩写为 CheA。

受体被约束在位于细胞前端的分子团簇中。那么它们如何与主要位于细胞尾端的鞭毛马达之间进行通信呢？细胞中存在另一种称为**应答调控蛋白**的分子，它负责将组氨酸激酶与输出偶联起来。它从 CheA 分子截取磷酸基团并将其添加到自身。但与 CheA 不同，应答调控蛋白可以在整个细胞中扩散。磷酸化的应答调控蛋白可以与某些靶物结合并改变其活性 [图 10.2（c）]。在一些双元件网络中，应答调控蛋白是控制基因表达的转录因子 。在趋化中，它是控制鞭毛马达的蛋白，缩写为 CheY。

双元件信号转导中采用的多级转导通路比简单通路具备更多优势：

- 每个催化阶段都可能放大信号。例如，受体在结合单个化学引诱物分子后就可以大大降低 CheY 的磷酸化。
- 在磷酸化和去磷酸化状态之间来回不断的采样，使得网络对化学引诱物浓度变化的响应比其他方式（例如，如果重置系统的唯一方式只是等待磷酸化形式要么被分解及循环再利用，要么通过细胞生长而被稀释）更快捷。
- 几种不同类型的受体都可以为网络提供输入。例如，大肠杆菌的趋化性通路就整合了多种食物分子和温度的信号[②]。
- 每种受体类型都可能存有数千个拷贝。磷酸化和去磷酸化 CheY 之间的平衡反映了所有受体活性的总和，这是一种降低噪声的策略[③]。

---

① T2 更确切地说，受体嵌入质膜中。大肠杆菌在质膜外还有“周质间隙”，并由第二个外膜包被。引诱物分子通过外膜上的孔进入周质间隙。

② T2 细菌也可以感知并根据 pH 和渗透压的梯度来产生运动。

③ 0.5.2 节给出了相对标准偏差与样本大小之间的关系。

- 最后，图 10.3 中的每个逆向箭头也可以作为潜在的调控对象。

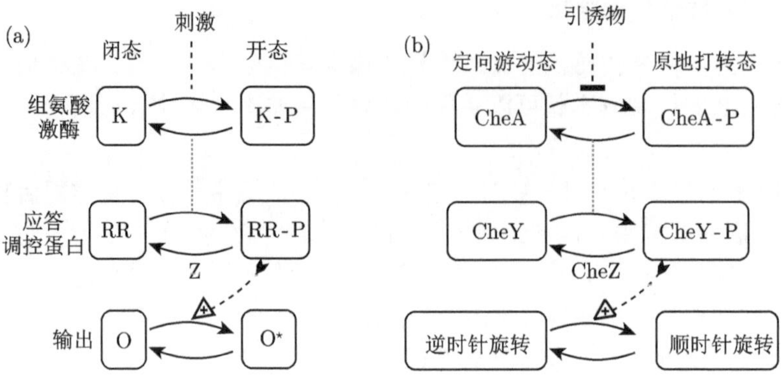

图 10.3　[网络图。] **双元件信号通路**。(a) 通用示图，显示了某种外界刺激（可能是配体、机械力或者光）可升高或降低某种酶（此处为组氨酸激酶，缩写为 “K”）对其自身共价修饰磷酸基团 (缩写为 “P”) 的平均速率。该激酶将其磷酸基团转移至应答调控蛋白（“RR”），后者的磷酸化状态改变了 “输出” 分子（“O”）的作用。应答调控蛋白可自发地失去其磷酸基团，但通常有另一个酶（“Z”）来加速这个过程，当然 Z 酶本身的活性也受到调节。(b) 大肠杆菌和相关生物的趋化性或趋光性是上述回路的特例，其中化学引诱物（或光）抑制激酶（称为 CheA）的自磷酸化。尽管 CheA 被限制在细胞膜上的特定区域内，但它能将其磷酸基团转移到称为 CheY 的中间体上，而后者可以在整个细胞中扩散。当磷酸化分子 CheY-P 遇到鞭毛马达时便发生结合，提高马达从逆时针旋转切换到顺时针旋转的平均速率。净效果是增加了单位时间内切换到 “原地打转” 事件的概率。当存在化学引诱物时，CheA 和 CheY 处于去磷酸化状态，鞭毛马达则逆时针旋转，从而驱动细胞定向游动。类似的级联响应也可以实现趋光，只是提供刺激的传感器不同而已。

T2 10.3.3′ 节提供了有关双元件信号转导和趋光机制的更多细节。

10.3.4　复杂反应网络可表示为网络图

10.3.3 节的叙述比较冗长。我们希望发展出一种简便灵活的图示，能反映出不同实例中的不同细节。图 10.3 展示了这样一种方法，我们将该表述称为**网络图**。

化学反应取决于反应物数量，因此我们用各种化学物质的存量来描述细胞的状态。我们用方框来表示存量，并对它们之间的连线作如下约定：

- 入射实箭头表示该种化学物质产生（例如，从其他物质转换而来），出射实箭头则表示其消耗。
- 如果一个过程将一种分子转换成另一种，而两者又都是我们感兴趣的，那我们用实箭头连接两者的方框，箭头从该过程的 “输入” 方指向 “输出” 方。
- 但是，如果某分子的前体不是我们感兴趣的（例如，其存量因为其他机制而保持不变），我们就可以省略它。同样地，如果某种分子的降解产物也不是我们感兴趣的，则也可以被忽略。例如，图 10.3中出现或消失的磷酸基团其实来自胞质中的 ATP分子，但这个过程未显示。这些磷酸基团通过某种机制不断循环利用，这个过程也未显示。

- 为了描述某种分子如何影响另一种分子的转换，我们从前者出发画一条虚的“影响线”连接到相应的实箭头上，“影响线”终止端符号的含义如下：钝端 ----┫ 表示抑制该过程，空心箭头--▷表示促进该过程。
- 两个偶联的过程用点线连接。例如，磷酸基团转移过程将某分子从磷酸化转变为去磷酸化，同时对另一分子产生相反的作用（图 10.3）。

文献中还有许多该网络图的变体。

使用上述约定，图 10.3（b）显示了化学引诱物分子能降低激酶 CheA 自磷酸化的速率，并因此降低了 CheY 被磷酸化的速率。因为 CheY 自身不断地去磷酸化（在另一种酶 CheZ 的作用下），CheY-P 的浓度随着化学引诱物水平的上升而下降，进而使鞭毛马达偏向逆时针转动（即“定向运动”模式）。通过这种方式，双元件信号级联实现了趋化算法（**要点** 10.2）。

T2 上述简化信号网络存在一个缺陷：它对化学引诱物的绝对浓度作出响应，而不是对其时间变化率作出响应。10.3.4′ 节描述了一个更精细的机制（“适应机制”），该机制被细胞用来估算所需的“时间导数”（**要点** 10.2暗示了这层意思）。

10.3.5　协同性可以提高网络元件的灵敏度

虽然网络图可以厘清细胞控制网络中各元件之间的关系，甚至允许我们猜测它的定性行为，但仍然遗漏了许多需要说明的东西。例如，某分子对某过程的影响线意味着该过程的平均速率与该分子浓度之间存在函数关系。影响线末端的钝箭头或尖箭头表示该函数图的斜率为负或正，但通常我们需要更多细节。

例如，考虑一个小的效应物分子与蛋白质的结合。效应物与其结合的过程中，蛋白质的状态一直在结合态与未结合态之间涨落。我们可以合理猜测结合概率会随着效应物浓度的增加而增加，但正相关函数有很多种类。例如，某些受体是**多聚体**：它们具有两个或更多个相同的结合位点，效应物对某个位点的结合通常会产生一个别构效应以影响其他位点对效应物的结合能力。由于这个原因，一些受体很可能表现出“全或无”的特征（要么没有位点被结合，要么所有位点都被结合，无中间状态），此现象称为**协同性**。对于这样的受体，效应物浓度 c 从零开始的小幅增加几乎不影响结合概率，但一旦接近临界浓度（结合曲线的**拐点**），结合概率就会急剧上升。

这种急剧切换行为可以帮助受体无视效应物浓度在 $c = 0$ 附近的不显著的波动。图 10.4（a）显示了两个著名的氧结合分子的结合数据。其中一个（肌红蛋白）是单体（单个结合位点），其结合概率从零浓度开始就急剧上升。另一个（血红蛋白）是四聚体（四个结合位点），其增速在 $c \approx 8\ \mu\mathrm{M}$ 处最大。这类数据通常由如下**希尔函数**这类经验函数族来描写

$$\mathcal{P}(\text{bound}; c) = \frac{1}{1 + (K_\mathrm{d}/c)^n}. \quad \text{协同结合曲线} \tag{10.3}$$

参数 K_d 称为**解离平衡常数**①。对于单体或非协同受体，协同参数（或“希尔参数”）n 等于 1，但有协同情况下是大于 1 的。图 10.4（b）显示了一种求 n 值的方法，即对结合数据作双对数图，然后求低于临界浓度的曲线部分的斜率。

思考题10A　为什么上述方法能求得希尔参数的近似值？哪种方法可以给出更精确的答案？

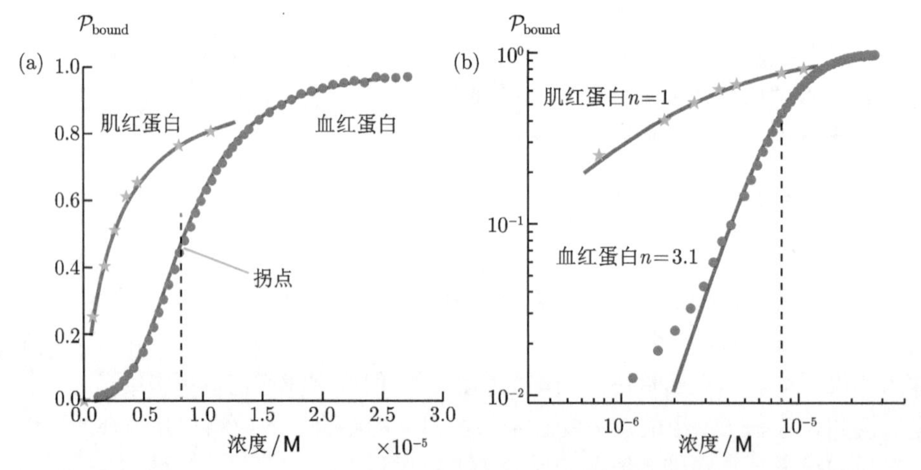

图 10.4　[带拟合的实验数据。] **结合曲线**。(a) 图中圆点和星号代表配体（此处为氧分子）与两种蛋白分子结合的实验数据。氧浓度升高会使结合概率增大，但两者之间存在本质不同：一个在远离零浓度处出现拐点（虚线），另一个则没有拐点。曲线由方程 10.3 给出，其中 n 由数据拟合得到。(b) 相同函数的双对数作图。此图中，n 值可以直接从曲线低浓度部分的斜率读出。（低浓度部分实验数据与模型的偏差显示了简化的协同模型的局限性。）[数据来自 Mills et al., 1976；Rossi-Fanelli & Antonini, 1958。]

按照图 10.4（a），协同性为感觉系统带来了一项关键优势：结合曲线的最陡部分对应于对浓度变化最敏感的区域。为了使效应物结合成为信号转导策略的一部分，无论是在级联响应的起始点（化学传感）还是某个中间点，系统最好能对

① 习题 10.2 将建立拐点与参数 K_d 和 n 之间的关系。

某些分子的典型浓度（在相关生物过程中最常出现的浓度值）具有最大的敏感度。非协同结合总是在零浓度处具有最大敏感度，但协同结合可以将最大敏感点移动到其他值。部分由于这个原因，大肠杆菌的受体才在膜上聚集成簇，以便能协同地感知食物和其他情况。

当我们考虑结合概率的分数变化（$\mathrm{d}\mathcal{P}/\mathcal{P}$）时，协同性还给我们带来额外的好处。我们将结合概率的分数变化除以效应物浓度的分数变化：

$$\frac{\mathrm{d}\mathcal{P}/\mathcal{P}}{\mathrm{d}c/c}. \tag{10.4}$$

思考题10B

a. 此量与图 10.4（b）中哪个特征相对应？
b. 猜测该量（10.4）沿图示结合曲线的最大值与 n 值的关系。
c. 从方程 10.3导出上述量，并讨论。

本节发展了一种图示法用于描述细胞内的信号级联响应。我们稍后会看到，在视觉转换的中间阶段也利用了协同性[①]。

有关细胞控制网络的更多细节，参阅本章末尾列出的参考资料。

10.4　膜盘上的光响应事件

现在回到视觉系统。视觉的第一步可归为细胞信号转导问题。10.3 节指出，细胞已经创造出了解决这类问题的多种生化级联响应，但我们也注意到视觉系统与其他感觉系统不同，后者通常在细胞膜上只有数千个受体，而前者因为单个生色团捕获光子的概率很小，所以感光细胞通常拥有高达 10^8 个生色团，这种大规模并行的策略需要非常特殊的进化机制[②]。

因为视紫红质分子被约束在盘膜上，我们就从膜盘这个层次开始讲起。

10.4.1　步骤 1：盘膜中视紫红质的光致异构化

视紫红质由一种称为**视黄醛**[③]的小生色团组成，是维生素 A 的一种化学修饰形式。视黄醛分子嵌入名为**视蛋白**的大分子中，后者又嵌入膜盘的被膜中 [图 10.5（a）]。视蛋白对视黄醛的这种包裹在视觉中扮演至少两个角色。

① 请参见图 10.9 。

② 光合作用面临类似的问题，但解决策略不同（2.9 节）。

③ 我们已经在光遗传学的课程中遇到过这种生色团（2.5 节）。它的全名是 retinaldehyde，最后一个音节发重音。当 “retinal” 作形容词时，表示 “有关 retina 的”，则重音在第一个音节上。

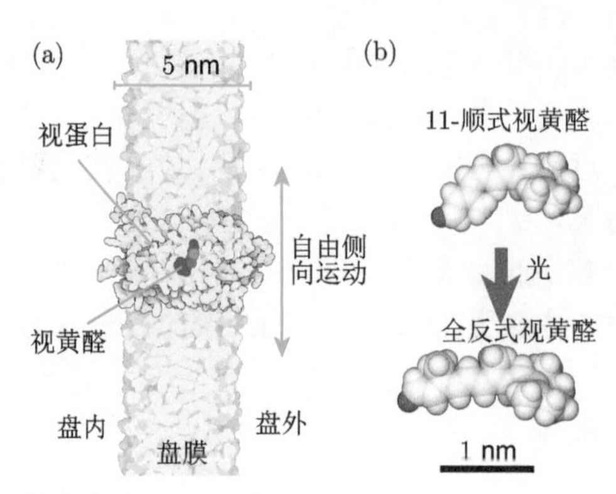

图 10.5 [基于结构数据的艺术构图。] **视紫红质的作用。**(a) 视紫红质是视黄醛（生色团，蓝色）与视蛋白（粉红色）的复合物。复合物嵌入视杆细胞外节的盘膜中。虽然视紫红质被限制在膜中，但是它可以自由地沿膜漂移。这种运动性使得被激发的视紫红质分子在其寿命期间能遇到许多转导素分子。(b) 在光致异构化之前，嵌入视蛋白中的视黄醛具有弯曲构型（“11-顺式”）。吸收光子可以将其构象改变为直构型（“全反式”）。[David S Goodsell 绘制。]

首先，视蛋白调节视黄醛的吸收光谱。视黄醛之所以能大量吸收光子是由于其中一些高运动性电子在光作用下发生振动①。视黄醛本身吸收的光主要在我们看不到的紫外区域，但它被视蛋白包裹后（改变了接触环境），吸收带的峰值就移至约 500 nm 处。

在光致异构化之前，视黄醛的形状是弯曲的，这种构象称为 11-*顺式*，即位于 11 号位的碳原子沿着弯曲（“*顺式*”）路径排列 [图 10.5（b）]。第 1 章概述了分子如何通过吸收一个光子来改变自身构象②。视黄醛是以这种方式将自身从 11-*顺式*结构异构化为全*反式*结构（未弯曲形状）。能垒阻止了新构象自发跳回到 11-*顺式*。

视蛋白的第二个角色是可以读出嵌入其中的视黄醛的状态。视黄醛在光致异构化后仍然与视蛋白的位点发生化学结合，但它不再精确地契合该结合口袋的形状，导致视蛋白发生微形变。10.3.1节概述了蛋白质某部分的微形变如何触发重排，进而影响远程部分的形状。这种别构相互作用可以改变蛋白质结合其他底物的能力。受影响的蛋白质如果是一种酶，则别构相互作用可以极大地改变其活性。这类过程与图 10.2（b）所示类似，但有一点不同：在视觉问题中，效应物不是视黄醛（它始终被视蛋白分子包裹），而是其光致异构化事件（光子将视黄醛切换到新的未弯曲结构）。

视紫红质复合物在吸收光子后快速经历一系列中间态，在大约一毫秒后终止

① $\boxed{T_2}$ 更准确地说，视黄醛的单键和双键之间在不断地交替变换。叶绿素的发色特性也具有类似的性质（12.2.7节）。组成一般蛋白质的氨基酸，其吸收可见光的能力要弱得多。

② 参见 1.6.4 节。

在一个长寿命态（称为变视紫红质 Ⅱ 态）。我们将该激活的分子缩写为 Rh*。（未激活的复合物缩写为 Rh。）

T2 10.4.1′ 节描述了视锥细胞中的另一种视蛋白。

10.4.2　步骤 2：盘膜中转导素分子的激活

视紫红质复合物嵌入其盘膜中，但它仍然可以沿膜盘漂移（横向运动）并遇到其他膜蛋白。处于活化状态的视紫红质 Rh* 能催化**转导素**（一种膜结合复合物）发生变化，从而传递光子被吸收这一消息（见图 10.6）。转导素是 **G 蛋白**家族

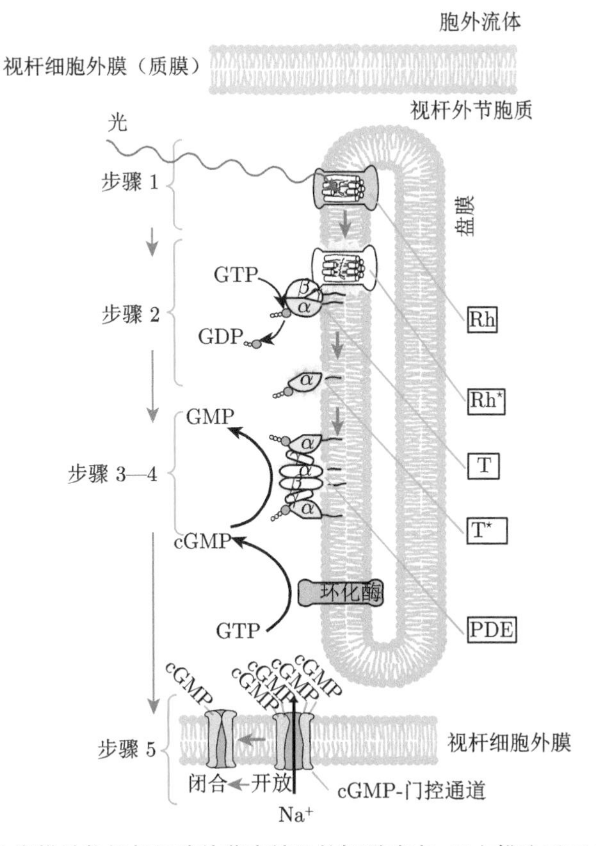

图 10.6　[卡通图。] **脊椎动物视杆细胞外节光转导的级联响应**。正文描述了五个步骤，其中涉及入射光子、视紫红质（Rh，Rh*）、转导素（T，T*）、磷酸二酯酶（PDE）、鸟苷酸环化酶和 cGMP-门控通道。只有转导素的活化形式 T* 才能结合并激活磷酸二酯酶（可参照图 10.2a）。远处的离子泵和离子交换器（未显示）将分别在图 10.8 和 10.7′ b 节中讨论。它们不直接受光响应调控，而是持续运行。未显示的其他过程不断地将磷酸基团重新聚合到 GMP 和 GDP 上以合成 GTP。膜盘在结构上是对称的，左侧所示的所有分子机器也同样存在于右侧。[蒙 Trevor D Lamb 惠赠，改编自 Lamb & Pugh，2006。]

成员，在细胞中执行各种信号转导任务。名称中的 G 源于这些大分子结合的核苷酸是 GTP 或 GDP[①]。在视觉问题中，转导素与 GDP 结合后会失活，但当受到 Rh* 影响时，它能从溶液中结合 GTP 从而置换 GDP，进而触发一个亚基与其他两个亚基分离（见图 10.6）。从转导素上分离的“α 亚基”携带着 GTP，这种活化的 α 亚基可以参与视觉级联响应的下一步骤[②]。

一旦视紫红质复合物激活了转导素，活化的视紫红质就会脱离后者，并继续搜寻和激活其他的 T。Rh* 在它的生命周期内平均可激活 $10 \sim 20$ 个转导素，大大增加了独立携带信息的分子数量，这就解释了视觉级联中的部分放大效应。

10.4.3 步骤 3—4：盘膜中磷酸二酯酶的激活及胞质中 cGMP 的水解

活化的转导素 T* 如同 Rh* 一样可以在盘膜上横向漂移。但是，我们感兴趣的信号转导事件涉及跨越视杆细胞外膜（质膜）的电流，而质膜与膜盘并不直接相连（见图 10.6）！因此，必然存在某机制能将光子吸收这一消息从盘膜传递到质膜。这项工作由**第二信使**完成，这是一种称为环 GMP 的小分子，缩写为 **cGMP**[③]。cGMP 是通过鸟苷单磷酸外加一个化学键形成的环状结构，细胞使用它（及其近亲 cAMP）执行细胞内的各种信号转导任务。

环 GMP 通常由**鸟苷酸环化酶**（简称为“环化酶”）在盘膜中产生。它通过截断 GTP 的两个磷酸基团并利用释放的能量来增加一个化学键，从而形成环状结构。另一方面，**磷酸二酯酶**（PDE）会结合 cGMP，切割（水解）后者的化学键，将 cGMP 转化为 GMP。这样的安排之所以能够将信息传递出去，是因为磷酸二酯酶是被调控的：活化转导素与其结合后能提升其催化速率。而环化酶并不直接受光调控，因此提高磷酸二酯酶活性的净效应是降低了视杆细胞内 cGMP 浓度[④]。浓度降低这个事件就是从膜盘传递到质膜的信息[⑤]。

视觉信号传递有很多步骤。为了更容易把握整体图像，我们用更简练的网络图 10.7来替换更细节的卡通图 10.6。后面的章节将向图中添加更多元件。

10.4节概述了感光细胞光响应的初始步骤，其中涉及光化学和酶活性。接下来我们必须厘清视杆细胞如何将这些初始步骤的输出转换成传递到大脑的电化学信号。

T2 10.4.3′ 节讨论了其他类型的脊椎动物感光细胞。

① 缩写是指三磷酸鸟苷和二磷酸鸟苷，类似于能量载体 ATP 及相应的 ADP 。一些作者将转导素缩写为 G_t，我们使用符号 T。

② 视紫红质只是庞大的“G 蛋白偶联受体”家族中的一个。11.5.2节将讨论该家族的其他成员。

③ “第一信使”是入射光子。10.3.3 节指出大肠杆菌也以相似方式解决类似问题：其应答调控蛋白分子 CheY 有两种状态（是否带有磷酸基团），它可以从受体扩散到鞭毛马达。

④ *T2* PDE 的自发热活化（即不是由 T* 诱导的活化）被认为是图 9.8（b）中大幅度事件之间的连续暗噪声的主要根源。10.7′ 节讨论了环化酶活性的其他调控方式。

⑤ 另一种酶可将磷酸基团重新连接到 GMP，以此来补充细胞中的 GTP。

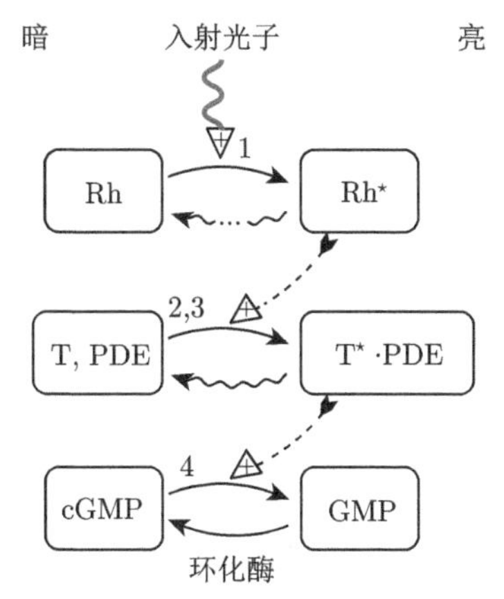

图 10.7 [网络图。] **膜盘中光吸收响应事件总结**。在这个图中，信息流始于顶部的初始光子捕获事件，标签 1—4 指的是正文介绍的步骤（参见图 10.6）。闪光的级联效应对应于各类分子的状态偏移（从左侧框到右侧框）。图形约定与 10.3.4节的相同：每个框表示某类分子存量，实箭头表示数量增加或减少，虚线表示一个分子对另一个过程的影响。符号 T*·PDE 表示复合物（短暂结合态）。波浪箭头对应于在短暂闪光后“重置”视杆细胞的各种复原过程（参见 10.7′c 节）。有些事件发生在几百毫秒内，但有的则需要更长时间，例如视紫红质的多步重构。

10.5　视杆细胞外节其他区域发生的事件

光子被吸收后，cGMP 浓度的局部变化迅速影响到附近的视杆细胞质膜区域。为了理解那里发生的事件，我们先介绍视杆细胞内部和附近的离子的运动方式（也可参阅 2.4 节）。

10.5.1　视杆细胞质膜中的离子泵使离子浓度维持在非平衡态

像任何动物细胞一样，感光细胞可以沿特定方向主动跨膜泵送特定离子，以此维持跨膜电位差[①]。图 10.8 阐明了其中一种离子泵的作用方式，它在每个工作循环中消耗一个 ATP，同时将三个钠离子从胞内泵出，将两个钾离子泵入。该图还显示了一类仅允许 K^+ 通过的通道，K^+ 因胞内浓度更高（由离子泵建立）而流出内节，但需要克服一个小静电力（方向向内，因为细胞内部电位低于外部）。

像任何感觉神经元一样，感光细胞也有一些受控的离子通道。图 10.8显示了视杆外节中的这类通道，它打开时允许 Na^+ 通过。由于胞内浓度更低（由泵耗尽）以及向内的静电力，Na^+ 倾向于向内流动。通道在黑暗条件下是开放的，因此泵和通道两者的净效应是维持一个稳态，使胞内电位比胞外电位低大约 40 mV。

① 2.4 节介绍了这一概念。

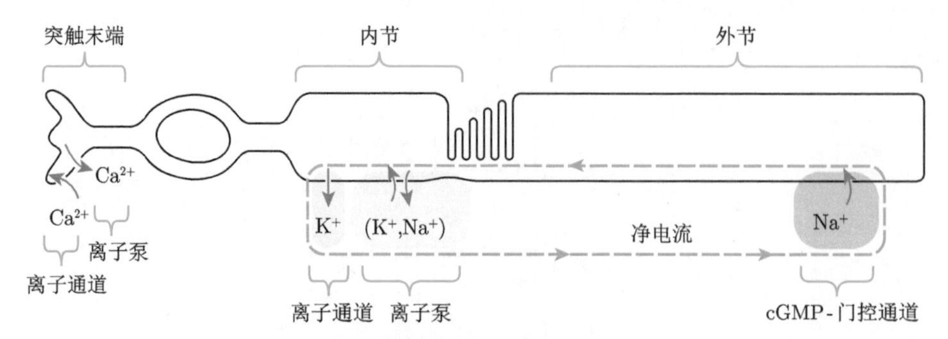

图 10.8　[卡通图。] **无光条件下脊椎动物视杆细胞的跨膜离子流**。离子泵（*淡蓝色*）在任何时候都使用细胞代谢供应的能量来推动特定离子沿特定方向跨（内节）膜泵送，其净效应是将正电荷往膜外泵送，导致胞内电位变负。在黑暗条件下，钠离子（Na^+）可以通过视杆细胞外节上的门控通道（*右侧粉红色*）流入以补充离子泵所需，并部分地使细胞去极化。同样，仅渗透钾离子（K^+）的通道则不断地让后者流出（*黄色*），使整个细胞维持在稳态。在有光条件下，图 10.6中所示的级联响应关闭了一些 cGMP-门控通道，减少了外节的离子流入。而泵的持续运转以及 K^+ 的持续流出导致胞内电位比黑暗条件下的胞内电位更负。这种超极化沿整个细胞膜快速传播，最终调节突触末端的神经递质释放。*虚线*表示外节和内节之间的净电流。(10.6节会讨论突触末端的钙离子电流，外节中的钙离子电流则会在 10.7′ 节中讨论。)

10.5.2　步骤 5：质膜中离子通道的关闭

上述步骤解释了非平衡稳态膜电位和循环电流的建立。但 T. Tomita，A. Kaneko 和合作者在 20 世纪 60 年代中期还发现，闪光改变了细胞的膜电位，使得胞内电位比黑暗条件下的更负。为了了解这种超极化是如何产生的，我们回顾一下视觉级联响应[①]步骤 1—4，它们解释了闪光如何影响第二信使分子 cGMP 的胞内浓度。我们通过膜片钳上一小片外节质膜可以直接证明 cGMP 与电信号之间的联系：将膜暴露于各种化学物质中，监测其对各种离子的电导率的变化，结果表明膜内侧的 cGMP 提高了膜对钠离子的转导性。对这种变化的解释是 cGMP *使离子通道更偏向于开放构象*。因此，这些通道被称为**环核苷酸门控通道**[②]。

上述过程在膜盘中的生化事件与视杆细胞膜中的电流事件之间建立了联系。在黑暗条件下，cGMP 是足量存在的，因此某些通道处于开放状态。一旦闪光出现，无论在外节的局部区域（弱闪光时）或是整个区域（强闪光时），cGMP 浓度水平都会因为光响应而突然下降。单个光子被吸收就能导致大约一百个通道被关闭，因此 Na^+ 流入的速率下降，循环电流也随之减小。胞外电流的减小是可以在单细胞实验中直接测量到的 [图 9.8（b）]，变化的幅度反映了闪光的强度，如图 9.12 中的实验所示。

① 10.4.1—10.4.3节描述了这些步骤。

② GMP 和 AMP 是单“核苷酸”，也就是与糖和磷酸基团连接的 DNA 碱基。

如果我们进一步定量检验上述光转换机制，还会发现一个令人费解的特征。前几个步骤的放大效率相当于单个 Rh* 分子导致约 1400 个 cGMP 分子的降幅，但该数量小于外节中自由 cGMP 分子总数的 1%，意味着门控通道必须非常敏感才能响应这么小的相对变化。它们能达到如此高灵敏度的部分原因是它们的关闭是协同的[①]。10.3.5 节讨论了一个分子（如转录因子或血红蛋白）要么结合 n 个配体分子、要么不结合的协同性。类似的结论适用于离子通道：除非它结合 n 个配体分子，否则就会一直处于关闭状态。如图 10.4（b）所示，n 值可以从双对数结合曲线中直接读出。图 10.9显示了 cGMP-门控通道的离子电导的**浓度-响应函数**。曲线斜率对应于协同参数值（希尔系数）n，不同实验中发现其值介于 2 和 3 之间。协同性的优点在于它使通道能够灵敏响应 cGMP 浓度在其静息值（黑暗条件下）附近的微小变化。

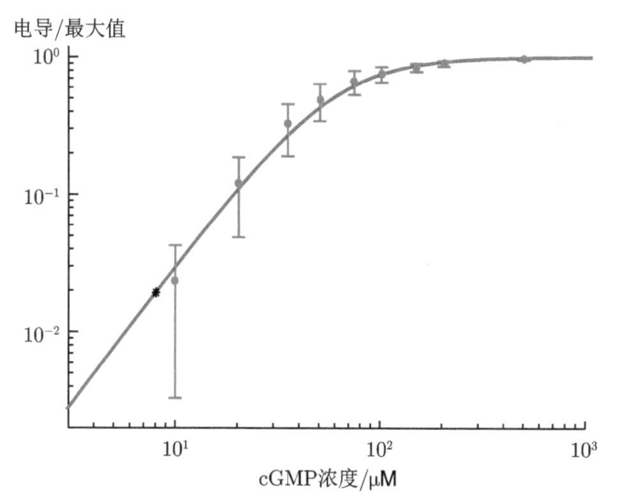

图 10.9 [实验数据拟合。] **cGMP-门控通道的响应曲线**。纵轴表示离子电导的归一化值（相对于最大电导的值，代表通道打开的比例）。双对数图中的点代表 20 次实验的平均值，误差棒代表其 ± 标准偏差。此结果来自蟾蜍视杆外节的实验。所示曲线是函数 $1/(1+(57\mu M/c)^2)$，即协同参数（希尔系数）$n=2$。星号表示在无光条件下正常视杆细胞内的 cGMP 浓度。曲线在此点处的斜率较大，意味着浓度的小变化会引发通道开放概率的大变化，并放大为离子流的变化（参见图 10.4）。[数据摘自 Nakatani & Yau，1988，可参见 Dataset 15 。]

10.5 节为视觉信号转导级联响应添加了一些步骤。图 10.10 总结了到目前为止所描述的所有步骤。

---

① T2 此外，在捕获光子的某个膜盘附近的*局部* cGMP 浓度变化肯定超过 1%，因为这个浓度变化不会立即散播到整个外节。

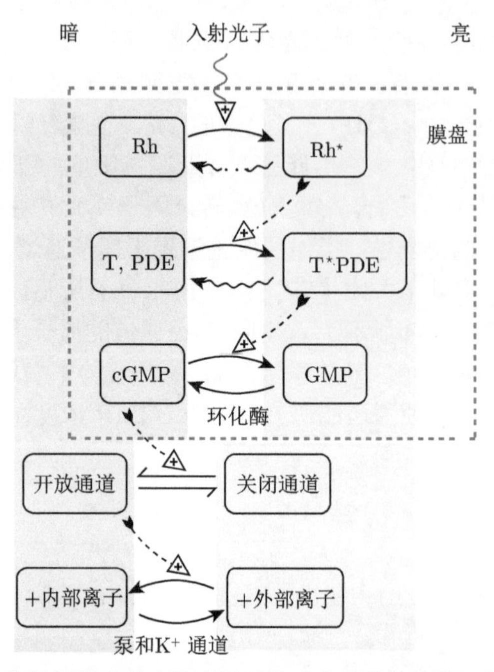

图 10.10 [网络图。] **视杆细胞外节中单光子吸收响应事件的总结：**图 10.7的延续。光照条件下右侧状态出现的概率更高。虚线框所示部分的产物会影响光子吸收位点附近的 40—80 个膜盘。

10.6 突触末端事件

10.6.1 步骤 6：质膜的超极化

前面章节解释了闪光如何导致视杆细胞外节中一些离子通道关闭，由此导致向内离子流减小，迫使胞内电势低于黑暗条件下的稳态值，即细胞变成超极化态了。

超极化迅速传播到整个视杆细胞。为更直观理解这一点，不妨想象两根长导体沿轴向被绝缘体分开（两个导体分别代表胞外流体和胞质，绝缘体代表细胞的质膜）。如果我们从一根导体的一端移除电荷，并将其置于另一根导体的同一端，则两根导体之间会处处建立起电势差，因为电荷可以沿每个导体自由移动。类似地，电流不平衡会引起视杆细胞外节内局部电位的变化，这种变化沿视杆细胞质膜传播并处处产生超极化（包括距离很远的突触末端）。胞内外电位差从闪光前的稳态值 −40 mV 下降到 −70 mV。暗适应的视杆细胞对单光子吸收的响应所引发的超极化远小于此值，通常约为 2.4 mV（图 10.11中星号）。

超极化是信号传递中的重要事件还是次要的副效应？为了厘清这个问题，D.

Baylor 和 R. Fettiplace 使用胞内电极人为使视杆细胞超极化，他们发现信号通路中的后续神经元（节细胞）的反应就像出现了真正闪光一样。此外，通过对细胞进行人工*去*极化（迫使胞内电位比通常的负值更高一点），他们发现去极化可以消除视杆细胞响应闪光后发送到双极细胞的信号。

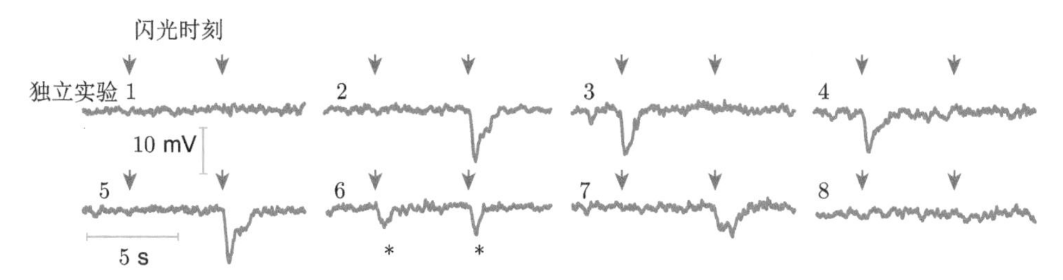

图 10.11　[实验数据。] **小鼠视杆细胞响应弱闪光的膜电位**。顶部的箭头显示了八次独立闪光（同样强度）的时刻。在该闪光强度下，超过一半的闪光没有引起任何响应。非零响应包含了小幅度事件（单光子有效吸收，例如标记为*星号*的事件）和大幅度事件（双光子吸收）。在该实验中，细胞维持在室温。体温下的响应幅度更小。[数据蒙 Lorenzo Cangiano 惠赠，参见 Cangiano, et al., 2012。]

10.6.2　步骤 7：神经递质释放的调控

电压门控通道

细胞超极化确实是信号转导路径的关键步骤。为了了解它如何引导信号转导，请注意极化迅速传播到突触末端并影响那里的另一类离子通道。这些通道被称为**电压门控通道**，因为它们允许离子响应膜电位的变化①。在黑暗条件下，它们允许钙离子通过，但在超极化（即响应光）时通道关闭。

例题：膜电位改变 2.4 mV 看起来似乎不显著，但考虑到电容器中的电场是电势差除以绝缘层的*厚度*。当视杆细胞响应单个光子时，估算电场的变化（每米厚度的电压降）。它是否足以改变嵌入膜中的蛋白质的构象？

解答：细胞质膜的厚度仅有几纳米（图 10.5），因此，跨膜电场可能是巨大的：$2.4\ \mathrm{mV}/(5\ \mathrm{nm}) \approx 5\times10^5\ \mathrm{V/m}$！但这真的很大吗？假设离子通道中的某些结构域带有 5 个净质子电荷，并且可以相对分子其余部分移动 1 nm。则当该电场驱动这种运动时，总电势能的变化约为

$$(0.5\times10^6\mathrm{V/m})(1\mathrm{nm})(5\cdot1.6\times10^{-19}\mathrm{coul}) = 4\times10^{-22}\mathrm{J}.$$

① 2.4.5 节介绍了另一情况（基于动作电位的神经信号传递）中的电压门控通道。

这看起来不是那么大，但相比之下呢？别忘了只有相同量纲的量之间才能比较“大小”。

分子的每个自由度都持续处于热涨落中，室温时该涨落能量约为 $k_{\mathrm{B}}T_{\mathrm{r}} \approx 4.1\times 10^{-21}$ J[①]。因此，膜电位变化对分子构象能量的贡献约为 1/10 的涨落能。

上题的比较是有意义的，但令人失望的是，如此小的能量变化如何能在热噪声环境中产生任何影响？为了对单光子的膜电位变化做出响应，通道必须非常灵敏（能量差异如此小的构象变化）以至于它能持续地快速开合！

答案在于质膜上存在很多通道，而对细胞有影响的是通道状态的时间平均值。尽管每个通道都在持续地快速开合，但是大量电压门控通道的*总*电导（在视杆细胞积分时间内取平均值）可以被明确界定，且其*没有*较大的相对标准偏差[②]。因此，由微小的膜电位变化引起的微量非随机效应可以从背景噪声中凸显出来。

神经递质释放

前面描述了突触末端中的电压门控钙离子通道因光响应而关闭。与外节的钠离子一样，如果没有离子通道的调控，钙离子会被离子泵不断地泵出胞外，以至于迟早会在突触末端内被耗尽（图 10.8）。因此，光诱导的通道关闭会引起胞内钙离子浓度的短暂下跌。在黑暗条件下，胞内钙离子触发了囊泡（被膜小袋）与视杆细胞质膜的融合[③]。每个囊泡装载了神经递质**谷氨酸**，融合后将谷氨酸释放到胞外区域。在黑暗条件下，视杆细胞以约 100 s^{-1} 的平均速率释放囊泡。电压门控离子通道的关闭以及由此导致的细胞内钙水平的下跌中断了这种释放。简而言之，

> *视杆细胞突触末端谷氨酸的释放速率因光响应而下降。这些可变的速率值即是视杆细胞输出的信息。*

谷氨酸扩散到感光细胞与其双极细胞输入区域的间隙（**突触间隙**），在那里它被感知并引发 11.2 节讨论的其他事件。

10.6 节概述了感光细胞中的信号转导。图 10.12（b）和图 10.13 描绘了位于视杆细胞突触中的各种机器。

$\boxed{T_2}$ *10.6′ 节讨论了突触中谷氨酸的清除。*

---

① 0.6 节介绍了热能。

② 0.5.2 节给出了 RSD 与样本数量之间的关系。

③ 2.4.7 节介绍了这种突触传递机制。

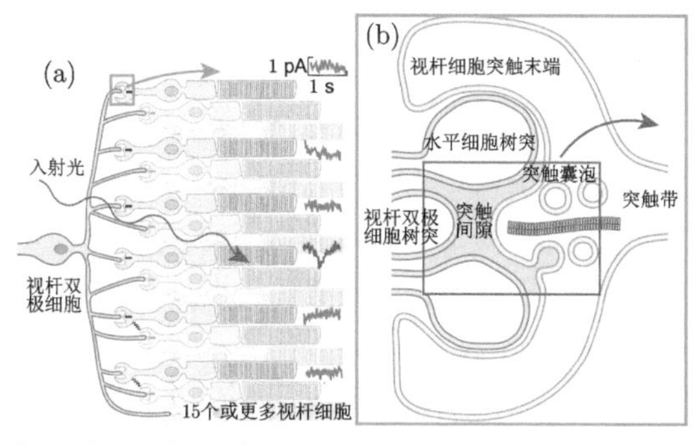

图 10.12 [草图。] **视杆细胞与双极细胞之间的耦合。**(a) 视杆双极细胞汇集了来自许多视杆细胞的输入信号。图中描绘的是弱光照的情况：只有一个视杆细胞吸收了光子（右侧*红色轨迹*）。其余的视杆细胞仍照常产生连续暗噪声（*蓝色轨迹*）。*橙色框*的区域放大在（b）中。(b) 视杆细胞突触末端与视杆双极细胞树突之间的突触特写。*红色框*区域的更多细节显示在图 10.13中。图中显示了几个突触囊泡，其中一个正与视杆细胞的质膜发生融合，并将其装载的神经递质释放到突触间隙中。为简单起见，这里仅显示了少数几个囊泡。实际上，存在一个狭长的“活性区”（垂直于页面），其上可停靠 100 个以上的囊泡。突触带维系着更多囊泡，这是它们移到活性区之前的一站。两个水平细胞 [未在图（a）中显示] 的树突也占据了视杆细胞突触末端的杯状结构（还有一个或多个额外的视杆双极细胞树突，因其不在页面所示平面内，故而未显示。）[（a）来自 Okawa & Sampath, 2007。]

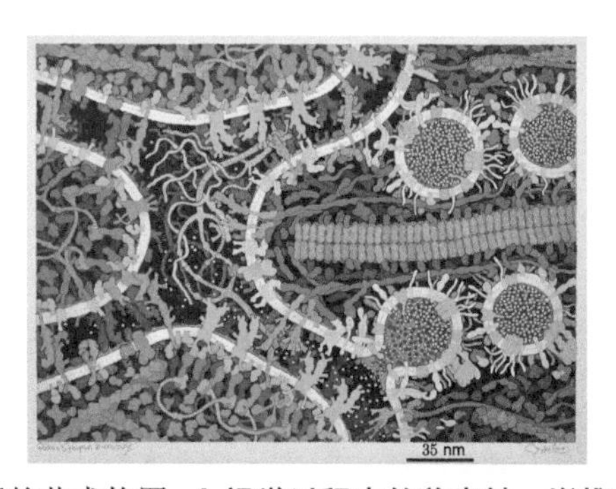

图 10.13 [基于结构数据的艺术构图。] **视觉过程中的首突触。**脊椎动物视杆细胞的突触末端的一部分显示在*右侧*，包括四个囊泡，每个囊泡装有约 2000 个神经递质谷氨酸分子（*黄点*）。在电压门控离子通道调控的钙离子的影响下，一个囊泡正与视杆细胞的质膜发生融合，并将其内容物释放到细胞之间的空隙（突触间隙）。尽管囊泡持续释放谷氨酸分子，但有其他分子机器（*未显示*）不断从突触间隙中将谷氨酸分子移除（回收的谷氨酸最终被循环使用），以维持黑暗条件下的稳态。在突触间隙的另一侧，来自 2—4 个视杆双极细胞（其中一个显示在*左侧*）和两个水平细胞（*顶部和底部*）的树突上布满了对谷氨酸浓度变化有响应的受体（*蓝色和绿色*）。为了视觉效果，此处的艺术构图难免有些失真：从视杆细胞末端到双极细胞的实际距离比所示的更长（比视杆细胞末端到水平细胞的距离长 10—40 倍）。突触带只显示了边缘，它实际上可以在垂直纸面的方向上延展数微米。图中显示的其他结构的信息可参见本书扉页图或 Media 21。[由 David S Goodsell 绘制。]

10.7　视觉级联响应小结

图 10.14汇总了到目前为止所讨论的视杆细胞光响应的所有元件。该复杂网络的净效应是将入射光强度转换为谷氨酸释放速率的变化（从突触释放到下一神经元，即双极细胞）。换言之，单光子吸收事件被编码成单个 Rh* 产生，继而转换为 cGMP 浓度降低 → 离子通道关闭 → 膜超极化 → 钙离子通道关闭 → 突触末端内部钙离子水平下跌 → 囊泡释放暂停 → 突触间隙中谷氨酸水平降低。

T2 10.7′ 节描述了视杆细胞信号转导的更多细节。

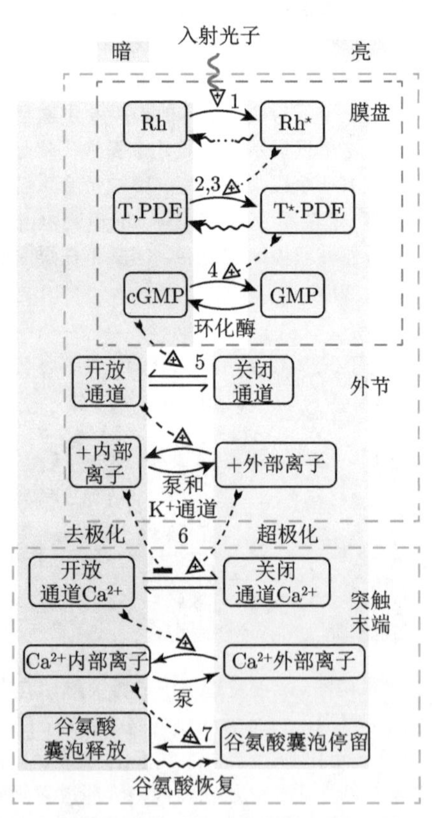

图 10.14　[网络图。]（**视觉转导中）视杆细胞关键事件小结**，图 10.10续。在该图中，信息流从顶部的初始光子捕获开始。闪光的级联效应导致反应物数量从左侧框向右侧框转移。10.2—10.6节讨论了七个步骤（见图中编号）。波浪箭头对应于在短暂闪光后“重置”视杆细胞的恢复事件（参见 10.7′ a—c 节）。从橙色框中发出的虚线表示传播到突触末端（下虚线框）的膜电位变化。这些变化会影响神经递质谷氨酸的释放，这就是视杆细胞的输出信号（底部）。谷氨酸分子不断从突触中被清除并重新包装到新的囊泡中（底部），在黑暗条件下达到稳态。光响应只对该稳态产生短暂干扰。

总　结

本章概述了有效单光子吸收导致的一连串事件，更确切地说，是光子捕获所引发的对既存稳态的扰动。虽然这一机制是高度进化的产物（因而很复杂），但它展现的某些普遍特征却可以一直追溯到单细胞生物，其中某些复杂性为系统带来了巨大的**动态范围**，这一点是通过设置多个受调控放大环节来实现的。

到目前为止，我们尚未将心理物理学（整个生命体）和生理学（单细胞）的实验结果融会贯通，填补缺失环节的任务推迟到第 11 章，在那里我们将了解第一个突触处的信息处理过程。

关键公式

- 协同结合曲线（希尔函数）：

$$\mathcal{P}(\mathrm{bound};c) = \frac{1}{1+(K_\mathrm{d}/c)^n}. \qquad [10.3]$$

这里 K_d 和 n 分别称为解离平衡常数和协同参数（希尔系数）。表征受体响应的一个量是如下对数导数

$$\frac{\mathrm{d}\mathcal{P}}{\mathrm{d}c}\frac{c}{\mathcal{P}}, \qquad [10.4]$$

其中 $\mathcal{P}$ 是受体处于某个活化状态的概率。

延伸阅读

准科普：

Bray, 2009。

中级阅读：

视觉转导: Sterling & Laughlin, 2015; Dowling, 2012; Rodieck, 1998; http://webvision.med.utah.edu/book/。

鞭毛马达推进: Nelson, 2014; Berg, 2004。

细胞控制和转导网络: Nelson, 2015; Bialek, 2012; Phillips et al., 2012。

G 蛋白偶联受体及其信号级联响应的细胞生物学和生物化学: Lodish et al., 2016, chapt. 15; Alberts et al., 2015, chapt. 15; Berg et al., 2015, chapt. 33; Marks et al., 2009。

[T2] 趋化中的适应性: Berg, 2004。

高级阅读：

一般性读物: Sterling, 2013; Sterling, 2004a; Sterling, 2004b。

趋化网络: Sourjik & Wingreen, 2012; Meir et al., 2010。

T2 10.3.4′ 节中讨论的适应性模型来源于 Barkai & Leibler, 1997。

G 蛋白级联响应: Lamb & Pugh, 2006; Arshavsky et al., 2002。

节细胞对单光子吸收的响应: Barlow et al., 1971。

视细胞的自发假阳性信号: Baylor et al., 1984。

超极化在感光细胞中的作用: Baylor & Fettiplace, 1977; Tomita et al., 1967。

水平细胞: Kramer, 2014。

T2 光敏节细胞: Berson, 2014; Schmidt et al., 2011。

T2 视杆细胞响应的终止: Burns, 2010; Burns & Pugh, 2010。

T2 （无脊椎动物）感光细胞中的钙反馈机制: Pumir et al., 2008。

T2 10.2.2 拓展

10.2.2′ 较高的光强度

在较高的光强度下，光子到达之间的平均等待时间短于视杆细胞的积分时间。即使在这种情况下，视杆细胞仍然能产生与光子到达速率相对应的信号。例如，图 9.8（b）中双光子吸收事件的幅度是其他事件的两倍。在更高的光强度下，感光细胞的反应会呈现非线性，放大幅度反而会降低[①]。

T2 10.3.3 拓展

10.3.3′a 关于双元件信号通路的补充

除细胞运动性外，细菌的很多其他功能也是通过类似正文所述的双元件信号通路来实现的，这些细胞功能涵盖了细胞分裂、毒力、抗生素抗性、代谢物固定和利用、环境响应（如对渗透休克）、孢子形成等。

在真菌（如酵母）、植物（如拟南芥）和原生动物（如双歧杆菌）中已经发现了同源调控通路，但在高等生物中还未发现。

① 另见下文 10.7′b 节。

10.3.3′b 趋光

光对很多生物体来说（例如细菌和古菌等单细胞生物）都是重要的环境因子。光可以是有益的（提供能量），也可能是有害的（导致光损伤），因此细胞可以通过移动到“舒适区”（具有最佳光强和光谱）和逃离“有害”环境实现趋利避害，这种行为称为趋光。

嗜盐细菌（如 *Halobacterium salinarum* 及 *H. halobium*）用于实现趋光的控制网络类似于正文中讨论的趋化网络 [图 10.3（b）]。在该网络中，原本的化学受体被一种称为“感觉视紫红质”的分子（人类视紫红质分子的类似物）所取代[①]。感觉视紫红质也使用视黄醛来捕获光子。它们与“传感器”分子（类似于趋化受体）相连并对其产生影响。该传感器再激活 CheA 自磷酸化，这就是标准双元件信号通路的组成部分。

T2 10.3.4 拓展

10.3.4′ 有关趋化适应性的补充

简单的双元件信号转导网络（图 10.15的下半部分）可以确定细菌附近的效应物分子（化学引诱物）的浓度是“高”还是“低”（与效应物从受体解离的平衡常数相比）。但它分辨“高”与“更高”的能力有限，也就是说，其**动态范围**限制在从受体几乎零结合到几乎全结合的浓度范围，这个浓度差通常约为十倍。如果真是这样，那么处于“高”浓度区域的细胞将很知足，永远不会去寻求更高化学引诱剂水平的区域；而处于“极低”浓度区的细胞将很绝望，只能原地打转，没法搜寻浓度虽低但稍好一点的区域。

但事实上，大肠杆菌可以在高达五个数量级的化学引诱物浓度梯度下发生趋化。H. Berg 的开创性工作表明，大肠杆菌是通过估算浓度的时间导数而不是绝对浓度来实现趋化的（回顾**要点** 10.2）。像大多数其他感觉系统（包括我们自己的感觉系统）一样，细胞是通过**适应性机制**来实现这一点的：控制网络在几秒内就“习惯了”环境中的化学引诱物浓度，并能对该浓度值附近的变化作出响应。

图 10.15 是对基本回路的一个扩展，包含了自适应模块（这归功于 N. Barkai 和 S. Leibler 两位科学家）。每种受体都有“活化”和“失活”两种构象。关键点在于这些状态可以被细分：每个受体具有八个位点，每个位点都可以共价修饰一个甲基。化学引诱物浓度的变化改变了活化态与失活态之间的平衡，同时也改变

① 感觉视紫红质也类似于嗜盐菌视紫红质，后者是光遗传学的基础（参见 2.5.3 节）。

了各位点的甲基化状态，后者实际上起到了分子“记忆器”的作用。控制网络将近期的历史信息存储在这些记忆中。

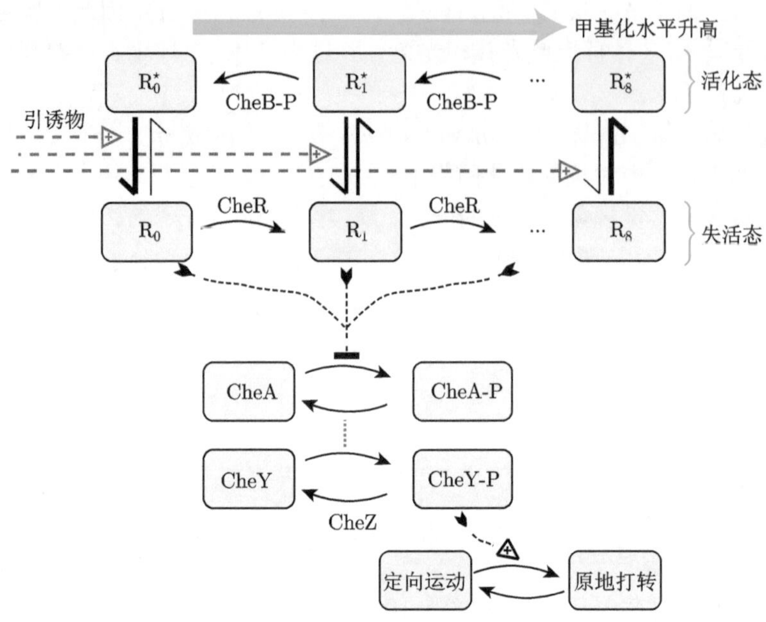

图 10.15　[网络图。] **细菌趋化的适应性回路**。该图的下半部分与图 10.3b 相同。顶部表示受体的各个状态：R_i 表示失活受体甲基化 i 次；类似地，R_i^* 表示活化受体甲基化 i 次。各组表示状态平衡的箭头（垂直箭头）具有不相等的权重，表明活化态与失活态之间的平衡取决于甲基化水平。影响线（水平虚线）意味着，对每个甲基化水平，化学引诱物浓度的增加会驱动平衡偏向失活态。（还存在 CheB 及其磷酸化态相互转换的反馈循环，图中未显示。）

在上述模型中，甲基转移酶（CheR）只在受体失活时才缓慢地向其加载甲基。另一甲基化酶（或 CheB-P）只在受体激活时才缓慢地移除甲基。当环境条件恒定时，网络达到稳态，此时图 10.15 顶部所示的梯状回路中存在逆时针净环流。该模型进一步假设提升化学引诱物水平会使受体偏向失活状态，但提升受体的甲基化水平则会使其偏向活化状态（如图 10.15 所示）。

假设化学引诱物浓度从较低的初始水平突然蹿升。按图中水平影响线所示，其结果是每种“活化”受体（图中下部各框）数量减少、每种“失活”受体（上部各框）数量相应增加。信号级联的其余部分的后续响应将导致定向运动距离变长（正文讨论的简单模型也体现了这一点）。

然而，如果化学引诱物浓度持续增加，则会发生更有趣的事情。失活受体数量的增加为 CheR 甲基化提供了更多底物，随着时间推移，失活受体的状态会向图中右侧偏移，因而更容易跳转到活化态，于是达到一个新的稳态，其中失活受体的总占比与化学引诱物低浓度稳态时的总占比相同。

如果化学引诱物水平随后下跌，则情况会发生逆转：活化受体总占比会短暂增加，导致细菌原地打转的概率增加；但如果持续低浓度，则活化状态左移以至于更容易跳转到失活态，且 CheY 的磷酸化水平接近于化学引诱物恒定高水平的情况。

简而言之，*活化受体总占比在恒定条件下总是相等的，与化学引诱物浓度无关*。但化学引诱物水平的任何突然变化都会暂时改变活化/失活受体之间的平衡，直到 CheR 和 CheB 逐渐缓慢地将系统恢复到原先的稳态。通过这种方式，控制网络可以高效地将化学引诱物的当前浓度与其近期的平均水平进行比较，使其能够在很大的浓度范围内感知浓度的时间变化。

如果细胞无运动能力，那么感知时间导数也无助于它沿浓度梯度导航。如果细胞能不断游动，则它可以有效地测量其速度矢量与化学引诱物浓度梯度之间的点积。因此，细胞可以通过估算时间导数并实施搜索算法[①]来判断情况是否变得更好（并因此延长当前的定向运动）或更糟（因此终止定向运动并通过原地打转来重新定向）。

Y. Meir 和共同作者研究了图 10.15所示的模型，并将其与大肠杆菌面对化学引诱物浓度突然蹿升和下跌的实验进行了比较（Meir et al., 2010）。为了聚焦于适应性机制，他们没有测量细胞的行为（定向运动/原地打转之间的转换）。相反，他们使用 FRET 方法直接监测磷酸化的 CheY 数量，具体做法是在 CheY 上修饰荧光受体（YFP）、在 CheZ 磷酸酶上修饰荧光供体（CFP），CheZ 磷酸酶仅结合磷酸化的 CheY[②]。对本节的模型再做些改进，就能够重现实验观察到的适应性和瞬态响应。

T2 10.4.1 拓展

10.4.1′ 视锥细胞和相应的视锥双极细胞

正文主要讨论了视杆细胞。视锥细胞在光转导机制方面总体上与之相似，只是增加了一些与功能相关的改变（在第 3 章中讨论）。

视锥细胞使用与视杆细胞相同的生色团（11-*顺式*视黄醛），只是将其嵌入另一种光视蛋白（略不同于视蛋白）中，形成的复合物称为视紫蓝质（代替视紫红质）。共有三种略有不同的光视蛋白，每种视锥细胞仅表达其中的一种，因此视黄

① *要点* 10.2说明了这种算法。

② 2.8 节介绍了 FRET。

醛具有不同的吸收光谱，即 L，M 或 S 细胞的三种特征光谱（见图 3.11）[①]。特别是 L 和 M 光视蛋白必须将视黄醛光致异构化的能垒降至比视杆细胞中的能垒还要低，才能被低能的红色和绿色光子激发。与 S 视锥细胞或视杆细胞相比，能垒降低会提高自发热致异构化的速率（Luo et al.，2008）。如果视锥细胞像视杆细胞一样敏感，那么假阳性信号会相应增加，这会造成大麻烦。但事实上并没有，原因是视锥细胞是为高亮条件下的视觉而进化的，其暗适应敏感度仅为视杆细胞的 $1\% \sim 4\%$。对于更长波长的光，噪声会更明显，这或许解释了为什么我们没有对红外敏感的感光细胞。

另一方面，我们的眼睛也必须能够在亮光下工作，照明水平可高达第 9 章中弱光（图 3.10）的 10^{10} 倍！视杆细胞对如此高亮度的信号不会再提供任何有用信息，因为它们的响应在弱光水平的 10^6 倍时就达到饱和。但视锥细胞的响应永远不会饱和。随着环境光照度增大，每种视锥细胞都会耗尽可激活的视紫蓝质分子，因而会降低敏感度。这种耗尽需要时间，因此突如其来的强照明会使我们感到眩目。

哺乳动物视锥细胞的总体结构也与视杆细胞略有不同：视杆细胞的膜盘完全被封存于外节内，而视锥细胞膜盘则粘连在外节膜上。虽然这样的设计原则上可以避免对 cGMP 这类扩散性第二信使的需求，但事实上视锥细胞使用的转导级联响应也非常类似于视杆细胞，只是前者比后者快了好几倍，使其能够非常好地适应高亮度条件，此时较高的光子到达速率允许我们快速辨别环境的变化。

正文讨论了视杆细胞响应的单变量原理，这一原理也适用于视锥细胞（第 3 章的色觉分析就是基于此）。Baylor，B. Nunn 和 J. Schnapf 的确也发现，只要闪光强度调整到能补偿吸收光谱的波长依赖性，则每一类视锥细胞对闪光的总体响应过程均与闪光波长无关（Baylor et al., 1987）。这些实验还建立了如图 3.11 所示的光谱敏感度函数。

T_2 10.4.3 拓展

10.4.3′ 新近发现的脊椎动物感光细胞

第 3 章讨论了视杆细胞和视锥细胞两大类感光细胞，这些细胞连接到双极细胞，后者又连接到眼睛的主要输出元件（视网膜节细胞）。来自节细胞的轴突形成一束视神经，后者将信号发送到大脑的视皮层。

① 更准确地说，人类有三种视锥色素。第 3 章提到大多数鸟类有四种视锥色素。一些皮皮虾似乎有 12 种不同的视蛋白，而珊瑚和扇贝之类的“原始”生物甚至编码了数十种这类蛋白。

值得注意的是，我们眼中还有另一类光敏细胞：人类约 0.2% 的节细胞除了从视杆细胞和视锥细胞接收信号之外，其本身就对光敏感（Berson et al., 2002; Hattar et al., 2002）。这些细胞含有一种名为视黑蛋白的色素，它与视杆细胞和视锥细胞中的视蛋白有关但不相同。尽管这些细胞的轴突与视神经中的其他轴突捆绑在一起，但它们中的一些会分裂成“视网膜下丘脑神经束”，最终进入名为视交叉上核的大脑区域。因此，这些细胞不直接向大脑视皮层报告。它们的轴突将光致信号汇报给人体的“昼夜节拍器”，使我们的昼行周期与当地日光同步。实际上，一些完全失明的人仍可以适应时差，因为他们大脑中这种不使用视杆或视锥细胞的替代通路是完好无损的。

来自光敏性节细胞的其他轴突终止于不同的大脑区域（橄榄形前盖核），它们在那里根据光照的变化控制瞳孔收缩。因此，一些完全失明的人的瞳孔反射也正常。

来自光敏节细胞的另一类轴突确实到达了大脑的视觉区域，它们在那里发挥视觉功能，这些功能以前被认为仅依赖于视杆细胞和视锥细胞（Schmidt et al., 2014; Milosavljevic et al., 2016）。

T2 10.6 拓展

10.6′ 谷氨酸清除

谷氨酸分子不断从突触间隙中被清除，并通过感光细胞膜中的“兴奋性氨基酸转运蛋白”以及称为穆勒胶质细胞[①]的邻近细胞进入再循环，因此一旦谷氨酸释放被闪光中断，它们的浓度就会下跌。在稳态照明的条件下，突触中的谷氨酸水平反映了恒定清除速率与可变释放速率之间的竞争。

T2 10.7 拓展

10.7′a 感光细胞响应的终止

到目前为止我们一直关注的是感光细胞光响应的引发阶段。正文中提出的机制确实能将单光子吸收的微小能量进行大幅放大。但如果仅此而已，那么即使是单个活化的视紫红质分子最终也会激活无穷多的转导素，转导素再永久地激活磷酸二酯酶，因此 cGMP 将永久维持在最低可能值，最终进入“锁死”态。也就是

① 参见图 11.8。

说，到目前为止我们讨论的机制只是一个单向开关，这对于感觉传感器来说是无用的。

视杆细胞不需要单向开关，而需要瞬态响应，之后又能自动复位。此外，9.4.5 节还强调每次响应都具有相同形式。为此，图 10.14 所示级联响应的每个元件都必须在确定的时延后得以重置。某些重置过程在图 10.14 中由向左箭头指示：

- Rh* 分子被激酶修饰，即后者将磷酸基团标记到前者[①]。一旦添加了足够的标记，抑制性蛋白（阻抑素）就会与磷酸化的 Rh* 结合并防止它激活更多转导素。在视杆细胞中，Rh* 分子的平均寿命大约 40 ms。视紫红质失活机器的遗传突变可导致先天性夜盲（Burns & Pugh，2010）。
- 活化的转导素与磷酸二酯酶结合后，就容易受到某种酶复合物的攻击，该酶复合物会将 GTP 分子中第三磷酸基团剪切下来。这种“GTP 酶活性”将转导素还原为 GDP 结合构型，后者再从磷酸二酯酶解离，最终与其他亚基重组再形成失活的转导素复合物[②]。转导素失活机器的遗传突变导致称为弱视症的视觉缺陷（Burns & Pugh，2010）。
- 磷酸二酯酶如果没有其转导素就会停止移除 cGMP。鸟苷酸环化酶的持续作用则恢复了 cGMP 的静息水平[③]。T*·PDE 的总体失活速率 $\approx 5\ \mathrm{s}^{-1}$，这决定了视杆细胞单光子响应的持续时间。
- 当 cGMP 水平恢复时，外节离子通道会重新打开，视杆细胞则再次去极化。突触末端的电压门控钙离子通道因响应而打开，并且囊泡释放恢复到其在黑暗条件下的高稳态水平。

10.7′b 负反馈实现适应性并将视杆细胞信号标准化

人眼能在很大的照度范围内正常工作（图 3.10)。视觉转导的每个阶段都包括一些速度范围有限的过程（例如囊泡释放)。因此，每个阶段必须能够调整其灵敏度，例如在高光强条件下调低灵敏度以避免饱和。本节描述了一些在感光细胞水平上运行的**适应**机制。基本思想是每个感光细胞都配备了慢过程负反馈回路，并根据近期的活性水平调整其响应行为[④]。

负反馈还解决了感光细胞面临的另一个迥异的难题。单光子响应的强度和时间窗取决于几个过程，每个过程都涉及一个或少数几个分子。由于分子的随机性，

① 图 10.2（c）介绍了这种标记。

② 即转导素还原为图 10.6步骤 2 中所示的三聚体构型 T。

③ 涉及钙离子的反馈使恢复更快更精确，见下文（b）。

④ 11.4.1′ 节描述了另一种机制，它在视觉过程后期某个阶段用于压缩输入信号的动态范围。10.3.4′ 节讨论了原始生物采用的更简单的感觉适应机制。

我们知道这些过程应该会有很大的涨落[①]。然而，图 9.12（b）所示的数据显示单光子响应幅度的分布相当集中，其他数据也显示整个时间过程是高度可重复的。非生命世界的一个类似现象给出了摆脱该悖论的一种方法，即通过负反馈来影响瞬态信号的形状（类似于感光细胞的单光子响应），例如，原本会导致异常大的单光子响应的涨落会触发较大的负反馈校正[②]。

我们现在已知至少有九种负反馈机制在感光细胞中起作用。由于这些机制中的一些涉及细胞内的钙离子，下面我们先来看看它们在视杆细胞中的作用。

正文仅关注了视杆细胞内节和外节中的钠离子和钾离子，但图 10.16 显示钙离子（Ca^{2+}）浓度也是受控的。因此，外节内的钙离子存量相当于视杆细胞的另一个状态变量（此外还有膜电位、其他离子浓度和 cGMP 水平）。然而，与膜电位不同，外节的钙离子水平和突触末端的钙离子水平不会相互影响，它们是独立的状态变量[③]。突触末端的钙离子触发囊泡释放[④]，而此处讨论的外节钙离子水平与适应性和脉冲成形有关。

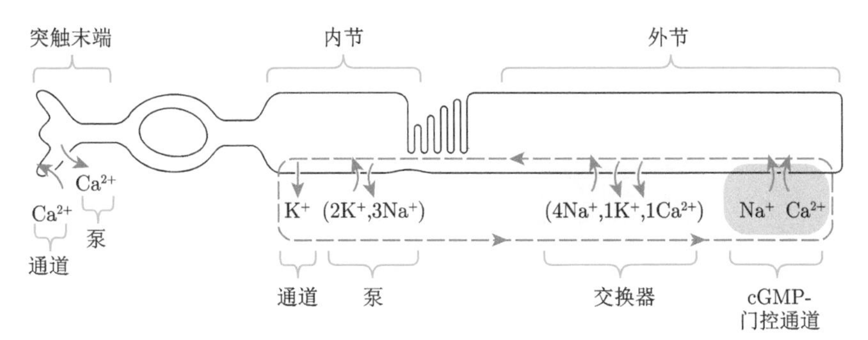

图 10.16　[卡通图。] **图 10.8 的更详细版本**。该版本显示了视杆细胞外节中的钙离子流，以及驱动它们的交换器（绿色）。突触末端的钙离子动力学与外节中的钙离子动力学是解耦的。

除了前面提到的泵和通道，关键的新元件是**离子交换器**（图 10.16中的绿色斑点）。与分子马达不同，该机器不使用任何化学键能，每个工作循环往胞内转运四个 Na^+，同时往胞外转运 K^+ 和 Ca^{2+} 各一个。Na^+ 和 K^+ 的电化学梯度导致该机器沿图示方向运行，帮助钙离子*逆着*其电化学梯度移动。交换器因此不断地从视杆细胞的外节转运出 Ca^{2+}。如正文中所述，泵、通道和交换器的联合净效应仍

① 例如，单个 Rh* 在其寿命期间所激活的转导素的数量是可变的，见上文（a）。

② 反馈的效果取决于参数值，有些反馈反而会导致振荡，这显然不是此处我们需要的。我们对“过阻尼”反馈感兴趣，因为这种情况不会发生振荡（Nelson, 2015，第 9 章）。

③ 视杆细胞中的钙离子水平被内节中的线粒体所缓冲，就钙离子而言，这使得外节和突触末端可视为不相干的两个盒子。

④ 10.6.2 节介绍了此机制。

然是从细胞中移除正电荷，因此驱动细胞内部电位变得更负。

在黑暗条件下，钙离子不断地通过打开的 cGMP-门控通道（图 10.16 中最右边的斑点）流回视杆细胞。因此，除了降低细胞的极化程度外，这些通道还限制了细胞中 Ca^{2+} 的消耗。光响应关闭了一些通道，导致钙离子浓度下降，外节中的各种参与者（包括图 10.17 中的那些）都会感觉到这种变化。

思考题10C

> 找出与图 10.17中红色影响线相关的反馈回路，看看它是否总体上是负反馈的。对两条影响线分别进行讨论。

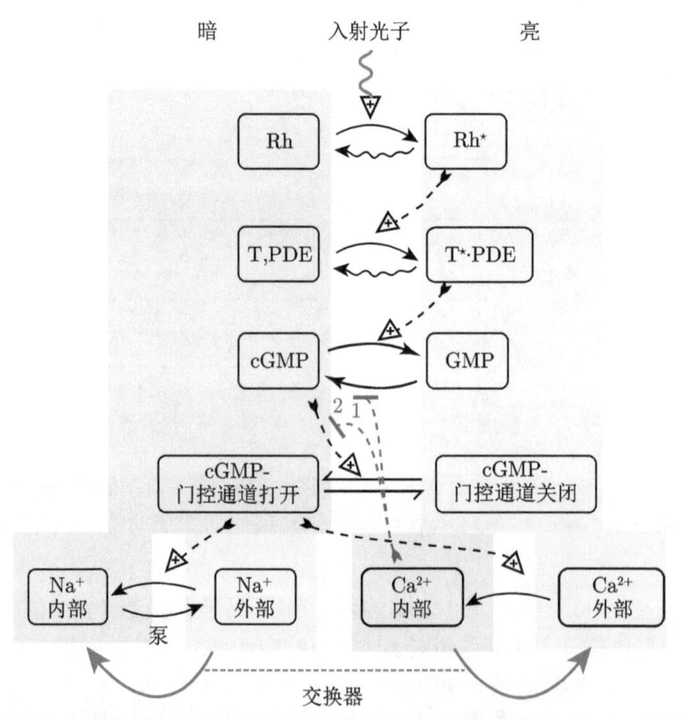

图 10.17　[网络图。] **感光细胞适应性和脉冲成形的两个负反馈机制（红色）**。此图是图 10.10的详细说明，显示了视杆细胞外节中各种过程的更多细节。1：外节中光响应导致钙离子（Ca^{2+}）浓度降低，从而解除了对 cGMP 生产的抑制，使细胞加速恢复到暗态。2：钙离子水平也会改变外节离子通道与 cGMP 结合的亲和力，从而改变它们对 cGMP 的响应能力。未显示：外节中的钙离子也会降低视紫红质激酶的活性，从而产生另一个负反馈回路。

钙离子浓度下跌的一个效应是刺激 cGMP 的产率上升至其静息速率的几倍，从而迫使细胞返回至暗态。这种反馈是使单光子响应信号变得清晰、可重现的成因之一，也有助于细胞适应弱光条件（见图 10.17中的箭头 1）。环化酶调节机器的突变导致遗传性视力缺陷，即早发 Leber 先天性黑矇和视锥-视杆细胞营养不良（Burns & Pugh，2010）。图中所示的另一种机制（箭头 2）也对细胞适应性有贡献，但效果弱一些。还存在第三种机制，有助于细胞适应更强光照（见图注，图中未显示）。

10.7′c　视黄醛的回收

正文描述了一种光转导过程，该过程开始于视紫红质分子，它由视蛋白及处于 11-*顺式*构象的视黄醛辅因子构成。光转导后，视黄醛转变为全*反式*构象。前面 10.7′a 节描述了该分子如何失活并终止响应。但视网膜最终必须*循环利用*视紫红质，因为后者在白天会以惊人的速度被消耗。

失活视紫红质是不稳定的，它会自发地在大约一分钟内释放全*反式*视黄醛，后者再被劈开并与视蛋白分离，然后会发生一系列反应，其中一些反应实际上发生在感光细胞外。细胞将使用过的全*反式*视黄醛输出到相邻的视网膜色素上皮细胞中[①]。这些辅助细胞将视黄醛分子复原为 11-*顺式*构象，并重新导入感光细胞，然后再与游离的视蛋白分子重组成光敏色素，并将其包装到新的膜盘中。整个过程称为类**视黄醇周期**。

习题

10.1　暮光

人们常说星星在黄昏时“出现”，可事实是它们任何时刻都在天空中。为什么在白天我们看不到它们？是什么决定了它们何时“出现”？

显然，这个问题涉及微弱光源和均匀照明背景之间的*对比*。让我们想想只能在暗夜看到的最微弱的恒星。在没有恒星的空域，我们以某平均速率的泊松过程接收光子，单位积分时间内得到的光致异构化数为 μ_0。在有恒星的空域，我们除了收到上述背景光子流外，还有一个来自恒星的 $\mu_\star$。两者必须满足哪些条件我们的眼睛才能可靠地区分这两种光子流？

10.2　协同结合

不同的曲线形状可揭示不同的内容。协同结合曲线在通常的作图法中呈 S 形

① 图 6.6（b）和图 11.8 显示了视网膜色素上皮细胞。

[图 10.4（a）]，不容易从中读出协同参数 n 的值。而双对数作图则可以将 n 值显示为斜率 [图 10.4（b）和图 10.9]，虽然拐点（普通图中的最大斜率点）不容易看出。

从方程 10.3开始，计算导数 $\mathrm{d}\mathcal{P}(\mathrm{bound})/\mathrm{d}c$，然后计算拐点的 c 值。讨论 $n=1$ 与 $n>1$ 之间的差异。

10.3　根据单细胞数据评估泊松假说

单细胞数据所隐含的信息比习题 9.3 中“见到/未见”实验数据所隐含的信息更丰富，前者给出了每次响应的真实幅度（图 9.12），因此可以对我们的假说进行更严格的检验。先完成习题 2.1，再完成以下各小题。

a. 获取 Dataset 13，用这些数据绘制类似于图 9.12 的图。数据集的第二组所对应的闪光强度是第一组的四倍。

b. 将数据表示成以 0pA, 2pA, $\cdots$ 为中心的直方图，计算每个直方中的事件总数。我们假设这些直方中心对应于视杆细胞的有效光子吸收数 $\ell=0,1,\cdots$。设 N_ℓ 和 N'_ℓ 分别为弱或强闪光后观察到的每类输出的事件数。

c. 设 μ 为弱闪光时有效光子吸收数的期望值，则强闪光时的对应值为 4μ。写出 μ 的似然函数，其中会用到你在（b）中得到的所有数值，用似然最大化来计算 μ_*①。

d. 将（b）的答案表达为估算概率，并显示为两个柱状图，再叠加（c）求得的泊松分布。

e. 对视杆细胞响应单光子的假说，你有何评论？

10.4　环核苷酸门控通道

分别用 $n=1,2$ 和 3 的希尔函数拟合 Dataset 15 中的数据，作图并讨论。

10.5　T2 预测视杆细胞的吸收率

a. 人体视杆细胞的外节包含一堆直径为 2 μm 的平行排列的膜盘。盘膜上视紫红质分子的面密度为 $\sigma\approx 25000\ \mu\mathrm{m}^{-2}$。这些膜盘的间距大约是每 25 nm 一个，每个膜盘实际上包含两层视紫红质分子 [图 10.1（c）]。计算人体视杆细胞外节中视紫红质分子的平均数密度（单位取为 m^{-3}），再乘上视杆细胞外

① 7.2.3 节介绍了似然最大化。

节的体积（约 100 μm^3），估计分子的总数。

b. 视紫红质的消光系数约为 4.0×10^4 $\mathsf{M}^{-1}\cdot\mathsf{cm}^{-1}$。使用 9.4.2′a 节中的定义将此图转换为吸收截面 a_1。联合（a）的结果估算 $a_1 c$，并与 9.4.2′a 节给出的值进行比较。

第 11 章　首突触及下游过程

我画的不是事物本身，而是它们之间的差异。

——亨利 · 马蒂斯（Henri Matisse）

11.1　导读：假阳性

前面章节指出，尽管人眼的光响应性质令人印象深刻，但它也并不是完美的探测器。例如，每个视紫红质分子捕获入射光子的概率很低，因此每个视杆细胞需要巨量的视紫红质。这个大数乘上假阳性信号（来自热致异构化）的微小速率，也足够产生显著的背景噪声（本征灰度）。本章将概述我们视觉系统为将假阳性率控制在可接受水平而采用的一些策略。我们的结论是，除了视觉处理的最初阶段存在物理上不可避免的信号损失以及随机性之外，后续阶段对弱光信号的处理都是非常高效的。

本章焦点问题

生物学问题：如果每个视杆细胞吸收单光子后都能发出信号，那么为什么我们的大脑会对可感知的信号数量设定下限（数个信号）？

物理学思想：视觉系统会在首突触处施加断点，并在下游过程中设置阈值，以避免假阳性信号的传播。

11.2　首突触处的信号传递

11.2.1　视杆细胞和视杆双极细胞之间的突触利用 G 蛋白级联过程来逆转信号

神经元通常在其树突上接收信号，这些信号是由其他神经元阵发释放到树突上的神经递质构成的[①]。这些信号打开了离子通道，使树突去极化，从而触发了沿轴突传播的去极化波（即动作电位）。轴突末端的去极化又会引发下游神经递质的阵发式释放（与触发本次动作电位的输入具有相同的形式）。

我们已经看到闪光（即使只有单光子的有效吸收）如何瞬间降低视杆细胞突触末端的谷氨酸释放速率。但是，在黑暗条件下，我们希望捕获哪怕一丁点光的

① 2.4.7 节介绍了这种机制。

信息。因此，不同于典型的神经元，弱光信号转导通路中的下一个细胞（视杆双极细胞）必须相应地逆转其输入信号，即当其树突处谷氨酸浓度瞬间下跌时，细胞必须产生去极化并释放一簇神经递质。这种逆转是通过视杆双极细胞对谷氨酸的间接响应来实现的。视杆双极细胞膜上没有那种因谷氨酸结合而开放的离子通道，而是表达了一个称为 mGluR6 的 G 蛋白偶联受体①。胞外的谷氨酸激活该受体分子，后者的胞内部分再激活 G 蛋白。活化的 G 蛋白反过来关闭胞膜中的离子通道，因而增加其超极化程度（图 11.1）。简而言之，

> 视杆双极细胞像任何静息神经元一样在黑暗条件下被极化。在光响应过程中，视杆双极细胞的谷氨酸供给水平下跌，导致离子通道打开、细胞去极化，最终触发神经递质从视杆双极细胞的突触末端释放。

mGluR6 受体不可或缺的一个例证是一旦其基因突变就会导致夜视能力完全丧失（常染色体隐性遗传性先天性夜盲）。

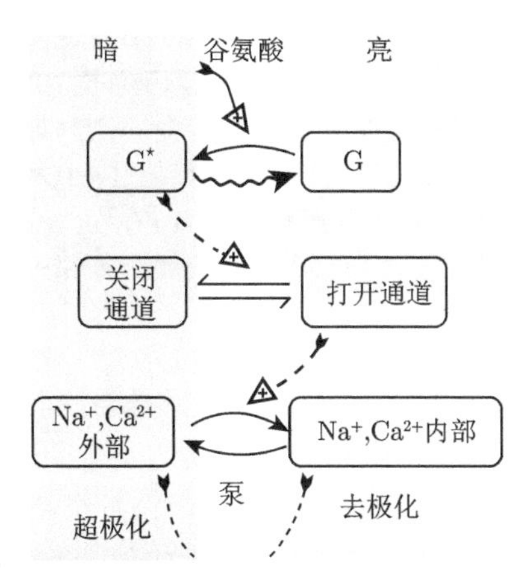

图 11.1　[网络图。] **视杆双极细胞光响应中的事件**。神经递质谷氨酸不是直接作用于离子通道，而是激活一种叫做 mGluR6 的受体，后者再激活一种 G 蛋白，G 蛋白反过来又关闭了“瞬时受体电位”（TRPM1）离子通道，使视杆双极细胞在黑暗条件下超极化。(此处不存在类似于视杆细胞 cGMP 的第二信使。)

11.2.2　首突触可排除低于传输断点的视杆细胞信号

图 11.2 显示，由视杆细胞产生的较弱的连续暗噪声与由光子吸收产生的较大电流降（加上偶尔的自发异构化）之间存在相当清晰的差异。我们能否将峰电流变化小于某值（例如 0.8 pA ）的信号理解为连续暗噪声，其余信号代表异构化事件？然而即便如此，这种策略也不会改善我们的视觉。

---

① 我们在 10.4.2 节中遇到过 G 蛋白。配体门控离子通道有时被称为“离子通道型受体”。mGluR6 之类的受体则被称为“代谢型受体”，它们的信号转导机制中不含有离子输运过程。

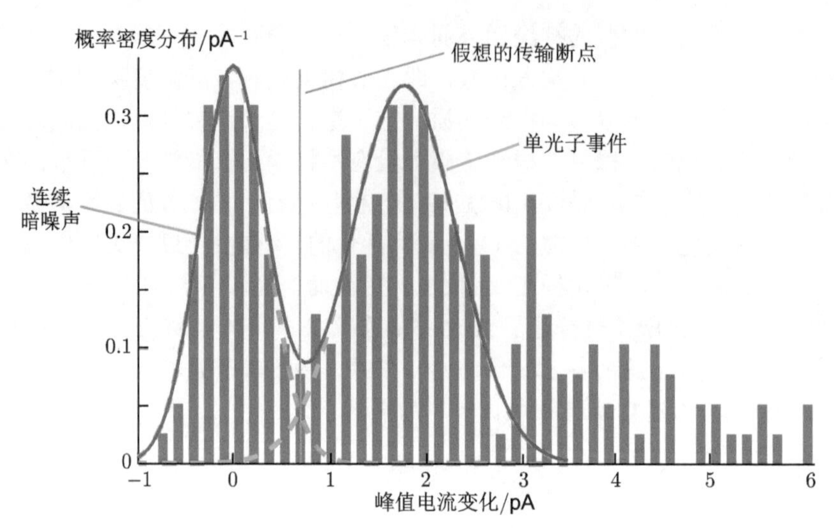

图 11.2　[实验数据与理想概率密度函数。] **视杆细胞的噪声与真实信号在分布上有部分重叠**。*柱形图*：数据与图 9.12b 的相同，即闪光之后视杆细胞胞外电流的峰值分布。*实曲线*：理想概率密度函数（两个高斯分布的总和），两个分布分别对应于连续暗噪声（*左侧虚曲线*）和单光子有效吸收事件（*右侧虚曲线*）。我们可能会设定任何超过*垂线*标记值的事件都将被视为异构化事件，但图形表明这些事件中的一小部分确实属于噪声。正文强调这些噪声事件虽然看起来很少，但由此导致的假阳性误报会严重降低暗视力。[数据蒙 Greg D Field 提供；另见 Rieke, 2008。]

上述区分策略的困扰在于，我们的目的不只是要探测光，而是要*看到事物*。也就是说，我们希望大致了解光子的来源以及它们到达的时间，以便对昏暗环境动态成像。例如，对于星空，光子是如此稀少以至于每个视杆细胞在 200 ms 时间窗内捕获一个光子的概率小于 10^{-2}。因此，为了成像，我们的眼睛必须汇集大量视杆细胞的响应。实际上，视网膜的双极细胞各自接收来自数十个视杆细胞的输入信号 [图 10.12（a）]，其输出再馈入节细胞，后者进一步将来自许多双极细胞的信号整合后再发送到大脑。将信号汇入单个节细胞的所有视杆细胞所占据的视网膜区域，我们称之为**求和区域**。

尽管来自每个独立视杆细胞的电流涨落似乎可以明确分解为“信号”和“噪声”，但是图 11.2显示了两个分布之间还是存在一些重叠。数千个对应于视野特定区域（求和区域）的视杆细胞的输出被汇集成单个信号，每个视杆细胞即使在黑暗中也不断地产生连续暗噪声。如果我们的眼睛确实像图 11.2中所设想的那样设置了断点，那么我们会将噪声事件中很显著的一小部分误认为真实信号，同时又有少量真实信号被当成噪声。然而，真实情况是一些节细胞能几乎无噪声地响应单个光异构化事件。

D. Baylor，B. Nunn 和 J. Schnapf 首先指出了上述悖论，并提供了一个可能的解决方案。他们推断：可以通过牺牲一些真正的视杆细胞信号来抑制噪声。假设我们选择的**传输断点**为 1.8 pA，远远高于图 11.2所示的假想值，则大约一半的异构化信号（图 11.2 中的第二个峰）将被错误地丢弃。但好处是没有一个噪声信号（第一个峰）会被错误地传递给下一个神经元，从而极大地提高了整个信噪比，代价则是降低了整体的量子捕获率。

Baylor 及合作者注意到这种鉴别必然发生在视杆细胞的下游，因为视杆细胞本身会产生连续暗噪声。但又必须在信号汇集完成之前进行，因为视杆细胞信号一旦被整合，再想鉴别并删除其中的噪声为时已晚。由于大约 15 ~ 30 个视杆细胞的信号被输入视杆双极细胞，因此信号鉴别必然发生在两者之间的突触处。这个假说在多年后双极细胞记录技术成熟时就被直接证实了（见图 11.3）。

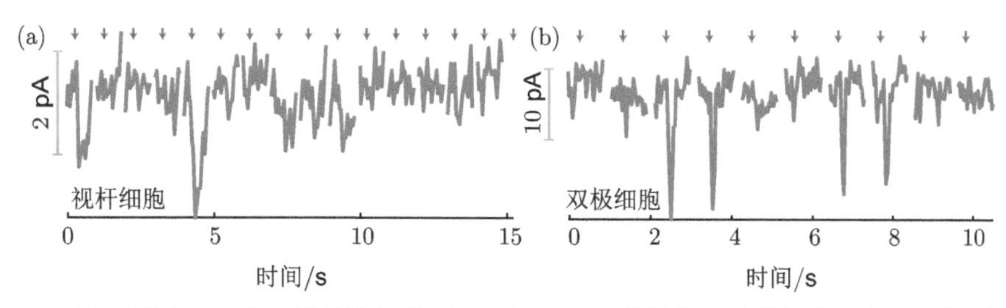

图 11.3　[实验数据。] **首突触的鉴别效果**。(a) 单个小鼠视杆细胞的闪光响应。胞外循环电流显示为时间的函数。箭头标记的时间点为闪光时刻。(b) 来自小鼠视杆双极细胞的响应。在首突触处施加传输断点使得真实信号从噪声中突显出来，明显好于 (a) 的情况。[来自 Okawa et al., 2010。]

传输断点应该设定为多大？A. Berntson 及合作者指出，这种鉴别无法用于视紫红质的自发异构化产生的噪声，因为这些事件看起来与光子吸收事件完全相同。因此，一味提高传输断点是没有意义的：一旦连续暗噪声（无异构化）的假阳性率降至自发异构化的假阳性率以下，则继续提高传输断点设定值只会进一步削减量子捕获率，而对信噪比不会有太大的改善。研究人员估计系统的损益平衡点约为 50% 真实光子事件被牺牲的水平。

11.2节概述了研究人员如何基于细胞信号分子的特性推断系统的平衡点，并正确预测了动物眼获得损益平衡的一种令人惊讶的方法。

T2 11.2.2′ 节更详细地讨论了首突触。

11.3　心理学和单细胞生理学的整合

11.2 节描述了降低感光细胞噪声的一种方法。然而，假阳性的另一个来源（即自发异构化）不能在单个感光细胞水平上处理，因为这些事件看起来与真正的光异构化完全相同[①]。由于每个感光细胞中需要大量视紫红质分子，因此自发异构化是无法避免的。第 9 章概述了应对这种情况的一个可行策略（不同于首突触中的鉴别策略）。现在我们对此做一些定量讨论。

11.3.1 为什么可靠视觉要求捕获数个光子？

第 9 章明确指出，对平均含量约为 150（或更多）个光子的闪光，或对约 15 个有效光子吸收事件，人类受试者表现出可靠的响应行为[②]。11.2.2 节又阐明首突触为了抑制连续暗噪声而丢弃了约一半的真实视杆细胞信号。我们可以记录绝大多数这类事件，只需要对通过首突触的视杆细胞信号设定一个网络阈值（等于 6）[③]。那么，为什么是 6 呢？取为 1 会不会更好？第 9 章曾介绍了 H. Barlow 和 B. Sakitt 的假说，即在大脑察觉到信号之前，视杆细胞下游的某个环节会对信号数量施加网络阈值[④]。该阈值将削弱视杆细胞中自发异构化的影响（因为同时出现多个假阳性信号的可能性很小），但同时也会提高可靠视觉对有效光子吸收数量的要求。第 9 章没有对此展开论述。下面我们将 9.3 节的心理生理学结果与 9.4 节和 11.2节的单细胞测量结合起来进行讨论。

单细胞生理学给视觉系统的信号损失和随机性设定了下限，而动物惊人的弱光视觉则为此设定了上限。两者之间的差别有多大呢？

11.3.2 本征灰度假说回顾

Barlow 和 Sakitt 假说的细节是弱光视觉系统先从视杆细胞中获取单光子信号，再通过简单的加法将它们汇集在一起，最后给系统施加一个或多个网络阈值（图 11.4）。我们现在知道，即使是初期视觉处理也比这复杂，例如，这些信号通过首突触后会在多个环节分散开去，然后再重新组合（其中会产生损失和非线性）。但是，如果充分考虑这些复杂性，会使我们难以下手解决问题。为此，我们当前的目标只是为初期视觉过程建立一个简单的物理模型，既能重现心理生理学实验的结果，又不违背单细胞实验测量结果。为便于后续讨论，我们在此先引入第 9 章使用的一些符号和术语：

求和区域	信号被汇集的视杆细胞的集合
积分时间	信号汇集过程的时间窗
自发异构化	与有效光子吸收无法区分的假阳性信号
连续暗噪声	叠加在光异构化信号上的小幅噪声

① 对单个感光细胞进行符合探测并不是一个好的解决方案，见习题 9.1 和习题 9.2。

② 请参见 9.3.4 节。

③ 如果有效吸收事件数量的期望值是 $150 \times 10\% \times 50\% = 7.5$，则实际事件数量至少为 6 的概率为 $\mathcal{P}_{\mathrm{pois}}(\ell \geqslant 6; \mu = 7.5) = 76\%$。

④ 见本征灰度假说（9.3.3 节）。

网络阈值 t	出现在首突触下游某环节，作用于来自求和区域的类光子信号的总数上（t 为整数）
评级 r	人类受试者对闪光的口头报告（形成一个离散数列）
ℓ_{tot}	通过首突触的视杆细胞信号总数
视杆细胞量子捕获率 Q_{rod}	沿视杆细胞轴向并局限在其横截面内传播的光子被有效吸收并产生信号的概率
$Q_{rod,ret}$	整个视网膜的视杆细胞量子捕获率：单个光子与许多视杆细胞作用后产生一个信号的概率
Q_{tot}	与 $Q_{rod,ret}$ 同义，但需乘上信号通过首突触到达视杆双极细胞的概率（方程 9.3），因此有所下降
$\mu_{ph,spot}$	局限于整个求和区域或更小区域的一次闪光所包含的光子数的期望值（方程 9.3）
本征灰度参数 $\mu_{0,rod}$	单个视杆细胞的平均假阳性计数（方程 9.2）
$\mu_{0,sum}$	与 $\mu_{0,rod}$ 同义，但是只针对视网膜的求和区域（方程 9.3）

本模型包括两个分别涉及转导模块和决策模块的申明。下面先给出第一个申明（比之前更精确）①：

> 在短闪光期间通过首突触的视杆细胞信号的总数 ℓ_{tot} 是泊松分布的，它的期望与闪光强度呈线性关系：$\langle\ell_{tot}\rangle = Q_{tot}\mu_{ph,spot} + \mu_{0,sum}$。　[9.3]

在该公式中，整个视网膜的量子捕获率 Q_{tot} 和本征灰度参数 $\mu_{0,sum}$（求和区域假阳性信号的平均速率）对任何个体都是固定的。一些视杆细胞信号在首突触处会损失的事实只是降低 $\mu_{0,sum}$ 和 Q_{tot}，而 ℓ_{tot} 仍然保持泊松分布②。

Barlow 和 Sakitt 模型的第二个申明是

> 受试者报告的评级值 r 是由施加于视杆细胞信号计数 ℓ_{tot} 的一组网络阈值 $\{t_r\}$ 决定的。（受试者在之前的训练过程中无意识地设定了这些阈值。）闪光之后，一旦 ℓ_{tot} 超过 t_r，则受试者就会给出最高评级的 r 值。　[9.4]

虽然该模型是高度简化的，但它确实对 $\mathcal{P}$(评级; 刺激)（心理物理学实验中的可测量）作出了可检验的预测。

① 更精确之处在于，我们进一步考虑了在首突触处丢失的光子数，即“视杆细胞信号”表示“通过首突触的视杆细胞信号”。

② 3.4.1 节介绍了泊松过程的稀释特性。

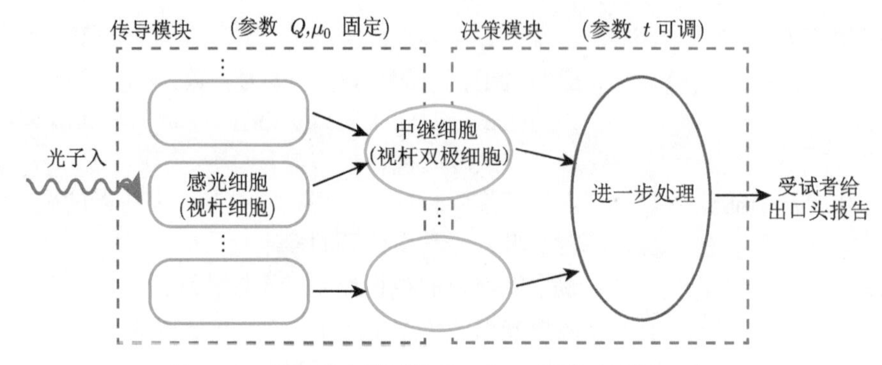

图 11.4　**用于弱光检测的 Barlow 模型**（同图 9.2）。

11.3.3　单视杆细胞测量结果限定了本征灰度模型中的拟合参数

我们可以将 Q_{tot}，$\mu_{0,\text{sum}}$ 和 t_r 都设为待定参数去拟合心理物理学实验数据，但这样操作会失去很多证伪理论的机会以及与单细胞测量有关的所有信息①。为此，我们将利用单细胞数据对前两个参数进行估值（9.3.4 节和 11.2.2节）。当然，这样做会严格限制模型，导致可能无法找到 t_r 的拟合值 [如果模型错误且参数又少，则 $\mathcal{P}$(评级; 刺激) 之类的两变量函数就不容易拟合]。

Q_{tot} 值可以通过单细胞测量结果以及已知的有关眼睛的事实被估计出来②。此外，Baylor 及合作者测量到了单视杆细胞中自发事件的平均速率，我们可由此来粗略估算本征灰度参数 $\mu_{0,\text{sum}}$。最近测得人类的该速率为 $\approx 0.0062\ \text{s}^{-1}$，因此，与真实光子吸收相混淆的自发事件数大致为该速率乘以视杆细胞积分时间（约 200 ms）③，再乘以 50%（首突触处的信号损失率）。在求和区域中有效汇集的视杆细胞信号的数量不易测量，但 Barlow 使用间接证据猜测了一个数值 ≈ 1700，由此给出了如下估计

$$\mu_{0,\text{sum}} \approx (0.0062\ \text{s}^{-1}) \times (200\ \text{ms}) \times 0.5 \times 1700 \approx 1.05. \tag{11.1}$$

11.3.4　首突触后的下游过程非常高效

我们现在可以问：在所有闪光强度下，是否有可能找到一组网络阈值 $\{t_r\}$，以至于 Sakitt 实验中每个评级 r 的概率都遵循本征灰度模型？更确切地说，本征灰度假说意味着响应 ℓ_{tot} 是泊松分布的，其期望由如上重述的**要点** 9.3 给出。方程 9.4

① 9.3.4 节指出了这一点。

② T2 见习题 9.3 或习题 9.7。在那里获得的视杆细胞量子捕获率 $Q_{\text{rod,ret}}$ 乘以 11.2.2节提出的首突触处信号损失率的估值 50%，即可得到 Q_{tot}。

③ 9.3.1 节描述了估算积分时间的一种方法。我们忽略连续暗噪声对假阳性率的贡献，因为正如我们所看到的那样，在首突触处施加的传输断点已经消除了绝大部分假阳性（11.2.2 节）。

（也如上重述）表示受试者为光强 $\mu_{\mathrm{ph,spot}}$ 打分为 r 的概率等于 $\mathcal{P}_{\mathrm{pois}}(\ell_{\mathrm{tot}};\mu_{\ell_{\mathrm{tot}}})$ 在 $t_r \leqslant \ell_{\mathrm{tot}} < t_{r+1}$ 范围内对 ℓ_{tot} 求和。

这个模型意味着*整个弱光视觉系统的量子捕获率是由单视杆细胞的量子捕获率决定的*。稍后我们将看到实验数据在多大程度上还允许其他假说。

图 11.5显示了 Sakitt 实验的现代版本，采用了类似上述的物理模型，用最大似然法对实验数据进行了拟合[①]。D. Koenig 和 H. Hofer 使用了四种不同的闪光强度以及五种评级（$r = 0, \cdots, 4$）。这对模型进行了比 Sakitt 原始设计更严格的检验，因为使用了更少的拟合参数（四个网络阈值 $t_1, \cdots, t_4$）来匹配更多数据点（图中共显示了 20 个数据点）。此外，拟合参数又都必须是小整数。

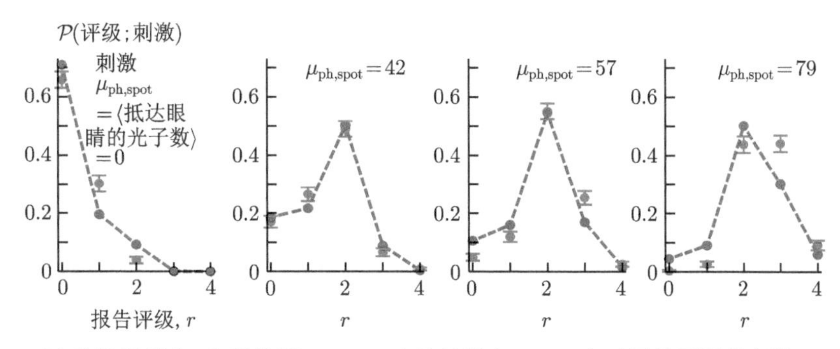

图 11.5　[实验数据拟合。] **现代版 Sakitt 实验的拟合**。圆圈表示四种不同强度的 490 nm 闪光所对应的 $\mathcal{P}$(评级; 刺激) 的估值（即某人类受试者给出的各种评级的概率），可与图 9.4 比较。由红线连接的点表示基于*要点* 9.3—9.4 所作的函数拟合，拟合时量子捕获率和噪声参数是给定的（单细胞测量值）（参见习题 9.3 或习题 9.7）。因此，唯一的拟合参数是与四个非零评级对应的一组网络阈值。误差棒表示泊松分布的标准偏差，期望值等于每个评级出现的次数（见 0.5.3 节）。[数据蒙 Darren Koenig 和 Heidi Hofer 提供，另见 Koenig & Hofer，2011。]

该图显示了网络阈值取为 $\{t_r\} = \{2, 3, 6, 9\}$ 的最大似然拟合。拟合结果表明数据与本征灰度假说粗略一致。例如，与“相当确定”对应的网络阈值 t_3 与 11.3.1节中的粗略估算一致。第一个阈值 t_1 意味着对于该受试者来说*至少需要两个光子信号*通过首突触才足以使其察觉到闪光。即使在该评级水平上存在假阳性（本征灰度），其事例数也少到不足以影响该受试者的判断。当然，并非每个受试者在这一点上都表现良好，但若设定第一个网络阈值为 2 或 3（指视杆细胞信号数量），则所有受试者的数据都能被拟合。

现在我们已经找到了一种方法来整合生物体的行为数据与单细胞测量数据。我们还可以问这些数据能否被*其他*假说解释。图 11.5所示的模型假设在首突触后不再有信号损失。如果假设存在信号损失，我们可认为这相当于使量子捕获率变

① 7.2.3 节介绍了似然最大化。[T2] 习题 11.3 探讨了 Sakitt 的数据。

小（小于单视杆细胞实验给出的值）。用较小的量子捕获率值拟合所有数据，我们发现，一旦 Q_{tot} 小于单细胞生理实验值的约 80%，则数据根本无法拟合。也就是说，复杂下游过程中的信号损失数少于通过首突触的信号数的约 20%。类似地，我们可以用更大的假阳性率 $\mu_{0,\mathrm{sum}}$ 来代表额外的随机性，我们会发现，如果 $\mu_{0,\mathrm{sum}}$ 取值超过方程 11.1 估值的 30%，则也无法拟合数据。

11.3节完成了第 9 章留下的讨论。最后的结论是，*弱闪光信号的神经处理是非常可靠的，并且弱光视觉的高可靠性是可以通过物理模型来理解的*，该模型包括了光的属性、视杆细胞中的转导机制以及首突触的鉴别能力（降低来自视杆细胞的假阳性率）。本征灰度假说对整个系统的弱光视觉给出了非常满意的描述，尽管未来的测量肯定会修正其中的一些细节。

T2 11.3.4′ 节描述了单光子刺激的心理物理学实验。

11.4 多级中转站向大脑发送信号

11.4.1 经典的视杆细胞通路实现了单光子响应

我们已经了解了从视杆细胞到双极细胞的弱光响应。图 11.6显示了这些信号后续处理的主要通路：

- 视杆双极细胞通过另一个化学突触连接到一类称为**无长突细胞**的中间神经元，后者位于视网膜的另一层。
- 无长突细胞与另一类双极细胞（称为给光型**视锥双极细胞**）直接电接触①。在亮光下，后者的主要功能是处理视锥细胞的信号。但在弱光下，视锥细胞对光没有响应，因此视锥双极细胞有机会执行另一项功能，即将通过无长突细胞传来的视杆双极细胞信号中转到视网膜底层的“给光型节细胞”。每个无长突细胞都收集来自许多视杆双极细胞的信号，这大大扩充了先前各层级所汇集的信号池。总体而言，每个节细胞通常会汇集数千个视杆细胞信号。
- 到目前为止，所有信号都是短距离（通常是几微米）传输的。然而，节细胞能延伸到距离视网膜几厘米的大脑。它们将输入信号转换为可以长距离传输的形式，即大多数神经元使用的“峰信号”（动作电位）形式②。

节细胞的直接电记录表明，在弱光下，上述“经典视杆细胞通路”可以响应单光子吸收而向大脑发送一小簇峰信号，因此，在心理物理学实验中发现的网络阈值必然起源于节细胞之后的下游过程。

① 这种接触包括连接两个细胞内部的通道，称为“间隙连接”。

② 2.4.5 节介绍了动作电位。

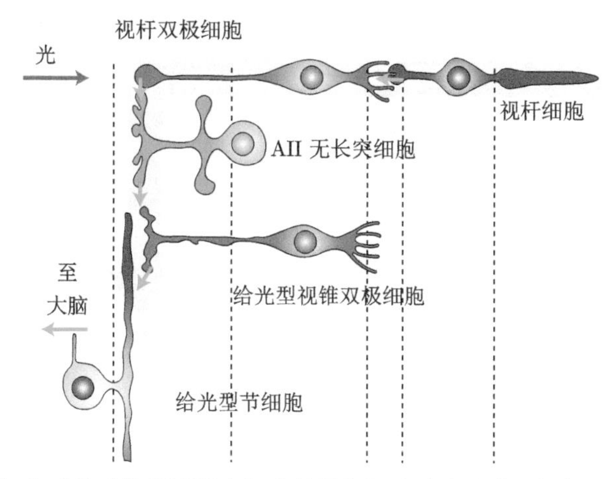

图 11.6　[示意图。] **哺乳动物视网膜上经典的视杆细胞响应通路**。视杆细胞有效吸收光子后发出信号，最终通过给光型节细胞的轴突传送到大脑。图中某些细胞在较高照度下具有其他功能，例如，无长突细胞执行了一些图像处理功能，而给光型视锥双极细胞接受来自视锥细胞的输入。此外，视杆细胞信号也可以通过其他通路来处理，尽管那些通路不具备单光子敏感度。虚线表示视网膜可以分成显微镜下可见的多层结构，本书封面显示了真实的显微照片，另见图 11.8。[经许可改编自 Macmillan Publishers Ltd：Wässle，H .2004. Parallel processing in the mammalian retina. *Nat. Rev. Neurosci.*, 5(10), 747-757, ©2004。]

11.4.2　其他信号通路

到目前为止，我们一直专注于最低照度下传输单光子信号的通路。本节将进一步考察视网膜中服务于其他视觉任务的其他通路和细胞类型。

G. Field，E. J. Chichilnisky 及合作者发现了视锥感光细胞与视网膜节细胞（缩写为 RGC）的连接（图 11.7）。实验者用各种随机图案和不同光谱的光来刺激一片孤立的视网膜，同时监测许多 RGC 产生的动作电位。然后，他们将视觉输入与 RGC 的输出相关联，以确定每个 RGC 的“感受野”，即那些容易刺激细胞发送动作电位的视场子区域和光谱子区域。这些感受野的空间结构与视网膜上相关视锥细胞的实际位置相对应。比较两个 RGC 的感受野，通常会发现它们之间存在部分重叠，这表明某些视锥细胞在功能上与多个 RGC 连接。不出所料，与多个 RGC 感受野同时相关的视锥细胞对每个感受野都显现相同的光谱敏感度。

图 11.8 显示了迄今为止我们所提及的视网膜元件，还包括另外一些元件。与图 11.7 不同，该图显示了实现不同功能的真实湿件连接。

T2 11.4.1′ 节讨论了给光和撤光通路、视网膜回路中的成像过程以及无长突细胞的其他功能。

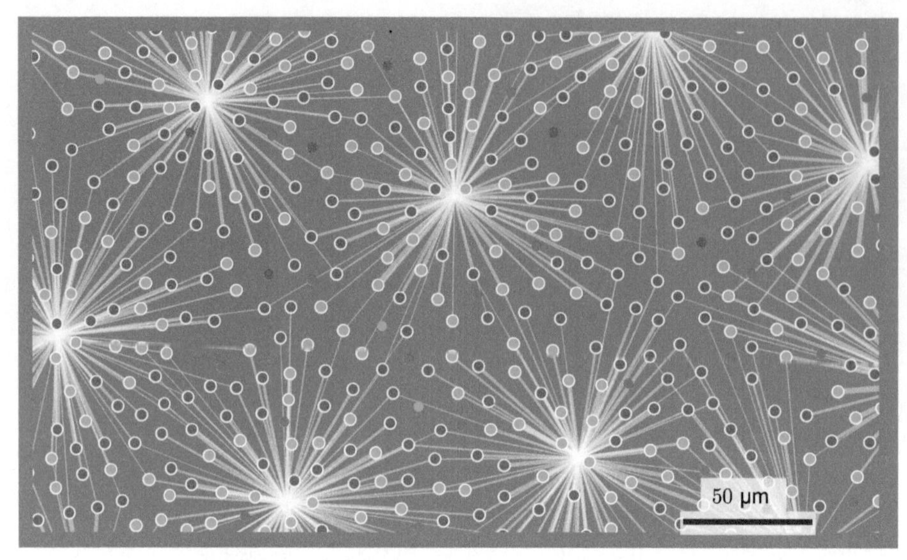

图 11.7 [绘图。] **从视锥细胞到节细胞的功能性输入，包括位置、类型和光强。**该图显示的不是细胞之间的物理连接，而是将视网膜三层细胞净效应显示成感光细胞个体（*彩色点*）和受其刺激的视网膜节细胞（RGC，此处为“给光型伞状”细胞）之间的功能关系。每个视锥细胞在视网膜上的位置均按光谱类型（L, M, 或 S）进行颜色编码。对每个 RGC，我们在对其发放有显著贡献的那组视锥细胞的中心附近选择一个点，然后用*白线*连接该点与周边视锥细胞，以表示这些细胞之间的功能关联。线条越粗表示连接越强。这类 RGC 与 S 型视锥细胞之间没有功能连接，因此*蓝点*是否存在及其位置是通过分析其他类别 RGC 的响应推断出来的。请与图 3.14 所示显微照片相比较。[由 Greg D Field 提供。经 Macmillan Publishers Ltd 许可：Field et al. Functional connectivity in the retina at the resolution of photoreceptors. *Nature*(2010) vol.467(7316)pp.673-677, ©2010。]

11.4.3 光遗传性视网膜假体

视网膜色素变性是指一组导致无法治愈的失明的遗传性疾病,全世界约有 200 万人受到影响，通常是因为患者的视杆细胞死亡，尽管视锥细胞还活着，但它们对光已经不敏感。在视网膜中安装新的光转导器件为这些患者恢复视力提供了一条可能的途径。

其中一种方法是在非光敏视锥细胞中表达古细菌嗜盐菌视紫红质，以取代天然的光转导级联响应[①]，这种干预已经使得患有这种疾病的小鼠部分恢复了视力。另一种方法则完全绕开感光细胞，直接在节细胞中添加光敏通道，该方法也适用于其他种类的视网膜退化。

11.4节概述了视网膜中处理感光细胞信号的复杂过程。

① 图 2.11 描述了这种方法和其他光遗传学方案，另见 Media 6。

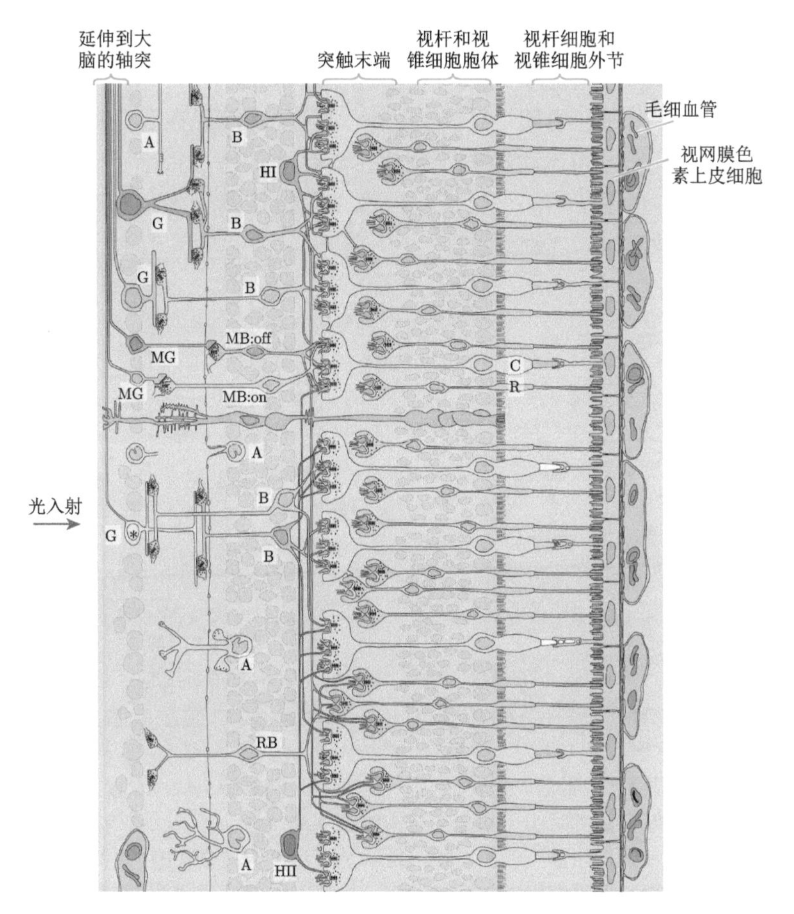

图 11.8　[原理图。] **灵长类动物视网膜中主要类别神经元及其连接**。本书封面展示了这些结构的真实显微照。**C**，视锥细胞；**R**，视杆细胞；**MB**，侏儒双极细胞；**RB**，视杆双极细胞；**B**，其他双极型细胞；**MG**，侏儒节细胞；**G**，其他神经节型细胞；**HI** 和 **HII**，水平细胞；**A**，无长突细胞。橙色的双极和节细胞是撤光型的，绿色的则是给光型的。图左侧标记星号的神经节细胞将来自两个相邻视锥细胞（颜色不同）的信号相减。为了清楚显示感光细胞的突触末端的结构细节，其突触末端相对于其他物体已被放大，而延伸到感光细胞突触末端的一些细胞未显示。图中部的灰色细胞代表一类称为穆勒胶质的支撑细胞。图右侧的毛细血管滋养了一层视网膜色素上皮细胞，后者反过来又能滋养感光细胞并回收其用过的视黄醛分子。[摘自 Rodieck, 1998。]

11.5　进化与视觉

11.5.1　再谈达尔文难题

达尔文曾追问眼睛结构是如何进化而来。第 6 章概述了他的逻辑①：如果在

① 见 6.6 节。

当代动物中发现的一系列感光器官可以按照从原始到复杂的顺序排序，那么我们可以合理推断我们的祖先也以类似的顺序进化器官。因为缺乏电子显微镜，达尔文不可能对单个感光细胞的精细结构提出相同问题，而现在我们可以。

图 11.9显示了来自当代动物的一系列感光细胞形态，揭示了感光细胞外节从无序到高度分层的有序结构演变。所示的每个示例均属于**睫状感光细胞**，其中包括我们自己的视杆细胞和视锥细胞。

T2 11.5.1′ 节提到另一类感光细胞。

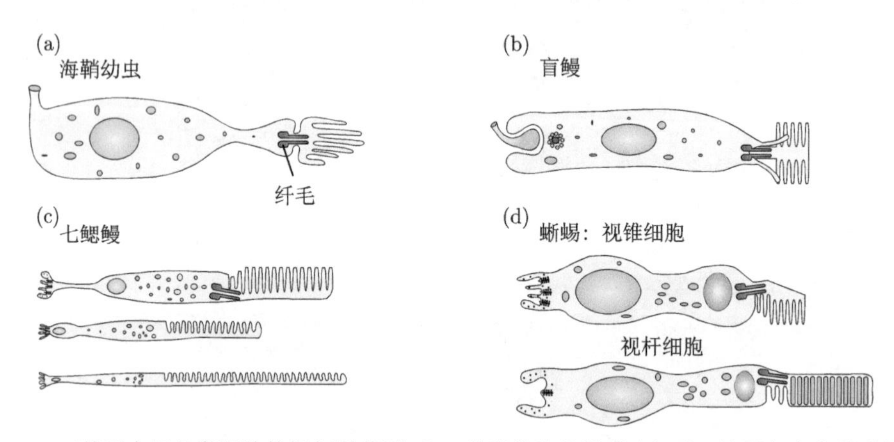

图 11.9 [基于电子显微照片的解剖学草图。] **一些当代生物的感光细胞，按照复杂度递增的顺序排列**。注意外节逐渐向高度组织化的分层结构过渡以及突触末端带状结构的出现。原始形式仍存留至今这一事实使人们相信类似的结构可能就是按这个顺序进化的。蜥蜴细胞中的橙色斑点代表在一些爬行动物和鸟类细胞中发现的油滴。尽管它们的一般功能未知，但因为有些是彩色的，所以可以调节其感光细胞的光谱敏感度。[经 Macmillan Publishers Ltd 许可：Lamb et al. Evolution of the vertebrate eye: Opsins, photoreceptors, retina and eye cup. *Nat. Rev. Neurosci.* (2007) vol. 8 (12) pp. 960-976, ©2007。]

11.5.2 视觉、嗅觉和激素感受之间的平行性

视觉级联响应非常复杂，其中许多微妙之处确为性能完善之所需，但我们仍然认为没有必要这么复杂。

我们最直观的感受是，如果需要设计从光到神经脉冲的转换器，我们很可能会发明一些拥有光激活离子通道的神经元，这是个一步到位的解决方案。实际上，古菌和藻类之类的古生物已经进化出了这种通道①。这是否意味着整个视觉级联响应是不必要的？

① 2.5 节介绍了此类通道。T2 实际上，在 10.4.3′ 节中提到的我们固有的光敏节细胞实现了类似的想法，尽管它们在视觉中没有扮演主角。

在解决这个问题之前，我们必须考虑“必要”这个棘手的词。生物学上的必要是指我们体内的每个小器官都必须经过一系列步骤以某种方式进化，而这些步骤都不会对我们的生存造成太大的伤害。进化是一个修补匠，它可以与现有解决方案配合使用并对其进行修改。从光敏离子通道开始产生视觉感知是一种可行方案，但可能还存在性能更好的其他方案。

我们的嗅觉和味觉必须像视觉一样完成艰巨的任务：当需要检测少量气味分子时，我们需要很高的信号放大率；但是当需要探测高浓度气味分子时，我们的系统又不能过载，因此感知转导系统需要大动态范围。这些需求很难通过简单的一步到位的方案来实现，但可以采用类似于视觉中使用的多步骤方法，允许在每个步骤进行信号的可控放大，因而产生大动态范围。我们的化学感知确实与视觉级联响应相似，除了嗅觉和味觉受体外，还包括许多“闻到”我们自身血液的受体，例如用于检测某些激素（例如肾上腺素和多巴胺）及其他信号分子（如组胺和血清素）的受体[①]。

图 11.10 显示了激素受体的一个例子，即 β-肾上腺素。（嗅觉和味觉以类似的方式起作用，只是暴露于体外环境。）感知化学物质的细胞膜上覆盖着蛋白质，这些蛋白质具有与视蛋白相同的一般结构（跨质膜的七个螺旋）。然而，与视蛋白中发色团（视黄醛）相对应的位置是*空置的*。受体蛋白结合适当的激素分子（气味剂或促味剂）会改变自身的形状，正如光诱导的视黄醛构象变化会改变视蛋白形状一样。

一旦合适的效应物分子与受体结合，就会产生类似于视觉中使用的 G 蛋白信号级联响应。图 11.10显示了该级联的最初几个步骤（比较图 10.6）。在这种情况下，活化的 G 蛋白不是刺激磷酸二酯酶以降低第二信使的浓度，而是刺激环化酶以*提高*第二信使的浓度。但是，无论哪种情况，生成的第二信使都会脱离膜，进而影响整个细胞的下游信号转导元件。简而言之，化学感知和视觉之间的主要区别在于*视蛋白始终带有自己的效应物前体*，而不是等效应物分子飘过来，捕获光子后再将前体（11-*顺式*视黄醛）转换为效应物（全*反式*视黄醛）。

我们整个基因组的很大部分都编码 G 蛋白偶联受体（已知超过 20000 个）。这些受体是相当比例的药物的靶标，这一事实也凸显了它们的重要性。嗅觉、味觉、激素感受与视觉中的受体之间的联系超越了简单的功能范畴：基因组分析表明，这些基因都属于一个源于单细胞生物的超家族。

人体中的每个细胞类型通过在其外膜上表达适当的受体来选择它将接收的化学信息。每个类型还可以控制哪些通路连接到哪种受体，进而对接收到的不同信息作出不同响应。这种灵活的“即插即用”方案允许单个信息（例如肾上腺素升

① 甚至真菌（例如酵母）也具有基于信息素级联响应的 G 蛋白。另一类激素（包括类固醇）作用则完全不同，它们会穿过细胞膜并在细胞核中起作用。

高）在不同组织中触发完全不同的响应。

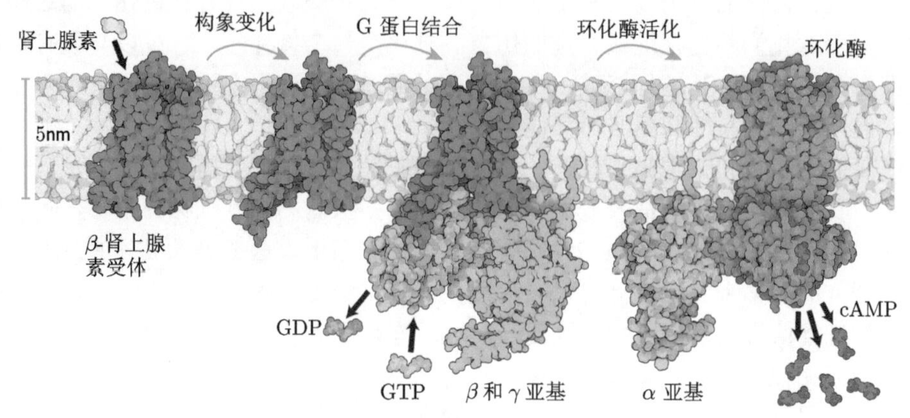

图 11.10　[基于结构数据的艺术构图。] **感知激素**。从左到右显示了一系列步骤：嵌入细胞质膜的受体遇到并结合其效应物（此处是肾上腺素分子），结合引起了受体形状的改变，因而允许与 G 蛋白复合物实现对接。对接后，该复合物发生变构，并在同一位点用 GTP 替代 GDP。活化的 α 亚基（蓝色）与其他亚基脱离并沿膜漂移直至遇到并激活环化酶。活化的环化酶产生信号分子 cAMP。到目前为止，信号级联部分都类似于视觉中使用的信号级联。然而，接下来的步骤不是电信号转导，而是 cAMP 分子激活蛋白激酶 A，后者再磷酸化许多酶，最后重新编程细胞的活动，使动物做好战斗或逃跑的准备。[由 David S Goodsell 绘制。]

11.5 节暗示了生命的统一性不仅跨越物种，而且跨越单个生物可能需要执行的各种任务。

总　结

本章揭示了为减少*假阳性*信号而需要在首个视觉突触处设置一个鉴别步骤，以避免弱光视力降低。添加该步骤可以使我们完善模型以符合心理物理学数据。

我们只讨论了从单光子到神经元的视觉问题中的一个主题。为了与本书的其他主题相协调，本章主要集中在对许多动物都至关重要的弱光视觉。其他篇幅更长的书籍会讨论其他光照条件、初期视觉过程的更多特征以及精细但高效的下游信息处理过程。

第 9—11 章的内容显示了还原论的威力，即复杂系统可分解为更简单的组件，而这些组件无论是孤立使用还是服务于整个系统，其行为都是相似的。我们先对组件进行表征，再对其进行定量研究，最后将它们组合起来，从数学角度来考察由此构成的模型能否准确预测整个系统的行为。尽管我们没有完整描述视觉的初始步骤，但是遵循本书例子展示的思路，人们已经成功建立了更细节的物理模型。

此外，视觉也代表了其他感官和控制系统，部分原因是进化在逐渐找到其他问题的解决方案时，会同时修补某个问题的解决方案。来自视觉的某些经验（例如适应性）会反复出现在其他感知系统中。

关键公式

- *假阳性*：我们估算了通过首突触的伪视杆细胞信号的数量期望值，该信号可能与短闪光引发的真实事件相混淆。

$$\begin{aligned}\mu_{0,\mathrm{sum}} \approx &(\text{视杆细胞假阳性信号速率}) \times (\text{积分时间}) \\ &\times (\text{首突触处信号通过的比率}) \\ &\times (\text{求和区域中的视杆细胞数}). \end{aligned} \qquad [11.1]$$

- Sakitt *实验*：我们将 ℓ_{tot} 定义为积分时间内来自求和区域视杆细胞并通过首突触的类光子信号的总数。11.3.4 节讨论了一个假设，即受试者对闪光强度的口头评级是通过比较 ℓ_{tot} 与一组网络阈值而获得的。

延伸阅读

准科普：

更高级别的信息处理过程：Daw, 2012; Snowden et al., 2012。

眼睛及其色素的进化：Lane, 2009, chapt. 7。

中级阅读：

神经元传递信息：Nelson, 2014, chapt. 12; Phillips et al., 2012, chapt. 17; Dayan & Abbott, 2001。

一般神经科学知识，包括视觉：Nicholls et al., 2012; Purves et al., 2012; Nolte, 2010。

视蛋白的进化：Zimmer & Emlen, 2013; Lamb, 2011。

嗅觉、味觉和激素感受：Berg et al., 2015。

照度与亮度：Bohren & Clothiaux, 2006, chapt. 4。

T2 无脊椎动物感光细胞中的不同损益平衡方案：Sterling & Laughlin, 2015。

高级阅读：

首突触：Sampath, 2014; Bialek, 2012; Dhingra & Vardi, 2012; Taylor & Smith, 2004; Berntson et al., 2004; van Rossum & Smith, 1998。

视网膜变性的光遗传学方法：Barrett et al., 2014; Nirenberg & Pandarinath, 2012; Busskamp et al., 2012。

更高级别的信息处理：Zhaoping, 2014。

T2 11.2.2 拓展

11.2.2′a 仪器噪声

图 11.2显示了无光致异构化时的电噪声（最左边的宽峰），其中一些（不是全部）来自测量仪器。我们可以用亮光使细胞饱和、关闭所有门控离子通道，从而消除视杆细胞固有的噪声源。得到的曲线表明仪器噪声明显低于图 11.2 所示的噪声，其差值就是正文中提及的“连续暗噪声”，它完全来自视杆细胞。

11.2.2′b 量子化释放噪声

由于神经递质囊泡释放的离散特征，所以任何突触中都存在随机性的另一个来源（图 2.8）。尽管闪光会瞬间降低囊泡释放的平均速率，但在任何时间窗中实际释放的数量必定是整数。一个刺激效应的平均改变值如果是 20.5，则实际改变值是 20, 21 或其他整数。

这种随机性噪声源通常称为“量子化释放噪声”，但它与量子物理无关！“量子物理学”只考虑光子、原子能级等的离散性。“量子释放噪声”指的是囊泡释放的离散性质，仅此而已。

11.2.2′c 首突触的鉴别机制

11.2.2 节回顾了 Baylor 及合作者对视杆细胞和视杆双极细胞之间突触处传输断点的预测，实验随后又证实了该现象。不同于低照度下前几个步骤的近似线性响应，这个断点的起源是什么？

M. van Rossum 和 R. Smith（1998）提出如下机制：谷氨酸在黑暗条件下高速释放，足以使 mGluR6 级联响应的某些步骤持续运转（即视杆双极细胞反应达到饱和），类似于强光下光合作用的饱和[①]。系统的工作点已被调控，以至于在谷氨酸释放速率略微下降的情况下 [这是连续暗噪声的特征，见图 9.8（b）] 级联响应仍能维持饱和，因此其离子通道完全不响应。只有当视杆细胞中真正的光异构化导致更大幅度的谷氨酸减少时（此时级联响应更加偏离其暗条件下的工作点），某些双极细胞的离子通道才会开放并产生响应。

视杆双极细胞具有另一种正文未提及的噪声抑制机制。mGluR6 级联响应可充当低通滤波器，能以光异构化的真实时态特征频率放行输入的谷氨酸信号，同

① 2.9.3 节介绍了这种现象。

时部分阻挡更高频的连续暗噪声。其他噪声源，例如量子释放噪声以及视杆细胞外节上离子通道的开/闭切换，其频率甚至更高，因此同样会被过滤。

总而言之，视杆双极细胞先进行滤波（施加传输断点），之后再对许多视杆细胞的输出求和，这种设计大大增强了视力。

11.2.2′d　为什么首突触处的鉴别是有利的

视杆双极细胞丢弃了许多来自视杆细胞的真实光子事件以避免被噪声淹没。这句话听起来很矛盾，丢弃承载信息的信号有什么好处？关键是对视杆细胞的多个输入信号进行线性求和也会丢失原先存在于各信号中的信息[①]。正文认为，鉴别外加求和这一组合操作所输出的信息比单纯求和所输出的信息更多。

11.2.2′e　后期处理过程中的阈值

人们发现在神经节（视网膜输出）细胞水平上也存在信号阈值，这带来了额外的噪声抑制效果（Ala-Laurila & Rieke，2014）。

T2　11.3.4 拓展

11.3.4′　单光子刺激的心理物理学

使用 9.4.3 节中讨论的相似设备，可以向人类受试者提供恰好只有一个光子的刺激。在理想条件下，此类实验的受试者实际上能正确区分单光子与零光子刺激的实验数占比为 51.6% ± 1.1%，略高于随机猜测（Tinsley et al., 2016）。这与本征灰度模型定性符合，该模型预测，如果吸收的光子数小于第一个网络阈值 t_1 则对整体行为没有影响。我们对数个受试者的每组数据拟合出的 t_1 值均大于 1。

然而，有趣的是实验还要求受试者对每个试验结果给出*置信度*。受试者通常给出的置信度较低。如果我们只分析与较高置信度试验相应的数据，受试者准确区分零光子与单光子刺激的能力提高到了 60% ± 3%。

T2　11.4.1 拓展

11.4.1′a　给光响应和撤光响应通路

正文讨论了在弱光下视杆细胞信号进入大脑的通路（图 11.6）。由于光子在低照度下的分布太稀疏，因此多个视杆细胞的信号必须被汇集。但在较高照明水

① 7.2.5 节介绍了这一原则。

平下（视锥细胞给出响应），信号汇集不再重要，这反而会降低视敏度。因此，每个视锥双极细胞只连接少数几个视锥细胞（在中央凹就只有一个）。

但是，强光下却出现了一个新问题：照明水平的巨大动态范围大大超出了节细胞的尖峰信号的有效速率范围。部分由于这个原因，每个视锥细胞都连接到两个不同的通路作进一步的信号处理：

- 给光型视锥双极细胞与视杆双极细胞相似，通过 G 蛋白级联响应产生去极化，以此来应答光照。
- 撤光型视锥双极细胞不会逆转其输入信号。只有当照度降低时，它们才发生去极化。其树突中具有普通的谷氨酸敏感的离子通道，而不是代谢型受体 mGluR6[①]。

这两类双极细胞[②]分别与相应的给光型和撤光型节细胞通信，有效地将传向大脑的信号的强度范围加倍（Sterling & Laughlin，2015）。中央凹的视敏度要求最高，因此每个视锥细胞都有一对专门的给光型/撤光型双极细胞和相应的专用节细胞。

11.4.1′b 视网膜中的图像处理

正文讨论了对极暗场景的视网膜响应。在这种情况下，视网膜所能做的就是大致报告个别光子到达的位置和时间，而执行该任务的就是正文描述的神经回路。当光子数量更充足时，视网膜必须避免响应饱和。当视网膜在高照度下向大脑报告时，其与场景对应的每个部分都会以很高的速率接收光子，如果该速率大于或等于节细胞编码的最大速率，则场景中的所有细节都将被抹掉。而且，我们对整体照明水平并不十分感兴趣，实际上我们感受不到照明的均匀变化。我们感兴趣的是光照在空间（物体边缘）或时间（运动或变化过程）上的变化。

前面章节描述了一些避免高光照压垮视网膜应答系统的策略

- 我们眼睛的瞳孔是一个可调节的光圈，在高光照条件下会收缩以降低入射光的通量 [图 6.6（a）]。
- 我们有两类感光细胞（视杆和视锥细胞），它们的敏感度不同，也工作于不同的照度范围（第 3 章）。
- 每个感光细胞都以降低敏感度来适应高照度（10.7′b 节）。
- 我们的感光细胞连接到独立的给光型/撤光型通路 [请参阅上面的（a）]。

但是，这些机制都没利用上一段提到的优势：仅通过提取图像边缘信息或至少增强其对比度，我们就能进一步压缩信号的动态范围而不丢失其中的细节。

图 11.11 说明了这个想法。左上图中像素的亮度被分区为 256 个等级，每个

① 从视杆细胞到撤光型双极细胞也有一条途径。尽管它不用于单光子视觉，但此通路对于较高照明下的运动检测很重要。

② 实际上，大约有 10 种已知类型的双极细胞，但它们可以分为这两大类。

等级表示为不同灰度。我们也可以使用仅有两个等级的粗粒化方案（左下图）来降低图像传输的成本，此时每个像素仅需要一比特而不是 $\log_2 256 = 8$ 比特信息来表示，这样处理显然丢失了很多细节。但是，如果我们先强化图像中的明暗对比（右上），则再将每个像素表达为单个比特时就会看到更多细节（右下方），并且仍保持相同的 8:1 的压缩比！

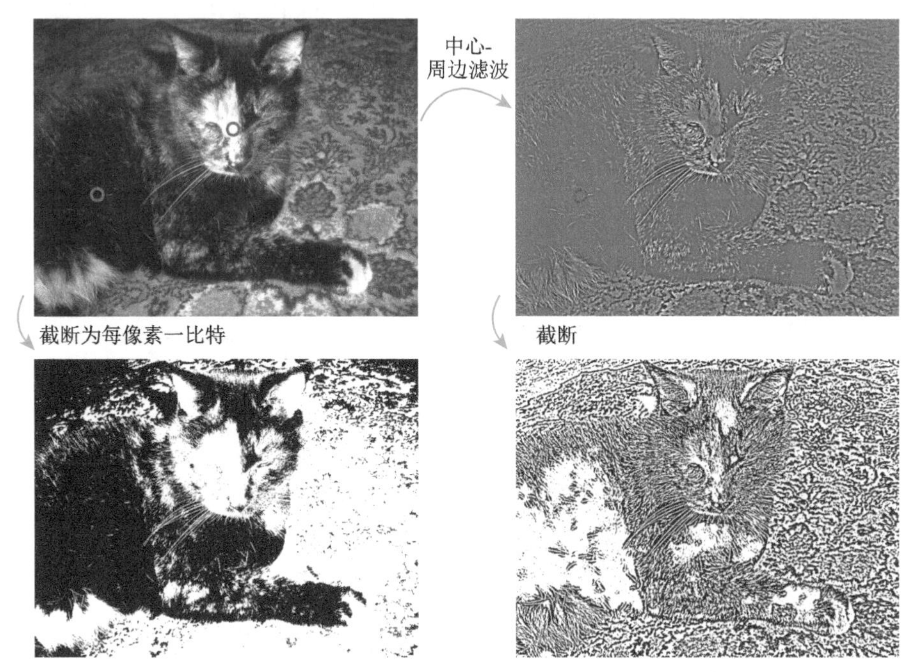

图 11.11　[照片。] **中心-周边滤波处理的效果**。参见正文。这四幅图像中的每一幅都由相同数量的像素组成，下面两幅只呈现两个层次（黑和白），但右下图像还是显示了更多细节，因为在截断为两层次信号之前应用了中心-周边滤波算法（右上）。红色圆圈显示了均匀区域映射为相同值，且与原始区域是亮还是暗无关。

这个神奇操作的关键是用一个新值替换每个像素的亮度，该值是将原始亮度减去附近像素的平均亮度而得到的。即便我们在原始图像的每个像素的亮度上都添加一个常数，这样处理得到的图像也不会有任何改变。例如，对一个均匀亮度的区域来说，无论整体照明水平如何，每个像素亮度都将被替换为零。经过上述处理后，较亮的像素相对于较暗的背景会生成正值，较暗的像素相对于较亮的背景则生成负值。这个操作称为**中心-周边滤波**，在数学上是一个卷积[①]。它与一种称为“非锐化掩蔽”的摄影修饰操作紧密相关。

① 0.5.5 节介绍了概率分布的卷积（必须始终为正）。方程 0.48 对于滤波函数也有意义，这种函数操作是对图像点进行更一般的加权合并。可参见习题 11.4。

我们的视网膜也执行中心-周边滤波算法，部分原因是上面提到的优点。图 11.12展示了这个想法（可归为**侧抑制**）。图中部显示的是一个典型的视锥细胞，与双极细胞之间形成了一个逆转信号的突触，类似于视杆细胞的情况（见 11.2.1 节）。但是，该视锥细胞也通过**水平细胞**（该细胞覆盖了附近的一批感光细胞）网络与其他邻居相连[①]。每个视锥细胞光响应的超极化都会对整个水平细胞网络超极化有所贡献。由此得到的空间平均信号又被负反馈回被水平细胞覆盖的所有感光细胞，使后者去极化，从而部分抵消它们光响应产生的超极化。

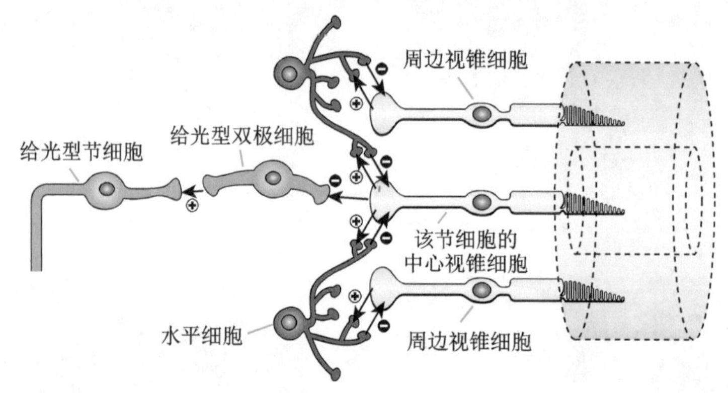

图 11.12　[示意图。] **中心-周边感受野的形成**。该图显示了一个给光型节细胞（*左*）和一些影响其信号转导的感光细胞。图中部“中心视锥细胞”发出的信号经首突触逆转后（表示为*负号*）传递到双极细胞。这个中心视锥细胞在光照时发生超极化，因此倾向于使双极细胞去极化，从而提高节细胞尖峰信号的平均速率。感光细胞被光照后也倾向于使水平细胞超极化（显示为*正号*），每个水平细胞汇集许多感光细胞的信号，其膜的超极化程度大致对应于其输入的平均值。这些“周边”信号被逆转后（*负号*）又重新反馈给相关感光细胞。这种机制实现了中心-周边滤波，即图示节细胞报告了视野中心亮度与周边平均亮度之差。[摘自 Purves et al., 2012。]

简而言之，尽管照亮单个感光细胞会刺激（去极化）其相应的给光型双极细胞，但也会抑制其邻居。每个双极细胞的输出反映了中心点（与相连的感光细胞对应）亮度与周边区域平均亮度之差，从而实现了中心-周边滤波（图 11.13）。类似的机制也适用于撤光型双极细胞。

视网膜还以其他方式使用中心-周边滤波处理。例如，传送给大脑的颜色信号并非 L，M 和 S 视锥细胞中初始的刺激强度，而是中心感受野（报告一种颜色）和周边感受野（报告另一种或多种颜色）之间的差别。在图 11.8中，标有星号的节细胞就属于这种类型。

到目前为止，本节强调了视网膜图像处理在压缩动态范围方面的作用，传递给大脑的仍然是像素图像。但是，还存在一个横向连接各细胞的层，它可以执行

① 图 11.8显示了水平细胞。它们接收来自视杆和视锥细胞的信号。

更复杂的预处理。这些无长突细胞既可以接收双极细胞的输入，又可以将信号传回双极细胞，从而有可能建立一个丰富的反馈系统。此外，它们不但相互连接，还与神经节细胞相连①。它们以这种方式组合信号，使特定类型的节细胞仅对视觉场景中的特定特征（例如，在一个特定方向上的运动）敏感。实际上，至少有 27 种不同类型的无长突细胞向至少 15 种节细胞发送信号。每一种节细胞都广泛分布在覆盖整个视场的网络中，因此，每个都会向大脑发送不同的动态图像，以报告我们所见事物的不同方面（Werblin & Roska，2007；Asari & Meister，2012）。在向大脑发送信号之前，以这种方式对整体图像进行分割，可以节省视神经上有限的可用带宽，并启动视觉感知过程（更高级的处理发生在大脑的视觉皮层）。

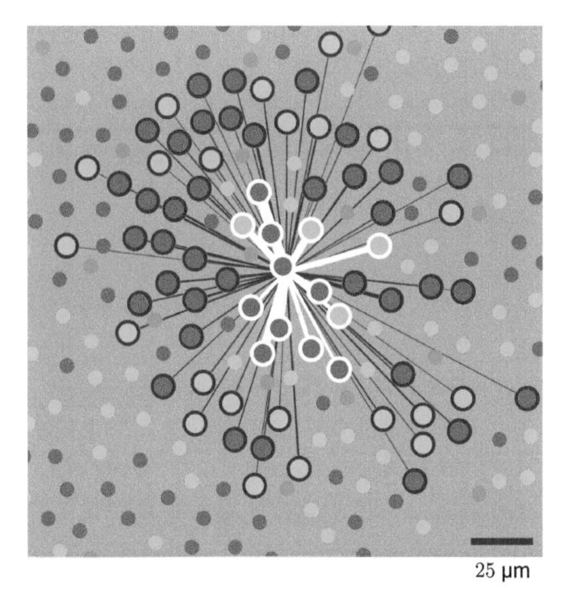

图 11.13　[示意图。] **中心-周边感受野的测量**。视锥细胞与节细胞功能连接的实验确定。该图类似于图 11.7，只是仅显示了单个节细胞相关的连接。该图显示了“中心”正连接（白线）和“周边”负连接（黑线）（图 11.7 仅显示了中心连接）。线条越粗表示关联程度越高。为了能清楚显示，周边连线的宽度相对于中心连线有所调高。[蒙 Greg D Field 惠赠。经 Macmillan Publishers Ltd 许可：Field et al. Functional connectivity in the retina at the resolution of photoreceptors. *Nature* (2010) vol. 467 (7316) pp. 673-677, ©2010。]

视网膜还可以对时间执行类似的“中心-周边”拮抗处理。因此，稳定的照明不会引发任何应答反应，而随时间变化的照明则会引起强烈的响应。双极细胞的响应特征以及无长突细胞的反馈行为被认为可以实现此处理。

① 请参阅图 11.8和图 11.6 。

T2 11.5.1 拓展

11.5.1′ 杆状感光细胞

昆虫、鱿鱼和章鱼等无脊椎动物的眼中存在另一类称为“杆状细胞”的感光细胞。它们在形态上不同于脊椎动物中的“睫状细胞”。与我们的视杆和视锥细胞（都具有基于 cGMP 的信号转导通路）不同，杆状感光细胞使用另一种方案（Yau & Hardie，2009）。

一些研究人员认为，脊椎动物和无脊椎动物的某个共同祖先同时具有上述两种类型的细胞，并且在脊椎动物中杆状感光细胞进化为视网膜节细胞（Lamb et al.，2007）。这个结论的证据之一是视黑蛋白（包含在光敏性节细胞中[①]）属于杆状细胞视蛋白一类。此外，杆状细胞和节细胞具有相似的发育转录级联过程。

习题

11.1 暗视觉-过渡视觉的转变

做本题之前请先复习 6.7.2 节和习题 6.2。在极暗的条件下，我们的视锥细胞对视力几乎没有贡献，这种情况称为暗视觉。随着光照水平的提高，我们进入了过渡视觉区域，此时视杆和视锥细胞都起作用。图 3.10 给出了这两个区域之间的转变点，该点的光强比人类视觉的最小值高出千倍，但未给出绝对数值。

图 3.10 中坐标是以坎德拉每平方米（$\mathrm{cd/m^2}$）为单位的。这个单位与我们至今见过的其他单位有所不同：它描述的亮度概念是我们从未遇到过的。

首先，我们看到的大多数目标要么是向多个方向发射光（计算机屏幕），要么是向多个方向反射光（一张纸）。即使光线来自一个方向（例如来自太阳），一张纸也会向多个方向反射。普通物体很少能在一个方向发射光（激光笔）或在一个方向反射光（镜子）。

因此，被照明物体的每个小面积元都以某种概率密度函数独立地沿任何方向发射光。描述此类物体“亮度”的一种适当方法是单位时间单位面积（单位角面积）内发射的能量，该量称为光源的**辐射度** L_e（下标代表能量），其典型单位为 $\mathrm{W{\cdot}m^{-2}{\cdot}sr^{-1}}$。

假设我们通过图 11.14中的简化相机或眼睛来观看物体，并考虑该物体上的点 **B**。忽略像差、衍射和光子吸收，所有来自 **B** 的光都通过光圈（瞳孔）到达视网膜的单个点，距离 $d \approx 20\ \mathrm{mm}$。

① 10.4.3′ 节介绍了这些细胞。

a. 根据环形瞳孔直径（昏弱光线下约为 8 mm）和所示的其他参量，求光圈所对应的角面积 Ω 表达公式。

b. 假设单个感光细胞覆盖视网膜上的区域面积为 a。导出单位时间内落在该区域的能量表达式，表达为光源辐射度 L_{e} 和光路几何参数的函数，并对直径为 2 μm 的视杆细胞外节估算该值。表达式如何依赖于 D？这合理吗？

c. 假设光线是波长为 507 nm 的单色光（视杆细胞最敏感的波长），将表达式转换为每秒光子数。

辐射度是对于亮度的一个不错的描述。但不同波长的光对于从暗视觉到过渡视觉的转变都有不同阈值，因为波长不是 507 nm 时，视杆细胞需要更多的能量才能获得相同的光响应。为了给出更广泛适用的标准，视觉科学家构建了一个新的量称为**光通量**，我们可以将其理解为“刺激人类视觉系统亮度感的能力”，相应的单位称为流明（缩写 lm）。在视杆细胞主导（暗视觉）的状态下，一流明被定义为波长为 507 nm、功率为 1/1700 W 的光提供的光通量。对于另一种选择的波长，相同功率提供更少的照明（较少的光通量或较少的流明）[①]。

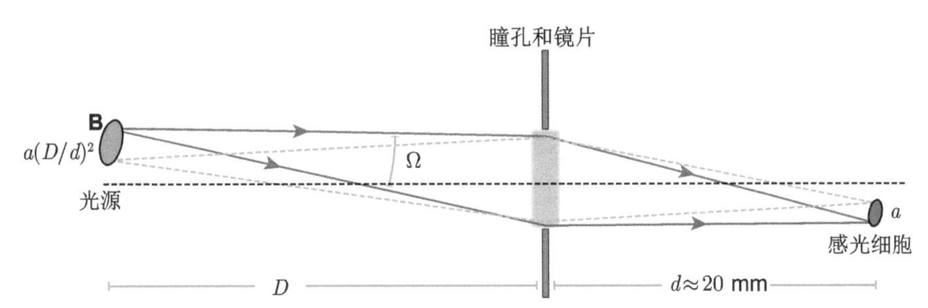

图 11.14　[几何光路图。] **见习题 11.1**。假设从 **B** 点发射到角面积 Ω 内的所有光都到达感光细胞上的单个点。一系列这样的点（橙色）将光馈入感光细胞的横截面区域 a。虚线显示此范围内另一个点光源的光路。

前面我们注意到，视觉场景的物理“亮度”可以表示为单位角面积的功率。类似地，我们还可以定义知觉“亮度”为**光亮度**，其典型单位为 $\mathrm{lm \cdot m^{-2} \cdot sr^{-1}}$。**坎德拉**是一个便于使用的导出单位，定义为 $1\ \mathrm{cd} = 1\ \mathrm{lm \cdot sr^{-1}}$。

d. 图 3.10 给出了将暗视觉与过渡视觉分开的阈值约为 $10^{-3}\ \mathrm{cd \cdot m^{-2}}$。忽略衍射、像差和光子损失，将该数字转换为单个感光细胞接收的光子的平均到达速率。

e. 实际上，在典型的人眼中，波长为 507 nm 的入射光子只有 45% 到达视网膜。在幸存的光子中，也只有约 30% 被视紫红质吸收并触发视杆细胞的光

① 在视锥细胞支配的（明视觉）区域中，一流明被定义为由波长为 555 nm、功率为 1/683 W 的光提供的光通量。这个有些任意的数字源自坎德拉的原始定义，与某种标准蜡烛的燃烧有关。

响应。最后，又只有约 50% 的视杆细胞信号通过首突触（11.2.2节）。估算暗视觉-过渡视觉转变区的信号平均速率。

f. 如果有效视力的最低亮度值可低至 10^{-6} cd·m^{-2}，重复上述计算和讨论。

11.2 有偏骰子

图 11.5 显示了数据的最大似然拟合结果。在进行这类计算之前需要先做些准备工作。设想一个六边形骰子，每个面朝上的概率不等，分别为 $\xi_1,\cdots,\xi_6$，其总和等于 1。我们掷了 M 次，各面朝上的次数分别为六个整数 $\ell_1,\cdots,\ell_6$，其总和为 M。也就是说，我们不在乎 M 个结果以什么顺序出现，我们只关心各种结果出现的频次。

如果再掷 M 次，则各种结果可能会出现不同的频次；也就是说，ℓ_i 是一个随机变量。写出得到任何一组 $\ell_1,\cdots,\ell_6$ 值的概率的表达式。[提示：表达式是两面“骰子”二项式分布的扩展。]

11.3 T2 Sakitt 实验

第 9 章讨论了 B. Sakitt 的心理物理学实验[①]，要求暗适应的受试者对闪光强度评级。随机选择每个闪光强度分三级，分别为“强、中、无”，最后选项表示完全无闪光。受试者对闪光作出从 0 到 6 的“评级”。

对于每种闪光强度，Sakitt 求得了响应分别为 $r=0,\cdots,6$ 的估计概率分布（图 9.4）。本习题将使用本征灰度假说来拟合她的数据，请先完成习题 11.2。

a. 从 Dataset 11 获取数据，绘制 9.4 所示的分布图。

本征灰度假说假设了某个神经回路能计数光子（或类光子）信号的总数 $\ell_{\rm tot}$，这些信号是指在积分时间内视网膜求和区域中任何视杆细胞发出的通过首突触的光子信号[②]。如果没有本征灰度，神经回路或许能感知到 $r=\ell_{\rm tot}$ 的确切数字并将其报告给大脑。更一般地，回路施加了一组网络阈值 $t_1,\cdots,t_6$，当总计数略超过某个阈值时，就将该阈值挑选出来并汇报给大脑。

b. 视网膜的量子捕获率可以通过单细胞实验来估计。本习题将单视杆细胞的量子捕获率设为 $Q_{\rm rod}\approx 0.30$，再乘以 9.4.2′d 节中讨论的其他因子，以获得视网膜量子捕获率 $Q_{\rm rod,ret}$。最后，因为首突触处的信号损失，所以需要再乘以 50%，以获得总的量子捕获率 $Q_{\rm tot}$ 的估值[③]。

---

① 9.3.4 节介绍了该实验。

② 9.3.1 节介绍了求和区域和积分时间的概念。

③ 你也可以使用习题 9.3 获得的 $Q_{\rm rod,ret}$。11.2.2 节引入了首突触处的损耗因子。

c. 将（b）的答案乘以 0 个, 55 个或 66 个传递给眼睛的光子数，以此确定每种刺激条件下通过首突触的真实光子信号的数量的期望值。

d. 按如下方法估算自发事件数 $\mu_{0,\mathrm{sum}}$。11.3.3 节指出，单个人体视杆细胞在黑暗中以大约 0.0062 s^{-1} 的平均速率发出类光子的信号。再假设其中的 50% 通过了首突触，随后的神经回路在整个 $a \approx 200$ ms 的积分时间内对求和区域中约 1700 个视杆细胞的信号进行计数。

e. 通过首突触的类光子信号数 ℓ_{tot} 是一个泊松随机变量，它源于自发事件 [即 (d)] 和真正的光异构化[即（c）]。选择一组网络阈值，例如 $t_1 = 1, \cdots, t_6 = 6$。模型宣称，给出 0 评分的概率就是 $\ell_{\mathrm{tot}} < t_1$ 的概率，依此类推。估算每个评分的概率。然后根据 Sakitt 的数据，计算所选 t 值的似然[①]。看看是否可以选择另一组 t 值给出更好的似然得分。最好的似然值是多少？

f. 对任一刺激强度，绘制每个评分概率的预测值，并与 Sakitt 的数据进行比较。

11.4 T2 中心-周边滤波

从 Dataset 16 获取数据，或使用你自己的黑白照片。

a. 用计算机将这些数据显示为图像。

b. 创建一个名为 sqMask 的 7×7 矩阵，每个矩阵元的值都等于 $1/7^2$。以这些矩阵元为权重，将原始图像的每个像素值替换成该像素与近邻 48 个像素（也构成 7×7 矩阵）的加权平均值。此时照片会发生什么变化？

c. 回到原始图像并重复（b），但这次使用另一个 7×7 的权重矩阵 blip-sqMask，其中矩阵 blip 除了中心矩阵元为 1 之外其他矩阵元均为零。执行此操作后，新数据就不是由从 0 到 255 的数字构成的了，请将其重新标度以恢复该属性，并再次呈现为图像。

d. 求原始图像中所有像素的中位数值[②]。并将原始图像中的每个像素值替换为 0（小于中位数）或 255（大于中位数），展示你的图像并讨论。

e. 对（c）中滤波后的图像重复（d）的计算。

---

① 7.2.3 节介绍了似然最大化。

② 任何计算机数学包都有一个计算中位数的函数，中位数是将 50% 最小像素与其余像素分开的数值。

Ⅲ　高等课题

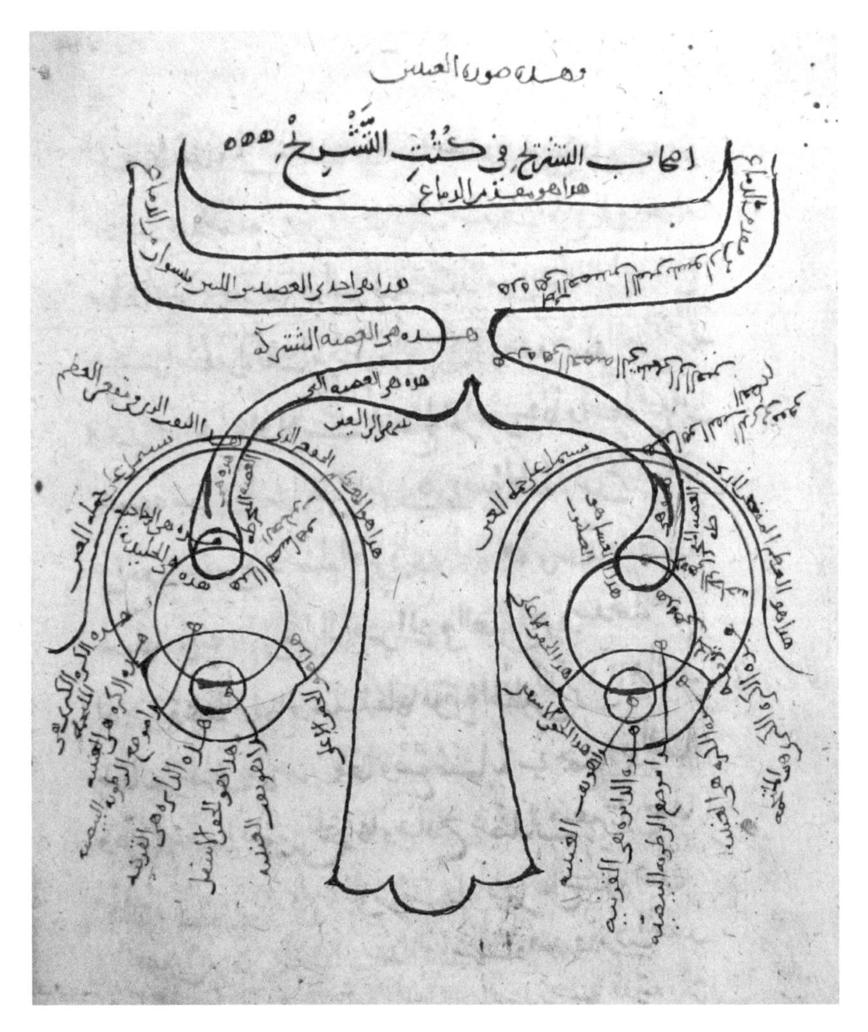

已知最古老的关于神经系统的描述。伊本 · 海瑟姆（Ibn al-Haitham）于 11 世纪在开罗绘制，描绘了左右两边的眼睛，并且每只眼睛都拥有视神经。海瑟姆的绘画部分是基于 2 世纪罗马医师和解剖学家盖伦（或称为帕加马的盖伦）的教材。[蒙伊斯坦布尔 Süleymaniye 图书馆惠赠。]

第 12 章　电子、光子与费曼原理

我们在面对一个无法理解的事实时，
试图创建一个复杂的模型来解释，
但结果是这两者我们都搞不明白。
——彼得 ·J· 图尔奇（Peter J. Turchi）

12.1　导读：普适性

第 1 章和第 4 章介绍了光假说和电子态假说，两者似乎互不相关，但光子和电子却都呈现波粒二象性：

- 光呈粒子性，其粒子（光子）携带动量 p 和能量 E，两者满足 $E = pc$（1.3.3′ 节）；光也呈波动性，单色光衍射时表现得像是波长 $\lambda = 2\pi\hbar c/E$ （即 $\lambda = 2\pi\hbar/p$）的波。
- 电子也呈现波粒二象性。例如，单能电子也可以产生衍射图案，该图案是电子随机到达的概率密度函数（参见 Media 11）。这些图案在实验上遵循与光一样的关系 $\lambda = 2\pi\hbar/p$。

这种相似性是偶然的吗？电子和光子在某些方面确有不同，例如，电子携带电荷，与质子结合形成原子和分子；而光子则不会[①]。然而，如果我们能够扩展现有的光子假说的框架以包含电子，而不必为两者构建一个全新的概念结构，那问题将变得非常简洁。值得注意的是，这种*普适性*确实是可能的：量子规则看起来很奇怪，但至少适用于光的规则也可以被推广到电子和其他基本粒子。例如，尽管每类基本粒子都是通过其自身的特征质量、电荷等被区分的，但它们都拥有本书研究过的量子理论的主要性质。

本章不尝试严格的数学运算，也不打算完整地介绍量子力学，而只是展示本书观点与其他入门书籍之间的一些联系。

第 12—14 章有关量子物理的介绍比较简短，各自也是独立的。你如果不具备某一章节相关的背景知识，大概也不会妨碍你阅读其他章节。在本章中，12.3

---

① 电子在交换时的行为也与光子不同，但在本章中我们主要研究单电子问题，因此不涉及交换行为。

节所需的背景知识是狭义相对论（时空平移不变性的概念）和微分几何（度规的概念）。

本章焦点问题与生物学无明确关系：
生物学问题：电子怎么会像光子一样呢？光子可不会形成原子！
物理学思想：尽管在细节上存在一些差异，费曼原理告诉我们两者都可以通过对轨迹求和来求得概率幅。

12.2 电　　子

12.2.1 从路径到轨迹

电子和光子之间的另一个大的区别是，电子可以以各种速度移动，而光子始终在真空中以速度 c 运动。因此，当电子在空中移动时，我们不能像第 4 章对光所做的那样来表达电子所经历的路径，而必须指定其通过空间和时间的整个*轨迹* $\boldsymbol{r}(t)$。两条不同的轨迹可以穿越相同的路径，甚至花费的整个时间也可以一样，但在特定时刻它们的速度各异。

自由电子的速度确实不会变化（这是动力学的表述），我们将其纳入经典物理学的运动方程：$\mathrm{d}^2\boldsymbol{r}/\mathrm{d}t^2=0$（牛顿第二定律的特例）。这样的表述是暂时的，它只是粒子的真实量子行为的一种近似，因为光子和电子在衍射实验中都不会沿直线传播。因此，我们将电子的概率幅写成电子跨越两点的*所有方式*的加权求和，就像第 4 章中对光子所做的那样。但是，与光子不同，上一段建议我们必须对电子轨迹（时空曲线）而不是对路径（空间曲线）求和。我们寻求的权重因子必须对每条轨迹都贡献一个复数相位，以使经典轨迹在所有轨迹构成的空间中是稳相点。因此我们将权重写成 $\exp(\mathrm{i}S[\boldsymbol{r}(t)]/\hbar)$，其中方括号强调**作用量泛函** S 依赖于整个轨迹 $\boldsymbol{r}(t)$。在宏观世界中 $S/\hbar$ 的数值很大，此时稳相原理表明其中一条轨迹将主导求和[①]。

如前几章所述，我们将忽略与偏振（此处为电子自旋）相关的物理。尽管下面我们要研究的系统是高度简化的，但它确实与真实发色团具有某些相似特征，我们在 12.2.7 节将得到与吸收光谱定性一致的电子能谱的数量级估值。

12.2.2 作用量泛函确保经典轨迹为稳相轨迹

为了进一步探讨，我们先对作用量泛函 S 的形式提出一些建议。我们知道自由电子应满足下列条件：

- 如果对轨迹实施空间平移、空间转动或时间平移，S 应该保持不变。此条件保证了 S 对应的一系列稳相轨迹也具有这些时空平移不变性。

① 4.7 节介绍了这一原理。

- S 的量纲是 $\mathbb{ML}^2\mathbb{T}^{-1}$，与 $\hbar$ 的量纲一致。因此，我们可以取指数 $\mathrm{i}S/\hbar$。
- 服从牛顿定律 $\mathrm{d}^2\boldsymbol{r}/\mathrm{d}t^2=0$ 的轨迹 $\boldsymbol{r}(t)$ 应该是稳相轨迹。

满足前两个条件的一个简单表达式如下①

$$S[\boldsymbol{r}(t)]=\frac{m_{\mathrm{e}}}{2}\int \mathrm{d}t\left\|\frac{\mathrm{d}\boldsymbol{r}}{\mathrm{d}t}\right\|^2. \tag{12.1}$$

思考题12A

> 确认该量与 $\hbar$ 具有相同的量纲。

现在检查第三个条件，假设轨迹 $\boldsymbol{r}$ 从零时刻的位置 $\boldsymbol{r}_{\mathrm{i}}$ 开始，终止于 T 时刻的位置 $\boldsymbol{r}_{\mathrm{f}}$，其他这类轨迹可以写成 $\boldsymbol{r}(t)+\delta\boldsymbol{r}(t)$，其中 $\delta\boldsymbol{r}(0)=\delta\boldsymbol{r}(T)=0$。现在我们计算作用量的变分至最低阶 $\delta\boldsymbol{r}(t)$②

$$S[\boldsymbol{r}(t)+\delta\boldsymbol{r}(t)]-S[\boldsymbol{r}(t)]=m_{\mathrm{e}}\int \mathrm{d}t\frac{\mathrm{d}\boldsymbol{r}}{\mathrm{d}t}\cdot\frac{\mathrm{d}(\delta\boldsymbol{r})}{\mathrm{d}t}. \tag{12.2}$$

分步积分后重新整理得一阶变分为

$$-m_{\mathrm{e}}\int \mathrm{d}t\delta\boldsymbol{r}\cdot\frac{\mathrm{d}^2\boldsymbol{r}}{\mathrm{d}t^2}.$$

稳相轨迹是指对于任意 $\delta\boldsymbol{r}(t)$，上式为零，即 $\mathrm{d}^2\boldsymbol{r}/\mathrm{d}t^2=0$。因此，满足上述作用量泛函的稳相轨迹也的确服从牛顿定律③。

思考题12B

> a. 假设轨迹始于零时刻的 $\boldsymbol{r}_{\mathrm{i}}$ 点，终止于 T 时刻的 $\boldsymbol{r}_{\mathrm{f}}$ 点，但是中途的速度可变。也就是说，初始速度是常数 v，但在某个中间时刻 T_{switch} 速度变为另一个常数 v'。根据 $\boldsymbol{r}_{\mathrm{i}}$，$\boldsymbol{r}_{\mathrm{f}}$，$T$，$T_{\mathrm{switch}}$ 和 v，导出 v' 的表达式。
>
> b. 考虑一系列轨迹，它们具有相同的 $\boldsymbol{r}_{\mathrm{i}}$，$\boldsymbol{r}_{\mathrm{f}}$，$T$ 和 T_{switch}，但 v 各不相同。计算每个轨迹的作用量泛函并讨论。

---

① 对于接近光速运动的电子，作用量形式需要修正，因为在高速区牛顿定律无效。

② 习题 5.6 介绍了后续步骤。

③ 如果考虑作用在电子上的力（例如，原子核对电子的静电吸引力），则必须修改作用量泛函。

12.2.3 费曼原理将概率幅表达为轨迹求和

我们现在探讨如下思想

费曼原理：某一过程的概率幅是所有可能的连续轨迹贡献之和的常数倍。每条轨迹的贡献的形式为 $\exp(\mathrm{i}S[\boldsymbol{r}(t)]/\hbar)$，其中 $\hbar$ 是约化普朗克常数，S 是轨迹空间上的作用量泛函。 (12.3)

定义电子的**传播子**为 $g(\boldsymbol{r}_\mathrm{f},\boldsymbol{r}_\mathrm{i},T)$，它是电子初始位于 $\boldsymbol{r}_\mathrm{i}$、经过时间 T 之后到达 $\boldsymbol{r}_\mathrm{f}$ 的概率幅，于是要点 12.3可以表示成

$$g(\boldsymbol{r}_\mathrm{f};\boldsymbol{r}_\mathrm{i},T)=\mathrm{const}\times\int_{\mathrm{traj}}[\mathrm{d}\boldsymbol{r}(t)]\mathrm{e}^{\mathrm{i}S[\boldsymbol{r}(t)]/\hbar}. \tag{12.4}$$

其中积分遍及所有具有给定起点、终点和时间窗的轨迹。

12.2.4 轨迹分段求和中涉及的态和算符

方程 12.4是紧致优雅的，但它需要进一步解释才能作出可检验的预言。例如，我们对束缚电子的基态和激发态非常感兴趣，但是这些态的寿命往往很长（尤其是基态）。那么，电子的“初始位置”在这种情况下怎么确定？为了避免此类问题，我们可以定义一个**波函数** $\psi(\boldsymbol{r})$ 来概括电子的史前史，这个函数类似于方程 12.4，但是是对时间从 $-\infty$ 到 0 的所有轨迹进行积分。我们不会去具体计算其过去，而只关心它在*未来*随时间会如何变化。

为了求得波函数的时间演化，我们首先注意到从遥远的过去到 T 时刻的任何轨迹都可以分为零时刻以前的部分以及从零时刻到 T 时刻的部分。我们可以根据它们在零时刻的定位 $\boldsymbol{r}$ 对轨迹进行分类。这类轨迹的作用量泛函（方程 12.1）可以分解为求和，其对应指数变成乘积形式。因此，所有轨迹的总和可以作如下分解：对每个 $\boldsymbol{r}$ 值，求和遍及从遥远过去到零时刻抵达 $\boldsymbol{r}$ 的所有路径，以及从零时刻由 $\boldsymbol{r}$ 出发到 T 时刻终止的所有路径，最后还要对 $\boldsymbol{r}$ 做积分。按前述，前两者分别对应两个因子：第一个是 $\psi(\boldsymbol{r})$，第二个是由方程 12.4 决定的 g，因此我们有

$$\psi'(\boldsymbol{r}')=\int\mathrm{d}^3\boldsymbol{r}g(\boldsymbol{r}';\boldsymbol{r},T)\psi(\boldsymbol{r}). \tag{12.5}$$

我们可以将 $\psi(\boldsymbol{r})$ 视为以 $\boldsymbol{r}$ 为变量的所有复函数构成的空间中的向量，按惯例引入向量符号 $|\Psi\rangle$，则方程 12.5 表明，将线性算符 U_T 作用到 $|\Psi\rangle$ 的结果为

$$|\Psi'\rangle=\mathsf{U}_T|\Psi\rangle.$$

后面的章节将使用符号 $\langle\Psi|$ 来表示对应于函数 ψ 的复共轭向量，而 $\langle\Psi|\Psi\rangle$ 表示 $|\psi(\boldsymbol{r})|^2$ 对所有位置积分。狄拉克引入的这种外观奇特的符号是很合理的。假

设 X 是对应于某些可观测量的算符，如果我们每次测量某个量会给出不同的值，则表明该量是一个随机变量。如果我们对状态向量进行归一化，使得 $\langle\Psi|\Psi\rangle = 1$，则量 $\langle\Psi|\mathsf{X}|\Psi\rangle$ 将是 X 观测值的期望，该符号使人联想到传统概率的期望。

12.2.5　定态

我们对基态这类不随时间变化的定态感兴趣[①]。但诸如概率之类的物理可观测量总是涉及概率幅的模平方，因此，定态概率幅并非必须严格地"不随时间变化"，而是可以携带"一个可能的整体相位"。

因此，对于某些真实相位 φ_T，定态满足

$$|\Psi'\rangle = \mathsf{U}_T|\Psi\rangle = \mathrm{e}^{\mathrm{i}\varphi_T}|\Psi\rangle. \tag{12.6}$$

将演化时间 T 重写为一系列小步骤 Δt 的累加，我们得到了一个更具体的表达式

$$(\mathsf{U}_{\Delta t})^{T/\Delta t}|\Psi\rangle = \mathrm{e}^{\mathrm{i}\varphi_T}|\Psi\rangle. \tag{12.7}$$

现在取极限 $\Delta t \to 0$，表达式左侧的无穷小时间演化算符具有泰勒级数展开式

$$\mathsf{U}_{\Delta t} = 1 + \mathsf{L}\Delta t + \cdots,$$

其中 L 为常数算符，且 $\mathsf{U}_0 = 1$ 是恒等算符。假设 $\mathsf{L}|\Psi\rangle = -\mathrm{i}\omega|\Psi\rangle$，利用复利公式[②]，则

$$|\Psi'\rangle = \mathrm{e}^{-\mathrm{i}\omega T}|\Psi\rangle. \tag{12.8}$$

与方程 12.6进行比较，我们发现算符 L 的本征矢对应于定态，本征值必须是虚数，因此方程 12.7的指数的模等于 1。$\mathrm{i}\hbar$ 与极小时间演化算符 L 的乘积称为**哈密顿算符**。

方程 12.8还告诉我们定态会随时间振荡。我们已经得到过振荡频率与能量之间的一个关系式，即爱因斯坦关系[③]。类比这个逻辑，我们不妨认为出现在方程 12.8中的角频率 ω 等于定态能量除以 $\hbar$。

为了检验某个态是否为定态，我们可以计算其时间演化，并证明它在某些频率 ω 下具有方程 12.8的形式。如果确实如此，则我们也可由此获得该态的能量 $\hbar\omega$。

---

① 一些作者将这些态称为"稳态"，但这个短语可能会与稳相轨迹混淆。如果我们忽略电子与它们发射的光子之间的耦合，则激发态也会出现定态。有关这种耦合如何破坏激发态的稳定性，详见第 13 章。

② 参见方程 0.50。

③ 要点 1.6 表述了这种关系。回想一下角频率和频率之间的关系：$\omega = 2\pi\nu$（6.7 节）。爱因斯坦关系论述的是光子而不是电子。但是，第 13 章将说明，当我们将本节中暂定为能量的量与光子能量（根据爱因斯坦关系得出）相加后，其和在光子的发射和吸收中是守恒的。

12.2.6 受限电子问题

本小节我们从费曼原理出发计算单电子系统的能级，看能否得到一些可检验的预言。氢原子就是这样一个系统。不过，为了数学上更容易处理，我们先考察一个更简单的系统。假定某种机制将电子限制在半径为 R 的圆形轨道上运动，而无需考虑电子与原子核之间的与距离平方成反比的力。电子可以沿其轨道自由运动，但无法逃逸。这个例子并不像乍看起来那样不切实际。许多重要的生物分子（尤其是专门与光相互作用的生色团）都含有原子环，总有一个或几个电子可以沿环自由移动。

在这个简化系统中，电子只沿圆轨道运动（一维而不是三维问题）。因此，位置坐标 $\boldsymbol{r}$ 可替换为单个量 $R\theta$，并且 θ 每改变 2π 并不改变电子的空间位置。

为进一步简化问题，我们先只考虑稳相轨迹对积分方程 12.4 的贡献。对于空间中的自由粒子，在给定的时间窗 T 内，只有一条始于 $\boldsymbol{r}_\mathrm{i}$ 并终于 $\boldsymbol{r}_\mathrm{f}$ 的恒速稳相轨迹，即 $\boldsymbol{r}(t) = \boldsymbol{r}_\mathrm{i} + (t/T)(\boldsymbol{r}_\mathrm{f} - \boldsymbol{r}_\mathrm{i})$。然而，由于 θ 的周期性，在我们的问题中却存在无限多满足该要求的轨迹。轨迹还可以向前或向后移动，但最终都到达指定终点，而且它还可以在每个方向上循环任意次。实际上存在一个恒速轨迹，其长度 $L_j = R|\theta_\mathrm{f} - \theta_\mathrm{i} + 2\pi j|$，其中 j 为任意整数。该轨迹的速度是 L_j/T，因此传播子可近似表达为

$$g(\theta_\mathrm{f}; \theta_\mathrm{i}, T) \approx \sum_{j=-\infty}^{\infty} \exp[\mathrm{i}\alpha(\theta_\mathrm{f} - \theta_\mathrm{i} + 2\pi j)^2]. \tag{12.9}$$

其中 $\alpha \equiv m_\mathrm{e}R^2/(2\hbar T)$。

思考题12C

证明：$g(\theta_\mathrm{f} + 2\pi; \theta_\mathrm{i}, T) = g(\theta_\mathrm{f}; \theta_\mathrm{i}, T)$，且 $g(\theta_\mathrm{i}; \theta_\mathrm{f}, T) = g(\theta_\mathrm{f}; \theta_\mathrm{i}, T)$。

我们希望找到环上电子的定态，并计算其能级。也就是说，我们寻求具有以下性质的波函数 $\psi(\theta)$：演化一段时间后的波函数 ψ'（方程 12.5）与原始波函数具有相同形式（只相差一个整体相位，见方程 12.8）

$$\psi'(\theta_\mathrm{f}) = \int_0^{2\pi} \mathrm{d}\theta_\mathrm{i}\, g(\theta_\mathrm{f}; \theta_\mathrm{i}, T)\psi(\theta_\mathrm{i}) = \mathrm{e}^{-\mathrm{i}ET/\hbar}\psi(\theta_\mathrm{f}). \tag{12.10}$$

这种函数确实很难求解。但是对于对称性很高的情况，我们很容易猜出一组周期函数作为试探解。我们的环没有指定起点，如果旋转任何角度，结果都不会改变。因此，具有如下性质的试探波函数都值得尝试：当 θ 改变时该函数不变（除一个整体相位因子之外）。对于任意整数 k，指数函数 $\psi_k(\theta_\mathrm{i}) = \mathrm{e}^{\mathrm{i}k\theta_\mathrm{i}}$ 都具有此属性。

综上所述，我们希望证明：对于任何整数 k，表达式

$$\int_0^{2\pi} \mathrm{d}\theta_{\mathrm{i}} \sum_{j=-\infty}^{\infty} \exp[\mathrm{i}\alpha(\theta_{\mathrm{f}} - \theta_{\mathrm{i}} + 2\pi j)^2 + \mathrm{i}k\theta_{\mathrm{i}}] \tag{12.11}$$

等于 $\mathrm{e}^{\mathrm{i}k\theta_{\mathrm{f}}}$ 乘以一个与 θ_{f} 无关的相因子（但可以与 k 和 T 相关）。如果真是这样，那么根据 12.2.5 节中的讨论，我们必须先计算那个相位，才能求得定态 $|\Psi_k\rangle$ 的能量。

我们现在整理一下表达式。首先，将其除以 $\mathrm{e}^{\mathrm{i}k\theta_{\mathrm{f}}}$。其次注意到，求和与积分的组合效应与固定 θ_{f} 再对实数变量 $u = \theta_{\mathrm{f}} - \theta_{\mathrm{i}} + 2\pi j$ 做积分的效果是一样的。因此，我们希望证明以下表达式与 θ_{f} 无关：

$$\int_{-\infty}^{\infty} \mathrm{d}u \mathrm{e}^{\mathrm{i}(\alpha u^2 + k(2\pi j - u))}.$$

上式显然与 θ_{f} 无关。考虑到 $\mathrm{e}^{\mathrm{i}2\pi kj}$ 总是等于 1（因为 k 和 j 都是整数），上式可以进一步简化，完成配方后

$$\int_{-\infty}^{\infty} \mathrm{d}u \mathrm{e}^{\mathrm{i}\alpha(u-k/(2\alpha))^2} \mathrm{e}^{-\mathrm{i}\alpha k^2/(4\alpha^2)}.$$

积分变量平移后，表达式就是菲涅耳积分乘以最后一个因子①。考虑到 α 是 $m_{\mathrm{e}}R^2/(2\hbar T)$ 的缩写，最后一个因子等于 $\exp[-\mathrm{i}k^2\hbar T/(2m_{\mathrm{e}}R^2)]$，确实是一个与时间线性相关的相因子②，其频率为 $k^2\hbar/(2m_{\mathrm{e}}R^2)$。根据 12.2.5节，得到如下结论

> 束缚在半径为R 的环上的电子，其定态具有形式为$(k\hbar/R)^2/(2m_{\mathrm{e}})$的离散能级，其中 k 为任意整数。 (12.12)

思考题12D

a. 确认该公式具有正确的能量单位。

b. 假设电子被束缚到半径为 $R = 0.5$ m 的宏观环上。是否可能观察到该系统能级的离散性？

c. 假设环结构是芳香族分子或典型的染料，其半径约为 0.4 nm，并且这些分子的外部电子中至少有一个可以充分自由地绕环运行，还假设电子在能级之间的跃迁伴随着光子的发射或吸收，从而保持总能量守恒。求 $k = 0$ 和 1 的状态之间能级差异。这个差值的数量级是否有重要意义？

① 4.7.1 节分析了菲涅耳积分的性质。

② 菲涅耳积分对 T 也有一定的依赖性，但这只是源于我们计算中所作的近似。当考虑所有轨迹（不仅仅是稳相轨迹）时，会出现一个 T 的平方根的额外因子，它可以抵消这种依赖性，最终只剩下这里讨论的相因子（Schulman，2005，§23.1）。

12.2.7 环状分子的光吸收

以上我们是从数学简单性角度来构建环上电子系统的。但事实上，某些与生物相关的分子的确也很类似，尽管其束缚在环上的自由电子不止一个。从简单的苯分子（六个碳原子形成一个环）到复杂的卟啉甚至叶绿素，环这种模体无处不在。此外，当某些原子的价态可产生交替的单键和双键时，我们可认为参与双键的电子是离域的，它几乎可以自由地围绕由原子核和其他紧束缚电子组成的环运动。每个双键有两个这样的自由电子，即环中每个碳原子就有一个自由电子。

为了获得这种系统的较低能级的近似值，假设环上有 N 个相距为 d 的原子结合了 N 个离域电子，则环的周长为 Nd。如果我们可以移除 $N-1$ 个离域电子并保持原子核固定，则**要点** 12.12给出了剩余单个电子的能谱：

$$E_k = \frac{k^2\hbar^2}{2m_{\rm e}(Nd/(2\pi))^2}.$$

下面我们考虑如何将其他 $N-1$ 个电子加入系统，以确保分子是完全中性的。

我们还没有讨论过多电子态，但你可能还记得如下化学规则[①]：

泡利不相容原理：*每个电子态只能由 0 个、1 个或 2 个电子占据。*

为得到 N 电子系统的基态，我们从最低能级（$k=0$，两个电子）开始逐级填充能级，例如 $k=\pm1$（四个电子），依此类推。因此，要想填满 k_* 个能级，就需要总共 $4k_*+2$ 个电子。对于这种填满的电子构型，激发态就意味着某个电子只能跃迁到能级（$\pm(k_*+1)$）（“最低未占据分子轨道”，其能级为 E_{k_*+1}），而最易实现的跃迁方式是从能级 $\pm k_*$（“最高占据分子轨道”）跳到 k_*+1，其净能量代价为[②]

$$E_{k_*+1} - E_{k_*} = \frac{(2\pi\hbar)^2}{2m_{\rm e}(Nd)^2}(2k_*+1).$$

如果最高占据轨道已被填满，则根据前面的讨论，有 $k_*=(N-2)/4$。结合上式，可知激发能

$$\Delta E \leqslant \frac{(2\pi\hbar)^2}{2m_{\rm e}(Nd)^2}\frac{N}{2}.$$

（不等式意味着如果最高占据轨道没有填满，则激发能会低一些。）

将能量转换为波长，由此可得到关于吸收光波长的一个预测

$$\lambda \geqslant \frac{c}{\Delta E(2\pi\hbar)} = \left(\frac{2cm_{\rm e}d}{\pi\hbar}\right)(Nd) \gg Nd. \tag{12.13}$$

① 泡利不相容原理有时候被表述为“每个电子态只能由 0 个或 1 个电子占据”，其中“态”是就轨道和自旋双重自由度而言的。而此处我们没有标明自旋自由度。

② 此处的讨论是很初步的，因为我们忽略了离域电子之间的静电相互作用，或者至少假定了这个相互作用不随电子状态的改变而改变。

这个公式向我们展示了将分子类比为乐器的局限性。风琴或小提琴琴弦发出的声音的波长与其物理尺度相当（高次谐波波长则更短）。但是方程 12.13表明，吸收光的波长是周长 Nd 乘以一个很大的前置因子。

思考题12E

a. 将原子间距设为 $d \approx 0.14$ nm，计算前置因子。

b. 预测苯（$N = 6$）和叶绿素（$N = 20$）的吸收光波长并进行讨论。

上述结果尽管不是对叶绿素吸收蓝光和红光的确切解释，但是吸收光波长的数量级是正确的，且肯定远大于分子的物理尺度。

图 12.1强调了尺度和波长之间的关系，这里的尺度不是环形分子的尺度，而是纳米晶体悬浮颗粒的尺度。

图 12.1 [照片。] **物理尺度和能级之间的关系。**每个小瓶均包含硒化镉纳米晶体的悬浮液，并在普通光源下发出荧光。发射光波长的差异来自于制备过程导致的纳米晶体的尺寸差异。[蒙 Marija Drndić 惠赠。]

12.2.8 分子转动光谱和“温室”气体

本书主要关注单个粒子（光子和电子）层面的量子现象。与这些粒子相互作用的复杂系统很多，我们通常笼统地称之为“透明介质”、“不透明屏障”、“光检测器”、“分子”等。每个这样的系统最终都遵循量子力学规则。我们现在来探讨一个特别重要的例子，它涉及数十个简单粒子的集体行为。

化学书上说一氧化碳（CO）分子由 14 个质子、14 个中子和 14 个电子组成，而质子和中子本身又是由称为夸克的亚原子组成，此系统的完整描述显然很复杂。

然而，至少它的某些运动很简单。例如，两个原子核之间的距离可以改变（拉伸或压缩），在经典物理领域，这种变化可以导致振动。更简单的情况是，整个分子可以维持原子间距离（或其他任何距离）不变而绕其质心旋转。

我们用从一个核（例如碳原子）指向另一个核（氧原子）的箭头来描述 CO 分子的取向。如果分子只能在一个平面内自由旋转，则所有允许的方向的集合就是单个坐标 θ 所表示的圆。在经典物理学中，分子的动能为 $\frac{1}{2}I\dot{\theta}^2$，其中 I 是分子的转动惯量，电子对 I 的贡献可忽略不计，而原子核均可视为质点，其间距为 $d = 0.11$ nm。根据一年级物理学的公式得出转动惯量为

$$I = d^2 \frac{m_1 m_2}{m_1 + m_2} = (0.11 \ \ \mathrm{nm})^2 \frac{12 \times 16}{12 + 16} \frac{1 \ \mathrm{g}}{N_{\mathrm{mole}}} \approx 1.5 \times 10^{-46} \ \mathrm{kg{\cdot}m}^2.$$

尽管 CO 分子具有许多动力学变量，但是如果我们仅关注其平面刚性旋转，则可以看到它与 12.2.6 节中研究的电子沿环的问题相同（用 I 代替**要点** 12.12 中的 $R^2 m_{\mathrm{e}}$）。因此，我们可以应用上面得到的结果，来预测一氧化碳分子（理想平面转子）的转动能级：$E_k = k^2\hbar^2/(2I)$，其中 k 为任意整数。用更严格的处理方法（不使用平面转动近似）会得出类似的公式，只是用 $J(J+1)$ 代替 k^2，其中 J 是任意非负整数。

思考题12F

> 这个能谱与分子尺度环上电子的能谱相似，但是在数值上却小得多，因为整个分子的转动惯量远大于单个电子的惯量。求 $k = 1$ 和 0 之间跃迁的能量变化。如果此跃迁涉及光子的吸收或发射，那么该光子的波长是多少？它位于电磁频谱的哪个区域？

上述答案部分解释了为什么 CO 和其他此类气体小分子被称为红外活性（或“温室”）气体。惰性气体（例如地球大气中的氩气）是单原子的，因此它们没有转动态。13.7.5 节将进一步详细说明为什么特定分子以这种方式发光或不发光。

12.2.9 时间步长无穷小时给出薛定谔方程

12.2.6节研究了受限电子最简单的情况，但其他情况在数学上比上述系统更为棘手。为了能处理复杂系统，现在我们回到方程 12.7 所示的小时间步长极限。在此极限下，方程 12.4—12.5可以进一步简化。对于环上的电子，这些方程给出了时间演化的波函数

$$\psi'(\theta_{\mathrm{f}}) = \mathrm{const} \times \int \mathrm{d}\theta_{\mathrm{i}} \left[\int_{\mathrm{traj}} [\mathrm{d}\theta(t)] \mathrm{e}^{\mathrm{i}S[\theta(t)]/\hbar} \right] \psi(\theta_{\mathrm{i}}). \tag{12.14}$$

方括号内的积分取决于 θ_i、θ_f 和 T，这些参数确定了积分遍及的轨迹集合。

我们这里要做的简化近似如下：对于无穷小的 Δt，我们只需要关注那些直接从 θ_i 到 θ_f 的轨迹，而忽略那些包含长回路（或多重回路）的轨迹。并且，这类轨迹还可以用最简单的情况（匀速运动）来表示①。由此得到

$$\psi'(\theta_\mathrm{f}) = \mathrm{const}' \times \int \mathrm{d}\theta_\mathrm{i} \left[\mathrm{e}^{\mathrm{i}m_\mathrm{e}R^2(\theta_\mathrm{f}-\theta_\mathrm{i})^2/(2\hbar\Delta t)}\right] \psi(\theta_\mathrm{i}). \tag{12.15}$$

指数中的大数因子 $1/\Delta t$ 意味着只有 $\theta_\mathrm{i} \approx \theta_\mathrm{f}$ 区域对于积分是重要的，其他区域的贡献相互抵消了（见菲涅耳积分的分析②）。因此，我们让 $\theta_\mathrm{i} = \theta_\mathrm{f}+\delta\theta$，并将 $\psi(\theta_\mathrm{i})$ 写成 θ_f 附近的泰勒级数展开：

$$\begin{aligned}\psi'(\theta_\mathrm{f}) = &\mathrm{const}' \times \int \mathrm{d}(\delta\theta)\mathrm{e}^{\mathrm{i}m_\mathrm{e}R^2(\delta\theta)^2/(2\hbar\Delta t)} \\ &\times \left[\psi(\theta_\mathrm{f}) + \delta\theta \left.\frac{\mathrm{d}\psi}{\mathrm{d}\theta}\right|_{\theta_\mathrm{f}} + \frac{1}{2}(\delta\theta)^2 \left.\frac{\mathrm{d}^2\psi}{\mathrm{d}\theta^2}\right|_{\theta_\mathrm{f}} + \cdots\right].\end{aligned} \tag{12.16}$$

我们将积分项依次分别缩写为 I_0、I_1、I_2、$I_{\dots}$ 等。

I_0 是菲涅耳积分：

$$\int_{-\infty}^{+\infty} \mathrm{d}\xi \mathrm{e}^{\mathrm{i}\alpha\xi^2} = \sqrt{\mathrm{i}\pi/\alpha}. \tag{12.17}$$

考虑到 $\alpha = m_\mathrm{e}R^2/(2\hbar\Delta t)$，则

$$I_0 = \mathrm{const}' \times \left(\frac{2\mathrm{i}\pi\hbar\Delta t}{m_\mathrm{e}R^2}\right)^{1/2} \psi(\theta_\mathrm{f}). \tag{12.18}$$

I_1 等于零，因为它是 $\delta\theta$ 奇函数在整个对称区域上的积分。

为了计算 I_2，首先将方程 12.17两侧分别对 α 求导：

$$\mathrm{i}\int_{-\infty}^{\infty} \mathrm{d}\xi\xi^2\mathrm{e}^{-\mathrm{i}\alpha\xi^2} = -\frac{1}{2}\sqrt{\mathrm{i}\pi/\alpha^3}.$$

则

$$I_2 = \mathrm{const}' \times \frac{1}{2}\frac{1}{\mathrm{i}}\left(\frac{-\sqrt{\mathrm{i}\pi}}{2}\right)\left(\frac{2\hbar\Delta t}{m_\mathrm{e}R^2}\right)^{3/2} \left.\frac{\mathrm{d}^2\psi}{\mathrm{d}\theta^2}\right|_{\theta_\mathrm{f}}. \tag{12.19}$$

更高阶的 $I_{\dots}$ 要么是零（所有 $\delta\theta$ 奇次幂项），要么因为含 Δt 的更高次幂而远小于前两个非零项。此外，I_2 比 I_0 具有更高的 Δt 次幂。

---

① 偏离这一轨迹的其他轨迹原本会给出修正，但这些修正在极限 $\Delta t \to 0$ 下趋于零。注意，这里并非近似计算，我们确实会取这个数学极限。相反，本书中的其他推导（例如，光线局限于稳相路径）只在某些参数范围内才近似有效。

② 4.7.1 节分析了菲涅耳积分。

到现在为止，我们还未得到方程 12.15 中的整体常数因子。为此，我们利用如下事实：当 $\Delta t \to 0$ 时必有 $\psi' \to \psi$。要满足这个条件，则该常数因子必须等于 $\sqrt{m_e R^2/(2\pi i\hbar\Delta t)}$，因此得到

$$\psi'(\theta_f) \to \psi(\theta_f) + \frac{i\hbar}{2m_e R^2}\Delta t \left.\frac{d^2\psi}{d\theta^2}\right|_{\theta_f}, \quad \text{当}\Delta t \to 0. \tag{12.20}$$

上面表达式给出了波函数在小时间极限下的演化行为（精确到 Δt 的一阶）。方程 12.20 可重新整理成导数形式

$$\boxed{\frac{\partial\psi'}{\partial t} = \frac{i\hbar}{2m_e R^2}\frac{\partial^2\psi}{\partial\theta^2}. \quad \text{薛定谔方程}} \tag{12.21}$$

这个结果给出了定态的判定标准。对方程 12.8 求导，再求时间零极限得

$$\omega\psi = \frac{-\hbar}{2m_e R^2}\frac{d^2\psi}{d\theta^2}. \tag{12.22}$$

如果波函数 $\psi(\theta)$ 满足这个条件，则它代表一个能量为 $\hbar\omega$ 的定态。

我们现在可以将上述结果与先前求得的结果进行比较。二阶导数算符的本征函数全部为 $\psi_k(\theta_i) = e^{ik\theta_i}$ 的形式，这与我们先前猜测的一致。它们对应的能量值为 $(k\hbar/R)^2/(2m_e)$，与我们之前的结果（**要点** 12.12）也一致。

薛定谔方程的优点是无需稳相轨迹近似，而且一旦要考虑作用在电子上的力，薛定谔方程的修正也很方便，从而能对更现实的原子模型求能谱。

12.2 节概述了量子物理学两种不同形式的内在统一性。我们在示例中还看到了电子态假说不是一个独立的假设，而是更深奥的费曼原理的结果[①]。

12.3 光　　子

第 4 章介绍的光假说适用于单色点光源的宏观光学现象。假设频率为 ν 的光在空间位置 $\boldsymbol{r}_e = \boldsymbol{0}$ 发射，位于 $\boldsymbol{r}_d$ 的光子探测器在 $t_d = 0$ 时刻开启。前面章节给出的计算概率幅的流程列出了如下要点[②]。

- 列出从光源到探测器的所有直线段路径，这些路径只在障碍边缘和界面处弯折。
- 每条这样的路径对 Ψ 都贡献一个可加项。
- 每一项都等于各直线段因子的乘积，每段的因子等于常数乘以 $r^{-1}\exp(2\pi i T\nu)$，其中 r 是对应线段的长度，$T = r/c$ 是以光速 c 穿越线段所需的时间。

① 1.6.1 节介绍了电子态假说。

② **要点** 4.5 和 4.6 表述了光假说的第二部分 a、b，本章将继续忽略光的偏振现象，参见第 13 章。

- 在 $(\boldsymbol{r}_{\mathrm{d}}, t_{\mathrm{d}})$ 检测到光子的概率为 $|\Psi|^2$。
- 在介质界面因折射和反射还会产生额外的因子。　　(12.23)

第 4—8 章讨论了此方法如何正确预测了许多光学现象。但是，它仅限于单色光源（具有明确频率 ν）的情况。正文还隐含地提及了一个包括其他光学现象甚至其他基本粒子（例如电子）的更宏大的理论框架。以下各节将概述如何从电子的费曼原理（**要点** 12.3）出发来得到关于光子的**要点** 12.23。

12.3.1　光子轨迹的作用量泛函

我们需要将光子和电子统一在一个框架内。按照 12.2.1节对电子的讨论，“所有路径” 一词的正确含义超越了空间曲线（哪怕是非平庸曲线）：我们必须对时空中的所有轨迹求和，这意味着对于光子我们必须考虑那些速度不同于 c 的轨迹。

为了了解这种推广是否可行，我们必须提出一个适合光子的作用量泛函，其稳相点给出光的经典轨迹。因此，在几何光学轨迹（即以速度 c 划出的直线）附近，$S[\mathrm{traj}]$ 的一阶变分必须为零。这样的轨迹也必然是 $\exp(\mathrm{i}S[\mathrm{traj}]/\hbar)$ 的稳相轨迹，在经典极限下将主导总概率幅。

还需要指出另外一点。光假说中提到的单色光源（例如激光）是由无数电子和原子核组成的宏观系统，对这种光源的基础原理的描述超出了本书的范围。此处我们对其进行一些简化，以便将其与单光子的**要点** 12.3联系起来。我们提出如下与爱因斯坦关系[①]一致的光源模型：

> 频率 ν 的单色光源在 t_{e} 时刻发射光子的概率幅 Ψ_{emis} 等于一个常数乘以 $\exp(-\mathrm{i}2\pi\nu t_{\mathrm{e}})$。$\Psi_{\mathrm{emis}}$ 会随频率 ν 振荡。　　(12.24)

计算由这种光源发出的光子的到达概率幅时，我们必须对始于*任意时刻* t_{e}[②]而止于探测时间 t_{d} 的所有轨迹求和，每条轨迹的贡献等于 Ψ_{emis} 再乘以**要点** 12.3 中给出的因子。可以预期，这种求和处理确实可以导出**要点** 12.23。

第一步是要为**要点** 12.3 找到恰当的作用量泛函，其中的技术困难在于无静止质量的光子本质上是相对论性的。我们想写出一种能展现该不变性的作用量泛函（即等同地处理空间和时间的作用量泛函）。因此，“轨迹” 必须由四个函数 $\underline{X}^{\mu}(\xi)$ 来确定，其中 $\mu = 0, 1, 2,$ 或 3，$\underline{X}^0$ 是时间与光速的乘积，$\underline{X}^i = r_i$（$i = 1, 2, 3$）是空间位置的三个分量，ξ 是将轨迹参数化的无量纲量（位于 0、1 之间）。

相同的物理轨迹可以以不同形式来描述，这意味着可以对轨迹重新参数化，例如可令 $\xi' = f(\xi)$，其中 f 是 $f(0) = 0$ 且 $f(1) = 1$ 的任何递增函数。这将会给出四个不同的函数 $\underline{X}'^{\mu}(\xi')$，但仍然描述同样的光子轨迹。处理这类重参数化不变性

① 方程 1.6 给出了这一关系，它也出现在对电子的研究中，见 12.2.5 节。13.7.7 节还将讨论激光如何产生单色光，以及为什么具有这种特性。

② 4.6.3′ 节介绍了此思想。

需要引入另一个变量，即参数空间中的一个正的“度规”函数 $e(\xi)$。基于这些物理量，我们建议如下作用量泛函

$$S[\underline{X}^{\mu}(\xi), e(\xi)] = \frac{\hbar}{2}\int \mathrm{d}\xi (e^{-1}||\dot{\underline{X}}||^2 - e\bar{m}^2). \tag{12.25}$$

其中点“ $\cdot$ ”表示对 ξ 求导，符号 $||\dot{\underline{X}}||^2$ 表示洛伦兹不变量 $-(\dot{\underline{X}}^0)^2 + ||\dot{\boldsymbol{r}}||^2$。参数 $\bar{m}$ 是粒子质量乘以 $c/\hbar$,对于光子,我们感兴趣的是固定 c 和 $\hbar$ 的前提下 $\bar{m} \to 0$ 的极限情况。

下面给出 $\{\underline{X}(\xi), e(\xi)\}$ 是 S 稳相轨迹的条件：

思考题12G

对于任何满足

$$0 = e^{-2}||\dot{\underline{X}}||^2 \quad 及 \tag{12.26}$$

$$e^{-1}\dot{\underline{X}} = \text{constant}. \tag{12.27}$$

的轨迹，证明其是方程 12.25 的稳相点。

方程 12.25 和 12.26 对于重参数化操作是不变的，如果我们能给度规函数 $e(\xi)$ 一个适合的转换规则。该规则反过来意味着我们总能找到一种参数化方法使得 $e(\xi)$ 是常数，令 K 表示其数值，则方程 12.27 表明稳相轨迹就是时空中的直线：

$$\underline{X}^{\mu}(\xi) = \underline{X}^{\mu}_{\mathrm{e}} + (\Delta\underline{X}^{\mu})\xi, \text{ 其中 } \Delta\underline{X}^{\mu} = \underline{X}^{\mu}_{\mathrm{d}} - \underline{X}^{\mu}_{\mathrm{e}}.$$

方程 12.26 表示 $||\Delta\underline{X}||^2 = 0$，或 $c^2(\Delta t)^2 = (\Delta\boldsymbol{r})^2$。也就是说，稳相轨迹是时空中速度为 c 的直线，因此方程 12.25是作用量泛函的恰当选择。

12.3.2 单色光源特例

我们现在得到了一个数学上很难处理的结果（实际上可做更严格的处理[①]）：始于某个发射点 $\underline{X}^{\mu}_{\mathrm{e}}$ 并终于某个检测点 $\underline{X}^{\mu}_{\mathrm{d}}$ 的所有轨迹的总贡献等于一个常数乘以如下**光子传播子**

$$G(\underline{X}^{\mu}_{\mathrm{e}}, \underline{X}^{\mu}_{\mathrm{d}}) = \int_0^{\infty} \frac{\mathrm{d}K}{K^2} \exp\left[\mathrm{i}||\Delta\underline{X}||^2/(2K)\right]. \tag{12.28}$$

① 方程 12.28 是合理的，因为它在量纲上正确且具有洛伦兹不变性。计算 $\exp(\mathrm{i}S/\hbar)$ 的一种方法是直接对所有轨迹求和（Kleinert，2009，sect. 19.1）。费曼的方法是首先证明传播子服从“Klein-Gordon 方程”，由此开始计算（Feynman, 1950, eqn. 8A; Schulman, 2005, Eqn. 25.4—25.5）。

方程 12.28 需要小心解释，因为当不变量 $B=||\Delta\underline{X}||^2$ 等于零时积分不收敛。为了确保定义正确，我们先将 B 替换为 $B+\mathrm{i}\epsilon$，其中 ϵ 为小的正数，再取极限 $\epsilon\to 0$，最后作积分变量变换 $\eta=1/K$，积分得出

$$G(\underline{X}_{\mathrm{e}}^{\mu},\underline{X}_{\mathrm{d}}^{\mu})=\frac{2\mathrm{i}}{B+\mathrm{i}\epsilon}. \tag{12.29}$$

我们希望将方程 12.29 应用于单色点光源，即发射位置 $\boldsymbol{r}_{\mathrm{e}}=\boldsymbol{0}$，但不指定发射时间 t_{e} 。**要点** 12.24 表示点光源贡献了一个相位 $\mathrm{e}^{-\mathrm{i}\omega t_{\mathrm{e}}}$，其中 $\omega=2\pi\nu$ 是光源角频率，因此在时间 $t_{\mathrm{d}}=0$ 和位置 $\boldsymbol{r}_{\mathrm{d}}$ 处检测到光子的概率幅

$$\int_{-\infty}^{\infty}\mathrm{d}t_{\mathrm{e}}(\text{发射})(\text{传播})=\int_{-\infty}^{\infty}\mathrm{d}t_{\mathrm{e}}\mathrm{e}^{-\mathrm{i}\omega t_{\mathrm{e}}}\frac{2\mathrm{i}}{-(ct_{\mathrm{e}})^2+r^2+\mathrm{i}\epsilon}. \tag{12.30}$$

将积分扩展到下半复平面的闭合曲线，就可以计算出积分值等于某个常数乘以 $r^{-1}\exp[\mathrm{i}(r+\mathrm{i}\epsilon/2)\omega/c]$。现在我们可以安全地取极限 $\epsilon\to 0$，得

$$\text{概率幅}=\mathrm{const}\times r^{-1}\mathrm{e}^{\mathrm{i}r\omega/c}.$$

因此，将普适的费曼原理（**要点** 12.3）专门用于单色光时，就给出了前面章节中使用过的光假说（即**要点** 12.23）①。

12.3.3　拓展：反射、透射和折射率

本小节的目的是为光假说寻找一个完善的理论基础，但到目前为止，我们仅涉及“第 2a 部分”，即真空中的光行为。我们现在将其拓展到第 2b 和 2c 部分描述的透明介质中的光现象②。

介质是复杂的，可以是晶体也可以是无序状态，而组成它们的原子或分子本身还具有内部结构。因此，我们无法深入研究这个问题，但至少可以了解一下**要点** 4.6 和方程 5.1 是如何得到的，这些公式将介质中的光速减慢与边界处的反射联系了起来。特别是，这些要点没有明确提及光在通过介质时发生的任何物理相互作用，这似乎很奇怪。所有的作用似乎都发生在表面上，但是原子尺度的“表面”是否能被明确定义？毕竟，光假说表明光子是与单个电子（而不是所谓的“表面”）发生相互作用的。

反射

为了使问题尽可能简单，假设一种介质是真空（$n_1=1$），另一种介质的密度也很低（$n_2=1+\delta n$，其中 δn 很小）。在这样的介质中，入射光子不可能与一

---

① 前面章节有时使用近似形式，其中缓变因子 r^{-1} 被处理成常数。

② 方程 4.5，4.6 和 5.1 分别给出光假说的第二部分 a、b 和 c。

个以上的电子发生作用，因此我们只考虑零个或一个这样的相互作用对概率幅的贡献。

想象一个悬浮在真空中的由介质 2 构成的平坦薄层，光垂直入射。入射光子可以在介质层内的任何地方与电子发生作用。我们感兴趣的相互作用涉及电子吸收光子，然后发射具有相同能量的另一个光子，使介质材料保持不变。我们可以提出一个最简单的合理的假说，即它对概率幅贡献了某个常数 Λ。Λ 的数值取决于介质的性质（例如，其电子如何结合到原子或分子中）和光子的频率。我们假设介质层是均匀的，并且入射光是单色的，因此可以认为在整个介质层中 Λ 为常数。

我们假设光子在厚度为 $\mathrm{d}x$ 的切片层中与电子发生作用的概率幅为 $\kappa\mathrm{d}x$，其中常数 κ 的值与 Λ 和电子密度有关。则光子传播到 x 深度与电子发生作用，而后被传回检测器 [图 12.2（a）] 的概率幅将由许多 $\mathrm{d}x$ 的切片层的贡献之和给出[1]：

$$r_{1\ \text{layer}} = \int_0^d (\kappa\mathrm{d}x)\mathrm{e}^{2\pi\mathrm{i}2x\nu/c}$$

相位涉及在介质中行进的距离，进出介质表面的光的总体因子对每个贡献而言都是相同的，因此已被略去。表达式并不含折射率这样的宏观物理量，这是因为在电子之间没有任何东西（真空）[2]。

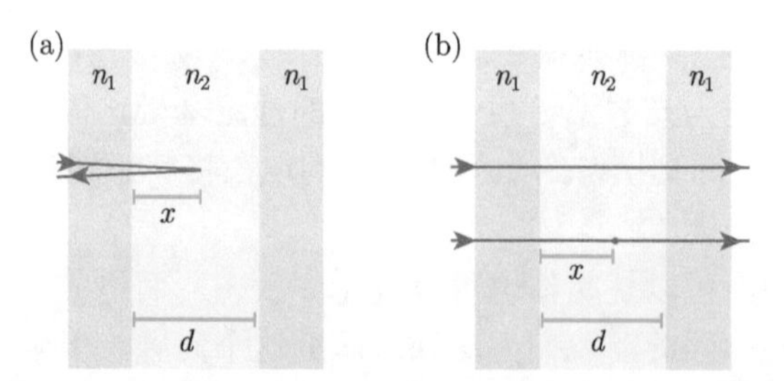

图 12.2　[路径图。] **光与介质的相互作用**。(a) 对反射有贡献的一条路径：光子在与电子作用之前已经穿透到 x 深度，随后被重新发射回到光源。(b) 对透射有贡献的两条路径。

这个积分很简单：

$$r_{1\ \text{layer}} = \frac{\kappa c}{4\pi\mathrm{i}\nu}\left(\mathrm{e}^{4\pi\mathrm{i}\nu d/c} - 1\right). \tag{12.31}$$

由此可见，尽管每个中间层都有贡献，但反射的总振幅可以概括如下："光要么从介质正面反射（带有负号），要么从背面反射（不带负号）"[3]。

① 对于薄层，传播子中的整体因子 $1/r$ 变化不大，因此可将其近似为常数（如第 4 章所述）。

② 我们可以忽略介质中的质子，因为质子与光子的相互作用比电子与光子的弱得多。

③ 只有当考虑 κ 的高阶项时，才会看到光线在介质中的减速现象。此处我们不考虑这一点。

我们现在可以将方程 12.31与如下光假说公式①

$$r_{1\ \text{layer}} = \frac{n_1 - n_2}{n_1 + n_2}\left(1 - \mathrm{e}^{4\pi\mathrm{i}\nu d/c}\right).$$

进行比较。如果我们取 $\delta n = \kappa c/(2\pi\mathrm{i}\nu)$，则两者完全相同。

为了验证上述思路是否正确，还必须考察一下折射率。

透射

我们现在来考虑穿越样品的光路 [图 12.2（b）]。同样，光子可能会在介质 2 内的任何位置与电子发生作用，但每条光路的总长度相同。因此，此过程的概率幅为

$$\mathrm{e}^{2\pi\mathrm{i}\nu d/c}\left[1 + \int_0^d (\kappa \mathrm{d}x)\right] = \mathrm{e}^{2\pi\mathrm{i}\nu d/c}(1 + \kappa d).$$

圆括号中的表达式近似等于 $\mathrm{e}^{\kappa d}$ （精确到 κ 的一阶项），因此我们可以将这个表达式重写为

$$\exp\left(\frac{2\pi\mathrm{i}\nu d}{c/n_2}\right) \quad 其中 \quad n_2 = 1 + \frac{\kappa c}{2\pi\mathrm{i}\nu}. \tag{12.32}$$

由此可见，尽管这个复杂概率幅表达式包含了很多轨迹的贡献，但最终的净效应相当于光*无*相互作用地通过介质，仅仅是光速降低到 c/n_2（见光假说第二部分 b）， n_2 可视为折射率，且它与上文反射现象中定义的折射率完全相同，这也是对我们理论自洽性的一个非平庸检验。

透明材料 n_2 必须是实数，换句话说，表征该材料的常数 κ 必须是纯虚数。（如果不是这种情况，我们将看到透射概率幅随层厚呈指数下降。换句话说，如果 κ 具有实部，则其描述了介质对光的**吸收**。）

除了方程 12.32 明确展示的频率依赖关系之外，相互作用参数 κ 还取决于介质中电子如何与其原子键合的细节，而这类键合可能也依赖于光的频率。因此，折射率通常也取决于频率，这是引起彩虹以及色差的物理根源。

12.3 节建立了普适量子物理理论（费曼原理）与前面章节中的简化版本（光假说）之间的联系。

总　结

本章首先指出，对于电子（以小于 c 的任何速度运动），我们需要对其所有轨迹（而不仅仅是其空间路径）求和。我们提出了一个公式，后者要求我们在宏观

① 第 2c 部分，**要点** 5.1。

极限下能还原经典轨迹。然后我们研究了定态以及电子态假说的一个特例。同时，我们简单讨论了薛定谔量子理论中的状态空间以及其上的算符。

然而，以上述方式推广量子理论，似乎会丢失我们期望的*普适性*。于是我们又对光子进行了研究。我们发现光子的行为也可以用轨迹求和来表示。对于单色光的特殊情况，我们发现普适理论（费曼原理）与本书前面章节采用的简化形式等效。相反，薛定谔方程只能处理低速运动的粒子，而无法处理光。

实际上，费曼原理的适用范围远远超出了电子和光子。弱/强核相互作用中的粒子以及其他奇异粒子（如中微子）都可以被这种普适原理描述。

延伸阅读

准科普:

Styer, 2000。

虽然 Feynman, 1985 是一本科普书，但它勾画了许多技术要点（包含本章讨论的内容）。

中级阅读:

Schulman, 2005。

Feynman et al., 2010c; Müller-Kirsten, 2006。

基于波函数和基于费曼原理的两种量子物理学表述之间的等价性: Feynman et al., 2010c; Das, 2006。

高级阅读:

Kleinert, 2009。

第 13 章　场量子化、偏振和单分子指向

切尔姆的圣人们开始争论哪个更重要：月亮还是太阳……
王位上的智者结论道："必然是月亮更重要，
因为如果没有月光，夜晚将非常黑暗以至于我们看不到任何东西；
太阳只在白天照耀，而白天我们并不需要它！"
——利奥 · 罗斯腾（Leo Rosten）

13.1　导读：场

前面章节将光子描述为能量包和动量包（光假说，1.5.1 节），它以随机的方式（遵循概率法则）到达探测器或其他目标（4.5 节）。这些原则内涵丰富且容易理解，对于生物物理和其他领域的很多现象也具有深远意义。尽管如此，仍然留下了几个悬而未决的问题：

- 光子产生和湮灭的机制是什么？
- 如何理解光的偏振？
- 具有粒子性的光与传统上被视为连续的电磁场之间有什么联系？麦克斯韦揭示了光以速度 c 传播是电动力学定律的必然结果。他的经典波动模型与我们的量子力学有什么关联吗？

更微妙的是，我们几乎只考虑单光子的情况，例如光子通过光学系统。尽管如此，我们还是能理解光的衍射，因为即便在单光子条件下仍然能够观察到衍射现象。但是，我们仍然想知道

- 是否存在多光子态发挥重要作用的新现象？

要理解本章的公式，你需要一些背景知识，包括经典电动力学、谐振子的量子化以及与跃迁速率有关的微扰理论。相关书籍请参阅"延伸阅读"。

本章焦点问题：

生物学问题：昆虫和甲壳类动物为何能看到光的偏振态？我们为什么不能？

物理学思想：分子吸收或辐射光子的概率取决于其相对于光子偏振的取向，但是需要特殊的细胞结构才能利用这一取向。

13.2 单分子发射的光子呈偶极分布

在给出大量计算式之前，我们先来看看实验观察结果，更具体地表述上述问题。这里我们感兴趣的一个例子是单个固定荧光团的散焦定向成像图案[图 7.4（b）]。光子到达的分布类似于经典电动力学中发现的“偶极子”辐射图案，但是单分子发射单光子这件事远非经典物理所能解释的。难道两个辐射图案的一致性仅仅是巧合吗？本章将证明，量子力学实际上能用光子到达的概率密度函数来重新表述经典物理中的能流分布。

13.3 光的经典场论

经典电动力学是以场为核心来描述系统状态的学说。但是我们希望用概率幅而不是经典状态变量来描述大自然。为此，我们要将麦克斯韦的八个电磁场方程重组成恰当的量子化形式。在 13.4 节我们将看到，光子概念是场量子化的结果，而不是一个独立的假说。

经典电动力学的一个关键结果是电场和磁场可以通过标量势场 $\Phi(t,\boldsymbol{r})$ 和矢量势场 $\boldsymbol{A}(t,\boldsymbol{r})$ 来表示：

$$\boldsymbol{E} = -\frac{\mathrm{d}}{\mathrm{d}t}\boldsymbol{A} - \boldsymbol{\nabla}\Phi; \quad \boldsymbol{B} = \boldsymbol{\nabla} \times \boldsymbol{A}. \tag{13.1}$$

按照这种表述方式，麦克斯韦方程组的一半是恒等式（自动为真），因此我们只需要将公式 13.1代入其他方程并求解即可①。

如何用电势表示给定的场，这里面存在一定的自由度。为了消除这种自由度，我们可以对 Φ 和 $\boldsymbol{A}$ 施加额外的“规范条件”。例如，可以选择库仑规范，使得矢量势满足 $\boldsymbol{\nabla}\cdot\boldsymbol{A}=0$。此外，如果没有带电粒子，则可以进一步设置标量势 $\Phi=0$（后续章节考虑场与电子耦合时再恢复 $\Phi\neq 0$）。

我们希望证明麦克斯韦方程组可约化为一组简单的、解耦的动力学系统。想象一个尺度为 L 的大系统（它最终将被视为无穷大），特别地将该系统考虑成具有周期性边界条件的立方体，则矢量势可以展开成

$$\boldsymbol{A}(t,\boldsymbol{r}) = \frac{1}{2}\sum_{\boldsymbol{k}}{}' \left(\boldsymbol{A}_{\boldsymbol{k}}(t)\mathrm{e}^{\mathrm{i}\boldsymbol{k}\cdot\boldsymbol{r}} + \mathrm{c.c.}\right). \tag{13.2}$$

在该公式中，每个系数 $\boldsymbol{A}_{\boldsymbol{k}}$ 是时间相关的复数三维矢量，离散下标 $\boldsymbol{k}$ 表示存在许多这样的矢量，缩写“c.c.”表示是其前面项的复共轭，之所以需要复共轭是为了

① 无论我们选择什么样的 Φ 和 $\boldsymbol{A}$，法拉第定律和高斯定律都会满足。反过来，这两个定律也确保了满足方程 13.1的势场的存在。

确保 $\boldsymbol{A}$ 是实数。$\boldsymbol{k}$ 的分量形式为 $2\pi\nu_i/L$，其中 ν_i 是不全为零的整数。对于每个这样的波矢 $\boldsymbol{k}$，我们用 "$\sum'$" 表示不对冗余指标 $-\boldsymbol{k}$ 求和。

库仑规范条件意味着 $\boldsymbol{k}\cdot\boldsymbol{A}=0$，即每个 $\boldsymbol{A}_{\boldsymbol{k}}$ 沿其 $\boldsymbol{k}$ 的分量必须等于零，其他两个分量不受限制，因此对于每个波矢 $\boldsymbol{k}$，我们选择两个彼此正交又都垂直于 $\boldsymbol{k}$ 的实基矢作为**偏振态基矢** $\boldsymbol{\varepsilon}_{\boldsymbol{k}}^{(\alpha)}$，其中上标 $\alpha=1,2$，则方程 13.2 变为

$$\boldsymbol{A}(t,\boldsymbol{r})=\frac{1}{2}{\sum_{\boldsymbol{k},\alpha}}'(A_{\boldsymbol{k},\alpha}(t)\boldsymbol{\varepsilon}_{\boldsymbol{k}}^{(\alpha)}\mathrm{e}^{\mathrm{i}\boldsymbol{k}\cdot\boldsymbol{r}}+\mathrm{c.c.}).\tag{13.3}$$

偏振态基矢不是动力学变量。我们希望得到的量子化运动方程的动力学变量是展开系数 $A_{\boldsymbol{k},\alpha}(t)$。

思考题13A

用这些定义证明麦克斯韦方程组在库仑规范下变为如下简单形式

$$\frac{\mathrm{d}^2}{\mathrm{d}t^2}A_{\boldsymbol{k},\alpha}=-(ck)^2A_{\boldsymbol{k},\alpha}.\tag{13.4}$$

其中 $\alpha=1,2$，$\boldsymbol{k}$ 定义同上，k 表示矢量 $\boldsymbol{k}$ 的长度（即 $\|\boldsymbol{k}\|$）。

方程 13.4 表明偏振态指标 α 和波矢 $\boldsymbol{k}$ 的每种组合都对应于一个独立的动力学系统，它们彼此解耦。为了得到更加熟悉的形式，我们将 $A_{\boldsymbol{k},\alpha}(t)$ 的实部和虚部明确写出来[①]：

$$A_{\boldsymbol{k},\alpha}=(\epsilon_0L^3/2)^{-1/2}(X_{\boldsymbol{k},\alpha}+\mathrm{i}Y_{\boldsymbol{k},\alpha}).\tag{13.5}$$

实标量 $X_{\boldsymbol{k},\alpha}$ 和 $Y_{\boldsymbol{k},\alpha}$ 分别服从方程 13.4。由此可知

真空中的麦克斯韦方程组在数学上等同于一组解耦谐振子。　　(13.6)

谐振子具有众所周知的量子力学表述，因此**要点** 13.6实现了本节的第一个目标。

为了更好地理解这些谐振子的含义，我们现在用新变量 X 和 Y 表示电磁场能量 $\mathcal{E}$ 和动量 $\boldsymbol{P}$，再用 $\dot{\boldsymbol{A}}$ 表示时间导数 $\partial\boldsymbol{A}/\partial t$，则

$$\begin{aligned}\mathcal{E}&=\frac{\epsilon_0}{2}\int\mathrm{d}^3\boldsymbol{r}(\boldsymbol{E}^2+c^2\boldsymbol{B}^2)=\frac{\epsilon_0}{2}\int\mathrm{d}^3\boldsymbol{r}\left((-\dot{\boldsymbol{A}})^2+c^2(\boldsymbol{\nabla}\times\boldsymbol{A})^2\right)\\&=\frac{\epsilon_0}{2}{\sum_{\boldsymbol{k}_1,\alpha}}'{\sum_{\boldsymbol{k}_2,\beta}}'\int\mathrm{d}^3\boldsymbol{r}\left[\frac{1}{2}\left(-\dot{A}_{\boldsymbol{k}_1,\alpha}\boldsymbol{\varepsilon}_{\boldsymbol{k}_1}^{(\alpha)}\mathrm{e}^{\mathrm{i}\boldsymbol{k}_1\cdot\boldsymbol{r}}+\mathrm{c.c.}\right)\right.\end{aligned}$$

① 在方程 13.5 中，ϵ_0 是称为 "真空电容率" 的自然常数。引入 X 和 Y 前面的标度因子是为了简化后续的公式。

$$\cdot\frac{1}{2}\left(-\dot{A}_{\boldsymbol{k}_2,\beta}\boldsymbol{\varepsilon}_{\boldsymbol{k}_2}^{(\beta)}\mathrm{e}^{\mathrm{i}\boldsymbol{k}_2\cdot\boldsymbol{r}}+\mathrm{c.c.}\right)+c^2\frac{1}{2}\left(A_{\boldsymbol{k}_1,\alpha}\mathrm{i}\boldsymbol{k}_1\times\boldsymbol{\varepsilon}_{\boldsymbol{k}_1}^{(\alpha)}\mathrm{e}^{\mathrm{i}\boldsymbol{k}_1\cdot\boldsymbol{r}}+\mathrm{c.c.}\right)$$
$$\cdot\frac{1}{2}\left(A_{\boldsymbol{k}_2,\beta}\mathrm{i}\boldsymbol{k}_2\times\boldsymbol{\varepsilon}_{\boldsymbol{k}_2}^{(\beta)}\mathrm{e}^{\mathrm{i}\boldsymbol{k}_2\cdot\boldsymbol{r}}+\mathrm{c.c.}\right)\Bigg]. \tag{13.7}$$

积分很容易，因为大多数项都抵消了，只剩那些 $k_1=k_2$ 的交叉项（包含 $\mathrm{e}^{\mathrm{i}\boldsymbol{k}_1\cdot\boldsymbol{r}}\mathrm{e}^{-\mathrm{i}\boldsymbol{k}_1\cdot\boldsymbol{r}}$）。此外，我们有 $\boldsymbol{\varepsilon}_{\boldsymbol{k}}^{(\alpha)}\cdot\boldsymbol{\varepsilon}_{\boldsymbol{k}}^{(\beta)}=\delta_{\alpha\beta}$，于是

$$\begin{aligned}\mathcal{E}&=\frac{\epsilon_0L^3}{4}\sum_{\boldsymbol{k},\alpha}{}'\left(|\dot{A}_{\boldsymbol{k},\alpha}|^2+(ck)^2|A_{\boldsymbol{k},\alpha}|^2\right)\\&=\frac{1}{2}\sum_{\boldsymbol{k},\alpha}{}'\left(\dot{X}_{\boldsymbol{k},\alpha}^2+(ck)^2X_{\boldsymbol{k},\alpha}^2+\dot{Y}_{\boldsymbol{k},\alpha}^2+(ck)^2Y_{\boldsymbol{k},\alpha}^2\right).\end{aligned}\tag{13.8}$$

始于玻印亭矢量的类似计算可以给出场动量：

$$\boldsymbol{P}=\epsilon_0\int\mathrm{d}^3\boldsymbol{r}\boldsymbol{E}\times\boldsymbol{B}\tag{13.9}$$

$$\begin{aligned}&=\epsilon_0\sum_{\boldsymbol{k}_1,\alpha}{}'\sum_{\boldsymbol{k}_2,\beta}{}'\int\mathrm{d}^3\boldsymbol{r}\frac{1}{2}\left(-\dot{A}_{\boldsymbol{k}_1,\alpha}\boldsymbol{\varepsilon}_{\boldsymbol{k}_1}^{(\alpha)}\mathrm{e}^{\mathrm{i}\boldsymbol{k}_1\cdot\boldsymbol{r}}+\mathrm{c.c.}\right)\\&\quad\times\left(\boldsymbol{\nabla}\times\frac{1}{2}\left(A_{\boldsymbol{k}_2,\beta}\boldsymbol{\varepsilon}_{\boldsymbol{k}_2}^{(\beta)}\mathrm{e}^{\mathrm{i}\boldsymbol{k}_2\cdot\boldsymbol{r}}+\mathrm{c.c.}\right)\right)\\&=-\frac{\epsilon_0L^3}{4}\sum_{\boldsymbol{k},\alpha}{}'\sum_{\beta}\left(\dot{A}_{\boldsymbol{k},\alpha}A_{\boldsymbol{k},\beta}^*\boldsymbol{\varepsilon}_{\boldsymbol{k}}^{(\alpha)}\times(-\mathrm{i}\boldsymbol{k}\times\boldsymbol{\varepsilon}_{\boldsymbol{k}}^{(\beta)})+\mathrm{c.c.}\right)\\&=\frac{\epsilon_0L^3}{4}\sum_{\boldsymbol{k},\alpha}{}'\left(\mathrm{i}\boldsymbol{k}\dot{A}_{\boldsymbol{k},\alpha}A_{\boldsymbol{k},\beta}^*+\mathrm{c.c.}\right)\\&=\frac{1}{2}\sum_{\boldsymbol{k},\alpha}{}'\boldsymbol{k}\left((\mathrm{i}\dot{X}_{\boldsymbol{k},\alpha}-\dot{Y}_{\boldsymbol{k},\alpha})(X_{\boldsymbol{k},\alpha}-\mathrm{i}Y_{\boldsymbol{k},\alpha})+\mathrm{c.c.}\right)\\&=\sum_{\boldsymbol{k},\alpha}{}'\boldsymbol{k}\left(\dot{X}_{\boldsymbol{k},\alpha}Y_{\boldsymbol{k},\alpha}-\dot{Y}_{\boldsymbol{k},\alpha}X_{\boldsymbol{k},\alpha}\right).\end{aligned}\tag{13.10}$$

13.3 节用谐振子的语言给出了电磁场能量和动量的表达式（方程 13.8 和 13.10）。由此可看出，电磁场的每个模（以 $\boldsymbol{k}$ 和 α 标记）都对 $\mathcal{E}$ 和 $\boldsymbol{P}$ 做出了独立的贡献。但是，动量表达式中包括了 X 和 Y 谐振子的混合项，这些不方便处理的项将在后面被抵消。

13.4　场量子化：用算符取代场变量

谐振子的量子力学是一个标准问题，我们现在可以将其解应用到许多独立谐振子上。量子化的一种方法是类似于第 12 章中讨论的路径积分，但是对于谐振子这样的特定系统，这种直接求解的方法没有必要，存在另一条捷径，其中需要用到另一种变量变换。为此，我们可分四步走。我们要对每个步骤进行验证，尽管这有点烦琐，但也很直接且很有意义。我们的终极目标是用一组称为 Q 的量子算符及其厄米共轭来代替变量 X 和 Y（方程 13.22）。请注意，本书使用不同的字体来区分量子算符及其对应的经典动力学变量[①]。

第 1 步：量子化

为简洁起见，我们先只考虑一个模态的 X 和 Y（仅考虑一个特定的 $\boldsymbol{k},\alpha$）。引入两个厄米算符 X 和 U[②]，它们满足对易式 $[\mathsf{X},\mathsf{U}]=\mathrm{i}\hbar$。在能量函数（方程 13.8）中作替换 $X\to\mathsf{X}$ 和 $\dot{X}\to\mathsf{U}$，得到 X 的哈密顿算符：

$$\mathsf{H}_X=\frac{1}{2}(\mathsf{U}^2+(ck)^2\mathsf{X}^2). \tag{13.11}$$

该算符既代表量子态的能量又决定了它的时间演化。例如，$|\Psi(t)\rangle$ 的时间演化由 $\exp(-\mathrm{i}\mathsf{H}_Xt/\hbar)|\Psi\rangle$ 给定[③]，这意味着

$$\begin{aligned}\frac{\mathrm{d}^2}{\mathrm{d}t^2}\langle\Psi_1|\mathsf{X}|\Psi_2\rangle&=\frac{\mathrm{d}}{\mathrm{d}t}\langle\Psi_1|\frac{\mathrm{i}}{\hbar}[\mathsf{H}_X,\mathsf{X}]|\Psi_2\rangle=\frac{\mathrm{d}}{\mathrm{d}t}\langle\Psi_1|\mathsf{U}|\Psi_2\rangle\\&=\langle\Psi_1|\frac{\mathrm{i}}{\hbar}[\mathsf{H}_X,\mathsf{U}]|\Psi_2\rangle=-(ck)^2\langle\Psi_1|\mathsf{X}|\Psi_2\rangle,\end{aligned} \tag{13.12}$$

这是谐振子（方程 13.4）的理想运动方程。

类似于 X 和 U 算符，我们还可引入 Y 和 V，则对应于方程 13.5中的 $A_{\boldsymbol{k},\alpha}$ 的算符是

$$\mathsf{A}=(\epsilon_0L^3/2)^{-1/2}(\mathsf{X}+\mathrm{i}\mathsf{Y}). \tag{13.13}$$

第 2 步：能量算符对角化

现在我们可以构建状态空间，例如，为每对算符 (X,U) 和 (Y,V) 写出并求解一组解耦的薛定谔方程。但是，对于谐振子问题，存在一种数学上更简单的表述。

---

① A.1 节概述了这些惯例。

② 类似于谐振子，它们分别代表位置和动量，但是在电动力学中，它们与物理位置 $\boldsymbol{r}$ 或场动量 $\boldsymbol{P}$ 没有直接关系。

③ 参见 12.2.5节。

定义如下新算符，再次作变量变换

$$\mathsf{S}=(2\hbar ck)^{-1/2}(ck\mathsf{X}+\mathrm{i}\mathsf{U}) \text{ 及 } \mathsf{R}=(2\hbar ck)^{-1/2}(ck\mathsf{Y}+\mathrm{i}\mathsf{V}). \tag{13.14}$$

可以直接验证

$$[\mathsf{S},\mathsf{S}^\dagger]=1,\quad [\mathsf{R},\mathsf{R}^\dagger]=1,\quad [\mathsf{S},\mathsf{R}]=[\mathsf{S},\mathsf{R}^\dagger]=0, \tag{13.15}$$

$$\mathsf{H}=\mathsf{H}_X+\mathsf{H}_Y=\hbar ck(\mathsf{S}^\dagger\mathsf{S}+\mathsf{R}^\dagger\mathsf{R}+1),\text{ 以及} \tag{13.16}$$

$$\mathbf{P}=\mathrm{i}\hbar\boldsymbol{k}(\mathsf{S}^\dagger\mathsf{R}-\text{h.c.}). \tag{13.17}$$

在最后一个公式中，“h.c.” 表示厄米共轭项，即 $\mathsf{R}^\dagger\mathsf{S}$。

第 3 步：动量算符对角化

哈密顿算符具有良好的性质，即 S 和 R 对其做出独立可加的贡献，但动量算符仍然存在 S 和 R 的交叉项。我们可以通过一个酉变换对其进行对角化而不会破坏 H。下面定义两个新的**降算符**

$$\mathsf{Q}=(\mathsf{S}+\mathrm{i}\mathsf{R})/\sqrt{2},\quad \tilde{\mathsf{Q}}=(\mathsf{S}-\mathrm{i}\mathsf{R})/\sqrt{2}. \tag{13.18}$$

思考题13B

证明：

$$[\mathsf{Q},\mathsf{Q}^\dagger]=1,\quad [\tilde{\mathsf{Q}},\tilde{\mathsf{Q}}^\dagger]=1,\quad [\mathsf{Q},\tilde{\mathsf{Q}}]=[\mathsf{Q},\tilde{\mathsf{Q}}^\dagger]=0, \tag{13.19}$$

$$\mathsf{H}=\hbar ck(\mathsf{Q}^\dagger\mathsf{Q}+\tilde{\mathsf{Q}}^\dagger\tilde{\mathsf{Q}}+1),\text{ 以及} \tag{13.20}$$

$$\mathbf{P}=\hbar\boldsymbol{k}(\mathsf{Q}^\dagger\mathsf{Q}-\tilde{\mathsf{Q}}^\dagger\tilde{\mathsf{Q}}). \tag{13.21}$$

我们现在有了新的场算符 Q 和 $\tilde{\mathsf{Q}}$，它们与 S 和 R 不同，是独立出现在场能量和场动量中的。

第 4 步：重新标记

我们现在恢复模标记 $\boldsymbol{k}$ 和 α。到目前为止，求和中的所有模都定义在离散 $\boldsymbol{k}$ 值的整个半空间。现在我们可以简化上述表示法：将 $\tilde{\mathsf{Q}}_{\boldsymbol{k},\alpha}$ 重新命名为 $\mathsf{Q}_{-\boldsymbol{k},\alpha}$，则算符变成对所有非零 $\boldsymbol{k}$ 都有定义了。于是得到

$$[\mathsf{Q}_{\boldsymbol{k}_1,\alpha},\mathsf{Q}^\dagger_{\boldsymbol{k}_2,\beta}]=\delta_{\alpha\beta}\delta_{\boldsymbol{k}_1,\boldsymbol{k}_2},,\quad [\mathsf{Q}_{\boldsymbol{k}_1,\alpha},\mathsf{Q}_{\boldsymbol{k}_2,\beta}]=0,\quad \text{对所有非零的}\boldsymbol{k}_1\text{和}\boldsymbol{k}_2. \tag{13.22}$$

最终，公式中的求和将不受限制，可写为

$$\mathsf{H}=\sum_{\boldsymbol{k},\alpha}\hbar ck\left(\mathsf{Q}^{\dagger}_{\boldsymbol{k},\alpha}\mathsf{Q}_{\boldsymbol{k},\alpha}+\frac{1}{2}\right),\quad \text{以及} \tag{13.23}$$

$$\mathbf{P}=\sum_{\boldsymbol{k},\alpha}\hbar\boldsymbol{k}(\mathsf{Q}^{\dagger}_{\boldsymbol{k},\alpha}\mathsf{Q}_{\boldsymbol{k},\alpha}). \tag{13.24}$$

13.4 节构造了一套算符，根据这些算符，光的能量和动量就有了很简单的解释。

13.5　光　子　态

13.5.1　产生算符作用于真空给出态空间基矢

前面小节指出，尽管麦克斯韦方程没有考虑光的粒子性，但是能解释我们模型中尚未包括的诸如带电体发光之类的现象。为了解释这类现象，我们要创建一个模型，其中类似场的算符也遵循类似麦克斯韦的方程组。

思考题13C

证明：

$$[\mathsf{H},\mathsf{Q}_{\boldsymbol{k},\alpha}]=-\hbar ck\mathsf{Q}_{\boldsymbol{k},\alpha}\quad \text{及}\quad [\mathbf{P},\mathsf{Q}_{\boldsymbol{k},\alpha}]=-\hbar\boldsymbol{k}\mathsf{Q}_{\boldsymbol{k},\alpha}. \tag{13.25}$$

方程 13.25阐明了术语“降算符”：

降算符 $\mathsf{Q}_{\boldsymbol{k},\alpha}$ 作用到一个态会将其能量降低 $\hbar ck$，将其动量改变 $-\hbar\boldsymbol{k}$；升算符 $\mathsf{Q}^{\dagger}_{\boldsymbol{k},\alpha}$ 则有相反效果。　(13.26)

注意，经典电磁能量函数（方程 13.7）中的两项都是非负的。因此，无限降低能量根本不可能，那就必然有一个态，任何降算符都会给出零结果。我们用符号 $|0\rangle$ 表示**光子基态**。任何升算符作用到基态都会产生另一个态，每作用一次就会升高能量 $\hbar ck$，同时改变动量 $\hbar\boldsymbol{k}$。当升算符作用 n 次时，我们可以获得下述归一化态[①]。

$$|n_{\boldsymbol{k},\alpha}\rangle=\sqrt{\frac{1}{n!}}(\mathsf{Q}^{\dagger}_{\boldsymbol{k},\alpha})^{n}|0\rangle. \tag{13.27}$$

更一般地说，我们可以将多个升算符同时作用于基态而获得的态定义为 $|n_{\boldsymbol{k}_1,\alpha_1};n_{\boldsymbol{k}_2,\alpha_2},\cdots\rangle$。具有不同“占据数”集合的态都是线性独立和彼此正交的。事

① 12.2.4节介绍了态归一化的方法。

实上，

$$\text{光量子态形成的线性空间是由这类基矢撑起的，其作用类似于非相互作用粒子（“光子”）的态。} \tag{13.28}$$

也就是说，每个单光子基态由波矢和偏振指标标记，携带能量和动量（见方程 13.25）：

$$E_{\boldsymbol{k},\alpha} = \hbar ck; \quad \boldsymbol{p}_{\boldsymbol{k},\alpha} = \hbar \boldsymbol{k}; \quad \text{因此} \quad E_{\boldsymbol{k},\alpha} = c \parallel \boldsymbol{p}_{\boldsymbol{k},\alpha} \parallel, \tag{13.29}$$

与 1.3.3′ b 节所述的爱因斯坦关系（方程 1.6）类似。对于多光子态，我们可直接把相应的量相加，与其他无相互作用粒子系统的处理方式相同[①]。

根据上述对量子态基矢的解释，升、降算符的作用是增加和减少状态中的光子数，因此人们通常又将其称为**产生**、**湮灭算符**，而 $|0\rangle$ 被称为**真空态**。对于我们理解处于激发态的荧光分子如何能够“无中生有”地产生光子（以及如何让光子消失的其他过程），上述概念是关键的。

方程 13.29 可能有点让人吃惊，因为行星和棒球遵循的关系是 $E = \frac{1}{2}mv^2 = vp/2$，作替换 $v \to c$ 给出的公式与方程 13.29 相差 2 倍。经典电动力学中已经有一先例，将光束所施加的压强（单位面积单位时间的动量）与单位面积单位时间的能量进行比较，可以发现它们的关系确实是因子 c，而不是 $c/2$。相对论调和了该矛盾，指出这两者只不过是任意速度下的通用公式的两个极端情况[②]。行星和棒球对应于 $p \ll mc$ 的极端情况，而光子对应于另一个极端情况，即 $m = 0$ 但 $p \neq 0$。

光子可以被视为粒子，但无论其频率多大，其静止质量始终为零。

13.5.2 大占据数极限下的相干态类似于经典态

“单光子”态远非经典态。实际上，具有确定光子数的态不可能是与经典电磁场对应的场算符的本征矢，因为 $\mathbf{A}(\boldsymbol{r})$ 同时包含升、降算符。

思考题13D

利用方程 13.3, 13.13, 13.14和 13.18证明：

$$\mathbf{A}(\boldsymbol{r}) = \sum_{\boldsymbol{k},\alpha} \sqrt{\frac{\hbar}{2L^3\epsilon_0 ck}} \varepsilon_{\boldsymbol{k}}^{(\alpha)} \left(\mathrm{Q}_{\boldsymbol{k},\alpha} \mathrm{e}^{\mathrm{i}\boldsymbol{k}\cdot\boldsymbol{r}} + \text{h.c.} \right). \tag{13.30}$$

---

① 事实上能级是离散的，且每个模态仅由其占据数表征，这与在 1.3.3′ c 节中获得热涨落能谱所需的假设一致。也就是说，具有相同波矢和偏振的两个或更多个独立光子必须被认为原则上是不可区分（全同）的。

② 1.3.30b 节给出了一般公式。

但是，我们可以求 $\mathsf{Q}_{\boldsymbol{k},\alpha}$ 的本征矢（称为**相干态**）。对于任何复数 u，我们定义

$$|\, u, \boldsymbol{k}, \alpha\rangle = \exp\left(-\frac{1}{2}\,|\, u\,|^2\right)\sum_{n=0}^{\infty}(n!)^{-1/2}u^n\,|\, n_{\boldsymbol{k},\alpha}\rangle. \tag{13.31}$$

思考题13E

a. 证明态 $|u, \boldsymbol{k}, \alpha\rangle$ 对任何复数 u 都是归一化的。

b. 证明 $\mathsf{Q}_{\boldsymbol{k},\alpha}|u, \boldsymbol{k}, \alpha\rangle = u|u, \boldsymbol{k}, \alpha\rangle$，因而有 $\langle u, \boldsymbol{k}, \alpha|\mathsf{Q}^{\dagger}_{\boldsymbol{k},\alpha} = u^*\langle u, \boldsymbol{k}, \alpha|$。

c. 证明：方程 13.30 等价于

$$\langle u, \boldsymbol{k}, \alpha\,|\,\mathbf{A}(\boldsymbol{r})\,|\,u, \boldsymbol{k}, \alpha\rangle = (2L^3\epsilon_0 ck/\hbar)^{-1/2}\boldsymbol{\varepsilon}^{(\alpha)}_{\boldsymbol{k}}u_{\boldsymbol{k},\alpha}\mathrm{e}^{\mathrm{i}\boldsymbol{k}\cdot\boldsymbol{r}} + \mathrm{c.c.}$$

结果表明：具有特定波矢和偏振的相干态是经典单模态（方程 13.3）的一个量子类似物。此外，随着幅度 $|u|$ 变大（光子数期望也变大），此态的电场的相对标准偏差趋于零，从而导致经典行为。在该极限中，相干态对应于电磁场的经典态，例如无线电广播天线的辐射①。

思考题13F

相干态是具有不同光子数的态的叠加。求方程 13.31 各项的模平方，即可得知在该态的单次测量中准确获取 ℓ 个光子的概率。这是你以前见过的分布吗？

13.5 节在本章的场量子化程序、前几章中的粒子性以及麦克斯韦原始经典场论之间建立了联系。

13.6　与电子的相互作用

13.6.1　经典情形：在场方程中加入源项

如果我们希望研究分子的光产生，那么我们必须首先意识到光是与分子中的电子相互作用的。在带电物质存在的情况下，尽管我们仍然可以施加规范条件 $\boldsymbol{\nabla}\cdot$

① 有关量子光学的书籍指出，单模激光产生的光在远高于阈值的情况下运行，也是一种相干态（Loudon，2000，chapt.7）。

$\boldsymbol{A}=0$，但再也找不到能消除标量势 Φ 的规范变换。依据高斯定律，有

$$\boldsymbol{\nabla}\cdot\boldsymbol{E}=-\nabla^2\Phi=\rho_{\mathrm{q}}/\epsilon_0, \tag{13.32}$$

其中 ρ_{q} 是电荷密度，该公式看起来像静电学中的方程，它可以给出将电子束缚到原子核的普通静电势。

安培定律涉及电流密度 $\boldsymbol{j}(t,\boldsymbol{r})$，因此也与电荷有关[①]：

$$\boldsymbol{\nabla}\times\boldsymbol{B}=\mu_0\boldsymbol{j}+\mu_0\epsilon_0\frac{\mathrm{d}}{\mathrm{d}t}\boldsymbol{E}. \tag{13.33}$$

像以前一样将所有项都按平面波模式展开，得到完整的麦克斯韦方程组

$$k^2\Phi_{\boldsymbol{k}}=\frac{1}{\epsilon_0}\rho_{\mathrm{q},\boldsymbol{k}} \quad \text{及} \tag{13.34}$$

$$\frac{\mathrm{d}^2}{\mathrm{d}t^2}\boldsymbol{A}_{\boldsymbol{k}}+(ck)^2\boldsymbol{A}_{\boldsymbol{k}}=-\mathrm{i}\boldsymbol{k}\frac{\mathrm{d}\Phi_{\boldsymbol{k}}}{\mathrm{d}t}+\frac{1}{\epsilon_0}\boldsymbol{j}_{\boldsymbol{k}}, \tag{13.35}$$

其中 $c=(\mu_0\epsilon_0)^{-1/2}$，而 $\Phi_{\boldsymbol{k}}$、$\rho_{\mathrm{q},\boldsymbol{k}}$ 和 $\boldsymbol{j}_{\boldsymbol{k}}$ 分别是 Φ、ρ_{q} 和 $\boldsymbol{j}$ 的平面波分量。现在将等式 13.35 两边同时点乘横向基矢 $\boldsymbol{\varepsilon}_{\boldsymbol{k}}^{(\alpha)}$，得到方程 13.4 的推广形式：

$$\frac{\mathrm{d}^2}{\mathrm{d}t^2}A_{\boldsymbol{k},\alpha}=-(ck)^2A_{\boldsymbol{k},\alpha}+\frac{1}{\epsilon_0}\boldsymbol{j}_{\boldsymbol{k}}\cdot\boldsymbol{\varepsilon}_{\boldsymbol{k}}^{(\alpha)} \quad \text{对每一个}\boldsymbol{k},\alpha. \tag{13.36}$$

标量势 Φ 已从运动方程中消失了。

13.6.2 电磁相互作用的微扰处理

标量势 Φ 没有必要量子化，因为方程 13.32 表明在库仑规范中标量势不是独立的动力学变量，它取决于电荷密度。

方程 13.36 的最后一项描述了矢量势与电荷的相互作用。为了讨论分子的辐射，我们将该项处理成微扰。也就是说，我们建立了一个“无扰的”哈密顿算符，该算符描述了分子中电子的量子力学（电子与核之间的库仑吸引由标量势 Φ 给出）。另有一项描述了自由电磁场（方程 13.23）。在这两项的基础上，我们可以加上微扰

$$-\int\mathrm{d}^3\boldsymbol{r}\,\mathbf{j}(\boldsymbol{r})\cdot\mathbf{A}(\boldsymbol{r}), \tag{13.37}$$

其中 $\mathbf{j}(\boldsymbol{r})$ 是电流密度算符，而 $\mathbf{A}(\boldsymbol{r})$ 由方程 13.30 给定。这一项修正了运动方程，给出了方程 13.36 的最后一项。

---

① 在该公式中，常数 μ_0 称为“真空磁导率”。它与 ϵ_0 存在关系 $\mu_0\epsilon_0=1/c^2$。

原子或分子中的每个电子都为 $\mathbf{j}$ 贡献了一个 δ 函数，该函数位于电子的位置 $\mathbf{r}_\mathrm{e}$，其强度等于其电荷 $-e$ 乘以其速度 $\mathbf{p}_\mathrm{e}/m_\mathrm{e}$。因此，每个电子对方程 13.37的积分的贡献等于

$$-\sum_{\boldsymbol{k},\alpha}\sqrt{\frac{\hbar}{2L^3\epsilon_0 ck}}\boldsymbol{\varepsilon}_{\boldsymbol{k}}^{(\alpha)}\cdot(-e\mathbf{p}_\mathrm{e}/m_\mathrm{e})(\mathsf{Q}_{\boldsymbol{k},\alpha}\mathrm{e}^{\mathrm{i}\boldsymbol{k}\cdot\mathbf{r}_\mathrm{e}}+\mathrm{h.c.}). \tag{13.38}$$

这种微扰的效果是允许在无扰哈密顿算符的本征态之间（即没有微扰项的定态之间）发生跃迁。例如，我们感兴趣的是从有电子激发但无光子的态到电子去激发并产生一个光子的态的跃迁。为了求得单位时间发生这种跃迁的概率，我们需要计算方程 13.38 夹在分子初态和终态之间的点积的模平方①。$\mathsf{Q}_{\boldsymbol{k},\alpha}^\dagger$ 这类厄米共轭项可以产生光子，因此我们需要求这类因子对应的矩阵元。

我们关注的是可见光谱区域的跃迁，$k\approx 10^{-2}\ \mathrm{nm}^{-1}$，$r_\mathrm{e}$ 不能超过原子或分子的尺度，典型值为 $\approx 1\ \mathrm{nm}$，因此 $\boldsymbol{k}\cdot\boldsymbol{r}_\mathrm{e}$ 是一个无量纲的小数。按照泰勒展开，我们可将 $\exp(\mathrm{i}\boldsymbol{k}\cdot\boldsymbol{r}_\mathrm{e})$ 近似取为 1。

13.6.3　偶极子辐射图案

我们现在求具有特定能量和极化的发射光子沿指定方向传播的概率。除去一个整体常数因子，该概率值正比于

$$\begin{aligned}&\left|\langle\text{基态};\boldsymbol{k},\alpha|\sum_{\boldsymbol{k}',\beta}\mathsf{Q}_{\boldsymbol{k}',\beta}^\dagger\boldsymbol{\varepsilon}_{\boldsymbol{k}'}^{(\beta)}\cdot\mathbf{p}_\mathrm{e}|\text{激发态}\rangle\right|^2\\ =&\left|\langle\text{基态}|\mathbf{p}_\mathrm{e}|\text{激发态}\rangle\cdot\boldsymbol{\varepsilon}_{\boldsymbol{k}}^{(\alpha)}\right|^2.\end{aligned} \tag{13.39}$$

进一步的变换有助于阐明此量的含义。我们需要计算电子动量算符的矩阵元，而动量算符可用电子的位置算符来间接表达，如下

$$[\mathsf{H}_\mathrm{e},\mathbf{r}_\mathrm{e}]=\frac{-\mathrm{i}\hbar}{m}\mathbf{p}_\mathrm{e}.$$

将这个表达式夹在基态和激发态之间，可得

$$\langle\text{基态}|E_0\mathbf{r}_\mathrm{e}-\mathbf{r}_\mathrm{e}E_*|\text{激发态}\rangle=\frac{-\mathrm{i}\hbar}{m}\langle\text{基态}|\mathbf{p}_\mathrm{e}|\text{激发态}\rangle.$$

公式右侧为常数项乘以方程 13.39 所需的量，左侧可以用电偶极矩算符 $\mathbf{d}=-e\mathbf{r}_\mathrm{e}$ 来表述。这个偶极矩称为分子的**跃迁偶极**，分子辐射光子的概率就取决于这个偶极矩的矩阵元。这是一个令人鼓舞的消息，因为在经典电动力学中，辐射功率也与偶极矩的平方成正比。

① 量子力学教科书将此称为含时微扰理论的“黄金规则”。

如果分子态的跃迁偶极不为零，那么我们可以选择一个坐标系，让它沿 z 轴指向：

$$\langle 基态|\mathbf{d}|激发态\rangle = D_{\mathrm{e}}\hat{\boldsymbol{z}}. \tag{13.40}$$

像许多实验一样，假设我们记录了每个到达的光子但不考虑其极化情况，则方程 13.39 对指标 α 的求和包含如下因子

$$\sum_{\alpha}\hat{\boldsymbol{z}}\cdot\boldsymbol{\varepsilon}_{\boldsymbol{k}}^{(\alpha)}\boldsymbol{\varepsilon}_{\boldsymbol{k}}^{(\alpha)}\cdot\hat{\boldsymbol{z}}. \tag{13.41}$$

上式可以被简化，因为我们只考虑 $\hat{\boldsymbol{z}}$ 在垂直于 $\boldsymbol{k}$ 的平面内的*投影*，该投影算符的另一个表达式是 $1-\hat{\boldsymbol{k}}\hat{\boldsymbol{k}}$

$$\hat{\boldsymbol{z}}\cdot(1-\hat{\boldsymbol{k}}\hat{\boldsymbol{k}})\cdot\hat{\boldsymbol{z}} = \hat{\boldsymbol{z}}\cdot\hat{\boldsymbol{z}} - (\hat{\boldsymbol{z}}\cdot\hat{\boldsymbol{k}})^2 = 1-\cos^2\theta = \sin^2\theta, \tag{13.42}$$

其中 θ 是观察方向 $\hat{\boldsymbol{k}}$ 与跃迁偶极之间的极角。

方程 13.42 显示光子发射角度的概率密度函数具有“甜甜圈”或**偶极子图案**，没有沿 $\pm\hat{\boldsymbol{z}}$ 发射的光子，而是优先在赤道面（$\theta=\pi/2$ 的圆环）发射光子。类似的辐角表明*吸收*光子的概率也遵循偶极子图案。

发射光子的平均速率由方程 13.40 定义的 D_{e} 确定，它又是分子电偶极矩算符的矩阵元。

如果偶极算符的矩阵元非零，则分子能量损失的主导机制如上述，其特征角分布为 $\wp(\theta,\phi)\propto\sin^2\theta$。 (13.43)

13.6 节解决了本章开始时遇到的难题，即在散焦定向成像中观察到的光子辐射图案 [图 7.4（b）] 与经典电动力学中的偶极辐射图案一致，因为两者中都出现了相同的角度因子。

13.6.4 电子和正电子也可以被产生和湮灭

第 12 章宣布了统一电子和光子的目标，而本章对它们进行了不同的处理，将光子处理成量子场的激发（产生和湮灭），而电子被处理成永恒的实体，并且有自己的位置和动量算符。

1.5.1′a 节曾提到，某些放射性是从原子核中射出电子（或其反粒子正电子）。这个发现使科学家感到困惑，首先是被发射的电子从何而来？根据测不准关系，将电子囚禁在原子核大小的区域将带来高昂的能量成本。费米提出了一套理论来解决这个悖论，在该理论中，电子和正电子都被赋予了产生和湮灭算符，与光子的情况完全一样。因此，电子或正电子在从原子核发射之前*并不存在*。场量子化还解

释了电子和正电子如何相互湮灭，这是构成正电子发射断层扫描技术的关键。实际上，所有基本粒子都可以产生和湮灭。

电子在某些关键方面与光子不同。例如，光子无静止质量，因此可以由任意小的能量产生。而电子无论其动量如何都必须携带最小能量（方程 1.18）。这种最小能量可用于核反应，但比化学反应的能级特征值大约高出一百万倍。因此，当我们讨论荧光时可以忽略电子的产生和湮灭。以这种方式进行处理会模糊电子和光子的统一性，但会使公式更简单。

13.7　展　　望

13.7.1　与前面章节的联系

我们感兴趣的不是计算光子沿某个方向从分子出射的概率，而是应用相同的方法来计算光子在时空点（$t_\mathrm{e}, \boldsymbol{r}_\mathrm{e}$）处产生而后在（$t_\mathrm{a}, \boldsymbol{r}_\mathrm{a}$）处被吸收的概率幅度。所得的答案与方程 12.29 一致，这就将场量子化方法与本书其他方法联系了起来。

13.7.2　一些无脊椎动物可以探测到光的偏振

许多昆虫（例如蜜蜂、蚂蚁、蟋蟀、苍蝇和甲虫）都具有检测光偏振并据此采取行动的能力[①]。关于这种感觉的第一个初步证据是 K. von Frisch 在 1948 年对蜜蜂的研究中获得的。von Frisch 知道，在成功觅食后的返程途中，工蜂会利用天空中太阳的位置来确定它自己的指向，并利用这一信息高效地积分其瞬时速度，最终获得一个指向食物源位置的总矢量。当它返回蜂巢后，必须通过某种“舞蹈”将此信息传达给其他同伴。

舞蹈中包括一段伴有摆尾动作的直线运动，该直线运动的方向指示着食物的方向[②]。因为蜜蜂只知道相对于太阳的方向，所以它必须先确定太阳的位置，而后才知道行进的方向。其他同伴如果想要追随它，也必须先记住相对于太阳的方向。有意思的是，von Frisch 发现，即使回巢蜜蜂观察太阳的视线被遮挡，它仍然可以成功地与同伴交流。也就是说，只要能看到一小片蓝天，它们就能实现准确的交流[③]。von Frisch 与物理学家 H. Benndorf 讨论了这一现象，后者指出蓝天的光偏振图案与太阳的位置有关。

von Frisch 假设蜜蜂可以辨别光偏振并据此采取行动。为了检验这一假说，他通过偏振片过滤了蜜蜂可见的天光，而其他环境因素保持不变。当偏振片的轴向与天空的偏振方向对齐时，偏振片除了增强偏振度外没有其他副作用，此时会发

① 许多其他无脊椎动物（包括蜘蛛、甲壳纲动物和头足类动物）也具有这种能力。

② 到食物的距离编码在舞蹈的其他特征中，例如节拍。为了重复该舞蹈，蜜蜂必须绕到直线段的起点，在此过程中不伴随摆尾动作，以此向同伴指明这一段舞蹈可以被忽略。

③ 如果让它们无法看到蓝天（故意设计或在阴天），则通信失败。

现蜜蜂的舞蹈没有变化。但是，当偏振片转动时，光偏振方向被改变，则会发现蜜蜂的舞姿发生了变化，导致错误地报告食物的位置。

13.7.3 无脊椎动物的感光细胞与脊椎动物的形态不同

在讨论偏振感应如何可能之前，我们首先了解一下为什么大多数脊椎动物都没有偏振感应。脊椎动物眼睛中感光细胞内部存在垂直于入射光的多层膜堆叠结构 [图 6.6（b），图 10.1（c）]。嵌入膜中的视紫红质分子使它们的视黄醛辅因子与膜平行 [图 10.5（a）]，但在膜平面内的指向是随机的。因此，每个生色团的跃迁偶极在垂直于入射光方向的平面内也随机指向。不管入射光了是否偏振，它们的偏振矢与其遇到的跃迁偶极之间形成了随机的均匀分布的角度。因此，尽管光子被任一生色团吸收的概率取决于偏振，但是整体吸收概率却与偏振无关①。

昆虫和甲壳类动物的眼睛具有不同的形态（图 13.1）。例如，蜜蜂的每只复眼

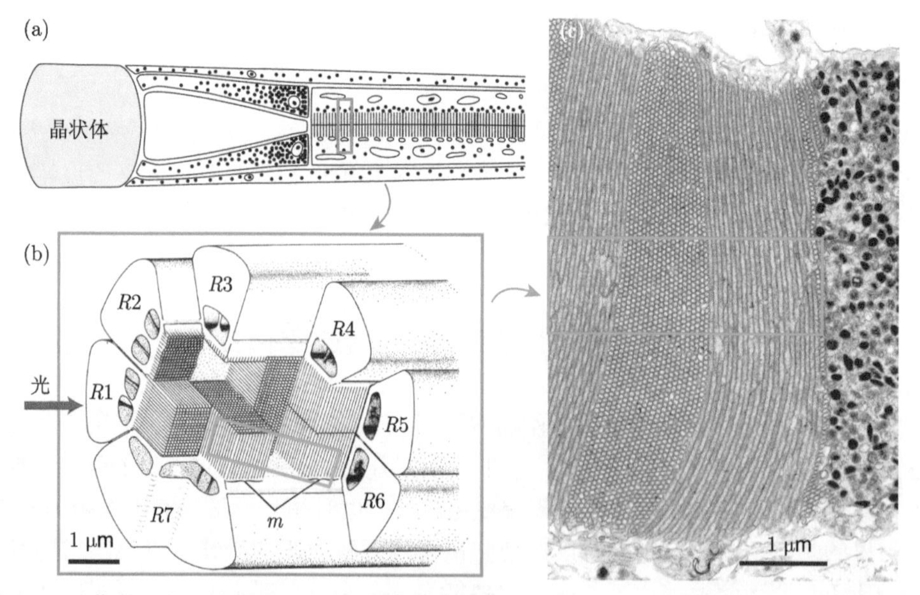

图 13.1 [草图，电子显微照片。] **无脊椎动物的感光细胞**。（a）一般昆虫眼的小眼的侧截面。光线穿过晶状体（*左*）进入感杆束（*右*）。（b）（a）中的*橙色方框*的放大。几个长的感光细胞（***R1—R7***）沿着小眼（此处来自螃蟹）纵向延伸。每个都有许多平行的、毛发状的管状体（微绒毛，$\boldsymbol{m}$），它们一起沿着小眼中心轴形成感杆束。每个感光细胞都有许多微绒毛，它们彼此相互平行，但与相邻细胞的微绒毛不同向。（c）（b）中的*绿色方框*的放大。微绒毛的电子显微照片证实了在皮皮虾中的这种排列，在端部或侧面看到了交替的微绒毛层。[（b）摘自 Stowe，1980。（c）蒙 Christina A King-Smith 惠赠。]

① 某些鱼类（例如北方鳀鱼美洲鳀）的视锥细胞内的膜层取向平行于入射光，从而实现了偏振视觉（Horváth，2014, Chapt.9）。

由大约 5000 个称为**小眼**的单元组成，其中约有 150 个专门用于偏振视觉（处于“背部边缘区域”）。每个小眼都有一个原始的晶状体，服务于多个感光细胞。每个感光细胞很长，为了使许多光敏分子有足够多的机会遭遇入射光子，每个感光细胞像光纤一样引导光沿其长轴穿行[①]。不同于脊椎动物感光细胞中携带视紫红质的膜盘堆叠结构，**杆状**感光细胞将生色团嵌入许多平行排列的管状突起（**感杆**）中，这类管状**微绒毛**的长轴指向都垂直于入射光，每个微绒毛又携带大量生色团，而生色团的跃迁偶极在大多数情况下都平行于长轴[②]。

13.6.2 节的讨论将光的辐射概率在所有偏振方向上作了平均。如果我们不采取这一操作，就会发现辐射（或吸收）光的概率取决于光相对于分子跃迁偶极的偏振。因此，昆虫小眼特殊构造的效果是*每个感光细胞都倾向于捕获具有特定偏振方向的光子*。通过比较对应于同一晶状体同一片天空的不同感光细胞的输出信号，蜜蜂可以确定光相对于其头部的偏振方向，再从该信息推断其自身相对于太阳的指向。

13.7.4　单个感光细胞测量必须用到偏振光

9.4 节描述了 Baylor 及合作者在单个感光细胞测量中如何从侧面照射细胞。在两个允许的偏振方向（垂直于传播方向）中，有一个位于膜平面内，因此与生色团的跃迁偶极形成一个随机、均匀分布的角度。但是，另一个偏振方向垂直于膜，因此*总是*与每个跃迁偶极成直角。实验人员消除了第二种偏振，也就是说，他们使用了在膜平面上偏振的光来刺激感光细胞，以保证他们得到的量子捕获率可以推广到受轴向光照射的感光细胞（9.4.2′ b 节）。

13.7.5　某些分子的光吸收和辐射更强

地球表面比大气层要温暖得多。尽管大气层对来自太阳的可见光基本上是透明的，但它会拦截红外辐射并阻止其逃逸到太空。我们在 12.2.8 节中看到，任何孤立的分子都有转动光谱，其能级差对应于光谱的红外部分。此外，分子的振动态通常也在此能量范围内。当然，不同的分子*吸收和发射*红外光子的能力各不相同。

构成地球大气层的分子 O_2 和 N_2 被称为**同核分子**（因为它们包含两个相同的原子核）。同核双原子分子在空间反演变换下是对称的（即使在背离其正常化学键长的情况下），因而不会有偶极矩。因此，其基态与转动或振动激发态之间的跃迁偶极必然等于零。通常这样的激发态与基态之间的能级差在红外区域，但是同核分子不会轻易地让光子进入或离开那些态，因此它是红外光的不良吸收体。

---

① 理解该引导机制的一个方法是全内反射（5.3 节）。

② 光敏色素与脊椎动物感光细胞中发现的色素不同，参见 11.5.1′ 节。但是，嵌入其中的辅因子（视黄醛）是相同的。

非同核的双原子分子 [例如一氧化碳（CO）] 在其基态就有偶极矩，因此当分子旋转时，偶极矩会发生变化。此外，这种分子的振动模式也会改变其偶极矩。因此，基态与转动或振动激发态之间的跃迁偶极不再为零，从而使 CO 成为红外光的强吸收剂，因而也被称为具有红外活性的（“温室”）气体。

弯曲的三原子分子 [例如水（H_2O）] 具有永久的偶极矩，因此水蒸气也是很强的红外活性气体。惰性气体（例如氩气）是单原子分子，因此没有转动或振动能谱。

二氧化碳分子具有三个对称排列的核，因此其基态的偶极矩为零，也不存在基态和转动激发态之间的跃迁偶极。但是，它在某些振动状态下会产生振荡偶极矩。因此，对于这些态以及振转混合态，二氧化碳分子存在跃迁偶极，因而使 CO_2 成为另一种红外活性气体。

13.7.6 有些跃迁更有可能

13.6 节重点介绍了沿不同方向发射光子的相对平均速率。为了求得绝对速率，我们需要计算含时微扰理论的“黄金规则”中包含的其他因子。该规则的导出过程也表明了为什么在光子的发射和吸收过程中能量必须守恒，或者更确切地说，在测不准关系所设定的误差范围内能量必须保持守恒。

为简单起见，我们曾选择以线偏振平面波作为基矢来展开矢量势 $\boldsymbol{A}$。当然，选择其他基矢（例如圆偏振平面波）做展开可能更适合当前的问题。如果研究极小发射体发出的且传播无限远的光，那么以发射体为中心出射的球面波作为基矢来展开会更适合。选择这类基矢可以使每个体积元都携带确定的角动量（背向发射体）。如果这样做，我们会发现某类光子根本无法通过某些特定跃迁而产生，原因是这样的发射会违反角动量守恒。还有一些跃迁看似也是不可能的，但原因只是我们前面计算中做了近似 $\exp(\mathrm{i}\boldsymbol{k}\cdot\boldsymbol{r}_\mathrm{e})\approx 1$；如果保留泰勒级数的更高阶，则这些跃迁也是有可能的。这类跃迁被称为“禁戒的”，但更确切地说，它们的速率只是被小因子 $(kr_\mathrm{e})^2$ 的幂压低了。

某些跃迁被“禁戒”，这是**选择定则**的一个例子。另一类选择定则源自对多电子原子或分子中的电子自旋的考虑。分子有可能被囚禁于激发态，原因是自旋选择定则抑制了其跃迁到基态，当然，这种激发态最终还是会跃迁的，只是其平均速率比大多数荧光跃迁慢得多，从而导致**磷光**现象（超慢荧光）。自旋选择定则还确保非常缓慢地从某些荧光团的暗态中退出，该特性是定位显微镜的关键（7.4 节）。

13.7.7 激光利用了光子具有被发射到已占据态的倾向

前面小节将注意力集中在光子发射之前*不存在*光子的情况。尽管光子不会发生通常意义上的碰撞，但当我们考虑将光子*加入*已占据态时，一个非常重要的新

现象出现了。如果某个模最初包含 n 个光子，则方程 13.27 暗示

$$\langle n+1|\mathsf{Q}^\dagger|n\rangle = \langle 0|\frac{1}{\sqrt{(n+1)!}}\mathsf{Q}^{n+1}(\mathsf{Q}^\dagger)^{n+1}\frac{1}{\sqrt{n!}}|0\rangle = \langle 0|\sqrt{\frac{(n+1)!}{n!}}|0\rangle = \sqrt{n+1}.$$

当我们计算该模光子的发射速率时，上述因子需要取平方。因为该矩阵元取决于 n，所以我们得出结论：

当原子或分子发射光子时，它倾向于选择已占据模态。　(13.44)

如果我们有许多激发态的原子或分子，那么该结果意味着可能会出现雪崩效应，其中一个特定的模态会获得所有发射光子的绝大部分。这种获得几乎单模光的机制称为受激辐射光放大，即**激光**。

13.7.8　荧光偏振各向异性

前面各节主要关注光子发射引起的去激发，其逆过程（通过光子吸收而激发）也是随机的，且取决于分子的指向、入射光的偏振和跃迁偶极，即分子取向和光偏振的某些组合促使激发的可能性更高。如果我们使用偏振光照射具有固定但随机取向的分子集合，则只有那些处在有利定向的子集才会被激发。当这些分子发出荧光时，出射光的方向和偏振的分布将反映其分子取向的非随机特征，这就是**荧光偏振各向异性**。

当分子位置不固定时，荧光偏振各向异性变得更加有趣。像以前一样，在瞬时定向有利的分子亚群中存在优先激发，但是当这些分子发出荧光时，其取向会部分或完全地改变，于是荧光的偏振特征将明显减弱。因此，对荧光偏振各向异性随时间的损失进行测量，可以给出荧光基团的角方向运动性，也可以测量它与其附着的大分子之间的相对转动。

当类似技术应用于单个分子时，其威力甚至更加强大。我们可以测量单个分子吸收指定偏振入射光子，然后再发射另一指定偏振的光子的能力。尽管每次吸收和发射都是随机的，但是可以为分子取向概率构建似然函数[①]。只要我们在连续构象变化之间收集到足够的光子，似然最大化就可以定出分子的实时取向。这种偏振方法与全内反射荧光激发相结合（以减少背景噪声），从而诞生了一种称为“极化全内反射荧光”（polTIRF）的技术。

总　结

回到 13.1 节提出的问题，

① 在 7.2 节中介绍了最大似然方法。

- 产生（发射）和湮灭（吸收）：其机制是时间演化算符包含了升、降（产生和湮灭）算符，后者与电子自由度耦合。
- 偏振是经典电磁场的性质，但可以追溯到量子态。
- 光/电/磁：在我们的库仑规范中，对电场的一个贡献项是带电粒子电势 Φ 的梯度（取负号，见方程 13.1和 13.32）。宏观磁场没有那么简单，因为它们还涉及相干态，但是在原子和分子的非相对论世界中，静电相互作用通常远大于磁相互作用。
- 多光子效应：还存在一些更复杂的相互作用，例如光-光相互作用，这是通过多个简单过程的复合过程导致的。这类相互作用不在本书的讨论范围内，在我们用到的最低阶微扰论处理中，这些相互作用的确不会出现。

我们为获得上述结果付出了很多努力。但正如物理学中经常发生的，得到的结论比原始问题要普遍得多。例如，我们用来讨论分子发射可见光的理论框架，也适用于讨论原子核发射伽马射线。经过适当的修正，该框架也可以描述电子和正电子的产生和湮灭。

延 伸 阅 读

准科普：
Walmsley, 2015。

中级阅读：
有关 SI 单位制中经典电动力学的简要介绍，请参阅 Fleisch, 2008。更详细的信息，请参阅 Garg, 2012。
量子力学和辐射场: Feynman et al., 2010c, chapt. 9。
关于光的量子理论: Lipson et al., 2011; Leonhardt, 2010; Loudon, 2000。
辐射，禁戒跃迁: van der Straten & Metcalf, 2016。
用光检测生物大分子: van Holde et al., 2006; Cantor & Schimmel, 1980。
昆虫的偏振视觉: Cronin et al., 2014; Johnsen, 2012, chapt. 8; Smith, 2007; Warrant & Nilsson, 2006。
红外活性气体: Bohren & Clothiaux, 2006, Chapt. 2。

高级阅读：
科普: Berman & Malinovsky, 2011; Mandel & Wolf, 1995。
散焦定向成像: Toprak et al., 2006; Böhmer & Enderlein, 2003; Bartko & Dickson, 1999a; Bartko & Dickson, 1999b。
无脊椎动物的偏振视觉: Homberg & el Jundhi, 2014; Horváth, 2014; Sweeney et

al., 2003; Wehner, 2003。

用于测定分子运动的偏振全内反射显微镜: Forkey et al., 2005; Rosenberg et al., 2005。

第 14 章　FRET 的量子力学理论

魔术只是想象力与技巧的结合，
说明了只凭经验是不够的，
心脏必须与手指一起工作，则提醒我们大脑所知甚少。
——亚当 · 戈普尼克（Adam Gopnik）

14.1　导读：退相干

第 2 章概述了 FRET 现象（图 2.21 中水平虚线所示的过程），但未详细说明，在此我们给出简短的量子力学计算。

下面的分析涉及本书未提及的量子物理概念，包括许多教科书[①]都会讨论的传统的态-算符表述形式以及密度算符。这些计算会告诉我们以前所做的某些物理近似为何成立，以及当其不成立的时候应该如何处理。

本章焦点问题：
生物学问题：为什么 FRET 和相关能量转移过程（例如光合作用）都遵循一阶动力学？[其他无辐射的二态跃迁（例如氨分子的翻转异构）则遵循不同的规则。]
物理学思想：上述特征源自量子*退相干*。在适合产生 FRET 效应的参数范围内*退相干*很显著。

14.2　二 态 系 统

14.2.1　FRET 同时展现了经典和量子两方面的特征

2.8.1 节描述了 FRET 的一些显著特征，但是其中一些特征令人深感意外。荧光团的激发态被想象成一个离散的能完整转移的*东西*（像篮球运动员传球）。讨论中从未提到激发被离域化（同时位于两个不同的荧光团上）的量子力学叠加态的概率。此外，我们假设该过程可以用单位时间内固定转移概率来描述[②]，但我们知道其他类型的跃迁并不遵循这类规律（参阅 14.2.2 节）。

---

① 例如，Schumacher & Westmorland，2010，chapt.3。
② 也就是说，转移遵循“一级动力学”的“速率方程”。

我们通常习惯于宏观对象（微米级以上）的经典行为，但在研究了量子力学之后，我们也习惯了微观物体（例如直径约 0.1 nm 的单个氢原子）的量子行为。在这两种极端之间，我们期望介观物体（例如单个荧光团）应该具有某种过渡特征。令人惊讶的是，FRET 似乎确实显示出强量子行为（离散能级）和强经典行为（无叠加态、局域激发、速率方程）。这样的事情怎么可能发生？

本章中我们不会讨论供体激发的过程，也不讨论受体最终发出的荧光，而是将注意力集中在从前者到后者的激发转移上。我们做出如下简化：

- 假设只有供体的两个电子态与本问题相关，即基态 $|D_0\rangle$ 和某个激发态 $|D_\star\rangle$。同样，我们也只考虑受体的两个态 $|A_0\rangle$ 和 $|A_\star\rangle$。我们只对下述形式的联合态之间的跃迁感兴趣。

$$|\mathit{1}\rangle = |D_\star A_0\rangle, \quad |\mathit{2}\rangle = |D_0 A_\star\rangle, \tag{14.1}$$

  其能量几乎相等（图 2.21 中虚线连接的垂直箭头长度几乎相等）。这两态之间的无辐射跃迁满足能量守恒定律。

- 我们稍后将定义一个“退相干时间” T，并假设它比激发跳转的时间短得多（$T \ll \Omega^{-1}$，见下）。由于还存在着其他非 FRET 的损耗过程（导致供体去激发），我们还假设 T 比这些过程起作用前的平均等待时间短得多（$T \ll \tau$，见下）。

14.2.2　孤立二态系统随时间振荡

方程 14.1所示二态之间的跃迁可以用一个二原子系统来演示。我们暂时假设当两原子孤立时这两态具有完全相同的电子态能量（它们是完全谐振的），约定这些能量值为 $E_1 = E_2 = 0$。当两个原子彼此靠近时，其相互作用使得哈密顿算符（以 $|\mathit{1}\rangle, |\mathit{2}\rangle$ 为基矢）中出现两个非零的非对角元。假设矩阵元 V 为实数，则有如下哈密顿算符

$$\mathsf{H} = \begin{pmatrix} 0 & V \\ V & 0 \end{pmatrix}. \tag{14.2}$$

系统任意时刻的态都可以用基矢展开如下

$$|\Psi(t)\rangle = a(t)|\mathit{1}\rangle + b(t)|\mathit{2}\rangle, \tag{14.3}$$

其中系数函数服从薛定谔方程[1]：

$$\mathrm{i}\hbar \begin{bmatrix} \mathrm{d}a/\mathrm{d}t \\ \mathrm{d}b/\mathrm{d}t \end{bmatrix} = V \begin{bmatrix} b \\ a \end{bmatrix}.$$

① 为了获得该公式，可用方程 14.2 代替方程 12.21 右侧的算符。

由此可求出满足初始条件 $|\Psi(0)\rangle = |1\rangle$ 的解。还可得到 $|b(t)|^2 = \sin^2(\Omega t/2)$，其中 $\Omega = 2V/\hbar$，这个量可以理解为系统在 t 时刻处于态 2 的概率，可见这个概率最初是随时间 t^2 增加的。但这也意味着概率的*初始*增长率为零，与观察到的一阶动力学不符。其次，几乎任意时刻系统的态都是 $|1\rangle$ 和 $|2\rangle$ 的量子叠加，这与前面想象的共振能量像篮球一样转移的图像也不符。最后，此处求得的解是振荡的，系统将周期性地回到态 $|1\rangle$，这与 FRET 的单向转移特性也不符。

14.2.3 环境效应会改变溶液中二态系统的行为

为了弄清楚我们错在哪里，我们必须记住两个荧光团并不孤立，它们只是整个体系的*子系统*，每一个都不断地与周围的水分子发生碰撞，同时受到一些不太显著的影响，例如近邻区域的电场涨落。性能良好的荧光团能够稳健地抵抗这些干扰，因为干扰的强度还不足以使其跳到不同的电子态。但是，每次碰撞时荧光团的能级还是受到了瞬时扰动，导致其量子力学*相位*改变。与之相撞的分子本身也经历相位改变。因此，我们感兴趣的系统迅速与其环境发生了**量子纠缠**。

我们想要预测由致密物质组成的环境 $\mathfrak{e}$ 中的子系统 $\mathfrak{s}$ 的行为，但量子纠缠对于我们实现这个目标简直就是一场灾难。幸好，正如物理学中经常发生的那样，环境的巨大复杂性可能反倒使得子系统的净效应变得更简单。

假设我们可以将整个系统的态空间分为子系统的二维态空间 $\mathcal{H}_\mathfrak{s}$ 和环境态空间 $\mathcal{H}_\mathfrak{e}$ 的乘积。整个系统的某些态可表达为简单乘积 $|\psi\rangle_\mathfrak{s} \otimes |\phi\rangle_\mathfrak{e}$，我们称之为**纯态**。但系统的大多数态无法以这种方式表达出，因为它们是纠缠的[①]。

14.2.4 密度算符概括了环境效应

我们对子系统内部的状态测量感兴趣。也就是说，我们希望研究仅作用于 $\mathcal{H}_\mathfrak{s}$ 的可观测变量 O。给定一个纯态，我们无需了解环境就可以表达这种可观测量的测量值：

$$\langle \mathsf{O} \rangle = {}_\mathfrak{s}\langle \psi|\mathsf{O}|\psi\rangle_\mathfrak{s} \quad \text{对于纯态} \quad |\Psi\rangle = |\psi\rangle_\mathfrak{s} \otimes |\phi\rangle_\mathfrak{e}. \tag{14.4}$$

（要获得此公式，请使用归一化的 $|\phi\rangle_\mathfrak{e}$。）

不幸的是，由于 $\mathfrak{s}$ 和 $\mathfrak{e}$ 之间的相互作用，即使我们能制备一个初始纯态，它也会迅速演变为纠缠态。但是我们仍然可以将环境对子系统变量（例如 O）观测值的影响用一种紧凑的方式加以概括。为此，我们对 $\mathcal{H}_\mathfrak{s}$ 引入了一个厄米算符，称为**密度算符** $\boldsymbol{\rho}$，该密度算符是通过构造并矢[②] $|\Psi\rangle\langle\Psi|$ 并对环境变量求迹来定义的，

① 纠缠态可以表示为纯态之和。

② 某些作者称此为“外积”。传统三维空间中的一个类似构造是用列向量 $\boldsymbol{v}$ 构建对称的 3×3 矩阵 $\boldsymbol{v}\boldsymbol{v}^{\mathrm{t}}$，其中第 ij 个矩阵元为乘积 $v_i v_j$。该矩阵的迹就是向量点积 $||\boldsymbol{v}||^2$。将上述内容扩展到量子力学的复数态空间则给出方程 14.5 中的厄米矩阵。

如下

$$\boldsymbol{\rho} = \mathrm{Tr}_{\mathfrak{e}}\left(|\Psi\rangle\langle\Psi|\right). \tag{14.5}$$

在上述问题中，$\boldsymbol{\rho}$ 可以用基矢 $|1\rangle, |2\rangle$ 的二维矩阵来表示。如果 $\boldsymbol{\rho}$ 已知，则任何子系统变量的测量值可以表示为

$$\langle \mathsf{O}\rangle = \mathrm{Tr}_{\mathfrak{s}}\left(\boldsymbol{\rho}\mathsf{O}\right) \quad \boldsymbol{\rho}\text{ 表示任意态}. \tag{14.6}$$

为了能利用该公式，我们必须至少能近似计算 $\boldsymbol{\rho}$。当 $\mathfrak{e}$ 与周围环境完全隔离时，计算 $\boldsymbol{\rho}$ 并不困难，因为在这种情况下，纯态（无纠缠）会一直保持，即

$$\langle\Psi(t)\rangle = |\psi(t)\rangle_{\mathfrak{s}} \otimes |\phi(t)\rangle_{\mathfrak{e}} \quad \text{对于孤立子系统} \tag{14.7}$$

其中 $|\psi(t)\rangle_{\mathfrak{s}}$ 给出了在哈密顿算符作用下子系统态的时间演化，这与环境的演化 $|\phi(t)\rangle_{\mathfrak{e}}$ 无关。

思考题14A

a. 对孤立的子系统，证明方程 14.6 可退化为更为熟悉的形式即方程 14.4。

b. 用薛定谔方程证明：在这种情况下，$\boldsymbol{\rho}$ 的时间演化满足如下方程

$$\frac{\mathrm{d}\boldsymbol{\rho}}{\mathrm{d}t} = \frac{1}{\mathrm{i}\hbar}[\mathsf{H}_{\mathfrak{s}}, \boldsymbol{\rho}]. \quad \text{对于孤立子系统} \tag{14.8}$$

仍考虑孤立子系统的情况，联合方程 14.3、14.5 和 14.7 给出

$$\boldsymbol{\rho}(t) = |\psi(t)\rangle_{\mathfrak{s}\,\mathfrak{s}}\langle\psi(t)|, \quad \text{即} \quad \rho_{ij} = \begin{pmatrix} |a(t)|^2 & a(t)b(t)^* \\ a(t)^*b(t) & |b(t)|^2 \end{pmatrix}_{ij}. \tag{14.9}$$

该公式表明，$\boldsymbol{\rho}$ 的对角元给出了子系统处于各态的概率。如果我们对基矢做相位变换（例如 $|1'\rangle = \mathrm{e}^{\mathrm{i}\theta}|1\rangle$），对角元将不受影响，但非对角元会改变。

14.2.5　密度算符的演化

如前所述，初始纯态与环境 $\mathfrak{e}$ 相互作用会转换成纠缠态，从而破坏方程 14.7 的简单形式。尽管这些相互作用很复杂，但 14.2.3 节建议这些相互作用可以用子系统的相位改变来描述。当我们对方程 14.5 求迹时，纠缠会导致 $\boldsymbol{\rho}$ 非对角元中许多随机相位因子相加，进而将它们抑制在**退相干时间尺度** T 内（Schlosshauer, 2007，chapt. 3)，但对角元不受此影响。

此外，我们还需要扩展前面的简化讨论（方程 14.2），允许 $|1\rangle$ 和 $|2\rangle$ 的能量不完全相等。因此，可令 $\mathsf{H} = \mathsf{H}_0 + \mathsf{V}$，其中 H_0 是对角矩阵，两个本征值分别为 E_1、E_2。而 V 是方程 14.2 给出的非对角相互作用算符。于是，方程 14.8 可具体地写为

$$\frac{\mathrm{d}\rho_{22}}{\mathrm{d}t} = \frac{1}{\mathrm{i}\hbar}[\mathsf{V}, \boldsymbol{\rho}]_{22} \tag{14.10}$$

$$\frac{\mathrm{d}\rho_{ij}}{\mathrm{d}t} = \frac{1}{\mathrm{i}\hbar}\left([\mathsf{V}, \boldsymbol{\rho}]_{ij} + (E_i - E_j)\rho_{ij}\right) - \frac{1}{T}\rho_{ij}, \quad \text{此处} \quad i \neq j. \tag{14.11}$$

最后一项（包含退相干时间尺度 T）体现了环境对子系统的影响。如果其他项等于零，该项会导致指数衰减行为。

此外，供体也可能直接丢失其激发，而没有将能量转移给受体。我们将该效应近似为方程中 ρ_{11} 的衰减项①：

$$\frac{\mathrm{d}\rho_{11}}{\mathrm{d}t} = \frac{1}{\mathrm{i}\hbar}[\mathsf{V}, \boldsymbol{\rho}]_{11} - \frac{1}{\tau}\rho_{11}. \tag{14.12}$$

14.2 节指出孤立二态系统的行为与我们在 FRET 中观察到的现象不一致，为此我们又将相关的环境效应纳入模型中。

14.3 FRET

14.3.1 弱耦合、强非相干极限显示了一阶动力学

T. Förster 研究了这样的情况，其中退相干速率 $1/T$ 比跃迁速率 $\Omega = 2V/\hbar$ 和供体的去激发速率 $1/\tau$ 都要快得多（即“快速退相干”极限）②。在这种情况下，我们可以通过对 Ω 的如下微扰求得解。

令 $S = (E_1 - E_2)/\hbar$，将待求变量转换为另四个实数 $U = \rho_{11}$，$W = \rho_{22}$，$X = (\rho_{12} - \rho_{21})/\mathrm{i}$ 和 $Y = \rho_{12} + \rho_{21}$，则动力学方程取实数形式

$$\begin{aligned}
\mathrm{d}U/\mathrm{d}t &= -\frac{1}{2}\Omega X - U/\tau \\
\mathrm{d}W/\mathrm{d}t &= \frac{1}{2}\Omega X \\
\mathrm{d}X/\mathrm{d}t &= \Omega(U - W) - X/T - SY \\
\mathrm{d}Y/\mathrm{d}t &= -Y/T + SX.
\end{aligned} \tag{14.13}$$

这是一组常系数耦合线性微分方程，因此其解是指数函数的组合。

① 方程 14.10 中也忽略了受体去激发的类似效应，但这与我们的讨论无关。

② 溶液中生色团 的典型数据为 $1/T \approx 10^{14}\ \mathrm{s}^{-1}$（Gilmore & McKenzie, 2008），$\tau^{-1} \approx \Omega \approx 10^{8}\ \mathrm{s}^{-1}$。

令 $\boldsymbol{Z}(t)$ 为 4 分量矢量，其矩阵元分别是 $U(t)$, $W(t)$, $X(t)$ 和 $Y(t)$，因而方程 14.13可以象征性地写成 $\mathrm{d}\boldsymbol{Z}/\mathrm{d}t = \mathsf{M}\boldsymbol{Z}$，其中 M 是 4×4 矩阵，其矩阵元不依赖于时间。当耦合 $\Omega = 0$ 时，我们很容易求得一个解：

$$\boldsymbol{Z}_0 = \begin{bmatrix} U(t) \\ W(t) \\ X(t) \\ Y(t) \end{bmatrix} = \mathrm{e}^{-\beta_0 t}\boldsymbol{B}_0 \quad \text{其中} \quad \boldsymbol{B}_0 = \begin{bmatrix} 1 \\ 0 \\ 0 \\ 0 \end{bmatrix} \quad \text{及} \quad \beta_0 = 1/\tau. \tag{14.14}$$

该解描述了供体的自发去激发（例如通过发荧光）。

如果非零 Ω 很小，我们可以对小量 $\epsilon = (T\Omega)$ 作展开。动力学方程（方程 14.13）可写成 $\mathrm{d}\boldsymbol{Z}/\mathrm{d}t = (\mathsf{M} + \epsilon\mathsf{M}')\boldsymbol{Z}$，再求随时间指数变化的试探解。将特征值 β 展开为 $\beta_0 + \epsilon\beta' + \epsilon^2\beta'' + \cdots$，利用标准微扰理论可得 $\beta' = 0$。而高阶项

$$\beta'' = \frac{1}{2}\frac{T^{-1}}{1 + (TS)^2}. \tag{14.15}$$

同时，我们还求得初始态的指数衰减速率（一阶动力学）

$$\beta = \tau^{-1} + \frac{\Omega^2 T/2}{1 + (TS)^2} = \tau^{-1} + \frac{2V^2 T}{\hbar + T^2(E_1 - E_2)^2}. \tag{14.16}$$

与无扰情况一样， $\rho_{11}(t)$ 也随时间指数衰减，但其速率 β 中包含一项新的贡献，这一项反映了 $|\mathit{1}\rangle \to |\mathit{2}\rangle$ 的激发转移速率，这正是我们寻求的。方程 14.16 表明该速率是能量差的尖峰函数[①]。重要的是，只要退相干时间 T 足够小以至于前述近似是合理的，则尖峰下覆盖的面积与 T 无关。

思考题14B

在快速退相干（小 ϵ）的极限下推导方程 14.15。[提示：将特征向量展开为 $\boldsymbol{B}_0 + \epsilon\boldsymbol{B}' + \cdots$。方程 14.14 给出了 $\boldsymbol{B}_0$，在求得 β'' 之前需要解出 $\boldsymbol{B}'$。]

14.3.2　Förster 公式源自电偶极近似

为了将上述结果应用于 FRET，我们需要证明两个电偶极子相互作用的能量与两电偶极矩 $\mathbf{d}_\mathrm{D}$ 和 $\mathbf{d}_\mathrm{A}$ 的点乘成正比，而与它们的距离立方成反比[②]。因此，方程 14.16 中的 V 正比于 $r^{-3}\langle \mathit{2}|\mathbf{d}_\mathrm{D}\cdot\mathbf{d}_\mathrm{A} - 3\mathbf{d}_\mathrm{D}\cdot\hat{r}\hat{r}\cdot\mathbf{d}_\mathrm{A}|\mathit{1}\rangle$。

① 实际上，它类似于柯西分布（1.6.2′b 节）。此“共振”行为类似于经典物理中的能量转移速率（见习题 2.4）。

② 我们不需要考虑电磁相互作用的量子性质，因为第 13 章证明，对于诸如分子之类的非相对论系统，其相互作用分为两部分。其一等效于经典静电相互作用，也就是此处讨论的偶极-偶极相互作用；其二涉及光子的发射和吸收，尽管这些过程对于供体的初始激发和受体的最终发射很重要，但并不出现在此处研究的能量转移过程中。

从此出发，我们可以遵循习题 2.4 的推理，引入供体激发态的能量分布及受体基态的能量分布，再在这两个分布上求平均值。方程 14.16 的尖峰形式意味着平均 FRET 速率正比于两个分布的重叠积分 V^2，这种依赖关系意味着其值正比于 r^{-6}。FRET 的主要特征（**要点** 2.4）就源自这两个事实。实际上，在给定的极限下，根据供体的发射光谱和荧光速率、受体的激发光谱和荧光截面、介质折射率以及供体与受体之间的距离和相对取向等因素，Förster 公式能够在*没有自由参数*的情况下预测 FRET 速率。

特别是，前面给出的推导解释了 FRET 最令人惊讶的一面，即尽管供体可以通过辐射光子的方式去激发（向多个方向发射光子，然后被很多其他分子吸收），但的确还存在 FRET 这样的更加特异化的途径，使得能量可直接在两个特定分子（供体和受体）之间转移。

- 为什么是 FRET 而不是光子发射主宰了供体去激发过程？请注意振荡偶极子的“近场”随距离按 r^{-3} 规律衰减，与频率无关；而“辐射场”是以 r^{-1} 形式缓慢衰减，且与频率有关。在小距离处，近场比辐射场要强 $(\lambda/r)^2$ 倍，其中 λ 是供体荧光的波长。这个值的平方超过 10^4。
- 对于其他分子，方程 14.16 的尖峰形式确保了只有那些能与供体共振的分子才有机会在单位时间内获取显著的能量。

最后，对上述推导作出修正就可用于解释其他转移过程，例如在光合作用捕获光子后的电子转移。

14.3.3 光合作用中的 FRET：更现实的处理

奥本海默和 Arnold 在光合作用能量传递的分析中作了一些近似（与上面所做的近似相同）[①]。尽管这些近似对于 FRET 非常合适，但后来的工作表明它们及其导致的物理图像对光合作用不成立。

首先，我们假设两个分子之间的相互作用可以近似为偶极-偶极相互作用。但对于间隔极小的光合生色团，这种近似并不总是有效的，因而需要更细致的模型。

其次，方程 14.16 的推导假设激发转移比量子退相干要慢得多，在这种假定下，我们得到了简单的激发转移速率定律以及局域激发的物理图像。但是光合作用装置中存在层级化的子结构，其中某些子结构之间的转移非常快。在这种情况下，将整列生色团视为具有离域激发（“弗仑克尔激子”）的单个“超分子”更有意义。超分子单元又通过类 FRET 过程在其间转移激子。有关这些系统的量子行为的更多信息，请参见 Strümpfer et al., 2012; Şener et al., 2011; Engel, 2011。

在适当极限情况下，14.3 节通过应用主方程（方程 14.10—14.12）获得了 FRET 的关键特征。

---

① 见 2.9 节。

总　结

我们定量分析了 FRET 如何将量子理论与经典行为联系起来（先是单分子发生定域激发，而后激发再以一阶动力学做单向跃迁）。量子退相干在该机制中起着关键作用。

我们的努力再次收获了普适性。FRET 的机制最初是由奥本海默在核物理问题的背景下提出的[①]，但后来被应用于与生物学功能（光合作用）和实验技术相关的大量问题。此外，对于其他单向转移过程（不只是能量，也可以是电子），类似的理论框架也被建立起来了。

延伸阅读

准科普：

Clegg, 2006。

中级阅读：

孤立二态系统的分析：Feynman et al., 2010a, chapts. 7-9。本章对环境带来的修正效应的处理思路来自于 Agranovich & Galanin, 1982, chapt. 1 和 Silbey, 2011。

高级阅读：

Jang, 2007。

① 见 2.9.3 节。

后　记

我用我的余生来思考光是什么！
——阿尔伯特 · 爱因斯坦 (Albert Einstein)，1917

简 短 总 结

本书探讨了三个领域之间的相互关系：

概率论↔ 量子理论↔ 成像和视觉。

我们必须发挥想象力才能找到一个有关光的可接受的物理模型。只有掌握了正确模型，我们才能对“眼前”发生的事情（光的聚焦、衍射极限等）和“眼后”发生的过程（光异构化、信号转导级联等）给出统一的理解。换句话说，为了理解生物体使用的一些小花招，我们不得不放弃那个直到 20 世纪之前都被科学家深信不疑的、取得了巨大成功的光物理模型。能迅速抛弃旧模型并代之以更好的新模型，这是一项重要的科研技能。更一般地说，我们见识到了某些生命机制是多么神奇（而在仔细研究之前我们将其视为理所当然）。我们通过某些细节阐明了这些机制是如何通过符合自然规律的具体步骤而得以实现的。

另 辟 蹊 径

科学家的工作就是在不预设超自然力存在的情况下看看我们能够在多大程度上理解这个世界。有时候，这些理解可以改善健康状况、增加可持续性或有助于实现其他一些大目标。本书强调的技巧和框架将帮助你开展探索工作。

例如，在书中很多地方我们陆续回顾了各类要点，包括量纲分析、概率密度函数、似然最大化和生化反应网络等概念，以及数值计算和统计推断等技能，内容涉及诸如量子光学、心理物理学、眼科学和神经科学之类的整个科学和医学领域。在科学研究中，你必须另辟蹊径，不落窠臼。我希望阅读本书后你会对所有学科都是深度关联的这一事实留下深刻印象。我个人觉得这非常鼓舞人心！

模 型

在科学研究中，我们有多种方式来表达和运用各种思想。在所谓的“建模”过程中，各种表达方式都相互支撑，而每种方式又都各具优势，尤其是能从不同角度揭示与看似无关的现象之间的联系。下图所示的例子就展示这样一种思想，即一类振荡积分的稳相近似可用来说明光的波粒二象性（第 4 章）。

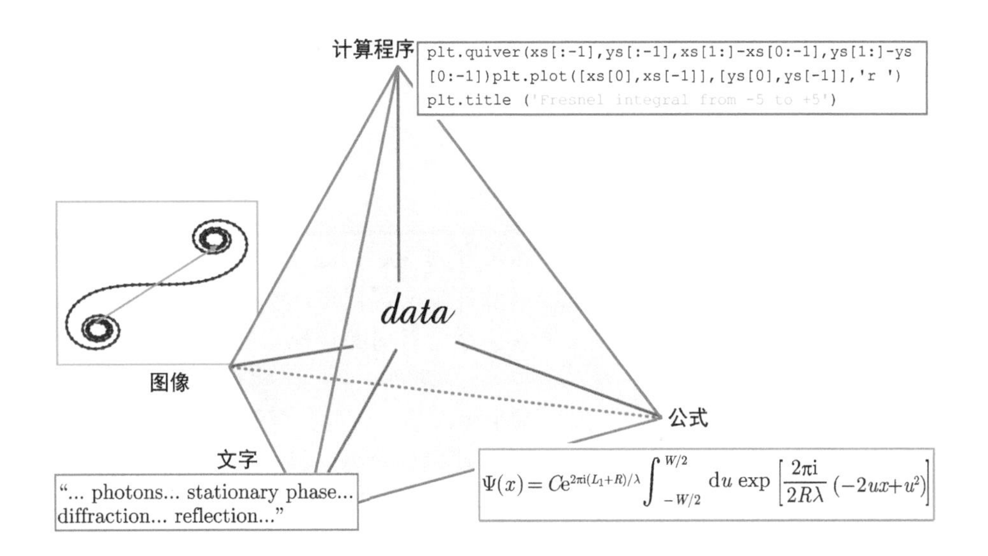

我们对生物现象的*物理*建模特别感兴趣。这些模型通常涉及几类变量，这些变量遵循一些源于非生命现象的规则。我们假设这些变量和规则能够复现我们感兴趣的现象，为此我们使用数学方法来获取针对该假说的可证伪的定量预测。例如，第 11 章探讨了超过千亿个全同视紫红质分子参与了弱光感应的机制，我们构建了一个模型，并对心理物理学实验进行了详细的预测。

值得注意的是，这样的推理链的确可以带来*新知识*。哲学家可能会争辩说这些知识已经预存于现有的实验数据中。但是我们不断地在大量实例中看到这种分析如何揭示了从未被人类了解的新见解。实际上，关键数据通常并不是预先就准备好了的，我们需要进行初步分析才能确定下一步实验如何做才能检验假说的真伪。提出有潜力的假说并构想可行的实验来检验它们是一门艺术，也是你应该得到的重要训练。了解历史上这类事情是如何发生的，有助于你将来开展研究工作。

好　奇　心

有人说对自然的定量研究虽然有用，却削弱了我们的好奇心。然而，在很多情况下，我们的确需要进行足够的定量思考，才能辨别哪些才是真正重要的知识；另一方面，正是因为迄今所得的知识仍很有限，这反而加深了我的好奇心。例如，在你读完本书之后，你可能会觉得光感知过程的早期步骤看起来没有以前那么神秘了，但这并不表示故事到此为止，而仅仅意味着你已准备好迎接下一个难题，即当节细胞输出信号的动态范围只有大约一百倍时，你是如何适应上亿倍的环境照明动态范围的；另一个更大的谜团是，每个动物在发育过程中是如何自发形成其中枢神经系统的。

美

本书介绍的一些思想被许多科学家形容为“美”。这究竟是什么意思？尽管每个科学家对美的定义都不一样，但我认为许多人都同意：一个美的物理思想的出现是既偶然又必然的；它既简单又具有出乎意料的普适性。量子物理的思想确实具有这些特征。

但是，只是看上去很美还不断定某个想法是正确的，否则大自然就拟人化了。美的作用可能仅仅是令科学家追随自己深以为美的某个想法，始终不被那些认为该想法与真实不合的铺天盖地的批评声所吓倒，也不被各种日常琐事困扰。

为什么我们的大脑必然会进化出美感呢？因为人类生来就拥有厘清事物关联的技能。如果我们的某些行为正好提升了生存概率，那么我们运用上述技能所获得的乐趣就可能是对这些行为的一种强化，而且我们不断需要新鲜事物来维持这种强化。这就意味着那些意料之外但令人信服的关联（“既偶然又必然”）往往给人最强的震撼。无论是艺术还是科学，我们都称之为美。

这个解释难道不是对“美”的贬低吗？当然不是，它所追求的价值与人类其他活动的价值是同等且一致的。我们这个物种能够通过创造文明来超越生物进化，例如缓解生存斗争的紧迫性，找到改善健康状况、获取更好食物以及创造更宜居环境的各种方法。即便是进化也令我们在为这些目标奋斗而运用大脑时产生愉悦体验，因此，上述解释丝毫没有贬损“美”的意涵。

展　　望

当我撰写本书时，晨光穿过树木闪烁在我的页面。某些树荫形成清晰的图像，另一些则没有。片刻之后，太阳移位，舞蹈即告消失，取而代之的是其他常见、有些许微妙但可以理解的东西。几百万年来，我们并未因为对阴影的潜在理解能力而获得特别的进化适应性优势，但是在历史的最近一刻，我们获得了这样一种理解力，由此创造了一系列奇迹，并以它们的创造者无法想象的方式改变了我们的世界。现在轮到你上场了。

致　谢

从某种意义上说，知道自己无知才能无所不知。

——皮特 · 海恩（Piet Hein）

许多老师以身作则地教导我在掌握和传播思想的路上我们可以走多远。其中有些实际上是我的学生，有些我则从未谋面，但他们都算是我的老师。我试图记住他们表现出的激情、严谨和勇气（及对我的要求）。在长长的名单中，我只能提及 Sidney Coleman 与我的长期合作者 Sarina Bromberg, Ann Hermundstad 和 Jesse Kinder。

我写作的唯一方式是先讲述一个故事，然后再厘清我该怎么说。宾夕法尼亚大学许多班级的学生曾经都接受过这种训练，而这些学生每周都热情地向我发回信息，告知我那些晦涩、错误以及连错误都算不上的事情。他们的热情合作确实是推动本书完成的主要动力。我也感谢 Stephanie Palmer 和 Aravinthan Samuel 及其学生，他们在芝加哥大学和哈佛大学勇敢地教授本书的内容，并及时提供反馈。

Kevin Chen, Yaakov Cohen, Ann Hermundstad, Jesse Kinder 和 Sharareh Tavaddod 阅读了所有内容，提出了从微观到宏观的建议，涉及视觉、语言和概念。John Briguglio, Edward Cox, Chris Fang-Yen, Ethan Fein, Heidi Hofer, Xavier Michalet, Natasha Mitchell, Rob Phillips, Jason Prentice, Brian Salzberg, Jim Sethna, Kristina Simmons, Vijay Singh 和 Kees Storm 也阅读了多个章节并做出了精辟的评论。

特别感谢 Craig Bohren, Mark Goulian, Rob Smith, Peter Sterling 和 Alison Sweeney 不断地给我提供评判和更新信息。

本书中的一些艺术构图是根据 Sarina Bromberg, David Goodsell 和 Felice Macera 以及下面提到的许多科学家的想象绘就的，其中包括 David Goodsell 的大量独立科学研究；Carl Goodrich 还通过光线跟踪贡献了非凡的才华，Steve Nelson 也进行了图片调整。在长达数十年的合作过程中，William Berner 发明了一些课堂演示，完善了他人的想法。

许多评论家慷慨地阅读并评论了该书的初始规划，包括 Larry Abbott, David Altman, Matthew Antonik, John Bechhoefer, André Brown, Peter Dayan, Rhonda Dzakpasu, Gaute Einevoll, Nigel Goldenfeld, Ido Golding, Ryan Gutenkunst,

Steve Hagen, Gus Hart, Robert Hilborn, K. C. Huang, Greg Huber, John Karkheck, Maria Kilfoil, Jan Kmetko, Alex Levine, Ponzy Lu, Anotida Madzvamuse, Jens-Christian Meiners, Ethan Minot, Simon Mochrie, Liviu Movileanu, Daniel Needleman, Ilya Nemenman, Kerstin Nordstrom, Julio de Paula, Erwin J. G. Peterman, Rob Phillips, Thomas Powers, Thorsten Ritz, Rob de Ruyter, Aravinthan Samuel, Ronen Segev, Anirvan Sengupta, Sima Setayeshgar, John Stamm, Yujie Sun, Dan Tranchina, Joe Tranquillo, Clare Waterman, Joshua Weitz, Ned Wingreen, Eugene Wong, Jianghua Xing, Haw Yang, Daniel Zuckerman, 以及其他匿名审稿人，其中一些人还就本书的手稿提出了建议。我无法呈现相关主题的所有很棒的建议（至少这次还不行），但仍然有很多我不熟悉的内容最终出现在某些章节中。

还有许多同事阅读了部分章节，解答习题，提供图像和数据，讨论他们自己和他人的相关工作，等等。他们是 Ariel Amir, Robert Anderson, Jessica Anna, Clay Armstrong, Vijay Balasubramanian, Horace Barlow, Steven Bates, Denis Baylor, John Beausang, Kevin Belfield, Hubert van den Bergh, William Bialek, Nancy Bonini, Ed Boyden, David Brainard, J. Helmut Brandstätter, André Brown, Marie Burns, Lorenzo Cangiano, Sean Carroll, William Catterall, Mojca Čepič, Constance Cepko, Brian Chow, Adam Cohen, M. Fevzi Daldal, Todorka Dimitrova, Jacques Distler, Tom Dodson, Kristian Donner, Marija Drndić, Doug Durian, Greg Field, Luke Fritzky, Yuval Garini, Clayton Gearhart, Yale Goldman, Takejip Ha, Steve Haddock, Xue Han, Paul Heiney, Heidi Hofer, Zhenli Huang, David Jameson, Seogjoo Jang, Dan Janzen, Na Ji, Patrice Jichlinski, Sönke Johnsen, Randall Kamien, Pakorn Kanchanawong, Charles Kane, Christina King-Smith, Shuichi Kinoshita, Darren Koenig, Helga Kolb, Leonid Krivitsky, Joseph Lakowicz, Trevor Lamb, Robert Langridge, Simon Laughlin, Peter Lennie, Jennifer Lippincott-Schwartz, Amand Lucas, Walter Makous, Justin Marshall, Ross McKenzie, Xavier Michalet, Alan Middleton, John Mollon, Greg Moore, Jessica Morgan, Alexandre Morozov, Jeremy Nathans, Dan-Eric Nilsson, Axel Nimmerjahn, Silvania Pereira, Erwin Peterman, Shawn Pfiel, Peter Pilewskie, Joe Polchinski, Jason Porter, John Qi, Fred Rieke, Austin Roorda, Tiffany Schmidt, Julie Schnapf, David Schneeweis, Greg Scholes, Carl Schoonover, Udo Seifert, Paul Selvin, Gleb Shtengel, Glenn Smith, Hannah Smithson, Lubert Stryer, Nico Stuurman, Joseph Subotnik, Yujie Sun, Alison Sweeney, Lin Tian, Noga Vardi, Peter Vukusic, Georges Wagnières, Sam Wang, Sui Wang, Eric Warrant, Antoine Weis, Edith Widder, Bodo Wilts, Ned Wingreen,

Ciceron Yanez, King-Wai Yau, Ahmet Yildiz, Shinya Yoshioka, Andrew Zangwill 和 Xiaowei Zhuang。

此外，我的助教多年来提出了无数的建议，包括解答（甚至拟定）许多习题，他们是 Isaac Carruthers, Tom Dodson, Stephen Hackler, Jan Homann, Asja Radja, 以及 Jason Prentice。

偶然情况下的两次演讲机会帮我学会了如何面对比课堂上更多样的听众。我要感谢 Aspen 物理中心的公众演讲邀请，也感谢 Fernando Moreno-Herrero 邀请我在 Nicolás Cabrera 学院的暑期学校授课。

本书中的每个主题都得益于与 Scott Weinstein 一起散步时的讨论。Nily Dan 对每一个环节都贡献了战略眼光。Larry Gladney 毫不犹豫地做出了休假的复杂安排，并支持我每一步的努力。当我黔驴技穷时，David Giovacchini，Lauren Gala 和 Melissa Flamson（经公司许可）总会站出来激发我的潜能。

多年来，美国国家科学基金会（NSF，尤其是 Krastan Blagoev）一直坚定地支持我的教育理念。我感到遗憾的是培养了整整一代科学家的 Kamal Shukla 未能看到本书的完成，他会被人们深深地怀念。在宾夕法尼亚大学，Dawn Bonnell 和 A. T. Johnson 将本项目及其前身纳入 NSF 支持的纳米生物界面中心（Nano-Bio Interface Center）的活动。本书还得益于宾夕法尼亚大学研究基金、研究机会资助计划和教与学中心的严格定时资助。由 NSF 部分支持的本人对 Aspen 物理中心的定期访问为本书最艰巨的修订以及接触到最前沿的科学提供了必不可少的前提。这些年来，Karin Rabe 一直担任该中心的主席，中心在她的领导下推动了许多领域的快速发展。

在普林斯顿大学出版社，Ingrid Gnerlich 在极其艰难的情况下承担了这个复杂的项目，我为她与 Karen Carter，Lorraine Doneker，Dimitri Karetnikov 和 Arthur Werneck 所拥有的技术专长、专业精神和灵活性而感到自豪。Teresa Wilson 再次制定了严谨的条令，使我（以及你，读者）免于无数次失误。

后续

Oliver Nelson 给我带来了玩具光伏电池，也带来了他正在编辑的手稿。他还手把手教我学习使用工具。这些都将铭记在心。

菲利普 · 纳尔逊

于费城，2017

附录 A 符号列表

说了过多的话，那个想解释的人像鱿鱼一样隐藏在自己的墨水中。

——约翰 · M. 伯恩斯（John M. Burns）

A.1 数学符号

缩写字符

corr 两个随机变量的相关系数（方程 0.20）。

cov 两个随机变量的协方差（方程 0.19）。

var 随机变量的方差（方程 0.10）。

Re Z, Im Z 复数的实部和虚部（附录 D）。

c.c. 前面项的复数共轭项（第 13 章）。

h.c. 前面算子的厄米共轭项（第 13 章）。

算符

$\times$ 和 $\cdot$ 作用于数字时表示普通乘积；作用于向量时则分别表示叉乘和点乘。

$\mathcal{P}_1 \star \mathcal{P}_2$ 表示两个分布的卷积（0.5.5 节）。

Z^* Z 的复共轭（附录 D）。当然，$*$ 也可以有其他含义（见下文）。

$\langle f \rangle$ 期望（0.2.3 节）。$\langle f \rangle_\alpha$：依赖于参数 α 的分布簇的期望。

$\bar{f}$ 随机变量的样本均值（0.2.3 节），当然，上划线还有别的意义（见下文）。

$|Z|$ 复数的模（绝对值）（附录 D）。

$\boldsymbol{\nabla}$ 梯度算符；$\boldsymbol{\nabla}\cdot$ 散度算符；$\boldsymbol{\nabla}\times$ 旋度算符（方程 13.1）。

修饰符

$\bar{c}$ 变量 c 的无量纲标度形式。

$\bar{\boldsymbol{y}}$ 变量 $\boldsymbol{y}$ 涨落时的平衡值。

Δ 常被用作前缀：例如，Δx 是 x 的有限的微小变化。该符号有时候也被用来表示某量的改变量，如果上下文没有歧义的话。

下标 0 通常表示变量的初始值，或者变量的小范围的特定中心值。或者它可以指示与系统的基态相关的量，或者热平衡中涨落量的平均值。

下标 $*$ 可以表示最佳值（例如，最大可能值）、极值或某个其他特殊值（例如，拐点或稳相点）。

下标 $\star$ 表示与分子激发态相关（1.6.3 节）。

上标 * 表示某个数的复共轭。

上标 $\dagger$ 表示算符的厄米共轭。

上标 $\star$ 可以表示酶或 G 蛋白的活化形式（10.4.2 节），或与色匹配实验中“目标”光相关的量（3.8.7 节）。

矢量

矢量由斜黑体表示：$\boldsymbol{v}$ 或其分量形式 (v_x, v_y, v_z) [(v_x, v_y) 则表示平面内的矢量]。符号 $\boldsymbol{v}^2 = ||\boldsymbol{v}||^2 = (v_x)^2 + (v_y)^2 + (v_z)^2$ 表示矢量 $\boldsymbol{v}$ 总长的平方。符号 $\mathrm{d}^3\boldsymbol{r}$ 不是矢量，而是积分的体积元。

符号 $|\Psi\rangle$ 表示量子力学态空间中的矢量（第 12 章）。态空间可由位置函数 $\psi(\boldsymbol{r})$ 构成。符号 $\langle\Psi'|$ 表示态空间中的“对偶”矢量，它可以与矢量组合 $\langle\Psi'|\Psi\rangle$ 产生单复数（12.2.4 节）。

矩阵

矩阵表示为无衬线字体 $\mathsf{M} = \begin{bmatrix} M_{11} & M_{12} \\ M_{21} & M_{22} \end{bmatrix}$（3.8.8 节）。矢量可以被视为矩阵中的一行或一列。矩阵或矢量的转置表示为 M^{t}。

量子算符

量子态空间上的算符也可以表示成无衬线字体形式（第 12 章、第 13 章和第 14 章），例如 Q。矢量值算符则可以表示成黑体无衬线字体形式（第 13 章），例如 $\boldsymbol{\mathsf{P}}$。

关系符

符号 $\approx$ 表示“约等于”。

在量纲分析中 $\sim$ 表示“有相同的量纲”；在色匹配情况下 $\sim$ 表示“感知匹配”。

符号 $\propto$ 表示“正比于”。

其他

符号 $\left.\dfrac{\mathrm{d}G}{\mathrm{d}x}\right|_{x_0}$ 表示 G 对 x 求导后在 $x = x_0$ 点的计算值。

在概率分布内，| 的意义表示“在给定条件下”（0.2.2 节）。

A.2 网 络 图

参见 10.3.4 节，例如图 10.3。

输入的实线箭头表示某种分子的产生，例如由其他种类分子转化而来。输出实线箭头表示该种分子减少。

如果一个过程将一种分子转化为另一种，并且两种分子都是需要考察的，则用一个实心箭头连接两者。

但是，如果前者无需考虑（例如，它的存量因某种机制而保持不变），我们可以忽略它；同样地，当特定分子的降解产物也不是我们感兴趣的分子时，也可以忽略它。因此，图 10.3 中来自细胞质 ATP 分子的磷酸基团的出现和消失就未显示。它们作为磷酸基团离开，再通过未展示的机制进入再循环。

为了描述一种分子如何影响另一种的转变，我们从前者到后者的实心箭头上绘制了一个虚线"影响线"，以符号 ----┫ 结束表示抑制，而以符号 --▷ 结束表示增强。

连接两个过程的点线表示两过程是偶联的。例如，磷酸盐转移将一种分子从磷酸化状态转化为去磷酸化状态，对另一种分子则起反作用。

A.3 物理量专属符号

本书采用的词汇表如下。尽管量的符号命名原则上是任意的，但我们还是按标准来命名重复出现的量，便于使用。鉴于希腊字母和拉丁字母数量有限，某些字母不可避免地被用于多个目的。有关量纲的说明以及相应单位参见附录 B。

拉丁字母

a_1 单个生色团的吸收截面（9.4.2′ 节）$[\mathbb{L}^2]$。

$\boldsymbol{A}$ 矢量势（方程 13.1）$[\mathbb{MLT}^{-1}\mathbb{Q}^{-1}]$。

A, **B**, $\cdots$ 光路图中的空间位点。

$B_{i(\alpha)}$ 色匹配方程中的系数（方程 3.16）；也可以是矩阵 B 九个矩阵元。

$\boldsymbol{B}$ 磁场（方程 13.1）$[\mathbb{MT}^{-1}\mathbb{Q}^{-1}]$。

c 光速 $[\mathbb{LT}^{-1}]$。

c 诸如生色团之类的小分子的数密度（"**浓度**"）（9.4.2′ 节）$[\mathbb{L}^{-3}]$。

d 距离，诸如光路图中的长度 $[\mathbb{L}]$。$d_{\rm rod}$，单个视杆细胞的直径（9.4.2′ 节）。

d 电偶极矩算符（13.6.2 节）$[\mathbb{QL}]$。$D_{\rm e}$，其矩阵元（"跃迁偶极"）。

e 质子电荷，或电子的负电荷 $[\mathbb{Q}]$。

$\mathfrak{e}$ 子系统周围的环境（第 14 章）[非物理量]。

$E_{p\lambda}$ 用波长表示的光子辐照通量谱（3.5′ 节）[$\mathbb{L}^{-3}\mathbb{T}^{-1}$]。

$\boldsymbol{E}$ 电场（方程 13.1）[$\mathbb{MLT}^{-2}\mathbb{Q}$]。

$\mathcal{E}_{\mathrm{FRET}}$ FRET 效率（方程 2.1）[无量纲]。

E 普通概率“事件”（0.2 节）[非物理量]。

f 普通函数。

f 透镜或透镜系统的焦距（方程 6.6）[$\mathbb{L}$]。

f 成像系统的点扩散函数 [量纲取决于维度]。

$\mathscr{F}$ 热辐射光谱中的标度函数（B.4 节）[$\mathsf{kgm}^{-1}\mathsf{s}$]。

g 电子传播子函数（方程 12.4）。

G 光子传播子函数（方程 12.28）。

$\hbar$ 约化普朗克常数（B.4 节和 1.3.3 节）[$\mathbb{ML}^{2}\mathbb{T}^{-1}$]。

H 哈密顿算符（第 14 章）[$\mathbb{ML}^{2}\mathbb{T}^{-1}$]。

i 普通整数，如一个清单的计数下标 [无量纲]。

I 电流（单位时间内的电荷）[$\mathbb{QT}^{-1}$]。

I 转动惯量（12.2.8 节）[$\mathbb{L}^{2}\mathbb{M}$]。

$\mathcal{I}$ 光子到达速率谱，即在 dλ 小波长范围内的光子的平均到达速率（1.5.2 节）[$\mathbb{T}^{-1}\mathbb{L}^{-1}$]。一些作者将这个量称为“光谱光子通量”，并将其缩写为 $P_{\mathrm{P}\lambda}(\lambda)$。$\mathcal{I}^{\star}$，在感知实验中匹配的“目标”光谱（3.6.3 节）；$\mathcal{I}_{(\alpha)}$，基色光 α 的光谱（3.8.1 节）。

j 普通整数，特指几何分布中离散等待时间的计数下标（0.2.5 节）[无量纲]。

$\boldsymbol{j}$ 电流密度（方程 13.35）[$\mathbb{QL}^{-2}\mathbb{T}^{-1}$]。$\mathbf{j}$ 则是其量子版本。

k 弹性系数（习题 2.4）[$\mathbb{MT}^{-2}$]。

k 环上电子态的整数标记（12.2.6 节）[无量纲]。

k_{B} 玻尔兹曼常数；$k_{\mathrm{B}}T$，温度 T 时的热能 [$\mathbb{ML}^{2}\mathbb{T}^{-2}$]；$k_{\mathrm{B}}T_{\mathrm{r}}$，室温下的热能（0.6 节，B.4 节）。

$\boldsymbol{k}$ 波矢（方程 13.2）[$\mathbb{L}^{-1}$]。其长度 k 有时被称为波数。

K 衍射装置中的狭缝数（8.3.1 节）[无量纲]。

K_{d} 解离平衡常数（10.3.5 节）[取决于反应]。

ℓ 离散随机变量 [无量纲]。特指视杆细胞响应闪光而发射的信号数（**要点** 9.2）。ℓ_{tot}，视网膜求和区域中所有视杆细胞响应闪光而发射并通过首突触的信号数（**要点** 9.3，11.3.2 节）。

ℓ 衍射图案中的条纹序数，为整数（8.3.1 节）。

$\boldsymbol{\ell}(\boldsymbol{s})$ 用 $\boldsymbol{s}$ 参数化的空间曲线（习题 5.6 和习题 6.14）[$\mathbb{L}$]。

L 光学装置中的距离 [$\mathbb{L}$]。

L_{e} 辐射度（习题 11.1）[$\mathbb{MT}^{-3}$]。

m 质量；m_e，电子质量 [$\mathbb{M}$]。

m 普通整数 [无量纲]。

M 普通整数，特指二项式分布中的抛币总次数 [无量纲]。

M 衍射效应是否显著的控制变量（方程 4.20）[无量纲]。

n 透明介质的折射率，$\geqslant 1$ 的实数（方程 4.6）[无量纲]；$n_w \approx 1.33$，可见光在水中的折射率。

n 协同参数（“希尔系数”），$\geqslant 1$ 的实数（10.3.5 节）[无量纲]。

$n_{\boldsymbol{k},\alpha}$ 光子占有数（方程 13.27）[无量纲]。

N 普通整数，特别是随机系统中测量特定结果的次数 [无量纲]。

NA 数值孔径（6.8.2 节）[无量纲]。

p 晶体中的周期（8.3.1 节），或 DNA 的螺距 [图 8.1(c)][$\mathbb{L}$]。

$\wp_x(x)$ 连续随机变量 x 的概率密度函数，有时候缩写成 $\wp(x)$（0.4 节）[量纲同 $1/x$]，$\wp(x \mid y)$ 则为条件概率密度函数。

p_e 电子动量算符（13.6.2 节）[$\mathbb{MLT}^{-1}$]。

P 功率（单位时间内的能量）[$\mathbb{ML}^2\mathbb{T}^{-3}$]。

$\boldsymbol{P}$ 电磁场的动量（方程 13.9）[$\mathbb{MLT}^{-1}$]。P，对应的量子算符。

$\mathcal{P}(\mathsf{E})$ 事件 E 的概率 [无量纲]。$\mathcal{P}_\ell(\ell)$，离散随机变量 ℓ 的概率质量函数，有时缩写为 $\mathcal{P}(\ell)$（0.2 节）。$\mathcal{P}(\mathsf{E} \mid \mathsf{E}')$，$\mathcal{P}(\ell \mid s)$，条件概率（0.2.2 节）。$\mathcal{P}_{\text{see}}$，观察到暗闪光的概率（9.3.1 节）。$\mathcal{P}$(评级; 刺激)，受试者为特定闪光（具有特定平均光子数）给出特定评级的概率。

$\mathcal{P}_{\text{name}}(\ell; p_1, \cdots)$ 或 $\wp_{\text{name}}(x; p_1, \cdots)$ 含有参数 $p_1, \cdots$ 的 ℓ 或 x 的数学函数，由此给出了特定的某种理想分布，例如：$\mathcal{P}_{\text{unif}}$（0.2.5 节）；$\wp_{\text{unif}}$（0.4.2 节）；$\mathcal{P}_{\text{bern}}$（0.2.5 节）；0 $\mathcal{P}_{\text{binom}}$（0.2.5 节）；$\mathcal{P}_{\text{pois}}$（方程 0.28）；$\wp_{\text{gauss}}$（方程 0.38）；$\mathcal{P}_{\text{geom}}$（0.2.5 节）；$\wp_{\text{exp}}$（方程 1.10）；$\wp_{\text{cauchy}}$（方程 0.40）等。

Q_{rod} 视杆细胞轴向量子捕获率：光子沿着视杆细胞轴向传播并在几何横截面上被有效吸收后又在视杆细胞的突触末端产生信号的概率（方程 9.2）[无量纲]。类似地，$Q_{\text{rod,side}}$ 指视杆细胞被侧向照射且偏振方向垂直于细胞轴时，视杆细胞外节的量子捕获率（习题 9.3）。$Q_{\text{rod,ret}}$，整个视网膜的视杆细胞量子捕获率。Q_{tot}，整个视网膜的量子捕获率：分散到许多视杆细胞上的单个光子在其中任何一个细胞中产生一个信号并通过首突触再传递到视杆双极细胞的概率（方程 9.3）。

Q，$\mathsf{Q}^\dagger$ 分别表示电磁场的降（湮灭）算符和升（产生）算符（方程 13.18）[无量纲]。

r 界面的反射系数（5.2.2 节）[无量纲]。

r 心理物理学实验中受试者给出的离散评级（9.3.4 节）。

r_F Förster 半径（2.8.4 节的例题）[$\mathbb{L}$]。

r_e 电子位置 [$\mathbb{L}$]；$\mathbf{r}_e$，对应的量子算符（方程 13.38）。

$R_{\rm DNA}$ DNA 分子的半径 [图 8.1(c)] [$\mathbb{L}$]。

R_c 角膜的曲率半径 [$\mathbb{L}$]；R_a 晶状体前部的曲率半径；R_b 晶状体后部的曲率半径 [图 6.6(b)][$\mathbb{L}$]。

s 沿曲线的弧长 [$\mathbb{L}$]。

$\mathfrak{s}$ 待研究的子系统，例如，供体/受体对（第 14 章）[非物理量]。

S 作用量泛函（12.2.2 节和 12.3.1 节）[$\mathbb{ML}^2\mathbb{T}^{-1}$]。

$\mathcal{S}_i(\lambda)$ i 类感光细胞的光谱灵敏度函数（3.8.5 节）[无量纲]；$\bar{\mathcal{S}}_i(\lambda)$，相对（或重新度规）形式。

t 界面的透射系数（5.2.2 节）[无量纲]。

$t_{\rm w}$ 随机过程中事件之间的等待时间（方程 0.41）[$\mathbb{T}$]。

t_r 在心理物理学实验中给出 r 评级的网络阈值（所需的信号事件数量）（9.3.4 节）[无量纲]。

u 在光圈或透镜内的横向位移（图 6.5） [$\mathbb{L}$]。

u_ν 与频率有关的热辐射光谱能量密度（方程 1.19）[$\mathbb{MT}^{-1}\mathbb{L}^{-1}$]。

U 势能 [$\mathbb{ML}^2\mathbb{T}^{-2}$]。$U_0(\boldsymbol{y})$，给定核坐标 $\boldsymbol{y}$ 的基态的核与电子之间的净势能（图 1.9）。类似地，$U_\star(\boldsymbol{y})$ 则表示激发态的核与电子之间的净势能。

W 光圈的宽度或直径 [$\mathbb{L}$]。

W 将电子从金属表面移出所需克服的能垒 [$\mathbb{ML}^2\mathbb{T}^{-2}$]。

x 光路中投影屏幕上的横向位移 [$\mathbb{L}$]；x'，物方空间的横向位移；$\bar{x}$，无量纲形式（图 6.5）。

$\boldsymbol{y}$ 抽象的核坐标（或 FRET 对中供体的核坐标）（图 1.9）。类似地，$\boldsymbol{y}'$ 是 FRET 对中受体的核坐标（图 2.21）。$\bar{\boldsymbol{y}}$，特定电子态的最小能量构象的核坐标，例如，$\bar{\boldsymbol{y}}_0$ 表示基态，而 $\bar{\boldsymbol{y}}_\star$ 表示激发态。

Z 普通复数。

希腊字母

α 普通计数下标。

α 描述幂律分布的参数（方程 0.43，习题 7.6）[无量纲]。

β 泊松过程或其对应的指数分布中单位时间发生某事件的概率（1.4.1 节）[$\mathbb{T}^{-1}$]。（但平均光子到达速率用特殊符号 $\Phi_{\rm p}$ 表示。）β_i，每类视锥感光细胞的有效光子吸收的平均速率（方程 3.9）；$\boldsymbol{\beta}$，单个矢量 [包含每个 β_i 分量]。

Δ 一些量微小变化。通常用作前缀：Δx 表示 x 的微小变化。

ϵ 摩尔吸收系数（9.4.2′a 节）[$\mathbb{L}^2$]。ϵ_0，真空电容率（方程 13.32）[$\mathbb{Q}^2\mathbb{T}^2\mathbb{M}^{-1}\mathbb{L}^{-3}$]。

$\boldsymbol{\varepsilon}_{\boldsymbol{k}}^{(\alpha)}$ 平面波沿 $\boldsymbol{k}$ 传播的单位偏振基矢（$\alpha=1,2$）（方程 13.3）[无量纲]。

ζ 线性吸收系数（9.4.2′a 节）[$\mathbb{L}^{-1}$]。

$\zeta_{(\alpha)}$ 混合光中存在的参考光 α 的相对量，其中 $\alpha = 1, 2$ 或 3（方程 3.6）[无量纲]。$\boldsymbol{\zeta}$，单个矢量 [包含每个 $\zeta_{(\alpha)}$ 分量]。

η 柯西分布的宽度参数（方程 0.40）[与其随机变量相同]。

η_i 特指腔中一模式的整数（13.3 节）[无量纲]。

θ 球面极坐标中的极角 [无量纲]。

Θ DNA 中磷酸骨架螺旋的角度（8.4.1 节）[无量纲]。

κ 衍射对象中两个重复元件的错位分数（8.3.3 节）[无量纲]。

λ 在真空中具有特定频率的光子的波长（方程 1.1）[$\mathbb{L}$]。$\lambda^\star$，单色目标光的波长；$\lambda_{(\alpha)}$，基色光的波长。

μ 描述泊松分布的参数（方程 0.28）[无量纲]；$\mu_{0,\mathrm{rod}}$，单个视杆细胞的本征灰度参数；$\mu_{0,\mathrm{sum}}$，视网膜求和区域的本征灰度参数（9.3.3 节）；μ_{ph}，闪光中光子数量的期望值（方程 9.2 和方程 9.3）。

μ_{x} 高斯或柯西分布中 x 期望的设定参数（方程 0.38）[与其随机变量 x 相同]。

μ_0 真空磁导率（方程 13.33）[$\mathbb{MLQ}^{-2}$]。

ν 频率（单位时间周期数）[$\mathbb{T}^{-1}$]。ν_*，特定金属光电效应的频率阈值。

ξ 描述伯努利试验（“抛币为正面 的概率”）的参数（0.2.5 节）[无量纲]。ξ_{thin}，应用于泊松过程的稀释因子（1.4.2 节）。

ξ 描述空间曲线的通用参数，不一定是弧长。

Π 投影算符（3.8.6 节和 3.8.7 节）。

ρ_{q} 体电荷密度（单位体积电荷）（方程 13.32）[$\mathbb{QL}^{-3}$]。

$\boldsymbol{\rho}$ 量子密度矩阵算符（第 14 章）。

σ 薄片中生色团的面密度（9.4.2′a 节）[$\mathbb{L}^{-2}$]。

σ 高斯分布的方差参数（方程 0.38）[与其随机变量相同]。

φ 复数的相位角（附录 D）[无量纲]。

ϕ 极坐标中的方位角。

ϕ 量子产率（2.9.2 节）[无量纲]。ϕ_{sig}，光子被吸收后激发出视杆细胞信号的概率（9.4.2′b 节）。

Φ 电势，也称为标势 [$\mathbb{ML}^2\mathbb{T}^{-2}\mathbb{Q}^{-1}$]。

Φ_{p} 总的平均光子到达速率（1.5.2 节）[$\mathbb{T}^{-1}$]。（有些作者称该量为“光子通量”。）$\Phi_{\mathrm{p}}^\star$，目标光的速率；$\Phi_{\mathrm{p}(\alpha)}$，基色光的速率，其中 $\alpha = 1, 2$ 或 3。

ψ 定态波函数（12.2.4 节）[取决于情况]。

Ψ 概率幅度（4.5 节）[取决于情况]。$|\Psi\rangle$，态空间的矢量（12.2.4 节）。

$\omega = 2\pi\nu$ 角频率（单位时间内的弧度）（6.7 节）[$\mathbb{T}^{-1}$]。

Ω 角面积，有时称为立体角（6.7.2 节）[无量纲]。

附录 B 单位和量纲分析

在组织人类心智、记忆和想象力方面，没有什么比国际单位制更无能……
新的度量衡体系将使几代人面临尴尬和困难……
各国也会因此等琐事而备受煎熬。
——拿破仑 · 波拿巴（Napoleon Bonaparte）

一些物理量（例如盖革计数器产生的离散的点击次数）天生就是整数，但也有一些是连续的，且大多数连续量必须以约定单位表示。本书使用的是国际单位制（**SI 单位制**），但在阅读其他文献时你可能还需要对单位进行转换。单位及其转换是**量纲分析**这个更大框架的一部分。

量纲分析提供了一种有力的方法来纠正代数错误，对数字和情况进行分类和组织，甚至能猜测新的物理定律（B.4 节）。

为了系统地处理单位，请记住

“单位”是一种代表未知量的符号。大多数连续的物理量应被视为一个纯数与一个或多个单位的**乘积**。

一些物理量（例如，那些本质上是整数的物理量）没有单位，因此被称为**无量纲量**。我们在整个计算过程中都会携带单位符号。它们的行为就像其他乘积因子一样，例如，如果一个单位同时出现在表达式的分子和分母中[①]，则该单位可以抵消。我们也知道某些单位之间的关系；例如，$1\ \mathsf{in} \approx 2.54\ \mathsf{cm}$，我们用数字除以公式两边发现 $0.39\ \mathsf{in} \approx 1\ \mathsf{cm}$，依此类推。

B.1 基本单位

SI 单位制选择的“基本”单位是长度、时间、质量和电荷电量。长度单位是米（m），质量单位是千克（kg），时间单位是秒（s），电荷单位是库仑（本书缩写为 coul）[②]。我们也可以通过添加一些前缀来生成关联单位，例如吉（giga$=10^9$）、兆（mega$=10^6$）、千（kilo$=10^3$）、德西（deci$=10^{-1}$）、厘（centi$=10^{-2}$）、毫（milli$=10^{-3}$）、微（micro$=10^{-6}$）、纳（nano$=10^{-9}$）、皮（pico$=10^{-12}$）、飞

① 一个例外是使用摄氏和华氏分别表示的温度，每个都被设定成与绝对（开尔文）温度不同，参见 B.2节。

② 标准缩写是 C，但可能会与光速、浓度、电容变量或普通常数混淆。

(femto= 10^{-15})。我们将这些前缀依次缩写成 G、M、k、d、c、m、μ、n、p、f。因此，1 nm 就是一纳米（10^{-9}m)、1 μg 就是一微克，等等。

类似 μm² 的符号意指 $(\mu\text{m})^2 = 10^{-12}$ m²，而非 "μ(m²)"。

B.2 量纲和单位

其他量（例如电流）的标准单位是从上述基本单位导出的。不过，我们可以用一种不严格与特定单位制关联的方式来考虑电流。我们定义了抽象**量纲**，它告诉我们变量本质上属于哪个类型。例如，

- 我们定义符号 $\mathbb{L}$ 来表示长度的量纲。SI 赋予的基本单位称 "米"，但相同的量纲也存在其他的单位（例如，英里或厘米)。选择了长度单位后，我们就可以导出面积单位（m²）和体积单位（m³)，其量纲分别是 $\mathbb{L}^2$ 和 $\mathbb{L}^3$。
- 我们定义符号 $\mathbb{M}$ 来表示质量的量纲，它的 SI 基本单位是千克。
- 我们定义符号 $\mathbb{T}$ 来表示时间的量纲，它的 SI 基本单位是秒。
- 我们定义符号 $\mathbb{Q}$ 来表示电荷的量纲，它的 SI 基本单位是库仑。
- 电流的量纲是 $\mathbb{QT}^{-1}$，SI 赋予的标准单位 coul·s^{-1}，称 "安培"，缩写为 A。
- 能量的量纲是 $\mathbb{ML}^2\mathbb{T}^{-2}$，SI 赋予的标准单位是 kg·m²·s^{-2}，也称 "焦耳"，缩写为 J。
- 功率（单位时间的能量）的量纲是 $\mathbb{ML}^2\mathbb{T}^{-3}$，SI 赋予的标准单位是 kg·m²·s^{-3}，也称 "瓦"，缩写为 W。

假设考题是计算电流，你努力写下了由各种给定的量组成的公式。为了验证公式是否正确，你可以在公式中代入每个量的量纲，抵消后确认结果是否为 $\mathbb{QT}^{-1}$。如果不是，则逐步检查马上就会发现错误，其速度之快令人惊讶。

当你将两个量相乘或相除时，量纲组合类似于数值因子组合：如光子通量辐照度（$\mathbb{T}^{-1}\mathbb{L}^{-2}$）乘以面积（$\mathbb{L}^2$）给出了速率的量纲（$\mathbb{T}^{-1}$)。另一方面，你不能在等式中加减量纲不同的项，正如你无法将卢比与厘米相加。相应地，如果 X 和 Y 具有不同的量纲，则等式 $X = Y$ 无效。（但是，如果 X 或 Y 等于零，那我们可以忽略其量纲而不会产生歧义。）

我们可以通过使用适当的转换因子将美元与元相加，同样可以将立方厘米与（液体）盎司相加。立方厘米和盎司是不同单位，但它们都具有相同的量纲（$\mathbb{L}^3$)。我们将 1US fluid ounce ≈ 29.6 cm³ 写成如下转换因子

$$1 \approx \frac{\text{US fluid ounce}}{29.6\ \text{cm}^3}.$$

于是就可以自动实现单位转换并减少错误。因为我们可以在任何公式中自由插入

因子 1，如果上述表达式中的所有盎司单位需要取消，我们可以引入多个因子。

作用于有量纲量的函数

如果 $x = 1$ m，则我们能理解表达式 $2\pi x$（量纲 $\mathbb{L}$）及 x^3（量纲 $\mathbb{L}^3$）的意义，但 $\sin(x)$ 或 $\log_{10} x$ 的意义是什么？这些表达式是没有意义的[①]，更精确地说，与 $x/26$ 或 x^2 不同，这些表达式不是以简单乘积的方式改变单位。

其他 SI 单位

频率: 一赫兹（Hz）等于每秒一周期，或 2π rad · s^{-1}。

温度: 一开尔文（K）可以定义成单原子理想气体具有平均动能 $(3/2)k_\mathrm{B}T$，其中 $k_\mathrm{B} = 1.38 \times 10^{-23}$ J·K^{-1}。

聚焦能力: 一个屈光度（D）等于 1 m^{-1}。

电势: 一伏特（V）等于 1 J·coul^{-1}。

光通量: 习题 11.1 定义了一个称为流明的单位（缩写为 lm）。它不直接等同于其他类型的单位，因此应有其自身的量纲。但是，我们不会为该量纲指定专门符号。

发光强度: 坎德拉被定义为单位立体角内的流明（参见下面的 B.3.2 节）。

传统但非 SI 单位

时间: 1 分钟就是 60 s，等等。

长度: 1 埃（Å）等于 0.1 nm。

体积: 1 升（L）等于 10^{-3} m^3。因此，1 mL= 1 cm^3。

数密度: 1 M 溶液拥有的数密度是 1 mole·L^{-1} = 1000 mole·m^{-3}，其中 “mole”（摩尔）代表无量纲数 $\approx 6.02 \times 10^{23}$。

能量: 1 电子伏特（eV）等于 $e \times (1\mathrm{V}) = 1.60 \times 10^{-19}$ J = 96 kJ·mole^{-1}。

温度

温度总是通过热能单位进入物理学的，所以只要愿意，我们就可以用此能量来代表温度（单位为焦耳），因而没有必要为温度引入单独的量纲。

然而，将热能单位除以玻尔兹曼常数 k_B 来定义“温度” T 是一项传统。该常数的数值仅定义了（不必要的）单位“开尔文”的含义。

传统上，数量 $T - 273.15$ K 称为“摄氏温度”，有时将“°C”添加到前述数值后面（并省略符号 K）来表示。

---

① 认定这些表达式毫无意义的方法之一是使用 $\sin(x)$ 的泰勒级数展开，注意到展开的各项的量纲不相容。

B.3 关于作图

我们对连续量作图时通常需要在坐标轴上标明单位，例如，如果坐标标明等待时间/s，则我们理解的刻度标记 2 表示测量的等待时间除以 1 s 时得到的纯数 2。

同样的解释适用于对数坐标，如果坐标标明闪光光子面密度/(光子/μm^2)，而刻度线是不等距的 (例如图 9.9 横坐标)，则我们理解的 10 之后的第一个刻度代表的量是除以单位后得到的纯数 20（本例中就是 20 光子/μm^2）。我们也可以对量 x 作对数图“ $\log_{10} x$ ”或“ $\ln x$ ”。如果 x 携带单位，则严格来说我们必须改写成“ $\log_{10}(x/(1\ \mathrm{m}^2))$ ”或“ $\log_{10}(x/\mathrm{a.u.})$ ”，因为对带量纲的量取对数没有意义。

B.3.1 任意单位

有时候物理量的单位是未知的或还未定，也可能是没有必要具体化。这时我们用激发概率/arbitrary units 之类的语言来提醒读者。为方便计，通常缩写为“a.u.”。

B.3.2 角度

参阅 6.7 节，角度是无量纲的：我们在两条交叉线之间先画一段半径为 r 的圆弧，再将弧长（量纲为 $\mathbb{L}$ ）除以 r（量纲也为 $\mathbb{L}$ ）即为两交叉线的角度，其无量纲单位为弧度（缩写为 rad)。另一个暗示是，如果 θ 携带量纲，则像正弦和余弦之类的三角函数不会被定义（见 B.2 节）。对应于完整圆的角度是 2π rad，该量的另一种表达是 360 deg。

角面积（也称为立体角）也是无量纲的，给定部分球体表面积，再除以球面半径的平方就得出了该球面的角面积，其单位为无量纲的球面度 （缩写为 sr)。

B.4 量纲分析的丰厚回报

量纲分析不仅可以避免或发现计算错误，还可以帮助你发现新的物理定律，这里有一个来自光的案例。

到了 19 世纪末，炽热物体发出的光显然引起了人们的极大兴趣。这种兴趣首先源自基尔霍夫的理论结果，基尔霍夫认为一个内部没有任何东西（真空）的腔体被加热时，空腔内会充满光，此现象称为热辐射[①]。在光被正确（量子）描述

① 理想的热辐射有时称为“黑体”辐射（图 B.1 中的“Schwarzer Körper”)。

之前，人们将光携带的能量密度描述为光谱。温度 T 时的光谱能量密度$[u_\nu(\nu,T)]$定义为频率范围 $\Delta\nu$ 内单位体积内光所携带的能量再除以 $\Delta\nu$。

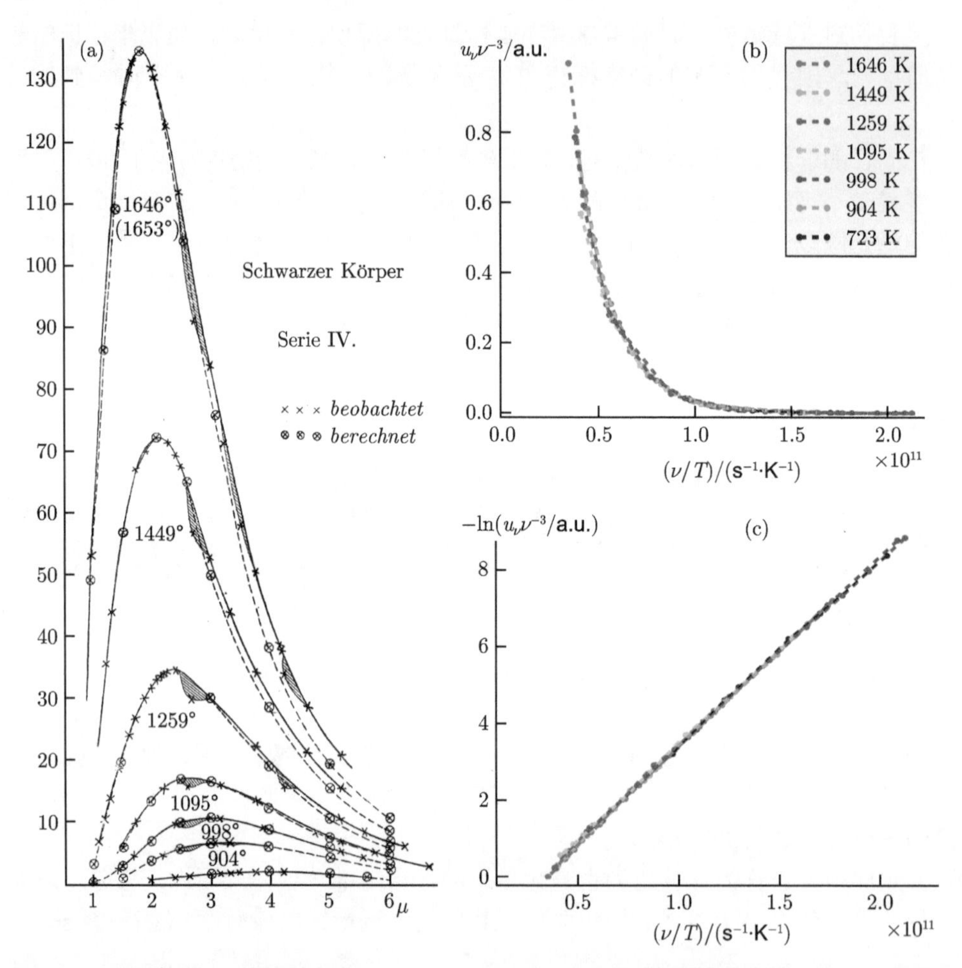

图 B.1 [实验数据。] **热辐射光谱**。(a) 叉点：到 1899 年所获得的实验数据，显示了不同开尔文温度下的热辐射光谱能量密度。横轴表示波长（单位为微米）；纵轴给出 $u_\lambda(\lambda,t)$，对应于正文讨论的 u_ν，作变量变换 $\nu=c/\lambda$ 即可（参见习题 3.2)。(由于空气中水蒸气的吸收，阴影区域的实验数据有所下降，因此没有反映实际的热辐射光谱。）[摘自 Lummer & Pringsheim, 1899。] (b) 将 (a) 中的数据转换为频谱，除以频率立方，再作 $x=\nu/T$ 的函数图，则所有数据都会重叠到单根曲线上（如公式 B.1 所预测那样）。虚线只是数据点的连线，它们没有反映任何理论。(c) 将 (b) 中数据作半对数图。实验数据 [(a) 中叉点] 与理论预期 [圆圈叉点] 之间的微小系统误差对应于该图低端对直线的偏离。但是该图也表明，对于 1899 年的数据，这种偏差尚不明显。后来的实验探测了更小的 ν/T 值，从而揭示了较大的偏差，指出指数关系失效，进而催生了普朗克的著名公式（方程 B.3)。但是即便在此之前，普朗克也正确认识到了 1899 年的数据可以给出那个新的自然常数的估值。

基尔霍夫理论上证明腔内的光谱能量密度是普适的：它仅取决于频率 ν 和绝对温度 T。（例如，构成腔壁的材料是无关紧要的。）后来，维恩证明了一个更强的结果：温度 T 仅通过组合量 ν/T 进入能量密度公式。更准确地说，维恩的“位移定律”指出存在一个一普适函数 $\mathscr{F}$

$$\mu_\nu(\nu,T)=\nu^3\mathscr{F}(x),\quad \text{其中}\quad x=\nu/(k_\mathrm{B}T). \tag{B.1}$$

我们在 x 的定义中包含了玻尔兹曼常数 k_B，而温度只通过乘积 $k_\mathrm{B}T$ 进入公式；该乘积具有能量的量纲[①]。

尽管维恩无法从理论上预测函数 $\mathscr{F}$ 的形式，但他的结论具有深刻而可检验的意义：*所有频谱能量密度函数（除以 ν^3 之后）应重叠为同一条曲线*，即 $\mathscr{F}$ 图。当后来的数据可用时 [图 B.1(a)] 证实了这一期望 [图 B.1(b)]。

普朗克在发现以他的名字命名的定律之前的 1899 年曾考虑过上述情况。$\mathscr{F}$ 是量 x 的非线性函数，后者的量纲是 $\mathbb{M}^{-1}\mathbb{L}^{-2}\mathbb{T}$。但是我们不能将一般的非线性函数直接作用到具有量纲的量（B.2 节）！普朗克得出的结论是

$$\begin{aligned}&\mathscr{F}(x)\ \text{必须采用}\ Bf(ax)\ \text{形式，其中}\ B\ \text{和}\ a\ \text{是自然的常数，}\\&f\ \text{是无量纲量}\ ax\ \text{的无量纲函数。}\end{aligned} \tag{B.2}$$

普朗克知道量 B 和 a 必须是普适常数，因为基尔霍夫已经证明了整个热辐射谱除了对 T 和 ν 的依赖性以外都是普适的。

因此，量纲推理可以有效地将热辐射问题细分为两个子问题：

- B 和 a 的值是多少？它们的意义是什么？
- 函数 f 的形式是什么？它的具体含义是什么？

我们从常数 a 开始，假设它是已知自然常数的某种组合，但是在 1899 年，已知常数只有两个，它们具有 B 和 a 所需的通用特征：

- 真空中的光速（c），量纲 $\mathbb{L}\mathbb{T}^{-1}$ ，和
- 牛顿的引力常数（G），量纲 $\mathbb{M}^{-1}\mathbb{L}^3\mathbb{T}^{-2}$ 。

普朗克意识到 *c 和 G 的任何组合都不能给出 a 所需的量纲*，然后他就大胆地断言，a 必须是一个*新的*普适的自然常数，尽管他不知道任何可能涉及的物理机制。今天我们发现当年讨论的等效量即为“约化普朗克常数” $\hbar=a/(2\pi)$[②]。

现在我们转到方程 B.2 中的另一个常数 B，发现其量纲与 $\hbar c^{-3}$ 相同，因此不需要另一个新的自然常数来容纳 B。

---

① 0.6 节引入了玻尔兹曼常数。

② 许多作者则简称 $\hbar$ 为“普朗克常数”。然而，其他人则使用该短语（和字母 h）来表示我们所谓的 a。

在 1899 年，当时已有的数据和理论似乎都给出了该函数的形式为 $f(ax) = e^{-ax}$[图 B.1(c)]。因此，我们可以简单地对实验数据作半对数图，再根据斜率估算 a 的值。将此方法应用于图 B.1(c) 中的数据得到 $a \approx 6.8 \times 10^{-34}$ J·s，或者 $\hbar \approx 1.08 \times 10^{-34}$ J·s，非常接近今天的数值①。

普朗克的前瞻性成就是出类拔萃的：当时可用数据还不够广泛，因此不足以揭示 f 的真实形式，尤其在小 ax 值部分，实验数据比图 B.1(a) 更严重地偏离指数关系，后来的数据表明指数关系明显失效时，普朗克就猜测了一个正确的定律，即方程 1.19：

$$f(ax) = (e^{ax} - 1)^{-1}. \tag{B.3}$$

在 1899 年，普朗克就已经知道了热辐射必须涉及一个新的基本常数，并且得到了它的数值。

思考题BA

> 利用刚给出的 a 值，在图 B.1(c) 所示的整个 x 值范围内制作函数 e^{-ax} 和 $(e^{ax} - 1)^{-1}$ 的半对数图，并讨论你的结果。

六年后，爱因斯坦提出光是由粒子组成的，每个粒子的能量都与频率有关②。一个粒子应该包含多少能量？将频率（s^{-1}）转换为能量（J）需要的自然常数的单位是 J·s。尽管光量子假说似乎很疯狂，但爱因斯坦知道普朗克已经用这些单位精确地发现了一个新常数，而这些单位在物理学中的作用尚不为人所知。因此，他提出一个光子的能量应等于 $2\pi\hbar\nu$，并证明该假说解释了热辐射谱③。然后，他进一步对光电效应做出了可证伪的预测。

普朗克在 1899 年还做出了另一项富有远见的观察。他发现除了他的新常数外，自然界的已知基本常数（c, G 和现在的 $\hbar$）已经足够创建量纲为 $\mathbb{L}$, $\mathbb{M}$ 和 $\mathbb{T}$ 的量。这些量可以作为自然界设定的*普适单位*，与国王的脚、地球或其他任意目标的大小无关。正如普朗克所说，它们“必须在所有时间和所有文明中，甚至在外星和非人类文明中都保持同样的含义”。的确，在量子理论诞生之前获得的这些“普朗克单位”至今仍被理论物理学认为是基本量。

---

① 普朗克实际上使用了不同的方法但得出了相似的数值。

② 爱因斯坦关系，见方程 1.6。

③ [T2] 实际上，理解整个光谱需要更多的工作。爱因斯坦在 1905 年证明他的假说正确地给出了高频端的关系。1.3.3′c 节给出了完整的推导。

思考题BB

> 使用常数 $\hbar$，c 和 G 的现代值计算出长度、质量和时间的普适单位，然后再以通用的 SI 单位重新表达。为什么它们与生物学中相关的尺度如此不同？

有关普朗克发现的更多详细信息，请参阅 Stone, 2013 和 Pais, 1982, chapt. 19。

附录 C 常 数 值

大自然像审慎的遗嘱人一样，约束她的财产，
不将其全部赋予一代人。
她前瞻性地、平等地关心一代又一代……
及至第四十代。
——拉尔夫·瓦尔多·爱默生（R. W. Emerson）

（参见：http://bionumbers.hms.harvard.edu/和 Milo & Phillips, 2016。）

C.1 基本常数

普朗克常数（约化）：$\hbar = 1.05 \times 10^{-34}$ J·s。

质子电荷：$e = 1.6 \times 10^{-19}$ coul。电子电荷是 $-e$。

电子质量：$m_{\mathrm{e}} = 9.1 \times 10^{-31}$ kg。

光速：$c = 3.0 \times 10^{8}$ m·s^{-1}。

阿伏伽德罗常数：$N_{\mathrm{mole}} = 6.02 \times 10^{23}$。

玻尔兹曼常数：$k_{\mathrm{B}} = 1.38 \times 10^{-23}$ J·K^{-1}。室温下的典型热能：$k_{\mathrm{B}}T_{\mathrm{r}} = 4.1$ pN·nm $= 4.1 \times 10^{-21}$ J $= 2.5$ kJ·mole^{-1} $= 0.59$ kcal·mole^{-1} $= 0.025$ eV。

斯特藩-玻尔兹曼常数：$\sigma_{\mathrm{SB}} = 5.7 \times 10^{-8}$ W·m^{2}·K^{-4}。

真空电容率：$\epsilon_0 \approx 9 \times 10^{-21}$ coul^{2}·N^{-1}·m^{-2}。真空磁导率：$\mu_0 = 4\pi \times 10^{-7}$ m·kg·coul^{-2}。

C.2 光学常数

C.2.1 可见光的折射率

这些近似值忽略了色散（对波长的依赖性）。

标准温度和压力下的空气折射率：$n_{\mathrm{air}} = 1.0003$。除了研究海市蜃楼现象外，本书使用的近似值为 1。在海市蜃楼现象中，我们对波长为 633 nm 的光使用更精确的值：30 °C 时 $n_{\mathrm{air}} = 1.00026$；50 °C 时 $n_{\mathrm{air}} = 1.00024$。

水的折射率：$n_{\mathrm{w}} = 1.33$。

玻璃的折射率：1.5—1.7。本书使用的值为 1.52。

油浸透镜显微镜中使用的油的典型折射率：1.52。

人眼玻璃体和房水的可见光折射率：1.34。

人眼晶状体：折射率从中心的 1.43 变化到边缘的 1.32。本书使用的均匀近似值为 1.42。

鱼眼晶状体的折射率：均匀近似值 1.45。在外周是 1.38。

人体角膜的折射率：1.38。

C.2.2 其他

干透镜最大数值孔径 ≈ 0.95；油浸镜头：1.6。

从地球观察月球的角直径：32 arcmin。

地球表面单位面积太阳辐射的最大能量：1.4 $\mathrm{kW \cdot m^{-2}}$。

C.3 眼 睛

C.3.1 结构尺寸

从瞳孔到中央视网膜的距离：20 mm。从前到后的眼睛直径：24 mm。

暗光下瞳孔直径：个体之间变化很大，且随着年龄的增长而减小。有些人可以打开到 8 mm，也是我们作图使用的值。亮光下只有 2 mm。

人中央角膜的曲率半径：7.8 mm。

人眼晶状体的曲率半径：前表面 10 mm，后表面 6 mm。

眼球介质因子：对于 35 岁的受试者来说，507 nm 光的测试结果是，除了沿途被吸收或散射外，只有 45% 到达眼睛的光子最终会到达视网膜。

在颞侧方向上偏离中央视线 7 deg 的平铺因子：0.56。

人类视网膜上的 1 mm 对应于 3.7 deg 的弧。

中央凹：直径 0.3 mm。

C.3.2 视杆细胞

视杆细胞的视觉敏感度在 507 nm 达到最大，包括视网膜之前的光子损失谱以及视紫红质本身的吸收光谱。

视紫红质吸收峰在 500 nm 附近。

灵长类视杆细胞中视紫红质对光的吸收：峰值吸收截面乘以浓度 $= a_1c \approx 0.044\ \mu\mathrm{m}^{-1}$（9.4.2′a 节）。吸收系数，$\zeta = a_1c/(\ln 10) = 0.019\ \mu\mathrm{m}^{-1}$。消光系数（摩尔吸光系数）是 $a_1/(\ln 10) = 4.0 \times 10^4\ \mathrm{M}^{-1} \cdot \mathrm{cm}^{-1}$。

人视网膜中的视杆细胞数：1.2×10^8。

人或猕猴视杆细胞中视紫红质分子的数量：1.4×10^8。

视紫红质光异构化的量子产率：0.67。
黑暗中猕猴的每个视杆细胞每次假阳性类光子信号的速率：0.0037 s^{-1}。
单光子响应电流：典型值为 1—2 pA。
黑暗中视杆细胞的膜电位：−40 mV；最大超极化时 −70 mV；单光子响应时 2.4 mV。
视杆细胞积分时间：200 ms。
视杆细胞单光子响应的时间窗：300 ms。
视杆细胞外节直径（猕猴）：$d_{\mathrm{rod}}^{\mathrm{m}} = 2$ μm。人的视杆细胞外节直径数值相似 [图 3.9(a)]。
人的中周视网膜上视杆细胞外节长度：42 μm。Baylor et al., 1984 的研究表明猕猴中周视网膜中视杆细胞外节长度为 25 μm。
每个视杆细胞包含大约 1000 个膜盘。
视杆细胞外节中环核苷酸门控通道的希尔系数（协同参数）（图 10.9)：2.4。
暗视中视杆细胞的囊泡释放速率：100 s^{-1}。

C.3.3 视锥细胞

视锥细胞的视觉敏感度在 555 nm 达到最大。这是针对不同类型视锥细胞的笼统估值，包括视网膜之前的光子损失谱以及视紫蓝质本身的吸收光谱。
人类视网膜中的视锥细胞数量：约 5×10^6—7×10^6。
人类视锥细胞直径：约 6 μm [图 3.9(a)]。但中央凹较薄（1.5—3 μm）[无视杆细胞区域，图 3.9(b)]。
视锥细胞光视蛋白 I，II 和 III（视杆视蛋白的类似物）与称为视紫蓝质的视黄醛形成复合物，吸收光谱在 426 nm, 530 nm 和 560 nm 附近达到峰值。图 3.11 中显示的曲线在这些值上并不完全达到峰值，因为曲线已经过校正，便于通过晶状体和黄斑色素实现视网膜前的预过滤和自我筛查。

C.3.4 有关感光细胞

在首突触处被拒绝的单光子视杆细胞信号的占比： 0.5。
服务于中央凹的视网膜节细胞的感受野的角直径约 0.1 deg。
对于有效视觉，每个视杆细胞的最小信号速率： 0.0002 s^{-1}。若是探测静态场景中的光，则绝对阈值低于该值。

C.4 B 型 DNA

参见图 8.1(c)。

直径： 2.3 nm。

螺距： 3.5 nm。

碱基对间距： 0.34 nm。

附录 D 复　　数

我发现虚数在计算税收减免时很有用。

——拉玛穆提 · 香卡（R. Shankar）

为了定义复数，我们引入一个新的量 i 来扩展普通实数，但该量不等于任何实数[①]。复数 Z 是 1 和 i 作为系数与实数 a 和 b 的任意组合：$Z = a+\mathrm{i}b$。a 和 b 分别被命名为 Z 的**实部和虚部**，即 $a = \mathrm{Re}Z$ 和 $a = \mathrm{Im}Z$。

复数在某些方面类似于二维矢量，因为矢量 $\boldsymbol{v}$ 也可以写成两个基矢的组合。因此，我们可以借用矢量加法的思想来定义两个复数之和，即 $Z = a+\mathrm{i}b$ 和 $Z' = a'+\mathrm{i}b'$，即对应分量相加：

$$(a+\mathrm{i}b)+(a'+\mathrm{i}b') = (a+a')+\mathrm{i}(b+b'). \tag{D.1}$$

我们可以将每个矢量想象成一个箭头，并将第一个矢量的尾部放在原点上，然后滑动第二个矢量直到其尾部与第一个矢量的头部重合，等等。方程 D.1 的几何意义如下：求和可以由箭头表示，该箭头从原点出发到第二矢量的头部结束（例如图 4.11 和图 4.12）。

对矢量进行类比，复数 Z 具有长度（称为**模**、“绝对值”或“幅度”），由 $|Z| = \sqrt{a^2+b^2}$ 表示。像矢量一样，任何非零 Z 也有一个方向，我们可以通过它与正实轴的角度（称为**相位**或“辐角”）来指定方向，该角度的正切等于 b/a。

复数当然不是矢量，我们现在引入一个与矢量不同的乘法运算[②]。我们特别声明 $\mathrm{i}^2 = -1$ 来定义乘法运算

$$Z \times Z' = (a+\mathrm{i}b)\times(a'+\mathrm{i}b') = (aa'-bb')+\mathrm{i}(ab'+a'b). \tag{D.2}$$

与矢量的叉乘不同，复数乘积是可交换的；与矢量的点积也不同，它是结合的。此外，每个非零 Z 都有一个倒数。也就是说，方程 D.2 的行为就与实数的传统乘法一样，因此，代数的常规运算都适用于复数。

---

① 一些工程教材使用字母 j 来表示该量。一些计算数学包使用符号 I 或 j。有时物理学家使用符号 $\hat{\mathrm{i}}$ 表示一个不相关的概念，即方向的单位矢量。

② 两个复数相乘生成第三个复数。相反，两个矢量的点积是标量；而两个矢量的叉乘依然是一个矢量，只是其方向垂直于前两个矢量。

对于每个复数 $Z = a + \mathrm{i}b$，我们也定义其**复共轭** $Z^* = a - \mathrm{i}b$。因此，复共轭对应于 ab 平面有关 a 轴的镜像。

思考题DA

a. 证明：两个复数相乘时，ZZ' 的模数等于乘积 $|Z||Z'|$，相位等于 Z 和 Z' 的相位之和。[提示：两个角度之和的正切公式可能很有用。]

b. 证明

$$|Z|^2 = (Z)(Z^*) \tag{D.3}$$

$$\mathrm{Re}Z = (Z + Z^*)/2 \quad 及 \quad \mathrm{Im}Z = (Z - Z^*)/(2\mathrm{i}). \tag{D.4}$$

c. 证明 $(Z^*)^* = Z$ 及 $(Z_1Z_2)^* = Z_1^*Z_2^*$。

欧拉公式以紧凑的方式囊括了所有结果。对于任何实数 φ，

$$\mathrm{e}^{\mathrm{i}\varphi} = \cos\varphi + \mathrm{i}\sin\varphi. \tag{4.4}$$

证明这个等式的一种方法[①]是将表达式的左侧定义为 $g(\varphi)$，将右侧定义为 $f(\varphi)$。显然 $f(0) = g(0)$。另外，取导数得 $\mathrm{d}g/\mathrm{d}\varphi = \mathrm{i}g$ 和 $\mathrm{d}f/\mathrm{d}\varphi = \mathrm{i}f$，因此量 $h = f - g$ 服从

$$\mathrm{d}h/\mathrm{d}\varphi = \mathrm{i}h \quad 及 \quad h(0) = 0. \tag{D.5}$$

则 h 模的平方服从

$$\frac{\mathrm{d}|h|^2}{\mathrm{d}\varphi} = \frac{\mathrm{d}(h^*h)}{\mathrm{d}\varphi} = (-\mathrm{i}h^*)h + h^*(\mathrm{i}h) = 0. \tag{D.6}$$

因为 $|h|$ 开始等于零，方程 D.6 的结果表明它又是一常数，因此 h 一直是零，即对所有 φ 有 $f(\varphi) = g(\varphi)$。

方程 4.4 表明指数函数能将正弦和余弦函数捆绑在一起，它能使波动物理学中的公式变得简单。如果我们需要正弦和余弦，可以求解方程 4.4：

$$\cos\varphi = \frac{1}{2}(\mathrm{e}^{\mathrm{i}\varphi} + \mathrm{e}^{-\mathrm{i}\varphi}), \quad \sin\varphi = \frac{1}{2\mathrm{i}}(\mathrm{e}^{\mathrm{i}\varphi} - \mathrm{e}^{-\mathrm{i}\varphi}). \tag{D.7}$$

注意 $\mathrm{e}^{\mathrm{i}\pi} = -1$，我们就说 -1 的相位等于 π。

欧拉公式还暗示：对于任何实数 φ，复数 $\mathrm{e}^{\mathrm{i}\varphi}$ 模始终等于 1。更一般而言，任何复数都可以表示为这种形式乘以一个实数比例因子：$Z = r\mathrm{e}^{\mathrm{i}\varphi}$。注意到 $\mathrm{e}^{\mathrm{i}(\varphi+2\pi)} = \mathrm{e}^{\mathrm{i}\varphi}$，即复数的相位（如任何角度）都是周期变量。

① 习题 4.1 给出了另一个证明。

我们可以利用方程 4.4 将“极坐标” $re^{i\varphi}$ 转换为“笛卡儿坐标” $a+ib$。为此，建立它们之间的关系

$$a = r\cos\varphi,\quad b = r\sin\varphi,\quad \text{以及}\quad r = \sqrt{a^2+b^2},\quad \varphi = \arctan(b/a).$$

欧拉公式拥有与指数函数一样的运算属性[①]：

$$re^{i\varphi} \times r'e^{i\varphi'} = (rr')e^{i(\varphi+\varphi')}. \tag{D.8}$$

方程 D.8 的两个特例非常重要：

- 复数 Z 乘以实数只会改变其长度而不旋转。
- 而乘以一个纯相位 $e^{i\varphi}$ 会绕原点旋转 Z 而不改变其长度。

最后，你可以证明

$$(re^{i\varphi})^* = re^{-i\varphi}. \tag{D.9}$$

复数更多的几何特性参见 Needham, 1997。

① 习题 4.2 解决了这个问题。

参考文献

就像我们壁炉里的火焰一样，书本也是如此：
你从邻居那里取火，点亮你自己，
也照亮了别人，它就属于每个人。
——伏尔泰 (Voltaire)

下面文章都发表在高影响力的科学期刊上，重要的是这样的高引用文章只是冰山一角：许多技术细节（通常包括所用任何物理模型的使用说明）都归于一个单独的“补充材料”文档，文章的在线版本通常将包含该材料的链接。

Abraham, A V, Ram, S, Chao, J, Ward, E S, & Ober, E J. 2010. Comparison of estimation algorithms in single-molecule localization. *Proc. SPIE Int. Soc. Opt. Eng.*, **7570**, 757004.

Agranovich, V M, & Galanin, M D. 1982. *Electronic excitation energy transfer in condensed matter.* New York: Elsevier North-Holland.

Ahlborn, B. 2004. *Zoological physics.* New York: Springer.

Ala-Laurila, P, & Rieke, F. 2014. Coincidence detection of single-photon responses in the inner retina at the sensitivity limit of vision. *Curr. Biol.*, **24**, 1-11.

Alberts, B, Bray, D, Hopkin, K, Johnson, A, Lewis, J, Raff, M, Roberts, K, & Walter, P. 2014. *Essential cell biology.* 4th ed. New York: Garland Science.

Alberts, B, Johnson, A, Lewis, J, Morgan, D, Raff, M, Roberts, K, & Walter, P. 2015. *Molecular biology of the cell.* 6th ed. Garland Science.

Allen, L J S. 2011. *An introduction to stochastic processes with applications to biology.* 2d ed. Upper Saddle River NJ: Pearson.

Amador Kane, S. 2009. *Introduction to physics in modern medicine.* 2d ed. Boca Raton FL: CRC Press.

Amir, A, & Vukusic, P. 2013. Elucidating the stop bands of structurally colored systems through recursion. *Am. J. Phys.*, **81**(4), 253-257.

Appleyard, D C, Vandermeulen, K Y, Lee, H, & Lang, M J. 2007. Optical trapping for undergraduates. *Am. J. Phys.*, **75**(1), 5-14.

Armstrong, C M, & Hille, B. 1998. Voltage-gated ion channels and electrical excitability. *Neuron*, **20**, 371-380.

Arnold, W, & Oppenheimer, J R. 1950. Internal conversion in the photosynthetic mechanism of blue-green algae. *J. Gen. Physiol.*, **33**(4), 423-435.

Arshavsky, V Y, Lamb, T D, & Pugh, Jr, E N. 2002. G proteins and phototransduction. *Annu. Rev. Physiol.*, **64**, 153-187.

Asari, H, & Meister, M. 2012. Divergence of visual channels in the inner retina. *Nat. Neurosci.*, **15**(11), 1581-1589.

Aspden, R S, Padgett,M J, & Spalding, G C. 2016. Video recording true single-photon double-slit interference. *Am. J. Phys.*, **84**(9), 671-677.

Atkins, P W, & de Paula, J. 2011. *Physical chemistry for the life sciences.* 2d ed. Oxford UK: Oxford Univ. Press.

Atkins, P W, & Friedman, R. 2011. *Molecular quantum mechanics.* 5th ed. Oxford UK: Oxford Univ. Press.

Backlund, M P, Lew, M D, Backer, A S, Sahl, S J, Grover, G, Agrawal, A, Piestun, R, & Moerner, W E. 2012. Simultaneous, accurate measurement of the 3D position and orientation of single molecules. *Proc. Natl. Acad. Sci. USA,* **109**(47), 19087-19092.

Badura, A, Sun, X R, Giovannucci, A, Lynch, L A, & Wang, S S-H. 2014. Fast calcium sensor proteins for monitoring neural activity. *Neurophoton.*, **1**(2), 025008.

Barkai, N, & Leibler, S. 1997. Robustness in simple biochemical networks. *Nature,* 387(6636), 913-917.

Barlow, H B. 1956. Retinal noise and absolute threshold. *J. Opt. Soc. Am.*, **46**, 634-639.

Barlow, H B, & Mollon, J D. 1982. Psychophysical measurements of visual performance. *Chap. 7, pages 114-132 of*: Barlow, H B, & Mollon, J D (Eds.), *The senses.* Cambridge UK: Cambridge Univ. Press.

Barlow, H B, Levick, W R, & Yoon, M. 1971. Responses to single quanta of light in retinal ganglion cells of the cat. *Vision Res. Supplement,* **3**, 87-101.

Barrett, J M, Berlinguer-Palmini, R, & Degenaar, P. 2014. Optogenetic approaches to retinal prosthesis. Vis. *Neurosci.*, **31**(4-5), 345-354.

Bartko, A, & Dickson, R. 1999a. Imaging three-dimensional single molecule orientations. *J. Phys. Chem. B,* **103**, 11237-11241.

Bartko, A, & Dickson, R. 1999b. Three-dimensional orientations of polymer-bound single molecules. *J. Phys. Chem. B,* **103**, 3053-3056.

Bates, M, Huang, B, & Zhuang, X. 2008. Super-resolution microscopy by nanoscale localization of photoswitchable fluorescent probes. *Curr. Opin. Chem. Biol.*, **12**(5), 505-514.

Bates, M, Jones, S A, & Zhuang, X. 2011. Stochastic optical reconstruction microscopy (STORM). *Chap. 35 of*: Yuste, R (Ed.), *Imaging: A laboratory manual.* Cold Spring Harbor NY: Cold Spring Harbor Laboratory Press.

Bates, M, Jones, S A, & Zhuang, X. 2013. Stochastic optical reconstruction microscopy (STORM): A method for superresolution fluorescence imaging. *Cold Spring Harb. Protoc.*, **2013**(6), 498-520.

Baylor, D A, & Fettiplace, R. 1977. Transmission from photoreceptors to ganglion cells in turtle retina. *J. Physiol. (Lond.),* **271**(2), 391-424.

Baylor, D A, Lamb, T D, & Yau, K W. 1979. The membrane current of single rod outer segments. *J. Physiol. (Lond.)*, **288**, 589-611.

Baylor, D A, Nunn, B J, & Schnapf, J L. 1984. The photocurrent, noise and spectral sensitivity of rods of the monkey Macaca fascicularis. *J. Physiol. (Lond.)*, **357**, 575-607.

Baylor, D A, Nunn, B J, & Schnapf, J L. 1987. Spectral sensitivity of cones of the monkey Macaca fascicularis. *J. Physiol. (Lond.)*, **390**, 145-160.

Benedek, G B, & Villars, F M H. 2000. *Physics with illustrative examples from medicine and biology*. 2nd ed. Vol. 3. New York: AIP Press.

Berg, H C. 2004. *E. coli in motion*. New York: Springer.

Berg, J M, Tymoczko, J L, Gatto, Jr., G J, & Stryer, L. 2015. *Biochemistry*. 8th ed. New York: WH Freeman and Co.

Berman, H M, Westbrook, J, Feng, Z, Gilliland, G, Bhat, T N, Weissig, H, Shindyalov, I N, & Bourne, P E. 2000. The Protein Data Bank. *Nucl. Acids Res.*, **28**, 235-242.

Berman, P R, & Malinovsky, V S. 2011. *Principles of laser spectroscopy and quantum optics*. Princeton NJ: Princeton Univ. Press.

Berntson, A, Smith, R G, & Taylor, W R. 2004. Transmission of single photon signals through a binary synapse in the mammalian retina. *Vis. Neurosci.*, **21**(5), 693-702.

Berson, D M. 2014. Intrinsically photosensitive retinal ganglion cells. *Chap. 14 of*: Chalupa, L M, & Werner, J S (Eds.), *The new visual neurosciences*. Cambridge MA: MIT Press.

Berson, D M, Dunn, F A, & Takao, M. 2002. Phototransduction by retinal ganglion cells that set the circadian clock. *Science*, **295**(5557), 1070-1073.

Betzig, E. 1995. Proposed method for molecular optical imaging. *Opt. Lett.*, **20**(3), 237-239.

Betzig, E, Patterson, G H, Sougrat, R, Lindwasser, O W, Olenych, S, Bonifacino, J S, Davidson, M W, Lippincott-Schwartz, J, & Hess, H F. 2006. Imaging intracellular fluorescent proteins at nanometer resolution. *Science*, **313**(5793), 1642-1645.

Bialek, W. 2012. *Biophysics: Searching for principles*. Princeton NJ: Princeton Univ. Press.

Blitzstein, J K, & Hwang, J. 2015. *Introduction to probability*. Boca Raton FL: CRC Press.

Boal, D. 2012. *Mechanics of the cell*. 2d ed. Cambridge UK: Cambridge University Press.

Bobroff, N. 1986. Position measurement with a resolution and noise-limited instrument. *Rev. Sci. Instrum.*, **57**, 1152-1157.

Bodine, E N, Lenhart, S, & Gross, L J. 2014. *Mathematics for the life sciences*. Princeton NJ: Princeton Univ. Press.

Böhmer, M, & Enderlein, J. 2003. Orientation imaging of single molecules by wide-field epifluorescence microscopy. *J. Opt. Soc. Am. B*, **20**, 554-559.

Bohren, C F, & Clothiaux, E E. 2006. *Fundamentals of atmospheric radiation*. Weinheim: Wiley-VCH.

Boyd, I A, & Martin, A R. 1956. The end-plate potential in mammalian muscle. *J. Physiol. (Lond.)*, **132**(1), 74-91.

Boyden, E S, Zhang, F, Bamberg, E, Nagel, G, & Deisseroth, K. 2005. Millisecond-timescale, genetically targeted optical control of neural activity. *Nat. Neurosci.*, **8**(9), 1263-1268.

Brainard, D H, & Stockman, A. 2010. Colorimetry. *Chap. 10 of*: Bass, M, Enoch, J M, & Lakshminarayanan, V (Eds.), *Handbook of optics*, 3rd ed., Vol. 3. New York: McGraw-Hill.

Branchini, B R, Behney, C E, Southworth, T L, Fontaine, D M, Gulick, A M, Vinyard, D J, & Brudvig, G W. 2015. Experimental support for a single electron-transfer oxidation mechanism in firefly bioluminescence. *J. Am. Chem. Soc.*, **137**(24), 7592-7595.

Bray, D. 2009. *Wetware: A computer in every living cell.* New Haven: Yale Univ. Press.

Breslin, A, & Montwill, A. 2013. *Let there be light: The story of light from atoms to galaxies.* 2d ed. London: Imperial College Press.

Broussard, G J, Liang, R, & Tian, L. 2014. Monitoring activity in neural circuits with genetically encoded indicators. *Front. Mol. Neurosci.*, **7**, art. no. 97.

Buhbut, S, Itzhakov, S, Tauber, E, Shalom, M, Hod, I, Geiger, T, Garini, Y, Oron, D, & Zaban, A. 2010. Built-in quantum dot antennas in dye-sensitized solar cells. *ACS Nano*, **4**(3), 1293-1298.

Buks, E, Schuster, R, Heiblum, M, Mahalu, D, & Umansky, V. 1998. Dephasing in electron interference by a 'which-path' detector. *Nature*, **391**, 871-874.

Burns, M E. 2010. Deactivation mechanisms of rod phototransduction: The Cogan lecture. *Invest. Ophthalmol. Vis. Sci.*, **51**(3), 1282-1288.

Burns, M E, & Pugh, Jr, E N. 2010. Lessons from photoreceptors: Turning off G-protein signaling in living cells. *Physiology (Bethesda)*, **25**(2), 72-84.

Busskamp, V, Picaud, S, Sahel, J A, & Roska, B. 2012. Optogenetic therapy for retinitis pigmentosa. *Gene Ther.*, **19**(2), 169-175.

Byrne, J H, Heidelberger, R, & Waxham, M N (Eds.). 2014. *From molecules to networks: An introduction to cellular and molecular neuroscience.* 3d ed. Amsterdam: Academic Press.

Cagnet, M, Francon, M, & Thrierr, J C. 1962. *Atlas optischer Erscheinungen. Atlas de phénomènes d'optique. Atlas of optical phenomena.* Berlin: Springer.

Cangiano, L, Asteriti, S, Cervetto, L, & Gargini, C. 2012. The photovoltage of rods and cones in the dark-adapted mouse retina. *J. Physiol. (Lond.)*, **590**(Pt 16), 3841-3855.

Cantor, C R, & Schimmel, P R. 1980. *Biophysical chemistry part II: Techniques for the study of biological structure and function.* San Francisco: W. H. Freeman and Co.

Carroll, S B. 2006. *The making of the fittest: DNA and the ultimate forensic record of evolution.* New York: W.W. Norton and Co.

Chandler, D E, & Roberson, R W. 2009. *Bioimaging: Current concepts in light and electron microscopy.* Sudbury MA: Jones and Bartlett.

Charman, N. 2010. Optics of the eye. *Chap. 1 of*: Bass, M, Enoch, J, & Lakshminarayanan, V (Eds.), *Handbook of Optics*, Vol. 3d. McGraw-Hill.

Cheezum, M K, Walker, W F, & Guilford, W H. 2001. Quantitative comparison of algorithms for tracking single fluorescent particles. *Biophys. J.*, **81**(4), 2378-2388.

Chen, T-W, Wardill, T J, Sun, Y, Pulver, S R, Renninger, S L, Baohan, A, Schreiter, E R, Kerr, R A, Orger, M B, Jayaraman, V, Looger, L L, Svoboda, K, & Kim, D S. 2013. Ultrasensitive fluorescent proteins for imaging neuronal activity. *Nature*, **499**(7458), 295-300.

Chow, B Y, & Boyden, E S. 2013. Optogenetics and translational medicine. *Sci. Transl. Med.*, **5**(177), art. no. 177ps5.

Clegg, R M. 2006. The History of FRET. *Pages 1-45 of*: Geddes, C, & Lakowicz, J (Eds.), *Reviews in Fluorescence 2006*. Reviews in Fluorescence, Vol. 2006. Springer US.

Cole, K C, McLaughlin, H W, & Johnson, D I. 2007. Use of bimolecular fuuorescence complementation to study in vivo interactions between Cdc42p and Rdi1p of *Saccharomyces cerevisiae*. *Eukaryotic Cell*, **6**(3), 378-387.

Conn, H W. 1900. The method of evolution: *A review of the present attitude of science toward the question of the laws and forces which have brought about the origin of species*. New York: G.P. Putnam's Sons.

Cox, G (Ed.). 2012. *Optical imaging techniques in cell biology*. 2d ed. Boca Raton FL: CRC Press.

Cronin, T W, Johnsen, S, Marshall, N J, & Warrant, E J. 2014. *Visual ecology*. Princeton NJ: Princeton Univ. Press.

Curcio, C A, Sloan, K R, Kalina, R E, & Hendrickson, A E. 1990. Human photoreceptor topography. *J. Comp. Neurol.*, **292**(4), 497-523.

Das, A. 2006. *Field theory: A path integral approach*. 2d ed. Hackensack NJ: World Scientific.

Daw, N. 2012. *How vision works: The physiological mechanisms behind what we see*. Oxford UK: Oxford Univ. Press.

Dawkins, R. 1996. *The blind watchmaker*. New York: Norton.

Dayan, P, & Abbott, L F. 2001. *Theoretical neuroscience*. Cambridge MA: MIT Press.

Denk, W, Strickler, J H, & Webb, W W. 1990. Two-photon laser scanning fluorescence microscopy. *Science*, **248**(4951), 73-76.

Dhingra, Anuradha, & Vardi, Noga. 2012. mGlu receptors in the retina. *WIREs Membr. Transp. Signal.*, **1**(5), 641-653.

Dickson, R M, Cubitt, A B, Tsien, R Y, & Moerner, W E. 1997. On/off blinking and switching behaviour of single molecules of green fluorescent protein. *Nature*, **388**(6640), 355-358.

Dill, K A, & Bromberg, S. 2010. *Molecular driving forces: Statistical thermodynamics in biology, chemistry, physics, and nanoscience*. 2d ed. New York: Garland Science.

Dimitrova, T L, & Weis, A. 2008. The wave-particle duality of light: A demonstration experiment. *Am. J. Phys.*, **76**(2), 137-142.

Dombeck, D, & Tank, D. 2011. Two-photon imaging of neural activity in awake mobile mice. *Chap. 76 of*: Helmchen, F, & Konnerth, A (Eds.), *Imaging in neuroscience: A laboratory manual.* Cold Spring Harbor NY: Cold Spring Harbor Laboratory Press.

Dong, B, Almassalha, L M, Stypula-Cyrus, Y, Urban, B E, Chandler, J E, Nguyen, T-Q, Sun, C, Zhang, H F, & Backman, V. 2016. Superresolution intrinsi fluorescence imaging of chromatin utilizing native, unmodified nucleic acids for contrast. *Proc. Natl. Acad. Sci. USA*, **113**(35), 9716-9721.

Donner, K. 1992. Noise and the absolute thresholds of cone and rod vision. *Vision Res.*, **32**(5), 853-866.

Dowling, J E. 2012. *The retina: An approachable part of the brain.* Revised ed. Cambridge MA: Harvard Univ. Press.

Drasdo, N, & Fowler, C W. 1974. Non-linear projection of the retinal image in a wide-angle schematic eye. *Br. J. Ophthalmol.*, **58**(8), 709-714.

Drobizhev, M, Makarov, N S, Tillo, S E, Hughes, T E, & Rebane, A. 2011. Two-photon absorption properties of fluorescent proteins. *Nat. Methods,* **8**(5), 393-399.

Eibenberger, S, Gerlich, S, Arndt, M, Mayor, M, & Tüxen, J. 2013. Matter-wave interference of particles selected from a molecular library with masses exceeding 10 000 amu. *Phys. Chem. Chem. Phys.*, **15**(35), 14696.

Einstein, A. 1905. Über einen die Erzeugung und Verwandlung des Lichtes betreffenden heuristischen Gesichtspunkt. *Ann. Physik*, **17**, 132-148. English translation in J Stachel, ed. 2009. *The collected papers of Albert Einstein*, vol. 2. Princeton NJ: Princeton Univ. Press.

Emerson, R, & Lewis, C M. 1942. The photosynthetic efficiency of phycocyanin in chroococcus, and the problem of carotenoid participation in photosynthesis. *J. Gen. Physiol.*, **25**(4), 579-595.

Engel, G S. 2011. Quantum coherence in photosynthesis. *Procedia Chem.*, **3**(1), 222-231.

Falk, D S, Brill, D R, & Stork, D G. 1986. *Seeing the light: Optics in nature, photography, color, vision, and holography.* New York: Harper and Row.

Fang-Yen, C, Alkema, M J, & Samuel, A D T. 2015. Illuminating neural circuits and behaviour in *Caenorhabditis elegans* with optogenetics. *Phil. Trans. R. Soc. Lond. B, Biol. Sci.*, **370**(1677).

Fauth, C, & Speicher, M R. 2001. Classifying by colors: FISH-based genome analysis. *Cytogenet. Cell Genet.*, **93**(1-2), 1-10.

Felder, G N, & Felder, K M. 2016. *Mathematical methods in engineering and physics.* New York: Wiley.

Feynman, R P. 1950. Mathematical formulation of the quantum theory of electromagnetic interaction. *Phys. Rev.*, **80**(3), 440-457.

Feynman, R P. 1967. *The character of physical law.* Cambridge MA: MIT Press.

Feynman, R P. 1985. *QED: The strange theory of light and matter.* Princeton NJ: Princeton

Univ. Press.

Feynman, R P, Leighton, R, & Sands, M. 2010a. *The Feynman lectures on physics.* New milennium ed. Vol. 3. New York: Basic Books. Free online: `http://www.feynmanlectures.caltech.edu/`.

Feynman, R P, Leighton, R, & Sands, M. 2010b. *The Feynman lectures on physics.* New milennium ed. Vol. 1. New York: Basic Books. Free online: `http://www.feynmanlectures.caltech.edu/`.

Feynman, R P, Hibbs, A R, & Styer, D F. 2010c. *Quantum mechanics and path integrals.* Emended ed. Mineola NY: Dover.

Fine, A. 2011. Confocal microscopy: Principles and practice. *Chap. 5 of*: Yuste, R (Ed.), *Imaging: A laboratory manual.* Cold Spring Harbor NY: Cold Spring Harbor Laboratory Press.

Fisher, J A N, Barchi, J R, Welle, C G, Kim, G-H, Kosterin, P, Obaid, A L, Yodh, A G, Contreras, D, & Salzberg, B M. 2008. Two-photon excitation of potentiometric probes enables optical recording of action potentials from mammalian nerve terminals in situ. *J. Neurophysiol.*, **99**(3), 1545-1553.

Fleisch, D. 2008. *A student's guide to Maxwell's equations.* Cambridge Univ. Press.

Forkey, J N, Quinlan, M E, & Goldman, Y E. 2005. Measurement of single macromolecule orientation by total internal reflection fluorescence polarization microscopy. *Biophys. J.*, **89**(2), 1261-1271.

Franke, T, & Rhode, S. 2012. Two-photon microscopy for deep tissue imaging of living specimens. *Microscopy Today*, **20**, 12-16.

Franklin, K, Muir, P, Scott, T, Wilcocks, L, & Yates, P. 2010. *Introduction to biological physics for the health and life sciences.* Chichester UK: John Wiley and Sons.

Franze, K, Grosche, J, Skatchkov, S N, Schinkinger, S, Foja, C, Schild, D, Uckermann, O, Travis, K, Reichenbach, A, & Guck, J. 2007. Muller cells are living optical fibers in the vertebrate retina. *Proc. Natl. Acad. Sci. USA*, **104**(20), 8287-8292.

Fritzky, L, & Lagunoff, D. 2013. Advanced methods in fluorescence microscopy. *Anal. Cell Pathol. (Amst.)*, **36**(1-2), 5-17.

Gabrecht, T, Glanzmann, T, Freitag, L, Weber, B-C, Van Den Bergh, H, & Wagnières, G. 2007. Optimized auto fluorescence bronchoscopy using additional backscattered red light. *J. Biomed. Opt.*, **12**(6), 064016.

Garg, A. 2012. *Classical electromagnetism in a nutshell.* Princeton NJ: Princeton Univ. Press.

Garini, Y, Young, I T, & McNamara, G. 2006. Spectral imaging: Principles and applications. *Cytometry A*, **69**(8), 735-747.

Gates, F L. 1930. A study of the bactericidal action of ultra violet light: III. The absorption of ultra violet light by bacteria. *J. Gen. Physiol.*, **14**(1), 31-42.

Gelles, J, Schnapp, B J, & Sheetz, M P. 1988. Tracking kinesin-driven movements with nanometre-scale precision. *Nature*, **331**(6155), 450-453.

Gilmore, J, & McKenzie, R H. 2008. Quantum dynamics of electronic excitations in biomolecular chromophores: Role of the protein environment and solvent. *J. Phys. Chem. A,* **112**(11), 2162-2176.

Gradinaru, Viviana, Thompson, Kimberly R, Zhang, Feng, Mogri, Murtaza, Kay, Kenneth, Schneider, M Bret, & Deisseroth, Karl. 2007. Targeting and readout strategies for fast optical neural control in vitro and in vivo. *J. Neurosci.*, **27**(52), 14231-14238.

Grangier, P, Roger, G, & Aspect, A. 1986. Experimental evidence for a photon anticorrelation effect on a beamsplitter. *Europhys. Lett.*, **1**, 173-179.

Greenstein, G, & Zajonc, A G. 2006. *The quantum challenge: Modern research on the foundations of quantum mechanics.* 2d ed. Sudbury MA: Jones and Bartlett.

Gross, H. 2008. Human eye. *In*: Gross, H (Ed.), *Handbook of optical systems*, Vol. 4. Weinheim: Wiley-VCH.

Haddock, S H D, & Dunn, C W. 2011. *Practical computing for biologists.* Sunderland MA: Sinauer Associates.

Haddock, S H D, Moline, M A, & Case, J F. 2010. Bioluminescence in the sea. *Annu. Rev. Marine Sci.*, **2**(1), 443-493.

Hagins, W A, Penn, R D, & Yoshikami, S. 1970. Dark current and photocurrent in retinal rods. *Biophys. J.*, **10**(5), 380-412.

Han, X, & Boyden, E S. 2007. Multiple-color optical activation, silencing, and desynchronization of neural activity, with single-spike temporal resolution. *PLoS ONE*, **2**(3), e299.

Harvey, C D, Coen, P, & Tank, D W. 2012. Choice-specific sequences in parietal cortex during a virtualnavigation decision task. *Nature*, **484**(7392), 62-68.

Hattar, S, Liao, H W, Takao, M, Berson, D M, & Yau, K W. 2002. Melanopsin-containing retinal ganglion cells: architecture, projections, and intrinsic photosensitivity. *Science*, **295**(5557), 1065-1070.

Hecht, E. 2002. *Optics.* 4th ed. Reading, MA: Addison-Wesley.

Hecht, S, Shlaer, S, & Pirenne, M H. 1942. Energy, quanta, and vision. *J. Gen. Physiol.*, **25**, 819-840.

Hegemann, P. 2008. Algal sensory photoreceptors. *Annu. Rev. Plant Biol.*, **59**, 167-189.

Hell, S W. 2007. Far-field optical nanoscopy. *Science*, **316**(5828), 1153-1158.

Hell, S W. 2009. Microscopy and its focal switch. *Nat. Methods*, **6**(1), 24-32.

Hendrickson, A, & Drucker, D. 1992. The development of parafoveal and mid-peripheral human retina. *Behav. Brain. Res.*, **49**(1), 21-31.

Henshaw, J M. 2012. *A tour of the senses: How your brain interprets the world.* Baltimore MD: Johns Hopkins University Press.

Herman, I P. 2016. *Physics of the human body: A physical view of physiology.* 2d ed. New York: Springer.

Hertz, H. 1893. *Electric waves, being researches on the propagation of electric action with finite velocity through space.* London: Macmillan. Translated by D E Jones.

Hess, S T, Girirajan, T P K, & Mason, M D. 2006. Ultra-high resolution imaging by fluorescence photoactivation localization microscopy. *Biophys. J.*, **91**(11), 4258-4272.

Hill, C. 2015. *Learning scientific programming with Python.* Cambridge UK: Cambridge Univ. Press.

Hinterdorfer, P, & van Oijen, A (Eds.). 2009. *Handbook of single-molecule biophysics.* New York: Springer.

Hobbie, R K, & Roth, B J. 2015. *Intermediate physics for medicine and biology.* 5th ed. New York: Springer.

Hochbaum, D R, Zhao, Y, Farhi, S L, Klapoetke, N, Werley, C A, Kapoor, V, Zou, P, Kralj, J M, Maclaurin, D, Smedemark-Margulies, N, Saulnier, J L, Boulting, G L, Straub, C, Cho, Y K, Melkonian, M, Wong, G K-S, Harrison, D J, Murthy, V N, Sabatini, B L, Boyden, E S, Campbell, R E, & Cohen, A E. 2014. All-optical electrophysiology in mammalian neurons using engineered microbial rhodopsins. *Nat. Methods*, **11**(8), 825-833.

Hofer, H, & Williams, D R. 2014. Color vision and the retinal mosaic. *Chap. 33 of*: Chalupa, L M, & Werner, J S (Eds.), *The new visual neurosciences.* Cambridge MA: MIT Press.

Hofer, H, Carroll, J, Neitz, J, Neitz, M, & Williams, D R. 2005. Organization of the human trichromatic cone mosaic. *J. Neurosci.*, **25**(42), 9669-9679.

Holt, A, Vahidinia, S, Gagnon, Y L, Morse, D E, & Sweeney, A M. 2014. Photosymbiotic giant clams are transformers of solar flux. *J. R. Soc. Interface*, **11**, art. 20140678.

Homberg, U, & el Jundhi, B. 2014. Polarization vision in arthropods. *Chap. 84 of*: Chalupa, L M, & Werner, J S (Eds.), *The new visual neurosciences.* Cambridge MA: MIT Press.

Horváth, G (Ed.). 2014. *Polarized light and polarization vision in animal sciences.* 2nd ed. New York: Springer.

Huang, B, Bates, M, & Zhuang, X. 2009. Super-resolution fluorescence microscopy. *Annu. Rev. Biochem.*, **78**, 993-1016.

Hubel, D H. 1995. *Eye, brain, and vision.* New York: Scientific American Press. Available at `http://hubel.med.harvard.edu`.

Iqbal, A, Arslan, S, Okumus, B, Wilson, T J, Giraud, G, Norman, D G, Ha, T, & Lilley, D M J. 2008. Orientation dependence in fluorescent energy transfer between Cy3 and Cy5 terminally attached to double-stranded nucleic acids. *Proc. Natl. Acad. Sci. USA*, **105**(32), 11176-11181.

Ishizuka, T, Kakuda, M, Araki, R, & Yawo, H. 2006. Kinetic evaluation of photosensitivity in genetically engineered neurons expressing green algae light-gated channels. *Neurosci. Res.*, **54**(2), 85-94.

Jacobs, G H, Williams, G A, Cahill, H, & Nathans, J. 2007. Emergence of novel color vision in mice engineered to express a human cone photopigment. *Science*, **315**(5819), 1723-1725.

Jagger, WS. 1992. The optics of the spherical fish lens. *Vision Res.*, **32**(7), 1271-1284.

James, J F. 2014. *An introduction to practical laboratory optics.* Cambridge UK: Cambridge Univ. Press.

Jameson, D M. 2014. *Introduction to fluorescence.* Boca Raton FL: Taylor and Francis.

Jang, S. 2007. Generalization of the Förster resonance energy transfer theory for quantum mechanical modulation of the donor-acceptor coupling. *J. Chem. Phys.*, **127**, 174710.

Jaynes, E T, & Bretthorst, G L. 2003. *Probability theory: The logic of science.* Cambridge UK: Cambridge Univ. Press.

Johnsen, S. 2012. *The optics of Life: A biologist's guide to light in nature.* Princeton NJ: Princeton Univ. Press.

Johnson, D A, Leathers, V L, Martinez, A M, Walsh, D A, & Fletcher, W H. 1993. Fluorescence resonance energy transfer within a heterochromatic cAMP-dependent protein kinase holoenzyme under equilibrium conditions: New insights into the conformational changes that result in cAMP-dependent activation. *Biochemistry,* **32**(25), 6402-6410.

Johnson, G. 2008. *The ten most beautiful experiments.* New York: Alfred A. Knopf.

Jordan, G, Deeb, S S, Bosten, J M, & Mollon, J D. 2010. The dimensionality of color vision in carriers of anomalous trichromacy. *J. Vis.*, **10**(8), art. no. 12.

Judson, H F. 1996. *The eighth day of creation: The makers of the revolution in biology.* Commemorative ed. Cold Spring Harbor NY: Cold Spring Harbor Laboratory Press.

Kambe, M, Zhu, D, & Kinoshita, S. 2011. Origin of retroreflection from a wing of the *Morpho* butterfly. *J. Phys. Soc. Jpn.*, **80**, art. no. 054801.

Karp, G, Iwasa, J, & Marshall, W. 2016. *Karp's cell and molecular biology: Concepts and experiments.* 8th ed. Hoboken NJ: John Wiley and Sons.

Kim, Yi Rang, Kim, Seonghoon, Choi, Jin Woo, Choi, Sung Yong, Lee, Sang-Hee, Kim, Homin, Hahn, Sei Kwang, Koh, Gou Young, & Yun, S H. 2015. Bioluminescence-activated deep-tissue photodynamic therapy of cancer. *Theranostics*, **5**(8), 805-817.

Kinder, J M, & Nelson, P. 2015. *A student's guide to Python for physical modeling.* Princeton NJ: Princeton Univ. Press.

Kinoshita, S. 2008. *Structural colors in the realm of nature.* Singapore: World Scientific.

Kinoshita, S, Yoshioka, S, Fujii, Y, & Okamoto, N. 2002. Photophysics of structural color in the *Morpho* butterflies. *Forma*, **17**, 103-121.

Klapoetke, N C, Murata, Y, Kim, S S, Pulver, S R, Birdsey-Benson, A, Cho, Y K, Morimoto, T K, Chuong, A S, Carpenter, E J, Tian, Z, Wang, J, Xie, Y, Yan, Z, Zhang, Y, Chow, B Y, Surek, B, Melkonian, M, Jayaraman, V, Constantine-Paton, M,Wong, G K-S, & Boyden, E S. 2014. Independent optical excitation of distinct neural populations. *Nat. Methods*, **11**(3), 338-346.

Kleinert, H. 2009. *Path integrals in quantum mechanics, statistics, polymer physics, and financial markets.* 5th ed. Hackensack NJ: World Scientific.

Koenig, D, & Hofer, H. 2011. The absolute threshold of cone vision. *J. Vis.*, **11**(1), art. no. 21.

Kralj, J M, Hochbaum, D R, Douglass, A D, & Cohen, A E. 2011. Electrical spiking in Escherichia coli probed with a fluorescent voltage-indicating protein. *Science*, **333**(6040), 345-348.

Kralj, J M, Douglass, A D, Hochbaum, D R, Maclaurin, D, & Cohen, A E. 2012. Optical recording of action potentials in mammalian neurons using a microbial rhodopsin. *Nat. Methods*, **9**(1), 90-95.

Kramer, R H. 2014. Horizontal cells: Lateral interactions at the first synapse in the retina. *Chap. 11 of*: Chalupa, L M, & Werner, J S (Eds.), *The new visual neurosciences*. Cambridge MA: MIT Press.

Lacoste, T D, Michalet, X, Pinaud, F, Chemla, D S, Alivisatos, A P, & Weiss, S. 2000. Ultrahighresolution multicolor colocalization of single fluorescent probes. *Proc. Natl. Acad. Sci. USA*, **97**(17), 9461-9466.

Lakshminarayanan, V, & Enoch, J M. 2010. Biological waveguides. *Chap. 8 of*: Bass, M, Enoch, J M, & Lakshminarayanan, V (Eds.), *Handbook of optics*, 3rd ed., Vol. 3. New York: McGraw-Hill.

Lamb, T D. 2011. Evolution of the eye. *Sci. American*, **305**(1), 64-69.

Lamb, T D. 2016. Why rods and cones? *Eye (Lond.)*, **30**(2), 179-185.

Lamb, T D, & Pugh, Jr, E N. 2006. Phototransduction, dark adaptation, and rhodopsin regeneration: The proctor lecture. *Invest. Ophthalmol. Vis. Sci.*, **47**(12), 5138-5152.

Lamb, T D, Collin, S P, & Pugh, Jr, E N. 2007. Evolution of the vertebrate eye: Opsins, photoreceptors, retina and eye cup. *Nat. Rev. Neurosci.*, **8**(12), 960-976.

Land, M F, & Nilsson, D-E. 2006. General-purpose and special-purpose visual systems. *Chap. 5 of*: Warrant, E J, & Nilsson, D-E (Eds.), *Invertebrate vision*. Cambridge MA: Cambridge Univ. Press.

Land, M F, & Nilsson, D-E. 2012. *Animal eyes*. 2d ed. Oxford UK: Oxford Univ. Press.

Landau, R H, Páez, M J, & Bordeianu, C C. 2015. *Computational physics: Problem solving with computers*. 3rd ed. New York: Wiley-VCH.
`physics.oregonstate.edu/ rubin/Books/CPbook/index.html`.

Lane, N. 2009. *Life Ascending: The ten great inventions of evolution*. New York: Norton.

Langridge, R, Seeds, W E, Wilson, H R, Hooper, C W, Wilkins, H F, & Hamilton, L D. 1957. Molecular structure of deoxyribonucleic acid (DNA). *J. Biophys. Biochem. Cytol.*, **3**(5), 767-778.

Lanni, F, & Keller, H E. 2011. Microscopy princples and optical systems. *Chap. 1 of*: Yuste, R (Ed.), *Imaging: A laboratory manual*. Cold Spring Harbor NY: Cold Spring Harbor Laboratory Press.

Lee, J Y K, Thawani, J P, Pierce, J, Zeh, R, Martinez-Lage, M, Chanin, M, Venegas, O, Nims, S, Learned, K, Keating, J, & Singhal, S. 2016. Intraoperative near-infrared optical imaging can localize gadolinium-enhancing gliomas during surgery. *Neurosurgery*, **79**(6), 856-871.

Lee, N K, Kapanidis, A N, Wang, Y, Michalet, X, Mukhopadhyay, J, Ebright, R H, &

Weiss, S. 2005. Accurate FRET measurements within single diffusing biomolecules using alternating-laser excitation. *Biophys. J.*, **88**(4), 2939-2953.

Leonhardt, U. 2010. *Essential quantum optics.* Cambridge UK: Cambridge Univ. Press.

Li, X, Gutierrez, D V, Hanson, M Gartz, Han, J, Mark, M D, Chiel, H, Hegemann, P, Landmesser, L T, & Herlitze, S. 2005. Fast noninvasive activation and inhibition of neural and network activity by vertebrate rhodopsin and green algae channelrhodopsin. *Proc. Natl. Acad. Sci. USA*, **102**(49), 17816-17821.

Lillywhite, P G. 1977. Single photon signals and transduction in an insect eye. *J. Comp. Physiol.*, **122**(2), 189-200.

Lin, D, Boyle, M P, Dollar, P, Lee, H, Lein, E S, Perona, P, & Anderson, D J. 2011. Functional identification of an aggression locus in the mouse hypothalamus. *Nature*, **470**(7333), 221-226.

Linden, W von der, Dose, V, & Toussaint, U von. 2014. *Bayesian probability theory: Applications in the physical sciences.* Cambridge UK: Cambridge Univ. Press.

Lindner, M, Shotan, Z, & Garini, Y. 2016. Rapid microscopy measurement of very large spectral images. *Opt. Express*, **24**(9), 9511-9527.

Lippincott-Schwartz, J. 2015. Profile of Eric Betzig, Stefan Hell, and W. E. Moerner, 2014 Nobel Laureates in Chemistry. *Proc. Natl. Acad. Sci. USA*, **112**(9), 2630-2632.

Lippincott-Schwartz, J, & Patterson, G H. 2003. Development and use of fluorescent protein markers in living cells. *Science*, **300**(5616), 87-91.

Lipson, A, Lipson, S G, & Lipson, H. 2011. *Optical physics.* 4th ed. Cambridge UK: Cambridge Univ. Press.

Liu, X, Ramirez, S, Pang, P T, Puryear, C B, Govindarajan, A, Deisseroth, K, & Tonegawa, S. 2012. Optogenetic stimulation of a hippocampal engram activates fear memory recall. *Nature*, **484**(7394), 381-385.

Livingstone, M. 2002. *Vision and art*: The biology of seeing. New York: Harry N. Abrams.

Lodish, H, Berk, A, Kaiser, C A, Krieger, M, Bretscher, A, Ploegh, H, Amon, A, Scott, M P, & Martin, K. 2016. *Molecular cell biology.* 8th ed. New York: W H Freeman and Co.

Loudon, R. 2000. *The quantum theory of light.* 3d ed. Oxford UK: Oxford Univ. Press.

Lucas, A A, & Lambin, P. 2005. Diffraction by DNA, carbon nanotubes and other helical nanostructures. *Rep. Prog. Phys.*, **68**, 1-69.

Lucas, A A, Lambin, P, Mairesse, R, & Mathot, M. 1999. Revealing the backbone structure of B-DNA from laser optical simulations of its X-ray diffraction diagram. *J. Chem. Educ.*, **76**, 378-383.

Lummer, O, & Pringsheim, E. 1899. 1. Die Vertheilung der Energie im Spectrum des schwarzen Körpers und des blanken Platins; 2. Temperaturbestimmung fester glühender Körper. *Verhandlung der Deutschen Physikalischen Gesellschaft,* **1**(12 "Vgl. oben S. 214"), 215-235.

Luo, D-G, Xue, T, & Yau, K-W. 2008. How vision begins: An odyssey. *Proc. Natl. Acad.*

Sci. USA, **105**(29), 9855-9862.

Mahon, B. 2003. *The man who changed everything: The life of James Clerk Maxwell.* Chichester UK: Wiley.

Maisels, M J, & McDonagh, A F. 2008. Phototherapy for neonatal jaundice. *N. Engl. J. Med.*, **358**(9), 920-928.

Mandel, L, & Wolf, E. 1995. *Optical coherence and quantum optics.* Cambridge UK: Cambridge Univ. Press.

Marks, F, Klingmüller, U, & Müller-Decker, K. 2009. *Cellular signal processing: An introduction to the molecular mechanisms of signal transduction.* New York: Garland Science.

Masland, R H. 1986. The functional architecture of the retina. *Sci. American*, **255**(6), 102-111.

McCall, R P. 2010. *Physics of the human body.* Baltimore MD: Johns Hopkins Univ. Press.

Meir, Y, Jakovljevic, V, Oleksiuk, O, Sourjik, V, & Wingreen, N S. 2010. Precision and kinetics of adaptation in bacterial chemotaxis. *Biophys. J.*, **99**(9), 2766-2774.

Mertz, J. 2010. *Introduction to optical microscopy.* Greenwood Village, CO: Roberts and Co.

Mills, F C, Johnson,M L, & Ackers, G K. 1976. Oxygenation-linked subunit interactions in human hemoglobin. *Biochemistry*, **15**, 5350-5362.

Milo, R, & Phillips, R. 2016. *Cell Biology by the numbers.* New York: Garland Science.

Milosavljevic, N, Cehajic-Kapetanovic, J, Procyk, C A, & Lucas, R J. 2016. Chemogenetic activation of melanopsin retinal ganglion cells induces signatures of arousal and/or anxiety in mice. *Curr. Biol.*, **26**(17), 2358-2363.

Miyawaki, A, Nagai, T, & Mizuno, H. 2011. Genetic calcium indicators: Fast measurements using yellow cameleons. *Chap. 26 of*: Yuste, R (Ed.), *Imaging: A laboratory manual.* Cold Spring Harbor NY: Cold Spring Harbor Laboratory Press.

Mortensen, K I, Churchman, L S, Spudich, J A, & Flyvbjerg, H. 2010. Optimized localization analysis for single-molecule tracking and super-resolution microscopy. *Nat. Methods*, **7**(5), 377-381.

Morton, O. 2008. *Eating the sun: How plants power the planet.* New York: Harper.

Müller-Kirsten, H J W. 2006. *Introduction to quantum mechanics: Schrödinger equation and path integral.* Hackensack NJ: World Scientific.

Murphy, D B, & Davidson, M W. 2013. *Fundamentals of light microscopy and electronic imaging.* 2d ed. Wiley-Blackwell.

Naarendorp, Frank, Esdaille, Tricia M, Banden, Serenity M, Andrews-Labenski, John, Gross, Owen P, & Pugh, Edward N. 2010. Dark light, rod saturation, and the absolute and incremental sensitivity of mouse cone vision. *J. Neurosci.*, **30**(37), 12495-12507.

Nadeau, J. 2012. *Introduction to experimental biophysics.* Boca Raton FL: CRC Press.

Nagel, G, Szellas, T, Huhn, W, Kateriya, S, Adeishvili, N, Berthold, P, Ollig, D, Hegemann, P, & Bamberg, E. 2003. Channelrhodopsin-2, a directly light-gated cation-selective membrane channel. *Proc. Natl. Acad. Sci. USA*, **100**(24), 13940-13945.

Nagel, G, Brauner, M, Liewald, J F, Adeishvili, N, Bamberg, E, & Gottschalk, A. 2005. Light activation of channelrhodopsin-2 in excitable cells of Caenorhabditis elegans triggers rapid behavioral responses. *Curr. Biol.*, **15**(24), 2279-2284.

Nakatani, K, & Yau, K W. 1988. Guanosine 3′, 5′-cyclic monophosphate-activated conductance studied in a truncated rod outer segment of the toad. *J. Physiol. (Lond.)*, **395**, 731-753.

Nassau, K. 2003. The physics and chemistry of color: The 15 mechanisms. *Pages 247-280 of*: Shevell, S K (Ed.), *The science of color*, 2d ed. Amsterdam: Elsevier.

Needham, T. 1997. *Visual complex analysis.* Oxford UK: Oxford Univ. Press.

Nelson, P. 2014. *Biological physics: Energy, information, life–With new art by David Goodsell.* New York: W. H. Freeman and Co.

Nelson, P. 2015. *Physical models of living systems.* New York: W. H. Freeman and Co.

Nelson, P, & Dodson, T. 2015. *Student's guide to matlab for physical modeling.* `https://github.com/NelsonUpenn/PMLS-MATLAB-Guide`.

Newman, M. 2013. *Computational physics.* Rev. and expanded ed. CreateSpace Publishing.

Newman, R H, Fosbrink, M D, & Zhang, J. 2011. Genetically encodable fluorescent biosensors for tracking signaling dynamics in living cells. *Chem. Rev.*, **111**(5), 3614-3666.

Nicholls, J G, Martin, A R, Fuchs, P A, Brown, D A, Diamond, M E, & Weisblat, D A. 2012. *From neuron to brain.* 5th ed. Sunderland MA: Sinauer Associates.

Nilsson, D-E, Warrant, E J, Johnsen, S, Hanlon, R T, & Shashar, N. 2012. A unique advantage for giant eyes in giant squid. *Curr. Biol.*, **22**, 1-6.

Nimmerjahn, A. 2011. Two-photon imaging of microglia in the mouse cortex in vivo. *Chap. 87, pages 961-979 of*: Helmchen, F, & Konnerth, A (Eds.), *Imaging in neuroscience: A laboratory manual.* Cold Spring Harbor NY: Cold Spring Harbor Laboratory Press.

Nirenberg, S, & Pandarinath, C. 2012. Retinal prosthetic strategy with the capacity to restore normal vision. *Proc. Natl. Acad. Sci. USA*, **109**(37), 15012-15017.

Nolte, J. 2010. *Essentials of the human brain.* Philadelphia PA: Mosby.

Nolting, B. 2009. *Methods in modern biophysics.* 3d ed. New York: Springer.

Nordlund, T. 2011. *Quantitative understanding of biosystems: An introduction to biophysics.* Boca Raton FL: CRC Press.

Ober, R J, Ram, S, & Ward, E S. 2004. Localization accuracy in single-molecule microscopy. *Biophys. J.*, **86**(2), 1185-1200.

Okawa, H, & Sampath, A P. 2007. Optimization of single-photon response transmission at the rod-to-rod bipolar synapse. *Physiology (Bethesda)*, **22**, 279-286.

Okawa, H, Miyagishima, K J, Arman, A C, Hurley, J B, Field, G D, & Sampath, A P. 2010. Optimal processing of photoreceptor signals is required to maximize behavioural sensitivity. *J. Physiol. (Lond.)*, **588**(11), 1947-1960.

Oppenheimer, J R. 1941. Internal conversion in photosynthesis. *Phys. Rev.*, **60**(2), 158.

Otto, S P, & Day, T. 2007. *Biologist's guide to mathematical modeling in ecology and evolution.* Princeton NJ: Princeton Univ. Press.

Packer, O, & Williams, D R. 2003. Light, the retinal image, and photoreceptors. *Pages 41-102 of*: Shevell, S K (Ed.), *The science of color*, 2d ed. Amsterdam: Elsevier.

Pahlberg, J, & Sampath, A P. 2011. Visual threshold is set by linear and nonlinear mechanisms in the retina that mitigate noise: How neural circuits in the retina improve the signal-to-noise ratio of the single-photon response. *Bioessays,* **33**(6), 438-447.

Pais, A. 1982. *Subtle is the lord: The science and the life of Albert Einstein.* Oxford, UK: Oxford University Press.

Palczewska, G, Dong, Z, Golczak, M, Hunter, J J, Williams, D R, Alexander, N S, & Palczewski, K. 2014. Noninvasive two-photon microscopy imaging of mouse retina and retinal pigment epithelium through the pupil of the eye. *Nat. Med.*, **20**(7), 785-789.

Patterson, G H, & Lippincott-Schwartz, J. 2002. A photoactivatable GFP for selective photolabeling of proteins and cells. *Science*, **297**(5588), 1873-1877.

Pawley, J B (Ed.). 2006. *Handbook of biological confocal microscopy.* 3d ed. New York: Springer.

Pearson, B J, & Jackson, D P. 2010. A hands-on introduction to single photons and quantum mechanics for undergraduates. *Am. J. Phys.*, **78**(5), 471-484.

Peatross, J, & Ware, M. 2015. *Physics of light and optics.* Available at `http://optics.byu.edu`.

Pedrotti, F L, Pedrotti, L S, & Pedrotti, L M. 2007. *Introduction to optics.* 3d ed. San Francisco CA: Pearson.

Phan, N, Cheng, M F, Bessarab, D A, & Krivitsky, L A. 2014. Interaction of fixed number of photons with retinal rod cells. *Phys. Rev. Lett.*, **112**(21), 213601.

Phillips, R, Kondev, J, Theriot, J, & Garcia, H. 2012. *Physical biology of the cell.* 2d ed. New York: Garland Science.

Pierscionek, B K. 2010. Gradient index optics in the eye. *Chap. 19 of*: Bass, M, Enoch, J M, & Lakshminarayanan, V (Eds.), *Handbook of optics*, 3rd ed., Vol. 3. New York: McGraw-Hill.

Polyak, S. 1957. *The vertebrate visual system.* Chicago IL: Univ. of Chicago Press. Ed. H Klüver.

Pumir, A, Graves, J, Ranganathan, R, & Shraiman, B I. 2008. Systems analysis of the single photon response in invertebrate photoreceptors. *Proc. Natl. Acad. Sci. USA*, **105**(30), 10354-10359.

Purves, D, Augustine, G J, Fitzpatrick, D, Hall, W C, LaMantia, A-S, & White, L E (Eds.). 2012. *Neuroscience.* 5th ed. Sunderland MA: Sinauer Associates.

Rhodes, G. 2006. *Crystallography made crystal clear: A guide for users of macromolecular models.* 3d ed. Boston MA: Elsevier/Academic Press.

Rieke, F. 2008. Seeing in the dark: Retinal processing and absolute visual threshold.

Pages 393-412 of: Masland, R H, & Albright, T (Eds.), *The senses: A comprehensive reference*, Vol. 1. San Diego CA: Academic Press.

Rieke, F, & Baylor, D A. 1998. Single-photon detection by rod cells of the retina. *Rev. Mod. Phys.*, **70**(3), 1027-1036.

Rodieck, R W. 1998. *The first steps in seeing.* Sunderland MA: Sinauer Associates.

Roorda, A, & Williams, D R. 1999. The arrangement of the three cone classes in the living human eye. *Nature*, **397**(6719), 520-522.

Rose, A. 1953. Quantum and noise limitations of the visual process. *J. Opt. Soc. Am.*, **43**, 715-716.

Rosenberg, S A, Quinlan, M E, Forkey, J N, & Goldman, Y E. 2005. Rotational motions of macro-molecules by single-molecule fluorescence microscopy. *Acc. Chem. Res.*, **38**(7), 583-593.

Rossi-Fanelli, A, & Antonini, E. 1958. Studies on the oxygen and carbon monoxide equilibria of human myoglobin. *Arch. Biochem. Biophys.*, **77**, 478-492.

Roy, R, Hohng, S, & Ha, T. 2008. A practical guide to single-molecule FRET. *Nat. Methods*, **5**(6), 507-516.

Ruby, S L, & Bolef, D I. 1960. Acoustically modulated rays from Fe57. *Phys. Rev. Lett.*, **5**, 5-7.

Rupp, B. 2010. *Biomolecular crystallography: Principles, practice, and application to structural biology.* New York: Garland Science.

Rust, M J, Bates, M, & Zhuang, X. 2006. Sub-diffraction-limit imaging by stochastic optical reconstruction microscopy (STORM). *Nat. Methods*, **3**(10), 793-795.

Sakitt, B. 1972. Counting every quantum. *J. Physiol. (Lond.)*, **223**(1), 131-150.

Salzberg, B M, Davila, H V, & Cohen, L B. 1973. Optical recording of impulses in individual neurones of an invertebrate central nervous system. *Nature*, **246**(5434), 508-509.

Sampath, A P. 2014. Information transfer at the rod-to-rod bipolar cell synapse. *Chap. 5 of*: Chalupa, L M, & Werner, J S (Eds.), *The new visual neurosciences.* Cambridge MA: MIT Press.

Saxby, G. 2002. *The science of imaging: An introduction.* Bristol, UK: Institute of Physics Pub.

Schlosshauer, M A. 2007. *Decoherence and the quantum-to-classical transition.* New York: Springer.

Schmidt, T M, Chen, S-K, & Hattar, S. 2011. Intrinsically photosensitive retinal ganglion cells: many subtypes, diverse functions. *Trends Neurosci.*, **34**(11), 572-580.

Schmidt, T M, Alam, N M, Chen, Shan, Kofuji, P, Li, W, Prusky, G T, & Hattar, S. 2014. A role for melanopsin in alpha retinal ganglion cells and contrast detection. *Neuron*, **82**(4), 781-788.

Schneeweis, D M, & Schnapf, J L. 1995. Photovoltage of rods and cones in the macaque retina. *Science*, **268**(5213), 1053-1056.

Schoonover, C. 2010. *Portraits of the mind.* New York: Abrams.

Schröck, E, du Manoir, S, Veldman, T, Schoell, B, Wienberg, J, Ferguson-Smith, M A, Ning, Y, Ledbetter, D H, Bar-Am, I, Soenksen, D, Garini, Y, & Ried, T. 1996. Multicolor spectral karyotyping of human chromosomes. *Science*, **273**(5274), 494-497.

Schulman, L S. 2005. *Techniques and applications of path integration.* Mineola NY: Dover Publications.

Schumacher, B, & Westmoreland, M D. 2010. *Quantum processes, systems, and information.* Cambridge UK: Cambridge Univ. Press.

Schwab, I R. 2012. *Evolution's witness: How eyes evolved.* New York: Oxford Univ. Press.

Selvin, P R, & Ha, T (Eds.). 2008. *Single-molecule techniques: A laboratory manual.* Cold Spring Harbor NY: Cold Spring Harbor Laboratory Press.

Selvin, P R, Lougheed, T, Tonks Hoffman, M, Park, H, Balci, H, Blehm, B H,& Toprak, E. 2008. In vitro and in vivo FIONA and other acronyms for watching molecular motors walk. *Pages 37-72 of*: Selvin, P R, & Ha, T (Eds.), *Single-molecule techniques: A laboratory manual.* Cold Spring Harbor NY: Cold Spring Harbor Laboratory Press.

Sener, M, Strümpfer, J, Hsin, J, Chandler, D, Scheuring, S, Hunter, C N, & Schulten, K. 2011. Förster energy transfer theory as reflected in the structures of photosynthetic light-harvesting systems. *ChemPhysChem*, **12**(3), 518-531.

Shankar, R. 1995. *Basic training in mathematics: A fitness program for science students.* New York: Plenum.

Sharonov, A, & Hochstrasser, R M. 2006. Wide-field subdiffraction imaging by accumulated binding of diffusing probes. *Proc. Natl. Acad. Sci. USA*, **103**(50), 18911-18916.

Shevell, S K (Ed.). 2003. *The science of color.* 2d ed. Elsevier.

Shevtsova, E, Hansson, C, Janzen, D H, & Kjßrandsen, J. 2011. Stable structural color patterns displayed on transparent insect wings. *Proc. Natl. Acad. Sci. USA,* **108**(2), 668-673.

Shtengel, G, Galbraith, J A, Galbraith, C G, Lippincott-Schwartz, J, Gillette, J M, Manley, S, Sougrat, R, Waterman-Storer, C M, Kanchanawong, P, Davidson, M W, Fetter, R D, & Hess, H F. 2009. Interferometric fluorescent super-resolution microscopy resolves 3D cellular ultrastructure. *Proc. Natl. Acad. Sci. USA*, **106**(9), 3125-3130.

Shtengel, G, Wang, Y, Zhang, Z, Goh, W I, Hess, H F, & Kanchanawong, P. 2014. Imaging cellular ultrastructure by PALM, iPALM, and correlative iPALM-EM. *Meth. Cell Biol.*, **123**, 273-294.

Shubin, N. 2008. *Your inner fish: A journey into the 3.5-billion-year history of the human body.* New York: Pantheon Books.

Siegel, M S, & Isacoff, E Y. 1997. A genetically encoded optical probe of membrane voltage. *Neuron*, **19**(4), 735-741.

Silbey, R J. 2011. Description of quantum effects in the condensed phase. *Procedia Chem.*, **3**(1), 188-197.

Silver, N. 2012. *The signal and the noise.* London: Penguin.

Simonson, P D, & Selvin, P R. 2011. FIONA: Nanometer fluorescence imaging. *Chap. 33 of*: Yuste, R (Ed.), *Imaging: A laboratory manual.* Cold Spring Harbor NY: Cold Spring Harbor Laboratory Press.

Sindbert, S, Kalinin, S, Nguyen, H, Kienzler, A, Clima, L, Bannwarth, W, Appel, B, Müller, S, & Seidel, C A M. 2011. Accurate distance determination of nucleic acids via Förster resonance energy transfer: implications of dye linker length and rigidity. *J. Am. Chem. Soc.*, **133**(8), 2463-2480.

Small, A R, & Parthasarathy, R. 2014. Superresolution localization methods. *Annu. Rev. Phys. Chem.*, **65**, 107-125.

Smith, G S. 2005. Human color vision and the unsaturated blue color of the daytime sky. *Am. J. Phys.*, **73**(7), 590-597.

Smith, G S. 2007. The polarization of skylight: An example from nature. *Am. J. Phys.*, **75**(1), 25-35.

Smith, G S. 2009. Structural color of *Morpho* butterflies. *Am. J. Phys.*, **77**(11), 1010-1019.

Snowden, R J, Thompson, P, & Troscianko, T. 2012. *Basic vision: An introduction to visual perception.* Revised ed. Oxford UK: Oxford Univ. Press.

Sourjik, V, & Wingreen, N S. 2012. Responding to chemical gradients: Bacterial chemotaxis. *Curr. Opin. Cell Biol.*, **24**(2), 262-268.

St-Pierre, F, Marshall, J D, Yang, Y, Gong, Y, Schnitzer, M J, & Lin, M Z. 2014. High-fidelity optical reporting of neuronal electrical activity with an ultrafast fluorescent voltage sensor. *Nat. Neurosci.*, **17**(6), 884-889.

Stachel, J (Ed.). 1998. *Einstein's miraculous year: Five papers that changed the face of physics.* Princeton NJ: Princeton Univ. Press.

Stefani, F, Hoogenboom, J P, & Barkai, E. 2009. Beyond quantum jumps: Blinking nanoscale light emitters. *Phys. Today*, **62**(2), 34-39.

Sterling, P. 2004a. How retinal circuits optimize the transfer of visual information. *Chap. 17, pages 234-259 of*: Chalupa, L M, & Werner, J S (Eds.), *The visual neurosciences,* Vol. 1. Cambridge MA: MIT Press.

Sterling, P. 2004b. Retina. *In*: Shepherd, G M (Ed.), *The synaptic organization of the brain*, 5th ed. Oxford UK: Oxford Univ. Press.

Sterling, P. 2013. Some principles of retinal design: The Proctor lecture. *Invest. Ophthalmol. Vis. Sci.*, **54**(3), 2267-2275.

Sterling, P, & Laughlin, S. 2015. *Principles of neural design.* Cambridge MA: MIT Press.

Steven, A C, Baumeister, W, Johnson, L N, & Perham, R N. 2016. *Molecular biology of assemblies and machines.* New York NY: Garland Science.

Stiles, W, & Burch, J. 1959. NPL colour-matching investigation: Final report (1958). *Opt. Acta*, **6**(1), 1-26.

Stone, A D. 2013. *Einstein and the quantum: The quest of the valiant Swabian.* Princeton NJ: Princeton Univ. Press.

Stowe, S. 1980. Rapid synthesis of photoreceptor membrane and assembly of new microvilli in a crab at dusk. *Cell Tissue Res.*, **211**(3), 419-440.

Strümpfer, J, Sener, M, & Schulten, K. 2012. How quantum coherence assists photosynthetic light harvesting. *J. Phys. Chem. Lett.*, **3**(4), 536-542.

Styer, D F. 2000. *The strange world of quantum mechanics.* Cambridge UK: Cambridge Univ. Press.

Sweeney, A, Jiggins, C, & Johnsen, S. 2003. Insect communication: Polarized light as a butterfly mating signal. *Nature*, **423**(6935), 31-32.

Taylor, W R, & Smith, R G. 2004. Transmission of scotopic signals from the rod to rod-bipolar cell in the mammalian retina. *Vision Res.*, **44**(28), 3269-3276.

Thekaekara, M P, Kruger, R, & Duncan, C H. 1969. Solar Irradiance Measurements from a Research Aircraft. *Appl. Opt.*, **8**(8), 1713-1732.

Thompson, R E, Larson, D R, & Webb, W W. 2002. Precise nanometer localization analysis for individual fluorescent probes. *Biophys. J.*, **82**(5), 2775-2783.

Tian, L, Hires, S A, & Looger, L L. 2011. Imaging neuronal activity with genetically encoded calcium indicators. *Chap. 8 of*: Helmchen, F, & Konnerth, A (Eds.), *Imaging in neuroscience: A laboratory manual.* Cold Spring Harbor NY: Cold Spring Harbor Laboratory Press.

Tinsley, J N, Molodtsov, M I, Prevedel, R, Wartmann, D, Espigulé-Pons, J, Lauwers, M, & Vaziri, A. 2016. Direct detection of a single photon by humans. *Nat. Commun.*, **7**, art. no. 12172.

Tomita, T, Kaneko, A, Murakami, M, & Pautler, E. 1967. Spectral response curves of single cones in the carp. *Vision Res.*, **7**, 519-531.

Toprak, E, Enderlein, J, Syed, S, McKinney, S A, Petschek, R G, Ha, T, Goldman, Y E, & Selvin, P R. 2006. Defocused orientation and position imaging (DOPI) of myosin V. *Proc. Natl. Acad. Sci. USA*, **103**(17), 6495-6499.

Toprak, E, Kural, C, & Selvin, P R. 2010. Super-accuracy and super-resolution: Getting around the diffraction limit. *Meth. Enzymol.*, **475**, 1-26.

Townes-Anderson, E, MacLeish, P R, & Raviola, E. 1985. Rod cells dissociated from mature salamander retina: Ultrastructure and uptake of horseradish peroxidase. *J. Cell Biol.*, **100**(1), 175-188.

Townes-Anderson, E, Dacheux, R F, & Raviola, E. 1988. Rod photoreceptors dissociated from the adult rabbit retina. *J. Neurosci.*, **8**(1), 320-331.

Townsend, J S. 2010. *Quantum physics: A fundamental approach to modern physics.* Sausalito CA: University Science Books.

Truong, K, Sawano, A, Miyawaki, A, & Ikura, M. 2007. Calcium indicators based on calmodulin-fluorescent protein fusions. *Meth. Mol. Biol.*, **352**, 71-82.

Ustione, A, & Piston, D W. 2011. A simple introduction to multiphoton microscopy. *J. Microsc.*, **243**(3), 221-226.

Vafabakhsh, R, & Ha, T. 2012. Extreme bendability of DNA less than 100 base pairs long revealed by single-molecule cyclization. *Science*, **337**(6098), 1097-1101.

van de Kraats, J, & van Norren, D. 2007. Optical density of the aging human ocular media in the visible and the UV. *J. Opt. Soc. Am. A*, **24**(7), 1842-1857.

van der Meer, B W, Coker III, G, & Chen, S-Y. 1994. *Resonance energy transfer: Theory and data.* New York: VCH.

van der Straten, P, & Metcalf, H. 2016. *Atoms and molecules interacting with light: Atomic physics for the laser era.* Cambridge UK: Cambridge Univ. Press.

van der Velden, H A. 1944. Over het aantal lichtquanta dat nodig is voor een lichtprikkel bij het menselijk oog. *Physica*, **11**, 179-189.

van Holde, K E, Johnson, W C, & Ho, P S. 2006. *Principles of physical biochemistry.* 2d ed. Upper Saddle River NJ: Prentice Hall.

van Mameren, J, Wuite, G J L, & Heller, I. 2011. Introduction to optical tweezers: Background, system designs, and commercial solutions. *Meth. Mol. Biol.*, **783**, 1-20.

van Rossum, M C, & Smith, R G. 1998. Noise removal at the rod synapse of mammalian retina. *Vis. Neurosci.*, **15**(5), 809-821.

Villiers, G de, & Pike, E R. 2017. *The limits of resolution.* Boca Raton FL: CRC Press.

Wagnières, G, McWilliams, A, & Lam, S. 2003. Lung cancer imaging by auto fluorescence bronchoscopy. *Pages 361-396 of*: Mycek, M-A, & Pogue, B (Eds.), *Handbook of biomedical fluorescence.* New York: Marcel Dekker.

Wagnières, G, Jichlinski, P, Lange, N, Kucera, P, & van den Bergh, H. 2014. Detection of bladder cancer by fluorescence cystoscopy: From bench to bedside–The HEXVIX story. *Chap. 36, pages 411-425 of*: Hamblin, M R, & Huang, Y-Y (Eds.), *Handbook of photomedicine.* Boca Raton FL: CRC Press.

Walmsley, I. 2015. *Light: A very short introduction.* Oxford UK: Oxford Univ. Press.

Wang, S, Sengel, C, Emerson, M M, & Cepko, C L. 2014. A gene regulatory network controls the binary fate decision of rod and bipolar cells in the vertebrate retina. *Dev. Cell*, **30**(5), 513-527.

Warrant, E J, & Nilsson, D-E (Eds.). 2006. *Invertebrate vision.* Cambridge UK: Cambridge Univ. Press.

Wehner, R. 2003. Desert ant navigation: How miniature brains solve complex tasks. *J. Comp. Physiol. A Neuroethol. Sens. Neural Behav. Physiol.*, **189**(8), 579-588.

Werblin, F, & Roska, B. 2007. The movies in our eyes. *Sci. American*, **296**(4), 72-79.

Wilson, T, & Hastings, J W. 2013. *Bioluminescence: Living lights, lights for living.* Cambridge MA: Harvard Univ. Press.

Woodworth, G G. 2004. *Biostatistics: A Bayesian introduction.* Hoboken NJ: Wiley-Interscience.

Xu, K, Zhong, G, & Zhuang, X. 2013. Actin, spectrin, and associated proteins form a periodic cytoskeletal structure in axons. *Science*, **339**(6118), 452-456.

Yang, H H, St-Pierre, F, Sun, X, Ding, X, Lin, M Z, & Clandinin, T R. 2016. Subcellular imaging of voltage and calcium signals reveals neural processing in vivo. *Cell*, **166**(1), 245-257.

Yau, K-W, & Hardie, R C. 2009. Phototransduction motifs and variations. *Cell*, **139**(2),

246-264.

Yau, K W, Matthews, G, & Baylor, D A. 1979. Thermal activation of the visual transduction mechanism in retinal rods. *Nature*, **279**(5716), 806-807.

Yildiz, A, & Vale, R D. 2011. Total internal reflection fluorescence microscopy. *Chap. 38 of*: Yuste, R (Ed.), *Imaging: A laboratory manual.* Cold Spring Harbor NY: Cold Spring Harbor Laboratory Press.

Yildiz, A, Forkey, J N, McKinney, S A, Ha, T, Goldman, Y E, & Selvin, P R. 2003. Myosin V walks hand-over-hand: Single fluorophore imaging with 1.5-nm localization. *Science*, **300**(5628), 2061-2065.

Yun, S H, & Kwok, S J J. 2017. Light in diagnosis, therapy and surgery. *Nat. Biomed. Eng.*, 1(1), art. no. 0008 (16pp).

Zangwill, A. 2013. *Modern electrodynamics.* Cambridge UK: Cambridge Univ. Press.

Zellweger, M, Grosjean, P, Goujon, D, Monnier, P, Van Den Bergh, H, & Wagnières, G. 2001. In vivo auto fluorescence spectroscopy of human bronchial tissue to optimize the detection and imaging of early cancers. *J. Biomed. Opt.*, **6**(1), 41-51.

Zemelman, B V, Lee, G A, Ng, M, & Miesenböck, G. 2002. Selective photostimulation of genetically chARGed neurons. *Neuron*, **33**(1), 15-22.

Zhang, F, Tsai, H-C, Airan, R D, Stuber, G D, Adamantidis, A R, de Lecea, L, Bonci, A, & Deisseroth, K. 2011. Optogenetics in freely-moving mammals: Dopamine and reward. *Chap. 80 of*: Helmchen, F, & Konnerth, A (Eds.), *Imaging in neuroscience: A laboratory manual.* Cold Spring Harbor NY: Cold Spring Harbor Laboratory Press.

Zhaoping, L. 2014. *Understanding vision: Theory, models, and data.* Oxford UK: Oxford University Press.

Zhong, H. 2011. Photoactivated localization microscopy (PALM). *Chap. 34 of*: Yuste, R (Ed.), *Imaging: A laboratory manual.* Cold Spring Harbor NY: Cold Spring Harbor Laboratory Press.

Zhou, X X, Pan, M, & Lin, M Z. 2015. Investigating neuronal function with optically controllable proteins. *Front. Mol. Neurosci.*, **8**, art. no. 37.

Zimmer, C, & Emlen, D J. 2013. *Evolution: Making sense of life.* Greenwood Village CO: Roberts and Company.

引 用 说 明

图片和引言

书中的几个图像是基于 RCSB 蛋白质数据库（Berman et al., 2000; `http://www.rcsb.org/`）的数据，该数据由 RCSB 的两名成员 [罗格斯大学和加州大学（圣地亚哥）] 管理，并受 NSF, NIGMS, DOE, NLM, NCI, NINDS 和 NIDDK 资助。下列相应的条目包括 PDB ID 代码。

蒙 Constance Cepko（哈佛大学遗传与眼科医学院和霍华德 · 休斯医学研究所）和 Sui Wang（斯坦福医学院眼科）惠赠。

扉页插图：David S Goodsell 艺术创作，经许可使用。

对本书的赠言："For the Conjunction of Two Planets." Copyright ©2016 by the Adrienne Rich literary Trust. Copyright ©1951 by Adrienne Rich, from *COLLECTED POEMS: 1950-2012* by Adrienne Rich. 经 W. W. Norton & Company, Inc. 许可。

对学生的赠言：Galen of Pergamum, second century, *De alimentorum facultatibus*, 1.1, 6.480K. Konrad Koch, et al., Corpus Medicorum Graecorum 5.4.2 (Liepzig: Teubner, 1923).

前言的格言：*Wonderful life* by Stephen Jay Gould （WW Norton and Co, 1989）. 经许可使用。

第一部分图题：蒙 Richard H Masland（哈佛大学）惠赠，经许可使用。

第 1 章的格言：June 1913 recommendation by Max Planck, Walther Nernst, Heinrich Rubens and Emil Warburg nominating Einstein to the Prussian Academy. From *Collected papers of Albert Einstein*, vol. 5 (Princeton Univ. Press, 1993) Martin J Klein, A J Kox, and R Schulmann, eds., document 445. 经许可使用。

图 1.2：经 Nelson 许可重新绘制，Old and new results about single-photon sensitivity in human vision. *Physical Biology*(2016) vol. 13(2) art. 025001。

图 1.3：Eric Sloane, *Diary of an early American boy* (Dover Publications, Mineola NY, ©2004)；经许可使用。

图 1.4：Rose, Quantum and noise limitations of the visual process. *J. Opt. Soc. Am.* (1953) vol. 43 pp. 715-716.

图 1.7：PDB `1ttd`（DOI：`10.1006/jmbi.1998.2062`），经 David S Goodsell 艺术改编，经许可使用。

图 1.11：（a）©Sierra Blakely；（b）蒙 Steven H D Haddock（蒙特利湾水族馆研究所）惠赠，经许可使用。

图 2.3：蒙 P. Jichlinski 教授（CHUV 大学医院）惠赠，经许可使用。

图 2.5：蒙 Nico Stuurman [HHMI/加州大学（旧金山）] 惠赠，经许可使用。

图 2.6:(b) *Biological Physics*, 1/e, by Philip Nelson, ©2013 by W.H. Freeman and Company。经出版商许可使用。

图 2.7: PDB 3tad, 1auv, 1zbd, 1d5t, 2nw1, 2yd5, 1lar, 2id5, 3tbd, 1biw, 3sph, 4gnk, 1mt5。经 David S Goodsell 和 Timothy Herman 许可使用。

图 2.9: 重绘（仅顶部迹线），参考 Boyden et al., Millisecond-timescale, genetically targeted optical control of neural activity. *Nat. Neurosci.* (2005) vol. 8 (9) pp. 1263-1268 的图 2a（第 1264 页）。

图 2.10: Han & Boyden，2007 ©2007 Han, Boyden，见 http://dx.doi.org/10.1371/journal.pone.0000299。在 Creative Commons Attribution 4.0 International 许可下使用和提供（http:// creativecommons.org/licenses/by/4.0/）。

图 2.14: PDB 3wld。(a) 重绘，参考 Broussard, G J, Liang, R & Tian, L. 2014.Monitoring activity in neural circuits with genetically encoded indicators 的图 1a（第 3 页）。*Front. Mol. Neurosci.*, 7, art.no.97, 见 http://journal.frontiersin.org/article/10.3389/fnmol.2014.00097/full。©2014 Broussard, Liang & Tian。在 Creative Commons Attribution 4.0 International 许可下使用（https://creativecommons.org/ licenses/by/4.0/）。(b) 蒙 Lin Tian 惠赠，经许可使用。

图 2.15: Belfield 研究小组（University of Central Florida）拍摄的照片，并经 Kevin D Belfield 教授许可出版。

图 2.17: 经冷泉港实验室许可转载。

图 2.19: 分子根据 https://www.ebi.ac.uk/chebi/searchId.do?chebiId=51247 和 http://www.ebi.ac.uk/pdbe-srv/pdbechem/chemicalCompound/show/FLU 的数据绘制。

图 2.20: Vafabakhsh & Ha, 2012: 读者可以查看、浏览，下载材料仅用于临时复制目的，前提是这些仅用于非商业性个人用途。除非法律规定，否则未经出版商事先书面许可，不得对本资料进行全部或部分的进一步复制、分发、传播、修改、改编、执行、展示、出版或出售。

图 2.23: PDB *lac*: 1lbh/1efa（PubMed: 8638105 和 10700279）；核小体：1zbb（DOI: 10.1038/nature03686）；噬菌体 phiX174: 1cd3（DOI: 10.1006/jmbi.1999.2699）。David S Goodsell 艺术创作。经许可使用。

图 2.24: Vafabakhsh & Ha, 2012: 读者可以查看、浏览，下载材料仅用于临时复制目的，前提是这些仅用于非商业性个人用途。除非法律规定，否则未经出版商事先书面许可，不得对本资料进行全部或部分的进一步复制、分发、传播、修改、改编、执行、展示、出版或出售。

图 2.25: 重绘，参考 Broussard, G J, Liang, R & Tian, L. 2014. Monitoring activity in neural circuits with genetically encoded indicators 的图 1b,c（第 3 页）。*Front. Mol. Neurosci.*, 7, art. no. 97, 见 http://journal.frontiersin.org/article/10.3389/fnmol.2014.00097/full。版权所有 ©2014 Broussard, Liang & Tian。在 Creative Commons Attribution 4.0 International 许可下使用（https://creativecommons.org/licenses/by/4.0/）。

图 2.27: ©1942 Emerson and Lewis. *Journal of General Physiology.* 25:579-595. DOI: 10.1085/jgp.25.4.579，经许可使用。

图 2.28：蒙 iBio, Inc. 惠赠，经许可使用。

图 2.29：PDB `1jb0`（DOI：`10.1038/35082000`）。David S Goodsell 艺术创作，经许可使用。

图 3.3：(b)©by Nature Connect Pty.Ltd。`http://www.steveparish-natureconnect.com.au`。经许可使用。(c) 经许可采用。

图 3.4：`http://www.bealecorner.org/best/measure/cf-spectrum/Fraunhofer_Lines_Jan3-07.jpg`。

图 3.6：蒙 Mojca Čepič（斯洛文尼亚卢布尔雅那大学）惠赠。经许可使用。

图 3.9：(a，b) Curcio et al., Human photoreceptor topography. *J. Comp. Neurol.* (1990) vol. 292 (4) pp. 497-523. 版权所有 ©1990 Wiley-Liss，Inc。经 John Wiley & Sons 版权许可中心许可使用。

图 3.14：左图：Hofer, H, Carroll, J, Neitz, J, Neitz, M, & Williams, D R. 2005. Organization of the human trichromatic cone mosaic. *J. Neurosci.*, 25(42), 9669-9679 的图 4 中标有 HS 的左上图（第 9673 页）。经许可使用。中间和右侧图：John S Werner and Leo M Chalupa, eds., The New Visual Neurosciences, Figure 33.1, panels (e) and (q), ©2013 Massachusetts Institute of Technology，经麻省理工学院出版社许可使用。

图 3.15：Tanja Gabrecht, Thomas Glanzmann, Lutz Freitag, Bernd-Claus Weber, Hubert van den Bergh, and Georges Wagnières, Optimized autofluorescence bronchoscopy using additional backscattered red light, *J. Biomedical Optics*, vol. 12 (6), 2007, art. no. 0642016. 经 SPIE 和 Georges Wagnières 许可使用。

图 3.16：(a-c) 蒙 Yuval Garini（Bar Ilan University）惠赠；经许可使用。(d) Schröck et al., 1996：读者可以查看、浏览，下载材料仅用于临时复制目的，前提是这些仅用于非商业性个人用途。除非法律规定，否则未经出版商事先书面许可，不得对本资料进行全部或部分的进一步复制、分发、传播、修改、改编、执行、展示、出版或出售。

第 4 章的格言：From Disturbing the universe by Freeman J. Dyson (Harper & Row, New York, 1979). 经 Freeman Dyson 许可使用。

图 4.1：Larry Gonick, *The cartoon guide to the computer* (Harper Perennial, 1983, page 89)；经许可使用。

图 4.2：(c) 蒙 Antoine Weis 和 Todorka L. Dimitrova 惠赠。经 American Institute of Physics 许可转载。Dimitrova and Weis. The wave-particle duality of light: A demonstration experiment. *Am. J. Phys.* (2008) vol. 76 (2) pp. 137-142 (`http://dx.doi.org/10.1119/1.2815364`). Copyright 2008, American Association of Physics Teachers。

图 4.4：蒙 Antoine Weis 惠赠，经许可使用。

图 4.7：(b) ©Robert D Anderson，经许可使用。

图 4.15：(a) Cagnet et al., 1962, *Atlas optischer Erscheinungen. Atlas de phénomènes d'optique. Atlas of optical phenomena:* (a) "Chapter III. Diffraction at infinity," page 17; ©Springer-Verlag Berlin Heidelberg, 1962. 经 Springer 许可。(b) Cagnet et al., 1962, *Atlas optischer Erscheinungen. Atlas de phénomènes d'optique. Atlas of optical phenomena*: (b) "Chapter IV. Diffraction at a finite distance," page 34. ©Springer-Verlag Berlin Heidelberg, 1962. 经 Springer 许可。

第 5 章的格言：Eugene Delacroix.

图 5.1：经 Smith 许可转载。Structural color of *Morpho* butterflies. *Am. J. Phys.* (2009) vol. 77 (11) pp. 1010-1019 (dx.doi.org/10.1119/1.3192768). ©2009, American Association of Physics Teachers。

图 5.2：(a，b)：经日本物理学会许可使用。(c) 图 3b(p.107)：Kinoshita et al. Photophysics of structural color in the *Morpho* butterflies. *Forma* (2002) vol. 17 pp. 103-121. 经 FORMA 许可使用。

图 5.4：(d) ©Alex Wild，http://www.myrmecos.net。经许可使用。

图 5.6：蒙 Alison M Sweeney 惠赠，经许可使用。

图 5.10：重绘，参考 K Franklin, P Muir, T Scott, L Wilcocks and P Yates, *Introduction to biological physics for the health and life sciences* (John Wiley and Sons 2010)。

图 5.12：蒙 Nico Stuurman [HHMI/加州大学（旧金山）] 惠赠。经许可使用。

第二部分图题: 蒙 Penn Museum 惠赠, 图号：152647。经许可使用。

第 6 章的格言: Hermann von Helmholtz, *Popular Scientific Lectures*, trans. E. Atkinson. D. Appleton, 1883。

图 6.1：(a)17 世纪匿名艺术家作品,美国国会图书馆。由 Durova 修复。http://en.wikipedia.org/wiki/File:Camera_obscura2.jpg。

图 6.2：©Hans Hillewaert，见 http://en.wikipedia.org/wiki/File:Nautilus_pompilius_(head).jpg。在 Creative Commons Attribution-Share Alike 4.0 International 许可下使用（http://creativecommons.org/licenses/by-sa/4.0/）。

图 6.6：(b) Polyak, S. 1957. *The vertebrate visual system*, p. 276. Chicago IL: Univ. of Chicago Press. Ed. H Kluver. ©1957 by the University of Chicago. ©1955 under International Copyright Union。经芝加哥大学出版社许可使用。

图 6.10：Cagnet et al., 1962, *Atlas optischer Erscheinungen. Atlas de phénomènes d'optique. Atlas of optical phenomena:* (b) "Chapter IV. Diffraction at a finite distance," page 34. ©Springer-Verlag Berlin Heidelberg, 1962。经 Springer 许可。

图 6.12：蒙 Austin Roorda 惠赠，经许可使用。

图 6.14：Fritzky & Lagunoff, 2013. ©2013。在 Creative Commons Attribution 许可下使用。https://creativecommons.org/licenses/by/3.0/legalcode。

图 6.17：重绘，参考 Land, M L, & Nilsson, D-E. 2006.General-purpose and specialpurpose visual systems. Chap. 5 of: Warrant, E J, & Nilsson, D-E (Eds.), *Invertebrate vision.* Cambridge MA: Cambridge Univ. Press. 2006 的图 5.6F（第 190 页）。

图 7.3：Xu et al., 2013：读者可以查看、浏览，下载材料仅用于临时复制目的，前提是这些仅用于非商业性个人用途。除非法律规定，否则未经出版商事先书面许可，不得对本资料进行全部或部分的进一步复制、分发、传播、修改、改编、执行、展示、出版或出售。

图 7.4：Toprak et al. Defocused orientation and position imaging (DOPI) of myosin V. *Proceedings of the National Academy of Sciences USA* (2006) vol. 103 (17) pp. 6495-9. ©(2006) National Academy of Sciences, U.S.A 的图 1B（第 6496 页）。经许可使用。

图 7.5：(a，b) Shtengel et al. Interferometric fluorescent super-resolution microscopy resolves 3D cellular ultrastructure. *Proceedings of the National Academy of Sciences*

USA (2009) vol. 106 (9) pp. 3125-3130 的图 1A，B。经许可使用。

图 7.6：Shtengel et al. Interferometric fluorescent super-resolution microscopy resolves 3D cellular ultrastructure. *Proceedings of the National Academy of Sciences USA* (2009) vol. 106 (9) pp. 3125-3130 的图 5A，B，C。经许可使用。

第 8 章的格言：Jacob. Evolution and tinkering. *Science* (1977) vol. 196 (4295) pp. 1161-1166.

图 8.1：（b）©1957 Langridge et al. *J. Biophys. Biochem. Cytol.* 3:767-778. DOI:10.1083/jcb.3.5.767. (c) David S Goodsell 艺术创作。经许可使用。

图 8.6：（c，d）：David S Goodsell 艺术创作。经许可使用。

第 9 章的格言：*Vision: Human and Electronic* by Albert Rose, pp. vii-viii. c1973 by Plenum Press.

图 9.2：经 Nelson 许可重新绘制。Old and new results about single-photon sensitivity in human vision. *Physical Biology* (2016) vol. 13 (2) art. 025001.

图 9.3：经 Nelson 许可重新绘制。Old and new results about single-photon sensitivity in human vision. *Physical Biology* (2016) vol. 13 (2) art. 025001.

图 9.4：经 Nelson 许可重新绘制。Old and new results about single-photon sensitivity in human vision. *Physical Biology* (2016) vol. 13 (2) art. 025001.

图 9.5：经 Nelson 许可重新绘制。Old and new results about single-photon sensitivity in human vision. *Physical Biology* (2016) vol. 13 (2) art. 025001.

图 9.6：Lisa R. Wright/Virginia Living Museum，经许可使用。

图 9.7：照片蒙 K.-W. Yau（Johns Hopkins University School of Medicine）和 D. Baylor（Stanford University）惠赠，经许可使用。

图 9.9：经 Nelson 许可重新绘制。Old and new results about single-photon sensitivity in human vision. *Physical Biology* (2016) vol. 13 (2) art. 025001.

图 10.1：（a）©1985 Townes-Anderson et al. *J. Cell Biol.* 100:175-188. DOI: 10.1083/jcb.100.1.175. (c) Fig. 2(p. 323) Townes-Anderson et al. Rod photoreceptors dissociated from the adult rabbit retina. *J. Neurosci.*(1988) vol. 8 (1) pp. 320-331. 经许可使用。

图 10.2：*Physical Models of Living Systems*, 1/e, by Philip Nelson, ©2015 by W.H. Freeman and Company. 经出版商许可使用。

图 10.5：PDB 1f88（PubMed：10926528）。David S Goodsell 艺术创作。经许可使用。

图 10.6：经 Lamb 和 Pugh（Association for Research in Vision and Ophthalmology）许可再版。光转导、暗适应和视紫红质再生：The proctor lecture. *Invest. Ophthalmol. Vis. Sci.*, vol. 47 copyright 2006；经 Copyright Clearance Center, Inc. Courtesy Trevor D Lamb, Dept of Neuroscience and Vision Centre, JCSMR, Bldg 131, ANU, Australia 许可。

图 10.12：（a）来自 “Optimization of Single-Photon Response Transmission at the Rod-to-Rod Bipolar Synapse.” H. Okawa, A. P. Sampath. *Physiology* Vol. 22 no. 4: 279-286, 2007. DOI:10.1152/physiol.00007.2007 的图 3A。经许可使用。

图 10.13：David S Goodsell 绘制。经许可使用。

第 11 章的格言：Henri Matisse Dessins; Matisse to Louis Aragon, 1942, published in *Themes et variations* (Paris 1943), 37.

图 11.2：经 Nelson 许可重新绘制。Old and new results about single-photon sensitivity in human vision. *Physical Biology* (2016) vol. 13 (2) art. 025001.

图 11.3：经 Nelson 许可重新绘制。Old and new results about single-photon sensitivity in human vision. *Physical Biology* (2016) vol. 13 (2) art. 025001.

图 11.4：经 Nelson 许可重新绘制。Old and new results about single-photon sensitivity in human vision. *Physical Biology* (2016) vol. 13 (2) art. 025001.

图 11.5：经 Nelson 许可重新绘制。Old and new results about single-photon sensitivity in human vision. *Physical Biology* (2016) vol. 13 (2) art. 025001.

图 11.6：Wässle，2004. 改编自 Demb, J. B. & Pugh, E. N. Jr. Connexin36 forms synapses essential for night vision. *Neuron* 36, 551-553 (copyright 2002), 经 Elsevier 许可使用。

图 11.8：©1998 由 Sinauer Associates 提供。经许可使用。

图 11.10：PDB `2rh1`（β_2-肾上腺素能受体）；`3sn6`（β_2-肾上腺素能受体 + G_s 蛋白）；`1cul`（$G_s\alpha$ + 腺苷酸环化酶的催化结构域）。David S Goodsell 艺术创作。经许可使用。

图 11.12：©2012 由 Sinauer Associates 提供。经许可使用。

第三部分图题：Ibn al-Haitham, *Kitab al-Manazir*, ca. 1027. Courtesy of the Süleymaniye Library, Istanbul.

第 12 章的格言：经 Peter J. Turchi 许可使用。

图 12.1：蒙 Marija Drndic 惠赠。经许可使用。

第 13 章的格言：*The joys of Yiddish* by Leo Rosten (Pocket Books, 1970). 经 Rosten LLC 许可使用。

图 13.1：（b）*Cell and Tissue Research*, Rapid synthesis of photoreceptor membrane and assembly of new microvilli in a crab at dusk, vol. 211, 1980, p. 420, Sally Stowe,（©Springer-Verlag 1980）。经 Springer 许可。原始图题："Semi-schematic diagram of a crab ommatidium illustrating the arrangement of the microvilli in the rhabdom. R1-7 the seven main retinula cells; Pal palisade; B bridge across palisade; D desmosomes; Rh rhabdomere of one cell; m microvillus."（c）蒙 Christina King-Smith 惠赠。经许可使用。

第 14 章的格言：Adam Gopnik, "The Real Work: Modern magic and the meaning of life," *New Yorker Magazine*, March 17, 2008 p. 62. 经作者许可使用。

后记中的格言：引自 W. Pauli, "Albert Einstein in der Entwicklung der Physik," *Phyikalische Blätter*, vol. 15, issue 6, p. 244 (June 1959)。经阿尔伯特爱因斯坦档案馆许可使用。

致谢中的格言：©Piet Hein, from *Grooks*: OMNISCIENCE page 6. Reprinted with kind permission from Piet Hein a/s, DK-5500 Middelfart, Denmark.

附录 A 的格言：*Biograffiti* by John M. Burns (New York: Norton, 1981), p. 85. 经许可使用。

附录 B 的格言：Napoleon I, from *Memoirs of the History of France During the Reign of Napoleon*, Volume 4, dictated by the emperor to Gen. Gourgaud (London: H. Colburn and Company, 1824).

附录 D 的格言：*Fundamentals of Physics by R. Shankar* (Yale Univ. Press, New Haven

CT, 2014). 经许可使用。

软　件

本书是在几个免费软件和共享软件的帮助下完成的，包括 TEXShop，TEX Live,LATEXiT,BibDesk 和 DataThief,以及 Anaconda distribution of the Python language，iPython interpreter 和 Spyder IDE（Continuum Analytics Inc.）。

基　金

本书的部分资助来自美国国家科学基金会（Grants：PHY-1601894，EF-0928048，DMR-0832802）；Aspen 物理中心（部分由 NSF 资助，Grant：PHY-1066293）对本书的构思、写作和出版提供了不可估量的帮助。本书中表达的任何观点、结果、结论、蠢话或建议均由作者而不是国家科学基金会负责。

宾夕法尼亚大学研究基金会和研究机会资助计划为该项目提供了额外的支持。

商　标

MATLAB 是 MathWorks 公司的注册商标，*Mathematica* 是 Wolfram Research 公司的注册商标。

索　引

关键词的定义见黑体参考页。字符名称和数学符号见附录 A 中的定义。

M